KB208095

3 판

금융수학개론

저자 소개

이재성 서강대학교 경제학과(경제학사)
서강대학교 수학과(이학사)
위스컨신대학교 수학과(이학박사)
서울대학교 고등과학원 연구원
서강대학교 수학과 조교수, 부교수, 교수

3판
금융수학개론

초판 1쇄 발행 2013년 2월 25일
2판 1쇄 발행 2018년 8월 20일
3판 1쇄 발행 2024년 8월 30일

지은이 이재성
펴낸이 류원식
펴낸곳 교문사

편집팀장 성혜진 | **표지디자인** 신나리 | **본문디자인** 디자인이투이

주소 10881, 경기도 파주시 문발로 116
대표전화 031－955－6111(代) | **팩스** 031－955－0955
홈페이지 www.gyomoon.com | **이메일** genie@gyomoon.com
등록번호 1968.10.28. 제406－2006－000035호

ISBN 978－89－363－2592－3 (93410)
정가 34,000원

이재성 지음

3 판

금융수학개론

INTRODUCTION TO
FINANCIAL
MATHEMATICS

교문사

제3판 서문

금융수학개론 3판의 가장 큰 특징은 학부 금융수학의 핵심을 다루는 1장부터 5장까지 연습문제의 분량을 지나치다 싶을 정도로 많이 늘려 책 말미에 해답이 주어진 홀수 번 문항만 습득하더라도 교재 내용을 충분히 이해할 수 있도록 한 것이다. 또한 교재 학습자 스스로 답을 찾아야 하는 짝수 번 문항도 가급적 홀수 번 문항과 유사하게 제시하였다. 6장부터 8장까지도 2판보다 두 배 분량의 연습문제를 수록했다.

교재 전반에 걸쳐 이전판보다 풍부한 예를 제시했으며 본문의 내용에 대해서도 상세한 설명이 첨부되었다.

2장 확률, 통계의 기초에서 금융수학 이론의 기본이 되는 조건부 확률에 대한 수학적 기초를 제시하고 전확률 정리 및 반복 기댓값 정리를 본문에 추가하였다.

6장에서 다루는 포트폴리오 이론, CAPM 그리고 변동성의 추정은 대체로 금융수학보다는 재무관리와 계량경제의 핵심분야이지만 이전보다 풍부한 예제와 수학적 이론전개를 추가하였다.

앞서 언급했듯이 더 많은 연습문제를 제공하고자 하는 의도와 더불어 3판을 출간하게 된 또 다른 계기는 서강대학교 2016학번 졸업생 정재훈 군이 보험계리사 시험 준비를 하면서 2판에서 오류가 있는 부분을 몇 차례의 메일로 지적해주었기에 이를 전적으로 반영하기 위해서이다. 정재훈 군에게 깊은 감사의 마음을 전하며 3판의 내용을 꼼꼼히 살펴주신 교문사 편집팀의 성혜진 팀장님께 깊은 감사의 뜻을 전한다.

2024년 7월 신촌에서

이 재 성

5년 전 금융수학개론의 초간 출간 이래 저자는 학자와 실무자 그리고 학생들에게서 기대보다 높은 호응과 관심을 받았다. 그중에서도 보험계리사와 CFA 자격시험을 준비하는 전국의 학생들로부터 많은 메일을 받았는데, 연습문제의 해답을 알고 싶다는 내용이 가장 많았다. 2판을 출간하게 된 이유는 초판의 내용과 전개 방식을 보강 및 개선하고 일부 오타를 바로 잡는 일과 더불어 독자들의 요구를 반영하여 많은 연습문제의 풀이과정을 첨부하기 위해서이다. 저자는 본문의 내용을 스스로 탐구하고 이해해서 연습문제를 풀려는 독자와 저자가 직접 제시한 연습문제의 풀이과정을 확인하고 공부함으로써 본문의 내용에 대한 이해도를 높이고자 하는 독자 모두를 만족시키고자 1판에 수록된 것보다 두 배 이상 많은 연습문제를 제시하고 그중에서 홀수 번 문항에 대한 해답과 풀이과정을 책의 말미에 첨부하였다.

6장 Value at Risk 중 델타 노멀 측정법에 대한 이론 전개를 보다 엄밀히 하기 위하여 서로 상관된 브라운 운동이 다변량 정규분포를 따름을 설명하였다.

7장 이색옵션에서는 파워이항옵션, 파워옵션, 선택자옵션을 새로 추가하였고, 기르사노프 정리와 동등 마팅게일 측도로의 변환을 이용하여 이항옵션의 가치와 교환옵션의 가치를 구하는 방법을 소개하였다. 이는 대학원 과정에 적합한 내용이지만 보다 깊고 엄밀하게 금융수학을 공부하고자 하는 학부생이나 직장인을 위하여 추가되었고, 기르사노프 정리는 8장 이자율모형에까지 광범위하게 사용된다.

본서의 내용과 연습문제에 대해 아이디어를 제공하고 조언을 해 준 이영록 박사께 감사의 마음을 전하며 2판이 출간되기까지 애쓰신 청문각(교문사) 여러분께 깊은 감사의 뜻을 전한다.

2018년 6월 신촌에서
이재성

본서는 옵션 및 파생상품이론을 중심으로 전개되나 위험관리에 대한 내용도 다루고 있으며, 초급 수준의 미적분과 확률 통계 및 기초 재무관리 이론을 수강한 독자라면 어려움 없이 금융파생상품 가격 및 위험관리의 개본 개념을 수학을 통하여 이해할 수 있도록 친절하고 자세한 설명을 갖추고 있다. 특히, 기초 미적분과 기초확률통계만을 사용하여 각종 옵션 가격공식을 유도하는 방법을 상세히 설명하고 있다.

근래에 금융파생상품과 위험관리에 관한 이론은 학교는 물론 직장과 사회에서도 널리 퍼져나가고 있으며, 여러 종류의 책들이 새로 출간되고 있다. 특히 브라운 운동으로 연결되는 주가의 랜덤워크이론과 이토의 보조정리, 블랙-숄즈-머튼(Black-Scholes-Merton) 모형으로 대표되는 옵션 가격결정 이론은 재무이론을 공부하는 학생과 금융계통 실무 종사자들이 습득해야 되는 필수 지식의 반열에 오르게 되었다. 본 저자는 지난 수년 동안 서강대학교 수학과와 경제대학원, 서울과학종합대학원 그리고 금융연수원에서 수학전공 학부생, 경제학 또는 MBA 과정 대학원생 그리고 은행 및 각종 금융기관 종사자들을 대상으로 매년 파생상품 가격결정이론을 주축으로 한 학기 분량의 금융수학을 강의하면서 학생들 그리고 직장인들 사이에 전공을 초월해서 현대 금융이론에 관한 배움의 의지가 넘치고 있음을 확인한 바 있다. 하지만 그러한 광범위한 배움의 의지에 비하여 그들에게 해당 지식을 전달하는데 적합한 교재를 찾기 힘든 실정이었다. 물론 본격적인 금융수학을 소개하는 학술서적은 국내외에서 매년 늘어나고는 있으나 금융수학 교재의 대부분이 엄밀한 측도이론에 기반을 둔 고급 수학이론에 기반을 두고 있기에, 직장인과 비 수학전공 학생은 물론 편미분방정식과 측도이론을 접하지 않은 수학전공 학부생들을 위한 금융수학 입문서로는 적당하지 않음을 실감하였다. 마찬가지로 파생상품 분야에서 가장 널리 알려진 Jonh Hull 교수의 방대한 명저 Options, futures, and other derivatives는 금융수학 교재용으로 쓰인 것이 아니기에 금융수학에 입문하고자 하는 이들에게 적합한 체계로 구성되어 있다고 여겨지지 않았다. 그러한 이유에 따라 본 저자는 Jonh Hull 교수의 Options, futures, and other derivatives를 주요 참고도서로 삼아 책 구성의 전반적인 흐름을 잡고, 자연과학부 1학년 수준의 미적분학과 확률통계 수준의 수학을 바탕으로 금융수학적 체계를 세워나가는 방식으로 본서를 집필하였다.

본서의 특징은 브라운 운동과 확률미분방정식을 소개하기에 앞서 기초 미적분과 기초확률통계만을 사용하여 각종 옵션 가격공식을 유도하는 방법을 상세히 설명함으로써 수학 전공이 아닌 학생들과 실무자들이 파생상품 이론의 핵심에 접근할 수 있게 하였다. 하지만 실무지침서가 아니라 이론과 원리를 소개하는 책인 만큼 광범위한 금융상품을 다루지 않았고, 측도이론(measure theory)을 배운 수학 전공생들이 대상이 아니라 보다 폭넓은 독자를 대상으로 하였기에 때에 따라서는 부득이하게 수학적 엄밀함을 포기하기도 하였다. 하지만 여러 종류의 수강생들을 대상으로 다년간 강의해 온 경험으로부터 어떻게 하면 독자들이 가장 손쉽고 편안하게, 핵심적인 현대 금융수학 이론을 이해할 수 있을 것인가에 초점을 맞추어서 본서의 내용을 구성하려고 시도했다.

　　본서는 8개의 장으로 구성되어 있고, 1장에서는 금융파생상품과 이자율에 대한 간단한 소개와 더불어 각종 기초자산에 대한 적정 선도가격을 구하는 방법과 가장 단순하고 인위적인 설정아래 옵션의 적정 가격을 구하는 방법을 소개한다. 본서 전반에 걸쳐 가장 중요하게 사용되는 위험중립가치평가에 대한 기본적인 소개와 설명도 1장에서 이루어진다. 2장에서는 앞서 1장에서 다룬 단순하고 인위적인 설정을 연속시장 모형으로 확장시키는 데 반드시 필요한 기초 확률통계이론을 소개한다. 3장은 1장에서 소개한 단순 모형을 2장에서 다룬 기초 확률통계를 바탕으로 하여 실제 시장모형을 전환하는 방법을 다룬다. 기초자산의 확률모형 및 블랙-숄즈 옵션공식 등 금융수학의 핵심적인 내용이 3장에서 소개되고 있으며, **정리 3.1**과 **정리 3.2**는 3장에서뿐만 아니라 본서 전반에 걸쳐 가장 중요한 역할을 하고 있다. 4장에서는 파생상품이론의 수학적 언어이자 도구인 브라운 운동과 확률미분방정식 그리고 이토의 보조정리를 소개한다. 5장에서는 블랙 - 숄즈 편미분방정식을 도입하여 3장에서 소개한 옵션 가격공식을 일반화하는 블랙 모형을 소개하며, 책의 전반에서 중심적으로 다루었던 위험중립가치평가 공식을 증명한다. 6장에서는 금융수학의 또 다른 중요 주제인 위험관리 및 포트폴리오 이론 그리고 이들 이론의 적용에 필요한 변동성과 상관계수의 추정법을 간단히 소개한다.

　　7장 이색옵션과 8장 이자율과 채권은 본서 중에서 가장 높은 수준의 수학을 다루고 있으며, 책의 앞부분에서 다룬 내용들에 대한 종합적인 이해를 필요로 한다. **정리 7.9**의 증명을 제외하면 그 내용의 이해를 위해서 측도이론에 대한 지식을 필요로 하지는 않지만, 측도이론에 어느 정도 익숙한 독자라면 더 쉽게 그 내용을 이해할 수 있을 것이다. 본서에서는 5장과 7장에서 편미분방정식의 해에 대해서 간단하게나마 다루고 있는데, 편미분방정식의 해를 구하는 부분을 건너뛰더라도 책의 중요 내용을 이해하는 데 지장이 없음을 밝히고자 한다. 독자들의 수학적 배경에 따라서 7장과 8장은 생략해도 좋으며, 7장과 8장의 내용을 보다 깊게 이해하고 싶은 독자들은 Shreve 교수의 Stochastic Calculus for Finance 등 대학원용 금융수학 교재를 참조하기 바란다.

끝으로 본인의 부족한 강의를 지난 수년 동안 열심히 수강해 준 서강대 자연과학부 및 경제대학원 학생들, 서울과학종합대학원 MBA 금융공학 과정 학생들, 금융연수원의 금융수학 수강생들, 그리고 본서를 쓰는 동안 항상 힘이 되어준 대학원생 박지호, 이영록, 고은혜에게도 깊은 감사의 마음 전하며 이 책이 출판되기까지 애쓰신 청문각 여러분께도 심심한 감사에 뜻을 전한다.

2013년 1월 신촌에서
이재성

차례

CHAPTER 1

금융수학의 기초

CHAPTER 2

확률, 통계의 기초

연습문제 풀이 및 해답

CHAPTER 1

금융수학의 기초

금융수학은 간단히 말해서 기초자산이라 불리는 각종 유가증권 가격의 확률분포, 이자율의 확률분포, 금융파생상품의 가격, 금융 포트폴리오 운용 및 위험관리 등을 수리적 기본개념을 통해 이해하고 연구 학습하는 분야이다. 금융수학의 이론적 기초를 제공하는 유러피언 콜옵션의 가격결정 이론에 대해서 질문과 답변을 통하여 간단히 소개하는 것으로 본 교재를 시작하고자 한다.

1. 옵션 가격결정이론의 소개

1.1 질문

현재 주가 7만원인 삼성전자의 주식 100주를 6개월 후에 주당 7만 2천원에 매수할 수 있는 권리의 현재 가치는 얼마일까? 현재 주가 19만원의 현대차 주식 100주를 3개월 후에 주당 18만원에 매도할 수 있는 권리의 현재 가치는 얼마일까? 이런 권리들에 대한 이론적인 적정 가치를 구할 수 있을까?

위의 질문에서 언급한 권리는 자신에게 유리할 때에만 행사할 수 있다. 따라서 이익을 볼 가능성은 있으나 손해를 볼 가능성이 없으므로 누구나 이 권리를 갖고 싶어 할 것이기 때문에 이 권리는 분명히 어떤 경제적 가치(economic value)를 가지고 있다. 이러한 권리를 옵션계약 또는 간단히 옵션이라 부르는데, 주식, 채권 등 해당 기초자산을 미리 정한 가격과 시점에 매수하는 선택권이 부여된 옵션을 콜옵션(call option), 매도의 선택권이 부여된 옵션을 풋옵션(put option)이라 한다. 주식, 채권 등 기초자산의 가격에 따라 그 가치가 정해지는 금융상품을 파생상품(derivative)이라고 부르는데, 옵션은 대표적인 파생금융상품이고 우리는 알맞은 조건아래 각종 옵션의 이론적인 적정 가치를 구할 수 있다. 이제 매우 간단하지만 조금 더 구체적인 조건을 부여한 예를 통해 특정 옵션의 적정 가격을 구하는 방법에 대해서 알아보겠다.

1.2 질문

미국 마이크로소프트사의 현재 주가는 주당 50달러라고 가정하자. 연방정부를 상대로 한 중요한 재판의 결과가 일주일 후에 공표된다. 마이크로소프트가 승소하면 일주일 후에 적정 주식 값은 60% 상승한 주당 80달러가 된다. 만일 패소한다면 적정 주가는 20% 하락해서 주당 40달러가 된다. 재판의 승소 확률은 반반이고, 모든 시장참여자들이 마이크로소프트사가 이런 상황에 처한 걸 알고 있다. 이때 일주일 후에 마이크로소프트 1주를 60달러에 매수할 수 있는 옵션의 현재 적정 가치는 얼마일까? (조건을 단순화시켜서 시장은 완전시장이고, 거래비용은 없다고 가정한다. 아주 짧은 기간인 1주일 동안의 이자도 없다고 가정한다.)

이 문제는 얼핏 보기에 아주 쉬워 보인다. 내가 이 옵션 계약을 소유하고 있다고 가정하자. 주가가 80달러로 올랐을 경우엔 80달러짜리 주식을 60달러에 사서 곧바로 팔면 20달러의 이익을 볼 수 있다. 반대로 주가가 40달러로 떨어졌을 경우에는 이 옵션을 행사하지 않으면 되므로 적어도 손해는 보지 않는다. 각 경우가 발생한 확률이 반반이므로 옵션의 소유로 인한 이익의 기댓값은 10달러이다. 즉 내가 이 옵션을 소유하는 것은 일주일 후 현금 10달러를 소유한 것과

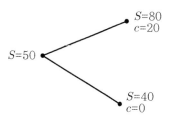

일주일 후 주가 변화에 따른 옵션가치의 변화

본질적으로 같다고 생각할 수 있다. 일주일 동안 무이자를 가정했으므로 이 옵션의 현재 적정 가치는 10달러일 것이라고 생각하는 것이 자연스럽다.

1.3 차익거래

20세기 최고의 경제학자 중 한 명으로 꼽히는 MIT의 폴 새뮤얼슨(Paul Samuelson) 교수는 1965년에 옵션 가격 이론에 대한 논문을 발표했는데, 현실 시장을 모델로 했지만 새뮤얼슨의 방법은 바로 위에서 설명한 방법과 본질적으로 동일하다. 그것은 옵션 만기의 기댓값을 구하고, 그 값을 적절히 할인해서 현재의 옵션 가치를 구하는 직관적이고 전통적인 접근법이었다. 하지만 처음에 여러 학자들이 수긍했던 이 방식은 치명적인 오류를 품고 있었는데, 그 오류는 바로 차익거래(arbitrage trading)의 발생이었다. 차익거래란 전혀 위험을 동반하지 않은 채 이익을 수반하는 거래를 말하는데, 차익거래가 가능한 가격, 즉 무위험 이익이 발생하게 만드는 가격은 적정 가격이 될 수 없다는 것이 경제학에서 가격이론의 기본원리이다. 새뮤얼슨의 1965년 논문에 대해서는 5장의 **5.6**에서 보다 상세히 소개한다.

이제 위의 **질문 1.2**에서 언급한 마이크로소프트 주식에 대한 옵션이 10달러로 거래된다고 가정하면 무위험 차익거래 발생함을 아래와 같이 예를 들어서 설명하겠다.

A라는 사람이 옵션을 10달러에 팔고, 별도로 15달러를 차입해서 이를 합친 25달러로 마이크로소프트 주식 1/2주를 사면 어떻게 될까 고려해보자. (위에서 주식이 분할 가능하고 공매도와 차입이 가능한 대칭적 시장을 가정했다.) 이 경우 달러 단위의 주가를 S, 옵션의 가치를 c, 그리고 A가 구성한 포트폴리오의 가치를 Π라 놓으면, 포트폴리오의 가치는

$$\Pi = \frac{1}{2}S - c - 15$$

달러이다.

만약 일주일 후 주가가 80달러로 오른다면 A가 가진 주식의 가치는 40달러가 된다. 이를 팔아 은행에서 빌린 돈 15달러를 갚으면 25달러가 남는다. 여기서 A가 판 옵션은 이제 그 가치가 80 − 60 = 20달러가

되었으므로 옵션의 소유자에게 20달러를 지급하고 나면 A에겐 순이익 5달러가 남게 된다.

만약 주가가 40달러로 내려가는 경우 A가 매도한 옵션은 그 가치가 0이 되므로, A는 차입한 15달러만 갚으면 되는데, A가 소유한 주식의 가치는 40/2 = 20달러이므로 이 경우에도 5달러의 순이익이 남게 된다. 즉 A는 한 푼의 순수 투자도 없이, 어떤 위험도 감수하지 않은 채, 일주일 후에 5달러의 순이익을 남기는 무위험 차익거래에 성공한 것이다. 이를 간단한 식으로 살펴보면 다음과 같다.

$$1주일\ 후\ \Pi = \frac{1}{2}S - c - 15 = \begin{cases} 40 - 20 - 15 = 5\ (S = 80인\ 경우) \\ 20 - 0 - 15 = 5\ (S = 40인\ 경우) \end{cases}$$

1.4 복제 포트폴리오

이제 위 **질문 1.2**에 대한 답으로 해당 옵션의 가격을 구해보기로 하자. 나의 포트폴리오를 x 달러와 마이크로소프트 주식 y 단위로 구성하고, 이 포트폴리오의 일주일 후의 가치가 위에서 말한 옵션의 가치와 같아지도록 x 와 y 의 값을 정하자. 달러 단위의 주가를 S, 옵션의 가치를 c, 그리고 나의 포트폴리오의 가치를 Π 라 놓으면

$$\Pi = x + Sy$$

가 성립하고, 일주일 후에 Π 는 주가가 상승하는 경우 $x + 80y$ 가 되고 주가가 하락하는 경우 $x + 40y$ 이다. 주가가 상승하는 경우 $c = 20$ 이고, 하락하는 경우 $c = 0$ 이므로, 연립방정식

$$x + 80y = 20$$
$$x + 40y = 0$$

을 풀면 $x = -20, y = 1/2$ 을 얻는다. 즉 마이크로소프트 주식 1/2주와 차입금 20달러로 이루어진 포트폴리오의 1주일 후의 가치는 위의 옵션 1단위와 동일하다. 이에 따라 차익거래의 기회가 존재하지 않으려면 이 포트폴리오의 현재 가치와 옵션의 현재 가치가 같아야 한다. (그렇지 않다면 둘 중에서 현재 가격이 낮게 책정된 쪽을 매수하고 높게 책정된 쪽을 공매도 한 후에 1주일 후에 포지션을 정산함으로써 무위험 차익거래를 실현할 수 있다.) 그런데 현재 주가가 50달러이므로 주식 1/2 단위와 차입금 20달러로 이루어진 포트폴리오의 가치는

$$\Pi = -20 + 50/2 = 5$$

달러이고, 그 결과 옵션의 현재 가치는 5달러이다.

위의 방법은 주식과 현금으로 구성된 포트폴리오로 옵션만으로 구성된 포트폴리오를 복제하는 방법이다. 만기일에 옵션의 페이오프(pay-off)가 다른 자산들로 이루어진 포트폴리오로 복제될 수 있다면 차

익거래 불가 원칙에 따라서 옵션의 현재 가격은 해당 포트폴리오의 현재 가치와 같다는 것으로부터 출발하는 방법이다.

1.5 델타 헤징법

질문 1.2의 답을 제공하는 두 번째 방법은 델타 헤징법이라고 불리는 방법인데, 1973년 블랙(F. Black)과 숄즈(M. Scholes)는 기념비적인 공동논문에서 델타 헤징법을 사용해서 연속시간 시장모델에서 옵션의 적정 가격을 구하는 데 성공했다. 아래의 방법은 블랙과 숄즈의 방법을 극단적으로 단순화시킨 것으로, 이후에 연속시간 시장모형으로 자연스럽게 확장된다.

이제 블랙과 숄즈가 사용한 방식으로 **질문 1.2**에서 언급한 마이크로소프트 주식에 대한 콜옵션의 적정 가격을 구해보겠다. 앞의 예에서와 마찬가지로 주가를 S, 옵션의 가치를 c라 할 때, 나는 1단위의 옵션 계약을 매도하고 주식을 Δ 단위만큼 매입하는 포트폴리오를 구성한다. 즉 내 포트폴리오의 가치 Π는

$$\Pi = \Delta \cdot S - 1c$$

가 된다. (파생상품 하나를 팔고 기초자산을 Δ 단위만큼 사들이는 포트폴리오는 파생상품 이론에서 가장 중요한 포트폴리오의 구성이다.)

이어서 이 포트폴리오가 일주일 후 무위험이 되도록 Δ를 조정한다. 일주일 후 주식의 가격이 오르면 내 포트폴리오의 가치는

$$\Pi = 80\Delta - 20$$

이 되고, 주식 가격이 내리면

$$\Pi = 40\Delta$$

가 된다. 이 두 경우의 Π의 값이 같아지는 Δ, 즉 방정식

$$80\Delta - 20 = 40\Delta$$

을 만족하는 Δ를 구하면

$$\Delta = 1/2$$

을 얻는다. 그리고 이때 일주일 후 내 포트폴리오의 가치는 20달러이다. 즉 주식 1/2주를 사들이고 옵션 계약 하나를 팔면 나는 주가가 오르든지 내리든지 일주일 후 20달러 값어치의 무위험 자산을 보유하는 것이다. 조건에서 이자가 없음을 가정했으므로 일주일 후 20달러인 무위험 자산의 현재 가치 역시 20달러이다. 그러므로 현재의 포트폴리오의 달러 가치는 다음과 같다.

$$\frac{1}{2}S - 1c = 20$$

현재 S가 50달러이므로 위 식으로부터 $c = 5$달러를 얻는다. (실제로 델타 헤징법은 앞서 소개한 복제 포트폴리오 방법과 근본적으로 동일한 방법이다.)

위의 방식을 일반화하기 위하여 옵션 만기 시점에 주가가 S^+로 오르거나 S^-로 내리며, 그 때의 옵션의 가치는 각각 c^+, c^-라 가정하고, 현재의 주가를 S, 옵션의 적정 가치를 c라고 하자. 만기시점까지 무이자를 가정하면

$$\text{만기시점의 } \Pi = \Delta S - 1c = \begin{cases} S^+\Delta - c^+ & (\text{주가 상승 시}) \\ S^-\Delta - c^- & (\text{주가 하락 시}) \end{cases}$$

이고 위 포트폴리오가 만기 무위험이 되도록 Δ를 조정하면

$$S^+\Delta - c^+ = S^-\Delta - c^-$$

로부터

$$\Delta = \frac{c^+ - c^-}{S^+ - S^-}$$

를 얻는다. 무이자를 가정했으므로 포트폴리오의 만기의 무위험 가치

$$S^+\Delta - c^+ = S^+\frac{c^+ - c^-}{S^+ - S^-} - c^+$$

는 포트폴리오 현재 가치

$$\Pi = \Delta S - c = \frac{c^+ - c^-}{S^+ - S^-}S - c$$

와 같게 된다. 이렇게 얻은 등식

$$S^+\frac{c^+ - c^-}{S^+ - S^-} - c^+ = \frac{c^+ - c^-}{S^+ - S^-}S - c$$

를 정리하여 현재 옵션 적정 가격 c를 구하면 다음과 같다.

$$c = pc^+ + (1-p)c^-$$

이때 p는

$$p = \frac{S - S^-}{S^+ - S^-}$$

로 주어진다. 이를 해석하면 현재 옵션 적정 가격 c는 주가상승확률 p, 주가하락확률 $1 - p$로 정의된 확률측도에 대한 만기시점 옵션 가치의 기댓값으로 표현된다. 또한 이렇게 구해진 c와 p는 등식

$$\begin{pmatrix} S^+ - S & S^- - S \\ c^+ - c & c^- - c \end{pmatrix} \begin{pmatrix} p \\ 1-p \end{pmatrix} = \begin{pmatrix} 0 \\ 0 \end{pmatrix}$$

을 만족한다. 즉, 이때의 행렬 $\begin{pmatrix} S^+ - S & S^- - S \\ c^+ - c & c^- - c \end{pmatrix}$ 과 확률벡터 $\begin{pmatrix} p \\ 1-p \end{pmatrix}$ 는 다음 **1.6**의 정의에 의하면 각각 손익행렬과 마팅게일 측도이다.

1.6 마팅게일 측도 방법

세 번째 방법은 이른바 마팅게일 측도를 사용한 것으로서 파생상품의 가격결정이론에서 가장 중요한 개념 중 하나이다.

행렬 A는 2×2 행렬로 현금 대신 주식과 옵션을 보유할 때의 손익을 나타내는 손익행렬이고 A의 각 행은 투자자산으로 주식과 옵션, 각 열은 상승과 하락의 시나리오를 나타낸다 하자. 즉 주가가 오른 경우 현금 대신 주식과 옵션을 보유했을 때의 이익이 손익행렬의 처음 열의 성분이고, 주가가 내린 경우의 손익이 다음 열의 성분이다. 위의 예처럼 무이자를 가정하고, 일주일 후 주가가 S^+로 오르거나 S^-로 내리며, 그때의 옵션의 가치는 각각 c^+, c^-라 가정하고, 현재의 주가를 S, 옵션의 적정 가치를 c라고 하면 손익행렬 A는 다음과 같이 정의 된다.

$$A = \begin{pmatrix} S^+ - S & S^- - S \\ c^+ - c & c^- - c \end{pmatrix}$$

이제 2벡터 (2×1 행렬) $Q = \begin{pmatrix} q_1 \\ q_2 \end{pmatrix}$ 의 각 성분이 양수이고, 각 성분의 합이 1 그리고

$$AQ = \begin{pmatrix} 0 \\ 0 \end{pmatrix}$$

을 만족할 때, Q를 마팅게일 (확률)측도라고 정의한다.

즉 Q가 마팅게일 측도이면 $q_1, q_2 > 0$, $q_1 + q_2 = 1$ 이고

$$(S^+ - S)q_1 + (S^- - S)q_2 = 0$$

$$(c^+ - c)q_1 + (c^- - c)q_2 = 0$$

을 만족한다. 다시 말하면 Q는 주식과 옵션의 손익을 모두 0으로 만드는 확률측도이고, 이 경우 q_1, q_2는 각각 주가의 상승, 하락의 확률로 해석될 수 있다.

만일 마팅게일 측도 Q가 존재한다면 $q_1 + q_2 = 1$과 첫 번째 식

$$(S^+ - S)q_1 + (S^- - S)q_2 = 0$$

으로부터 q_1, q_2를 구하고, 역시 $q_1 + q_2 = 1$과 나머지 식

$$(c^+ - c)q_1 + (c^- - c)q_2 = 0$$

으로부터

$$c = c^+ q_1 + c^- q_2$$

을 얻는다. 즉 마팅게일 측도 Q에 대한 일주일 후 옵션 가치의 기댓값으로 표현된다.

질문 1.2의 경우 손익행렬은

$$A = \begin{pmatrix} 30 & -10 \\ 20 - c & -c \end{pmatrix}$$

이므로 $AQ = \begin{pmatrix} 0 \\ 0 \end{pmatrix}$으로부터 연립방정식

$$30\,q_1 - 10\,q_2 = 0$$
$$(20 - c)\,q_1 - c\,q_2 = 0$$

을 얻고 이를 풀면 $q_1 = 1/4$, $q_2 = 3/4$이므로

$$c = 20q_1 - 0q_2 = 20 \times 1/4 = 5$$

를 얻는다.

이때, q_1은 현금을 보유했을 때와 비교해서 주식투자에 대한 이득의 기댓값이 0이 되는 공평한 시장이라는 가정 아래 주식의 값이 오를 확률이고, q_2는 주가가 내릴 확률이다. 즉 주식에 투자했을 때의 기댓값이 현금을 가지고 있는 경우와 동일하게 되는 q_1, q_2를 뜻한다. 주가의 1주일 후 기댓값 $80\,q_1 + 40\,q_2$가 현금을 보유했을 때 1주일 후의 가치 50과 같아지는 q_1, q_2이다. 무이자를 가정했으므로, 이러한 q_1, q_2에 대하여 1주일 후 옵션 가치의 기댓값이 바로 우리가 구하고자 하는 옵션의 현재 가치이다.

정리하면, 무이자를 가정하고 주식과 옵션으로 이루어진 단순 1기간 모형에서 델타헤징법으로부터 앞서 **1.5**에서 얻은 옵션가격 공식

$$c = p\,c^+ + (1 - p)\,c^-$$

의 확률벡터 $\begin{pmatrix} p \\ 1 - p \end{pmatrix}$는 마팅게일 측도이다. 즉, 단순 1기간 모형에서는 델타 헤징법으로 옵션의 가격을 구하는 것은 마팅게일 측도를 이용해서 옵션의 가격을 구하는 것과 근본적으로 동일한 방법임을 쉽게 보일 수 있었다.

1.7 차익거래와 마팅게일 측도

이제 우리는 앞의 예처럼 하나의 주식과 옵션으로 이루어진 단순한 시장모형에서뿐 아니라, 일반적으로 m 가지의 자산과 n 가지의 자산 변동 시나리오를 갖는 금융시장에서 차익거래의 기회가 없다는 명제와 마팅게일 측도가 존재한다는 명제가 서로 동치임을 설명하고자 한다. 차익거래의 기회가 존재한다는 것은 주가가 움직이는 어떤 상황에서도 손실의 위험이 없으며, 적어도 그중 하나의 상황에서는 양의 수익을 얻는 기회가 존재한다는 뜻이다. 앞서 **질문 1.2**에서의 경우와 같이 주식과 옵션의 2 종류의 투자자산, 그리고 주가상승과 주가하락 두 가지의 시나리오로 이루어진 시장의 경우, 차익거래의 기회가 존재한다는 건 적당한 2 벡터 $X = \begin{pmatrix} x_1 \\ x_2 \end{pmatrix}$ 가 존재해서, 다음 2 벡터

$$A^T X = \begin{pmatrix} S^+ - S & c^+ - c \\ S^- - S & c^- - c \end{pmatrix} \begin{pmatrix} x_1 \\ x_2 \end{pmatrix}$$

의 각 성분이 음이 아니면서 두 성분 중 하나가 양의 값을 가져야 한다는 것을 의미한다. 이를 일반화 시키면 주식과 옵션 두 개의 자산과 주가의 일정량만큼의 상승 또는 하락 두 가지의 시나리오가 아니라, m 가지의 자산과 n 가지의 시나리오를 갖는 금융시장을 생각하면 손익행렬 $A = (a_{ij})_{m \times n}$ 의 성분 a_{ij} 는 j 번째 시나리오가 발생할 때 i 번째 자산 1단위가 만들어 내는 손익을 의미한다. 그리고 차익거래의 기회가 존재한다는 것은 $A^T X$ 의 모든 성분이 음이 아니면서 적어도 하나의 성분이 양이 되게 하는 m 차원 벡터 X 가 존재한다는 것을 의미한다. 이때 m 차원 벡터 X 는 어떤 시나리오에서도 손해를 보지 않으면서 최소한 하나의 시나리오에서 양의 수익을 얻는 포트폴리오의 구성 전략을 의미한다.

아래에 소개하는 **정리 1.8**은 'Stiemke's Lemma' 또는 'Theorem of the Alternative'라 불리기도 하는 매우 중요한 정리이다.

1.8 정리

A가 $m \times n$ 행렬일 때 다음 조건은 서로 동치이다.
(1) $A^T X$의 모든 성분이 음이 아니면서 적어도 하나의 성분이 양이 되게 하는 m 차원 벡터 X가 존재하지 않는다.
(2) 모든 성분이 양수인 n 차원 벡터 Q가 존재해서, $AQ = 0$이 성립한다.

[참고] 이때 (2)에서 n 차원 벡터 Q의 모든 성분이 양수이고 합이 1이라고 가정해도 일반성을 잃지 않는다.

정리 1.8의 증명은 수학전공 대학원 수준인 한 – 바나흐(Hahn-Banach) 정리와 리스(Riesz) 표현정리를

필요로 하는 등 본 교재의 수준을 넘어서므로 생략한다. 증명에 관심 있는 독자는 Etheridge([ET], Theorem 1.5.2) 또는 ([김정훈], **정리 5.4**)를 참조하기 바란다.

위 **1.7**의 설명과 **정리 1.8**에 의해 유한개의 자산과 유한개의 시나리오로 이루어진 금융시장에서 다음의 두 명제는 서로 동치가 됨을 알 수 있다. 이를 자산 가격결정의 기본정리라고 부른다.

1.9 정리(자산 가격결정의 기본정리, fundamental theorem of asset pricing)

유한개의 자산과 시나리오로 이루어진 금융시장에서 다음의 두 명제는 서로 동치가 된다.
(1) 차익거래의 기회가 존재하지 않는다.
(2) 마팅게일 측도 Q가 존재한다.

이제 **질문 1.2**로 되돌아가서 우리가 무위험 차익거래의 기회가 존재하지 않는다는 가정을 따른다면 **정리 1.9** 자산 가격결정의 기본정리에 의해서 마팅게일 측도 Q가 존재하므로 **1.6**의 마팅게일 방법으로 **질문 1.2**에 대한 답을 얻을 수 있다.

자산 가격결정의 기본정리는 1979년 다기간 이산시간 시장모형에서 해리슨(Harrison)과 크렙스(Kreps)의 논문([HK])에서 소개되었으며, 1981년 해리슨(Harrison)과 플리스카(Pliska)에 의하여 연속시간 시장모형으로 확장되었다. 이렇듯 이산시간과 연속시간을 망라하는 Harrison-Kreps-Pliska의 정리, 즉 가격결정의 기본정리는 금융파생상품의 가격결정이론에서 가장 중요한 업적 중 하나라고 널리 인정받고 있다. 경제학의 가격결정이론에서는 무위험 차익거래의 기회가 없음을 가정하는 것이 일반적이므로 마팅게일 측도가 존재한다는 가정에서 출발한다. 한편 Harrison-Kreps-Pliska의 정리에 따르면 마팅게일 측도에 대한 파생금융상품의 만기시점에서의 기대가치를 이자율로 할인한 값이 해당 파생금융상품의 현재 적정 가치가 됨이 자연스럽게 얻어지므로 자산 가격결정의 기본정리라 불리게 되었다. 마팅게일 측도에 대한 기댓값은 위험중립 세계에서의 기댓값을 의미하기도 하므로 자산 가격결정의 기본 정리를 적용하여 파생상품의 현재 가치를 구하는 방법을 '위험중립가치평가(risk-neutral valuation)'라고 일반적으로 부른다. 본 교재는 위험중립가치평가에 의하여 파생상품의 적정 가격을 구하는 데 초점이 맞춰져 있으며, 실제 시장모형에서 위험중립가치평가의 증명 및 응용과 관련한 내용을 책 전반에 거쳐서 상세히 다루기로 한다.

자산 가격결정의 기본정리에 따르면 마팅게일 측도에 대한 파생금융상품의 만기 페이오프의 기대가치를 만기까지의 이자율로 할인한 값이 해당 파생금융상품의 현재 적정 가치가 된다.

2. 파생상품의 소개

파생상품이란 곡물, 원자재, 주식 채권 등의 각종 유가증권, 환율, 이자율 등 기초자산(underlying assets)의 가격이나 가치 변동에 따라 그 가치가 결정되는 금융상품으로, 곡물, 원자재 등 상품을 기초자산으로 하는 상품파생상품과 환율, 이자율, 주식, 채권 등 금융상품을 기초자산으로 하는 금융파생상품으로 구분되고, 거래되는 장소에 따라 장내파생상품, 장외파생상품으로 구분되고, 거래 형태에 따라 선도, 선물, 스왑, 옵션 등으로 분류 된다.

1.10 주요 금융파생상품

1) 선도계약 또는 선도거래

선도계약(forward contracts)은 미래의 약정된 시점(결제일)에 미리 정해진 가격(선도가격)으로 자산을 사거나 팔기로 맺은 계약으로, 거래소에서 거래되는 것이 아니라 장외에서 거래되는 것으로 선도계약의 매도자와 매수자는 결제일에 선도가격으로 반드시 거래를 해야 하는 의무를 갖는다.

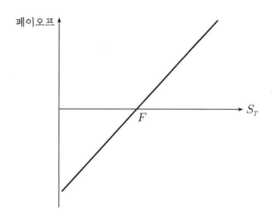

선도매수계약의 만기 페이오프

위의 표에서는 선도 매수 계약자의 만기시점에서의 손익을 표시하였다. 즉 결제일 T에서 기초자산의 가격을 S_T, 현재의 선도가격을 F라고 하면, 위 그림에서의 직선의 기울기가 1이므로 선도 매수 계약자의 만기 손익, 즉 선도 매수 계약의 만기 페이오프는 $S_T - F$이다.

2) 선물(futures)

선물계약 또는 선물은 미래의 약정된 시점의 주가지수, 환율, 금리 및 상품을 미리 정한 가격으로 현시점에서 거래하는 것으로 공식화된 거래소에서 표준화된 조건으로 거래되는 대표적인 장내파생상품이다. 선도와 선물은 미래시점에서 거래될 가격을 현재 시점에서 확정시키는 계약을 의미하며 기초자산의 가격변동위험을 헤지(hedge)하는 수단으로 많이 이용되는 점에서 본질적으로 동일하다. 하지만 선물거래는 거래소를 이용하고 증거금 및 일일정산제도가 있다는 점에서 선도거래와 구별된다.

3) 스왑

스왑은 계약 당사자의 특정 자산 및 부채를 일정기간 동안 정해진 조건으로 교환하기로 하는 계약으로 대표적인 장외파생상품이다. 동일 통화에 대한 고정금리와 변동금리를 교환하는 금리스왑, 서로 다른 통화의 금리 및 원금을 교환하는 통화스왑 등이 있다.

(1) 금리스왑(IRS)

금리스왑은 글자 그대로 금리를 교환하는 스왑이며, 교환대상인 금리는 동일 통화에 대한 고정금리와 변동금리가 된다. 고정금리는 만기까지 동일하게 적용되는 금리이며 변동금리는 만기까지, 보통 3개월 또는 6개월, 일정기간마다 새로 책정되는 단기금리이다. 런던금융시장에는 AA-신용등급 수준의 은행 간에 만기 1년 이하의 단기자금시장이 형성되어 있으며 이때의 offer 금리를 Libor라 하는데, 금리스왑 거래에서는 Libor가 변동금리의 기준으로 활용된다. 한편 원화 금리스왑의 기준금리로는 3개월(91일)물 CD금리가 이용된다.

(2) 통화스왑(CRS)

금리스왑이 동일 통화 간 변동금리와 고정금리의 교환인 데 반하여, 통화스왑은 서로 다른 통화의 금리 및 원금을 교환하는 스왑이다. 통화스왑은 거래자가 현재의 현금흐름을 다른 통화의 현금흐름으로 변화시킬 필요가 있을 때 이용하는 거래로, 만기까지 원금에 기초하여 통화 간 금리를 교환하고, 만기일에는 금리교환과 같은 방향으로 계약시점에 미리 약정한 환율에 의해 원금을 교환하는 방식이다. 약정환율은 일반적으로 현재의 현물환율이 이용된다. (이처럼 통화스왑거래는 금리스왑거래와 달리 만기에 양 통화로 표시된 원금을 교환한다.)

4) 옵션

앞서 설명한 것과 같이 옵션은 미래 특정시점에 미리 정한 가격으로 지정된 기초자산을 매매할 수 있는 권리를 부여한 상품이다. 기초자산에 따라 주식옵션, 주가지수옵션, 통화옵션, 금리옵션, 상품옵션 등으로 구별된다. 미래의 특정시점을 만기(maturity)라 하고, 미리 정한 가격을 행사가격(strike price)이라 한다. 옵션을 행사할 수 있는 시점에 따라 분류하자면, 만기 시점에서만 권리를 행사할 수 있는 유러피언 옵션, 만기 이전에 원하는 시점에서 권리를 행사할 수 있는 아메리칸 옵션 등으로 구분 할 수 있다.

1.11 옵션의 만기 페이오프(payoff)

옵션의 가격을 고려하지 않은 상태에서 옵션의 매입자 또는 매도자의 (만기시점에서의) 손익을 (만기) 페이오프라 부른다. 옵션 보유자의 만기 페이오프는 음의 값을 가질 수 없고, 옵션 매도자의 페이오프는 양의 값을 가질 수 없다.

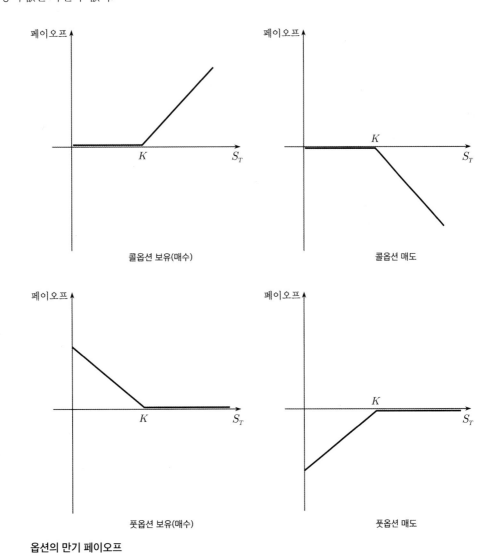

옵션의 만기 페이오프

옵션 만기를 T, 옵션 만기시점의 기초자산 가격을 S_T, 옵션의 행사가격을 K라 놓으면 콜옵션과 풋옵션의 매입자 만기 페이오프는 각각 $\max(S_T - K, 0)$과 $\max(K - S_T, 0)$임을 옵션의 정의로부터 쉽게 알 수 있다.

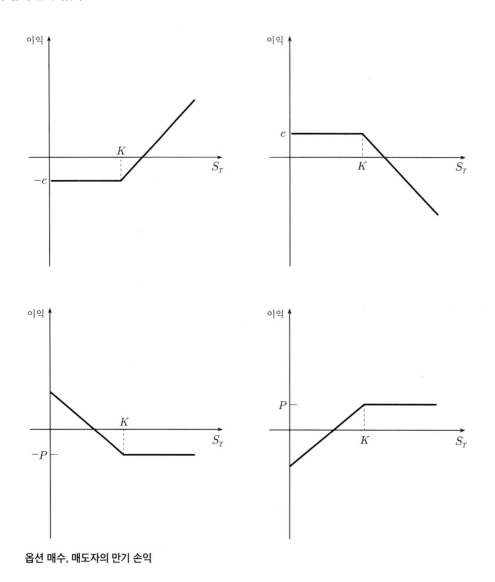

옵션 매수, 매도자의 만기 손익

1.12 옵션의 가치

옵션은 권리이지 의무는 아니기 때문에 옵션을 매수하는 사람은 해당 옵션을 매도한 사람에게 일정한 구입의 대가를 지불해야 하는데 이것을 "옵션 프리미엄"이라고 한다.

옵션의 가격, 즉 프리미엄의 구성을 살펴보면 내재가치(intrinsic value)와 시간가치(time value)의 합으로 이루어져 있다.

$$\text{옵션의 가치} = \text{내재가치} + \text{시간가치}$$

1) 옵션의 내재가치

해당 옵션을 즉시 행사했을 때 얻을 수 있는 가치를 말한다. 만일 t 시점에서 기초자산인 현물의 가격이 S_t, 옵션의 행사가격이 K라고 하면 해당 시점에서 콜옵션의 내재가치는 $\max\left(S_t - K, 0\right)$이고 풋옵션의 내재가치는 $\max\left(K - S_t, 0\right)$가 된다. 콜옵션은 대상 현물의 가격이 행사가격보다 높은 경우에만 양의 내재가치를 가지게 된다. 반면에 풋옵션은 현물의 가격이 행사가격보다 낮은 경우에만 양의 내재가치를 가지고 이상인 경우에는 내재가치를 가지지 않는다. 양의 내재가치를 가질 때 옵션은 내가격(in-the-money, ITM)에 있다고 하고, $S_t = K$ 일 때 등가격(at-the-money, ATM), 등가격이 아니면서 내재가치가 0인 경우 옵션은 외가격(out-of-the-money, OTM)에 있다고 한다. 내재가치의 경우 음(-)의 값을 가질 수 없으므로 최소 0보다 크거나 같다.

2) 옵션의 시간가치

대부분의 경우 옵션은 만기일 이전에는 내재가치 이상의 가격으로 거래되는 것이 정상이다.

이 경우 옵션의 가격 중 내재가치를 초과하는 부분이 옵션의 "시간가치"라 말하는데, 이때 시간가치는 만기일까지 시장가격이 옵션 매입자에게 유리하게 변동할 가능성에 대한 가치가 바로 "시간가치"라 볼 수 있다. 콜옵션의 경우 항상 양의 시간가치를 갖는다. 한편 풋옵션은 대부분의 경우 양의 시간가치를 갖지만 심내가격인 경우에 음의 시간가치를 가질 수 있다. 그 이유는 5장의 **5.19**에서 자세하게 설명한다.

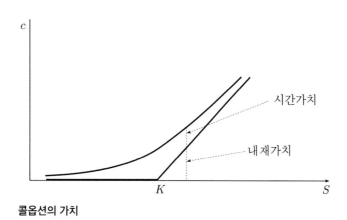

콜옵션의 가치

3. 이자율과 채권

무위험 이자율(risk free interest rate)이란 화폐의 시간적 가치에 유동성 프리미엄을 추가한 것으로서 위험이 전혀 내포되지 않는 순수한 투자의 수익률을 뜻한다. 옵션의 적정 가치를 구하는 데 있어서는 기간과 시점에 관계없이 상수인 무위험 이자율을 가정 하는 것이 보편화 되어 있다. 상수 이자율은 비현실적이라고 생각할 수도 있지만, 일반적으로 옵션의 가치는 상대적으로 이자율의 영향을 크게 받지 않기 때문이다. 무위험 투자자산에 대하여 서로 다른 두 가지의 이자율이 있을 경우는 차익거래가 가능하므로, 무차익 원칙에 따라 무위험 이자율은 단일 표준화 되어 있으며 기간별, 복리기준별로 고유한 형태로 나타난다.

1.13 이자율의 계산

A 의 금액을 무위험 연 이자율 r 로 투자한다고 가정할 때, 이자를 연 1회 복리계산하면 n 년 후의 가치는

$$A(1+r)^n$$

이 되고, 연간 $m > 1$ 번 복리계산한다면 n 년 후의 가치는

$$A(1+r/m)^{nm}$$

이 된다. 이때의 값 $A(1+r/m)^{nm}$ 에 $m \to \infty$ 의 극한을 취하면 연속복리 연이율 r 기준에서 n 년 후의 가치

$$Ae^{rn}$$

에 증가하며 수렴한다.

현재부터 일정기간 동안의 연 평균이자율을 현물이자율(spot rate) 또는 현물금리라고 하며, 현재 시점에서 평가한 미래 특정시점으로부터 일정기간 동안의 이자율을 선도이자율(forward rate) 또는 선도금리라고 부른다. 예를 들면, 연 복리로 n 년 만기 현물이자율이 r_n 이라 할 때 $n-1$ 년 후부터 n 년 후까지 1년 동안의 선도이자율은 다음과 같다.

$$\frac{(1+r_n)^n}{(1+r_{n-1})^{n-1}} - 1$$

이자율 계산에 대한 이야기는 **1.20**에서 이어나가기로 한다.

1.14 이표채

채권이란 정부, 지방자치단체, 기업 등의 발행주체가 자금을 조달하기 위해 발행하는 유가증권으로 만기에 원금과 약정일에 약정이자를 지급하기로 약속한 일종의 차용증서이다.

여기서 원금을 액면가(face value)라 하고 약정이자율을 표면금리(coupon rate)라 한다. 채권의 현재 가치는 채권을 보유했을 때 얻게 될 이자와 원금 등 미래 현금흐름을 시장이자율 등의 적절한 할인율로 할인한 가치이다. 여기서 미래 현금흐름의 형태는 표면금리와 만기의 유무에 따라 달라지며 이에 따라 채권은 이표채, 무이표채, 영구채로 구분된다.

금리확정형 이표채(coupon bond)는 만기와 표면금리가 정해져 있어서 만기까지 매 기간 약정일에 정해진 이자를 지급하고 만기일에 액면가 원금을 상환하는 채권을 말하며 고정금리부채권이라고 부르기도 한다. 따라서 매 기간 적용될 시장이자율이 r로 일정하다면 이표채의 가치를 다음과 같이 쉽게 구할 수 있다. 여기서 r은 채권의 (신용위험이 반영된) 할인율이라고 생각할 수 있다. 이제 구하고자 하는 채권의 가치는 P, 기간별 표면금리는 c, 액면가는 F, 만기까지는 n기간이 남았다고 하면, 다음의 식이 성립한다.

$$P = \sum_{k=1}^{n} \frac{cF}{(1+r)^k} + \frac{F}{(1+r)^n}$$

한편 현재 1기간 초부터 k기간 말까지 적용되는 1기간 평균 이자율이 r_k로 기간마다 다른 경우 위 채권의 현재 가치는 다음과 같다.

$$P = \sum_{k=1}^{n} \frac{cF}{(1+r_k)^k} + \frac{F}{(1+r_n)^n}$$

채권의 표면금리가 시장금리에 연동되어 있어서 이자지급 때마다 재조정되는 변동금리부채권은 **1.19**에서 별도로 다룬다.

1.15 만기수익률

채권의 만기수익률(yield to maturity)은 채권을 만기까지 보유했을 때의 유입되는 현금흐름과 채권의 현재 시장가격을 같게 해주는 할인율을 말한다. P_0가 채권의 현재 시장가치이고 기간별 표면금리는 c, 액면가는 F, 만기까지는 n기간이 남았다고 하자. 이때 다음 식을 만족시키는 상수 y가 만기수익률이다.

$$P_0 = \sum_{k=1}^{n} \frac{cF}{(1+y)^k} + \frac{F}{(1+y)^n}$$

즉 만기수익률은 채권을 만기까지 보유했을 때 채권투자로부터 얻게 될 기간평균수익률이다.

액면가 100달러 만기 3년 표면금리 연 4%인 채권이 있다. 1기간이 1년이고 시장이자율이 1년 기준으로 3%, 2년 기준으로 3.75% 그리고 3년 기준으로는 4.25%라고 할 때, 이 채권의 현재 적정 가격은

$$P = \frac{4}{1.03} + \frac{4}{1.0375^2} + \frac{104}{1.0425^3} = 99.39$$

이고 만기수익률 y는 다음 방정식의 해이다.

$$\frac{4}{1+y} + \frac{4}{(1+y)^2} + \frac{104}{(1+y)^3} = 99.39$$

이를 만족하는 y를 계산하면 $y = 0.0422$를 얻으므로 채권의 만기수익률은 1년 복리 기준으로 연 4.22%이다.

1.16 채권 가격의 근사

P는 채권가격 r은 만기까지 상수라고 가정한 시장이자율 또는 만기수익률, 만기까지 남은 기간은 n, 그리고 C_k는 k번째 기간에 발생하는 현금흐름이라고 하자.

(앞의 예에서는 $C_1 = C_2 = \cdots = C_{n-1} = cF$, $C_n = cF + F$인 경우이다.)

이때 다음 식이 성립한다.

$$P = \sum_{k=1}^{n} \frac{C_k}{(1+r)^k}$$

위 식의 채권가격 P는 이자율 r에 대하여 미분가능한 함수이므로 도함수를 살펴보자.

$$\frac{dP}{dr} = -\sum_{k=1}^{n} \frac{k\,C_k}{(1+r)^{k+1}} < 0$$

$$\frac{d^2P}{dr^2} = \sum_{k=1}^{n} \frac{k(k+1)\,C_k}{(1+r)^{k+2}} > 0$$

이에 따라 채권가격 P는 이자율 r에 대해서 감소함수이고 아래로 볼록인 함수이다. 그러므로 2차 항의 계수가 양수인 2차 포물선의 왼쪽 그래프로 근사시키기에 적합하다.

따라서 2차 테일러 다항식을 이용해서 근삿값으로 표현하면 아래와 같다.

$$P(r + \Delta r) \cong P(r) + P'(r)\Delta r + \frac{1}{2}P''(r)(\Delta r)^2$$

1.17 듀레이션과 볼록성 1

채권의 듀레이션(duration)은 채권투자로부터 발생하는 금액을 회수하는 데 걸리는 평균적 기간을 뜻하는 것으로 최초 고안자의 이름을 따서 매컬리 듀레이션(McCaulay duration)이라 불리기도 한다. 위에서와 같이 채권의 가격이 $P = \sum_{k=1}^{n} \dfrac{C_k}{(1+r)^k}$ 로 표시되었을 때 듀레이션 D는 다음과 같이 정의된다.

$$D = \sum_{k=1}^{n} k \frac{\dfrac{C_k}{(1+r)^k}}{P} = \sum_{k=1}^{n} \frac{k\,C_k}{(1+r)^k\,P}$$

앞서 **1.15**의 예에서 언급한 채권의 듀레이션은 다음과 같이 계산된다.

$$D = 1 \cdot \frac{\dfrac{4}{1.0422}}{99.39} + 2 \cdot \frac{\dfrac{4}{1.0422^2}}{99.39} + 3 \cdot \frac{\dfrac{104}{1.0422^3}}{99.39} = 2.89$$

위의 예처럼 이표채는 전체 현금흐름 중에 일부가 이자를 통해서 만기일 이전에 회수되므로 듀레이션이 만기보다 짧다.

또한 듀레이션을 이용해서 이자율이 약간 변했을 때 채권의 가격 변동액을 근사할 수 있다.

$$\frac{dP}{dr} = - \sum_{k=1}^{n} \frac{k\,C_k}{(1+r)^{k+1}} = - \frac{P}{1+r}\,D$$

가 성립하므로

$$dP = - \frac{D}{1+r} \cdot P \cdot dr$$

이다. 이를 통해 듀레이션을 알고 있을 때, 이자율의 변화에 따른 채권가격의 변동액이 다음과 같이 근사된다.

$$P(r + \Delta r) - P(r) \cong - \frac{D}{1+r} \cdot P \cdot \Delta r$$

하지만 위의 근사식은 이자율의 변동 Δr이 작은 경우에만 유효하다.

한편 채권가격의 이자율 탄력성 ϵ은 다음과 같이 정의되고 듀레이션을 이용하여 구할 수 있다.

$$\epsilon = \frac{dP/P}{dr/r} = \frac{dP}{dr}\,\frac{r}{P} = - \frac{r}{1+r}\,D$$

듀레이션과 더불어 **볼록성**(convexity)은 해당 채권의 고유한 특성을 나타낸다. 볼록성 C는

$$C = \frac{P''}{P}$$

로 정의되며, 동일가격에서 볼록성이 큰 채권은 볼록성이 작은 채권보다 이자율 변동에 대한 장점을 갖는다. 2차 테일러 다항식을 이용한 근사식

$$P(r+\Delta r) \cong P(r) + P'(r)\Delta r + \frac{1}{2}P''(r)(\Delta r)^2$$

은 듀레이션 D과 볼록성 C를 이용하면 다음 근사식

$$P(r+\Delta r) \cong P(r) - \frac{D}{1+r} \cdot P(r) \cdot \Delta r + \frac{1}{2}C \cdot P(r) \cdot (\Delta r)^2$$

으로 표현될 수 있다.

듀레이션과 볼록성을 이용해서 이자율이 약간 변했을 때 채권의 가격변동액의 근삿값을 구하면 실제 채권가격의 변동액과 매우 근접한 값을 얻을 수 있다.

예제

액면가 5,000달러 만기 3년 표면금리 연 10%인 채권이 있다. 1기간이 1년이고 시장이자율이 연 10%의 상수인 경우 채권의 현재 가치는

$$P = \frac{500}{1.1} + \frac{500}{1.1^2} + \frac{5,500}{1.1^3} = 5,000$$

달러이다. 따라서 이 채권의 듀레이션은

$$D = 1 \cdot \frac{\frac{500}{1.1}}{5,000} + 2 \cdot \frac{\frac{500}{1.1^2}}{5,000} + 3 \cdot \frac{\frac{5,500}{1.1^3}}{5,000} = 2.74$$

년이다. 또한 볼록성은

$$C = \frac{1}{5,000}\left(\frac{1 \cdot 2 \cdot 500}{1.1^3} + \frac{2 \cdot 3 \cdot 500}{1.1^4} + \frac{3 \cdot 4 \cdot 5,500}{1.1^5}\right) = 8.76$$

이다.

이제 위의 조건에서 모든 것이 동일하고 이자율이 시장이자율이 연 12%이라 가정하자. (순간적으로 시장이자율이 10%에서 12%로 상승했다고 가정하는 것과 동일하다.)

이 경우 채권의 현재 가치는

$$P(0.12) = \frac{500}{1.12} + \frac{500}{1.12^2} + \frac{5,500}{1.12^3} = 4,760$$

달러이다.

한편 시장이자율이 10%에서 12%로 상승했을 때 듀레이션을 이용한 채권 가격의 변동액의 근삿값은

$$\Delta P = -\frac{D}{1+r} \cdot P \cdot \Delta r = -\frac{2.74}{1+0.1} \cdot 0.02 \cdot 5,000 = -249$$

달러가 되므로 이자율 상승 후의 채권가격의 근삿값은 $5,000 - 249 = 4,751$ 달러를 얻고 이는 실제 채권값보다 9달러 더 하락하는 것으로 측정된다. 채권의 가격 그래프가 볼록함수이므로 접선은 항상 곡선의 아래 부분에 위치하게 되므로 듀레이션을 이용해서 수정된 채권가격의 근삿값을 구하면 항상 실제 값보다 작은 값을 얻게 된다. 하지만 듀레이션과 볼록성을 동시에 이용해서 이자율 변동 후의 채권가격을 근사하면 등식

$$P(r + \Delta r) \cong P(r) - \frac{D}{1+r} \cdot P(r) \cdot \Delta r + \frac{1}{2} C \cdot P(r) \cdot (\Delta r)^2$$

으로부터

$$P(0.12) = 5,000 - \frac{2.74}{1+0.1} \cdot 5,000 \cdot 0.02 + \frac{1}{2} \cdot 8.76 \cdot 5,000 \cdot 0.02^2 = 4,759.8$$

달러를 얻는다. 이는 실제 채권가격과 거의 일치한다.

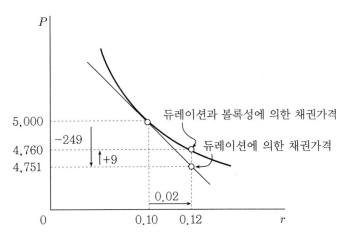

듀레이션과 볼록성을 이용한 채권가격 변동의 근사

참고|

$D^* = \dfrac{D}{1+r}$ 로 정의된 D^*를 채권의 수정 듀레이션이라고 부르며 이 경우 등식

$$dP = -D^* \cdot P \cdot dr$$

과 근사식

$$P(r+\Delta r) \cong P(r) - D^* \cdot P(r) \cdot \Delta r + \frac{1}{2} C \cdot P(r) \cdot (\Delta r)^2$$

가 성립한다. 이와 관련된 내용은 **1.21**에서 이어 간다.

■

1.18 수익률 곡선(yield curve)

무이표채(zero coupon bond)는 표면금리가 0인 채권, 즉 중도에 이자지급은 없고 만기일에 원금만 상환하는 채권을 말한다. 따라서 무이표채의 듀레이션은 채권의 만기와 동일하다.

1년 복리 기준 연이율이 상수 r이라 할 때 만기 n년, 액면가 F인 무이표채의 현재 가격 P는

$$P = \frac{F}{(1+r)^n}$$

를 만족하고 마찬가지로 액면가 F, 현재 가격 P_0인 무이표채의 만기수익률 r_n는

$$P_0 = \frac{F}{(1+r_n)^n}$$

를 만족한다. 이때 r_n는 **1.13**에서 정의한 n년 동안의 현물이자율과 동일하다.

일정 시점에서 다른 조건은 모두 동일하고 만기만 다른 무이표채의 만기와 만기수익률 사이의 관계를 채권 수익률의 기간구조(term structure)라 하고 이를 그래프로 표현한 것을 수익률 곡선(yield curve)이라 부른다. 이에 대한 보다 상세한 내용은 8장에서 다루도록 하겠다.

1.19 변동금리부채권과 금리스왑

일반적인 이표채는 발행시점에 표면금리가 정해져 있어서 만기까지 매 기간 약정일에 정해진 이자를 지급하고 만기일에 액면가 원금을 상환하는 고정금리부채권이다. 변동금리부채권은 그와 달리 채권의 표면금리가 시장금리에 연동되어 있어서 이자지급 때마다 재조정되는 채권이다. 계속적으로 시장금리에 연동하여 이율을 조정하기 때문에 변동금리부채권은 시장금리 변동에 따른 채권의 가격변동 위험을 회피할 수 있는 장점을 갖고 있다.

변동금리부채권은 매 이자지급기간 초에 기준금리에 따라 이율이 확정되며 이에 기초하여 기간 말에 이표가 지급된다. 따라서 다음 이자지급일 직후에는 모든 것이 리셋되어 채권은 액면가와 동일한 가치를 가진다는 성질로부터 변동금리부채권의 가치평가를 한다. 즉, 변동금리부채권은 첫 이자 지급일

만 고려해서 가치평가를 하면 된다.

앞서 **1.10**에서 소개했듯이 금리스왑은 동일통화에 대한 고정금리와 변동금리를 교환하는 스왑이다. 변동금리는 대부분 만기까지, 보통 3개월 또는 6개월, 일정기간마다 새로 책정되는 단기금리인 Libor이다. 금리스왑에서 변동금리인 Libor와 교환되는 고정금리를 스왑금리라고 부른다.

고정금리를 받고 변동금리를 지급하는 금리스왑에 참여하는 것은 고정금리부채권을 매수하고 변동금리부채권을 매도하는 것과 본질적으로 동일하다. 두 채권의 시초 가격이 동일하므로 고정금리인 스왑금리와 변동금리인 Libor를 맞교환하는 금리스왑에 참여하는 데는 따로 비용이 소요되지 않는다.

스왑금리를 구하는 방법은 스왑금리를 지급이자율로 하는 확정금리 이표채의 가격과 변동금리부채권의 적정 가격을 일치시키는 것이다. 다음의 예를 통하여 특정한 금리스왑에서 스왑금리가 어떻게 구해지는지 살펴보자. 아래 예제에서 첫 이자지급일에서 예상되는 Libor는 시장에서 거래되는 선도 Libor 금리를 의미한다. 즉 스왑금리는 선도 Libor에 의해 결정되는 것이 일반적이다.

예제

어떤 금리스왑에 따르면 금융기관은 1,000만 달러 원금에 대해 6개월 Libor를 지급하고 1년 복리로 고정금리를 받기로 되어 있다. 향후 16개월동안 지속되는 스왑에서 이자의 교환은 4개월 후에 시작되어 6개월마다 총 3회 이루어진다. 현재 시점을 기준으로 1년 복리 기준 4개월 이자율은 연 10%, 10개월 이자율은 연 11% 그리고 16개월 이자율은 연 12%이다. 그리고 첫 이자지급일에서 예상되는 6개월 Libor는 연 10.4%이다. 해당 금리스왑에서 Libor와 맞교환되는 고정금리인 스왑금리를 구하시오.

풀이|

1년 복리의 스왑금리를 x라 하자. x를 지급이자율로 하는 확정금리 이표채의 현재 가격은 만 달러 단위로

$$\frac{0.5x\,(1,000)}{1.1^{4/12}} + \frac{0.5x\,(1,000)}{1.11^{10/12}} + \frac{0.5x\,(1,000) + 1,000}{1.12^{16/12}}$$

이고 변동금리부채권의 가치는 첫 이자 지급일만 고려해서 계산하면 되므로 만 달러 단위로

$$\frac{0.104 \times 0.5 \times 1,000 + 1,000}{1.1^{4/12}}$$

이다. 이 두 값을 같게 놓으면 $x = 0.116$을 얻는다. 따라서 적정 스왑금리는 1년 복리 기준 11.6%이다.

금리스왑에 대한 더 많은 내용은 5장의 **5.29** 유러피언 스왑옵션에서 다룬다.

1.20 이자율의 환산 식

단일 무위험 이자율 r은 연속복리의 기준으로도, m 분기복리의 기준으로도 나타낼 수 있다. 연속복리 기준으로 계산한 이자율을 r_c 연간 m번 복리 계산한 동일 이자율을 r_m 이라 하면 등식

$$e^{r_c} = (1+r_m/m)^m$$

으로부터 아래의 환산 식을 얻는다.

$$r_c = m\ln(1+r_m/m)$$

$$r_m = m(e^{r_c/m}-1)$$

예제

(1) 반년 복리 기준의 연 8% 이자율을 연속복리 이자율로 변환하고자 할 때, 위 식에서 $m=2$, $r_m = 0.08$ 이다. 따라서

$$r_c = m\ln(1+r_m/m) = 2\ln\left(1+\frac{0.08}{2}\right) = 0.07844$$

이므로 연속복리 기준의 이자율은 연 7.844%이다.

(2) 어떤 대출자가 연속복리 기준의 연 6% 이자율로 10,000달러를 대출받고, 분기별로 이자를 지급하기로 계약한 경우 차입금에 대한 분기별 이자를 구하고자 하면, 위의 식에서 $m=4$, $r_c = 0.06$ 이므로

$$r_m = m(e^{r_c/m}-1) = 4(e^{0.06/4}-1) = 0.0604$$

에 의하여 분기복리 기준의 이자율은 연 6.04%이다. 따라서 차입금 10,000달러에 대한 분기별 이자는 151달러이다.

연속복리 이자율은 언제든지 다른 형태의 이자율로 환산할 수 있으므로 우리는 당분간 일반성을 잃지 않고 연속복리 이자율을 가정하겠다.

연속복리 이자율의 경우 원리합계금이 계산되는 투자기간은 임의의 양의 실수 t가 가능하다. 즉 A의 금액을 연간 무위험 이자율 r로 투자한다고 가정할 때 t년 후의 투자액 $S = S(t)$는

$$S = Ae^{rt}$$

를 만족한다. 이를 t로 미분하면

$$\frac{dS}{dt} = A r e^{rt} = rS$$

가 되므로 미분방정식

$$dS = r S dt$$

를 얻는다. 이는 무위험 자산의 방정식으로서 어떤 금융자산의 가치 $S = S(t)$가 무위험인 기간 동안은 항상 미분방정식 $dS = r S dt$를 만족하게 된다.

> 연속복리 이자율은 언제든지 다른 형태의 이자율로 환산할 수 있으므로 우리는 당분간 일반성을 잃지 않고 연속복리 이자율을 가정한다.
> r이 무위험 이자율을 나타낼 때 어떤 금융자산의 가치 $S = S(t)$가 무위험인 기간 동안 S는 항상 미분방정식 $dS = r S dt$를 만족한다.

1.21 듀레이션과 볼록성 2

액면가 100달러이고 1년마다 8달러의 이자를 지급하는 만기 3년인 채권이 액면가인 100달러에 거래되고 있을 때 연속복리 만기수익률 y는 다음 식을 만족한다.

$$8e^{-y} + 8e^{-2y} + 108e^{-3y} = 100$$

이 방정식을 풀면 $y = 0.077$, 즉 연속복리 만기수익률은 연 7.7%이다. 이를 일반화하자.

$1 \leq k \leq n$일 때 채권의 소유자에게 t_k시점에서 c_k의 현금을 지급하는 채권이 있다. 이 채권의 연속복리 만기수익률이 y일 때 채권 가격 B는 다음과 같다.

$$B = \sum_{k=1}^{n} c_k e^{-y t_k}$$

이때 채권투자로부터 발생하는 원리금을 회수하는 데 소요되는 평균 기간인 듀레이션 D는 다음과 같이 정의된다.

$$D = \frac{1}{B} \sum_{k=1}^{n} t_k c_k e^{-y t_k} = \sum_{k=1}^{n} t_k \left(\frac{c_k e^{-y t_k}}{B} \right)$$

위 식에서 괄호 안은 t_k시점에서 지급되는 금액의 현재 가치를 채권가격으로 나눈 비율이다.

이때 채권가격 B는 수익률 y의 미분가능함수로

$$\frac{dB}{dy} = -\sum_{k=1}^{n} c_k t_k e^{-yt_k} = -BD$$

즉

$$D = -\frac{B'(y)}{B}$$

가 성립한다. 앞절 **1.17**과 마찬가지로 연속복리 수익률 채권의 볼록성 C 도 다음과 같이 2계 도함수를 이용해 정의된다.

$$C = \frac{B''(y)}{B} = \frac{\sum_{k=1}^{n} c_k t_k^2 e^{-yt_k}}{B}$$

2차 테일러 다항식을 이용한 근사식

$$B(y+\Delta y) \cong B(y) + B'(y)\Delta y + \frac{1}{2}B''(y)(\Delta y)^2$$

으로부터 수익률 변화에 따른 채권의 가격변동액의 근삿값을 듀레이션 D와 볼록성 C를 이용해서 다음과 같이

$$B(y+\Delta y) \cong B(y) - D \cdot B(y) \cdot \Delta y + \frac{1}{2} C \cdot B(y) \cdot (\Delta y)^2$$

또는

$$\frac{\Delta B}{B} \cong -D\,\Delta y + \frac{C}{2}(\Delta y)^2$$

로부터 구할 수 있다. 이는 **1.17**에서 소개한 수정 듀레이션과 볼록성을 이용한 이산 수익률 채권의 가격변동 근삿값과 동일한 형태이다.

이제 무이표채의 듀레이션과 볼록성을 살펴보면, 연속복리 만기수익률이 y라 할 때 만기 T, 액면가 F인 무이표채의 현재 가격 B는 $B = Fe^{-yT}$이므로

$$D = -\frac{B'(y)}{B} = -\frac{1}{Fe^{-yT}}\left(-TFe^{-yT}\right) = T$$

이고

$$D = \frac{B''(y)}{B} = \frac{1}{Fe^{-yT}}\left(T^2 Fe^{-yT}\right) = T^2$$

이다. 즉, 무이표채의 듀레이션은 채권의 만기와 동일하고 볼록성은 만기의 제곱이다.

4. 선도가격

이제 T기간 동안의 연속복리 무위험 이자율, 또는 무위험 할인율이 r이라 가정하고 각종 기초자산에 대한 만기 T의 적정 선도가격을 구하고자 한다. 적정 선도가격은 기초자산이 만기까지 수익을 지급하거나 보관비용이 발생하는 경우 각각 다르게 표현된다. 적정 선도가격은 단순한 무차익 원리 또는 위험중립가치평가를 통하여 구할 수 있으며, 이후 3장에서 다룰 옵션가격과도 밀접한 관계를 갖는다. 본 절에서는 무차익 원리를 이용하여 적정 선도가격을 구하며, 이후에 **1.31**에서는 위험중립가치평가를 이용하여 보다 간편하게 적정 선도가격을 구하는 방법에 대하여 설명하기로 한다.

1.22 적정 선도가격

무배당 주식 등의 중간 무소득 투자자산의 현재 가격을 S_0, 만기까지 잔여기간을 T, 현재의 적정 선도가격을 F_0 (달러)라 할 때, $F_0 = S_0 e^{rT}$이 성립함을 무차익 원리를 사용하여 다음과 같이 보일 수 있다.

(i) 만일 $F_0 > S_0 e^{rT}$이면, S_0달러만큼의 현금을 차입하여 해당 자산을 매입함과 동시에 그 자산에 대한 선도계약을 매도함으로써 아래와 같은 차익거래를 실행할 수 있다.

"차익거래자는 S_0달러를 차입해서 자산 1단위를 매입하고, T년 후에 자산 1단위를 매도할 수 있는 선도계약을 체결한다. T년이 지난 후, 차익거래자는 자산 1단위를 인도하고 F_0달러를 받는다. 차입에 따른 원리금이 $S_0 e^{rT}$달러이므로 차익거래자는 이 전략을 통해 $F_0 - S_0 e^{rT}$달러의 확정 이익을 얻는다."

(ii) 반대로 $F_0 < S_0 e^{rT}$이면 자산을 (공)매도함과 동시에 그 자산에 대한 선도계약을 매입하는 차익거래의 기회가 다음과 같이 발생한다.

"차익거래자는 자산을 공매도하고 그 대금을 무위험 이자율을 지급하는 자산에 T년 동안 투자해서 $S_0 e^{rT}$를 얻는다. T년 후 차익거래자는 F_0달러를 지급하고 자산 1단위를 인도받아 그 자산을 돌려줌으로써 공매계약을 마감한다. 이 장의 거래로부터 차익거래자는 T년 후 $S_0 e^{rT} - F_0$의 순이익을 얻는다."

따라서 (i)과 (ii)로부터 선도가격 F_0와 현물가격 S_0 사이에는

$$F_0 = S_0 e^{rT}$$

의 관계가 성립해야 함이 증명되었다. 이를 간단히 부연설명하면 해당 자산 1단위의 소유자는 자산을 포기하는 대신 T 년 후 F_0 또는 $S_0 e^{rT}$이라는 현 시점에서 확정된 금액을 가질 수 있는데, 이 두 값이 다를 경우 차익거래 포트폴리오를 구성할 수 있으므로 두 값은 같아야 한다는 것이다.

배당을 지급하는 주식, 예정된 이자를 지급하는 채권과 같이 예정된 소득을 제공하는 투자자산의 경우, 예정된 미래소득의 현재 가치를 I 라 할 때, 위에서의 논리와 마찬가지로 $F_0 > (S_0 - I) e^{rT}$이면, 자산을 매입함과 동시에 그 자산에 대한 선도계약을 매도하는 차익거래의 기회가 발생하고, $F_0 < (S_0 - I) e^{rT}$이면 자산을 매도함과 동시에 그 자산에 대한 선도계약을 매입하는 차익거래의 기회가 발생한다. 그러므로 F_0 와 S_0 사이에는

$$F_0 = (S_0 - I) e^{rT}$$

의 관계가 성립해야 한다. 한편 예정된 소득을 지급하는 것이 아니라 보관비용 등의 비용이 발생하는 경우 선도계약 중에 발생하는 총비용의 현재 가치를 I 라 할 때 선도가격 F_0 는 다음과 같음을 위와 동일한 방법으로 보일 수 있다.

$$F_0 = (S_0 + I) e^{rT}$$

선도계약 기간 동안에 투자자산에서 얻는 연속복리 수익률이 q일 때, 위와 동일한 논리를 적용하면

$$F_0 = S_0 e^{(r-q)T}$$

이 성립함을 보일 수 있다. 배당을 지급하는 주식에 대한 선도가격 또는 주가지수 선물가격을 구하는 데 널리 이용된다. 주가지수 선물은 만기일에 기초자산인 주가지수를 인수도 할 수 없으므로 만기일 이전에 반대매매를 통해서 포지션을 마감하거나, 만기일까지 선물계약이 청산되지 않으면 계약시점과 만기시점의 주가지수의 차이를 현금으로 결제하는 방식을 택하고 있다. KOSPI 200 지수 선물의 경우 지수 1포인트당 50만원의 가치가 부여되며 미국의 대표적인 주가지수 선물인 S&P 500지수 선물은 지수 1포인트당 250달러의 가치가 부여된다.

예제

채권 만기가 4년 남은 어느 채권의 현재 가격이 130달러일 때, 이 채권에 대한 만기 1년의 적정 선도 가격을 구하라. 단, 1년 동안의 무위험 할인율은 연 6%, 향후 1년간 지급될 채권이표의 현재 가치는 12달러이다.

풀이|

위의 공식 $F_0 = (S_0 - I)e^{rT}$에서 $S_0 = 130$, $T = 1$, $r = 0.06$, $I = 12$인 경우이므로 적정 선도가격은 $(130 - 12)e^{0.06} = 125.3$달러이다.

예제

만기까지 3개월 남은 S&P 500지수 선물가격을 구하고자 한다. 현재 지수는 1,350이고 지수를 구성하는 주식들이 평균 연속배당률 연 1%의 배당을 지급한다고 하자. 연속복리 무위험 이자율은 연 4%라고 할 때, 지수선물가격 F_0를 구하라.

풀이|

$F_0 = S_0 e^{(r-q)T}$에서 $r = 0.04$, $q = 0.01$, $S_0 = 1,350$, $T = 1/4$의 경우에 해당하므로

$$F_0 = S_0 e^{(r-q)T} = 1,350\, e^{(0.04 - 0.01) \times 1/4} = 1,360$$

이다.

예제

은 15온스당 선불로 지급하는 1달러의 1개월 보관비용이 발생한다. 은 15온스의 현재 가격은 365달러이다. 연속복리 무위험 이자율이 연 6%일 때 만기까지 3개월인 은 15온스의 현재 적정 선도가격은 얼마인가?

풀이|

공식 $F_0 = (S_0 + I)e^{rT}$에서 $r = 0.06$, $S_0 = 365$, $T = 1/4$이고 만기까지 발생하는 총 비용의 현재 가치는 $I = 1 + e^{-0.06 \times (1/12)} + e^{-0.06 \times (2/12)} = 2.985$달러이다. 따라서 선도가격은 $F_0 = (S_0 + I)e^{rT} = (365 + 2.985)e^{0.06 \times (1/4)} = 373.55$달러이다.

1.23 통화선도가격

S를 상대국(외국) 통화 1단위의 가치를 자국통화로 표시한 현물환율이라 정의하고, r_f가 상대국 통화의 연속복리 무위험 이자율, r은 자국 통화의 무위험 이자율이라고 하자. F를 상대국 통화 1단위에 대한 만기 T의 자국 통화의 선도가격, 즉 선도환율이라고 하자. 어느 투자자가 0시점에서 외국 통화 10단위를 보유하고 있고 이를 T 기간 후에 자국 통화로 교환하려고 한다. 이때 투자자는 T 기간 후에

$10\,e^{r_f T}$ 단위의 외국통화를 보유하게 되고, 선도 매도계약을 통해 이를 자국통화로 전환했을 때 T 시점에서 자국통화 $10\,e^{r_f T} F_0$의 가치를 지니게 된다. 한편 현재 0시점에서 외국 통화 10단위를 자국통화로 교환한 후 T 기간 동안 보유한 경우 $10\,S_0\,e^{r T}$의 가치를 지니게 된다. 이때 차익거래가 발생하지 않으려면 각각의 경우의 가치 $10\,e^{r_f T} F_0$와 $10\,S_0\,e^{r T}$이 동일해야 한다. 따라서 F_0와 S_0 사이에는 다음과 같은 등식이 성립한다.

$$F_0 = S_0\,e^{(r - r_f)\,T}$$

예제

미국 달러와 유로화의 현물환율이 1유로당 1.34달러라고 가정하자. 미국 내 이자율이 연속복리 연 4%, 유로존의 유로화 이자율이 연속복리 연 6%라고 가정할 때 만기 2년의 선도환율은 다음과 같이 1유로당 1.287달러로 결정된다.

$$1.34\,e^{(0.04 - 0.06)\times 2} = 1.287$$

예제

미국 달러와 유로화의 현물환율이 1유로당 1.20달러라고 가정하자. 미국 내 이자율이 1년 복리 기준으로 연 2%, 유로존의 유로화 이자율이 1년 복리 기준로 연 3%라고 가정할 때 만기 2년의 선도환율은 다음과 같이 1유로당 1.177달러로 결정된다.

$$1.20 \times \left(\frac{1.02}{1.03}\right)^{2} = 1.177$$

위에서 다룬 적정 선도가격에 대한 공식은 **1.31**에서 위험중립가치평가를 통해서 보다 간단하게 유도된다.

5. 옵션가격과 이항모형

주식옵션의 가격을 결정하는 방법 중 가장 단순하면서도 많이 사용되는 방법은 이항모형을 이용하는 것이다. **질문 1.2**에서는 차입에 대한 이자가 없는 경우를 가정했는데, 여기서는 무위험 이자율을 상수라고 가정하고 그와 유사한 이항모형 문제를 다루기로 한다. 이는 6절에서 이어지는 위험중립가치평가와 매우 밀접하게 연결되어 있기에 그 중요성이 더하다고 할 수 있다. 우선 **질문 1.2**와 유사한 질문으로 시작하자. 편의상 **질문 3**이라고 부르기로 한다.

휴렛 - 패커드 사의 현재 주가는 주당 50달러이다. 앞으로 6개월 후에 주가가 각각 절반의 확률로 55달러로 오르던지, 45달러로 내릴 것으로 알려져 있다고 하자. 연속복리 무위험 이자율이 연 10%라고 가정하고, 만기 6개월에 행사가격이 50달러인 유러피언 풋옵션의 현재 적정 가치는 얼마일까?

여기에 대해서 앞서와 마찬가지의 델타 헤징과 마팅게일 측도를 이용한 답변을 각각 아래에 제시한다.

1.24 델타 헤징 방법

질문 3에 대하여 다음과 같이 답할 수 있다. 주가를 S, 풋옵션의 가치를 p라 할 때, 나는 옵션 하나를 팔고 주식을 Δ 단위만큼 매수하는 포트폴리오를 구성한다. 즉 내 포트폴리오의 가치는

$$\Pi = \Delta S - 1p$$

가 된다. 6개월 후 주가가 오르면 $p = 0$이므로 포트폴리오의 가치는 55Δ 달러이고, 주가가 내리면 $p = 5$ 달러이므로 포트폴리오의 가치는 $45\Delta - 5$ 달러가 된다.

이 두 경우의 포트폴리오 가치가 같게 되는 Δ를 구하기 위해서

$$45\Delta - 5 = 55\Delta$$

이라 놓으면, $\Delta = -1/2$이고 이 경우 6개월 후 포트폴리오의 가치는 -27.5 달러가 된다.

무위험 포트폴리오

$$\Pi = -\frac{1}{2}S - 1p$$

의 6개월 후 가치가 -27.5 달러이므로 무차익 원칙에 의해서 동일 포트폴리오의 현재 가치는 -27.5 $e^{-0.1 \times 1/2}$ 달러, 즉 -26.16 달러이다. 현재 주가가 50달러이므로 등식

$$-26.16 = -\frac{1}{2} \times 50 - p$$

로부터 $p = 1.16$, 즉 풋옵션의 현재 적정 가격은 1.16 달러이다.

1.25 마팅게일 측도법

행렬 A는 2×2 행렬로 현금 대신 주식과 옵션을 보유할 때의 손익을 나타내는 손익행렬이라고 정의하자. 연속복리 연 이자율 r을 가정하고, 일주일 후 주가가 S^+로 오르거나 S^-로 내리고, 그 때의 옵션의 가치는 각각 c^+, c^-라 가정하고, 현재의 주가는 S, 옵션의 가치는 c라고 하면 손익행렬 A는

$$A = \begin{pmatrix} S^+ - S\,e^{r\,T} & S^- - S\,e^{r\,T} \\ c^+ - c\,e^{r\,T} & c^- - c\,e^{r\,T} \end{pmatrix}$$

로 정의된다.

이제 차익거래의 기회가 없다고 가정한다면, 가격결정의 기본정리에 따라 앞 장에서 설명한 것과 같이 2 벡터 $Q = \begin{pmatrix} q_1 \\ q_2 \end{pmatrix}$ 의 각 성분이 양수이고, 각 성분의 합이 1 그리고 $A\,Q = \begin{pmatrix} 0 \\ 0 \end{pmatrix}$ 을 만족하는, 마팅게일 측도 Q가 존재한다. 즉 마팅게일 측도 Q는

$$q_1, q_2 > 0, \quad q_1 + q_2 = 1$$

이고

$$(S^+ - S\,e^{r\,T})q_1 + (S^- - S\,e^{r\,T})q_2 = 0$$
$$(c^+ - c\,e^{r\,T})q_1 + (c^- - c\,e^{r\,T})q_2 = 0$$

을 만족한다. 즉 Q는 주식과 옵션의 손익을 모두 0으로 만드는 확률측도이고, 이 경우 q_1, q_2는 각각 주가의 상승, 하락의 확률로 해석될 수 있다.

마팅게일 측도 Q가 만족하는 두 개의 식

$$q_1 + q_2 = 1, (S^+ - S\,e^{r\,T})q_1 + (S^- - S\,e^{r\,T})q_2 = 0$$

이를 다시 표현하면

$$q_1 + q_2 = 1, S^+ q_1 + S^- q_2 = S\,e^{r\,T}$$

으로부터 q_1, q_2를 구하고, 나머지 하나의 식

$$(c^+ - c\,e^{r\,T})q_1 + (c^- - c\,e^{r\,T})q_2 = 0$$

으로부터 다음을 얻는다.

$$c = e^{-r\,T}\left(c^+ q_1 + c^- q_2\right)$$

즉 위에 따르면 옵션의 현재 가치는 마팅게일 측도 Q에 대한 만기의 옵션 가치의 기댓값을 무위험 이자율로 할인한 값으로 표현된다. 이를 식으로 표현하면

$$c = e^{-r\,T}E_Q(c_T)$$

이다. 이에 따라 위의 **질문 3**에서 마팅게일 측도 Q는

$$55q_1 + 45q_2 = 50\,e^{0.1 \times 1/2}, \quad q_1 + q_2 = 1$$

로부터

$$10q_1 = 50\, e^{0.1 \times 1/2} - 45 = 7.564$$

즉 $q_1 = 0.7564$, $q_2 = 0.2436$ 을 얻는다. 그러므로

$$c = e^{-0.1 \times 1/2}(0 \times 0.7564 + 5 \times 0.2463) = 1.16$$

즉 풋옵션의 현재가는 1.16달러이다.

1.26 옵션가격 공식

위 **1.24**와 **1.25**에서 제시한 논리를 일반화하기 위해서 무배당 주식의 현재 주가를 S_0로, 콜옵션의 가치를 c_0라 하자. 옵션의 만기를 T라 하고, $u > 1$과 $0 < d < 1$이 있어서 만기에 이르기까지 주가는 S_0에서 $S_0 u$로 상승하거나 $S_0 d$로 하락한다고 가정하자. 만일 주가가 $S_0 u$로 상승할 때 옵션의 가치를 c^+, 그리고 $S_0 d$로 하락할 때 옵션의 가치를 c^-라 하자. 그리고 무위험 이자율은 상수 r이라 하자.

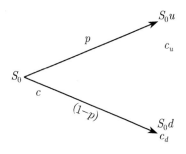

1단위의 옵션계약을 매도하고 주식을 Δ 단위 매입하는 포트폴리오의 가치를 Π라 하면

$$\text{만기시점의 } \Pi = \Delta S - 1c = \begin{cases} S_0 u \Delta - c^+ \ (\text{주가 상승 시}) \\ S_0 d \Delta - c^- \ (\text{주가 하락 시}) \end{cases}$$

이고 위 포트폴리오가 만기 무위험이 되도록 Δ를 조정하면

$$S_0 u \Delta - c^+ = S_0 d \Delta - c^-$$

로부터

$$\Delta = \frac{c^+ - c^-}{S_0(u - d)}$$

를 얻는다. 무차익 원리에 의하여 포트폴리오의 만기의 무위험 가치를 무위험 이자율로 할인한 값

$$(S_0 u \Delta - c^+)\, e^{-rT}$$

는 포트폴리오 현재 가치

$$\Delta S_0 - c_0$$

와 같게 된다. 이렇게 얻은 등식

$$(S_0 u \Delta - c^+) e^{-rT} = \Delta S_0 - c_0, \quad \Delta = \frac{c^+ - c^-}{S_0(u-d)}$$

을 정리하여 현재 옵션 적정 가격 c_0를 구하면 다음과 같다.

$$c_0 = e^{-rT}[c^+ p + c^-(1-p)], \quad p = \frac{e^{rT} - d}{u - d}$$

또한, 이때의 p는 다음 등식을 만족함을 확인할 수 있다.

$$p S_0 u + (1-p) S_0 d = S_0 e^{rT}$$

즉 p를 주가 상승의 확률로 간주할 경우 주식에 투자했을 때의 기댓값이 현금을 가지고 있는 경우와 동일하게 되므로 $Q = \begin{pmatrix} p \\ 1-p \end{pmatrix}$는 마팅게일 측도이다.

위의 내용을 정리하면, 델타헤징을 사용하여 구한 콜옵션의 가치 c_0는 마팅게일 측도 $Q = \begin{pmatrix} p \\ 1-p \end{pmatrix}$에 대하여 만기에서의 옵션의 기대가치를 무위험 이자율로 할인한 값임을 알 수 있고, 다음과 같이 공식화할 수 있다.

$$c_0 = e^{-rT} E_Q(c_T) = e^{-rT}[c^+ p + c^-(1-p)]$$

$$여기서, p = \frac{e^{rT} - d}{u - d}$$

예제

현재 주가가 30달러일 때, 잔여 만기 3개월 행사가격 31달러인 유러피언 콜옵션의 현재 가치를 구하고자 한다. 3개월 후 주가는 33달러 또는 27달러가 되고, 무위험 이자율은 연 12%라 가정한다.

풀이

이 경우

$$S_0 = 30, \ T = 1/4, \ r = 0.12, \ u = 1.1, \ d = 0.9$$

에 해당하므로

$$p = \frac{e^{rT} - d}{u - d} = \frac{e^{0.12 \times 1/4} - 0.9}{1.1 - 0.9} = 0.6523$$

이고 $1 - p = 0.3477$이다.

또한 $c^+ = 33 - 31 = 2$이고 $c^- = 0$이므로 옵션의 현재 가치는

$$c_0 = e^{-rT}(c^+ p + c^-(1-p))$$
$$= e^{-0.12 \times 1/4}(0.6523 \times 2 + 0.3477 \times 0) = 1.266$$

달러이다.

1.27 2기간 이항모형

앞의 예에서의 1기간 이항모형을 2기간 이항모형으로 확장할 수 있다. 위의 예와 마찬가지로 현재 주가는 30달러이고 3개월마다 주가는 10%씩 상승하거나 10%씩 하락한다고 가정하자. 무위험 이자율이 연 12%일 때 잔여 만기 6개월 행사가격 31달러인 유러피언 콜옵션의 현재 적정 가치를 구하고자 한다. 잔여만기를 T라 놓고 1기간을 Δt라 놓으면

이 경우 만기일인 6개월 후에 옵션가치와

$$T = 1/2, \ \Delta t = 1/4, \ r = 0.12, \ u = 1.1, \ d = 0.9$$

로부터

$$p = \frac{e^{r\Delta t} - d}{u - d} = \frac{e^{0.12 \times 1/4} - 0.9}{1.1 - 0.9} = 0.6523, 1 - p = 0.3477$$

을 이용하면 1기간 후의 시점 A와 B에서 옵션의 가치를 공식

$$c = e^{-r\Delta t}(c^+ p + c^-(1-p))$$

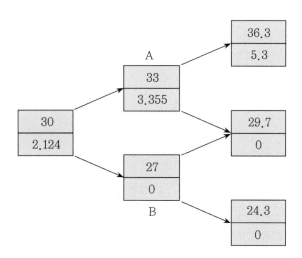

를 통해 얻을 수 있다. 즉 위 그림의 노드 A에서 옵션의 가치는

$$e^{-0/12 \times 1/4}(0.6523 \times 5.3 + 0.3477 \times 0) = 3.355$$

이다. 노드 B에서 옵션의 가치가 0이므로 1기간 이항모형식에 의해서 현재 시점의 옵션가치는

$$e^{-0.12 \times 1/4}(0.6523 \times 3.355 + 0.3477 \times 0) = 2.124$$

달러가 된다.

1.28 아메리칸 옵션

현재 주가가 40달러일 때 만기가 1년이고 행사가격이 42달러인 풋옵션을 고려해보자. 무위험 이자율은 연 10%, 1기간을 6개월이라고 가정하며 풋옵션은 만기뿐 아니라 각각의 기간 말에도 옵션의 행사가 가능한 아메리칸 옵션이라고 가정하고 매 기간마다 주가는 20% 상승하거나 20% 하락한다고 가정하자.

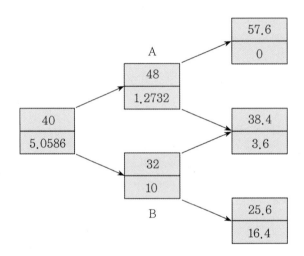

위 그림은 이런 상황을 나타낸 것으로

$$T = 1, \; \Delta t = 1/2, \; r = 0.10, \; u = 1.2, \; d = 0.8$$

로부터 위험중립 세계에서 주가가 오를 확률 p와 주가가 내릴 확률 $1 - p$는 다음과 같이 얻어진다.

$$p = \frac{e^{r\Delta t} - d}{u - d} = \frac{e^{0.10 \times 1/2} - 0.8}{1.2 - 0.8} = 0.6282, \; 1 - p = 0.3718$$

그러므로 노드 A에서 옵션의 가치는 위의 예에서 설명한 것과 마찬가지로

$$e^{-0.10 \times 1/2}(0.6282 \times 0 + 0.3718 \times 3.6) = 1.2732$$

달러가 된다. 한편 노드 B에서는 이와 같은 방법으로 옵션의 가치를 구하면

$$e^{-0.10 \times 1/2}(0.6282 \times 3.6 + 0.3718 \times 16.4) = 7.951$$

달러가 되는 반면, 옵션을 즉시 행사했을 경우 10달러의 이득을 얻는다. 이 경우에는 옵션을 행사하는 것이 바람직하며 옵션의 가치는 10달러이다. 따라서 B에서 옵션의 가치는 10달러이다. 이제 옵션의 현재 가치를 앞서와 같이 구하면

$$e^{-0.10 \times 1/2}(0.6282 \times 1.2732 + 0.3718 \times 10) = 5.0586$$

달러가 되고, 옵션을 즉시 행사하면 2달러의 이득을 얻는다. 즉 현재 권리를 행사하는 것은 바람직하지 않으며 옵션의 가치는 5.0586달러가 된다. ■

    다기간 이항과정을 이용하여 아메리칸 옵션의 가치를 구하는 문제는 현실에서의 응용성도 높고 매우 중요하다. 물론 위에서 제시한 이항분포모형은 비현실적으로 단순한 형태이다. 이항과정을 실제로 이용하는 경우 만기는 대체로 30~50개 이상의 기간으로 세분된다. 무배당 주식에 대하여 1기간의 길이가 Δt인 경우 위험중립 확률 p는

$$p = \frac{e^{r \Delta t} - d}{u - d}$$

이고 여기서 계수 u와 d의 값은 주가의 변동성 σ에 따라 결정되는데 가장 보편적인 방법으로는

$$u = e^{\sigma \Delta t}$$

그리고

$$d = e^{-\sigma \Delta t}$$

가 쓰인다.

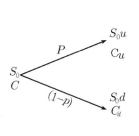

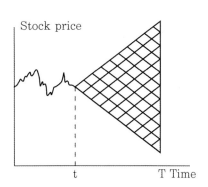

이는 실제 세계에서 위험중립 세계로 다기간 이항모형을 사용하여 전환하는 과정에서 주식의 기대수익률은 변하지만 1기간이 짧아질수록 주식의 변동성을 변하지 않게 하는 u와 d의 값이다. 이와 관련된 이야기는 이후에 3장의 **3.15 ~ 3.16**에서 자세히 다루기로 한다.

참고

1기간 또는 2기간 이항모형은 그 자체로 현실을 묘사하는 모형이 될 수 없으나, 실제의 주가 변화는 무수히 많은 짧은 기간의 이항과정으로 이루어져 있다고 볼 수 있다. 따라서 1기간과 2기간 이항모형은 실제적인 금융기초자산 및 파생상품 이론의 이해를 위하여 필수적으로 선행되어야 한다.

6. 위험중립가치평가

앞서 **1.27**의 주가 이항모형에서 옵션의 현재 가치는 마팅게일 측도 Q에 대한 만기의 옵션 가치의 기댓값을 무위험 이자율로 할인한 값으로 표현됨을 보였다. 이를 식으로 표현하면 다음과 같다.

$$c_0 = e^{-rT} E_Q(c_T)$$

실제로 이 속성이 처음 소개된 것은 **1.9**에서 소개한 해리슨(Harrison)과 크렙스(Kreps)의 1979년 공동 논문에서였다. 마팅게일 측도 $Q = \begin{pmatrix} p \\ 1-p \end{pmatrix}$에 대하여, 이항모형에서 주가가 상승할 확률을 p라고 하는 것은 주식의 기대수익률을 무위험 이자율이라고 가정하는 것이 된다. 이때 p를 위험중립 확률이라고 부르기도 한다. 위험중립 세계에서는 모든 증권의 기대수익률이 무위험 이자율과 동일하다. 따라서 주가가 상승할 확률을 p라고 가정하는 것은 바로 위험중립 세계를 가정하는 것임을 보여주는 것이고, 식

$$c_0 = e^{-rT} E_Q(c_T)$$

은 옵션의 현재 가치는 위험중립 세계에서 옵션 만기 페이오프의 기댓값을 무위험 이자율로 할인한 가치가 된다는 것을 뜻한다.

1.29 위험중립가치평가

투자자의 효용(utility) U가 그가 소유한 부(富, Revenue) R의 함수라고 가정하고 편의상 $U(0) = 0$이라 가정하자. 이처럼 U를 R의 함수로 표현한 것을 효용함수라 하는데, 효용함수는 개개인의 위험에 대한 성향에 따라 차이가 있다. 경제 이론에서 합리적 투자자의 효용함수는 다음 두 가지 공통 원칙이 적용된다.

(1) 효용 불포화의 원칙 $\dfrac{dU}{dR} > 0$, 부가 증가할수록 효용도 증가한다.

(2) 한계효용 체감의 원칙 $\dfrac{d^2U}{dR^2} < 0$, 부가 증가할수록 한계효용은 감소한다.

위의 두 원칙에 따르면 합리적 투자자의 효용함수 $U = U(R)$의 그래프는 R에 대하여 증가함수이며, 그래프가 아래로 오목한 함수이다. 이런 경우 동전 던지기와 같이 반반의 승산이 있는 게임, 그래서 게임에 참여했을 때 부의 기댓값은 그가 게임에 참여하지 않았을 경우와 같게 되는 공평한 게임(fair game)에 대한 참여는 개인 효용의 손실을 가져온다. 예를 들면, 게임에 승리했을 때 100달러를 얻는 기쁨보다 패했을 때 100달러를 잃는 고통이 더 크다는 것이 바로 한계효용 체감의 원칙에 따른 아래로 오목한 효용함수가 의미하는 것이다. 따라서 합리적인 투자자는 기대수익률이 무위험 이자율을 초과하지 않는 경우 위험을 감수하면서 투자에 나서지 않는다. 위험회피적인 합리적 투자자와 대비되는 위험 중립적 투자자는 위험의 크기와 관계없이 기대수익률만 고려해서 의사결정하는 비합리적인 가상의 투자자이다. 즉 위험 중립적 투자자의 효용함수 $U = U(R)$는

$$\frac{d^2U}{dR^2} = 0$$

으로 효용 U는 R에 대하여 정비례하는 직선의 그래프를 나타내게 된다. 따라서 위험 중립적 투자자는 공평한 게임의 참여 여부에 대해서 무차별하다. 위험 중립적 투자자는 위험을 부담하더라도 그에 대한 대가를 요구하지 않기 때문에 위험프리미엄이 항상 0이 된다. 그러므로 모든 투자자들이 위험중립적인 가상세계에서는 모든 증권의 기대수익률은 무위험 이자율 r이다. 모든 투자자들이 위험중립적인 가상세계를 위험중립 세계(risk-neutral world)라고 부른다.

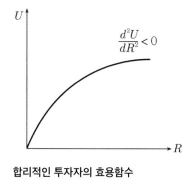

합리적인 투자자의 효용함수

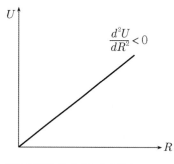

위험 중립적 투자자의 효용함수

위험중립가치평가(risk-neutral valuation)는 파생상품의 가치를 구할 때, 모든 투자자들이 기초자산에 대하여 위험 중립적임을 가정한 다음, 만기에서 파생상품 페이오프의 기댓값을 무위험 이자율로 할인한 것이 파생상품의 현재 가치임을 말한다.

이를 수학적으로 표현하자면 다음과 같다.

1.30 정리(위험중립가치평가)

무위험 이자율이 r이라 가정할 때, v가 만기 T인 파생상품의 가치라 하면 다음 식이 성립한다.
$$v_0 = e^{-rT} E_Q(v_T)$$
여기서 $E_Q(\cdot)$는 위험중립 세계에서의 기댓값을 의미한다.

정리 1.30의 일반적인 증명은 마팅게일 성질 및 확률미분방정식과 이토의 보조정리 등을 포함한 다양한 테크닉을 필요로 한다. 본 교재에서는 5장의 **5.34**에서 파생상품의 가치가 유일하게 결정된다는 가정을 바탕으로 **정리 1.30**의 증명을 소개한다.

다시 위험중립 세계에서의 기댓값에 대하여 이야기하자면, S가 무배당 주식의 주가일 때, 임의의 $t > 0$에 대하여

$$E_Q(S_t) = S_0 e^{rt}$$

가 성립한다. 하지만 S가 만기 T 이전에 배당을 지급하는 주식의 주가인 경우 배당락으로 인한 주가의 하락 때문에 $E_Q(S_T) < S_0 e^{rT}$이다. 이에 관한 자세한 내용을 적정 선도가격과 관련지어 아래의 **1.31**에서 살펴본다.

1.31 적정 선도가격

이제 우리는 1장 **1.22**와 **1.23**에서 구했던 적정 선도가격을 위험중립가치평가를 이용해서 다시 설명하고자 한다. 기초자산의 가격을 S라 하고 이에 대한 만기 T의 현재 시점 0에서의 선도가격을 F_0, 그리고 매수 선도계약의 가치를 f라 하자. 이때 매수 선도계약의 만기 페이오프는 $f_T = S_T - F_0$이고, F_0가 현재 시점에서의 적정 선도가격이므로 선도계약의 현재 가치는 $f_0 = 0$이다.

위험중립가치평가에 따르면 위험중립 세계에서 파생상품 만기 페이오프의 기댓값을 무위험 이자율로 할인한 것이 파생상품의 현재 가치이므로 다음 식이 성립한다.

$$f_0 = e^{-rT} E_Q(f_T) = e^{-rT} E_Q(S_T - F_0)$$

한편 선도계약의 현재 가치는 $f_0 = 0$이고, F_0는 고정된 상수이므로

$$0 = E_Q(S_T - F_0) = E_Q(S_T) - F_0$$

가 성립하여 적정 선도가격 F_0는 다음과 같고, 이는 매우 중요한 의미를 갖는다.

$$F_0 = E_Q(S_T)$$

이때 기초자산의 특성에 따라 $E_Q(S_T)$는 다음과 같다.

(1) 기초자산이 무배당 주식 또는 무배당 투자자산인 경우

$$E_Q(S_T) = S_0 e^{rT}$$

(2) 기초자산이 연속복리 수익률 q를 제공하는 투자자산인 경우

$$E_Q(S_T) = S_0 e^{(r-q)T}$$

이다. 이를 설명하자면 다음과 같다.

어느 기업의 주식에 연속배당률 q의 배당을 지급한다고 하자. 위험중립 세계에서 해당 주식의 기대수익률은 무위험 이자율 r이고, 고정 배당수익률 q만큼의 배당이 있다는 것은 배당이 q의 수익률을 제공하므로 위험중립 세계에서 주가의 기대성장률은 $r - q$가 된다는 것, 즉 위험중립 세계에서

(주가의 기대성장률 $r - q$) + (배당 수익률 q) = (주식의 기대수익률 r)

이 성립한다. 따라서 등식

$$E_Q(S_T) = S_0 e^{(r-q)T}$$

이 성립한다. S가 주가지수이고 q가 주가지수를 이루는 주식의 평균 연속배당률인 경우에도 동일한 식 $E_Q(S_T) = S_0 e^{(r-q)T}$이 성립한다.

위에서와 마찬가지의 이유로

(3) T 시점까지 현재 기준 I의 소득을 지급하는 투자자산인 경우

$$E_Q(S_T) = (S_0 - I)e^{rT}$$

(4) T 시점까지 현재 기준 I의 보관비용 발생 투자자산인 경우

$$E_Q(S_T) = (S_0 + I)e^{rT}$$

따라서 (1)의 경우 $F_0 = S_0 e^{rT}$, (2)의 경우 $F_0 = S_0 e^{(r-q)T}$, (3)의 경우 $F_0 = (S_0 - I) e^{rT}$ 그리고 (4)의 경우 $F_0 = (S_0 + I) e^{rT}$가 성립하고 이는 앞서 **1.22**에서 구한 선도가격과 일치한다.

(5) S가 외국 통화 1단위의 가치를 자국통화로 표시한 현물환율이고, r_f가 외국 통화의 연속복리 무위험 이 자율, r은 자국 통화의 무위험 이자율이라고 할 때 1.23에서 현재 시험의 적정 선도환율 F_0은

$$F_0 = S_0 \, e^{(r-r_f)T}$$

임을 보였다. 앞서 설명했듯이 $F_0 = E_Q(S_T)$이므로 자국통화에 대한 위험중립 세계에서 만기 기대 환율 $E_Q(S_T)$은 식

$$E_Q(S_T) = S_0 \, e^{(r-r_f)T}$$

을 만족하며, 이는 3장에서 유러피언 통화옵션의 적정 가치를 구할 때 사용된다.

> *기초자산의 가격이 S일 때 만기 T인 현재 시점의 선도가격 F_0는 위험중립 세계에서 S_T의 기댓값과 동일하다. 즉, $F_0 = E_Q(S_T)$을 만족한다.*

1.32 유러피언 옵션

기초자산의 가격을 S, 옵션 만기를 T, 옵션의 행사가격을 K라 놓으면 유러피언 콜옵션의 만기 페이오프는

$$c_T = \max(S_T - K, 0)$$

이므로 위험중립가치평가에 의하여 연속복리 무위험 이자율이 r일 때 옵션의 현재 적정 가격 c_0는 다음 식으로 나타낼 수 있다.

$$c_0 = e^{-rT} E_Q(\max(S_T - K, 0))$$

이를 계산하여 c_0를 구하는 것은 앞서 **1.31**에서 적정 선도가격을 구할 때와 그 계산의 복잡성에서 매우 다르다. 그 이유는 옵션은 선도계약과 달리 만기 페이오프 함수의 그래프가 직선이 아니라 꺾여 있기 때문이다. 만일 만기 페이오프가 $\max(S_T - K, 0)$가 아니라 단순히 $S_T - K$로 주어진 선도 매수 계약의 현재 가치 f_0는, S가 무배당 주식의 가격이라 할 때

$$f_0 = e^{-rT} E_Q(S_T - K)$$
$$= e^{-rT}\big(E_Q(S_T) - K\big)$$
$$= e^{-rT}\big(S_0 e^{rT} - K\big) = S_0 - K e^{-rT}$$

와 같은 단순 계산을 통해 구할 수 있다. 하지만

$$c_0 = e^{-rT} E_Q(\max(S_T - K, 0))$$

의 계산을 통해 유러피언 콜옵션의 현재 가치를 구하려면 연속확률변수 S_T의 확률밀도함수를 이용하여 옵션의 만기 페이오프 함수 $\max(S_T - K, 0)$의 기댓값을 계산하는 과정을 필수적으로 거쳐야 한다. 다음 2장에서는 주가의 확률분포 및 만기 옵션 페이오프의 기댓값을 구하는 데 필수적인 확률 및 통계의 기본이론에 대하여 알아보기로 한다.

1. 무위험 이자율이 연속복리 기준으로 연 6%이고 주가지수의 배당 수익률은 연속복리 연 3%이다. 현재 주가지수가 200일 때 만기 9개월 후인 주가지수 선물가격은 얼마인가?

2. 현재 가격이 주당 1,000원인 무배당 주식이 있다. 3개월 후 주가가 1,200원으로 상승하든지, 800원으로 하락하든지 둘 중 하나라고 하자. 무위험 이자율은 연속복리 연이율 6%라 할 때, 만기가 3개월이고 행사가격이 1,100원인 유러피언 콜옵션의 적정 가격을 델타 헤징법을 사용하여, 그리고 위험중립가치평가를 사용하여 각각 구하시오.

3. 미국 달러와 중국 위안화의 현물환율이 1달러당 6.87위안이라고 가정하자. 미국 내 이자율이 연 3%, 중국의 이자율이 연 5%라고 가정할 때 만기 2년의 선도환율은 1달러당 몇 위안으로 결정되겠는가?

4. 연속복리 기준 연 8%로 10만 달러를 차입하고 분기(3개월)별로 이자를 지급한다면 차입금 10만 달러에 대한 분기별 이자는 얼마인가?

5. 현재 코스피 200지수가 305이고 지수를 구성하는 주식들이 평균 연속배당률 연 3%의 배당을 지급한다고 하자. 3개월 만기의 코스피 200지수 선물가격이 309일 때 연속복리 무위험 이자율을 구하시오.

6. 현재 S&P 500 지수가 4,500이고 지수를 구성하는 주식들이 평균 연속배당률 연 4%의 배당을 지급한다고 하자. 6개월 만기의 S&P 500 지수 선물가격이 4,591일 때 연속복리 무위험 이자율을 구하시오.

7. 2개월 후 주당 5달러의 배당지급이 예정된 어느 주식의 현재 가격이 97달러이다. 연속복리 무위험 이자율이 연 12%일 때, 이 주식의 만기 6개월 선도가격을 구하시오.

8. 3개월 후 그리고 7개월 후 각각 주당 5달러의 배당지급이 예정된 어느 주식의 현재 가격이 112달러이다. 연속복리 무위험 이자율이 연 8%일 때, 이 주식의 만기 9개월 선도가격을 구하시오.

9 현재 주가가 20달러이고 3개월마다 주가는 10% 상승하거나 10% 하락하며, 무위험 이자율은 연 8%라 가정할 때, 잔여 만기 6개월 행사가격 20달러인 유러피언 콜옵션의 현재 적정 가치를 구하시오.

10 스위스와 미국의 1년 이자율이 연속복리 기준으로 각각 2%와 5%이다. 현재 스위스 프랑은 1프랑에 0.80달러이고, 1년 만기 선도가격은 1프랑에 0.81달러일 때 어떤 차익거래가 발생할 수 있는가?

11 미국과 영국의 2년 기준 연속복리 무위험 이자율이 각각 연 5%와 7%이고 영국 파운드와 미국 달러의 현물환율이 1파운드당 1.613달러라고 가정하자. 만일 만기 2년의 선도환율이 1달러당 0.63파운드로 현재 시장에서 거래되고 있다면 차익거래자는 어떤 무위험 차익거래 기회를 가질 수 있는지 설명하시오.

12 현재 가격이 50달러인 주식에 대해 앞으로 3개월, 6개월 그리고 9개월 후에 주당 0.5달러의 배당이 예정되어 있다. 연속복리 무위험 이자율이 연 6%일 때 해당 주식에 대한 만기 10개월인 적정 선도가격을 구하시오.

13 현재 주가 지수가 1단위에 585달러이고 지수를 구성하는 주식들이 평균 연속배당률 연 3%의 배당을 지급한다고 하자. 3개월 만기의 해당 지수 선물이 시장에서 1단위에 600달러에 거래되고 있고, 내가 연속복리 연이율 6%로 3개월 동안 현금을 차입할 수 있다면 나는 어떤 방식으로 무위험 차익거래의 기회를 만들 수 있을까?

14 현재 주가가 47달러인 무배당 주식에 대해 만기 1개월, 행사가격 50달러인 유러피언 풋옵션이 2.5달러의 가격에 거래되고 있다. 연속복리 연이율 6%로 1개월 동안 현금을 차입할 수 있다면 나는 어떤 방식으로 무위험 차익거래의 기회를 만들 수 있을까?

15 액면가 100달러, 만기 4년 남은 채권이 지금부터 1년마다 5달러의 이자를 지급한다고 하자. 시장이자율이 연속복리 연 8%로 상수인 경우 채권의 현재 가치를 구하시오.

16 2개월 후에 5달러의 이자를 지급하는 어떤 채권의 현재 가격이 97달러이다. 연속복리 이자율이 연 12%이고, 이 채권은 6개월 동안 다른 이자를 지급하지 않는다고 가정할 때 만기 6개월인 해당 채권의 선도가격을 구하시오.

17 F_1과 F_2는 동일한 무배당 주식에 대해 각각 T_1, T_2의 만기를 갖는 현재 선도가격이다. $T_1 < T_2$이고 연속복리 무위험 이자율은 상수 r이라고 가정할 때 $F_2 \leq F_1 e^{r(T_2 - T_1)}$이 성립함을 보이시오.

18 브렌트 원유의 현재 가격이 배럴당 80달러이다. 분기별로 먼저 지급하는 원유의 보관비용이 연간 온스당 3달러이다. 연속복리 이자율이 연 8%일 때 만기 6개월인 브렌트 원유의 선도가격을 구하시오.

19 현재 달러 – 파운드 환율이 1.40이고 만기 6개월의 선도환율은 1.395이다. 연속복리 기준 6개월 무위험 달러 이자율이 연 3%라면 6개월 파운드 무위험 이자율은 얼마일까?

20 미국 달러와 유로화의 현물환율이 1유로당 1.1달러이고 만기 1년의 선도환율은 1유로당 1.078달러이다. 미국 달러의 이자율이 연속복리 연 3%라면, 유로존의 유로화 이자율은 연속복리 연 5%임을 보이시오.

21 연속복리 무위험 이자율이 연 5%라고 가정하자. 현재 주가가 30달러인 주식에 대해 6개월 후와 9개월 후에 각각 1.5달러와 1.8달러의 배당 지급이 예정되어 있을 때 해당 주식 1주에 대한 만기 1년의 적정 선도가격을 구하시오.

22 액면가 100,000원, 잔여만기 3년, 표면금리 연 8%인 채권이 시장에서 현재 105,000원에 유통되고 있을 때 이 채권의 만기수익률을 구하시오.

23 만기 3년, 액면이자율 8%인 어느 채권의 현재 가격이 9,500원, 1년 복리 기준 만기수익률이 10%이고, 듀레이션이 2.18, 볼록성이 5.48이다. 이 채권의 만기수익률이 10%에서 9%로 하락했을 때 변동된 채권 가격의 근삿값을 듀레이션과 볼록성을 이용해서 구하시오.

24 원금 상환 없이 매 기간 일정액의 이자를 무한히 지급하는 영구채의 듀레이션은 무한이 아님을 설명하시오.

25 액면가 100달러, 만기 2년, 표면금리 연 4%인 채권의 만기수익률이 1년 복리 기준으로 연 6.80%이다. 이 채권의 연속복리 기준 만기수익률을 구하시오.

26 액면가 100달러, 만기 3년에 1년마다 8달러의 이자를 지급하는 미국 국채의 현재 가격이 100달러이다. 이때 3년 동안 연속복리 무위험 이자율은 연 7.7%임을 보이시오.

27 어떤 무배당 주식의 현재 가격이 20달러이고 6개월 만기 선도가격이 22.5달러이다. 무위험 이자율이 상수라고 가정하고 현재 시점에서 해당 주식에 대한 1년 만기 선도가격을 구하시오.

28 은의 현재 가격은 온스당 14달러이다. 3개월마다 미리 지급하는 보관비용이 연간 온스당 0.27달러이다. 1년 기준 연속복리 무위험 이자율이 연 6%일 때 만기 1년인 은의 온스당 선물가격을 구하시오.

29 연속복리 무위험 이자율이 연 8%라고 가정하자. 현재 주가가 12.75달러인 주식이 연속배당률 q의 배당을 지급한다고 하고, 해당 주식에 대한 만기 6개월의 선도가격이 13.25달러일 때 연속배당률 q를 구하시오.

30 현재 가격이 90달러인 어떤 주식이 1개월 후에 1달러 그리고 4개월 후에 2달러의 배당을 지급할 것으로 알려져 있다. 연속복리 무위험 이자율이 연 12%일 때, 이 주식에 대한 만기 6개월의 적정 선도가격은 92.475달러임을 보이시오.

31 액면가 100달러, 만기 2년, 표면금리 연 4%인 채권이 있다. 1기간이 1년이고 시장이자율이 1년 기준으로 4%, 2년 기준으로 4.50% 일 때, 이 채권의 만기 수익률을 구하시오.

32 현재 주가가 30달러이고 매 2개월마다 주가는 15% 상승하거나 12% 하락하며, 무위험 이자율은 연 8%라 가정할 때, 잔여 만기 4개월 행사가격 31달러인 유러피언 콜옵션의 현재 적정 가격을 구하시오.

33 액면가 1,000달러, 만기 3년, 표면금리 연 5%인 채권이 있다. 1기간이 1년이고 시장이자율이 1년 기준으로 4.5%, 2년 기준으로 4.75% 그리고 3년 기준으로는 5.25% 라고 할 때 다음 물음에 답하시오.
   (1) 위 채권의 적정 가격과 만기수익률을 구하시오.
   (2) 위 채권의 듀레이션과 볼록성을 구하시오.
   (3) 듀레이션을 이용하여 위 채권의 이자율탄력성을 구하시오.

34 유로화와 미국 달러의 연속복리 무위험 이자율이 각각 연 5%와 3%이며, 현재 환율은 1유로당 1.15달러이다. 6개월 후 1유로의 선물가격이 1.15달러일 때 어떤 차익거래 기회가 발생하겠는가?

35 연속복리 수익률이 y인 채권의 가격 B에 대하여 듀레이션 D와 볼록성 C는 다음 식

$$C = D^2 - \frac{dD}{dy}$$

을 만족함을 보이시오.

36 연속복리 만기수익률이 0.3% 포인트 내려가면 만기 10년의 무이표채 가격은 근사적으로 몇 퍼센트 변하게 될지 듀레이션과 볼록성을 사용해서 답하시오.

37 강세 콜 스프레드는 동일 만기의 동일 주식에 대해 행사가격이 낮은 콜옵션을 매수하고 행사가격이 높은 콜옵션을 매도하는 전략이다. 콜옵션의 만기가 T이고 두 행사가격이 $K_1 < K_2$라 할 때 강세 콜 스프레드 전략으로 발생하는 만기 손익을 그래프로 표현하시오.

38 약세 풋 스프레드는 동일 만기의 동일 주식에 대해 행사가격이 낮은 풋옵션을 매도하고 행사가격이 높은 풋옵션을 매수하는 전략이다. 풋옵션의 만기가 T이고 두 행사가격이 $K_1 < K_2$라 할 때 약세 풋 스프레드 전략으로 발생하는 만기 손익을 수식과 그래프로 표현하시오.

39 스트래들 매입은 동일 주식에 대해 만기와 행사가격이 같은 콜옵션과 풋옵션을 동시에 매수하는 전략이다. 옵션의 만기가 T이고 행사가격이 K라 할 때 스트래들 매입 전략으로 발생하는 만기 손익을 그래프로 표현하시오.

40 스트립은 동일 주식에 대해 만기와 행사가격이 같은 콜옵션 한 개와 풋옵션 두 개를 매수하는 전략이고, 스트랩은 동일 주식에 대해 만기와 행사가격이 같은 콜옵션 두 개와 풋옵션 한 개를 매수하는 전략이다. 옵션의 만기가 T이고 행사가격이 K라 할 때 스트립과 스트랩 전략으로 발생하는 만기 손익을 그래프로 표현하시오.

41 어느 무배당 주식의 현재 주가가 47달러이고 무위험 이자율은 연 3%이다. 해당 주식에 대한 잔여 만기 2개월, 행사가격 50달러인 유러피언 풋옵션의 현재 가격이 2.5달러일 때 어떤 차익거래 기회가 발생하겠는가?

42 무배당 주식의 현재 가격이 S_0이고 무위험 이자율이 상수 r로 주어졌을 때, 해당 주식에 대한 만기 T, 행사가격 K인 유러피언 콜옵션의 현재 적정 가격 c_0는 부등식

$$c_0 \geq S_0 - Ke^{-rT}$$

를 항상 만족함을 설명하시오.

43 현재 주가가 50달러이고 매 2개월마다 주가는 10% 상승하거나 10% 하락하며, 연속복리 무위험 이 자율은 연 6%라 가정할 때, 잔여 만기 6개월 행사가격 51달러인 아메리칸 풋옵션의 현재 적정 가격 을 구하시오.

44 현재 환율이 S_0이고 연속복리로 r이 자국의 무위험 이자율, r_f는 상대국의 무위험 이자율이다. 상 대국 통화 1단위를 T 기간 후에 K의 가격으로 매도하기로 하는 통화 선도계약의 현재 적정 가치 를 구하시오.

45 어떤 주식에 대해 만기 T 행사가격 K인 유러피언 콜옵션과 풋옵션의 현재 가격이 각각 c_0와 p_0일 때, 동일 주식에 대해 만기 T에서의 페이오프가 $|S_T - K|$로 주어진 파생상품의 현재 가격은 얼마 인가?

46 현재 달러 – 유로 환율이 1.35이고 만기 6개월의 선도환율은 1.34이다. 달러의 연속복리 무위험 이자 율이 연 2%라면 유로화의 연속복리 무위험 이자율은 얼마가 되겠는가?

47 연속배당률 q의 배당을 지급하는 주식을 T 기간 후에 K의 가격으로 매수하기로 하는 선도계약의 현재 적정 가치를 구하시오. (단, 현재 주가는 S_0이고, r은 무위험 이자율이다.)

48 현재 주가가 20달러이고, 2개월 후 주가는 24달러 또는 16달러가 되며, 무위험 이자율은 연속복리 연 10%라 가정한다. 만기인 2개월 후 주가의 2배를 페이오프로 하는 파생상품의 현재 적정 가격을 위험중립가치평가를 사용하여 구하시오.

49 현재 주가가 25달러이고, 4개월 후 주가는 37달러 또는 25달러가 되며, 무위험 이자율은 연속복리 연 5%라 가정한다. 만기인 4개월 후 주가의 제곱을 페이오프로 하는 파생상품의 현재 적정 가격을 위험중립가치평가를 사용하여 구하시오.

50 현재 나스닥 주가지수는 13,500이고 9개월 만기의 주가지수 선물이 14,100이다. 연속복리 무위험 이자율이 연 8%일 때, 나스닥을 구성하는 주식의 평균 배당률은 연속복리 연 2%임을 보이시오.

51 3개월 전에 나는 어떤 무배당 주식 1주를 당시 시점부터 6개월 후에 55달러에 매도하기로 하는 선도 계약을 체결했다. 해당 주식의 현재 가격이 45달러이고, 연속복리 무위험 이자율이 연 4.8%일 때 그 선도 매도계약의 현재 가치는 얼마인가?

52 2개월 전에 나는 어떤 무배당 주식 1주를 당시 시점부터 6개월 후에 60달러에 매수하기로 하는 선도 계약을 체결했다. 해당 주식의 현재 가격이 59달러이고, 연속복리 무위험 이자율이 연 10%일 때 그 선도 매수계약의 현재 가치는 얼마인가?

53 한 달 전에 나는 연속배당률 연 1%의 배당을 지급하는 주식 1주를 당시 시점부터 3개월 후에 100달 러에 매도하기로 하는 선도계약을 체결했다. 해당 주식의 현재 가격이 101.5달러이고 연속복리 무 위험 이자율이 연 4%일 때, 내가 그 선도 매도계약을 무효화시키려면 얼마를 지불해야 할까?

54 6개월, 12개월, 18개월, 24개월의 무위험 할인율이 연속복리 기준으로 각각 연 4%, 4.2%, 4.4% 및 4.6% 일 때 액면가 100달러, 만기 2년 반년복리 기준 액면 이자율 연 4%인 채권의 현금가격은 얼마인가?

55 $c_1(0)$과 $c_2(0)$는 각각 동일 주식에 대한 행사가격 K_1과 K_2인 유러피언 콜옵션의 현재 가격을 나 타낸다. 만기는 T로 동일하고 $K_1 < K_2$이다. 이때

$$0 \le c_1(0) - c_2(0) \le (K_2 - K_1)e^{-rT}$$

이 성립함을 보이시오.

56 c_1과 c_2가 각각 동일 주식에 대한 행사가격 K_1과 K_2인 콜옵션의 가격을 나타낸다. 만기는 T로 동 일하고 $K_1 < K_2$이다. 이때 모든 $t < T$ 시점에서 $0 \le c_1(t) - c_2(t) \le K_2 - K_1$이 성립함을 보 이시오.

57 특정 주식에 대해 만기 T의 유러피언 콜옵션을 고려하자. $c(K)$를 해당 주식에 대해 행사가격 K인 콜옵션의 가격이라고 표시할 때, $K_1 < K_2$와 $0 < a < 1$에 대하여 부등식

$$c\left[aK_1 + (1-a)K_2\right] \le ac(K_1) + (1-a)c(K_2)$$

가 성립함으로 보이시오.

58 $p(K)$를 해당 주식에 대해 행사가격 K인 유러피언 풋옵션의 가격이라고 표시할 때, $K_1 < K_2$와 $0 < a < 1$에 대하여 부등식

$$p\left[aK_1 + (1-a)K_2\right] \leq a\,p(K_1) + (1-a)\,p(K_2)$$

가 성립함을 보이시오.

59 특정 주식에 대한 만기 T, 행사가격 K인 유러피언 콜옵션과 풋옵션의 t 시점에서의 가치를 각각 c 와 p라 하고, 만기 T, 선도가격 K인 매수 선도계약의 t 시점에서의 가치를 f라 할 때 등식

$$f = c - p$$

가 성립함을 증명하시오

60 1.26의 옵션가격 공식에서 기초자산인 주식이 연속배당률 q의 배당을 지급하는 경우 옵션 공식은

$$c_0 = e^{-rT}\left[c^+ p + c^-(1-p)\right], \quad p = \frac{e^{(r-q)T} - d}{u - d} \text{ 가 됨을 증명하시오.}$$

CHAPTER 2

확률, 통계의 기초

어떤 확률실험에서 출현 가능한 모든 결과들의 집합을 그 실험의 표본공간(sample space)이라고 하며 표본공간의 원소들을 표본점(sample point), 그리고 표본공간의 부분집합들을 사건(event)이라고 한다. 표본공간을 $\mathbb{S}$라 할 때, $\mathbb{S}$의 각 표본점 ω에 하나의 실수 $X(\omega)$를 대응시키는 $\mathbb{S}$ 위의 함수 X를 확률변수(random variable)라 한다. 확률변수는 보통 영문 대문자 X, Y, Z 등으로 나타내며, 확률변수가 취할 수 있는 실현값은 소문자 x, y, z 등으로 나타낸다. 그리고 사건 A가 발생할 확률을 $\Pr(A)$로 나타내기로 한다. 확률변수는 대체로 이산형과 연속형으로 구별되는데, X의 치역이 유한집합이거나 가산집합일 경우 X를 이산확률변수(discrete random variable)라 부르고, X의 치역이 실수 전체의 집합이거나 실수의 구간일 경우 X를 연속확률변수(continuous random variable)라고 부른다.

1. 조건부 확률과 전확률 정리

2.1 조건부 확률과 독립 사건

표본공간 $\mathbb{S}$ 안에 어떤 두 사건 A, B가 있을 때, B가 발생했다는 조건 아래에서 A가 발생할 확률은 $\Pr(A\,|\,B)$로 표시하고 조건부 확률이라고 부른다. 그리고 $\Pr(B) \neq 0$인 경우 이 조건부 확률은 다음과 같다.

$$\Pr(A\,|\,B) = \frac{\Pr(A \cap B)}{\Pr(B)}$$

위 식의 양변에 $\Pr(B)$를 곱하면 다음과 같은 확률의 곱셈법칙이 성립한다.

$$\Pr(A \cap B) = \Pr(A\,|\,B) \cdot \Pr(B)$$

같은 표본공간 내에 정의된 두 사건 A, B가 있을 때 사건 A의 발생 여부가 사건 B의 발생 여부에 아무런 영향을 주지 않을 때, 두 사건은 서로 독립이라고 정의한다. 두 사건 A, B가 독립이라는 것은 $\Pr(A\,|\,B) = \Pr(A)$이고 $\Pr(B\,|\,A) = \Pr(B)$임을 의미한다. 조건부 확률의 정의에 의해 두 사건 A, B가 독립이라는 것은 식

$$\Pr(A \cap B) = \Pr(A)\Pr(B)$$

과 동치가 된다. 예를 들어, 동전 한 개와 주사위 한 개를 던지는 실험에서 동전의 앞면이 나오는 사건을 A라 하고 주사위의 눈에 3이 나오는 사건을 B라고 하면 표본공간은 확률이 동일한 12개의 사건으로 구성되기 때문에 $\Pr(A \cap B) = \dfrac{1}{12}$이다. 한편 $\Pr(A) = \dfrac{1}{2}$이고 $\Pr(B) = \dfrac{1}{6}$이므로 $\Pr(A \cap B)$ $= \Pr(A)\Pr(B) = \dfrac{1}{12}$가 성립하여 A와 B는 독립사건이다.

2.2 전체 확률의 법칙

표본공간 $\mathbb{S}$ 안에 발생 확률이 0이 아닌 n개의 상호배반 사건 A_1, A_2, $\cdots$, A_n, 즉 $i \neq j$이면 $A_i \cap A_j = \phi$인 사건들에 대하여 $A_1 \cup A_2 \cup \cdots \cup A_n = \mathbb{S}$이면 A_1, A_2, $\cdots$, A_n을 표본공간의 분할이라고 한다. 이 경우 임의의 사건 B가 발생할 확률은 다음과 같음을 쉽게 보일 수 있다.

$$\mathrm{Pr}\,(B) = \sum_{k=1}^{n} \mathrm{Pr}\,(B \cap A_k) = \sum_{k=1}^{n} \mathrm{Pr}\,(B|A_k)\mathrm{Pr}\,(A_k)$$

이를 전체 확률의 법칙(law of total probability) 또는 전확률 정리(total probability theorem)라고 부르며 기댓값에 대한 정리로 확장할 수 있다. 이에 대한 내용은 **2.16**에서 다룬다.

2. 확률변수의 기댓값과 분산

2.3 확률밀도함수

X가 이산확률변수이고 X의 치역을 R_X라 할 때, 임의의 $x \in R_X$에 대하여 확률

$$p(x) = \mathrm{Pr}\,[X = x] = \mathrm{Pr}\,[\omega \in S : X(\omega) = x]$$

로 정의되는 함수 $p(x)$를 X의 확률질량함수(probability mass function, pmf) 또는 이산 확률밀도함수(discrete probability density function)라 한다. 이때 $p(x)$는 다음의 세 가지 성질을 만족한다.

(1) 모든 $x \in R_X$에 대하여 $p(x) \geq 0$

(2) $\displaystyle\sum_{x \in R_X} p(x) = 1$

(3) $\mathrm{Pr}\,[a \leq X \leq b] = \displaystyle\sum_{a \leq x \leq b} p(x)$

한편 X가 연속확률변수인 경우에도 X의 확률밀도함수 $f(x)$는 존재하고, 다음 세 가지 조건을 만족함이 알려져 있다.

(1) 모든 실수 x에 대하여 $f(x) \geq 0$

(2) $\displaystyle\int_{-\infty}^{\infty} f(x)\,dx = 1$

(3) 모든 $a \leq b$에 대하여, $\mathrm{Pr}\,[a \leq X \leq b] = \displaystyle\int_{a}^{b} f(x)\,dx$

X가 연속확률변수인 경우 모든 실수 x에 대하여 $\Pr\left[X = x\right] = 0$이므로 확률밀도함수 $f(x)$는 $\Pr\left[X = x\right]$를 나타내지 않는다. 그 대신 극단적으로 작은 양의 값 dx에 대하여

$$\Pr\left[x \leq X \leq x + dx\right] = f(x)\,dx$$

을 만족시키는 함수라고 이해될 수 있다.

확률밀도함수와 마찬가지로 누적분포함수는 확률변수의 분포를 나타내는 함수로 확률 및 통계학의 이론전개에 있어 필수적인 개념이다.

2.4 누적분포함수

확률변수 X와 실수 x에 대해서

$$F(x) = \Pr\left[X \leq x\right]$$

로 주어지는 함수 F를 X의 누적분포함수(cumulative distribution function, cdf)라고 한다. 특히 X가 연속확률변수이고 확률밀도함수가 $f(x)$일 때, 누적분포함수 $F(x)$는

$$F(x) = \int_{-\infty}^{x} f(t)\,dt$$

를 만족하고, $f(x)$가 연속함수이면 미적분학의 기본정리에 의해서

$$F'(x) = f(x)$$

가 성립한다. X가 연속확률변수인 경우 모든 실수 x에 대하여

$$\Pr\left[X = x\right] = 0$$

이므로 누적분포함수는 더욱 중요하고 확률분포표 등에서 널리 쓰인다.

2.5 기댓값

확률변수 X의 확률밀도함수가 $f(x)$일 때 다음과 같이 정의된 $E(X)$

$$E(X) = \begin{cases} \sum x f(x) & \text{(이산)} \\ \int_{-\infty}^{\infty} x f(x)\,dx & \text{(연속)} \end{cases}$$

를 확률변수 X의 기댓값(expectation) 또는 평균(mean)이라 부르며, μ 또는 μ_X로 표기하기도 한다. 정의에 따르면 X의 기댓값 $E(X)$는 X가 취할 수 있는 모든 가능한 값의 가중평균이고, 이때의 가중치

는 X의 확률밀도함수 $f(x)$이다. 기댓값은 다음과 같은 성질을 갖는다.

(1) $E(c) = c$ (c는 상수)

(2) $E(aX+b) = aE(X)+b$ (a, b는 상수)

(3) $E(u(X)+v(X)) = E(u(X))+E(v(X))$

X가 이산확률변수이고, $p(x)$가 X의 확률질량함수일 때 X의 함수로 표시되는 확률변수 $u(X)$의 기댓값은

$$E(u(X)) = \sum_x u(x)\,p(x)$$

임을 쉽게 보일 수 있다. 이는 X가 연속확률변수일 때에도 마찬가지이다. 이에 대한 다음 **정리 2.6**은 매우 중요하고 빈번하게 쓰인다.

2.6 정리

연속확률변수 X의 확률밀도함수가 $f(x)$일 때, X의 함수 $u(X)$의 기댓값은 다음과 같다.
$$E(u(X)) = \int_{-\infty}^{\infty} u(x)f(x)\,dx$$

증명 |

이 정리의 자세한 증명 대신, 정리에 대한 이해를 돕기 위해 $y = u(x)$는 미분가능한 증가함수라고 가정하고 위 정리를 증명하자. 우선 $Y = u(X)$라 놓은 다음, Y의 cdf $G(y)$를 구하고, 이를 미분하여 Y의 pdf $g(y)$를 구하고자 한다.

$$G(y) = \Pr(Y \le y) = \Pr(u(X) \le y) = \Pr(X \le u^{-1}(y))$$

$$= \int_{-\infty}^{u^{-1}(y)} f(x)\,dx$$

이고 이를 미분하면

$$g(y) = G'(y) = f(u^{-1}(y))\,(u^{-1})'(y)$$

이다. 또한 정의에 의해 $Y = u(X)$의 기댓값은 다음을 만족한다.

$$E(Y) = \int_{-\infty}^{\infty} y\,g(y)\,dy = \int_{-\infty}^{\infty} y\,f(u^{-1}(y))\,(u^{-1})'(y)\,dy$$

이제 $y = u(x)$와 $x = u^{-1}(y)$ 그리고 역함수의 미분법

$$(u^{-1})'(y) = \frac{dx}{dy} = \frac{1}{\dfrac{dy}{dx}} > 0$$

을 이용하면

$$E(u(X)) = E(Y) = \int_{-\infty}^{\infty} y\, f(u^{-1}(y))\, (u^{-1})'(y)\, dy$$

$$= \int_{-\infty}^{\infty} u(x) f(x)\, \frac{dx}{dy}\, dy = \int_{-\infty}^{\infty} u(x) f(x)\, dx$$

가 성립함을 확인할 수 있다.

∎

> 연속확률변수 X의 확률밀도함수가 $f(x)$일 때, $E(u(X)) = \displaystyle\int_{-\infty}^{\infty} u(x) f(x)\, dx$ 이다.

2.7 분산과 표준편차

확률변수 X의 평균이 μ일 때 X의 분산(variance) $Var(X)$은 각 데이터 값과 그 평균의 차이의 제곱에 대한 기댓값

$$Var(X) = E((X-\mu)^2)$$

으로 정의되고 σ^2 또는 σ_X^2으로 표시한다. 평균과의 차이가 제곱되었기 때문에 양의 편차나 음의 편차가 모두 대칭적으로 분산에 가산된다. 연속확률변수 X의 확률밀도함수가 $f(x)$일 때 **정리 2.6**에 의해서 분산은 다음과 같이 계산된다.

$$Var(X) = \int_{-\infty}^{\infty} (x-\mu)^2 f(x)\, dx$$

분산의 단위는 확률변수 X의 단위의 제곱이므로 평균과 직접적으로 비교될 수 없다. 그런 이유로 분산에 제곱근을 취하여 X의 단위와 같게 하여 확률변수 X의 흩어짐의 척도로 해석하는 것이 편리할 경우가 많다. 이와 같이 분산의 양의 제곱근을 취한 것을 X의 표준편차(standard deviation)라 하고 σ 또는 σ_X로 표시한다. 따라서 표준편차의 단위는 관측값의 단위와 동일하다. 간단한 계산 결과 다음이 성립함을 보일 수 있다.

(1) $Var(X) = E(X^2) - \mu^2$

(2) $Var(aX + b) = a^2\, Var(X)\,(a, b\text{는 상수})$

확률변수 X의 평균이 μ이고 분산이 σ^2일 때

$$X \sim (\mu, \sigma^2)$$

으로 표기하기로 한다.

주식과 같은 투자자산의 경우 과거의 주가 데이터로부터 계산된 수익의 산술평균을 수익의 기댓값이라 하면, 분산은 이 수익이 해를 거치면서 평균을 중심으로 얼마나 변동하는지를 측정한다. 해마다 똑같은 수익을 제공하는 주식투자는 없다. 예를 들면, 어떤 주식은 투자자에게 첫 해에 10%의 수익을, 다음 해에는 20%의 손실을, 그 다음 해에는 16%의 수익을 제공한다. 주식 수익의 변화폭이 클수록 분산도 커진다. 따라서 수익의 분산과 표준편차는 투자위험도의 대체적인 지표가 된다.

3. 확률분포

확률분포는 확률변수의 형태에 따라 이산 확률분포와 연속 확률분포로 구분된다. 그중 기본적인 것 몇 가지의 예를 살펴본다.

2.8 이항분포

어떤 실험이 똑같은 조건하에서 여러 번 반복될 수 있고, 각 실험마다 출현 결과가 두 가지뿐일 때 이를 베르누이 시행(Bernoulli trial)이라고 한다. 이러한 베르누이 시행의 두 가지 출현 가능한 결과 중 하나를 (편의에 따라) 성공이라 부르고, 다른 하나를 실패라 부른다. 이때 성공할 확률을 p라 하면 실패할 확률은 $1 - p$가 된다. 베르누이 시행을 독립적으로 n번 반복했을 때, 확률변수 X를 n번의 베르누이 시행 중에서 성공인 횟수를 대응시키는 함수로 정의하면 X의 확률질량함수 $f(x)$는

$$f(x) = \binom{n}{x} p^x (1-p)^{n-x} \ (x = 0, 1, 2, \cdots, n)$$

으로 주어진다. 이 경우 X는 p와 n을 모수로 갖는 **이항분포**(binomial distribution)를 따른다고 하고,

$$X \sim b(n, p)$$

로 표시한다. $X \sim b(n, p)$인 경우

$$E(X) = np, \ \ Var(X) = np(1-p)$$

이다.

2.9 기하분포

성공확률이 p인 베르누이 시행을 독립적으로 반복했을 때 처음으로 성공하기까지의 시도횟수를 X라 하면 확률변수 X의 확률질량함수 $f(x)$는

$$f(x) = p(1-p)^{x-1} \ (x = 1, 2, \cdots)$$

로 주어진다. 이 확률변수 X는 모수 p의 기하분포(geometric distribution)를 따른다고 하고, 기댓값과 분산은 다음과 같다. (증명은 **2.16** 참조)

$$E(X) = \frac{1}{p}, \ \ Var(X) = \frac{1-p}{p^2}$$

2.10 푸아송 분포

이산확률변수 X의 확률질량함수 $p(x)$가 어떤 양의 실수 λ에 대해서

$$p(x) = \frac{\lambda^x e^{-\lambda}}{x!} \ (x = 0, 1, 2, \cdots)$$

로 주어질 때, X는 λ를 모수로 갖는 푸아송 분포(Poisson distribution)를 따른다고 한다.

이 경우 X의 평균과 분산은 λ로 동일하다. 즉,

$$E(X) = \lambda, \ Var(X) = \lambda$$

이 성립한다.

푸아송 분포는 단위 시간당 또는 단위 공간당 사건의 발생 횟수에 적용되는 확률분포이다. 예를 들면, 전화 교환대에서 일정기간 동안 걸려오는 전화의 횟수, 일정기간 동안 은행창구를 찾는 고객의 수, 페이지 당 오타의 수, 일정량의 혈액 속에 들어 있는 백혈구의 수 등은 모두 푸아송 분포를 따르는 확률변수로 생각할 수 있다. 그와 더불어 이항분포 $b(n, p)$의 pmf에서 곱 $np = \lambda$를 일정하게 하면서, $n \to \infty$의 극한을 취하면 이항분포는 λ를 모수로 갖는 푸아송 분포에 접근한다. 실제로, 아래와 같은 간단한 계산을 통해서 $n \to \infty$의 극한을 취하면 다음이 성립함을 알 수 있다.

$$\binom{n}{x} p^x (1-p)^{n-x} = \frac{n(n-1) \cdots (n-x+1)}{x!} \left(\frac{\lambda}{n}\right)^x \left(1 - \frac{\lambda}{n}\right)^{n-x}$$

$$= \frac{n(n-1) \cdots (n-x+1)}{n^x} \frac{\lambda^x}{x!} \left(1 - \frac{\lambda}{n}\right)^n \left(1 - \frac{\lambda}{n}\right)^{-x}$$

$$\to 1 \cdot \frac{\lambda^x}{x!} \cdot e^{-\lambda} \cdot 1 = \frac{\lambda^x e^{-\lambda}}{x!} \ \text{as } n \to \infty$$

이와 같은 이유로 인하여 푸아송 분포는 더욱 많은 응용문제에 적용될 수 있다. 예를 들면 어느 화재 보험회사가 10,000개의 주택을 보험에 가입시켰는데 일 년 동안 한 주택에 화재가 발생할 확률이 $\dfrac{1}{5,000}$ 이라면 10,000개의 주택 중에서 3개 이상의 주택에서 화재가 발생할 확률을 이항분포를 사용해서 구하는 것은 매우 불편하고 복잡한 계산이 요구된다. 반면에 푸아송 분포를 사용해서 확률의 근사치를 구하는 방법을 사용하면

$$\lambda = np = 10,000 \times \frac{1}{5,000} = 2$$

이므로

$$p(x) = \frac{2^x e^{-2}}{x!} \ (x = 0, 1, 2, \cdots)$$

가 되고, 구하고자 하는 확률은

$$1 - (p(0) + p(1) + p(2)) = 0.3233$$

으로 간단히 계산될 수 있다.

2.11 연속균등분포

연속확률변수 X의 확률분포가 특정 범위에서 균등하게 나타나는 경우 X는 연속균등분포(continuous uniform distribution)를 따른다고 한다. X가 $[a, b]$에서 균등분포를 따를 때, X의 확률밀도함수는

$$f(x) = \begin{cases} \dfrac{1}{b-a} & (a \le x \le b) \\ 0 & (else) \end{cases}$$

이다. 이 경우 X의 기댓값과 분산은 다음과 같음을 쉽게 확인할 수 있다.

$$E(X) = \frac{a+b}{2}, \ Var(X) = \frac{(b-a)^2}{12}$$

2.12 정규분포

연속확률분포에 속하는 정규분포는 모든 확률분포 중에서 가장 중요하고 실생활에 응용빈도가 높은 확률분포이다.

연속확률변수 X의 확률밀도함수 $f(x)$가 실수 μ와 $\sigma > 0$에 대해서

$$f(x) = \frac{1}{\sigma\sqrt{2\pi}} e^{-\frac{(x-\mu)^2}{2\sigma^2}} \quad (-\infty < x < \infty)$$

으로 주어질 때, X는 μ와 σ^2을 모수로 갖는 정규분포(normal distribution)를 따른다고 한다. 이 경우

$$E(X) = \mu, \ Var(X) = \sigma^2$$

이 성립하며(증명은 **2.21** 참조),

$$X \sim N(\mu, \sigma^2)$$

으로 표시한다. 한편

$$X \sim N(\mu, \sigma^2) \text{이고 } Z = \frac{X-\mu}{\sigma} \text{이면 } Z \sim N(0, 1)$$

임을 누적분포함수를 이용하여 쉽게 보일 수 있다. 이처럼 확률변수 Z가 평균 0, 분산 1의 정규분포를 따를 때, Z는 표준정규분포(standard normal distribution)를 따른다고 한다. 즉 모든 정규분포를 따르는 확률변수는 표준화하여 표준정규분포 아래에서 계산할 수 있다.

따라서 $Z \sim N(0, 1)$이면 Z의 누적분포함수(pdf) φ는 $\varphi(z) = \frac{1}{\sqrt{2\pi}} e^{-z^2/2} \ (-\infty < z < \infty)$ 로 주어지고, cdf Φ는 다음과 같다.

$$\Phi(z) = \int_{-\infty}^{z} \frac{1}{\sqrt{2\pi}} e^{-t^2/2} \, dt$$

$\Phi(z)$의 값은 통계를 다루는 데 있어서 매우 중요한 역할을 하는데, 대부분의 경우 정규분포표로부터 각 실수 z에 대하여 $\Phi(z)$의 근삿값을 얻을 수 있다.

그리고 간단한 치환을 통해 모든 실수 x에 대하여

$$\Phi(x) + \Phi(-x) = 1$$

임을 쉽게 보일 수 있다.

확률변수 X가 평균 μ, 분산 σ^2을 갖을 때 표준화시킨 확률변수 $\frac{X-\mu}{\sigma}$ 의 평균은 0이고 분산은 1이다. 이때

$$E\left[\left(\frac{X-\mu}{\sigma}\right)^3\right]$$

을 X의 비대칭도(skewness) 또는 왜도라고 부르며,

$$E\left[\left(\frac{X-\mu}{\sigma}\right)^4\right] \text{을 } X\text{의 첨도(kurtosis)}$$

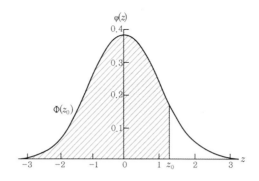

표준정규분포 확률변수의 pdf와 cdf

라고 부른다. 비대칭도는 확률분포의 비대칭성을 나타내는 척도이며 비대칭도가 양의 값을 띠면 확률밀도함수는 오른쪽으로 긴 꼬리를 갖게 되며, 비대칭도가 음수이면 왼쪽으로 긴 꼬리를 갖게 된다. 첨도는 확률분포의 뾰족한 상태를 나타내는 척도이다. 첨도가 클수록 확률밀도함수는 뾰족한 형태를 취하는 동시에 길고 두터운 꼬리를 갖으며 첨도가 작을수록 낮은 봉우리와 짧고 가는 꼬리를 갖는다. X가 정규분포를 따르는 경우 X의 왜도는 0이고 첨도는 3인 것이 널리 알려져 있다. 즉

$$X \sim N(\mu, \sigma^2) \text{인 경우 } E(X^3) = 0, \, E(X^4) = 3\sigma^2$$

이다. 따라서 첨도가 3보다 큰 확률분포는 정규분포보다 양끝이 두텁게 퍼진 모양이고, 따라서 정규분포보다 극단적인 관찰값이 나타나는 빈도가 높다.

일반적으로 양의 정수 n에 대해서 $E(X^n)$을 X의 n차 적률(moment)이라고 한다.

$Z \sim N(0, 1)$인 경우 적률은

$$E(Z^{2n-1}) = 0, \, E(Z^{2n}) = \frac{(2n)!}{n! \, 2^n}$$

임을 부분적분을 반복적으로 이용하여 계산할 수 있다. 증명은 연습문제로 남긴다. (연습문제 **13**번 참조)

2.13 로그정규분포

확률변수 X가 정규분포를 따르고 $Y = e^X$일 때, 확률변수 Y는 로그정규분포(log-normal distribution)를 따른다고 한다. 이는 확률변수 $\ln Y$가 정규분포를 따른다는 말과 동일하다. 금융이론에서 많은 금융기초자산의 가격이 로그정규분포를 따른다는 관찰 결과 때문에 로그정규분포의 중요성은 금융수학에서는 정규분포만큼이나 강조되는 추세이다.

이제 $X \sim N(\mu, \sigma^2)$이고 $Y = e^X$일 때, Y의 기댓값과 분산을 구해보자. 계산법은 단순히 지수의

완전제곱식 변환이지만, 이 결과와 계산방법은 금융수학 전반에 거쳐 매우 중요하게 사용된다. X의 확률밀도함수 $f(x)$가

$$f(x) = \frac{1}{\sigma\sqrt{2\pi}} e^{-\frac{(x-\mu)^2}{2\sigma^2}} \quad (-\infty < x < \infty)$$

이므로

$$E(Y) = E(e^X) = \int_{-\infty}^{\infty} e^x \frac{1}{\sigma\sqrt{2\pi}} \exp\left(-\frac{(x-\mu)^2}{2\sigma^2}\right) dx$$

이다.

$$\left(E(u(X)) = \int_{-\infty}^{\infty} u(x)f(x)dx \ \text{사용함} \right)$$

이때 지수법칙

$$e^a e^b = e^{a+b}$$

에 의해서

$$\int_{-\infty}^{\infty} e^x \frac{1}{\sigma\sqrt{2\pi}} \exp\left(-\frac{(x-\mu)^2}{2\sigma^2}\right) dx = \int_{-\infty}^{\infty} \frac{1}{\sigma\sqrt{2\pi}} \exp\left(-\frac{(x-\mu)^2 - 2\sigma^2 x}{2\sigma^2}\right) dx$$

이고

$$(x-\mu)^2 - 2\sigma^2 x = x^2 - 2(\mu+\sigma^2)x + \mu^2 = [x - (\mu+\sigma^2)]^2 - (\mu+\sigma^2)^2 + \mu^2$$

을 이용하면 다음 값을 얻는다.

$$E(Y) = \int_{-\infty}^{\infty} \frac{1}{\sigma\sqrt{2\pi}} \exp\left(-\frac{[x-(\mu+\sigma^2)]^2 - 2\mu\sigma^2 - \sigma^4}{2\sigma^2}\right) dx$$

$$= e^{\mu+\sigma^2/2} \int_{-\infty}^{\infty} \frac{1}{\sigma\sqrt{2\pi}} \exp\left(-\frac{[x-(\mu+\sigma^2)]^2}{2\sigma^2}\right) dx$$

$$= e^{\mu+\sigma^2/2}$$

왜냐하면 피적분함수는 정규분포 $N(\mu+\sigma^2, \sigma^2)$의 확률밀도함수이므로 등식

$$\int_{-\infty}^{\infty} \frac{1}{\sigma\sqrt{2\pi}} \exp\left(-\frac{[x-(\mu+\sigma^2)]^2}{2\sigma^2}\right) dx = 1$$

이 성립하기 때문이다.

지금까지 우리는 $X \sim N(\mu, \sigma^2)$이고 $Y = e^X$일 때, Y의 기댓값은

$$E(Y) = e^{\mu + \sigma^2/2}$$

임을 보였다. 마찬가지로, 누적분포함수를 이용하면 $X \sim N(\mu, \sigma^2)$일 때 실수 t에 대해서 $tX \sim N(t\mu, t^2\sigma^2)$임을 쉽게 알 수 있고(연습문제 **11**번 참조), 따라서

$$E(e^{tX}) = \exp\left(\mu t + \frac{\sigma^2 t^2}{2}\right)$$

가 성립함을 알 수 있다.

$M(t) = E(e^{tX})$로 정의되는 함수 $M(t)$를 X의 **적률생성함수**(moment generating function, mgf) 라고 한다. 따라서 위의 증명과 동일한 방법을 사용하면 $X \sim N(\mu, \sigma^2)$인 경우 적률생성함수는

$$M(t) = \exp\left(\mu t + \frac{\sigma^2 t^2}{2}\right)$$

으로 표시된다. 적률생성함수와 관련한 내용은 **2.21**에서 다시 다루기로 한다.

이제 $Y = e^X$의 분산을 구하기 위해서 공식

$$Var(Y) = E(Y^2) - (E(Y))^2$$

그리고 위의 계산과 동일한 계산방법을 이용하면 다음 식을 얻는다.

$$Var(Y) = e^{2\mu + 2\sigma^2} - e^{2\mu + \sigma^2} = e^{2\mu + \sigma^2}(e^{\sigma^2} - 1)$$

즉

$$Var(Y) = (e^{\sigma^2} - 1)E(Y)^2$$

이 성립하므로 로그정규분포를 따르는 확률변수 Y의 표준편차는 항상 그 기댓값에 비례해서 변화함을 알 수 있다.

$\ln Y \sim N(\mu, \sigma^2)$ *일 때,* $E(Y) = e^{\mu + \sigma^2/2}$ *이고* $Var(Y) = e^{2\mu + \sigma^2}(e^{\sigma^2} - 1)$ *이다.*

2.14 로그정규분포의 확률밀도함수

이제 로그정규분포를 따르는 확률변수 Y의 확률밀도함수를 직접 구해보자. 다시 말하자면

$$X \sim N(\mu, \sigma^2) \text{이고 } Y = e^X, \text{즉}$$

$$\ln Y \sim N\left(\mu, \sigma^2\right)$$

일 때 Y의 확률밀도함수 $g(y)$를 구하고자 한다. 이를 위해 먼저 Y의 누적분포함수 $G(y)$를 구하고 이를 미분하여 $g(y)$를 구한다.

$$y \leq 0 \text{이면}$$

$$G(y) = \Pr\left(Y \leq y\right) = \Pr\left(e^X \leq y\right) = 0$$

이므로 $g(y) = 0$ 이다. 따라서 $y > 0$ 인 경우에 한정하면 다음을 얻는다.

$$G(y) = \Pr\left(Y \leq y\right) = \Pr\left(e^X \leq y\right) = \Pr(X \leq \ln y) = \int_{-\infty}^{\ln y} \frac{1}{\sigma\sqrt{2\pi}} \exp\left(-\frac{(x-\mu)^2}{2\sigma^2}\right) dx$$

위 식의 양변을 미분하자. 이때 연쇄법칙에 따른 공식

$$\frac{d}{dx} \int_{a}^{u(x)} f(t)\, dt = f(u(x)) \cdot u'(x)$$

을 이용하면 다음을 얻는다.

$$g(y) = G'(y) = \frac{d}{dy} \int_{-\infty}^{\ln y} \frac{1}{\sigma\sqrt{2\pi}} \exp\left(-\frac{(x-\mu)^2}{2\sigma^2}\right) dx$$

$$= \frac{1}{\sigma\sqrt{2\pi}} e^{-\frac{(\ln y - \mu)^2}{2\sigma^2}} \cdot \frac{d}{dy} \ln y$$

$$= \frac{1}{\sigma y \sqrt{2\pi}} \exp\left(-\frac{(\ln y - \mu)^2}{2\sigma^2}\right)$$

그러므로 Y의 확률밀도함수 $g(y)$는 다음과 같다.

$$g(y) = \begin{cases} \dfrac{1}{\sigma y \sqrt{2\pi}} \exp\left(-\dfrac{(\ln y - \mu)^2}{2\sigma^2}\right) & (y > 0) \\ 0 & (else) \end{cases}$$

위와 같이 구한 $g(y)$는 정규분포의 pdf와 달리 좌우대칭이 아님을 알 수 있다.

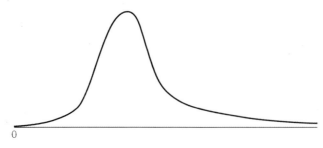

로그정규분포 확률변수의 pdf

4. 조건부 확률분포, 독립성과 상관성

2.15 이산확률변수의 조건부 확률분포

X와 Y가 동일한 표본공간에서 정의된 이산확률변수이고 X, Y의 치역을 각각 R_X와 R_Y라 할 때, 임의의 $x \in R_X, y \in R_Y$에 대하여 결합 확률질량함수 $p(x, y)$는 다음과 같이 정의된다.

$$p(x, y) = \text{Pr} \left[X = x, \ Y = y \right]$$

그리고 확률변수 $u(X, Y)$의 기댓값 $E(u(X, Y))$는 다음과 같이 계산된다.

$$E(u(X, Y)) = \sum_x \sum_y u(x, y) p(x, y)$$

또한 **2.1**의 조건부확률과 같은 방법으로 조건부 확률질량함수 $p(x|y)$를 아래와 같이 정의할 수 있다.

$$p(x|y) = \text{Pr} \left[X = x | \ Y = y \right] = \frac{\text{Pr} \left[X = x, \ Y = y \right]}{\text{Pr} \left[Y = y \right]} = \frac{p(x, y)}{p_Y(y)}$$

여기서

$$\sum_{x \in R_X} p(x, y) = \text{Pr} \left[Y = y \right] = p_Y(y)$$

이므로 임의의 $y \in R_Y$에 대하여

$$\sum_{x \in R_X} p(x|y) = 1$$

이 성립한다. 이때 결합 확률질량함수 $p(x, y)$와 조건부 확률질량함수 $p(x|y)$, $p(y|x)$는 다음의 관계를 갖는다.

$$p(x, y) = p_X(x) p(y|x) \ \text{그리고} \ p(x, y) = p_Y(y) p(x|y)$$

따라서 X와 Y의 확률질량함수 $p_X(x)$, $p_Y(y)$는 다음 식을 만족한다.

$$p_X(x) = \sum_y p(x, y) = \sum_y p_Y(y) p(x|y)$$

$$p_Y(y) = \sum_x p(x, y) = \sum_x p_X(x) p(y|x)$$

이산확률변수 Y가 y라는 값을 갖는다는 조건 아래 확률변수 X의 기댓값을

$$E(X | Y = y) \ \text{또는} \ E(X | y)$$

라 표현하며, 이 값은 다음과 같이 정의된다.

$$E(X \mid y) = \sum_x x\, p(x \mid y)$$

조건부 기댓값과 마찬가지로 조건부 분산 $Var(X \mid y)$도 등식

$$Var(X \mid y) = E(X^2 \mid y) - E(X \mid y)^2$$

으로 정의할 수 있으며, 조건부 분산의 제곱근을 조건부 표준편차라고 정의한다.

2.16 전체 기댓값의 법칙

이산확률변수 X가 있을 때 앞의 **2.15**에 따르면

$$p_X(x) = \sum_y p(x, y) = \sum_y p_Y(y)\, p(x \mid y)$$

이고

$$E(X \mid y) = \sum_x x\, p(x \mid y)$$

이므로 다음과 같은 중요한 결과를 얻는다.

$$E(X) = \sum_x x\, p_X(x) = \sum_x x \sum_y p_Y(y) p(x \mid y)$$

$$= \sum_y p_Y(y) \sum_x x\, p(x \mid y) = \sum_y p_Y(y)\, E(X \mid y)$$

다시 말해서 등식

$$E(X) = \sum_y p_Y(y)\, E(X \mid y)$$

이 성립한다.

위 등식 $E(X) = \sum_y p_Y(y)\, E(X \mid y)$의 특수한 경우로 $A_1, A_2, \cdots, A_n$가 표본공간의 분할일 때 다음 식이 성립함을 보일 수 있다.

$$E(X) = \sum_{k=1}^{n} \Pr(A_k)\, E(X \mid A_k)$$

이를 전체 기댓값 정리(total expectation theorem) 또는 전체 기댓값의 법칙(law of total expectation)이라고 부르며 확률론에서 중요하게 사용된다.

전체 기댓값의 법칙을 이용해서 확률변수 X가 **2.9**에서 소개한 기하분포를 따를 때 X의 기댓값과 분산을 다음과 같이 구할 수 있다.

성공확률이 p인 베르누이시행을 독립적으로 반복했을 때 처음으로 성공하기까지의 시도횟수를 X라 하자. 첫 번째 시도가 성공인 경우 $X=1$이므로 $E(X|X=1)=1$이다. 반면에 첫 번째 시도가 실패일 경우는 사건 $X>1$에 해당되고, 한 번의 시도가 빗나간 후에 다시 처음의 조건으로 돌아간 것이므로 등식

$$E(X|X>1)=1+E(X)$$

가 성립한다. 따라서 전체 기댓값의 법칙에 의해

$$E(X)=\Pr(X=1)E(X|X=1)+\Pr(X>1)E(X|X>1)$$
$$=p+(1-p)[1+E(X)]$$

이므로 $E(X)=\dfrac{1}{p}$을 얻는다. 마찬가지로 $E(X^2|X=1)=1$이고

$$E(X^2|X>1)=E\left[(1+X)^2\right]=1+2E(X)+E(X^2)$$

이 성립하므로

$$E(X^2)=\Pr(X=1)E(X^2|X=1)+\Pr(X>1)E(X^2|X>1)$$
$$=p+(1-p)\left(1+2E(X)+E(X^2)\right)$$

이 성립하며 여기에 $E(X)=\dfrac{1}{p}$을 대입해서 정리하면

$$E(X)=\frac{2}{p^2}-\frac{1}{p}$$

을 얻는다. 이에 따라

$$Var(X)=E(X^2)-E(X)^2=\frac{1-p}{p^2}$$

이 성립한다.

2.17 연속확률변수의 조건부 확률분포

두 연속확률변수 X, Y의 결합 확률밀도함수(joint probability density function, joint pdf) $f(x,y)$는 항상 존재하며 다음 조건을 만족하는 것이 알려져 있다.

(1) 모든 실수 x, y에 대하여 $f(x,y) \geq 0$

(2) $\displaystyle\int_{-\infty}^{\infty}\int_{-\infty}^{\infty} f(x,y)\,dxdy=1$

(3) 모든 $a < b$ 와 $c < d$에 대하여, $\Pr\left[a \leq X \leq b,\, c \leq Y \leq d\right] = \int_c^d \int_a^b f(x, y)\, dx\, dy$

이때 두 연속확률변수 $X,\ Y$와 실수 x, y에 대해서

$$F(x, y) = \Pr\left[X \leq x,\, Y \leq y\right]$$

로 주어지는 함수 F를 X와 Y의 결합 분포함수(joint distribution function)라고 한다.

특히 X, Y의 결합 확률밀도함수가 $f(x, y)$일 때, 결합 분포함수 $F(x, y)$는

$$F(x, y) = \int_{-\infty}^y \int_{-\infty}^x f(s, t)\, ds\, dt$$

를 만족하고, 따라서 f가 연속이면

$$\frac{\partial^2 F(x, y)}{\partial x \partial y} = f(x, y)$$

가 성립한다. 또한 확률변수 $u(X, Y)$의 기댓값 $E(u(X, Y))$는 다음과 같이 계산된다.

$$E(u(X, Y)) = \int_{-\infty}^\infty \int_{-\infty}^\infty u(x, y)\, f(x, y)\, dx\, dy$$

한편 이산확률변수의 경우와 마찬가지로 연속확률변수의 조건부 확률밀도함수 $f(y|x), f(x|y)$도 결합 확률밀도함수를 각 확률변수의 확률밀도함수로 나눈 것으로 아래와 같이 정의된다.

$$f(x|y) = \frac{f(x, y)}{f_Y(y)} \ \text{그리고} \ f(y|x) = \frac{f(x, y)}{f_X(x)}$$

마찬가지로 연속확률변수의 조건부 기댓값은 조건부 확률밀도함수를 사용하여 정의된다.

$$E[u(X)|\, y] = \int_{-\infty}^\infty u(x)\, f(x|y)\, dx$$

$$E[v(Y)|\, x] = \int_{-\infty}^\infty v(y)\, f(y|x)\, dy$$

조건부 기댓값에 대한 계산 연습으로 만일 상수 a, b에 대하여 조건부 기댓값 $E(Y|x)$가

$$E(Y|x) = a + bx$$

로 표현되는 경우 a와 b는 구체적으로 어떤 형태일까에 대해 살펴보자. 이 결과는 추세선(trend line) 또는 회귀직선(regression line)이라고 불리는 직선의 모습으로 계량 통계학에서 중요한 의미를 갖는다.

연속확률변수 X와 Y의 기댓값과 분산이 각각 μ_1, μ_2과 σ_1^2, σ_2^2이고 상관계수가 ρ라고 하자. $E(Y|x) = a + bx$라고 가정하면

$$E(Y \mid x) = \frac{\int_{-\infty}^{\infty} y\, f(x, y)\, dy}{f_X(x)} = a + bx$$

로부터

$$\int_{-\infty}^{\infty} y\, f(x, y)\, dy = (a + bx)\, f_X(x)$$

가 성립하고 양변을 x에 대하여 적분하면 $E(Y) = a + b\,E(X)$, 즉

$$\mu_2 = a + b\,\mu_1$$

을 얻는다. 한편 $\int_{-\infty}^{\infty} y\, f(x, y)\, dy = (a + bx)\, f_X(x)$의 양변에 x를 곱한 뒤에 x에 대하여 적분하면

$$E(XY) = aE(X) + b\,E(X^2)$$

즉

$$\rho\mu_1\mu_2 = a\mu_1 + b\,(\sigma_1^2 + \mu_1^2)$$

을 얻는다. 위에서 얻은 두 식 $\mu_2 = a + b\,\mu_1$과 $\rho\mu_1\mu_2 = a\mu_1 + b\,(\sigma_1^2 + \mu_1^2)$으로부터

$a = \mu_2 - \rho\dfrac{\sigma_2}{\sigma_1}\mu_1$ 그리고 $b = \rho\dfrac{\sigma_2}{\sigma_1}$ 를 얻는다. 그러므로

$$E(Y \mid x) = \mu_2 + \rho\frac{\sigma_2}{\sigma_1}(x - \mu_1)$$

이 성립한다. 이는 평면의 한 점 (μ_1, μ_2)을 지나고 기울기가 $\rho\dfrac{\sigma_2}{\sigma_1}$ 인 직선의 방정식이다.

이제 다음의 예를 통해서 구체적으로 조건부 기댓값을 구해보자.

예제
___

확률변수 X와 Y의 결합 확률밀도함수 $f(x, y)$가

$$f(x, y) = \begin{cases} 6y & (0 < y < x < 1) \\ 0 & (else) \end{cases}$$

로 주어졌을 때, X의 확률밀도함수는

$$f_X(x) = \int_0^x 6y\, dy = 3x^2 \ (0 < x < 1, \ \text{zero elsewhere})$$

이고, 주어진 $0 < x < 1$에 대하여 조건부 확률밀도함수 $f(y|x)$는

$$f(y|x) = \frac{6y}{3x^2} = \frac{2y}{x^2} \ (0 < y < x, \text{ zero elsewhere})$$

이며, 조건부 기댓값 $E(Y|x)$는

$$E(Y|x) = \int_0^x y\left(\frac{2y}{x^2}\right) dy = \frac{2x}{3}$$

이다.

2.18 반복 기댓값의 법칙

2.16의 전체 기댓값의 법칙은 이산확률변수는 물론 연속확률변수의 경우까지 확장될 수 있다.

조건부 기댓값 $E(X|y)$는 y의 함수이므로 $E(X|Y)$는 Y의 함수로 Y의 확률분포에 의해서 결정된다. 따라서 반복 기댓값 $E[E(X|Y)]$는 다음과 같이 정의된다.

$$E[E(X|Y)] = \begin{cases} \displaystyle\sum_y E(X|y)p_Y(y) & (Y\text{는 이산}) \\ \displaystyle\int_{-\infty}^{\infty} E(X|y)f_Y(y)dy & (Y\text{는 연속}) \end{cases}$$

이에 따라 확률론에서 매우 중요한 정리인 아래의 반복 기댓값의 법칙이 성립한다.

$$E[E(X|Y)] = E(X)$$

반복 기댓값의 법칙에 대한 증명은 매우 간단하다. 이산확률변수의 경우

$$E(X) = \sum_y p_Y(y) E(X|y) = E[E(X|Y)]$$

이고 연속확률변수의 경우에도 마찬가지로

$$E(X) = \int_{-\infty}^{\infty} \int_{-\infty}^{\infty} x f(x,y) \, dx \, dy = \int_{-\infty}^{\infty} \left(\int_{-\infty}^{\infty} x \frac{f(x,y)}{f_Y(y)} \, dx \right) f_Y(y) \, dy$$

$$= \int_{-\infty}^{\infty} E(X|y) f_Y(y) \, dy = E[E(X|Y)]$$

이다.

예제

닫힌 구간 $[0, 1]$에서 임의로 한 점을 택한 값을 Y라 하고, $[0, Y]$에서 임의로 한 점을 택한 값을 확률변수 X라 할 때 $E(X)$를 구하시오.

풀이|

연속균등분포의 성질에 따라 $E(X \mid Y) = \dfrac{Y}{2}$ 이므로 반복 기댓값의 법칙에 의하여

$$E(X) = E[E(X \mid Y)] = E\left(\frac{Y}{2}\right) = \frac{1}{4} \text{이다.}$$

반복 기댓값의 법칙은 4장의 **4.2**에서 소개하는 정보집합에 대한 조건부 기댓값에서도 마찬가지로 성립하며, 이는 금융수학 이론에서 매우 중요한 역할을 한다.

> *반복 기댓값의 법칙에 의해 $E[E(X \mid Y)] = E(X)$ 와 $E[E(Y \mid X)] = E(Y)$ 가 성립한다.*

2.19 확률변수의 독립성

X와 Y가 동일한 표본공간에서 정의된 이산확률변수이고 X, Y의 치역을 각각 R_X와 R_Y라 할 때, 임의의 $x \in R_X$, $y \in R_Y$에 대하여 $\Pr[X = x]$과 $\Pr[Y = y]$가 독립인 사건일 때 X와 Y는 독립이라고 정의한다. 이는 모든 x, y에 대하여 결합 확률질량함수 $p(x, y)$가 각각의 확률질량함수의 곱으로 표시된다는 것과 동치이다. 즉 이산확률변수 X와 Y가 독립이라는 것은 모든 x, y에 대하여

$$p(x, y) = p_X(x) p_Y(y)$$

가 성립한다는 것을 의미한다. X와 Y가 서로 독립인 경우

$$E(XY) = \sum_x \sum_y x\,y\,p(x, y) = \sum_x x\,p_X(x) \sum_y y\,p_Y(y) = E(X)E(Y)$$

가 성립하며, 임의의 함수 u, v에 대하여

$$E[u(X)v(Y)] = E[u(X)]E[v(Y)]$$

가 성립한다. 이산확률변수와 같은 방법으로 연속확률변수의 독립성을 정의할 수 있다. 즉 연속확률변수 X와 Y가 독립이라는 것은 모든 x, y에 대하여 결합 확률밀도함수 $f(x, y)$가 각각의 확률변수의 확률밀도함수의 곱으로 표시됨을 의미한다. 따라서 X와 Y가 서로 독립인 연속확률변수이고 각 확률변수의 pdf가 $g(x)$, $h(y)$라 하면 $f(x, y) = g(x)h(y)$이므로

$$E(XY) = \int_{-\infty}^{\infty} \int_{-\infty}^{\infty} x\, y\, f(x, y)\, dxdy = \int_{-\infty}^{\infty} \int_{-\infty}^{\infty} x\, y\, g(x) h(y)\, dxdy$$

$$= \int_{-\infty}^{\infty} x\, g(x)\, dx \int_{-\infty}^{\infty} y\, h(y)\, dy = E(X) E(Y)$$

가 성립함이 증명된다. 이산확률변수의 경우와 마찬가지로 두 연속확률변수 X와 Y가 서로 독립이면 X의 함수 $u(X)$와 Y의 함수 $v(Y)$도 서로 독립이다. 따라서

$$E[u(X) v(Y)] = E[u(X)] E[v(Y)]$$

가 성립한다. 또한 X와 Y가 서로 독립인 확률변수이면 모든 x, y에 대해서

$$\Pr(X \le x,\ Y \le y) = \Pr(X \le x) \Pr(Y \le y)$$

가 성립한다.

> X와 Y가 서로 독립이면, X의 함수 $u(X)$와 Y의 함수 $v(Y)$도 서로 독립이고 따라서 $E[u(X) v(Y)] = E[u(X)] E[v(Y)]$ 이 성립한다.

2.20 χ^2(카이제곱) 분포

앞서 **2.12**에서 설명한 것처럼 $X \sim N(\mu, \sigma^2)$이고 $Z = \dfrac{X - \mu}{\sigma}$이면 $Z \sim N(0, 1)$이다.

이때 표준정규변수 Z를 제곱한

$$Z^2 = \frac{(X - \mu)^2}{\sigma^2}$$

은 자유도 1의 카이제곱 분포($\chi^2 - \text{distribution}$)를 따른다고 말하며

$$Z^2 \sim \chi^2(1)$$

로 표시한다. 즉 확률변수 $\chi^2(1)$은 표준정규분포를 제곱한 것이며, 몇 개의 독립적인 표준정규변수의 제곱을 합했느냐에 따라 카이제곱분포의 자유도가 결정된다.

일반적으로 n개의 독립적인 정규분포 확률변수를 표준화하여 제곱한 것을 더한 새로운 확률변수는 자유도가 n인 카이제곱 분포를 따르게 된다. 즉 $Z_1, Z_2, \cdots, Z_n$이 서로 독립인 표준 정규분포 확률변수이고

$$W = \sum_{k=1}^{n} Z_k^2$$

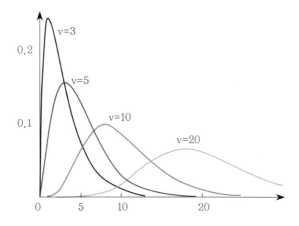

이면 W는 자유도 n의 카이제곱 분포를 따른다고 정의하며

$$W \sim \chi^2(n)$$

으로 표시한다. $W \sim \chi^2(n)$이면

$$E(W) = n, \ Var(W) = 2n$$

이 성립하는 것이 알려져 있다. 즉 카이제곱 분포를 따르는 확률변수의 기댓값은 자유도와 동일하다. 그림은 자유도 ν에 따른 카이제곱 분포를 확률밀도함수를 보여준다.

카이제곱 분포는 자유도 n에 따라 그 분포를 달리하며 모집단의 분산에 대한 추정과 검정에 매우 중요하게 이용된다. 분포곡선은 우측으로 왜곡된 분포 형태를 갖고 있으며 자유도가 커질수록 정규분포에 접근하는 성질을 갖고 있다. (**2.27** 중심극한정리 참조)

2.21 적률생성함수와 정규분포의 가법성

2.13에서 언급한 것처럼 확률변수 X의 적률생성함수(moment generating function, mgf) $M_X(t)$는

$$M_X(t) = E(e^{tX})$$

으로 정의된다.

따라서 X가 연속확률변수이고 확률밀도함수가 $f(x)$일 때 적률생성함수 $M(t) = M_X(t)$는

$$M(t) = \int_{-\infty}^{\infty} e^{tx} f(x) \, dx$$

로 나타낸다. X의 적률생성함수 $M(t)$는 그것이 존재하는 경우 유일하게 X의 확률분포를 결정한다는 것이 알려져 있다. 그와 더불어

$$M'(t) = \frac{d}{dt} \int_{-\infty}^{\infty} e^{tx} f(x) \, dx = \int_{-\infty}^{\infty} \frac{d}{dt} e^{tx} f(x) \, dx = \int_{-\infty}^{\infty} x e^{tx} f(x) \, dx$$

가 성립하고 이를 반복하면 임의의 자연수 n에 대하여

$$M^{(n)}(t) = \int_{-\infty}^{\infty} x^n e^{tx} f(x) \, dx$$

가 성립하고 여기에 $t = 0$을 대입하면

$$M^{(n)}(0) = \int_{-\infty}^{\infty} x^n f(x) \, dx = E(X^n)$$

즉 $M^{(n)}(0)$는 X의 n차 적률이다.

이제 $M^{(n)}(0)$는 X의 n차 적률임을 이용하여 정규분포 확률변수의 기댓값과 분산을 직접 계산해 보자. X의 pdf 가

$$f(x) = \frac{1}{\sigma \sqrt{2\pi}} e^{-\frac{(x-\mu)^2}{2\sigma^2}} \quad (-\infty < x < \infty)$$

인 경우 적률생성함수는

$$M(t) = \exp\left(\mu t + \frac{\sigma^2 t^2}{2}\right)$$

이라는 것을 **2.13**에서 직접 계산해 보였다. 따라서

$$M'(t) = (\mu + \sigma^2 t) M(t)$$
$$M''(t) = (\mu + \sigma^2 t)^2 M(t) + \sigma^2 M(t)$$

로부터

$$M'(0) = \mu, \ \ M''(0) = \mu^2 + \sigma^2$$

를 얻는다. 한편

$$M'(0) = E(X), \ \ M''(0) = E(X^2)$$

이므로 $X \sim N(\mu, \sigma^2)$일 때

$$E(X) = \mu$$

이고

$$Var(X) = E(X^2) - E(X)^2 = \sigma^2$$

이 성립함을 확인할 수 있다.

두 확률변수 X, Y가 정규분포를 따르면서 서로 독립일 때 확률변수 $X + Y$도 정규분포를 따른다. 이를 정규분포의 독립 가법성이라고 부른다. 이에 대한 증명 또한 아래와 같이 적률생성함수 $M(t)$를 이용해서 할 수 있다.

정규분포를 따르는 두 확률변수

$$X \sim N(\mu_1, \sigma_1^2), \ Y \sim N(\mu_2, \sigma_2^2)$$

가 서로 독립일 때 $X + Y$의 적률생성함수는 다음과 같다.

$$M_{X+Y}(t) = E(e^{t(X+Y)}) = E(e^{tX} e^{tY}) = E(e^{tX}) E(e^{tY}) = M_X(t) M_Y(t)$$

$$= \exp\left(\mu_1 t + \frac{\sigma_1^2 t^2}{2}\right) \exp\left(\mu_2 t + \frac{\sigma_2^2 t^2}{2}\right)$$

$$= \exp\left((\mu_1 + \mu_2)t + \frac{(\sigma_1^2 + \sigma_2^2)t^2}{2}\right)$$

이는 정규분포 $N(\mu_1 + \mu_2, \sigma_1^2 + \sigma_2^2)$을 따르는 확률변수의 적률생성함수이고 적률생성함수는 확률변수의 분포를 유일하게 결정하므로

$$X + Y \sim N(\mu_1 + \mu_2, \sigma_1^2 + \sigma_2^2)$$

임이 증명된다.

정규분포 이외에도 푸아송 분포, 카이제곱 분포 등 여러 확률분포들이 독립 가법성을 갖는다. 다시 말하면 두 확률변수 X, Y가 푸아송 분포, 카이제곱 분포를 따르면서 서로 독립이면 확률변수 $X + Y$ 역시 푸아송 분포, 카이제곱 분포를 따르게 됨을 의미한다. 이에 대한 증명 역시 적률생성함수 $M(t)$를 이용해서 할 수 있다.

2.22 코시-슈바르츠의 부등식

U, V가 확률변수일 때 다음이 성립한다.

$$[E(UV)]^2 \leq E(U^2) E(V^2)$$

증명 |

$E(U^2) = 0$ 또는 $E(V^2) = 0$이면 $E(UV) = 0$이므로

$$0 < E(U^2) < \infty, \ 0 < E(V^2) < \infty$$

인 경우만 고려해도 무방하다. 임의의 상수 a, b에 대하여 식

$$0 \le E\left[(aU+bV)^2\right] = a^2 E(U^2) + b^2 E(V^2) + 2ab E(UV)$$

이 성립하고, 위 식에

$$a = \left[E(V^2)\right]^{1/2}, \quad b = \left[E(U^2)\right]^{1/2}$$

를 대입하면 다음을 얻는다.

$$E(UV) \ge -\left[E(U^2)E(V^2)\right]^{1/2}$$

마찬가지로

$$0 \le E\left[(aU-bV)^2\right] = a^2 E(U^2) + b^2 E(V^2) - 2ab E(UV)$$

이 성립하고, 이 식에 $a = \left[E(V^2)\right]^{1/2}$와 $b = \left[E(U^2)\right]^{1/2}$을 대입하면 다음을 얻는다.

$$E(UV) \le \left[E(U^2)E(V^2)\right]^{1/2}$$

따라서

$$-\left[E(U^2)E(V^2)\right]^{1/2} \le E(UV) \le \left[E(U^2)E(V^2)\right]^{1/2}$$

이고 양변을 제곱하면 정리가 증명된다. ∎

2.23 공분산과 상관계수

공분산과 상관계수는 두 확률변수 X와 Y의 선형관계의 정도를 측정하는 도구로서 X와 Y의 공분산 (covariance) $cov(X, Y)$는

$$cov(X, Y) = E\left[(X-\mu_X)(Y-\mu_Y)\right]$$

로 정의되고 때에 따라 σ_{XY}로 표기하기도 한다. 간단한 계산을 통해 다음이 성립함을 알 수 있다.

$$cov(X, Y) = E(XY) - E(X)E(Y)$$

따라서 두 확률변수 X와 Y가 서로 독립이면, $cov(X, Y) = 0$이다. 반면에 $cov(X, Y) = 0$이 성립한다고 해서 X와 Y가 서로 독립인 확률변수라고 할 수는 없다. 예를 들어, $X \sim N(0, 1)$이고 $Y = X^2$인 경우 X와 Y는 밀접한 종속관계에 있지만

$$cov(X, Y) = E(X^3) = 0$$

이 성립한다. 또한 공분산의 정의에 따르면

$$cov(X, X) = Var(X)$$

이고,

$$cov(X, Y) = cov(Y, X)$$

이다. 공분산은 금융포트폴리오의 위험도를 측정하는 지표가 되므로 금융이론에서 공분산은 절대적인 중요성을 가진다. 이와 관련된 상세한 내용은 6장에서 다루기로 한다.

또한 σ_X, σ_Y가 각각 X와 Y의 표준편차일 때 확률변수 X와 Y의 상관계수(correlation coefficient) $\rho = \rho(X, Y)$는 다음과 같이 정의된다.

$$\rho = \frac{cov(X, Y)}{\sigma_X \sigma_Y}$$

한편 **정리 2.22** 코시 – 슈바르츠 부등식에 $U = X - \mu_X$ 그리고 $V = Y - \mu_Y$를 대입하면 다음 식이 얻어진다.

$$cov(X, Y)^2 \leq \sigma_X^2 \sigma_Y^2$$

위 식과 상관계수의 정의로부터 항상

$$-1 \leq \rho \leq 1$$

이 성립하고, X와 Y가 독립이면 $\rho = 0$이다.

공분산은 두 확률변수의 측정단위를 달리함에 따라 그 값이 변화하므로 공분산의 크기를 바탕으로 두 변수 간의 선형관계의 정도를 파악하는 데는 한계가 있다. 또한 두 변수의 단위가 다를 경우, 예를 들면 한 변수의 단위는 미터이고 다른 변수의 단위는 그램인 경우 공분산은 의미 없는 단위를 갖는다. 상관계수는 공분산과 달리 단위에 상관없이 항상 -1에서 1 사이의 값을 가지므로 부호뿐 아니라 그 크기가 두 변수 사이의 선형관계의 정도를 나타낸다. 공분산과 마찬가지로 상관계수의 부호는 선형관계의 방향을 알려주며, 그와 더불어 상관계수의 절댓값은 선형관계의 정도까지도 나타내준다. 일반적으로 상관계수의 절댓값이 0.4 이상이면 상관관계가 있다고 하며, 0.7 이상이면 상관관계가 강하다고 말한다. 다음 정리는 확률변수 X와 Y가 완전한 선형의 관계에 있다면 상관계수의 절댓값이 1이라는 것과 다음 정리는 공분산과 상관계수의 중요한 성질을 말해준다.

2.24 정리

확률변수 X와 Y의 상관계수가 ρ일 때 다음이 성립한다.

(1) $a, b\,(a \neq 0)$가 상수이고 $Y = aX + b$이면 $\rho = \begin{cases} 1 & (a > 0) \\ -1 & (a < 0) \end{cases}$ 이다.

(2) a, b가 상수이면 $cov(X+a, Y+b) = cov(X, Y)$이다.

(3) a, b가 상수이고 $c, d > 0$이면 $\dfrac{X-a}{c}$와 $\dfrac{Y-b}{d}$의 상관계수도 ρ이다.

증명 1|

$$\mu_Y = a\mu_X + b, \sigma_Y = |a|\sigma_X$$

이므로

$$cov(X, Y) = E\big((X - \mu_X)(aX + b - a\mu_X - b)\big) = aE\big((X - \mu_X)^2\big) = a\sigma_X^2$$

이고

$$\rho = \frac{cov(X, Y)}{\sigma_X \sigma_Y} = \frac{a\sigma_X^2}{|a|\sigma_X^2} = \frac{a}{|a|}$$

이다.

증명 2|

$cov(X+a, Y+b) = E\big[(X+a)(Y+b)\big] - E(X+a)E(Y+b)$이다. 여기서

$E\big[(X+a)(Y+b)\big] = E(XY) + aE(Y) + bE(X) + ab$이고

$E(X+a)E(Y+b) = E(X)E(Y) + aE(Y) + bE(X) + ab$이므로

$cov(X+a, Y+b) = E(XY) - E(X)E(Y) = cov(X, Y)$이다.

증명 3|

$\sigma_{(X-a)/c} = \dfrac{\sigma_X}{c}$와 $cov\left(\dfrac{X-a}{c}, \dfrac{Y-b}{d}\right) = \dfrac{cov(X, Y)}{cd}$로부터 쉽게 증명된다. ∎

    기댓값과 분산 그리고 공분산의 정의를 이용하면 다음 정리를 쉽게 증명할 수 있다. 확률변수들의 합의 기댓값은 각 확률변수 기댓값의 합이므로 기댓값은 선형작용소(linear operator)이다. 한편 일반적으로 확률변수들의 합의 분산은 각 확률변수의 분산의 합과 같지 않다. 여기에는 두 확률변수의 공분산이 더해져야 하는데, 이는 금융 포트폴리오의 분산효과(diversification effect)를 설명해주는 중요한 항이다. 하지만 확률변수들이 서로 독립이면 합의 분산은 분산의 합과 같다. 이에 대한 내용이 다음 정리에 종합되어 있다.

2.25 정리

확률변수 X와 Y 그리고 상수 a, b, c에 대해 다음이 성립한다.

$$E(aX + bY + c) = aE(X) + bE(Y) + c$$

$$Var(aX + bY + c) = a^2 Var(X) + b^2 Var(Y) + 2ab \cdot cov(X, Y)$$

또한 $X_1, X_2, \cdots, X_n$이 확률변수이고 $a_1, a_2, \cdots, a_n$가 상수일 때는 다음과 같다.

$$Var\left(\sum_{k=1}^{n} a_k X_k\right) = \sum_{j=1}^{n}\sum_{k=1}^{n} a_j a_k \, cov(X_j, X_k)$$

따라서 $X_1, X_2, \cdots, X_n$이 서로 독립인 확률변수이면

$$E\left(\sum_{k=1}^{n} a_k X_k\right) = \sum_{k=1}^{n} a_k E(X_k)$$

이고

$$Var\left(\sum_{k=1}^{n} a_k X_k\right) = \sum_{k=1}^{n} a_k^2 Var(X_k)$$

이다.

5. 중심극한정리

18세기 초반에 수학자 드 므와브르(de Moivre)는 확률변수 X가 이항분포 $X \sim b(n, 1/2)$를 따를 때, n이 충분히 크면 X는 근사적으로 정규분포와 같은 종모양(bell shape)의 분포를 갖는다는 사실을 발견했고, 한 세기 후 수학자 라플라스(Laplace)는 드 므와브르의 발견에 기초해서, $p \neq 1/2$일지라도

$$X \sim b(n, p) \text{이고 } n \text{이 충분히 크면 근사적으로 } X \sim N(np, np(1-p))$$

임을 수학적으로 증명했다. 라플라스의 정리는 가우스에 의하여 중심극한정리라고 불리는 확률 및 통계이론에서 가장 핵심적인 정리로 발전한다. 중심극한정리를 소개하기에 앞서 필요한 정의 및 기호를 먼저 소개한다.

$X_1, X_2, \cdots, X_n$이 서로 독립이고 동일한 확률분포를 따르는 확률변수일 때 독립동일분포 $i.i.d.$ (independently, identically distributed)라 표기한다. 이 경우 각 X_k의 평균이 μ이고 분산이 σ^2이라면, 즉 $X_k \sim (\mu, \sigma^2)$라면,

$$X_1, X_2, \cdots, X_n \sim i.i.d. \, (\mu, \sigma^2)$$

이라 표기한다.

예를 들면 $X_1, X_2, \cdots, X_n \sim i.i.d.\,(\mu, \sigma^2)$일 때 $X_1 + X_2 + \cdots + X_n \sim (n\mu, n\sigma^2)$이다.

이 경우

$$\frac{\sum_{k=1}^{n} X_k - n\mu}{\sigma \sqrt{n}} \sim (0, 1)$$

이다. 특히, $X_1, X_2, \cdots, X_n \sim i.i.d.\,(0, 1)$이면 $X_1 + X_2 + \cdots + X_n \sim (0, n)$이다.

독립동일분포를 따르는 확률변수들의 합에 적용되는 대표적인 정리는 아래에 소개하는 대수의 법칙과 중심극한정리이다. 대수의 법칙과 중심극한정리는 표본분포의 개념을 이해하는 데 중요한 정리이다.

$X_1, X_2, \cdots, X_n \sim i.i.d.\,(\mu, \sigma^2)$일 때 확률변수 $\overline{X}$를

$$\overline{X} = \frac{1}{n} \sum_{k=1}^{n} X_k$$

로 정의하면 $\overline{X}$의 기댓값과 분산은 각각 $E(\overline{X}) = \mu$와 $Var(\overline{X}) = \sigma^2/n$이다. 이때 $n \to \infty$의 극한을 취하면 $Var(\overline{X}) = \sigma^2/n \to 0$이므로 $\overline{X}$의 분산이 0에 수렴하므로 $\overline{X}$는 상수인 그 기댓값으로 수렴하게 된다. 이를 큰 수의 법칙(law of large numbers)이라 한다. 아래에 소개하는 **정리 2.26**은 큰 수의 약법칙(weak law of large number)이라고 불린다.

2.26 큰 수의 법칙

$X_1, X_2, \cdots, X_n \sim i.i.d.\,(\mu, \sigma^2)$일 때 임의의 $\varepsilon > 0$에 대하여 다음 식이 성립한다.

$$\lim_{n \to \infty} \Pr\left(\left| \frac{1}{n} \sum_{k=1}^{n} X_k - \mu \right| \geq \varepsilon \right) = 0$$

각 $n = 1, 2, 3, \cdots$에 대하여 확률변수 X_n의 누적분포함수가 연속함수 $F_n(x)$라고 하자.

이제 어떤 확률변수 X의 누적분포함수가 연속함수 $F(x)$라 할 때 각각의 실수 x에 대하여 $n \to \infty$일 때 $F_n(x) \to F(x)$일 때, 다시 말해서 X_n의 cdf가 X의 cdf에 점별수렴할 때, 확률변수열 X_n은 X에 분포수렴(converge in distribution)한다고 정의한다.

다음 정리는 확률 및 통계의 이론과 응용 모두에서 가장 중요한 정리이다.

2.27 중심극한정리

$X_1,\ X_2,\ \cdots,\ X_n \sim i.i.d.\,(\mu, \sigma^2)$ 이면 확률변수

$$\frac{\sum\limits_{k=1}^{n} X_k - n\mu}{\sigma\sqrt{n}}$$

는 $n \to \infty$ 일 때 표준정규분포를 따르는 확률변수 Z로 분포 수렴한다.
다시 말하면 임의의 실수 z에 대하여

$$\lim_{n\to\infty} \mathrm{Pr}\left(\frac{\sum\limits_{k=1}^{n} X_k - n\mu}{\sigma\sqrt{n}} \leq z\right) = \Phi(z) = \int_{-\infty}^{z} \frac{1}{\sqrt{2\pi}} e^{-t^2/2}\, dt$$

가 성립한다.

실제로 중심극한정리가 성립하기 위해 서로 독립인 확률변수 $X_1, X_2, \cdots, X_n \sim (\mu, \sigma^2)$가 반드시 동일한 분포를 따른다고 가정할 필요는 없다. 동일분포의 가정을 약화시켜서 서로 독립이면서 린드버그 조건(Lindeberg's condition)을 만족하는 확률변수열에 대해서는 중심극한정리의 결론이 성립함이 알려져 있다. 중심극한정리의 중요성에 대해서는 **2.33**에서 다시 언급하기로 한다.

중심극한정리의 증명은 확률변수 $\dfrac{\sum\limits_{k=1}^{n} X_k - n\mu}{\sigma\sqrt{n}}$ 의 적률생성함수가 $n \to \infty$ 의 극한을 취함에 따라 표준정규분포를 따르는 확률변수의 적률생성함수인 $e^{t^2/2}$로 수렴함을 보임으로써 완성된다. 일반적인 증명을 하기 전에 먼저 정리의 특수한 버전으로 $Z_1,\ Z_2,\ \cdots,\ Z_n \sim i.i.d.\,(0, 1)$이고, 각각의 Z_j는 1 또는 -1의 값만을 취하며 각 j에 대하여

$$\mathrm{Pr}(Z_j = 1) = \mathrm{Pr}(Z_j = -1) = 1/2$$

인 경우를 가정하고, 이때 확률변수

$$Y_n = \frac{1}{\sqrt{n}}(Z_1 + Z_2 + \cdots + Z_n)$$

은 $n \to \infty$ 일 때 표준정규분포를 따르는 확률변수 Z로 분포 수렴함을 증명하고자 한다. 이 경우는 4장의 **4.4**에서 자세히 소개하는 랜덤워크 과정과 브라운 운동을 연결시키는 과정에 해당하며, 금융이론에서 매우 중요한 역할을 한다.

이제 증명을 시작하면, 위에서 정의한 Y_n의 적률생성함수 $M_{Y_n}(t) = E\left(e^{t\,Y_n}\right)$은 다음과 같이 나타낼 수 있다.

$$M_{Y_n}(t) = E\left(e^{t\,Y_n}\right) = E\left(\exp\left[\frac{t}{\sqrt{n}}\left(Z_1 + Z_2 + \cdots + Z_n\right)\right]\right)$$

$$= E\left(\exp\left[\frac{t}{\sqrt{n}}Z_1\right]\right)\cdots E\left(\exp\left[\frac{t}{\sqrt{n}}Z_n\right]\right) = \left(\frac{1}{2}e^{t/\sqrt{n}} + \frac{1}{2}e^{-t/\sqrt{n}}\right)^n$$

따라서

$$\ln M_{Y_n}(t) = n\ln\left(\frac{1}{2}e^{t/\sqrt{n}} + \frac{1}{2}e^{-t/\sqrt{n}}\right)$$

이 성립하고, 위 식에서 $x = 1/\sqrt{n}$ 으로 치환하면 다음을 얻는다.

$$\lim_{n\to\infty}\ln M_{Y_n}(t) = \lim_{x\to 0}\frac{\ln\left(\frac{1}{2}e^{tx} + \frac{1}{2}e^{-tx}\right)}{x^2}$$

이제 로피탈의 법칙을 사용해서 위 극한을 구하면 다음과 같다.

$$\lim_{x\to 0}\frac{\ln\left(\frac{1}{2}e^{tx} + \frac{1}{2}e^{-tx}\right)}{x^2} = \lim_{x\to 0}\frac{\frac{t}{2}e^{tx} - \frac{t}{2}e^{-tx}}{2x\left(\frac{1}{2}e^{tx} + \frac{1}{2}e^{-tx}\right)}$$

$$= \lim_{x\to 0}\frac{1}{\left(\frac{1}{2}e^{tx} + \frac{1}{2}e^{-tx}\right)}\lim_{x\to 0}\frac{\frac{t}{2}e^{tx} - \frac{t}{2}e^{-tx}}{2x}$$

$$= \lim_{x\to 0}\frac{\frac{t}{2}e^{tx} - \frac{t}{2}e^{-tx}}{2x}$$

$$= \lim_{x\to 0}\frac{\frac{t^2}{2}e^{tx} + \frac{t^2}{2}e^{-tx}}{2} = \frac{1}{2}t^2$$

따라서

$$\lim_{n\to\infty}M_{Y_n}(t) = e^{t^2/2}$$

가 성립하고 $e^{t^2/2}$는 $Z \sim N(0, 1)$의 적률생성함수이므로 $Y_n = \frac{1}{\sqrt{n}}(Z_1 + Z_2 + \cdots + Z_n)$은

$n\to\infty$ 일 때 표준정규분포를 따르는 확률변수 Z로 분포 수렴함이 증명된다. ■

이제 일반적인 경우로 다른 조건 없이 $Z_1, Z_2, \cdots, Z_n \sim i.i.d. (0, 1)$을 가정하고 $Y_n = \dfrac{1}{\sqrt{n}}$ $(Z_1 + Z_2 + \cdots + Z_n)$의 적률생성함수 $M_{Y_n}(t) = E\left(e^{t\, Y_n}\right)$가 $\displaystyle\lim_{n\to\infty} M_{Y_n}(t) = e^{t^2/2}$을 만족한다는 것을 앞에서와 동일한 방법으로 증명하고자 한다.

$$M_{Y_n}(t) = E\left(e^{t\, Y_n}\right) = E\left(\exp\left[\frac{t}{\sqrt{n}}(Z_1 + Z_2 + \cdots + Z_n)\right]\right)$$
$$= E\left(\exp\left[\frac{t}{\sqrt{n}}Z_1\right]\right) \cdots E\left(\exp\left[\frac{t}{\sqrt{n}}Z_n\right]\right) = \left(M_{Z_1}\left[\frac{t}{\sqrt{n}}\right]\right)^n$$

이므로

$$\ln M_{Y_n}(t) = n \ln\left(M_{Z_1}\left[\frac{t}{\sqrt{n}}\right]\right)$$

이 성립하고, 위 식에서 $x = 1/\sqrt{n}$로 치환하면 다음을 얻는다.

$$\lim_{n\to\infty} \ln M_{Y_n}(t) = \lim_{x\to 0+} \frac{\ln M_{Z_1}(xt)}{x^2}$$

로피탈의 법칙과 $M_{Z_1}(0) = 1$, $M_{Z_1}{}'(0) = E(Z_1) = 0$ 그리고 $M_{Z_1}{}''(0) = E(Z_1^2) = 1$을 사용하면

$$\lim_{x\to 0+} \frac{\ln M_{Z_1}(xt)}{x^2} = \lim_{x\to 0+} \frac{t\, M_{Z_1}{}'(xt)}{2x\, M_{Z_1}(xt)} = \frac{t}{2}\lim_{x\to 0+} \frac{M_{Z_1}{}'(xt)}{x} = \frac{t^2}{2}\lim_{x\to 0+} M_{Z_1}{}''(xt) = \frac{t^2}{2}$$

따라서 $\displaystyle\lim_{n\to\infty} M_{Y_n}(t) = e^{t^2/2}$이 성립하므로 중심극한정리의 증명이 완성된다. ∎

6. 다변량 정규분포

시장에 존재하는 다수 증권의 가격들처럼 관찰되는 확률변수가 복수인 경우 이에 대한 통계적 분석체계를 다변량 분석(multivariate analysis)이라고 하는데, 다변량분석에서 가장 널리 사용되는 분포는 다변량 정규분포(multivariate normal distribution)이다. 그 이유는 다변량분석에서 다루는 상당수의 방법이 자료가 다변량정규분포에서 추출된 표본이라는 것을 가정하고 있기 때문이다. 또한 다변량 정규분포는 실제 분포에 대한 근사적인 분포로서도 유용하게 사용된다. 또한 금융이론 중 연속모델의 핵심

이 되는 브라운 운동이 다변량 정규분포를 따르기 때문에 포트폴리오를 구성하는 다수의 증권의 수익률이 다변량 정규분포를 따르게 되는 것이 금융수학에서 다변량 정규분포의 중요성이 강조되는 이유 중 하나이다. 이와 관련한 내용은 6장에서 상세히 다루도록 한다.

2.28 확률벡터의 확률분포

확률벡터란 벡터를 구성하는 성분이 확률변수인 벡터를 의미한다.

$\mathbb{X} = \begin{bmatrix} X_1 \\ X_2 \\ \vdots \\ X_n \end{bmatrix}$ 가 $n \times 1$인 확률벡터(또는 n차원 확률벡터)이고, 각 성분 X_k의 평균이 μ_k이고 분산이

σ_k^2, X_j와 X_k의 공분산이 σ_{jk}라 하고 $\sigma_{kk} = \sigma_k^2$는 X_k의 분산을 나타낸다고 하자.

이때 μ_k를 성분으로 하는 $n \times 1$ 벡터 $\boldsymbol{\mu} = \begin{bmatrix} \mu_1 \\ \mu_2 \\ \vdots \\ \mu_n \end{bmatrix}$ 를 $\mathbb{X}$의 평균벡터, σ_{jk}를 성분으로 하는 $n \times n$ 행렬

$$\Sigma = \begin{bmatrix} \sigma_{11} & \sigma_{12} & \cdots & \sigma_{1n} \\ \sigma_{21} & \sigma_{22} & \cdots & \sigma_{2n} \\ \vdots & \vdots & \cdots & \vdots \\ \sigma_{n1} & \sigma_{n2} & \cdots & \sigma_{nn} \end{bmatrix}$$

를 $\mathbb{X}$의 공분산행렬이라 하고

$$\mathbb{X} \sim (\boldsymbol{\mu}, \Sigma)$$

라 표기한다. 여기서 $\sigma_{jk} = \sigma_{kj}$이므로 Σ의 행과 열을 맞바꾼 전치행렬 Σ^T는 Σ와 같다. 즉 공분산행렬은 대칭행렬이다.

확률변수 $X \sim (\mu_1, \sigma_1^2)$, $Y \sim (\mu_2, \sigma_2^2)$와 상수 a, b의 선형결합 $aX + bY$에 대한 평균과 분산을 벡터와 행렬로 표시하여 보자. 확률벡터 $\mathbb{X} = \begin{bmatrix} X \\ Y \end{bmatrix}$의 평균벡터 $\boldsymbol{\mu} = \begin{bmatrix} \mu_1 \\ \mu_2 \end{bmatrix}$와 공분산행렬

$\Sigma = \begin{pmatrix} \sigma_1^2 & \sigma_{12} \\ \sigma_{12} & \sigma_2^2 \end{pmatrix}$ 그리고 상수 행벡터(1×2 행렬) $\vec{c} = [a \; b]$가 있을 때 선형결합 $\vec{c}\,\mathbb{X} = aX + bY$의 평균과 분산은 다음과 같이 표시된다.

$$E(\vec{c}\,\mathbb{X}) = a\mu_1 + b\mu_2 = [a \; b] \begin{bmatrix} \mu_1 \\ \mu_2 \end{bmatrix} = \vec{c}\,\boldsymbol{\mu}$$

$$Var\left(\vec{\boldsymbol{c}}\,\mathbb{X}\right) = a^2\sigma_1^2 + b^2\sigma_2^2 + 2ab\,\sigma_{12} = \begin{bmatrix} a & b \end{bmatrix} \begin{pmatrix} \sigma_1^2 & \sigma_{12} \\ \sigma_{12} & \sigma_2^2 \end{pmatrix} \begin{bmatrix} a \\ b \end{bmatrix} = \vec{\boldsymbol{c}}\,\Sigma\,\vec{\boldsymbol{c}}^{\,\boldsymbol{T}}$$

위 식의 결과는 다음 정리에서와 같이 n개의 확률변수에 대한 m개의 선형결합인 경우에 대한 평균 벡터와 공분산행렬을 구하는 데까지 확장될 수 있다.

2.29 정리

n차원 확률벡터 $\mathbb{X}$가 $\mathbb{X} \sim (\boldsymbol{\mu}, \Sigma)$를 만족하고, A가 $m \times n$ 행렬이라고 하면

$$A\mathbb{X} \sim (A\boldsymbol{\mu}, A\Sigma A^T)$$

가 성립한다. 여기서 A^T는 A의 전치행렬이다.

서로 독립이면서 각각 정규분포를 따르는 확률변수들의 일차결합은 정규분포에 가법성에 의해서 다시 정규분포를 따르므로 $X_1, X_2, \cdots, X_n$이 서로 독립이고 정규분포를 따르면, $\mathbb{X}$는 다변량 정규분포를 따른다. 하지만 일반적으로 $X_1, X_2, \cdots, X_n$이 각각 정규분포를 따르더라도 $\sum_{k=1}^{n} a_k X_k$도 역시 정규분포를 따른다고 말할 수는 없다. 다변량 정규분포는 다음과 같이 정의된다.

2.30 다변량 정규분포

n차원 확률벡터 $\mathbb{X} = \begin{bmatrix} X_1 \\ X_2 \\ \vdots \\ X_n \end{bmatrix}$ 가 있어 임의의 상수 $a_1, a_2, \cdots, a_n$에 대해서 $\sum_{k=1}^{n} a_k X_k$가 정규분포를 따를

때, $\mathbb{X}$는 (n차원) 다변량 정규분포(multivariate normal distribution)를 따른다고 한다. $\mathbb{X} \sim (\boldsymbol{\mu}, \Sigma)$이고 n차원 다변량 정규분포를 따를 때 다음과 같이 표기한다.

$$\mathbb{X} \sim N_n(\boldsymbol{\mu}, \Sigma)$$

이때 $\mathbb{X}$의 결합 확률밀도함수는 아래와 같다.

$$f(\boldsymbol{x}) = \frac{1}{(2\pi)^{n/2}} (\det \Sigma)^{-1/2} \exp\left(-\frac{1}{2}(\boldsymbol{x} - \boldsymbol{\mu})^T \Sigma^{-1}(\boldsymbol{x} - \boldsymbol{\mu})\right), \boldsymbol{x} \in \mathbb{R}^n$$

위의 특수한 케이스로 $n = 2$이고 $\mathbb{X} = \begin{bmatrix} X \\ Y \end{bmatrix}$, $X \sim N(\mu_1, \sigma_1^2)$, $Y \sim N(\mu_2, \sigma_2^2)$, $\rho(X, Y) = \rho$ 인 경우 X, Y가 이변량 정규분포를 따른다고 하며 결합 확률밀도함수 $f(x,y)$는 다음과 같다.

$$f(x, y) = \frac{1}{2\pi\sigma_1\sigma_2\sqrt{1-\rho^2}} \exp$$

$$\left[-\frac{1}{2(1-\rho^2)} \left(\frac{(x-\mu_1)^2}{\sigma_1^2} + \frac{2\rho(x-\mu_1)(y-\mu_2)}{\sigma_1\sigma_2} + \frac{(y-\mu_2)^2}{\sigma_2^2} \right) \right]$$

만일 $\mathbb{X}$ 의 성분을 이루는 개별 확률변수 $X_1, X_2, \cdots, X_n$ 이 서로 독립이라면 위에서의 결합 확률 밀도함수는 일변량 정규 확률밀도함수의 곱으로 다음과 같이 표현된다.

$$f(x_1, x_2, \cdots, x_n) = \prod_{k=1}^{n} \frac{1}{\sigma_k\sqrt{2\pi}} e^{-\frac{(x_k-\mu_k)^2}{2\sigma_k^2}}$$

일변량 정규분포 확률변수 $X \sim N(\mu, \sigma^2)$의 확률밀도함수 $f(x) = \frac{1}{\sigma\sqrt{2\pi}} e^{-\frac{(x-\mu)^2}{2\sigma^2}}$ 에서 지수 항 중 다음 항

$$\frac{(x-\mu)^2}{\sigma^2} = (x-\mu)(\sigma^2)^{-1}(x-\mu)$$

는 표준편차단위로 측정한 x 와 μ 사이 거리의 제곱을 나타낸다. 이에 대한 확장의 의미로서 $\mathbb{X} \sim N_n(\boldsymbol{\mu}, \Sigma)$의 결합 확률밀도함수의 지수항 중 $(\boldsymbol{x}-\boldsymbol{\mu})^T \Sigma^{-1}(\boldsymbol{x}-\boldsymbol{\mu})$은 $\mathbb{X}$ 의 다변량 관찰값벡터 $\boldsymbol{x}$ 와 평균벡터 $\boldsymbol{\mu}$ 사이의 일반화된 거리라고 해석될 수 있다.

다변량 정규분포의 정의와 **정리 2.29**를 종합하면 다음 정리는 자명하게 증명된다.

정리|

$\mathbb{X} \sim N_n(\boldsymbol{\mu}, \Sigma)$, $m \leq n$이고 A가 $m \times n$ 행렬이라고 하면

$$A\mathbb{X} \sim N_m(A\boldsymbol{\mu}, A\Sigma A^T)$$

가 성립한다. ∎

아래 **2.31**에서 소개하는 이변량 정규분포의 성질은 매우 중요하며 6장에서도 요긴하게 쓰인다.

2.31 이변량 정규분포의 성질

$Z \sim N(0, 1)$과 $W \sim N(0, 1)$가 서로 독립이고 $\sigma_1, \sigma_2 > 0$, $-1 < \rho < 1$이라 하자. 이때

$$X = \sigma_1 Z, \ \ Y = \sigma_2 \rho Z + \sigma_2 \sqrt{1-\rho^2} \ W$$

라고 정의하면 $X \sim N\left(0, \sigma_1^2\right)$, $Y \sim N\left(0, \sigma_2^2\right)$임을 아주 쉽게 알 수 있다. 그리고 X와 Y의 결합 확률밀도함수는

$$f(x, y) = \frac{1}{2\pi\sigma_1\sigma_2\sqrt{1-\rho^2}} \exp\left[-\frac{1}{2(1-\rho^2)}\left(\frac{x^2}{\sigma_1^2} + \frac{2\rho xy}{\sigma_1\sigma_2} + \frac{y^2}{\sigma_2^2}\right)\right]$$

임을 보일 수 있다(학부 1~2학년 수준의 수학이지만 증명은 생략함). 이는 앞의 **2.30**에서 언급한 이변량 정규분포의 결합확률밀도함수이고, 따라서 X, Y는 이변량 정규분포를 따른다.

동일한 이유로 기댓값이 0인 확률변수 X, Y가 이변량 정규분포를 따른다면 적당한 $\sigma_1, \sigma_2 > 0$, $-1 < \rho < 1$에 대해 X와 Y는 결합확률밀도함수로 위에서 언급한 $f(x, y)$를 갖게 되고, 이에 따라 서로 독립인 $Z \sim N(0, 1)$과 $W \sim N(0, 1)$가 있어

$$X = \sigma_1 Z, \quad Y = \sigma_2 \rho Z + \sigma_2 \sqrt{1-\rho^2}\, W$$

으로 표현될 수 있다. 이는 **6.2**에서 설명할 서로 상관된 브라운 운동의 중요한 성질이다.

이로부터 복잡한 적분계산 없이도 이변량 정규분포에 관한 많은 중요한 성질들을 유도할 수 있다. 예를 들면

$$E(XY) = \sigma_1 \sigma_2 \left[\rho\, E(Z^2) + \sqrt{1-\rho^2}\, E(ZW)\right] = \rho \sigma_1 \sigma_2$$

이므로 X와 Y의 공분산은 $\rho\sigma_1\sigma_2$이고, 상관계수는 ρ이다.

또 다른 예를 들면, $X = x$인 경우 $Z = \dfrac{x}{\sigma_1}$이므로 $Y = \dfrac{\sigma_2}{\sigma_1}\rho x + \sigma_2\sqrt{1-\rho^2}\, W$이다. 따라서

$$E(Y \mid X = x) = \frac{\sigma_2}{\sigma_1}\rho x$$

가 되어

$$E(Y \mid X) = \frac{\sigma_2}{\sigma_1}\rho X$$

를 얻는다. 이 결과는 6장의 **6.16**에서 중요하게 쓰인다. 또한

$$E\left(Y^2 \mid X = x\right) = \frac{\sigma_2^2}{\sigma_1^2}\rho^2 x^2 + \sigma_2^2(1-\rho^2)$$

이므로

$$Var\left(Y \mid X = x\right) = E\left(Y^2 \mid X = x\right) - \left[E(Y \mid X = x)\right]^2 = \sigma_2^2(1-\rho^2)$$

이 되어

$$Var\left(Y\,|\,X\right) = \sigma_2^2(1 - \rho^2)$$

을 얻는다. 마찬가지 방법으로 $E\left(X\,|\,Y\right) = \dfrac{\sigma_1}{\sigma_2}\rho\,Y$ 그리고 $Var\left(X\,|\,Y\right) = \sigma_1^2\left(1 - \rho^2\right)$임을 보일 수

있다.

7. 표본분포

우리나라 고등학생의 평균 체중이 얼마인가를 알고자 할 때나 어느 회사에서 생산되는 전구의 평균수
명이 얼마나 되는지 알아보고자 할 때와 같이 어떤 집단의 특성을 알아보기 위해서 그 집단의 일부분만
을 추출해서 조사하는 경우를 표본조사라고 한다. 이때 조사하고자 하는 대상 전체를 모집단이라고 하
고 조사하기 위하여 추출한 전체의 일부를 표본(sample)이라고 한다. 모집단의 평균이나 분산과 같이
모집단의 특성을 수량화하여 나타낸 값들을 모수(parameter)라 하고 추출된 표본으로부터 계산되는
표본평균, 표본분산등과 같이 표본의 특성을 나타내는 값을 통계량(statistic)이라 한다. 표본 추출의 목
적은 모집단의 특성에 관련된 통계적 추측을 위하여 충분한 정보를 얻는 데 있다. 표본추출에 의한 모집
단 특성에 대한 통계적 추측값과 모집단의 참값의 차이를 표본오차(sampling error)라고 한다.

모집단을 확률변수 X라 할 때, n번의 독립적인 임의추출의 시행에서 얻어진 확률변수 X_1, X_2,
$\cdots$, X_n를 크기 n의 확률표본이라고 부른다. 이 확률표본은 모두 모집단의 확률변수 X와 동일한 확
률분포를 갖는다. 크기 n의 확률표본 X_1, X_2, $\cdots$, X_n에 대해서

$$\overline{X} = \frac{1}{n}\sum_{k=1}^{n} X_k$$

$$S^2 = \frac{1}{n-1}\sum_{k=1}^{n}\left(X_k - \overline{X}\right)^2$$

$$S = \sqrt{\frac{1}{n-1}\sum_{k=1}^{n}\left(X_k - \overline{X}\right)^2}$$

으로 정의된 확률변수 $\overline{X}$, S^2, S를 각각 표본평균, 표본분산, 표본표준편차라 부른다.

이 표본에 대한 관측의 결과로 n개의 관측값 x_1, x_2, $\cdots$, x_n을 얻었다고 할 때 이 관측값들의 평균,
분산, 표준편차

$$\overline{x} = \frac{1}{n} \sum_{k=1}^{n} x_k$$

$$s^2 = \frac{1}{n-1} \sum_{k=1}^{n} \left(x_k - \overline{x}\right)^2$$

$$s = \sqrt{\frac{1}{n-1} \sum_{k=1}^{n} \left(x_k - \overline{x}\right)^2}$$

는 각각 $\overline{X}$, S^2, S의 하나의 실현값으로 생각할 수 있고, $\overline{x}$, s^2, s와 같이 표본자료에 의해 계산된 통계량의 실현값을 통계치(value of statistic)라 한다.

평균이 μ이고 분산이 σ^2인 모집단에서 추출된 크기 n의 확률표본의 표본평균 $\overline{X}$의 평균과 분산은 각각 $E(\overline{X}) = \mu$와 $Var(\overline{X}) = \sigma^2/n$이다. 그리고 중심극한정리에 따르면 표본의 크기가 충분히 클 때 표본평균 $\overline{X}$는 근사적으로 정규분포를 따른다. 또한 표본분산 S^2의 평균과 분산이 다음과 같음이 알려져 있다.

$$E(S^2) = \sigma^2, \ Var(S^2) = \frac{2\sigma^2}{n-1}$$

다음 정리는 추정과 가설검정에서 매우 중요하게 쓰인다.

2.32 정리

분산이 σ^2인 정규분포를 따르는 모집단에서 추출된 크기 n의 확률표본 $X_1, X_2, \cdots, X_n$에 대해서 통계량

$$\frac{(n-1)\,S^2}{\sigma^2} = \frac{\sum_{k=1}^{n} \left(X_k - \overline{X}\right)^2}{\sigma^2}$$

은 자유도 $n-1$인 카이제곱 분포를 따른다.

2.33 큰 수의 법칙과 중심극한정리

모평균이 μ이고 모 분산이 σ^2인 모집단에서 추출한 크기 n의 확률표본 $X_1, X_2, \cdots, X_n$은 $X_1, X_2, \cdots, X_n \sim i.i.d. \ (\mu, \sigma^2)$이다. 따라서 표본의 수가 커짐에 따라 큰 수의 법칙(**2.26** 참조)에 의해서 표본평균 $\overline{X} = \frac{1}{n} \sum_{k=1}^{n} X_k$가 모집단의 평균에 가까워지므로 표본이 클수록 표본의 정보는 정확해진다는 것을 알 수 있다. 또한 중심극한정리(**2.27** 참조)에 의하여 표본의 수가 충분히 크면 $\overline{X}$는 근사적으로

정규분포를 따르게 되어 모집단의 분포에 상관 없이 다수의 표본을 추출하면 정규분포의 성질을 이용하여 표본분석을 할 수 있다는 것을 의미한다.

그보다 더 중요한 중심극한정리의 의미로는 서로 합해지는 확률변수의 분포에 상관없이 독립적인 확률변수의 합은 근사적으로 정규분포를 따른다는 것이다. 즉 작고 관련이 없는 많은 확률효과들의 합으로 이루어진 모집단은 근사적으로 정규분포를 따른다는 것을 중심극한정리는 말해주고 있다. 이러한 사실은 현실세계에서 많은 사회현상을 정규분포에 의해서 분석할 수 있는 정당성을 제시해준다. 수험생들의 수능점수, 학생들의 키와 체중, 사고로 사망하는 사람의 수, 가구의 전력수요 등 이들 모두는 작고 관련이 없는 여러 가지 다른 효과들의 결과이므로 이들이 합쳐서 만들어진 모집단은 정규분포를 따른다고 가정하는 것이 타당하다. 실제로 통계 응용에서는 다수의 특정 모집단들이 정규분포를 따르는 것을 가정하는 데 그 가정이 현실적이라는 것을 중심극한정리는 말해준다. 바로 다음에 소개될 t 분포를 사용한 모평균의 구간추정과 카이제곱 분포를 이용한 모분산의 구간추정에서는 모집단이 정규분포를 따른다는 가정이 필수적인데, 중심극한정리는 현실세계에서 그러한 추정을 필요로 하는 다수의 모집단이 정규분포를 따른다고 가정하는 것이 타당함을 이론적으로 뒷받침해주고 있다.

2.34 최우추정법

평균이 μ 이고 분산이 σ^2 인 정규분포를 따르는 모집단에서 추출된 크기 n 의 확률표본 $X_1, X_2,$ $\cdots, X_n$ 의 결합 확률밀도함수는 다음과 같다.

$$f(x_1, x_2, \cdots, x_n) = \prod_{k=1}^{n} \frac{1}{\sigma\sqrt{2\pi}} e^{-\frac{(x_k - \mu)^2}{2\sigma^2}}$$

$$= \left(\frac{1}{2\pi\sigma^2}\right)^{n/2} \exp\left[-\frac{1}{2\sigma^2}\sum_{k=1}^{n}(x_k - \mu)^2\right]$$

이제 관측값 $x_1, x_2, \cdots, x_n$ 을 고정시켰을 때 위 함수를 최대로 만드는 μ 와 σ^2 을 찾아보자. 위 값에 자연로그를 취한 함수 $L(\mu, \sigma^2)$ 는 다음과 같다.

$$L(\mu, \sigma^2) = -\frac{n}{2}\ln 2\pi - \frac{n}{2}\ln \sigma^2 - \frac{1}{2\sigma^2}\sum_{k=1}^{n}(x_k - \mu)^2$$

$L(\mu, \sigma^2)$ 의 최댓값을 찾기 위해서 위 함수를 μ 와 σ^2 으로 편미분하고 0으로 놓으면 다음과 같은 연립 방정식을 얻는다.

$$\frac{\partial L}{\partial \mu} = \frac{1}{\sigma^2} \sum_{k=1}^{n} (x_k - \mu) = 0$$

$$\frac{\partial L}{\partial \sigma^2} = -\frac{n}{2\sigma^2} + \frac{1}{2\sigma^4} \sum_{k=1}^{n} (x_k - \mu)^2 = 0$$

이제 위 연립 방정식을 μ와 σ^2에 대해서 풀면 다음과 같다.

$$\mu = \frac{1}{n} \sum_{k=1}^{n} x_k = \overline{x}, \ \ \sigma^2 = \frac{1}{n} \sum_{k=1}^{n} (x_k - \overline{x})^2$$

$L(\mu, \sigma^2)$를 최댓값으로 만드는 μ와 σ^2은 결합 확률밀도함수 $f(x_1, x_2, \cdots, x_n)$를 최대로 만드는 μ와 σ^2이다. 이는 관측값 $x_1, x_2, \cdots, x_n$의 발생에 대한 최대 확률의 값을 나타내는 μ와 σ^2을 뜻한다. 즉 실제 μ와 σ^2의 최대우도추정량(maximum likelihood estimator) 또는 최우추정량 $\hat{\mu}$, $\widehat{\sigma^2}$은 다음과 같이 구해진다.

$$\hat{\mu} = \frac{1}{n} \sum_{k=1}^{n} X_k = \overline{X}$$

$$\widehat{\sigma^2} = \frac{1}{n} \sum_{k=1}^{n} (X_k - \overline{X})^2 = \frac{n-1}{n} S^2$$

최대우도추정법(또는 최우추정법)은 이미 '관찰된 데이터의 발생 가능성을 최대화하는 모수값을 선택하는 방법'으로 위의 예와 같이 공식화될 수 있다.

반복 설명하면 특정 모수 θ를 추정하기 위해서 확률표본 $X_1, X_2, \cdots, X_n$의 결합 확률밀도함수를 모두 θ의 함수로 생각할 수 있다. 이 경우 θ의 함수로 생각한 경우 결합 확률밀도함수를 우도함수라 하고, $\theta = u(x_1, \cdots, x_n)$일 때 우도함수가 최댓값을 갖는다고 하면 통계량 $u(X_1, \cdots, X_n)$는 θ의 최대우도추정량이라 부르고 기호

$$\hat{\theta} = u(X_1, \cdots, X_n)$$

로 표시한다. 위의 예의 경우 $\hat{\mu} = \overline{X}$와 $\widehat{\sigma^2} = \frac{n-1}{n} S^2$은 각각 μ와 σ^2의 유일한 최대우도추정량이다. 최우추정법은 금융이론에서 매우 중요하며 실무적으로도 빈번히 사용되고 있다. (6장의 3절 참조)

2.35 불편추정량

불편성(unbiaseness)은 추정량을 선택할 때 매우 큰 비중을 두는 성질로서 추정량이 모수에 얼마나 평

균적으로 가까운가 하는 성질을 나타낸다. 어떤 모수 θ 의 추정량을 $T(\theta)$ 라 할 때, 등식

$$E\left(\,T(\theta)\,\right) = \theta$$

를 만족하면 추정량 $T(\theta)$ 를 모수 θ 의 불편추정량(unbiased estimator)이라 부른다. 이는 모든 가능한 표본을 추출하여 관측된 자료에 의해 계산된 추정 통계치의 평균이 추정하려는 모수와 일치하게 되는 성질을 말하며, 추정량이 가져야 할 중요한 성질 중 하나이다. 위의 예에서 추정량 $\overline{X}$, S^2 은 등식

$$E(\overline{X}) = \mu \text{ 와 } E(S^2) = \sigma^2$$

을 만족하므로 각각 모수 μ 와 σ^2 의 불편추정량이다. 한편 최대우도추정법으로 구한

$$\widehat{\sigma^2} = \frac{1}{n} \sum_{k=1}^{n} (X_k - \overline{X})^2$$

은

$$E\left(\,\widehat{\sigma^2}\,\right) = \frac{n-1}{n}\sigma^2$$

이므로 σ^2 의 불편추정량이 되지 않는다. 이와 같은 이유에서 표본분산 S^2 을 정의할 때 n 대신에 $n-1$ 을 사용한 것이다.

2.36 신뢰구간

$Z \sim N(0,1)$ 이고 $0 < \alpha < 1$ 일 때 $\Pr\left(Z \geq x\right) = \alpha$ 를 만족시키는 실수 x 를 일반적으로 z_α 로 표시한다. 즉 z_α 는 표준정규분포에서 상위 $100\,\alpha\,\%$ 에 해당되는 값을 의미한다. 이 경우 확률 $1-\alpha$ 에 대하여

$$\Pr\left(-z_{\alpha/2} < Z < z_{\alpha/2}\right) = 1 - \alpha$$

가 성립하며 이 식을 만족하는 $z_{\alpha/2}$ 의 값은 일반적으로 정규분포표로부터 구해진다. 통계학에서 가장 많이 쓰이는 α 의 값은 $\alpha = 0.05$ 와 $\alpha = 0.01$ 이다. $\alpha = 0.05$ 일 때 근삿값 $z_\alpha = 1.64$ 와 $z_{\alpha/2} = 1.96$, 이와 더불어 $\alpha = 0.01$ 일 때 근삿값 $z_\alpha = 2.33$ 와 $z_{\alpha/2} = 2.58$ 이 널리 쓰인다.

모집단이 정규분포 $X \sim N(\mu, \sigma^2)$ 를 따르는 경우 크기 n 의 표본평균 $\overline{X}$ 는 정규분포 $N(\mu, \sigma^2/n)$ 을 따르므로 통계량 $\dfrac{\overline{X} - \mu}{\sigma/\sqrt{n}}$ 은 표준정규분포를 따른다. 따라서 확률 $1 - \alpha$ 에 대하여 식

$$\Pr\left(-z_{\alpha/2} < \frac{\overline{X} - \mu}{\sigma/\sqrt{n}} < z_{\alpha/2}\right) = 1 - \alpha$$

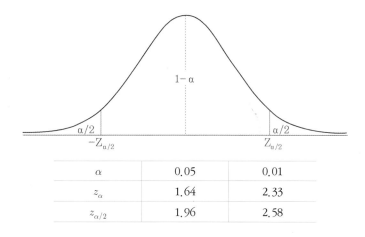

α	0.05	0.01
z_α	1.64	2.33
$z_{\alpha/2}$	1.96	2.58

이 성립하고 이 식을 정리하면 다음을 얻는다.

$$\Pr\left(\overline{X} - z_{\alpha/2}\frac{\sigma}{\sqrt{n}} < \mu < \overline{X} + z_{\alpha/2}\frac{\sigma}{\sqrt{n}}\right) = 1 - \alpha$$

이때 $\overline{X}$의 구체적인 실현값 $\overline{x}$ 를 사용해서 얻어진 구간

$$\left(\overline{x} - z_{\alpha/2}\frac{\sigma}{\sqrt{n}},\ \overline{x} + z_{\alpha/2}\frac{\sigma}{\sqrt{n}}\right)$$

을 모평균 μ의 $(1-\alpha) \times 100\,\%$ 의 신뢰구간이라고 하고, α를 유의수준이라고 한다. 여기서 모집단이 정규분포를 따르지 않는 경우라도 n이 충분히 크다면 중심극한정리에 의해서 통계량 $\dfrac{\overline{X} - \mu}{\sigma/\sqrt{n}}$ 은 근사적으로 표준정규분포를 따르므로 구간

$$\left(\overline{x} - z_{\alpha/2}\frac{\sigma}{\sqrt{n}},\ \overline{x} + z_{\alpha/2}\frac{\sigma}{\sqrt{n}}\right)$$

은 근사적으로 모평균 μ의 $(1-\alpha) \times 100\,\%$ 의 신뢰구간이 된다. 하지만 모평균을 추정하기 위해서 모분산을 사용하는 것은 비현실적이다. 왜냐하면 평균을 알아야 분산을 구할 수 있기 때문이다. 따라서 위의 구간 추정법이 현실적으로 사용되는 경우는 매우 드물다. 그에 대한 해결방법은 σ 대신에 표본편차 S로 바꾸어 t 분포를 사용하는 것이다.

2.37 t 분포

$Z \sim N(0, 1)$이고 $V \sim \chi^2(\nu)$이면서 Z와 V가 서로 독립인 확률변수일 때 새로운 확률변수 T를 다음과 같이 정의하자.

$$T = \frac{Z}{\sqrt{V/\nu}}$$

이때 확률변수 T는 자유도 ν 인 t분포를 따른다고 한다. 모집단이 정규분포 $X \sim N(\mu, \sigma^2)$을 따를 때

$$\frac{\overline{X} - \mu}{\sigma/\sqrt{n}} \sim N(0, 1)$$

이고 **정리 2.32**에 따르면

$$\frac{(n-1)S^2}{\sigma^2} = \frac{\sum_{k=1}^{n}\left(X_k - \overline{X}\right)^2}{\sigma^2} \sim \chi^2(n-1)$$

이며 $\dfrac{\overline{X} - \mu}{\sigma/\sqrt{n}}$ 와 $\dfrac{(n-1)S^2}{\sigma^2}$ 은 서로 독립이므로 t분포의 정의에 의하여

$$\frac{\dfrac{\overline{X} - \mu}{\sigma/\sqrt{n}}}{(n-1)S^2/\sigma^2} = \frac{\overline{X} - \mu}{S/\sqrt{n}}$$

은 자유도 $\nu = n - 1$ 의 t분포를 따르게 된다.

참고|

$\dfrac{\overline{X} - \mu}{\sigma/\sqrt{n}}$ 와 $\dfrac{(n-1)S^2}{\sigma^2}$ 이 서로 독립이라는 사실을 설명하는 것은 비교적 높은 수준의 수리통계를 필요로 하므로 그에 대한 것은 생략한다.

위의 설명을 요약하면 모집단이 정규분포 $X \sim N(\mu, \sigma^2)$을 따를 때 표준정규분포를 따르는 통계량 $\dfrac{\overline{X} - \mu}{\sigma/\sqrt{n}}$ 에서 모 표준편차 σ 대신에 표본편차 S로 바꾸어 놓은 확률변수

$$\frac{\overline{X} - \mu}{S/\sqrt{n}}$$

는 자유도 $\nu = n - 1$의 t분포를 따른다.

t분포는 0을 중심으로 좌우대칭의 분포를 하고 있어 표준정규분포와 흡사한 모양이나 표준정규분포보다 넓게 퍼져 있고 더 평평하며, 자유도 ν가 클수록 표준정규분포에 가까워진다. 자유도가 클수록 정규분포에 가까워지는 이유는 $\dfrac{\overline{X} - \mu}{S/\sqrt{n}}$ 에서 σ 대신에 S가 사용되어 불확실성이 더 많이 개입되어 있기 때문인데, $\nu = n - 1$이 클수록 그 불확실성이 줄어들기 때문에 표준정규분포에 가까워지게 된다.

확률변수 T가 자유도 ν인 t분포를 따를 때 $T \sim t(\nu)$로 표기한다.

$T \sim t(\nu)$이고 $0 < \alpha < 1$ 일 때 $\Pr(T \geq x) = \alpha$를 만족시키는 실수 x를 $t_\alpha(\nu)$로 표기하기로 하며 이 식을 만족하는 $t_\alpha(\nu)$의 값은 일반적으로 t분포표로부터 구해진다.

모집단 X가 정규분포를 따르고 모평균이 μ일 때

$$\frac{\overline{X} - \mu}{S/\sqrt{n}} \sim t(n-1)$$

이므로

$$\Pr\left(-t_{\alpha/2}(n-1) < \frac{\overline{X} - \mu}{S/\sqrt{n}} < t_{\alpha/2}(n-1)\right) = 1 - \alpha$$

이 성립하고 이 식을 정리하면 다음을 얻는다.

$$\Pr\left(\overline{X} - t_{\alpha/2}(n-1)\frac{S}{\sqrt{n}} < \mu < \overline{X} + t_{\alpha/2}(n-1)\frac{S}{\sqrt{n}}\right) = 1 - \alpha$$

따라서 구간

$$\left(\overline{x} - t_{\alpha/2}(n-1)\frac{s}{\sqrt{n}} , \ \overline{x} + t_{\alpha/2}(n-1)\frac{s}{\sqrt{n}}\right)$$

는 모평균 μ의 $(1-\alpha) \times 100\,\%$ 의 신뢰구간이 된다. 한편 표본의 크기 n이 큰 경우 $\dfrac{\overline{X} - \mu}{S/\sqrt{n}}$ 는 표준

정규분포에 근사하므로 구간

$$\left(\overline{x} - z_{\alpha/2}\frac{s}{\sqrt{n}} , \ \overline{x} + z_{\alpha/2}\frac{s}{\sqrt{n}}\right)$$

가 모평균 μ의 $(1-\alpha) \times 100\,\%$ 의 신뢰구간으로 사용된다. 이는 대략적으로 $n \geq 30$인 경우에 해당한다.

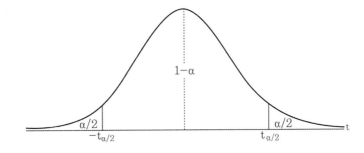

2.38 분산의 구간추정

분산의 구간추정은 카이제곱 분포를 이용한다. $W \sim \chi^2(k)$이고 $0 < \alpha < 1$일 때

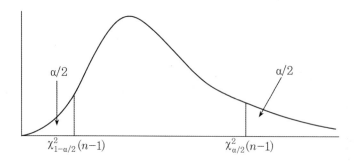

$$\Pr(W \geq x) = \alpha$$

를 만족시키는 실수 x를 $\chi_\alpha^2(k)$로 표기한다.

2.34과 **2.35**에서 모집단 분산 σ^2의 불편추정량은

$$S^2 = \frac{1}{n-1} \sum_{k=1}^n (X_k - \overline{X})^2$$

이고, 최대우도추정량은

$$\widehat{\sigma^2} = \frac{1}{n} \sum_{k=1}^n (X_k - \overline{X})^2$$

임을 살펴보았다. 이제 모분산 σ^2의 구간추정을 알아보자.

모집단이 정규분포 $X \sim N(\mu, \sigma^2)$을 따를 때 **정리 2.32**에 의해서

$$\frac{(n-1)S^2}{\sigma^2} \sim \chi^2(n-1)$$

이다. 따라서

$$\Pr\left(\chi_{1-\alpha/2}^2(n-1) < \frac{(n-1)S^2}{\sigma^2} < \chi_{\alpha/2}^2(n-1)\right) = 1 - \alpha$$

이 성립하고 이 식을 정리하면

$$\Pr\left(\frac{(n-1)S^2}{\chi_{\alpha/2}^2(n-1)} < \sigma^2 < \frac{(n-1)S^2}{\chi_{1-\alpha/2}^2(n-1)}\right) = 1 - \alpha$$

이므로 신뢰수준이 $(1-\alpha) \times 100\,\%$인 모분산 σ^2에 대한 신뢰구간은 다음과 같다.

$$\left(\frac{(n-1)s^2}{\chi_{\alpha/2}^2(n-1)}, \frac{(n-1)s^2}{\chi_{1-\alpha/2}^2(n-1)}\right)$$

1 확률변수 X와 Y가 서로 독립이며 각각의 평균이 μ_x, μ_y이고 분산이 σ_x^2, σ_y^2일 때 XY의 분산을 구하시오

2 세 번 중에 한 번의 비율로 모자를 두고 오는 버릇이 있는 사람이 차례로 세 집을 방문하고 돌아왔을 때 모자를 잃어버린 것을 알았다. 그 사람이 모자를 세 번째 집에 두고 왔을 확률을 구하시오

3 $\displaystyle\int_{-\infty}^{\infty} e^x \frac{1}{2\sqrt{\pi}} e^{-\frac{(x-2)^2}{4}} \, dx$ 의 값을 직접 계산하시오.

4 실수 μ와 $\sigma > 0$에 대해서

$$f(x) = \frac{1}{\sigma\sqrt{2\pi}} e^{-\frac{(x-\mu)^2}{2\sigma^2}} \quad (-\infty < x < \infty)$$

으로 주어질 때, $f(x)$는 연속확률변수의 pdf의 조건을 만족함을 증명하시오.

5 이항분포를 따르는 두 확률변수 $X \sim b(n,p)$와 $Y \sim b(m,p)$가 서로 독립일 때 $0 \le j \le n$과 $j \le k \le j+m$에 대하여 조건부확률 $P(X=j \mid X+Y=k)$을 구하시오.

6 $\lambda > 0$에 대하여 연속확률변수 X의 확률밀도함수 $f(x)$가

$$f(x) = \begin{cases} \lambda e^{-\lambda x} & (x > 0) \\ 0 & (x \le 0) \end{cases}$$

으로 주어졌을 때, 양의 실수 s, t에 대하여 $\Pr(X > t+s \mid X > t) = \Pr(X > s)$임을 보이시오

7 $X \sim N(\mu, \sigma^2)$이고, $Y = X^3$일 때, Y의 확률밀도함수 $g(y)$를 구하시오.

8 $W \sim \chi^2(1)$일 때, W의 확률밀도함수 $f(w)$를 구하시오

9 $f(x) = c2^{-x^2}(-\infty < x < \infty)$가 정규분포를 따르는 확률변수의 확률밀도함수의 조건을 만족하도록 상수 c를 정하고 그 확률변수의 기댓값과 분산을 구하시오.

10 $x = r\cos\theta$, $y = r\sin\theta$ 일 때 $x^2 + y^2 = r^2$ 이고 $dx\,dy = r\,dr\,d\theta$ 임을 이용하여

$$\int_{-\infty}^{\infty} e^{-t^2}\,dt = \sqrt{\pi}$$

임을 증명하시오.

11 누적분포함수를 사용하여 $X \sim N(\mu, \sigma^2)$일 때, 실수 t에 대해서 $tX \sim N(t\mu, t^2\sigma^2)$임을 증명하고, $Z = \dfrac{X - \mu}{\sigma}$이면 $Z \sim N(0, 1)$임을 증명하시오.

12 확률변수 X가 $[a, b]$에서 균등분포를 가져서 확률밀도함수 $f(x)$가

$$f(x) = \begin{cases} 1/(b-a) & (a \le x \le b) \\ 0 & (else) \end{cases}$$

로 주어졌을 때 $E(X) = \dfrac{a+b}{2}$ 그리고 $Var(X) = \dfrac{(b-a)^2}{12}$ 임을 보이시오.

13 멱급수 전개식 $e^x = \displaystyle\sum_{n=0}^{\infty} \dfrac{x^n}{n!}$ 과 적률생성함수를 이용하여 $Z \sim N(0, 1)$인 경우

$$E(Z^{2n-1}) = 0, \quad E(Z^{2n}) = \dfrac{(2n)!}{n!\,2^n}$$

임을 증명하고, Z의 확률밀도함수와 부분적분을 반복적으로 이용하여 동일한 결과를 증명하시오.

14 $Z \sim N(0, 1)$의 확률밀도함수 $\varphi(z)$에 대하여 함수 $f(x)$가 $f(x) = \displaystyle\int_{x}^{10} (t-x)\varphi(t)\,dt$로 정의되었을 때, $f''(0)$의 값을 구하시오.

15 함수 $F(x) = \displaystyle\int_{(1/\sqrt{3})(\ln 4 - x)}^{\infty} e^{-(x + t\sqrt{3})} e^{-t^2/2}\,dt$를 표준정규분포의 누적분포함수 Φ를 사용하여 나타내시오.

16 고정된 양수 λ에 대하여

$$f(x) = \begin{cases} \lambda e^{-\lambda x} & (x \ge 0) \\ 0 & (x < 0) \end{cases}$$

으로 정의된 함수는 적당한 확률변수 X의 확률밀도함수가 됨을 보이고, 이때 $E(X) = 1/\lambda$ 그리

고 $Var(X) = 1/\lambda^2$ 임을 보이시오. 또한 X의 적률생성함수는

$$M(t) = \frac{\lambda}{\lambda - t} \text{ for } t < \lambda$$

임을 보이시오.

17 X, Y, Z가 동일한 분산을 갖는 확률변수이고 이들의 상관계수는 $\rho_{XY} = 0.3$, $\rho_{XZ} = 0.5$, $\rho_{YZ} = 0.2$이다. 이때 두 확률변수 $V = X + Y$와 $W = Y + Z$의 상관계수를 구하시오.

18 X, Y가 확률변수이고 a, b, c, d는 $bd \neq 0$을 만족하는 상수이다. 이때 다음이 성립함을 보이시오.

$$\rho(a + bX,\, c + dY) = \begin{cases} \rho_{XY} & (\text{if } bd > 0) \\ -\rho_{XY} & (\text{if } bd < 0) \end{cases}$$

19 $Z \sim N(0, 1)$일 때 상수 c와 연속함수 f에 대하여 다음이 성립함을 보이시오.

$$E\left[e^{cZ}f(Z)\right] = e^{c^2/2} E\left[f(Z + c)\right]$$

20 연속확률변수 X가 $[a, b]$에서 균등분포를 따를 때, X의 적률생성함수는 $M(t) = \dfrac{e^{bt} - e^{at}}{(b - a)t}$ 임을 보이시오.

21 X와 Y의 결합확률밀도함수가 $f(x, y)$가 다음과 같이 주어졌다고 하자.

$$f(x, y) = \begin{cases} 1 & (x \leq y \leq x + 1,\ 0 \leq x \leq 1) \\ 0 & (else) \end{cases}$$

이때 공분산 $cov(X, Y)$을 구하시오.

22 확률변수 X의 적률생성함수가 $M_X(t)$라고 하자. 실수 a, b에 대하여 확률변수 $Y = aX + b$의 적률생성함수 $M_Y(t)$는 다음과 같음을 보이시오.

$$M_Y(t) = e^{bt} M_X(at)$$

23 크기 n의 확률표본 $X_1, X_2, \cdots, X_n$에 대해서 모분산이 σ^2일 때 표본분산

$$S^2 = \frac{1}{n - 1} \sum_{k=1}^{n} \left(X_k - \overline{X}\right)^2$$

의 기댓값은 모분산 σ^2 임을, 즉 $E(S^2) = \sigma^2$임을 증명하시오.

24 어느 공장에서 생산되는 제품의 무게에 대한 표준편차는 $2g$을 넘을 수 없도록 설계되어 있는데, 실제로 표본 20개를 추출하여 무게의 표본분산을 측정한 결과 $5g^2$이 나왔다. 카이제곱 분포를 사용하여 모집단 분산 σ^2에 대한 95% 신뢰구간을 구하시오.

25 $X_1, X_2, \cdots, X_n$ 이 $N(\mu, \sigma^2)$의 크기 n인 임의추출 표본일 때 $\dfrac{n-1}{n}S^2 = \dfrac{1}{n}\sum\limits_{k=1}^{n}\left(X_k - \overline{X}\right)^2$ 의 평균과 분산을 구하시오.

26 확률변수 X와 Y의 결합 확률밀도함수 $f(x, y)$가
$$f(x, y) = \begin{cases} 6x^2 y & (0 < x < 1, \ 0 < y < 1) \\ 0 & (else) \end{cases}$$
로 주어졌을 때,
$$\Pr\left(0 < X < \frac{1}{2}, \frac{1}{3} < Y < 1\right)$$
를 구하시오.

27 확률변수 X와 Y의 결합 확률밀도함수 $f(x, y)$가
$$f(x, y) = \begin{cases} 12xy(1-y) & (0 < x < 1, \ 0 < y < 1) \\ 0 & (else) \end{cases}$$
로 주어졌을 때, X와 Y는 서로 독립임을 증명하시오.

28 확률변수 X와 Y의 결합 확률밀도함수 $f(x, y)$가 적당한 상수 c에 대하여
$$f(x, y) = \begin{cases} cx^2 y & (x^2 \leq y \leq 1) \\ 0 & (else) \end{cases}$$
로 주어졌을 때, 상수 c의 값과 $\Pr(X \geq Y)$를 구하시오.

29 $X \sim N(\mu, \sigma^2)$일 때, 기댓값 $E(|X - \mu|)$를 구하시오.

30 X가 λ를 모수로 갖는 푸아송 분포를 따르는 경우 X의 평균과 분산은 λ로 동일함을 보이고, $M_X(t) = E(e^{tX}) = e^{\lambda(e^t - 1)}$임을 보이시오.

31 연습문제 **30**번의 결과를 이용하여 확률변수 $X, \ Y$가 각각 λ와 μ를 모수로 갖는 푸아송 분포를 따르고 서로 독립인 경우 $X + Y$는 $\lambda + \mu$를 모수로 갖는 푸아송 분포를 따름을 보이시오.

32 확률변수 X와 Y의 분산이 각각 4와 2이고, $X + Y$의 분산이 15인 것은 불가능함을 보이시오

33 다음의 부등식이 성립함을 증명하시오

(1) X가 음이 아닌 값을 갖는 확률변수이면, 임의의 실수 $a > 0$에 대해

$$P\{X \geq a\} \leq \frac{E[X]}{a} \text{ 이다. (마코브 부등식)}$$

(2) X가 평균 μ와 분산 σ^2을 갖는 확률변수이면 임의의 실수 $k > 0$에 대해

$$P\{|X - \mu| \geq k\} \leq \frac{\sigma^2}{k^2} \text{ 이다. (체비셰프 부등식)}$$

34 앞의 연습문제 **33**번의 (2) 체비셰프 부등식을 이용하여 큰 수의 법칙, 즉 $X_1, X_2, \cdots, X_n \sim i.i.d.$ (μ, σ^2)일 때 임의의 $\varepsilon > 0$에 대하여

$$\lim_{n \to \infty} \Pr\left(\left|\frac{1}{n}\sum_{k=1}^{n}X_k - \mu\right| \geq \varepsilon\right) = 0$$

임을 증명하시오.

35 A 과수원에서 생산하는 귤의 무게는 평균이 86, 표준편차가 15인 정규분포를 따르고, B 과수원에서 생산하는 귤의 무게는 평균이 88, 표준편차가 10인 정규분포를 따른다고 한다. A 과수원에서 임의로 선택한 귤의 무게가 98 이하일 확률과 B 과수원에서 임의로 선택한 귤의 무게가 a 이하일 확률이 같을 때, a의 값을 구하시오. (단, 귤의 무게의 단위는 g이다.)

36 확률변수 X의 확률밀도함수 $f(x)$가

$$f(x) = \begin{cases} 1/4 & (-1 \leq x \leq 3) \\ 0 & (else) \end{cases}$$

으로 정의되었을 때 $Y = X^2$의 확률밀도함수를 구하시오

37 자연수 n에 대하여 확률변수 X_n을 n번 연속으로 성공이 나올 때까지 성공확률이 p인 베르누이 실험을 독립적으로 시도하는 횟수라고 정의하자. $n > 1$에 대하여 다음 물음에 답하시오

(1) $E(X_n | X_{n-1}) = X_{n-1} + 1 + (1-p)E(X_n)$임을 보이시오.

(2) $E(X_n) = \dfrac{1}{p} + \dfrac{1}{p}E(X_{n-1})$임을 보이시오.

(3) $E(X_n)$을 구하시오.

38 X, Y가 확률변수일 때 임의의 함수 $f(Y)$에 대하여 $E\left[Xf(Y)\mid Y\right] = f(Y)E(X\mid Y)$가 성립함을 설명하시오

39 $X \sim N(\mu, \sigma^2)$이고, $Y = |X|$일 때, Y의 확률밀도함수 $g(y)$는 $y > 0$에 대하여

$$g(y) = \frac{1}{\sigma\sqrt{2\pi}}\left[\exp\left(-\frac{1}{2}\left(\frac{y+\mu}{\sigma}\right)^2\right) + \exp\left(-\frac{1}{2}\left(\frac{y-\mu}{\sigma}\right)^2\right)\right]$$

임을 증명하시오

40 확률변수 X의 적률생성함수가 $M(t) = e^{8t^2 + 3t}$일 때, 확률 $\Pr(-1 < X \le 4)$의 값을 구하시오

41 확률변수 $X \sim \left(\mu_1, \sigma_1^2\right)$, $Y \sim \left(\mu_2, \sigma_2^2\right)$가 서로 독립일 때 X와 $X - Y$의 상관계수를 구하시오

42 확률변수 X와 Y의 분산이 동일할 때, $X + Y$와 $X - Y$의 상관계수는 0임을 보이시오

43 $Z \sim N(0, 1)$이고 $Y = a + bZ + cZ^2$일 때 Z와 Y 상관계수를 구하시오

44 $\ln X$와 $\ln Y$가 모두 정규분포를 따르며 동일한 표준편차를 갖는다고 하자. 자연수 k가 있어 $E(Y) = kE(X)$일 때, Y의 표준편차는 X의 표준편차의 k배임을 보이시오

45 10개의 확률변수가 있어 각각의 분산은 5이고 각 쌍의 상관계수가 모두 $1/2$이다. 이 10개의 확률변수의 합의 분산을 구하시오

46 X, Y는 2변량 정규분포를 따르고 $\mu_X = 5$, $\mu_Y = 3$, $\sigma_X^2 = 9$, $\sigma_Y^2 = 15$, $\rho = 5/17$라 하자. $W = 3X - 2Y$일 때, $\Pr(-2 < W < 14)$를 구하시오

47 $X \sim N(6, 1)$와 $Y \sim N(7, 1)$가 서로 독립일 때 $\Pr(X > Y)$를 구하시오

48 확률변수 X의 확률밀도함수 $f(x)$가

$$f(x) = \begin{cases} 1/\pi & (-\pi/2 < x < \pi/2) \\ 0 & (else) \end{cases}$$

으로 정의되었을 때 $Y = \tan X$의 확률밀도함수는 $g(y) = \dfrac{1}{\pi(1 + y^2)}$ 임을 보이시오

49 $\ln X \sim N(\mu, \sigma^2)$일 때 $E(X^n)$과 $Var(X^n)$을 구하시오.

50 $\displaystyle\int_0^\infty e^{x - \frac{x^2}{4}} dx = 2e \sqrt{\pi}\, \Phi(\sqrt{2})$ 임을 보이시오.

51 나는 100종류의 간단한 퍼즐 조각을 맞추려고 한다. 각각의 퍼즐 조각을 맞추는 데 걸리는 시간은 최소 1분에서 최대 5분으로 균등분포를 따르며 서로 독립이라고 가정하자. 내가 100가지 퍼즐 조각을 320분 이내에 모두 맞출 확률의 근삿값을 중심극한정리를 사용하여 구하시오.

52 비행기에 200명의 승객이 탑승했다. 승객들의 몸무게는 20~90kg 사이에 서로 독립적이며 균등분포를 따른다. 전체 승객들 몸무게의 합이 13,000kg을 초과할 확률의 근삿값을 중심극한정리를 사용해서 구하시오.

53 a와 s가 양의 상수이고 $b < c$일 때

$$\frac{1}{\sqrt{2\pi s}} \int_b^c \exp\left(at - \frac{t^2}{2s}\right) dt = e^{a^2 s / 2} \left[\Phi\left(\frac{c - as}{\sqrt{s}}\right) - \Phi\left(\frac{b - as}{\sqrt{s}}\right)\right]$$

임을 증명하시오.

54 $X_1 \sim N(\mu_1, \sigma_1^2)$, $X_2 \sim N(\mu_2, \sigma_2^2)$이고 $X_1 + X_2$가 정규분포를 따르며 X_1과 X_2의 상관계수가 ρ라 가정하자. $Y_1 = e^{X_1}$, $Y_2 = e^{X_2}$라 할 때, Y_1과 Y_2의 상관계수를 구하시오.

55 $Z \sim N(0, 1)$일 때 $E\left(|Z|^{2n+1}\right) = 2^n n! \sqrt{2/\pi}$ 임을 증명하시오.

56 연속확률변수 X의 확률밀도함수 $f(x)$가 연속이고 적당한 상수 $a \neq 0$과 b에 대하여 $Y = aX + b$일 때 Y의 확률밀도함수 $g(y)$는 $g(y) = \dfrac{1}{|a|} f\left(\dfrac{y - b}{a}\right)$ 임을 보이시오.

57 $X \sim N(\mu, \sigma^2)$일 때 $E(|X|) = \mu\left(2\Phi\left(\dfrac{\mu}{\sigma}\right) - 1\right) + \sigma\sqrt{\dfrac{2}{\pi}} \exp\left(-\dfrac{\mu^2}{2\sigma^2}\right)$ 임을 증명하시오.

58 $X \sim N(\mu, \sigma^2)$ 일 때

$$Var\left(|X|\right) = \mu^2 + \sigma^2 - \left[\mu\left(2\Phi\left(\frac{\mu}{\sigma}\right) - 1\right) + \sigma\sqrt{\frac{2}{\pi}}\exp\left(-\frac{\mu^2}{2\sigma^2}\right)\right]^2$$

임을 증명하시오

59 K 가 주어진 실수이고 Z 는 표준정규분포를 따르는 확률변수라 하자. 확률변수 X 가

$X = \begin{cases} Z & (\text{if } Z \geq K) \\ 0 & (\text{if } Z < K) \end{cases}$ 라 정의되었을 때 $E(X)$ 를 구하시오

60 $Z \sim N(0, 1)$ 이고 K 가 양의 실수일 때

$$E\left[\max(e^X - K, 0)\right] = \sqrt{e}\,\Phi(1 - \ln K) - K\Phi(-\ln K)$$

임을 보이시오

CHAPTER 3

옵션가격이론

이 장에서는 앞서 1장 및 2장에서 익힌 기본개념과 수리 통계적 도구를 바탕으로 연속시장모형 아래 주식, 주가지수 및 환율 등 금융기초자산에 대한 유러피언 옵션의 가격이론을 전개한다. 여기서 우리는 블랙 – 숄즈 공식을 비롯한 옵션의 적정 가격에 관한 식을 위험중립가치평가에 의하여 찾고자 한다. 뒤 5장에서는 확률미분방정식을 이용하여 파생상품 가격의 편미분방정식을 도출하는 등 옵션가격이론과 관련된 많은 내용들이 3장에 이어서 전개된다.

1. 주가의 확률분포

앞서 2장의 **2.13**과 **2.14**에서 $\ln Y \sim N(\mu, \sigma^2)$ 일 때, 확률변수 Y 의 기댓값은

$$E(Y) = e^{\mu + \sigma^2/2}$$

이고 확률밀도함수는

$$g(y) = \begin{cases} \dfrac{1}{\sigma y \sqrt{2\pi}} \exp\left(-\dfrac{(\ln y - \mu)^2}{2\sigma^2}\right) & (y > 0) \\ 0 & (else) \end{cases}$$

임을 보였다. Y의 확률밀도함수를 이용하여, **2.13**에서와 유사한 계산을 통해 다음 정리를 얻을 수 있다. **정리 3.1**의 (1)과 **3.2**는 동일한 내용을 말하고 있으며, 유러피언 옵션 가격을 구하는 데 매우 중요하게 쓰인다.

3.1 정리

(1) $\ln Y \sim N(\mu, \sigma^2)$일 때, 양의 실수 K에 대하여 다음 식이 성립한다.
$$E[\max(Y - K, 0)] = e^{\mu + \sigma^2/2} \, \Phi(d_1) - K\Phi(d_2)$$

여기서

$$d_1 = \frac{\mu + \sigma^2 - \ln K}{\sigma}, \quad d_2 = \frac{\mu - \ln K}{\sigma} = d_1 - \sigma$$

이다.

(2) $X \sim N(m, s^2)$일 때, 양의 실수 K에 대하여 다음 식이 성립한다.
$$E[\max(X - K, 0)] = \frac{s}{\sqrt{2\pi}} e^{-(m-K)^2/2s^2} + (m - K)\Phi\left(\frac{m-K}{s}\right)$$

증명|

(1) 확률변수 Y의 확률밀도함수를 $g(y)$라 하면

$$E(u(Y)) = \int_{-\infty}^{\infty} u(y)g(y)\,dy$$

이고 $\ln Y \sim N(\mu, \sigma^2)$로부터

$$g(y) = \begin{cases} \dfrac{1}{\sigma y \sqrt{2\pi}}\, \exp\!\left(-\dfrac{(\ln y - \mu)^2}{2\sigma^2}\right) & (y > 0) \\ 0 & (else) \end{cases}$$

이므로, $u(Y) = \max(Y - K, 0)$라 놓으면 다음 식을 얻는다.

$$E\left[\max(Y - K, 0)\right] = \int_0^{\infty} \max(y - K, 0)\, \frac{1}{\sigma y \sqrt{2\pi}} \exp\!\left\{-\frac{(\ln y - \mu)^2}{2\sigma^2}\right\} dy$$

$y = e^z$으로 치환하면 $dz = dy/y$이므로 위의 식은 아래와 같이 나타낼 수 있다.

$$\int_{-\infty}^{\infty} \max(e^z - K, 0)\, \frac{1}{\sigma \sqrt{2\pi}} \exp\!\left\{-\frac{(z - \mu)^2}{2\sigma^2}\right\} dz$$

$$= \int_{\ln K}^{\infty} (e^z - K)\, \frac{1}{\sigma \sqrt{2\pi}} \exp\!\left\{-\frac{(z - \mu)^2}{2\sigma^2}\right\} dz$$

$$= \int_{\ln K}^{\infty} e^z \frac{1}{\sigma \sqrt{2\pi}} \exp\!\left\{-\frac{(z - \mu)^2}{2\sigma^2}\right\} dz - K \int_{\ln K}^{\infty} \frac{1}{\sigma \sqrt{2\pi}} \exp\!\left\{-\frac{(z - \mu)^2}{2\sigma^2}\right\} dz$$

$$= I_1 - K I_2$$

이때

$$I_1 = \int_{\ln K}^{\infty} e^z \frac{1}{\sigma \sqrt{2\pi}} \exp\!\left\{-\frac{(z - \mu)^2}{2\sigma^2}\right\} dz$$

$$= \int_{\ln K}^{\infty} \frac{1}{\sigma \sqrt{2\pi}} \exp\!\left\{-\frac{(z - \mu)^2 - 2\sigma^2 z}{2\sigma^2}\right\} dz$$

가 성립하고,

$$(z - \mu)^2 - 2\sigma^2 z = z^2 - 2(\mu + \sigma^2)z + \mu^2 = \left[z - (\mu + \sigma^2)\right]^2 - (\mu + \sigma^2)^2 + \mu^2$$

을 이용하면 다음 식을 얻는다.

$$I_1 = \int_{\ln K}^{\infty} \frac{1}{\sigma \sqrt{2\pi}} \exp\!\left(-\frac{\left[z - (\mu + \sigma^2)\right]^2 - 2\mu\sigma^2 - \sigma^4}{2\sigma^2}\right) dz$$

$$= e^{\mu + \sigma^2/2} \int_{\ln K}^{\infty} \frac{1}{\sigma \sqrt{2\pi}} \exp\!\left(-\frac{\left[z - (\mu + \sigma^2)\right]^2}{2\sigma^2}\right) dz$$

이제 $w = \dfrac{\mu + \sigma^2 - z}{\sigma}$ 라 치환하면 $dz = -\sigma dw$ 이므로 다음이 성립한다.

$$I_1 = e^{\mu + \sigma^2/2} \int_{\frac{\mu + \sigma^2 - \ln K}{\sigma}}^{-\infty} -\frac{1}{\sqrt{2\pi}} e^{-w^2/2} \, dw$$

$$= e^{\mu + \sigma^2/2} \int_{-\infty}^{\frac{\mu + \sigma^2 - \ln K}{\sigma}} \frac{1}{\sqrt{2\pi}} e^{-w^2/2} \, dw$$

$$= e^{\mu + \sigma^2/2} \, \Phi\left(\frac{\mu + \sigma^2 - \ln K}{\sigma}\right) = e^{\mu + \sigma^2/2} \, \Phi(d_1)$$

마찬가지로

$$I_2 = \int_{\ln K}^{\infty} \frac{1}{\sigma\sqrt{2\pi}} \exp\left\{-\frac{(z-\mu)^2}{2\sigma^2}\right\} dz = \Phi(d_2)$$

가 성립함은 $v = \dfrac{\mu - z}{\sigma}$ 의 치환을 통해 쉽게 보일 수 있다. 이로부터

$$E\left[\max(Y - K, 0)\right] = e^{\mu + \sigma^2/2} \, \Phi(d_1) - K\Phi(d_2)$$

을 얻는다.

(2) 위의 (1)의 증명에서와 마찬가지로

$$E\left[\max(X - K, 0)\right] = \frac{1}{s\sqrt{2\pi}} \int_K^{\infty} (x - K) e^{-(x-m)^2/2s^2} dx$$

$$= \frac{1}{s\sqrt{2\pi}} \int_K^{\infty} x\, e^{-(x-m)^2/2s^2} dx - \frac{K}{s\sqrt{2\pi}} \int_K^{\infty} e^{-(x-m)^2/2s^2} dx$$

이다.

이때, 치환 $t = \dfrac{m - x}{s}$ 로 두 번째 적분값

$$-\frac{K}{s\sqrt{2\pi}} \int_K^{\infty} e^{-(x-m)^2/2s^2} dx = -K\Phi\left(\frac{m - K}{s}\right)$$

을 얻을 수 있고 첫 번째 적분값은 치환 $y = \dfrac{x - m}{s}$ 과 $t = -y$ 를 통해

$$\frac{1}{s\sqrt{2\pi}} \int_K^\infty x\, e^{-(x-m)^2/2s^2} dx = \frac{1}{\sqrt{2\pi}} \int_{(K-m)/s}^\infty (sy+m)\, e^{-y^2/2} dy$$

$$= -\frac{s}{\sqrt{2\pi}} \int_{-\infty}^{(m-K)/s} t\, e^{-t^2/2} dt + \frac{m}{\sqrt{2\pi}} \int_{-\infty}^{(m-K)/s} e^{-t^2/2} dt$$

$$= \frac{s}{\sqrt{2\pi}} e^{-(m-K)^2/2s^2} + m\,\Phi\left(\frac{m-K}{s}\right)$$

임을 알 수 있다. 따라서

$$E\left[\max\left(X-K,\,0\right)\right] = \frac{s}{\sqrt{2\pi}} e^{-(m-K)^2/2s^2} + (m-K)\,\Phi\left(\frac{m-K}{s}\right)$$

이다.

참고 |

정리 3.1 (1)의 증명에서 로그정규분포 대신 $Y = e^X,\, X \sim N(\mu, \sigma^2)$으로 놓고 $E\left[\max\left(Y-K,\,0\right)\right]$

$= E\left[\max(e^X - K,\,0)\right] = \int_{-\infty}^\infty \max(e^x - K,\,0)\, \frac{1}{\sigma\sqrt{2\pi}} \exp\left\{-\frac{(x-\mu)^2}{2\sigma^2}\right\} dx$를 계산하면

더 빠르게 동일한 결과를 얻을 수 있다. 이와 같은 방법은 연습문제에서 다루기로 한다.

정리 3.1의 (2)에서 $\frac{s}{\sqrt{2\pi}} e^{-(m-K)^2/2s^2} = s\,\Phi'\left(\frac{m-K}{s}\right) = s\,\varphi\left(\frac{m-K}{s}\right)$이다.

위의 **정리 3.1**은 (1)과 (2) 모두 확률분포와 기댓값에 대한 수학적인 내용의 정리이지만 (1)로부터 다음의 **정리 3.2**를 즉시 얻을 수 있다. **정리 3.2**는 3.1의 (1)과 동일한 내용이면서 유러피언 옵션형 파생상품의 가격을 구하는 데 매우 유용하며 즉시 사용 가능하므로 별개의 정리로 따로 서술하기로 한다. **정리 3.2**는 본 교재에서 가장 많이 사용되는 정리로 고전적인 블랙 – 숄즈 옵션 공식뿐 아니라 특히 5장 후반부의 블랙 모형을 설명할 때 중요한 역할을 한다.

3.2 정리

ln V가 정규분포를 따르고 표준편차가 s라면 임의의 양의 실수 K에 대해서
$$E\left[\max(V-K,0)\right] = E(V)\,\Phi(d_1) - K\,\Phi(d_2)$$
이 성립하며 이때 d_1, d_2는 다음과 같이 정의된다.
$$d_1 = \frac{\ln(E(V)/K) + s^2/2}{s}, \quad d_2 = \frac{\ln(E(V)/K) - s^2/2}{s} = d_1 - s$$

증명|

$\ln V \sim N(\mu, s^2)$이라 하면

$$F = E(V) = e^{\mu + s^2/2}$$

이므로 $\ln F = \mu + s^2/2$이고 따라서

$$\frac{\ln(F/K) + s^2/2}{s} = \frac{\mu + s^2 - \ln K}{s}$$

이므로 **정리 3.1**의 (1)에 의하여

$$E(\max(V - K, 0)) = F\,\Phi(d_1) - K\,\Phi(d_2)$$

이 성립한다.

■

> $\ln V$가 정규분포를 따르고 표준편차가 s라면 임의의 양의 실수 K에 대해서
>
> $$E(\max(V - K, 0)) = E(V)\,\Phi(d_1) - K\,\Phi(d_2)$$
>
> 이 성립하며 이때 d_1, d_2는 다음과 같이 정의된다.
>
> $$d_1 = \frac{\ln(E(V)/K) + s^2/2}{s}, \quad d_2 = \frac{\ln(E(V)/K) - s^2/2}{s} = d_1 - s$$

정리 3.1과 **3.2**가 옵션 가격이론에서 중요한 역할을 하는 이유는 고전적인 금융이론에서 주가, 주가지수 및 상품가격 등 대다수의 기초자산 가격이 로그정규분포를 따른다고 가정하기 때문이다. **3.3 ~ 3.4**에서 우리는 주가의 고전적인 확률분포에 대해서 알아보기로 한다. 결론부터 말하면 고전적인 주가모형은 미래의 시점 T에서 어느 기업의 주가를 S_T라 할 때, 해당 기업의 주식에 대응하는 양의 상수 σ가 있어

$$\ln S_T \text{는 정규분포를 따르며 표준편차가 } \sigma\sqrt{T}$$

임을 가정한다. 이때의 상수 σ는 해당 주식의 고유한 속성을 나타내며, 주식 또는 주가의 변동성 (volatility)이라고 불린다.

3.3 주가 모형

1장에서 1기간과 2기간 이항과정 모형을 다룬 이유는 실제의 주가 변화가 무수히 많은 짧은 기간의 이항과정으로 이루어져 있다고 생각할 수 있기 때문이다. 이제 우리는 어느 기업의 현재 주가가 S_0라 할

때 임의의 미래 시점 T에서 주가의 확률분포에 대하여 살펴보기로 한다.

현재 시점을 0이라 하고 시점 T까지 n차례 아주 짧은 기간의 이항과정을 거친다고 가정하고 폐구간 $[0, T]$의 균등 분할을 다음과 같이 정의하자.

$$0 = t_0 < t_1 < t_2 < \cdots < t_n = T$$

여기서 T는 고정된 상수이고 매우 분할은 n 등분이다. 현재부터 시점 T까지 주가변화는 많고 짧은 기간의 이항과정을 상정하므로 n은 매우 큰 자연수이다. 이제 t_k 시점에서 주가 S_{t_k}를 간단히 S_k로 표기하자. 이러한 표기에 의하면 $S_T = S_n$이다.

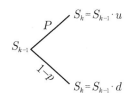

이제 적당한 상수 $u > 1$와 $0 < d < 1$이 있어, S_k는 이전의 모든 시점과 독립적으로 다음 시점 t_{k+1}에서 $S_k u$로 오르거나 $S_k d$로 내린다고 가정하고 이때 확률은 각각 p와 $1-p$라고 하자. 이때 상수 u, d 그리고 p는 시점과 관계없이 동일하며 시점 T 이후에도 물론 주가는 동일한 확률분포를 따른다고 가정한다.

반복하여 설명하자면 $\{S_k : k = 0, 1, 2, \cdots\}$가 현재 시점부터 주가를 나타내고 $k = 1, 2, 3, \cdots$에 대하여

$$X_k = \frac{S_k}{S_{k-1}}$$

라 정의할 때, $X_1, X_2, \cdots, X_n, \cdots$은 서로 독립이고, 상수 $u > 1$, $0 < d < 1$와 $0 < p < 1$가 존재하여 모든 $k = 1, 2, 3, \cdots$에 대하여

$$\Pr(X_k = u) = p, \ \Pr(X_k = d) = 1 - p$$

이라고 가정하는 것이 우리가 사용하고자 하는 가장 전형적인 주가모형이다.

이 경우 $X_k = \frac{S_k}{S_{k-1}}$, $k = 1, 2, 3, \cdots$,는 독립동일분포($i.i.d.$)이므로, $k = 1, 2, 3, \cdots$에 대하여 $\ln X_k = \ln S_k - \ln S_{k-1}$, $k = 1, 2, 3, \cdots$도 독립동일분포($i.i.d.$)이다. 시점 T의 주가 $S_T = S_n$은

$$\ln S_T = \ln S_0 + \sum_{k=1}^{n}(\ln S_k - \ln S_{k-1}) = \ln S_0 + \sum_{k=1}^{n}\ln X_k$$

을 만족하므로, $\ln S_T$의 분산은 $\ln X_k$ 분산의 n배이다. 이는 $\ln S_T$의 분산이 기간 T에 정확하게 비례함을 뜻한다. 또한, n이 큰 자연수이므로 중심극한정리에 의하여 $\ln S_T$는 근사적으로 정규분포를 따름을 알 수 있다. 즉 $\ln S_T$는 정규분포를 따르며 분산은 T에 비례한다. 따라서 $\ln S_T$의 분산은 적당한

양의 상수 σ에 대하여 $\sigma^2 T$라 표기할 수 있다. 이를 종합하면

$$\ln S_T \text{는 정규분포를 따르며 표준편차가 } \sigma\sqrt{T}$$

라고 정리할 수 있다. 한편, S가 주식의 가격 대신 상품가격, 환율, 이자율 등 기초자산의 가격이라고 해도 T가 현재로부터 아주 먼 기간이 아니라면 위에서 주가를 대상으로 할 때와 동일한 논리가 적용된다. 시장에서 거래되는 옵션의 경우 만기 T는 대부분의 경우 1년을 넘지 않으므로 만기 T 시점의 기초자산 가격 S_T에 대해 $\ln S_T$는 정규분포를 따르며 표준편차가 $\sigma\sqrt{T}$라고 가정할 수 있다.

> 어느 기업의 미래 시점 T의 주가를 S_T라 할 때, 적당한 양의 상수 σ가 있어 $\ln S_T$는 정규분포를 따르며 표준편차가 $\sigma\sqrt{T}$임을 가정하는 것이 일반적이다. 이때의 σ는 해당 기업 주식의 고유한 속성을 반영하는 상수이며 주가의 변동성(volatility)이라 정의된다.

3.4 변동성과 주가의 확률분포

앞서 **3.3**에서 주가는 로그정규분포를 따르고 $\ln S_T$ 표준편차는 $\sigma\sqrt{T}$으로 시간의 제곱근에 비례함을 보였다. 주의 변동성 σ는 이때의 비례상수로 해당 기업의 미래 주가 움직임에 대한 불확실성을 나타내는 지표이다. 변동성이 큰 주식은 상대적으로 주가가 큰 폭으로 상승하거나 하락할 가능성이 높다.

1장의 **1.22~1.23**에서 보였듯이 적정 선도가격은 주가의 변동성과 무관하게 결정된다. 하지만 옵션의 경우 선도계약과 달리 만기 페이오프의 구조가 비대칭이므로 그 가격이 변동성에 크게 영향을 받는다. 콜옵션의 보유자는 주가가 크게 상승하는 경우에 상승폭에 비례하는 큰 이득을 보는 반면 주가가 크게 하락해도 하락폭에 비례하는 큰 손해를 보지 않는다. 따라서 변동성이 큰 주식에 대한 콜옵션의 가격은 그렇지 않은 주식의 콜옵션에 비해 높게 책정되며, 풋옵션의 경우에도 마찬가지이다. 실제로 변동성은 옵션의 가격을 결정하는 가장 중요한 요인이며, 과거 주가의 움직임으로부터 추정될 수 있다. 앞의 **3.3**의 결과로부터 $t > u$인 경우 $\ln S_t - \ln S_u$의 이론적인 표준편차가 $\sigma\sqrt{t-u}$임을 알 수 있고, 이는 과거의 주가 데이터로부터 변동성 σ를 추정하는 데 핵심적인 성질이다.

이제 위험중립 세계에서 주가의 확률분포를 알아보자. S_t가 어느 무배당 주식의 시점 t에서의 가격이라 하고, $\ln S_t$의 확률분포를 살펴보겠다. $\ln S_t$가 정규분포를 따르며 표준편차가 $\sigma\sqrt{t}$라는 것을 이미 알고 있으므로, 위험중립 세계에서 $\ln S_t$의 기댓값을 $a(t)$라 놓으면 **2.13**의 결과로부터 S_t의 기댓값 $E_Q(S_t)$는 다음과 같다.

$$E_Q(S_t) = \exp\left[a(t) + \frac{\sigma^2 t}{2}\right]$$

한편, 위험중립 세계에서 무배당 주식에 대한 주가의 기댓값은

$$E_Q(S_t) = S_0 e^{rt} = \exp\left(\ln S_0 + rt\right)$$

이다. 위의 두 식을 같게 놓으면

$$a(t) = \ln S_0 + (r - \sigma^2/2)t$$

을 얻는다. 따라서 위험중립 세계에서 무배당 주식의 주가는 다음과 같은 분포를 갖는다.

$$\ln S_t \sim N\left(\ln S_0 + (r - \sigma^2/2)t \,,\, \sigma^2 t\right)$$

한편 실제 세계에서는 **1.29**에서 설명한 한계효용체감의 원칙이 적용됨에 따라 무위험 이자율 r을 초과하는 어떤 μ가 존재하여 $E(S_t) = S_0 e^{\mu t} = \exp\left(\ln S_0 + \mu t\right)$가 성립한다. 따라서 실제 세계에서 무배당 주식의 주가는 다음과 같은 분포를 갖는다.

$$\ln S_t \sim N\left(\ln S_0 + (\mu - \sigma^2/2)t \,,\, \sigma^2 t\right)$$

$E(S_t) = S_0 e^{\mu t}$가 성립하므로, 상수 μ를 주식의 기대수익률이라고 부르며 변동성 σ와 마찬가지로 기대수익률 μ도 해당 주식의 고유한 특성을 대표한다. 여기서 강조해야 할 점은 위험중립 세계에서 주가의 확률분포는 기대수익률 μ를 포함하지 않는다는 것이다. 따라서 주식에 대한 각종 파생상품의 적정 가격에는 주식의 기대 수익률 μ가 반영되지 않는다. 실제 세계와 위험중립 세계 모두 주가는 로그정규분포를 따르고 $\ln S_T$ 표준편차는 $\sigma\sqrt{T}$ 이다.

한편, 연속배당률 q의 배당을 지급하는 주식의 주가에 대하여

$$E_Q(S_t) = S_0 e^{(r-q)t} = \exp\left(\ln S_0 + (r-q)t\right)$$

이 성립하므로 위험중립 세계에서 주가는 다음과 같은 분포를 갖는다.

$$\ln S_t \sim N\left(\ln S_0 + (r - q - \sigma^2/2)t \,,\, \sigma^2 t\right)$$

또한 앞서의 설명과 동일한 논리로, 주식투자에 대한 기대수익률 μ인 주식이 연속배당률 q의 배당을 지급하는 경우 주가의 기댓값은 $E(S_t) = S_0 e^{(\mu - q)t}$이므로 실제 세계에서 주가는 이론적으로

$$\ln S_t \sim N\left(\ln S_0 + (\mu - q - \sigma^2/2)t \,,\, \sigma^2 t\right)$$

의 분포를 따른다. 1장에서 살펴본 이항모형에서는 실제 세계와 위험중립 세계에서 주가의 변동성이 일치하지 않지만 연속 시간 모형에서 위험중립 세계에서 주가의 변동성이 동일한 이유는 이항모형에서

도 1기간의 길이가 0에 수렴함에 따라 위험중립 세계에서 주가의 변동성은 실제 세계에서의 변동성과 일치하기 때문이다. 연속 시간 모형에서 실제 세계와 위험중립 세계의 주가 변동성의 동일함에 대한 엄밀한 증명은 7장의 **7.14**에서 소개한다.

예제

어느 무배당 주식의 현재 가격이 50달러이고, 주식의 기대수익률이 연 15%, 변동성이 연 20% 일 때, 6개월 후의 주가의 95%의 신뢰구간을 구하라.

풀이│

위의

$$\ln S_t \sim N(\ln S_0 + (\mu - \sigma^2/2)t,\ \sigma^2 t)$$

에서

$$S_0 = 50,\ t = 0.5,\ \mu = 0.15,\ \sigma = 0.20$$

를 대입하면

$$\ln S_{0.5} \sim N(\ln 50 + (0.15 - 0.2^2/2) \times 0.5,\ 0.2^2 \times 0.5)$$

가 되고 간단히 계산하면

$$\ln S_{1/2} \sim N(3.977,\ 0.141^2)$$

즉 $\ln S_{0.5}$ 은 평균이 3.977 이고 표준편차가 0.141인 정규분포를 따른다. 따라서 2장의 **2.36**에 따르면 $\ln S_{0.5}$ 의 95% 신뢰구간은

$$3.977 - 1.96 \times 0.141 < \ln S_{0.5} < 3.977 + 1.96 \times 0.141$$

즉

$$\exp(3.977 - 1.96 \times 0.141) < S_{0.5} < \exp(3.977 + 1.96 \times 0.141)$$

또는

$$40.47 < S_{0.5} < 70.34$$

로 얻어진다. 다시 말해서 6개월 후 주가의 95% 신뢰구간은 $(40.47,\ 70.34)$, 즉 6개월 후의 주가가 40.47달러와 70.34달러 사이에 있을 확률이 95%이다. ∎

이항모형으로부터 주가의 연속모형을 도출할 때 t_k 시점에서 주가 S_k 는 이전의 모든 시점과 독립적으로 다음 시점 t_{k+1} 에서 $u S_k$ 로 오르거나 $d S_k$ 로 내린다고 가정하고 $u > 1,\ 0 < d < 1$ 그리고 주가

상승확률 p는 시점과 관계없이 동일한 상수라고 가정한 후 중심극한정리를 적용하여 주가의 확률분포를 얻었다. 하지만 실제 세계에서는 주가의 상승 또는 하락 추세가 분명한 양 극단의 시점에서는 매 순간 주가 비율의 이항모형이 서로 완전히 독립적이지 않기 때문에 중심극한정리를 사용하여 얻어진 로그정규분포는 주가의 양 극단에서 현실과 동떨어지게 되는 경우가 발생한다. 이와 관련한 이야기는 **3.6**에서 이어가기로 한다.

2. 변동성과 블랙-숄즈 공식

이제 우리는 블랙-숄즈의 옵션가격공식을 얻을 수 있다. 블랙-숄즈 옵션가격공식은 무배당 주식에 대한 유러피언 콜옵션의 적정 가격을 구하는 식으로 1973년 피셔 블랙(Fisher Black)과 마이런 숄즈(Myron Scholes)의 공동논문에서 처음으로 소개되었다. 여기서 우리는 블랙-숄즈 논문의 델타헤징 방식 대신 위험중립가치평가를 이용하여 같은 공식을 얻고자 한다. 1장의 **1.32**에서 S가 무배당 주식의 가격이라 할 때 만기 페이오프가 단순히 $S_T - K$로 주어진 선도 매수 계약의 적정 현재 가치 f_0는,

$$f_0 = S_0 - Ke^{-rT}$$

를 만족함을 보였다. 블랙-숄즈의 공식은 만기 페이오프가 단순히 $S_T - K$이 아니라 $\max(S_T - K, 0)$로 주어지는 유러피언 콜옵션의 현재 적정 가치는 선도계약의 적정 가치 f_0와 유사하면서도 훨씬 복잡한 식

$$c_0 = S_0\, \Phi(d_1) - K\, e^{-rT}\, \Phi(d_2)$$

으로 주어진다.

3.5 정리(블랙-숄즈 옵션 공식)

무배당 주식의 현재 가격이 S_0이고 무위험 이자율이 상수 r로 주어졌을 때, 해당 주식에 대한 만기 T, 행사가격 K인 유러피언 콜옵션의 현재 적정 가격 c_0는 다음과 같다.

$$c_0 = S_0\, \Phi(d_1) - Ke^{-rT}\, \Phi(d_2)$$

여기서

$$d_1 = \frac{\ln(S_0/K) + (r + \sigma^2/2)\,T}{\sigma\sqrt{T}}, \quad d_2 = \frac{\ln(S_0/K) + (r - \sigma^2/2)\,T}{\sigma\sqrt{T}} = d_1 - \sigma\sqrt{T}$$

이다.

마찬가지로 해당 주식에 대한 만기 T, 행사가격 K인 유러피언 콜옵션의 t시점에서의 가격 $c = c_t$는 다음과 같다.

$$c = S\Phi(d_1) - Ke^{-r(T-t)}\Phi(d_2)$$

여기서 $S = S_t$이고

$$d_1 = \frac{\ln(S/K) + (r + \sigma^2/2)(T-t)}{\sigma\sqrt{T-t}},\ d_2 = \frac{\ln(S/K) + (r - \sigma^2/2)(T-t)}{\sigma\sqrt{T-t}} = d_1 - \sigma\sqrt{T-t}\ 이다.$$

증명 |

1장의 **1.32**에서 설명한 위험중립가치평가에 의하면 콜옵션의 현재 가격 공식은 아래와 같다.

$$c_0 = e^{-rT}E_Q[\max(S_T - K, 0)]$$

여기서 $E_Q(S_T) = S_0 e^{rT}$이고, **3.3**에서 설명한 바와 같이 $\ln S_T$는 정규분포를 따르고 표준편차가 $\sigma\sqrt{T}$ 이므로 **정리 3.2**에 의하여 다음이 성립한다.

$$\begin{aligned} c_0 &= e^{-rT}E_Q(\max(S_T - K, 0)) \\ &= e^{-rT}\left(S_0 e^{rT}\Phi(d_1) - K\Phi(d_2)\right) \end{aligned}$$

여기서 d_1, d_2는 다음과 같다.

$$d_1 = \frac{\ln(S_0 e^{rT}/K) + \sigma^2 T/2}{\sigma\sqrt{T}} = \frac{\ln(S_0/K) + (r + \sigma^2/2)T}{\sigma\sqrt{T}}\ 이고$$

$$d_2 = \frac{\ln(S_0 e^{rT}/K) - \sigma^2 T/2}{\sigma\sqrt{T}} = \frac{\ln(S_0/K) + (r - \sigma^2/2)T}{\sigma\sqrt{T}} = d_1 - \sigma\sqrt{T}\ 이므로$$

이를 종합하면 **정리 3.5**의 공식을 얻는다. 한편 현재 시점이 $t > 0$인 경우 옵션의 잔여만기는 $T - t$이고 현재 주가는 $S = S_t$이므로 이를 앞서 언급한 공식에 대입하면 공식

$$c = S\Phi(d_1) - Ke^{-r(T-t)}\Phi(d_2)$$

$$d_1 = \frac{\ln(S/K) + (r + \sigma^2/2)(T-t)}{\sigma\sqrt{T-t}}$$

$$d_2 = d_1 - \sigma\sqrt{T-t}$$

를 얻는다.

현재 가격이 S_0 인 무배당 주식에 대해 연속복리 무위험 이자율 r, 그리고 주가의 변동성은 상수 σ 일 때 옵션 잔여만기 T, 행사가격 K 인 유러피언 콜옵션의 현재 적정 가격은 $c_0 = S_0 \, \Phi(d_1) - K e^{-rT} \Phi(d_2)$ 이며, 여기서

$$d_1 = \frac{\ln(S_0/K) + (r + \sigma^2/2)\,T}{\sigma\sqrt{T}}, \ d_2 = \frac{\ln(S_0/K) + (r - \sigma^2/2)\,T}{\sigma\sqrt{T}} = d_1 - \sigma\sqrt{T} \ \text{이다.}$$

한편, 각종 옵션 공식에 등장하는 d_1 과 d_2 는 항상 일정하게 정의된 것이 아니라 옵션의 성격과 기초자산의 배당 등의 특성에 따라 상황마다 다른 값을 갖는다.

예제

어느 기업의 현재 주가가 100달러일 때 만기 1년에 행사가격이 100달러인 유러피언 콜옵션의 현재 적정 가격을 구하라. (단, 연속복리 기준 무위험 이자율은 연 5%, 주식의 변동성은 연 15%이고 1년 동안 배당은 없는 것으로 가정한다.)

풀이

$$S_0 = 100, \ K = 100, \ r = 0.05, \ T = 1, \ \sigma = 0.15$$

를 단순히 공식에 넣으면 된다. 이때

$$d_1 = \frac{1}{0.15}\left(\ln 1 + 0.05 + \frac{1}{2}(0.15)^2\right) = 0.4083$$

이고

$$d_2 = d_1 - \sigma\sqrt{T} = 0.4083 - 0.15 = 0.2538$$

이므로

$$c_0 = 100\,\Phi(0.4083) - 100\,e^{-0.05}\,\Phi(0.2583) = 8.596$$

즉 옵션의 현재 적정 가격은 8.596 달러이다.

3.6 내재변동성과 변동성 미소

블랙-숄즈 공식에 의하면 무배당 주식에 대한 유러피언 콜옵션의 적정 가격은 주식의 기대수익률과는 무관하고, 현재 주가 S, 잔여만기 T, 행사가격 K, 무위험 이자율 r, 그리고 변동성 σ 이렇게 다섯 가

지의 변수에 의존한다. 이 다섯 가지 변수 중 객관적 관측이 불가능한 것은 σ가 유일하고, 주로 과거의 자료로부터 추정해서 얻어진다. 과거에 관측된 자료로부터 $\ln S$에 대한 표본을 추출하여 그것을 바탕으로 추정된 표준편차 σ를 역사적 변동성이라고 부른다.

변동성 σ를 구하는 또 다른 방법은 시장에서 관찰된 옵션의 가격이 블랙 – 숄즈 공식을 만족한다고 가정하고 옵션 가격에 반영된 변동성을 역산하는 방식, 즉 이미 알고 있는 c, S, T, K, r 다섯 개의 값을 이용하여 역으로 σ를 구하는 방법이다. 매우 복잡한 블랙 – 숄즈 공식을 변형해서 σ를 다섯 개 변수 c, S, T, K, r의 구체적인 함수로 표현하는 것은 불가능하므로 동일 옵션에 대해 투자자 모두에게 동일하게 관찰되는 네 변수 S, T, K, r이 고정되었을 때 옵션 가격 c는 변동성 σ에 대한 증가함수임을 이용하여 시장에서 얻어진 c에 대응하는 σ를 찾는 방법을 사용한다.

부연해서 설명하자면 블랙 – 숄즈 옵션공식에서 S, T, K, r을 고정시키고 콜옵션 가격 c를 σ의 함수

$$c = f(\sigma)$$

로 놓는다. 다른 변수들 S, T, K, r이 일정하다면 주식의 변동성이 커질수록 옵션가격도 오르게 된다. 그러므로 함수 $c = f(\sigma)$는 σ에 대한 증가함수이다. 따라서 σ와 c는 일대일 대응의 관계이며 역함수 $\sigma = f^{-1}(c)$로 표현할 수 있다. c_0가 시장에서 관찰된 옵션가격일 때

$$\sigma_0 = f^{-1}(c_0)$$

로 구해진 σ_0를 내재변동성(implied volatility)이라고 부른다. 실제로 역함수 $f^{-1}(c)$를 직접 찾는 것은 매우 어려우므로, $c = f(\sigma)$가 σ에 대한 증가함수임을 고려한 반복탐색이나 시행 착오법을 이용하여 내재변동성을 찾아내는 경우가 대부분이다.

구체적인 예를 들어 설명하자면 연속복리 무위험 이자율이 연 10%일 때 향후 3개월 동안 배당이 없는 어느 주식의 현재 주가가 35달러, 옵션의 잔여만기가 3개월, 행사가격이 34달러인 유러피언 콜옵션이 시장에서 2.6달러에 거래되었을 때 해당 주식의 내재변동성을 구해보자. 즉

$$S_0 = 35, \ T = 1/4, \ K = 34, \ r = 0.10$$

일 때 시장에서 거래되는 옵션가격은 $c_0 = 2.6$ 달러라고 하자. 블랙 – 숄즈 공식

$$c_0 = S_0\, \Phi(d_1) - K\, e^{-rT}\, \Phi(d_2)$$

$$d_1 = \frac{\ln(S_0/K) + (r + \sigma^2/2)\,T}{\sigma\sqrt{T}}, \ d_2 = \frac{\ln(S_0/K) + (r - \sigma^2/2)\,T}{\sigma\sqrt{T}} = d_1 - \sigma\sqrt{T}$$

에 다음의 값들

$$S_0 = 35, \ T = 1/4, \ K = 34, \ r = 0.10$$

을 대입하고 고정했을 때, 이를 역으로 풀어서 $\sigma_0 = f^{-1}(c_0)$로 표현되는 함수로 표현하는 것은 매우 어렵다. 따라서 위의 공식에 예를 들어 $\sigma = 0.20$을 넣어 콜옵션의 가격을 구해보니 $c = 2.47$이다. 이는 실제 옵션가격 $c_0 = 2.6$ 달러보다 작으므로 $\sigma = 0.25$를 넣어 다시 콜옵션의 가격을 계산한다. 이때 계산결과는 $c = 2.77$로 시장가격 $c_0 = 2.6$ 달러보다 크므로 다시 0.20과 0.25 사이의 값을 사용하여 옵션가격을 계산한다. 이러한 계산을 반복하면 σ가 취할 수 있는 범위가 점점 줄어들게 되고 결국 시장가격 $c_0 = 2.6$에 대응하는 σ_0를 구할 수 있다. 이 예에서 내재변동성은 $\sigma_0 = 0.222$, 즉 연 22.2%이다.

이와 같은 방식으로 구한 내재변동성 σ_0는 시장에서 거래된 옵션가격에 내재된 변동성이다. 여러 행사가격을 바탕으로 주식옵션의 내재변동성을 구해보면, 내재변동성은 행사가격이 달라짐에 따라 변하지 않는 상수가 아니라 각각의 행사가격마다 다른 내재변동성이 대응되는 현상이 일반적으로 나타난다. 이는 개별 주식의 변동성이 고유의 상수라고 가정하고 옵션의 가격을 구한 블랙 - 숄즈 공식이 현실 세계에서 불완전하다는 것을 의미한다. 실제로 내재변동성을 각 행사가격에 따라 구해보면 행사가격이 낮은 주식 옵션의 내재변동성은 등가격 옵션이나 행사가격이 높은 옵션의 내재변동성보다 크다. 이처럼 행사가격에 따른 내재변동성의 곡선은 미소(smile) 모양을 띠고 있어서 이를 변동성 미소(volatility smile) 또는 변동성 비대칭(volatility skew)이라 부른다. 이렇듯 블랙 - 숄즈 공식이 현실 세계에서 불완전한 주된 이유는 상수 변동성을 갖는 로그정규분포 주가 모형이 실제 주식 시장을 정확하게 반영하지 못하는 것에 큰 이유가 있다. 주식의 가격은 평상시에는 대체적으로 이론과 같이 로그정규분포를 따르지만 가격의 양 극단에서는 로그정규분포보다 더욱 두터운 꼬리를 갖는 분포를 따른다는 것이 실증적으로 관찰되고 있다. 앞서 **3.4**에서 언급했듯이 주가의 양 극단처럼 상승 또는 하락 추세가 분명한 시점에서는 매 순간 주가 비율의 이항모형이 서로 완전히 독립적이지 않기 때문에 중심극한정리를 사용하여 얻어진 로그정규분포는 주가의 양 극단에서 현실과 동떨어지게 되는 경우가 발생하고 변동성 미소와 변동성 비대칭은 이와 관련이 있는 현상이다.

소위 블랙먼데이라고 불렸던 1987년 10월 19일에 미국의 대표적인 주가지수인 다우 - 존스지수가 22.6% 폭락한 사건 이후, 주식투자자들이 대폭락의 가능성을 염두에 두고 투자하는 패턴을 보이고 있어, 심내가격 콜옵션과 심외가격 풋옵션 등 행사가격이 낮은 옵션의 시장거래가격은 블랙 - 숄즈 공식으로 얻어진 가격보다 높게 형성되는 경향이다. 뒤 **3.12**에서 설명할 통화옵션의 경우에도 등가격의 내재변동성이 심내가격과 심외가격의 내재변동성보다 작다. 이에 따라 행사가격의 함수로 나타난 내재변동성의 그래프는 스마일 형태를 띠고 있다. **3.8**에서 설명할 풋 - 콜 패리티는 옵션의 이론적 가격뿐 아니라 시장 가격에도 적용되므로 만기와 행사가격이 같은 콜옵션과 풋옵션의 내재변동성은 동일이다. 따라서 변동성 미소 또한 콜옵션과 풋옵션에 대해 동일하게 나타난다.

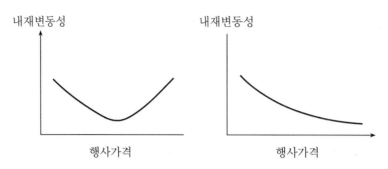

VOLATILITY SMILE   VOLATILITY SKEW

변동성 미소(volatility smile)와 변동성 비대칭(volatility skew)

내재변동성은 옵션이 시장에서 거래된 가격에 반영된 변동성을 역산한 것이다. 이론과 달리 실제 세계에서 주가는 양 극단에서 로그정규분포보다 훨씬 두꺼운 꼬리를 갖는 분포를 따른다. 따라서 행사가격에 따른 내재변동성 곡선은 변동성 미소 또는 변동성 비대칭의 모습을 띠게 된다. 일반적으로 변동성 미소는 이론에서 가정한 변동성과 내재변동성이 다른 모습을 띠는 경향을 일컫는 용어로 쓰인다.

3.7 변동성 σ의 추정

앞서 **3.4**에서 설명했듯이 주가의 이론적 확률분포는 $\ln S_t - \ln S_u$가 로그정규분포를 따르고 표준편차가 $\sigma \sqrt{t-u}$임은 데이터로부터 변동성 σ를 추정하는 데 필수적인 성질이며, 이를 이용해서 하루하루 주식의 종가로부터 일일 변동성을 추정할 수 있다. 여기서는 가장 간단한 변동성 σ의 추정 방법을 소개한다. 보다 정교한 추정법은 7장에서 다루기로 한다.

최근 n 거래일 동안의 주가를 관측해서 변동성을 추정하는 경우 S_k를 k번째 날의 종가라고 하고

$$u_k = \ln S_k - \ln S_{k-1}$$

이라고 하면 u_k들의 표본 표준편차 s가 1일 변동성의 추정치가 된다. 즉

$$s^2 = \frac{1}{n-1} \sum_{k=1}^{n} \left(u_k - \overline{u} \right)^2$$

$$= \frac{1}{n-1} \sum_{k=1}^{n} u_k^2 - \frac{1}{n(n-1)} \left(\sum_{k=1}^{n} u_k \right)^2$$

을 사용하여 1일 변동성 σ의 추정치 s를 구하는 것이 가장 단순한 방법이다. 이때 관측된 자료의 수

n의 값도 중요한 의미를 갖는데, 자료의 수가 많아지면 정확도가 높아진다고 생각할 수도 있지만, 오히려 너무 오래된 자료는 미래의 변동성을 추정하는 데 적합하지 않을 수 있다. 가장 일반적인 방법은 최근 3개월 내지는 6개월 동안의 일별 종가를 이용하며 거래가 이루어지는 일수에 n을 맞추는 것이다. 이동평균 모형, GARCH 등을 사용해서 보다 정교하게 변동성을 추정하는 방법도 빈번이 사용된다. 이에 대한 보다 상세한 내용은 6장의 후반부에서 다루도록 한다.

또 하나, 옵션의 만기를 계산하거나 변동성을 추정할 때 기간은 실제 거래일을 기준으로 한다. 거래가 이루어질 때의 변동성은 그렇지 않을 때보다 훨씬 크다는 것은 프렌치와 파머의 매우 유명한 연구결과 등 여러 실증적 논문을 통해서 검증된 사실이다. 그러므로 블랙 - 숄즈 공식을 사용하기 위해서는 옵션의 만기는 거래일 기준으로 조정되어야 하고, 일별 자료로부터 변동성을 추정하는 경우에는 거래가 이루어지지 않는 날들은 변동성을 계산하는 과정에서 무시되어야 한다. $\ln S_t - \ln S_u$의 표준편차가 $\sigma \sqrt{t - u}$ 라는 사실로부터 m 거래일 동안 주가의 변동성은 일 변동성에 $\sqrt{m}$ 을 곱한 값임을 알 수 있다. 일 년 동안의 거래일수는 252거래일이 많이 쓰이고, 따라서 연 변동성은 일일 변동성으로부터 다음 공식을 이용하여 계산된다.

$$\text{연 변동성} = \text{일 변동성} \times \sqrt{252}$$

3.8 풋-콜 패리티

무배당 주식에 대한 만기 T, 행사가격 K 인 유러피언 풋옵션의 현재 가격 p_0는 위험중립가치평가

$$p_0 = e^{-rT} E_Q \left[\max(K - S_T, 0) \right]$$

를 사용하여 구할 수 있지만, 이미 알고 있는 동일 만기, 동일 행사가격의 유러피언 콜옵션의 현재 가격 c_0를 이용해서도 구할 수 있다.

동일한 무배당 주식에 대한 만기 T, 행사가격 K의 유러피언 콜옵션 1계약을 매도하고, 유러피언 풋옵션 1계약과 주식 1단위를 매수하는 방식으로 구성한 포트폴리오를 생각해보자. 이 포트폴리오의 현재가치는 다음과 같다.

$$\Pi_0 = p_0 + S_0 - c_0$$

이제 만기 T 시점에서 위 포트폴리오의 가치를 살펴보면

$$\Pi_T = \max(K - S_T, 0) + S_T - \max(S_T - K, 0)$$
$$= \begin{cases} (K - S_T) + S_T - 0 = K & (S_T \leq K) \\ 0 + S_T - (S_T - K) = K & (S_T \geq K) \end{cases}$$

즉 만기 T 시점에서 포트폴리오의 가치는 항상 K 의 현금인 무위험 포트폴리오이다.

따라서 무차익 원칙에 의해서 이 포트폴리오의 현재 가치는 Ke^{-rT} 이 되어야 하므로 등식

$$Ke^{-rT} = p_0 + S_0 - c_0$$

으로부터 다음 식을 얻는다.

$$c_0 + Ke^{-rT} = p_0 + S_0$$

위 식을 일반적인 $t > 0$ 시점에 대하여 표현하면 다음이 성립한다.

$$c + Ke^{-r(T-t)} = p + S$$

이와 같이 유러피언 콜옵션과 풋옵션의 가격 사이에 성립하는 등식을 풋 - 콜 등가 또는 풋 - 콜 패리티 (put-call parity)라고 한다.

이제 풋 - 콜 패리티를 이용해서 무배당 주식에 대한 만기 T, 행사가격 K인 유러피언 풋옵션 가격 $p = p(t, S)$을 구해보자. 이때 모든 실수 x에 대하여 $\Phi(x) + \Phi(-x) = 1$이 성립함을 이용하겠다. 풋 - 콜 패리티에 의해서

$$p_0 = c_0 + Ke^{-rT} - S_0$$

이고

$$c_0 = S_0 \Phi(d_1) - Ke^{-rT} \Phi(d_2)$$

이므로

$$p_0 = S_0 \Phi(d_1) - Ke^{-rT} \Phi(d_2) + Ke^{-rT} - S_0$$
$$= S_0(\Phi(d_1) - 1) + Ke^{-rT}(1 - \Phi(d_2))$$

이다. 그러므로

$$p_0 = Ke^{-rT} \Phi(-d_2) - S_0 \Phi(-d_1)$$

가 성립한다. 여기서

$$d_1 = \frac{\ln(S_0/K) + (r + \sigma^2/2)T}{\sigma\sqrt{T}}$$

$$d_2 = \frac{\ln(S_0/K) + (r - \sigma^2/2)T}{\sigma\sqrt{T}} = d_1 - \sigma\sqrt{T}$$

이다.

3. 배당 주식에 대한 옵션 가격

연속배당 수익률 q의 배당금을 지급하는 주식에 대한 유러피언 옵션의 적정 가격은 로버트 머튼(Robert Merton)의 1973년 논문에서 최초로 소개되었다. 머튼은 숄즈와 함께 1997년에 노벨 경제학상을 수상했으며 최고의 금융이론가로 인정받는 학자이다.

3.11 ~ 3.12에서 소개하는 주가지수옵션과 통화옵션은 그 구조가 배당지급 주식에 대한 옵션과 본질적으로 같다.

3.9 배당 주식에 대한 옵션가격공식

위험중립가치평가에 따라 만기 T, 행사가격 K인 유러피언 콜옵션의 현재 가치 c_0는 등식

$$c_0 = e^{-rT} E_Q \left[\max(S_T - K, 0) \right]$$

을 만족한다. 한편 연속배당 수익률 q의 배당을 지급하는 주식이 있을 때, 위험중립 세계에서 주식 투자로부터의 기대 수익률은 무위험 이자율과 동일한 r인데, 배당금이 q의 수익률을 제공하기에 주가의 기대성장률은 $r - q$가 된다. 즉 위험중립 세계에서는 다음이 성립한다.

$$(\text{주가의 기대성장률 } r - q) + (\text{배당 수익률 } q) = (\text{주식의 기대수익률 } r)$$

이로부터 위험중립 세계에서 S_T의 기댓값은

$$E_Q(S_T) = S_0 e^{(r-q)T}$$

임을 알 수 있다. 또한 $\ln S_T$는 정규분포를 따르고 표준편차가 $\sigma \sqrt{T}$이므로 **정리 3.2**에 의하여 다음이 성립한다.

$$\begin{aligned}
c_0 &= e^{-rT} E_Q \left[\max(S_T - K, 0) \right] \\
&= e^{-rT} \left[S_0 e^{(r-q)T} \Phi(d_1) - K\Phi(d_2) \right] \\
&= S_0 e^{-qT} \Phi(d_1) - Ke^{-rT} \Phi(d_2)
\end{aligned}$$

여기서

$$d_1 = \frac{\ln(S_0 e^{(r-q)T}/K) + \sigma^2 T/2}{\sigma \sqrt{T}} = \frac{\ln(S_0/K) + (r - q + \sigma^2/2)T}{\sigma \sqrt{T}}$$

$$d_2 = \frac{\ln(S_0 e^{(r-q)T}/K) - \sigma^2 T/2}{\sigma \sqrt{T}} = \frac{\ln(S_0/K) + (r - q - \sigma^2/2)T}{\sigma \sqrt{T}} = d_1 - \sigma \sqrt{T}$$

이다.

위의 c_0에 대한 공식을 **정리 3.5**의 무배당 주식에 대한 블랙 - 숄즈 공식과 비교해보면 주가가 S_0 대신 $S_0 e^{-qT}$에서 시작하고 배당을 지급하지 않는 경우의 옵션 공식과 동일하다.

> 연속배당 수익률 q의 배당을 지급하는 주식에 대한 만기 T의 유러피언 콜옵션의 현재 적정 가격은 현재 주가를 S_0에서 $S_0 e^{-qT}$로 감소시킨 후 해당 주식이 배당을 지급하지 않는 것으로 가정했을 때 콜옵션의 적정 가격과 동일하다.

3.10 풋-콜 패리티

연속 배당 수익률 q를 제공하는 주식에 대한 만기 T, 행사가격 K인 유러피언 옵션의 풋 - 콜 패리티를 찾기 위하여, 콜옵션 계약 1단위를 매도하고, 풋옵션 1단위와 주식 e^{-qT}주를 매수하는 포트폴리오를 구성하자. 배당금은 모두 주식을 구입하는 데 투자된다. 이 포트폴리오의 현재 가치는 다음과 같다.

$$\Pi_0 = p_0 + S_0 e^{-qT} - c_0$$

이제 만기 T 시점에서 위 포트폴리오의 가치를 살펴보면

$$\Pi_T = \max(K - S_T, 0) + S_T - \max(S_T - K, 0) = K$$

즉 만기 T 시점에서 포트폴리오의 가치는 항상 K의 현금인 무위험 포트폴리오이다.

이로부터 풋 - 콜 패리티

$$c_0 + Ke^{-rT} = p_0 + S_0 e^{-qT}$$

가 성립한다.

한편 앞서 **3.9**에서 살펴본 것처럼 연속 배당 수익률 q를 제공하는 주식에 대한 만기 T인 옵션의 경우 주가가 S_0 대신 $S_0 e^{-qT}$에서 시작하고 배당을 지급하지 않는다고 가정하는 것과 같으므로, 풋 - 콜 패리티를 찾는 더욱 간단한 방법은 무배당 주식에 대한 유러피언 옵션의 풋 - 콜 패리티 $c_0 + Ke^{-rT} = p_0 + S_0$에서 S_0 대신 $S_0 e^{-qT}$을 대입해서 풋 - 콜 패리티를 구할 수도 있다.

만기 T, 선도가격 K인 매수 선도계약의 현재 가치 f_0는 위험중립가치평가에 의해

$$f_0 = e^{-rT} E_Q(S_T - K) = S_0 e^{-qT} - Ke^{-rT}$$

이므로 유러피언 옵션의 풋 - 콜 패리티 $c_0 + Ke^{-rT} = p_0 + S_0 e^{-rT}$는 옵션가격과 선도가격을 이어

주는 등식

$$f_0 = c_0 - p_0$$

가 성립함을 의미한다. 이제 유러피언 콜옵션의 현재 0시점에서의 가격

$$c_0 = S_0 e^{-qT} \Phi(d_1) - K e^{-rT} \Phi(d_2)$$

과 풋 – 콜 패리티를 이용하면 동일 만기, 동일 행사가격에 대한 유러피언 풋옵션의 현재 가격 p_0는 다음과 같다.

$$p_0 = K e^{-rT} \Phi(-d_2) - S_0 e^{-qT} \Phi(-d_1)$$

예제

연속복리 연 3%의 배당을 지급하는 주식의 현재 주가가 40달러이고, 만기가 6개월 남고 행사가격이 42달러인 유러피언 콜옵션의 현재 가격이 4.7달러이다. 연속복리 무위험 이자율이 연 5% 라 할 때, 해당 주식에 대한 동일 만기와 동일 행사가격을 갖는 풋옵션의 적정 가격은 얼마인가?

풀이

동일 만기와 동일 행사가격을 갖는 콜옵션의 가격이 4.7달러로 주어졌으므로 풋 – 콜 패리티 $c_0 + K e^{-rT} = p_0 + S_0 e^{-qT}$을 사용해서 풋옵션의 가격을 구할 수 있다. 풋옵션의 가격은 $p_0 =$ $4.7 + 42 e^{-0.05 \times (1/2)} - 40 e^{-0.03 \times (1/2)} = 2.34$ 달러이다.

3.11 주가지수 옵션

주가지수 선물과 주가지수 옵션은 거래소에서 거래되는 파생금융상품 중에서 거래량과 거래대금 모두 매우 높은 비중을 차지하는 중요한 상품이다. 주가지수 선물과 주가지수 옵션에서는 지수를 현금단위로 환산해서 거래하기 위하여 지수 1포인트당 일정한 가치를 부여한다. 예를 들어, KOSPI 200 지수옵션은 지수 1포인트당 100,000원의 가치를 부여해서 거래하며, 만기일에 권리가 행사되는 경우에는 만기일의 주가지수와 행사가격의 차이를 현금으로 결제하는 방식을 택한다. 주가지수를 이루는 개별 주식들이 배당을 지급하는 경우 그 주식들의 주가에는 배당락이 적용되고 따라서 주가지수를 이루는 주식들의 시가 총액이 그만큼 줄어든다. 개별 주식들의 주가의 가중평균으로 이루어진 주가지수는 예정된 수익률로 배당을 지급하는 투자자산의 가격으로 간주될 수 있다. 선도가격과 선물가격을 동일시한다면 q가 연속복리 기준으로 지수를 구성하는 주식의 평균 배당수익률일 때 앞서 **1.22**에서 보인 것처럼

주가지수의 현재 선물가격 F_0 은 다음과 같다.

$$F_0 = S_0 e^{(r-q)T}$$

한편 **1.31**에 의하면

$$F_0 = E_Q(S_T)$$

가 성립하므로, 위 식에서 다음을 얻는다.

$$E_Q(S_T) = S_0 e^{(r-q)T}$$

이로부터 위험중립 세계에서 주가지수를 이루는 주식 전체의 평균 기대수익률이 무위험 이자율이고, 주식들의 연속복리 q의 배당락에 의하여 주가지수의 기대성장률은 $r-q$이며, σ가 주가지수 S의 변동성이라고 할 때, 위험중립 세계에서 $S = S_t$의 확률분포는 다음과 같음을 알 수 있다.

$$\ln S_t \sim N\left(\ln S_0 + (r-q-\sigma^2/2)t \,,\, \sigma^2 t\right)$$

따라서 주가지수 옵션의 경우 배당을 지급하는 주식에 대한 옵션의 경우와 동일한 방법으로 구할 수 있다. 즉 현재 주가지수 S_0, 옵션만기 T, 행사가격지수 K인 유러피언 주가지수 콜옵션의 현재 적정 가격 c_0는 **3.9**와 **3.10**의 공식에 따라 다음과 같이 정해진다.

$$c_0 = S_0 e^{-qT} \Phi(d_1) - Ke^{-rT} \Phi(d_2)$$

$$p_0 = Ke^{-rT} \Phi(-d_2) - S_0 e^{-qT} \Phi(-d_1)$$

여기서

$$d_1 = \frac{\ln(S_0/K) + (r-q+\sigma^2/2)T}{\sigma\sqrt{T}}$$

$$d_2 = \frac{\ln(S_0/K) + (r-q-\sigma^2/2)T}{\sigma\sqrt{T}} = d_1 - \sigma\sqrt{T}$$

이다.

예제

KOSPI 200 지수에 대한 유러피언 콜옵션의 가격을 구하고자 한다. 현재 지수는 93이고 KOSPI 200 지수의 변동성은 연 20%이며, 연속복리 무위험 이자율은 연 8%이다. KOSPI 200의 1계약은 100,000원이다. 이때 2개월 후 만기가 돌아오고 행사가격지수가 90인 유러피언 콜옵션의 현재 적정 가격을 구하시오 (단, 지수에 포함된 주식들의 예상 배당수익률은 처음 1개월은 0.2%, 다음 1개월은 0.3%이다.)

풀이|

주가지수에 포함된 주식들의 2개월 동안 배당수익률이 $0.2 + 0.3 = 0.5\%$ 이므로 연평균 배당수익률은 $0.5 \times 6 = 3\%$ 이다. 즉 $q = 0.03$ 이다. 이제

$$S_0 = 93, \ K = 90, \ T = 2/12, \ r = 0.08, \ \sigma = 0.2, \ q = 0.03$$

을 **3.11**의 공식에 대입하면

$$d_1 = \frac{\ln(93/90) + (0.08 - 0.03 + 0.2^2/2)2/12}{0.2\sqrt{2/12}} = 0.5444$$

$$d_2 = d_1 - \sigma\sqrt{T} = 0.5444 - 0.2\sqrt{2/12} = 0.4628$$

이다. 따라서

$$\Phi(0.5444) = 0.7069, \ \Phi(0.4628) = 0.6782$$

이므로 다음의 결과를 얻는다.

$$
\begin{aligned}
c_0 &= S_0 e^{-qT}\Phi(d_1) - Ke^{-rT}\Phi(d_2) \\
&= 93\,e^{-0.03 \times 2/12} \times 0.7069 - 90\,e^{-0.08 \times 2/12} \times 0.6782 \\
&= 5.183
\end{aligned}
$$

KOSPI 200의 1계약이 100,000원이므로 옵션가격은 518,300원이다.　∎

3.12 통화옵션(foreign currency option)

1장의 **1.23**에서와 같이 S를 외국(상대국) 통화 1단위의 가치를 자국 통화로 표시한 현물환율이라 정의하고, r_f가 상대국 통화의 연속복리 무위험 이자율, r은 자국의 무위험 이자율이라고 하자. 그리고 F를 외국 통화 1단위에 대한 만기 T의 자국통화 선도가격이라고 하자. 이때 1장의 **1.23**에서 설명한 무차익 원리에 따라 F_0와 S_0 사이에는 다음과 같은 식이 성립한다.

$$F_0 = S_0\,e^{(r-r_f)T}$$

이제 **1.31**의 위험중립가치평가에 의하면, 자국 통화에 대한 위험중립 세계에서 만기 기대환율 $E_Q(S_T)$은

$$F_0 = E_Q(S_T)$$

을 만족하므로, 위 식에서 다음을 얻는다.

$$E_Q(S_T) = S_0\, e^{(r-r_f)T}$$

따라서 **3.3**에서 설명한 것처럼 σ가 환율 S의 변동성이라고 할 때, $\ln S_T$는 정규분포를 따르며 표준편차가 $\sigma\sqrt{T}$라고 가정할 수 있고, 이에 따라 만기 T, 행사가 환율 K의 외환 콜옵션 가격 c_0를 구하기 위하여 **정리 3.2**를 곧바로 적용할 수 있다.

$$c_0 = e^{-rT} E_Q\left[\max(S_T - K,\, 0)\right] = e^{-rT}\left[E_Q(S_T)\,\Phi(d_1) - K\Phi(d_2)\right]$$

즉, 환율에 대한 유러피언 콜옵션의 가격은 **3.9**의 배당을 지급하는 주식에 대한 유러피언 콜옵션의 가격공식에서 배당수익률 q를 외국 통화의 무위험 이자율 r_f로 대체한 것이다. 이에 따라 현재 환율 S_0, 옵션만기 T, 행사가 환율 K인 유러피언 외환 콜옵션의 현재 가격 c_0는 다음과 같다.

$$c_0 = S_0 e^{-r_f T}\Phi(d_1) - Ke^{-rT}\Phi(d_2)$$

여기서

$$d_1 = \frac{\ln(S_0/K) + (r - r_f + \sigma^2/2)\,T}{\sigma\sqrt{T}}$$

$$d_2 = \frac{\ln(S_0/K) + (r - r_f - \sigma^2/2)\,T}{\sigma\sqrt{T}} = d_1 - \sigma\sqrt{T}$$

이다. 또한 풋 – 콜 패리티

$$c_0 + Ke^{-rT} = p_0 + S_0 e^{-r_f T}$$

에 의해서 동일 만기, 동일 행사가환율에 대한 유러피언 외환 풋옵션의 현재 가격 p_0는 다음과 같다.

$$p_0 = Ke^{-rT}\Phi(-d_2) - S_0 e^{-r_f T}\Phi(-d_1)$$

예제

현재 환율은 0.52, 환율의 변동성은 12%, 자국과 상대국의 연속복리 무위험 이자율은 각각 연 4%와 연 8%일 때, 만기 8개월 행사가 환율 0.50인 유러피언 통화 풋옵션의 적정 가격은 얼마인가?

풀이|

$$S_0 = 0.52,\ K = 0.50,\ r = 0.04,\ r_f = 0.08,\ \sigma = 0.12,\ T = 8/12$$

을

$$p_0 = Ke^{-rT}\Phi(-d_2) - S_0 e^{-r_f T}\Phi(-d_1)$$

에 대입한다. 이때

$$d_1 = \frac{\ln{(52/50)} + (0.04 - 0.08 + 0.12^2/2)8/12}{0.12\sqrt{8/12}} = 0.1771$$

$$d_2 = d_1 - \sigma\sqrt{T} = 0.1771 - 0.12\sqrt{8/12} = 0.0791$$

이다. 그러므로

$$p_0 = 0.50\,e^{-0.04 \times 8/12} \times \Phi(-0.0791) - 0.52\,e^{-0.08 \times 8/12} \times \Phi(-0.1771)$$

$$= 0.0162$$

이다.

3.13 워런트와 스톡옵션

워런트(Warrant, 신주인수권)와 스톡옵션은 해당 권리의 소유자에게 미래의 일정시점에 약정된 가격으로 약정된 수의 신주를 인수할 수 있는 권리를 부여하는 증권이다. 워런트와 스톡옵션은 주식에 대한 콜옵션과 매우 유사한 구조를 가졌지만, 투자자가 아니라 해당 기업에 의해서 발행된다는 점, 그리고 권리의 소유자가 행사가격에 신주를 인수할 의사를 밝히는 경우 기업은 신주를 발행하여 권리 소유자에게 인도한다는 점, 그리고 일반적으로 만기가 옵션보다 길다는 점에서 워런트와 스톡옵션은 콜옵션과 다르다. 주식 워런트는 1973년 시카고 옵션거래소의 개장 이전에는 콜옵션보다 거래가 활발했으며, 1960년대에 새뮤얼슨(Paul Samuelson)을 비롯한 경제학자들은 콜옵션 대신 워런트의 적정 가격을 구하려는 연구 논문들을 발표하였다. 스톡옵션의 구조는 워런트와 동일하지만 그 권리가 대부분 해당 기업의 임직원에게 주어지는 특수성을 띠고 있다. 옵션과 워런트는 구조가 매우 유사한 만큼, 유러피언 콜옵션의 적정 가격 공식은 무배당 주식에 대한 워런트와 스톡옵션의 가치를 평가하는 데도 사용될 수 있다.

예를 들어, 어느 기업의 현재 주식의 총수가 N이고, 기업의 중역들에게 M주의 스톡옵션이 부여된 경우를 고려해 보자. 스톡옵션 1단위 보유자에게는 T시점에서 1주당 K의 가격으로 1주를 매입할 수 있는 권리가 부여된다. 이제 해당 기업의 주가를 S라 하고, 스톡옵션 1단위의 가치를 $v = v(t, S)$라 하자.

우선 $S_T \le K$인 경우를 생각하면 T 시점에서 스톡옵션의 가치는 0이다.

$S_T > K$인 경우에는 스톡옵션이 행사되므로 기업은 M 단위의 주식을 새로 발행하여 스톡옵션 보유자에게 1주당 K의 가격으로 양도하게 되고, 따라서 기업 주식의 총수는 $N + M$으로 증가하고 T 시

점에서 해당 기업 주식 가격의 총액은

$$NS_T + MK$$

가 된다. 이에 따라 1주의 가치는

$$\frac{NS_T + MK}{N + M}$$

가 되고, 스톡옵션 1단위의 가치는

$$\frac{NS_T + MK}{N + M} - K = \frac{N}{N + M}(S_T - K)$$

가 된다. 그러므로 위의 경우들을 종합하면 T 시점에서 스톡옵션 1단위의 가치 $v_T = v(T, S)$는 다음과 같다.

$$v_T = \frac{N}{N + M} \max(S_T - K, 0) = \frac{N}{N + M} \cdot c_T$$

따라서 무차익 원칙에 의해서 스톡옵션의 현재 가치 v_0는 다음과 같다.

$$v_0 = \frac{N}{N + M} c_0$$

여기에 유러피언 콜옵션의 적정 가격 공식으로부터 얻어진 c_0를 대입하면 다음을 얻는다.

$$v_0 = \frac{N}{N + M} \left[S_0 e^{-qT} \Phi(d_1) - K e^{-rT} \Phi(d_2) \right]$$

여기서 r은 T기간 동안 무위험 시장 할인율, q는 T기간 동안 해당 주식의 연속복리 평균 배당수익률이고, d_1, d_2는 콜옵션의 공식에서와 마찬가지로

$$d_1 = \frac{\ln(S_0/K) + (r - q + \sigma^2/2)T}{\sigma\sqrt{T}}$$

$$d_2 = \frac{\ln(S_0/K) + (r - q - \sigma^2/2)T}{\sigma\sqrt{T}} = d_1 - \sigma\sqrt{T}$$

이다.

어떤 회사 주식의 총수는 현재 100만이고, 주식의 현재 시장가격은 50달러이다. 이 회사 주식의 연간 변동성은 25%이고, 5년 만기 무위험 시장 할인율은 연속복리 연 7%라 알려져 있다. 이 회사는 경영진에게 스톡옵션의 형식으로 회사의 신주 30만 주를 5년 후에 55달러에 구입할 수 있는 권리를 부여한다고 결정했다. 향후 5년 동안 이 회사는 연속복리 연평균 2%의 배당을 지급할 것으로 예상될 때, 스톡옵션 결정으로 인하여 변동된 주식 1주의 적정 가격을 구하시오.

풀이 |

유러피언 콜옵션 공식

$$c_0 = S_0 e^{-qT} \Phi(d_1) - K e^{-rT} \Phi(d_2)$$

에 다음의 값들

$$S_0 = 50, \ T = 5, \ K = 55, \ r = 0.07, \ q = 0.02, \ \sigma = 0.25$$

를 대입해서 구한 옵션 가격은 $c_0 = 14.18$ 달러이다. 따라서 스톡옵션의 현재 가치는

$$v_0 = \frac{N}{N+M} c_0 = \frac{100}{100+30} \times 14.18$$

즉, 1주당 10.9달러이다. 따라서 스톡옵션의 의결로 발생하는 총 손실은 $300{,}000 \times 10.9 = 327$만 달러, 즉 주당 3.27달러가 된다. 따라서 변동된 적정 주가는 현재 주가보다 3.27달러가 하락한 46.73달러이다.

∎

4. 다기간 이항모형

1장의 **1.26 ~ 1.28**에서 다뤘던 주가의 이항모형을 다기간으로 확장시켰을 때의 옵션 가격에 대하여 더 상세히 알아보기로 한다. 다기간 이항모형의 극한으로부터 주가의 연속 확률분포를 얻은 것처럼 우리는 주가의 다기간 이항모형에서 얻은 옵션 가격의 극한을 취하여 블랙 - 숄즈 옵션 공식을 구할 수 있다. 이에 대하여 **3.14**에서 다루고, **3.15**에서는 다기간 이항모형을 사용하여 유러피언 옵션은 물론 아메리칸 옵션의 가격을 구하는 콕스 - 로스 - 루빈스타인 모델을 소개한다.

3.14 이항모형과 블랙-숄즈 공식

주가의 다기간 이항모형에서 우리는 앞서 **3.3**에서처럼 주가는 매 기간 동안 $u > 1$ 배만큼 상승하던지 $0 < d < 1$ 배만큼 하락한다고 가정한다.

우선 1장의 **1.27**에서와 같이 주가의 2기간 이항모형을 살펴보자. 주식의 시초가를 S라 하고 2기간 후에 만기에 도달한다고 하면 만기 주가는 $u^2 S,\ ud S,\ d^2 S$ 의 세 가지 값 중 하나가 되고 각각의 경우 행사가격 K인 콜옵션의 만기에서의 가치는 다음과 같다.

$$c_{uu} = \max(u^2 S - K, 0),\ c_{ud} = \max(ud S - K, 0),\ c_{dd} = \max(d^2 S - K, 0)$$

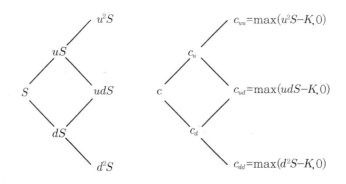

위의 2기간 이항모형의 경우 위험중립 세계에서 주가가 오를 확률이 매 기간 p로 동일하다고 가정하고, 1기간을 Δt라 하면 위험중립가치평가에 의해서 콜옵션의 현재 적정 가격 c는 다음과 같이 얻어진다.

$$c = e^{-2r\Delta t} \left[p^2 c_{uu} + 2p(1-p) c_{ud} + (1-p)^2 c_{dd} \right]$$

위에서 주가의 2기간 이항모형을 다기간 이항모형으로 일반화시켜 1기간을 Δt라 하고 n기간 후에 만기 $T = n\Delta t$가 온다고 하면 행사가격 K인 유러피언 콜옵션의 현재 적정 가격 c의 식은 다음과 같다.

$$c = e^{-nr\Delta t} \left[\sum_{k=0}^{n} \binom{n}{k} p^k (1-p)^{n-k} \max(u^k d^{n-k} S - K, 0) \right]$$

위의 식을 바탕으로 자연수 j를 다음의 부등식

$$u^j d^{n-j} S \geq K$$

가 성립하는 최소의 자연수라고 하면 $\max(u^k d^{n-k} S - K, 0)$는 아래와 같이 표현된다.

$$\max(u^k d^{n-k} S - K, 0) = \begin{cases} 0 & (k < j) \\ u^k d^{n-k} S - K & (k \geq j) \end{cases}$$

여기서 $e^{nr \Delta t} = e^{rT}$ 이므로 유러피언 콜옵션의 현재 가격 c는 다음과 같이 나타낼 수 있다.

$$c = e^{-rT} \sum_{k=j}^{n} \binom{n}{k} p^k (1-p)^{n-k} S u^k d^{n-k} - e^{-rT} K \sum_{k=j}^{n} \binom{n}{k} p^k (1-p)^{n-k}$$

$$= S \sum_{k=j}^{n} \binom{n}{k} p^k (1-p)^{n-k} \frac{u^k d^{n-k}}{(e^{r \Delta t})^n} - e^{-rT} K \sum_{k=j}^{n} \binom{n}{k} p^k (1-p)^{n-k}$$

이제 자연수 j와 $0 < x < 1$에 대해서 함수 $\Psi_n(j, x)$를 다음과 같이

$$\Psi_n(j, x) = \sum_{k=j}^{n} \binom{n}{k} x^k (1-x)^{n-k}$$

라 정의하면

$$p\,u + (1-p)\,d = e^{r \Delta t}$$

으로부터 등식

$$1 - \frac{u\,p}{e^{r \Delta t}} = \frac{d(1-p)}{e^{r \Delta t}}$$

을 얻게 되고 따라서 다음 식이 성립한다.

$$c = S \Psi_n \left(j, \frac{u\,p}{e^{r \Delta t}} \right) - K e^{-rT} \Psi_n(j, p)$$

이제 위 식에 $n \to \infty$, 즉 $\Delta t = T/n \to 0$의 극한을 취하면 다기간 이항모형의 극한 통하여 얻어진 유러피언 콜옵션의 가격은 블랙 - 숄즈 공식에서의 옵션의 가격과 같게 된다.

즉 다음의 식들이 성립한다.

$$\lim_{n \to \infty} \Psi_n \left(j, \frac{u\,p}{e^{r \Delta t}} \right) = \Phi \left(\frac{\ln (S/K) + (r + \sigma^2/2)\,T}{\sigma \sqrt{T}} \right)$$

$$\lim_{n \to \infty} \Psi_n(j, p) = \Phi \left(\frac{\ln (S/K) + (r - \sigma^2/2)\,T}{\sigma \sqrt{T}} \right)$$

이 두 개의 식들 중에서 보다 간단히 보일 수 있는 두 번째 식만 여기에서 자세히 증명하기로 한다.

정의에 의하여 함수

$$\Psi_n(j, p) = \sum_{k=j}^{n} \binom{n}{k} p^k (1-p)^{n-k}$$

는 n기간 동안 주가가 상승하는 횟수가 j번 이상이 될 확률을 뜻한다. 이제 확률변수 J를 n기간 동안 주가가 상승하는 횟수라고 정의하면 다음이 성립한다.

$$\Psi_n(j, p) = P\left(J \geq j\right)$$

또한 이때 $J \sim b(n, p)$이므로 평균과 분산은

$$E(J) = np \ , \ \ Var(J) = np(1-p)$$

이고 n 기간 후, 즉 만기 $T = n\,\Delta t$ 시점의 주가를 S_T라 하면

$$S_T = u^J d^{n-J} S$$

가 성립하므로

$$\ln\frac{S_T}{S} = J\ln\frac{u}{d} + n\ln d$$

이고, 따라서 다음 식이 성립한다.

$$E\left(\ln\frac{S_T}{S}\right) = E(J)\ln\frac{u}{d} + n\ln d = n\!\left(p\ln\frac{u}{d} + \ln d\right)$$

$$Var\left(\ln\frac{S_T}{S}\right) = Var(J)\left(\ln\frac{u}{d}\right)^2 = np(1-p)\left(\ln\frac{u}{d}\right)^2$$

한편 $n \to \infty$ 의 극한을 취하면, **3.4**에서 언급한 바와 같이 위험중립 세계에서

$$\ln\frac{S_T}{S} \ \sim\ N\!\left((r-\sigma^2/2)\,T,\ \sigma^2\,T\right)$$

이므로 $\ln\dfrac{S_T}{S}$ 에 대한 두 가지의 기댓값과 분산을 비교하면 다음 등식을 얻는다.

$$\lim_{n\to\infty} n\!\left(p\ln\frac{u}{d} + \ln d\right) = (r-\sigma^2/2)\,T$$

$$\lim_{n\to\infty} np(1-p)\left(\ln\frac{u}{d}\right)^2 = \sigma^2\,T$$

정의에 의해 j는 부등식 $u^j d^{n-j} S \geq K$가 성립하는 최소의 자연수이므로 이 식을 j에 대하여 정리하면 j는 $\dfrac{\ln(S/K) - n\ln d}{\ln(u/d)}$ 이상인 최소의 자연수이다.

따라서 적당한 $0 < \epsilon \leq 1$이 존재하여

$$j - 1 = \frac{\ln(S/K) - n\ln d}{\ln(u/d)} - \epsilon \ \ (0 < \epsilon \leq 1)$$

이 성립한다. 한편

$$\Psi_n(j, p) = P\left(J \geq j\right)$$

이므로 다음 식이 성립한다.

$$1 - \Psi_n(j, p) = P\left(J \leq j - 1\right)$$

$$= P\left(\frac{J - np}{\sqrt{np(1-p)}} \leq \frac{j - 1 - np}{\sqrt{np(1-p)}}\right)$$

$$= P\left(\frac{J - np}{\sqrt{np(1-p)}} \leq \frac{\ln\left(K/S\right) - n(p\ln\left(u/d\right) + \ln d) - \epsilon\ln\left(u/d\right)}{\ln\left(u/d\right)\sqrt{np(1-p)}}\right)$$

여기서 $n \to \infty$ (또는 $\Delta t \to 0$)의 극한을 취하면 $u/d \to 1$이 되므로 다음 식을 얻는다.

$$\epsilon\ln\left(u/d\right) \to 0$$

또한 중심극한정리에 의해서 $\dfrac{J - np}{\sqrt{np(1-p)}}$는 $Z \sim N(0, 1)$에 분포수렴하게 되므로

$$\lim_{n \to \infty}\left(1 - \Psi_n(j, p)\right) = \Phi\left(\frac{\ln\left(K/S\right) - (r - \sigma^2/2)\,T}{\sigma\sqrt{T}}\right)$$

가 성립한다. 따라서

$$\lim_{n \to \infty}\Psi_n(j, p)) = 1 - \Phi\left(\frac{\ln\left(K/S\right) - (r - \sigma^2/2)\,T}{\sigma\sqrt{T}}\right) = \Phi\left(\frac{\ln\left(K/S\right) + (r - \sigma^2/2)\,T}{\sigma\sqrt{T}}\right)$$

이 성립함이 증명되었다.

위험중립 세계에서의 주가나 이자율의 연속 모형을 이산과정화시켜서 각종 파생상품의 가치를 구하는 방법은 이론뿐만 아니라 실제 금융시장에서도 널리 이용되고 있다. 이산과정화는 기초자산의 가격변화가 아주 많은 기간의 이항과정으로 구성되어 있다는 가정에서 출발한다. 다음의 **3.15~3.16**에서는 위험중립 세계에서 무배당 주식에 대한 주가모형을 이산과정화시킴으로써 해당 주식에 대한 각종 옵션의 가격을 구하는 방법을 살펴보겠다. 그중 가장 처음 소개되었고 또한 현재까지도 가장 널리 활용되고 있는 콕스 - 로스 - 루빈스타인 모델을 소개한다.

3.15 콕스-로스-루빈스타인 모델

무배당 주식에 대한 유러피언 옵션과 아메리칸 옵션의 현재 적정 가격을 다기간 이항모형을 통하여 구하고자 한다. 그중 최초의 모델이며 가장 널리 사용되는 모델은 1979년 콕스-로스-루빈스타인(Cox-Ross-Rubinstein)에 의하여 제시된 모형이다. 무배당 주식의 가격을 S라 하고, S의 변동성은 σ로 알려져 있다고 가정하자. 옵션의 잔존 만기 T를 n개의 아주 짧은 기간 $\Delta t = T/n$으로 나누어

$t_k = kT/n$라 놓고, 고정된 $u > 1$과 $0 < d < 1$가 있어 k번째 기간인 $[\,t_{k-1}, t_k\,]$ 동안 주가는 초기 값인 S_{k-1}에서 $S_{k-1}u$로 상승하거나 $S_{k-1}d$로 하락한다고 가정하자. 무위험 이자율이 상수 r이고, 위험중립 세계에서 주가가 상승할 확률이 p라고 하자. 이제 위험중립 세계에서 S_k/S_{k-1}에 대한 두 가지 방식의 기댓값을 서로 비교하면

$$E\left(\frac{S_k}{S_{k-1}}\right) = p\,u + (1-p)\,d$$

와

$$E\left(\frac{S_k}{S_{k-1}}\right) = e^{r\,\Delta t}$$

에서

$$p\,u + (1-p)\,d = e^{r\,\Delta t}$$

을 얻고 이로부터 p를 구하면

$$p = \frac{e^{r\,\Delta t} - d}{u - d}$$

이다. 이 식은 1장의 **1.26 ~ 1.28**에서 얻고 사용한 것과 동일하다.

콕스 - 로스 - 루빈스타인 다기간 이항 모델에서는 이미 주어진 r, σ, Δt을 사용해서 세 개의 미지변수 p, u, d를 구하는 작업이 필요한데, S_k/S_{k-1}에 대한 두 가지 방식의 기댓값을 비교함으로써 하나의 식 $p\,u + (1-p)\,d = e^{r\,\Delta t}$을 이미 얻었고, S_k/S_{k-1}에 대한 두 가지 방식의 분산을 비교함으로써 두 번째 식을 얻을 수 있다. 하지만 두 개의 식으로부터 세 개의 미지변수 p, u, d가 유일하게 얻어지지 않으므로, 세 변수 p, u, d의 값을 유일하게 구하기 위해서는 현실과 부합하는 한 개의 방정식을 추가해야 하는데 콕스 - 로스 - 루빈스타인이 제시한 추가 방정식은 다음과 같다.

$$d = 1/u$$

이제 추가된 식 $d = 1/u$과 앞서 **3.14**에서 사용한 방법을 이용하여 u, d를 간단히 찾는 방법을 알아보자. 확률변수 J를 **3.14**에서와 같이 n기간 동안 주가가 상승하는 횟수라고 정의하면

$$J \sim b(n, p)$$

이므로 평균과 분산은

$$E(J) = np, \quad Var(J) = np(1-p)$$

이고 n기간 후, 즉 만기 $T = n\,\Delta t$시점의 주가를 S_n이라 하면

$$\ln \frac{S_n}{S_0} = J \ln \frac{u}{d} + n \ln d$$

이고, 따라서 다음 식이 성립한다.

$$E\left(\ln \frac{S_n}{S_0}\right) = n\left(p \ln \frac{u}{d} + \ln d\right)$$

$$Var\left(\ln \frac{S_n}{S_0}\right) = np\,(1-p)\left(\ln \frac{u}{d}\right)^2$$

한편 n의 값을 매우 크게 취하면 위험중립 세계에서 근사적으로

$$\ln \frac{S_n}{S_0} \;\sim\; N\left((r-\sigma^2/2)\,T,\,\sigma^2\,T\right)$$

이므로 $\ln \dfrac{S_n}{S_0}$에 대한 두 가지의 기댓값과 분산을 비교하면 다음 등식을 얻는다.

$$\lim_{n \to \infty} n\left(p \ln \frac{u}{d} + \ln d\right) = (r-\sigma^2/2)\,T$$

$$\lim_{n \to \infty} np\,(1-p)\left(\ln \frac{u}{d}\right)^2 = \sigma^2\,T$$

한편 $\Delta t = T/n$이므로 n의 값이 매우 클 때 위의 두 식들로부터 근사적으로 다음 두 식이 성립함을 알 수 있다. (여기서, ν는 $r - \sigma^2/2$에 가까운 적당한 양의 실수이다.)

$$p \ln \frac{u}{d} + \ln d = \nu\,\Delta t$$

$$p\,(1-p)\left(\ln \frac{u}{d}\right)^2 = \sigma^2\,\Delta t$$

여기에 $d = 1/u$를 대입하면 $\ln d = -\ln u$이므로 위의 첫 번째 식으로부터

$$p = \frac{1}{2} + \frac{1}{2}\frac{\nu\,\Delta t}{\ln u}$$

을 얻고 따라서 $p\,(1-p)$의 값은 아래와 같다.

$$p\,(1-p) = -\frac{1}{4}\frac{\nu^2(\Delta t)^2}{(\ln u)^2} + \frac{1}{4}$$

이를 위의 분산식

$$p\,(1-p)\left(\ln \frac{u}{d}\right)^2 = \sigma^2\,\Delta t$$

에 대입하고, $\ln \dfrac{u}{d} = 2 \ln u$를 사용하면 다음을 얻는다.

$$\sigma^2 \Delta t = \left[-\frac{1}{4} \frac{\nu^2 (\Delta t)^2}{(\ln u)^2} + \frac{1}{4} \right] 4 (\ln u)^2$$

Δt 가 작은 값일 때 $(\Delta t)^2$ 은 Δt에 비해서 무시해도 될 만큼 작으므로 $(\Delta t)^2 = 0$ 으로 놓으면

$$\sigma^2 \Delta t = (\ln u)^2$$

이 성립하고 이에 따라

$$\ln u = \sigma \sqrt{\Delta t}$$

즉

$$u = e^{\sigma \sqrt{\Delta t}} , \quad d = 1/u = e^{-\sigma \sqrt{\Delta t}}$$

가 얻어진다.

이제

$$u = e^{\sigma \sqrt{\Delta t}} , \quad d = e^{-\sigma \sqrt{\Delta t}}$$

그리고

$$p = \frac{e^{r \Delta t} - d}{u - d}$$

를 이용하여 다기간 이항과정의 각 노드(node)에서 옵션의 가치를 구할 수 있다.

옵션의 가치는 만기시점에서 시작하여 현재 시점으로 시간을 역행해 가면서 구한다. 만기의 바로 직전 시점 $T - \Delta t$ 의 각 점에서 옵션의 가치는 만기시점에서의 옵션의 기대가치를 Δt 기간 동안의 무위험 이자율로 할인해서 구하고, 마찬가지로 시점 $T - 2\Delta t$ 의 각 점에서 옵션의 가치는 시점 $T - \Delta t$ 에서의 옵션의 기대가치를 Δt 기간 동안의 무위험 이자율로 할인해서 구한다. 이러한 시간상의 역행 과정을 반복하면 현재의 옵션 가치를 구할 수 있다. 특히 아메리칸 옵션은 풋옵션의 경우 각 노드에서 옵션을 조기에 행사하는 것과 한 기간 더 보유하는 것 중 어느 것이 유리한지 따져 보아야 한다.

$d = 1/u$ 을 바탕으로 이항과정이 전개되는 콕스 - 로스 - 루빈스타인의 방법은 $k \Delta t$ 와 $(k+1) \Delta t$ 사이에서 기초자산의 가치가 S_{k-1} 을 중심으로 구성되기 때문에 전체적으로 계산이 용이하고, 또한 이항과정으로부터 계산한 델타, 감마, 쎄타의 정확성이 뛰어나다는 장점이 있다.

3.16 예

1) 예 1

무배당 주식에 대한 아메리칸 풋옵션의 가격을 구하고자 한다. 옵션의 잔여만기는 4개월, 현재 주가와 행사가격은 각각 40달러, 무위험 이자율은 연 10%, 변동성은 연 30%라고 하자. 이때 콕스 - 로스 - 루빈스타인 이항과정을 구사하기 위하여 옵션 만기를 1개월 단위의 4기간으로 나누어 구하기로 한다.

이 경우

$$S_0 = 40,\ K = 40,\ T = 4/12,\ \Delta t = 1/12,\ r = 0.10,\ \sigma = 0.30$$

이므로

$$u = e^{\sigma\sqrt{\Delta t}} = e^{0.3\times\sqrt{1/12}} = 1.0905,\quad d = 1/u = 0.9170$$

그리고

$$e^{r\Delta t} = e^{0.1\times 1/12} = 1.0084$$

$$p = \frac{e^{r\Delta t} - d}{u - d} = \frac{1.0084 - 0.9170}{1.0905 - 0.9170} = 0.5268,\quad 1 - p = 0.4732$$

이다.

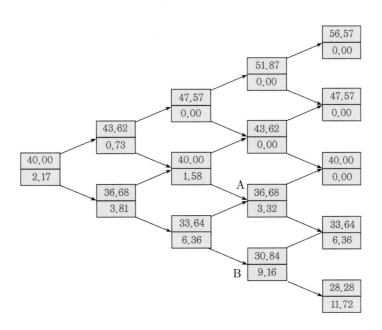

만기시점에서의 옵션가치는 $\max\left(K-S_T,0\right)$이다. 만기 바로 이전 시점에서의 옵션가치는 그 시점에서 옵션을 조기에 행사하는 것과 만기까지 보유하는 것 중에 어느 것이 유리한지 따져 보아야 한다. 위 그림에서 노드 A에서의 주가는 36.68달러이고 그 시점에서 옵션 가격을 구하려면 만기까지 옵션을 보유한다고 가정했을 때 적정 가격과 조기에 행사했을 때 페이오프를 비교해서 둘 중에 큰 값이 옵션의 적정 가격이 된다. 만기까지 옵션을 보유한다고 가정하면 그 적정 가격은

$$\left(0.5268\times0+0.4732\times6.36\right)e^{-0.1\times1/12}=2.98$$

달러인 데 반하여 해당 시점에서 옵션을 행사하는 경우 페이오프는

$$40.00-36.68=3.32$$

달러이다. 이는 옵션을 계속 보유했을 때의 가치인 2.98달러보다 크므로 해당 시점에서 조기행사가 유리하고 따라서 노드 A에서의 옵션가치는 3.32달러이다. 옵션의 가격이 시간가치와 내재가치의 합이라는 측면에서 노드 A에서의 옵션가치는 3.32달러가 옵션을 계속 보유했을 때의 가치보다 크다는 사실은 풋옵션의 시간가치가 음수가 됨을 의미한다. 풋옵션을 조기 행사하면 행사가격을 즉시 받을 수 있으므로 같은 행사가격을 뒤늦게 받는 경우에 비하여 이자소득이 발생한다. 이러한 이자소득이 풋옵션의 보험기능가치를 넘어서게 되면 풋옵션의 시간가치는 음수가 될 수 있고, 노드 A에서의 상황은 바로 그런 현상을 설명한다. 마찬가지로 노드 B에서의 주가는 30.84달러이고, 만기까지 옵션을 보유한다고 가정하면 그 적정 가격은

$$\left(0.5268\times6.36+0.4732\times11.72\right)e^{-0.1\times1/12}=8.85$$

달러인 데 반하여 해당 시점에서 옵션을 행사하는 경우 페이오프는

$$40.00-30.84=9.16$$

달러이다. 이는 옵션을 계속 보유했을 때 가치인 2.98달러보다 크므로 해당 시점에서 조기행사가 유리하고 따라서 노드 A에서의 옵션가치는 3.32달러이다. 이러한 방식으로 이항과정을 역행하여 계산해 가면 현재 시점에서 옵션가치는

$$\left(0.5268\times0.73+0.4732\times3.81\right)e^{-0.1\times1/12}=2.17$$

달러가 된다.

∎

한편 기초자산이 연속 배당률 q의 배당을 지급하는 경우 p의 값에서 r 대신에 $r-q$를 대입하면 된다. 즉

$$u=e^{\sigma\sqrt{\Delta t}},\ d=e^{-\sigma\sqrt{\Delta t}}$$

그리고

$$p = \frac{e^{(r-q)\Delta t} - d}{u - d}$$

를 얻은 후 무배당 주식에 대한 경우와 같은 과정으로 옵션의 현재 가치를 구한다.

2) 예 2

연속배당률 연 3%의 배당을 지급하는 주식에 대하여 행사가격 49달러인 아메리칸 풋옵션의 가격을 구하고자 한다. 옵션의 잔여만기는 9개월, 현재 주가는 50달러, 무위험 이자율은 연 8%, 변동성은 연 30%라고 하자. 이때 콕스 – 로스 – 루빈스타인 이항과정을 구사하기 위하여 옵션 만기를 3개월 단위의 3기간으로 나누어 구하기로 한다.

이 경우

$$S_0 = 50, \ K = 49, \ T = 9/12, \ \Delta t = 3/12, \ r = 0.08, \ q = 0.03, \ \sigma = 0.30$$

이므로

$$u = e^{\sigma \sqrt{\Delta t}} = e^{0.3 \times \sqrt{3/12}} = 1.1618, \quad d = 1/u = 0.8607$$

그리고

$$e^{(r-q)\Delta t} = e^{0.05 \times 3/12} = 1.0126$$

$$p = \frac{e^{(r-q)\Delta t} - d}{u - d} = \frac{1.0126 - 0.8607}{1.1618 - 0.8607} = 0.5043, \ 1 - p = 0.4957$$

이다.

만기시점에서의 옵션가치는 $\max(K - S_T, 0)$이고, 만기 바로 이전 시점에서의 옵션가치는 그 시점에서 옵션을 조기에 행사하는 것과 만기까지 보유하는 것 중에 유리한 가격을 선택하는 방식으로 이항과정을 역행하여 계산해 가면 현재 시점에서 옵션가치는

$$(0.5043 \times 1.43 + 0.4957 \times 7.31) e^{-0.05 \times 3/12} = 4.29$$

달러가 됨을 확인할 수 있다.

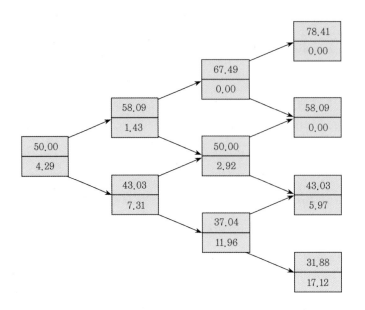

참고|

한편 무배당 주식에 다기간 이항모형을 사용할 때 콕스 - 로스 - 루빈스타인 모델의 $d = 1/u$ 라는 추가 가정 대신에 $p = 1/2$ 이라는 추가 가정이 사용되기도 한다. 이 경우는 다음과 같게 된다.

$$u = \exp\left((r - \sigma^2/2)\,\Delta t + \sigma\sqrt{\Delta t}\right), d = \exp\left((r - \sigma^2/2)\,\Delta t - \sigma\sqrt{\Delta t}\right)$$

1 연속배당 주식에 대한 만기 T, 행사가격 K인 유러피언 콜옵션과 풋옵션의 현재 가치를 각각 c_0와 p_0라 하고, 만기 T, 선도가격 K인 매수 선도계약의 현재 가치를 f_0라 할 때 등식

$$f_0 = c_0 - p_0$$

가 성립함을 옵션가격 공식을 사용하여 증명하시오.

2 연속배당률 연 2%의 배당을 지급하는 주식의 현재 가격이 35달러이고, 주식의 기대수익률이 연 12%, 변동성이 연 25%일 때, 3개월 후의 주가의 99%의 신뢰구간을 구하시오.

3 어느 주식의 현재 주가가 30달러이고, 만기가 6개월 남고 행사가격이 29달러인 유러피언 풋옵션의 현재 가격이 3달러이다. 해당 주식은 연속복리 연 2%의 배당을 지급하며, 연속복리 무위험 이자율이 연 4%라 할 때, 해당 주식에 대한 동일 만기와 동일 행사가격을 갖는 콜옵션의 적정 가격은 얼마인가?

4 무배당 주식의 현재 주가가 20달러이고, 기대수익률이 연 10%, 변동성이 연 30%일 때 6개월 후의 주가의 기댓값과 분산을 구하시오.

5 현재 환율은 0.62, 환율의 변동성은 12% 자국과 상대국의 연속복리 무위험 이자율은 각각 연 4%와 연 6%일 때, 만기 6개월 행사가 환율 0.61인 유러피언 통화 풋옵션의 적정 가격을 표준누적분포함수 Φ로 나타내시오.

6 연속배당 주식에 대한 만기 T, 행사가격 K인 유러피언 콜옵션과 풋옵션의 현재 가치를 각각 c_0와 p_0라 하고, 만기 T, 선도가격 K인 매수 선도계약의 현재 가치를 f_0라 할 때 등식

$$f_0 = c_0 - p_0$$

가 성립함을 풋 – 콜 패리티를 이용하여 증명하시오.

7 어느 무배당 주식의 현재 주가가 48달러이다. 이 주식에 대한 만기 6개월, 행사가격 50달러인 유러피언 콜옵션과 유러피언 풋옵션의 현재 가격이 동일하다. 이때 연속복리 무위험 이자율을 구하시오.

8 어느 무배당 주식의 현재 주가가 50달러이다. 이 주식에 대한 만기 1년, 행사가격 60달러인 유러피언 콜옵션과 유러피언 풋옵션의 현재 가격은 각각 10달러와 12달러이다. 이 주식에 대한 만기 1년의 현재 선도가격은 57.7달러임을 보이시오.

9 어느 기업의 현재 주가가 40달러일 때 만기 6개월에 행사가격이 40달러인 유러피언 콜옵션의 현재 적정 가격을 구하시오. (단, 연속복리 기준 무위험 이자율은 연 9%, 주식의 변동성은 연 30%이고, 2개월 후와 5개월 후에 각각 1주당 0.5달러의 배당이 지급될 예정이다.)

10 어느 무배당 주식의 현재 주가가 20달러이고 만기 3개월, 행사가격 21달러의 유러피언 콜옵션의 현재 시장가격이 2.5달러이다. 무위험 이자율이 연 6%일 때, 이 주식의 내재변동성을 구하시오.

11 S&P500의 주가지수가 현재 1,500이고 연속복리 무위험 이자율은 연 5%이다. 잔여만기 6개월에 행사가격 1,400인 유러피언 콜옵션과 풋옵션의 가격이 각각 154달러와 34달러일 때, 주가지수의 연속배당률을 구하시오.

12 로그정규분포를 따르는 확률변수 V가 있어서 $E(V) = F$이고 $\ln V$의 표준편차가 m이라면 임의의 양의 실수 K에 대해서 다음이 성립함을 보이시오.
$$E\left[\max(K-V, 0)\right] = K\,\Phi(-d_2) - F\,\Phi(-d_1)$$

여기서, $d_1 = \dfrac{\ln(F/K) + m^2/2}{m}, \quad d_2 = \dfrac{\ln(F/K) - m^2/2}{m} = d_1 - m$

13 KOSPI 200 지수에 대한 유러피언 콜옵션의 가격을 구하고자 한다. 현재 지수는 246이고, 지수의 변동성은 연 20%이며, 연속복리 무위험 이자율은 연 3%이다. 이때 2개월 후 만기가 돌아오고 행사가격지수가 247인 유러피언 콜옵션의 현재 적정 가격을 표준누적분포함수 Φ로 나타내시오. 단 지수에 포함된 주식들의 예상 배당수익률은 처음 1개월은 0.2%, 다음 1개월은 0.3%이다.

14 $\ln Y \sim N(0, 1)$이고, K가 양의 실수일 때
$$E\left[\max(3Y-2K, 0)\right]$$
의 값을 K를 사용하여 나타내시오.

15 무배당 주식에 대한 콜옵션의 행사가격이 해당 주식의 선도가격과 같은 경우 블랙 - 숄즈 공식은

$$c_0 = S_0 \left[2\Phi\left(\frac{\sigma\sqrt{T}}{2} \right) - 1 \right]$$

로 단순하게 표현됨을 보이시오.

16 현재 주가가 S_0이고 t 시점에서 주가의 확률분포가

$$\ln S_t \sim N(\ln S_0 + (\mu - \sigma^2/2)t\,,\, \sigma^2 t)$$

인 무배당 주식에 대해 만기 T, 행사가격 K인 유러피언 콜옵션이 만기에 행사될 확률이

$$\Phi\left[\frac{\ln(S_0/K) + (\mu - \sigma^2/2)T}{\sigma\sqrt{T}} \right]$$

임을 보이시오.

17 x가 0에 가까운 실수일 때 근사식

$$\Phi(x) \approx \frac{1}{2} + \frac{x}{\sqrt{2\pi}}$$

이 성립함을 보이시오. 이를 이용하여 블랙 - 숄즈 옵션가격공식에서 $S_0 = K$이고 $r = q = 0$인 경우

$$c_0 \approx \sigma S_0 \sqrt{\frac{T}{2\pi}}$$

임을 보이시오.

18 위의 **17**번 문항에서 $r = q = 0$이라는 조건이 생략된 경우 다음을 보이시오.

$$c_0 \approx \sigma S_0 \sqrt{\frac{T}{2\pi}} \left(1 - \frac{(r+q)T}{2} \right) + \frac{(r-q)T}{2} S_0$$

$$p_0 \approx \sigma S_0 \sqrt{\frac{T}{2\pi}} \left(1 - \frac{(r+q)T}{2} \right) - \frac{(r-q)T}{2} S_0$$

19 어느 주식의 현재 주가가 30달러이고 향후 1년 동안 이 주식은 3개월 후와 9개월 후에 주당 1달러의 배당을 할 전망이다. 주가 변동성이 연 32%이고, 무위험 이자율이 연 4%일 때 해당 주식에 대한 만기 1년, 행사가격 25달러인 유러피언 콜옵션의 현재 적정 가격을 구하시오.

20 어느 주식의 현재 주가가 60달러이고 향후 1년 동안 이 주식은 4개월 후와 8개월 후에 주당 1달러의 배당을 할 전망이다. 주가 변동성이 연 25%이고, 무위험 이자율이 연 6%일 때 해당 주식에 대한 만기 1년, 행사가격 61달러인 유러피언 풋옵션의 현재 적정 가격을 구하시오.

21 어느 무배당 주식의 현재 가격이 40달러, 주식의 기대수익률이 연 10%, 변동성이 연 40%이고, 이 주식에 대한 행사가격 24달러에 만기 2년인 유러피언 콜옵션과 풋옵션이 있을 때 만기에서 콜옵션이 행사될 확률이 풋옵션이 행사될 확률보다 5배가 넘게 크다는 것을 보이시오

22 $X \sim N(\mu, \sigma^2)$일 때 임의의 양의 실수 K에 대해서 아래 식이 성립함을 보이시오

$$E\left[\max\left(K - e^X, 0\right)\right] = K\Phi\left(\frac{\ln K - \mu}{\sigma}\right) - e^{\mu + \sigma^2/2} \Phi\left(\frac{\ln K - \mu - \sigma^2}{\sigma}\right)$$

23 어느 주식의 현재 주가가 32달러이고 만기 12개월 행사가격 35달러의 유러피언 콜옵션의 현재 시장가격이 2.15달러이다. 향후 1년 동안 이 주식은 4개월 후에 주당 1.5달러의 배당을 하고 8개월 후에 주당 1.75달러의 배당을 할 전망이다. 무위험 이자율이 연 5%일 때, 동일 만기의 유러피언 풋옵션의 가격을 구하시오

24 연속배당률 q의 배당을 지급하는 주식의 가격 S와 $0 < K < E$에 대해 만기 T에서의 주가가 E보다 크면 $S_T - K$를 지급하고 그렇지 않으면 가치가 0이 되는 옵션의 현재 가치 v_0는 다음과 같음을 보이시오

$$v_0 = S_0 e^{-qT} \Phi(d_1) - Ke^{-rT} \Phi(d_2)$$

$$d_1 = \frac{\ln(S_0/E) + (r - q + \sigma^2/2)T}{\sigma\sqrt{T}}$$

$$d_2 = d_1 - \sigma\sqrt{T}$$

25 1달러를 특정 시점에 K유로에 매도할 수 있는 통화 풋옵션의 가치는 같은 시점에 1유로를 $1/K$달러에 매입할 수 있는 통화 콜옵션 K개의 가치와 동일함을 보이시오

26 어떤 무배당 주식의 현재 가격이 50달러이고, 이 주식에 대한 만기 T, 행사가격 51달러인 유러피언 콜옵션과 풋옵션의 가격이 각각 3.75달러와 1.25달러이다. 연속복리 무위험 이자율이 연 6%일 때, 해당 옵션의 만기 T를 구하시오

27 어느 무배당 주식의 현재 가격이 100달러이고, 주식의 기대수익률이 연 20%, 변동성이 연 40%일 때, 2년 후 주가의 표준편차를 구하시오

28 현재 1달러는 147엔이며, 엔 - 달러 환율의 연 변동성은 12%이고, 달러와 엔의 무위험 연 이자율은 각각 연속복리 5%와 1%이다. 6개월 후에 1달러를 145엔에 매입할 수 있는 유러피언 콜옵션과 풋옵션의 현재 달러 가치를 구하시오.

29 현재 1유로는 0.95파운드이며 파운드 - 유로화 환율의 연 변동성은 8%이고 파운드와 유로화의 무위험 연 이자율은 각각 연속복리 5%와 4%이다. 9개월 후에 1유로를 0.95파운드에 매입할 수 있는 유러피언 콜옵션과 풋옵션의 현재 파운드 가치를 구하시오.

30 어떤 주식에 대한 만기 T, 행사가격 K인 유러피언 콜옵션과 풋옵션의 현재 가격 c_0와 p_0는 $c_0 \geq \max\left(S_0 - K, 0\right)$ 그리고 $p_0 \geq \max\left(K - S_0, 0\right)$을 만족함을 설명하시오.

31 선도가격이 행사가격과 동일하면 유러피언 통화 콜옵션은 만기와 행사가격이 같은 유러피언 통화 풋옵션과 가격이 같음을 보이시오.

32 연속배당률 q의 배당지급 주식에 대한 만기 T, 행사가격 K인 유러피언 콜옵션의 현재 가격 c_0는 $c_0 \geq \max\left(S_0 e^{-qT} - Ke^{rT}, 0\right)$을 만족함을 설명하시오.

33 S&P 주가지수의 연간 변동성을 추정하여 특정 만기와 행사가격을 갖는 S&P 지수 유러피언 옵션가격을 구했을 때 콜옵션 가격이 4.5달러이고 풋옵션 가격이 2.1달러였다. 그런데 해당 콜옵션은 증권시장에서 4.3달러에 거래되고 있었다. 이때 풋옵션의 시장 거래가격은 얼마일까?

34 어떤 배당지급 주식에 대한 만기 6개월, 행사가격 85달러인 유러피언 콜옵션의 현재 가격이 2.75달러이다. 연속복리 무위험 이자율이 연 5%이고, 동일 주식에 대한 만기 6개월의 현재 선도가격이 75달러일 때, 해당 주식에 대한 만기 6개월 유러피언 풋옵션의 현재 가격은 12.5달러임을 보이시오.

35 $t > 0$일 때 $\ln S_t \sim N\left(\ln S_0 + (\mu - q - \sigma^2/2)t, \sigma^2 t\right)$의 확률분포를 따르는 연속배당 주가 S_t의 확률밀도함수 g_t를 구하시오.

36 연속배당률 q의 배당을 지급하는 주식에 대한 동일 만기 T, 동일 행사가격 K인 콜옵션과 풋옵션의 가격 c_0와 p_0에서 $c_0 \geq p_0$일 필요충분조건은 $S_0 \geq Ke^{-(r-q)T}$임을 보이시오.

37 어느 무배당 주식의 현재 가격이 40이고, 주식의 기대수익률이 연 10%, 변동성이 연 40%일 때, 해당 주식에 대한 2년 만기 유러피언 콜옵션의 만기가치가 6보다 클 확률이 0.2 이상으로 하는 행사가격 K의 최대 정수값을 구하시오.

38 연속배당률 q의 배당을 지급하는 주식에 대한 동일 만기에 등가격인 유러피언 콜옵션과 풋옵션이 있다. 해당 콜옵션과 풋옵션의 현재 가격을 각각 c_0와 p_0라 할 때 $c_0 \geq p_0$가 성립하기 위한 필요충분조건은 $q \leq r$임을 증명하시오.

39 무배당 주식에 대해 만기 T에서의 페이오프가 $\ln S_T$로 주어진 파생상품의 현재 가격 v_0의 공식을 구하시오. (단, 연속복리 무위험 이자율은 r이라 가정한다.)

40 어느 주식의 현재 가격이 40달러, 주식의 기대수익률이 연 10%, 연속배당률 연 3%, 변동성이 연 40%일 때, 만기 6개월에 행사가격 40달러인 유러피언 콜옵션과 풋옵션이 각각 만기에서 행사될 확률을 구하시오.

41 기대수익률 μ에 연속배당 수익률 q의 배당금을 지급하는 주식의 가격 S_t와 $Z \sim N(0, 1)$ 그리고 양의 상수 K에 대하여 $\Pr(S_t > K) = \Pr(Z > \alpha)$인 α를 구하시오.

42 무배당 주식에 대한 만기 T, 행사가격 K인 유러피언 콜옵션의 현재 가치 c_0를 다음과 같이 표현하자.

$$c_0 = e^{-rT} \int_K^\infty (x - K) f(x) \, dx$$

여기서 f는 위험중립 세계에서 S_T의 확률밀도함수이다. 이때 $\dfrac{\partial^2 c_0}{\partial K^2} = e^{-rT} f(K)$임을 증명하시오.

43 무배당 주식에 대해 만기 T에서의 페이오프가 S_T^k으로 주어진 파생상품의 현재 가격을 구하시오. (단, 연속복리 무위험 이자율은 r이라 가정한다.)

44 연속배당률이 q인 주식에 대해 만기 T에서의 페이오프가 S_T^2으로 주어진 파생상품의 현재 가격을 구하시오. (단, 연속복리 무위험 이자율은 r이라 가정한다.)

45 연속 배당 수익률 q를 제공하는 주식에 대한 동일 만기 등가격 콜옵션과 풋옵션의 현재 가격을 각각 c_0와 p_0라 하자. 무위험 이자율이 상수 r일 때 $c_0 \geq p_0$가 성립할 필요충분조건은 $r \geq q$임을 보이시오.

46 $Y \sim N(\mu, \sigma^2)$일 때 주어진 실수 K에 대하여

$$E[\max(K-Y, 0)] = (K-\mu)\Phi\left(\frac{K-\mu}{\sigma}\right) + \sigma\Phi'\left(\frac{K-\mu}{\sigma}\right)$$

임을 보이시오.

47 원 - 달러 환율에 대한 동일 만기, 동일 행사가격의 유러피언 콜옵션과 풋옵션을 고려해 보자. 어제와 오늘 하루 사이에 환율의 추정 변동성이 σ_1에서 σ_2로 증가한 경우 오늘 새롭게 구한 콜옵션과 풋옵션의 가격은 어제와 비교했을 때 동일한 금액만큼 증가함을 보이시오.

48 $Z \sim N(0, 1)$의 확률밀도함수를 $\varphi(z)$라 하자. $\ln Y \sim N(\mu, \sigma^2)$일 때, 임의의 양의 실수 K에 대해서

$$E[\max(Y-K, 0)] = \int_{(\ln K - \mu)/\sigma}^{\infty} \left(e^{\sigma z + \mu} - K\right)\varphi(z)\,dz$$

임을 보이시오.

49 연속배당 수익률 q의 배당금을 지급하는 주식에 대한 만기 T, 행사가격 K인 유러피언 콜옵션의 현재 가치 c_0는

$$d_2 = \frac{\ln\left(S_0 e^{(r-q)T}/K\right) - \sigma^2 T/2}{\sigma\sqrt{T}}$$

에 대해 다음 적분으로 표시될 수 있음을 보이시오.

$$c_0 = e^{-rT}\frac{1}{\sqrt{2\pi}}\int_{-d_2}^{\infty}\left(S_0 e^{(r-q-\sigma^2/2)T + \sigma\sqrt{T}z} - K\right)e^{-z^2/2}\,dz$$

50 주식의 배당률이 늘어나면 동일 만기와 행사가격의 유러피언 콜옵션의 가격은 어떤 영향을 받을지를 설명하시오.

51 무배당 주식의 현재 가격이 55달러이고 해당 주식에 대한 동일 만기에 행사가격 58달러인 유러피언 콜옵션과 풋옵션의 현재 가격이 각각 1.98달러와 0.79달러이다. 무위험 이자율이 연 3%일 때, 옵션의 만기를 구하시오.

52 어느 기업의 현재 주가가 50달러이다. 연속복리 기준 무위험 이자율은 연 8%, 주식의 변동성은 연 25%이고 1년 동안 배당은 없는 것으로 가정할 때 만기 1년에 행사가격이 50달러인 유러피언 콜옵션과 유러피언 풋옵션이 행사될 확률을 각각 구하시오.

53 현재 가격이 S_0인 무배당 주식에 대해 연속복리 무위험 이자율 r, 그리고 주가의 변동성은 상수 σ일 때 양의 상수 K에 대해 만기 T에서 페이오프가 $v_T = \max(2S_T, 3K)$으로 주어진 파생상품의 현재 가격 v_0를 구하시오.

54 1기간이 1개월인 이항모형을 이용하여 통화옵션의 가치를 구하려고 한다. 환율의 변동성은 연 12%이고, 자국 이자율과 상대국 이자율이 연속복리 기준으로 각각 연 5%와 8%일 때 u, d, p의 값을 구하시오.

55 어느 주식에 대한 만기 6개월, 행사가격 50달러의 유러피언 콜옵션의 내재변동성이 연 20%이다. 동일 주식에 대한 만기 6개월, 행사가격 50달러의 유러피언 풋옵션의 내재변동성이 연 25%일 때 어떤 차익거래 기회가 발생하겠는가?

56 무위험 이자율이 증가하거나 변동성이 감소함에 따라 아메리칸 풋옵션의 만기 전 행사 가능성이 커지는 이유를 설명하시오.

57 기대수익률 μ와 변동성 σ의 무배당 주식이 있다. 상수 $c > 0$에 대해 만기 페이오프가 $v_T = \max(S_T^c - K, 0)$으로 주어지는 파생상품의 현재 가치 v_0를 다음과 같이 구하고자 한다.

(1) 사건 $S_T^c > K$는 $S_T > K^{1/c}$와 동치이고 위험중립 세계에서 그 확률은

$$d = \frac{\ln(S_0/K^{1/c}) + (r - \sigma^2/2)T}{\sigma\sqrt{T}} \text{ 와 } Z \sim N(0, 1)\text{에 대해 } \Pr(Z > -d)\text{임을 보이시오.}$$

(2) $v_0 = e^{-rT} \int_{-d}^{\infty} \frac{1}{\sqrt{2\pi}} \left(S_0^c \exp\left[c(r - \sigma^2/2)T + c\sigma\sqrt{T}\,z \right] - K \right) e^{-z^2/2}\, dz$ 임을 보이시오.

(3) $d = \dfrac{\ln\left(S_0 / K^{1/c}\right) + \left(r - \sigma^2/2\right)T}{\sigma\sqrt{T}}$ 에 대하여 해당 파생상품의 가격은

$v_0 = S_0^c \exp\left((c-1)(r + c\sigma^2/2)T\right)\Phi(d + c\sigma\sqrt{T}) - Ke^{-rT}\Phi(d)$ 으로 표시됨을 보이시오.

58 기대수익률 μ와 변동성 σ의 무배당 주식이 있다. 상수 $c > 0$에 대해 만기 페이오프가 $v_T = \max(S_T^c - K, 0)$으로 주어지는 파생상품의 현재 가치 v_0를 다음과 같이 구하고자 한다.

(1) 위험중립 세계에서 $\ln S_T^c$는 정규분포를 따르고 표준편차가 $c\sigma\sqrt{T}$임을 보이고 $E_Q(S_T^c)$를 구하시오.

(2) 위험중립가치평가와 **정리 3.2**를 이용하여 $d = \dfrac{\ln\left(S_0/K^{1/c}\right) + \left(r - \sigma^2/2\right)T}{\sigma\sqrt{T}}$ 에 대하여 $v_0 = S_0^c \exp\left((c-1)(r + c\sigma^2/2)T\right)\Phi(d + c\sigma\sqrt{T}) - Ke^{-rT}\Phi(d)$ 임을 보이시오.

59 어떤 회사 주식의 현재 시장가격은 40달러이다. 이 회사 주식의 연간 기대 수익률은 10%, 변동성은 40%라 알려졌다. 이 회사는 경영진에게 만기 2년의 스톡옵션을 부여할 계획이다. 현재 상태를 기준으로 2년 후 콜옵션 1단위의 가치가 6달러 이상일 확률이 20%가 되도록 스톡옵션의 행사가격을 결정하려 한다. 향후 2년간 이 회사는 배당을 지급하지 않을 거라고 예상될 때, 스톡옵션의 행사가격 K는 얼마로 결정되어야 하는가?

60 어떤 회사 주식의 총 수는 현재 2백만이고, 주식의 현재 시장가격은 40달러이다. 이 회사 주식의 연간 변동성은 20%이고, 3년 만기 무위험 시장 할인율은 연속복리 연 6%라 알려졌다. 이 회사는 경영진에게 스톡옵션의 형식으로 회사의 신주 30만 주를 3년 후에 42달러에 구입할 수 있는 권리를 부여한다고 결정했다. 향후 3년 동안 이 회사는 연속배당률 연 2%의 배당을 매년 할 거라고 예상될 때, 스톡옵션 결정으로 인하여 변동된 주식 1주의 적정 가격을 구하시오.

61 무배당 주식의 블랙-숄즈 콜옵션 가격 공식 $c_0 = S_0\Phi(d_1) - Ke^{-rT}\Phi(d_2)$에 대하여

$$S_0 \exp\left(-\dfrac{d_1^2}{2}\right) = Ke^{-rT}\exp\left(-\dfrac{d_2^2}{2}\right)$$

임을 보이시오.

62 연속배당률 q의 배당을 지급하는 주식에 대한 만기 T, 행사가격 K인 유러피언 콜옵션과 풋옵션의 현재 가격을 각각 c_0와 p_0라 할 때

$$q = -\frac{1}{T}\ln\left(\frac{c_0 - p_0 + Ke^{-rT}}{S_0}\right)$$

이 성립함을 증명하시오.

63 현재 주가 31달러, 행사가격 30달러, 무위험 이자율 연 15%, 변동성 연 30%이고 주식에 대한 배당이 없다고 가정할 때, 해당 주식에 대한 3개월 만기 아메리칸 풋옵션의 가격을 1기간이 1개월인 콕스 - 로스 - 루빈스타인 모형을 사용하여 구하시오.

64 현재 주가 60달러, 행사가격 60달러, 무위험 이자율 연 10%, 변동성 연 30%이고 주식에 대한 배당이 없다고 가정할 때, 해당 주식에 대한 4개월 만기 아메리칸 풋옵션의 가격을 1기간이 1개월인 콕스 - 로스 - 루빈스타인 모형을 사용하여 구하시오.

65 현재 주가 1달러 주가변동성이 σ인 무배당 주식에 대해 만기 1년 후의 페이오프가 $\max\left(\ln\left(S_T^2\right) - 1, 0\right)$ 달러로 결정되는 파생상품의 현재 가치를 구하시오. (단, 연속복리 무위험 이자율은 r이라 가정한다.)

66 상수 a, b, c, k와 양수 t에 대하여 다음을 증명하시오.

$$\frac{1}{\sqrt{2\pi t}}\int_a^b \exp\left(k + cx - \frac{x^2}{2t}\right)dx = \exp\left(\frac{1}{2}c^2 t + k\right)\left[\Phi\left(\frac{b - ct}{\sqrt{t}}\right) - \Phi\left(\frac{a - ct}{\sqrt{t}}\right)\right]$$

67 $Z \sim N(0, 1)$과 양의 상수 r, σ에 대해 $X(t) = \exp\left[(r - \sigma^2/2)t + \sigma\sqrt{t}\,Z\right]$로 정의된 확률변수 $X(t)$에 대해 확률변수 $Y(t)$가 $Y(t) = \begin{cases} 1 & (\text{if } X(t) > 100) \\ 0 & (\text{if } X(t) \leq 100) \end{cases}$으로 정의되었다고 하자.

(1) $w = \dfrac{rt + \sigma^2 t/2 - \ln 100}{\sigma\sqrt{t}}$에 대하여 $Y(t) = \begin{cases} 1 & (\text{if } Z > \sigma\sqrt{t} - w) \\ 0 & (else) \end{cases}$임을 보이시오

(2) $E(Y(t)) = \Phi(w - \sigma\sqrt{t})$임을 보이시오.

68 위 **67**번 문항에서 $E[X(t)Y(t)] = e^{rt}\Phi(w)$임을 보이시오.

69 위험중립 세계에서 가치가 $S_t \sim N\left(S_0 e^{rt}, \sigma^2 t\right)$의 분포를 따르는 무배당 자산에 대한 만기 T, 행

사가격 K인 유러피언 콜옵션의 현재 가격 c_0는 다음의 적분식

$$c_0 = \frac{e^{-rT}}{\sqrt{2\pi T}} \int_{-\infty}^{\infty} \max\left(S_0 e^{rT} + \sigma x - K\right) e^{-\frac{x^2}{2T}} dx$$

로 표현됨을 보이고 이 적분을 계산하여 c_0를 구체적인 형태로 표현하시오

70 $Z \sim N(0, 1)$일 때 다음 식을 구체적인 형태로 표현하시오

$$E\left[\max\left(S_0 \exp\left(-\sigma^2 t/2 + \sigma\sqrt{t}\,Z\right) - Ke^{-rt}, 0\right)\right]$$

CHAPTER 4

확률과정 및
확률미분방정식의 기초

3장에서는 주가를 비롯한 많은 기초자산의 가격 S_t는 로그정규분포를 따르고 $\ln S_t$의 표준편차가 $\sigma\sqrt{t}$로 표시됨을, 즉 불확실성이 시간의 제곱근에 비례하는 속성을 사용하여 옵션의 적정 가격을 구할 수 있었다. 금융이론에서는 이러한 주가의 움직임을 브라운 운동(Brownian motion)이라고 불리는 연속 확률과정으로 설명한다. 브라운 운동은 물리학에서 아주 많은 횟수의 작은 충격에 따라 유체 분자들이 무질서하게 움직이는 현상으로, 미국의 수학자 노버트 위너(Nobert Wiener)에 의하여 수학적 연속 확률과정으로 엄밀하게 정의되었다. 기초자산의 가격을 브라운 운동을 포함하는 확률과정으로 묘사하는 것은 3장에서 로그정규분포로 묘사한 것보다 정교하며 엄밀할 뿐만 아니라, 이토의 보조정리를 통하여 해당 기초자산의 파생상품의 확률과정까지 알 수 있는 커다란 장점을 가지고 있다. 이토의 보조정리는 기초자산의 확률과정과 파생상품의 확률과정을 연결시켜주는 역할을 하는 현대금융이론의 핵심 도구이다. 이 장에서 우리는 브라운 운동 등 금융이론과 직접적으로 관련 있는 확률과정과 이토에 의하여 처음으로 소개되었고 현대 금융이론에 필수불가결한 도구가 된 확률미분방정식의 기초 개념 및 핵심 정리들을 살펴보기로 한다.

1. 확률과정의 소개

4.1 확률과정

확률과정(stochastic process)이란 확률변수들의 집합 $\{X_t : t \geq 0\}$을 말한다. 이때 첨자 t는 시간을 나타낸다. 때로는 $\{X_t : t \geq 0\}$ 대신 확률과정을 $\{X_t\}$나 간단히 X_t 또는 $X(t)$로 표시하기도 한다. 확률과정은 시간 영역에서 서로 이어진 확률변수들이 무한히 많이 모인 것으로 볼 수 있는데, 주가의 변화와 같이 관찰자의 입장에서는 미리 알 수 없는 방식으로 시간에 따라 바뀌는 현상을 수학적으로 모형화한 것이다. 예를 들면 입원 환자의 체온 변화, 주가나 환율의 변화, 서울공항을 이용하는 탑승객의 수 등 일상에서 벌어지는 수많은 현상들을 확률과정으로 모형화시킬 수 있다. 확률과정은 연속시간 확률과정과 이산시간 확률과정으로 나누어진다. 이산시간 확률과정은 $\{X_t : t = 0, 1, 2, \cdots\}$와 같이 표기한다. 주가의 이항모형을 다루는 확률과정은 기초자산의 시간에 따른 변화를 나타내는 간단하고 실질적인 이산시간 확률과정이다. 하지만 확률미적분이 응용되는 금융수학에서는 기초자산이 연속시간과정이라고 가정하는 경우가 많다.

확률변수 X가 표본공간 S의 각 표본점 ω에 하나의 실수 $X(\omega)$를 대응시키는 것처럼, 확률과정 $\{X_t\}$는 표본공간의 원소 ω와 시간함수 $X_t(\omega)$를 이어주는 것이다. 즉 고정된 t에 대해서 X_t는 표본공간 S 위의 확률변수이고, 고정된 ω에 대해서 $X_t(\omega)$는 시간 t의 함수이다. 고정된 ω에 대해서 각 t를 실수 $X_t(\omega)$에 대응시키는 t의 함수를 확률과정 $\{X_t\}$의 표본경로라고 한다. 일반적으로 확률변수를 표기할 때 표본공간 S나 표본점 ω을 나타내지 않고 X로 쓰듯이, 확률과정을 표기할 때에도 $\{X_t(\omega) : t \geq 0, \ \omega \in S\}$ 대신 $\{X_t : t \geq 0\}$나 $\{X_t\}$로 쓰는 것이 일반화되어 있다.

확률과정 $\{X_t : t \geq 0\}$가 마코브 과정(Markov process)이라는 말은 주어진 X_s 값에 대해서 X_t, $t > s$가 취하는 값은 X_s에만 의존할 뿐 과거의 자료 X_u, $u < s$에 의존하지 않는다는 것을 뜻한다. 즉, 시점 s에서의 관찰값이 주어지면 시점 s 이전의 정보는 아무 쓸모가 없다. 다시 말하면 마코브 과정을 따르는 확률변수의 과거 움직임과 과거로부터 현재로 이어지는 움직임은 해당 확률변수의 앞으로의 움직임에 영향을 주지 않는다는 것이다. 3장의 **3.3**에서 소개한 주가모형에서 $\{S_k : k = 0, 1, 2, \cdots\}$는 마코브 과정임을 확인할 수 있다. 일반적으로 기초 금융이론에서는 주가를 비롯한 각종 기초자산의 가격은 마코브 과정을 따른다고 가정한다.

> 확률과정은 $\{X_t : t \geq 0\}$으로 표현되며, t를 고정하면 X_t는 확률변수이다. 즉 확률과정은 확률변수들의 집합으로, 확률변수들이 시간 t의 순서에 따라 나열되어 있는 것이다.

4.2 조건부 기댓값과 마팅게일

확률변수 Y가 주어졌을 때 $\sigma(Y)$를 표본공간의 부분집합으로 Y로부터 얻을 수 있는 모든 정보들의 집합이라고 정의하면 우리는 조건부 기댓값을 다음과 같이 표기할 수 있다.

$$E(X \mid Y) = E(X \mid \sigma(Y))$$

이 개념을 일반적으로 시간에 따라 증가하는 정보집합에 대한 조건부 기댓값으로 확장해보자. t가 시간을 나타낼 때, 우리가 과거의 정보를 모두 접할 수 있다면 이용할 수 있는 정보의 양은 t에 대한 증가함수이다. I_t를 과거부터 t시점까지 모든 정보들의 집합이라고 정의하면 t가 경과함에 따라 정보 집합 I_t는 커진다.

$\{X_t : t \geq 0\}$가 확률과정이고 $\{I_t : t \geq 0\}$가 시간이 경과함에 따라 얻어지는 정보집합족이라 하자. X_s가 특정시점 s에서의 확률변수일 때 정보 집합 I_u 아래에서 X_s의 조건부 기댓값

$$E(X_s \mid I_u) = E_u(X_s)$$

을 정의할 수 있다.

확률과정을 따르는, 즉 시간에 따라 변하는 확률변수에 대한 특정 시점 u에서의 조건부 기댓값을 우리는

$$E_u(\bullet) = E(\bullet \mid I_u)$$

으로 표시하기로 한다. 여기서 $E_u(\bullet)$는 기댓값이 계산되는 시점 u까지의 모든 정보 I_u를 이용해서 기댓값을 계산하는 것을 의미한다. 같은 맥락에서 일반적인 기댓값 $E(\bullet)$는 0시점에서의 기댓값 $E_0(\bullet)$를 뜻하는 것으로 해석된다. 조건부 기댓값과 마찬가지로 조건부 분산 $Var(\bullet \mid I_u)$도 등식

$$Var(X \mid I_u) = E(X^2 \mid I_u) - E(X \mid I_u)^2$$

으로 정의할 수 있으며 조건부 분산의 제곱근을 조건부 표준편차라고 정의한다.

확률과정 $\{X_t : t \geq 0\}$ 중 특정 시점 s에서의 확률변수 X_s를 생각할 때 만일 $s \leq u$이면 u시점에서는 X_s에 대한 모든 정보를 알기 때문에 X_s는 더 이상 미지의 확률 변수가 아니다. 따라서

$$0 \leq s \leq u \text{인 경우 } E_u(X_s) = X_s$$

이 성립한다. 이에 따라 X_0는 항상 알려진 값이므로 확률변수가 아닌 상수로 취급한다.

한편 s시점 기준으로 미래 u시점까지의 정보를 얻는 것은 불가능하므로 $E_s(X_u)$는 그 자체가 확률변수가 된다. 조건부 기댓값에 대해서 반복 기댓값의 법칙(law of iterated expectations) 또는 tower property라 불리는 다음 기본성질이 자주 활용되는데, 이는 **2.18**에서 소개한 반복 기댓값의 법칙

$$E[E(X \mid Y)] = E(X)$$

을 정보집합족에 대한 조건부 기댓값으로 확장한 내용으로 다음과 같이 서술된다.

$$0 \leq s \leq u \text{인 경우 } E_s[E_u(\bullet)] = E_u[E_s(\bullet)] = E_s(\bullet)$$

특히 모든 $t > 0$에 대하여

$$E[E_t(\bullet)] = E_t[E(\bullet)] = E(\bullet)$$

이다. 이제 금융이론에서 매우 중요한 개념인 마팅게일 과정을 정의한다.

확률과정 $\{X_t : t \geq 0\}$가 모든 $s > 0$에 대하여

$$E_t(X_{t+s}) = X_t$$

을 만족할 때 이 확률과정은 마팅게일(martingle) 또는 마팅게일 과정이라고 정의한다. 따라서 확률과정 $\{X_t : t \geq 0\}$이 마팅게일이면 모든 $s > 0$에 대해서 $E(X_s) = X_0$, 즉 모든 $s > 0$에 대해서 X_s의 기댓값은 상수 X_0가 된다.

A라는 사람이 연속시간 동안 벌어지는 카지노 게임을 한다고 가정하고, 시점 t에서 A가 보유한 금액을 X_t라고 하자. $0 < s < u$일 때 $X_u - X_s$는 시간구간 $(s, u]$ 동안 A가 카지노 게임에서 순수하게 벌거나 잃은 액수이다. 만일 확률과정 $\{X_t \ : t \geq 0\}$가 마팅게일이면 s시점에서 $X_u - X_s$에 대한 조건부 기댓값 $E_s (X_u - X_s)$은

$$E_s (X_u - X_s) = E_s (X_u) - E_s (X_s) = X_s - X_s = 0$$

이다. 즉 시점 s에서 A가 $(s, u]$에서 벌어들일 금액에 대한 기댓값이 0이 되며, 이는 A가 벌이고 있는 도박이 '공평한 게임(fair game)'이라는 것과 같다. 이런 의미에서 마팅게일 확률과정은 종종 '공평한 게임(fair game)'에 대한 모델로 간주된다. 또한 정의에 의해 어떤 금융변수의 가치를 나타내는 확률과정이 마팅게일이면 현재까지 주어진 정보 아래에서 해당 금융변수의 미래가치에 대한 최선의 예측은 바로 현재 가치가 된다.

확률과정 $\{X_t \ : t \geq 0\}$과 임의의 $0 \leq s \leq u$에 대하여,

1. $E_u (X_s) = X_s$ 이고 $E_s \left[E_u (X_t) \right] = E_s (X_t)$ 이다. *(tower property)*
2. $E_s (X_u) = X_s$ 가 성립하면 $\{X_t \ : t \geq 0\}$는 마팅게일이다.

4.3 이항과정

이산시간과정 $\{X_j \ : j = 0, 1, 2, \cdots\}$의 가장 단순한 예로 모든 X_j는 서로 독립이며 단지 두 개의 실수 a와 b만을 취할 수 있고 각 j에 대해

$$\Pr (X_j = a) = p, \ \Pr (X_j = b) = 1 - p$$

로 동일한 경우 $\{X_j \ : j = 0, 1, 2, \cdots\}$를 이항과정(binomial process)이라고 부른다.

예를 들어, $\{S_j \ : j = 0, 1, 2, \cdots\}$를 3장 **3.3**에서 소개한 다기간 이항모형에서 주가의 확률과정일 때, $j = 1, 2, 3 \cdots$에 대하여

$$X_j = \frac{S_j}{S_{j-1}}$$

라 정의하면 각 j에 대해 X_j가 취할 수 있는 값은 u와 d이고, 각 j에 대해

$$\Pr (X_j = u) = p, \ \Pr (X_j = d) = 1 - p$$

이므로 $\{X_j \ : j = 0, 1, 2, \cdots\}$는 이항과정이다.

한편 베르누이 시행의 출력을 더한 것들이 이루는 확률과정을 생각하자. 각 X_j은 모수가 p인 서로 독립인 베르누이 시행, 즉 모든 j에 대해 X_j가 취할 수 있는 값이 0 또는 1이고

$$\Pr(X_j = 1) = p, \ \Pr(X_j = 0) = 1 - p$$

인 이항과정이라 할 때, 확률과정 $\{Y_t \ : t = 0, 1, 2, \cdots\}$을 아래와 같이 정의하자.

$$Y_0 = 0$$

$$Y_t = \sum_{j=1}^{t} X_j = Y_{t-1} + X_t$$

즉 각 자연수 t에 대하여 확률변수 Y_t은 $X_1, X_2, \cdots, X_t$ 중에 숫자 1이 몇 개나 있는가를 나타내며 따라서 이항분포 $b(t, p)$를 따른다. 이때 확률과정 $\{Y_t \ : t = 1, 2, \cdots\}$을 이항 셈 과정(binomial counting process)이라 부른다. 셈 과정(counting process)은 Y_t가 't시점까지 발생한 사건들의 수'를 나타내는 확률과정이라는 것을 의미한다. 대표적인 셈 과정에는 푸아송 과정이 있다.

4.4 랜덤워크(random walk) 과정

위의 **4.3**에서 다룬 모수가 p인 베르누이 시행에서 확률변수가 취하는 값 0을 -1로 바꿔서, 1과 -1의 값을 취하고 각 j에 대하여

$$\Pr(Z_j = 1) = p, \ \Pr(Z_j = -1) = 1 - p$$

이며 서로 독립인 변수들로 이루어진 확률과정 $\{Z_j \ : j = 1, 2, \cdots\}$가 있을 때 이항변수 Z_j들을 더한 W_t을 생각해보자. 즉

$$W_0 = 0$$

$$W_t = \sum_{j=1}^{t} Z_j = W_{t-1} + Z_t$$

으로 정의된 이산 시간형 확률과정 $\{W_t \ : t = 0, 1, 2, \cdots\}$를 랜덤워크 과정(random walk process)이라고 부른다. 이 경우 Z_j와 베르누이 시행 X_j는

$$Z_j = 2X_j - 1$$

인 관계가 있으므로 랜덤워크 과정 $\{W_t \ : t = 0, 1, 2, \cdots\}$와 이항 셈 과정 $\{Y_t \ : t = 1, 2, \cdots\}$ 사이에는

$$W_t = 2Y_t - t$$

가 성립하며, 또한 각 $t = 0, 1, 2, \cdots$ 에 대하여

$$E(W_t) = (2p-1)t, \ Var(W_t) = 4p(1-p)t$$

가 성립한다.

특히 $p = 1/2$인 경우, 확률과정 $\{W_t : t = 0, 1, 2, \cdots\}$를 대칭 랜덤워크 과정(symmetric random walk process)이라고 부른다.

이제 대칭 랜덤워크 과정에 극한을 취하여 연속확률과정으로 변화시켜 본다. 앞서 언급한 대칭 랜덤워크를 생성하는 이항과정 $\{Z_j : j = 1, 2, \cdots\}$에서, 각각의 Z_j는 서로 독립이고 1 또는 -1의 값을 취하며 각 j에 대하여

$$\Pr(Z_j = 1) = \Pr(Z_j = -1) = 1/2$$

이다. 이때 각 $j = 1, 2, \cdots$에 대하여

$$E(Z_j) = 0$$

$$Var(Z_j) = E(Z_j^2) = 1$$

이 성립한다. 이제 고정된 $t > 0$에 대하여 구간 $[0, t]$를 n등분하고 확률변수 W_t를 다음과 같이 정의하면

$$W_t = \sqrt{\frac{t}{n}} \, (Z_1 + Z_2 + \cdots + Z_n)$$

$E(W_t) = 0$이고 $Var(W_t) = \dfrac{t}{n} \cdot (n) = t$가 성립한다. 즉 W_t의 평균과 분산은 구간 $[0, t]$를 분할한 횟수와 무관하며, n이 증가함에 따라 W_t는 점점 더 작고 많은 독립 확률변수가 더해진다. 이제

$$B_t = \lim_{n \to \infty} W_t$$

라 정의하고 연속시간 확률과정 $\{B_t : t \geq 0\}$의 성질에 대해서 살펴보자. 우선 **2.27**에서 설명한 중심극한정리에 의하여

$$B_t \sim N(0, t)$$

가 성립한다. 또한 임의의 $s, t > 0$에 대해서

$$B_{t+s} - B_s \sim N(0, t)$$

가 성립하며, $B_{t+s} - B_s$와 B_s는 서로 독립이다. 위와 같이 정의된 연속시간 확률과정 $\{B_t : t \geq 0\}$

는 위너과정 또는 브라운 운동이라고 불리며 현대금융이론과 확률미분방정식에서 핵심적인 역할을 한다.

> *대칭 랜덤워크 과정에 극한을 취하여 연속시간 확률과정인 브라운 운동을 생성할 수 있다.*

4.5 푸아송 과정

다음 성질을 만족하는 연속시간 셈 과정 $\{N_t : t \geq 0\}$를 매개변수(또는 비율)가 λ인 푸아송 과정 (Poisson process)이라고 한다.

(1) $N(0) = 0$

(2) 서로 겹치지 않는 시간구간에서 일어나는 사건들의 수는 서로 독립이다.

   (즉, 모든 $s, t > 0$ 에 대해서 N_t와 $N_{t+s} - N_t$는 서로 독립이다.)

(3) 길이 t인 모든 시간구간에서 발생한 사건의 수는 평균이 λt인 푸아송 분포를 따른다.

   (즉, 모든 $s, t > 0$ 에 대해서 $\Pr\left[N_{t+s} - N_s = n\right] = \dfrac{e^{-\lambda t}(\lambda t)^n}{n!}, \ n \in \mathbb{N}$)

푸아송 과정의 표본경로는 계단함수(step function)로서 때때로 발생하는 사건에 의해서 점프가 일어나는 점들을 제외하면 연속함수이다. 각 $t > 0$에 대해서 N_t는 시간구간 $[0, t]$에서 발생하는 사건의 수를 나타내는 확률변수이다. 푸아송 과정은 실생활에도 널리 응용되는데, 예를 들면 X_t는 시간구간 $[0, t]$동안 보험 포트폴리오에 대한 청구횟수, 주가의 극단적 가격변동횟수, 전화교환수가 처리하는 통화의 수 등을 나타낼 수 있다. 특히 이항모형이나 위너과정으로는 설명될 수 없지만 실제로 종종 발생하는 큰 폭의 주가나 환율 변화를 설명하는 금융이론에서 푸아송 과정이 사용된다.

2. 브라운 운동

식물의 수정에 관한 연구를 하던 스코틀랜드의 식물학자 로버트 브라운(Robert Brown)은 1827년 물에 띄운 꽃가루 입자를 현미경으로 관찰하던 중, 꽃가루 입자가 물 위를 끊임없이 그리고 불규칙적인 지그재그 형태로 돌아다니는 것을 관찰했다. 브라운은 꽃가루 입자가 살아서 움직이는 것으로 알았으나 이어진 실험에서 생명체와는 아무 연관도 없는 담뱃재 입자들도 동일한 방법으로 움직이는 것을 확인했다. 이러한 입자의 움직임은 후에 브라운 운동이라 불리게 된다. 1905년 학계와는 완전히 고립된 채 스위스의 특허청에서 근무하던 26살의 알베르트 아인슈타인(Albert Einstein)은 당시로선 대담하게 원자와 분자의 실재를 확신해서 '브라운 운동'은 현미경으로 볼 수 있는 꽃가루 입자와 보이지 않는 물 분자의 충돌이라고 결론짓고, 이 꽃가루 입자들이 움직이는 평균 거리는 시간의 제곱근에 정비례한다는 공식을 만들었다. 더 나아가서, 아인슈타인은 입자가 주어진 시간 동안 움직인 거리를 측정함으로써 일정 부피의 기체와 액체 속에 있는 분자들의 수를 추정했다. 아인슈타인과는 전혀 별개로 브라운 운동에 대한 연구로 역사에 남을 만한 업적을 남긴 학자는 프랑스의 루이 바슐리에(Louis Bachelier)이다. 바슐리에는 1900년에 저술한 그의 기념비적인 박사학위논문 <투기이론(Théorie de la spéculation)>에서 금융시장의 가격변동을 브라운 운동으로 모형화했다. 하지만 당시로선 혁신적이며 천재성을 담고 있던 바슐리에의 학위논문은 당시의 학계에서 주목받지 못했다. 1930년대에 노버트 위너(Nobert Wiener)는 브라운 운동 모형을 완전히 수학적인 확률과정으로 만들었다. 위너는 브라운 운동을 다변량 정규분포, 연속이면서 모든 점에서 미분불가능한 함수 등의 개념으로 수학화시켰다. 위너에 의해서 완성된 브라운 운동의 수학적 정의는 다음과 같다.

4.6 브라운 운동

다음 조건을 만족하는 연속시간 확률과정 $\{B_t : t \geq 0\}$ 를 (표준) 브라운 운동(standard Brownian motion), 또는 위너과정(wiener process)이라고 한다.

(1) $B_0 = 0$ 이고 확률과정 B_t 에서 실현된 각 표본경로 $B_t(\omega)$ 는 t 에 대해서 연속함수이다.

(2) 임의의 $s, t \geq 0$ 에 대해서 $B_{t+s} - B_s \sim N(0, t)$ 이다. 특히, $B_t \sim N(0, t)$ 이다.

(3) 임의의 $t_1 < t_2 < t_3 < \cdots < t_n$ 에 대해서 n 개의 확률변수

$$B_{t_2} - B_{t_1}, \ B_{t_3} - B_{t_2}, \ B_{t_4} - B_{t_3}, \cdots, \ B_{t_n} - B_{t_{n-1}}$$

는 서로 독립이다. 즉, B_t 의 겹치지 않는 증분은 서로 독립이다.

즉, 위의 정의에서 브라운 운동 $\{B_t : t \geq 0\}$ 의 표본경로 $B_t(\omega)$ 는 꽃가루 입자 ω 의 t 시점에서의 위치를 수학적으로 추상화하여 기술한 것이다.

브라운 운동의 정의로부터 임의의 $0 \leq s < t$ 에 대해서 $B_t - B_s$ 와 B_{t-s} 는 동일한 확률분포 $N(0, t-s)$ 를 따름을 알 수 있다. 확률변수 X 와 Y 가 동일한 확률분포를 따를 때 $X \overset{d}{=} Y$ 또는 $X =^d Y$ 로 표기하기로 하자. 이와 같은 표기에 의하면

$$B_t - B_s =^d B_{t-s} \sim N(0, t-s)$$

이다.

브라운 운동은 마코브 성질, 마팅게일 성질, 가우시안 성질 등 많은 중요한 특성들을 가지고 있음을 간단히 보일 수 있다. 우선적으로 $B_{t+s} - B_s$는 과거의 경로(history)와는 독립적이다. 즉 $u < s$에 대하여 B_u의 지나간 경로를 안다고 하더라도 $B_{t+s} - B_s$ 경로에는 영향을 미치지 못하므로 브라운 운동은 마코브 성질을 가지고 있음이 확인된다.

또한 모든 $s > 0$에 대하여

$$E_t(B_{t+s}) = E_t((B_{t+s} - B_t) + B_t) = E_t(B_{t+s} - B_t) + E_t(B_t)$$

가 성립하는데

$$E_t(B_{t+s} - B_t) = E_0(B_s) = E(B_s) = 0$$

이고 **4.2**에서 설명한 조건부 기댓값의 성질에 의해서 $E_t(B_t) = B_t$이다. 따라서

$$E_t(B_{t+s}) = B_t$$

가 성립하므로 브라운 운동은 마팅게일 확률과정이다.

확률과정 $\{X_t : t \geq 0\}$가 자연수 n 그리고 실수 $0 < t_1 < t_2 < t_3 < \cdots < t_n$를 어떻게 택하더라도 n개의 확률변수 $X_{t_1}, X_{t_2}, \cdots, X_{t_n}$가 다변량 정규분포를 따를 때, $\{X_t : t \geq 0\}$는 가우시안 과정 (Gaussian process)이라고 한다. 브라운 운동이 가우시안 과정임은 **정리 4.9**에서 보이기로 한다.

또한 $a > 0$인 상수에 대해

$$B_{at} =^d \sqrt{a}\, B_t$$

가 성립한다. 실제로 $t_1 < t_2 < t_3 < \cdots < t_n$에 대해서 n개의 확률변수들 $B_{at_1}, B_{at_2}, \cdots, B_{at_n}$과 $\sqrt{a}\, B_{t_1}, \sqrt{a}\, B_{t_1}, \cdots, \sqrt{a}\, B_{t_n}$은 동일한 결합 확률분포를 갖는다. 이를 브라운 운동의 $\frac{1}{2}$ - self similar 성질이라고 한다.

4.7 독립정상증분 과정

(1) 모든 $s < t$와 $h > 0$에 대해서 $X_t - X_s =^d X_{t+h} - X_{s+h}$를 만족시킬 때 $\{X_t : t \geq 0\}$는 정상증분(stationary increments)을 갖는 확률과정이라고 한다. 즉 $\{X_t : t \geq 0\}$이 정상증분의 확률과정이면 시점 s와 t를 어떻게 고르더라도 $X_{t+s} - X_t$의 확률분포가 t와 무관하다.

(2) 임의의 $t_1 < t_2 < t_3 < \cdots < t_n$에 대해서 $X_{t_2} - X_{t_1},\ X_{t_3} - X_{t_2},\ \cdots,\ X_{t_n} - X_{t_{n-1}}$이 서로 독립인 확률변수가 될 때 $\{X_t\ :\ t \geq 0\}$는 독립증분(independent increments)을 갖는 확률과정이라고 한다.

(1)과 (2)의 조건을 모두 만족시키는 확률과정 $\{X_t\ :\ t \geq 0\}$를 독립정상증분 과정이라고 부른다. 정의에 따라 랜덤워크 과정, 푸아송 과정, 위너 과정(브라운 운동)은 모두 독립정상증분 과정이다. 특히 이산시간 독립정상증분 확률 과정은 $i.i.d.$인 확률변수들을 더해서 얻어진 확률과정임이 쉽게 증명된다.

> 브라운 운동은 마팅게일, 독립정상증분, 가우시안 과정이며 $\dfrac{1}{2} - self\,similar$ 성질을 갖는다.

다음은 위너과정(브라운 운동)을 이루는 확률변수들의 공분산에 대한 것으로 위너 과정이 독립증분을 갖는다는 것으로부터 증명되며 매우 중요한 결과이다.

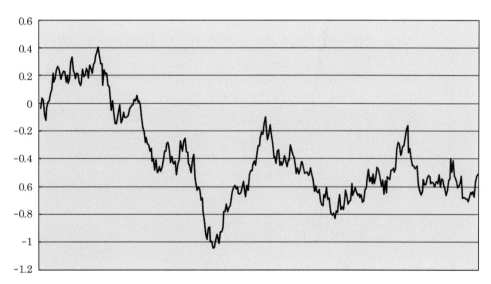

브라운 운동의 표본경로

4.8 정리

$0 \leq s \leq t$이면 $cov(B_s, B_t) = s$이다.

증명

$0 \leq s \leq t$일 때

$$cov(B_s, B_t) = E(B_s B_t) - E(B_s)E(B_t) = E(B_s B_t)$$

이고, 여기서

$$E(B_s B_t) = E\big(B_s(B_t - B_s + B_s)\big) = E\big(B_s(B_t - B_s)\big) + E(B_s^2)$$

이 성립한다. 한편 B_s 와 $B_t - B_s$ 는 서로 독립이므로

$$E\big(B_s(B_t - B_s)\big) = E(B_s)E(B_t - B_s) = 0$$

이 성립한다. 그러므로

$$cov(B_s, B_t) = E(B_s B_t) = E(B_s^2) = Var(B_s) + E(B_s)^2 = Var(B_s) = s$$

이다.

$E(B_t) = 0$, $E(B_t^2) = t$, $E(B_t^4) = 3t^2$ 그리고 $E(B_s B_t) = \min(s, t)$ 이다.

다음 정리는 위너과정이 가우시안 과정임을 말해준다.

4.9 정리

임의의 $0 < t_1 < t_2 < t_3 < \cdots < t_n$에 대하여 확률벡터

$$\mathbb{X} = \begin{bmatrix} B_{t_1} \\ B_{t_2} \\ \vdots \\ B_{t_n} \end{bmatrix}$$

는 다변량 정규분포를 따른다. 즉 브라운 운동은 가우시안 과정이다. 실제로

$$\mathbb{X} \sim N_n(0, \Sigma_X)$$

이고, 여기서 $\Sigma_X = (a_{ij})_{n \times n}$ 는 $a_{ij} = t_{\min(i,j)}$인 $n \times n$ 대칭 행렬이다.

증명 |

n차원 확률벡터 $\mathbb{Y}$ 를

$$\mathbb{Y} = \begin{bmatrix} B_{t_1} \\ B_{t_2} - B_{t_1} \\ B_{t_3} - B_{t_2} \\ \vdots \\ B_{t_n} - B_{t_{n-1}} \end{bmatrix}$$

으로 정의하면 $\mathbb{Y}$의 각 성분이 정규분포를 따르며 서로 독립인 확률변수이므로 $\mathbb{Y}$는 다변량정규분포를 따르며

$$\mathbb{Y} \sim N_n(\mathbf{0}\,,\,\Sigma_Y)$$

이다. 여기서 Σ_Y는

$$y_{ii} = t_i - t_{i-1}\ (1 \le i \le n)$$

이고 다른 성분들은 모두 0인 대각행렬이다.

이제 다음과 같이 $n \times n$ 행렬 A를 정의하자. 즉 A는 대각성분과 대각성분 아래의 성분들은 모두 1이고, 그 밖에는 모두 0인 삼각행렬이다. 즉 A는 다음과 같다.

$$A = \begin{bmatrix} 1 & 0 & 0 & \cdots & 0 \\ 1 & 1 & 0 & \cdots & 0 \\ 1 & 1 & 1 & \cdots & 0 \\ \vdots & \vdots & \vdots & \vdots & \vdots \\ 1 & 1 & 1 & \cdots & 1 \end{bmatrix}$$

이때 확률벡터 $\mathbb{X}$와 $\mathbb{Y}$는

$$\mathbb{X} = A\,\mathbb{Y}$$

의 관계를 갖는다. 그러므로 2장의 **정리 2.30**에 의해서

$$\mathbb{X} \sim N_n\left(\mathbf{0}\,,\,A\,\Sigma_Y A^{\,T}\right)$$

가 성립한다. 따라서 $\Sigma_X = A\Sigma_Y A^{\,T}$는 a_{ij}가 $t_{\min(i,j)}$인 $n \times n$ 행렬이다. ∎

4.10 추세 브라운 운동, 기하 브라운 운동, 브라운 다리 과정

(1) 실수 μ와 $\sigma > 0$가 주어졌을 때,

$$X_t = \mu t + \sigma B_t$$

으로 주어진 확률과정 $\{X_t\}$을 추세가 있는 브라운 운동(Brownian motion with drift) 또는 추세 브라운 운동이라 한다. 앞에서와 마찬가지의 방법으로 $\{X_t\}$도 가우시안 과정임을 알 수 있다.

또한 확률변수 X_t의 기댓값과 분산은 각각 μt, $\sigma^2 t$이고 X_t와 X_s의 공분산은

$$cov\,(X_s\,,\,X_t) = \sigma^2 \min\,(s,t)$$

임을 쉽게 알 수 있다.

(2) $X_t = \mu t + \sigma B_t$에 대해서

$$Y_t = e^{X_t}$$

로 주어진 확률과정 $\{Y_t\}$를 기하 브라운 운동(Geometric Brownian Motion)이라고 한다. 각각의 확률변수 Y_t는 로그정규분포를 따르고, 2장의 **2.13**에서 보였듯이 Y_t의 기댓값과 분산은

$$E(Y_t) = e^{(\mu + \sigma^2/2)t}$$

그리고

$$Var(Y_t) = e^{(2\mu + \sigma^2)t}\left(e^{\sigma^2 t} - 1\right)$$

이다. 또한 $s \le t$에 대해서 B_s와 $B_t - B_s$는 서로 독립이고

$$B_t - B_s =^d B_{t-s} \sim N(0, t-s)$$

이므로 다음 식을 얻는다.

$$
\begin{aligned}
cov(Y_s, Y_t) &= E(Y_s Y_t) - E(Y_s)E(Y_t) \\
&= e^{\mu(s+t)} E\left(e^{\sigma(B_s + B_t)}\right) - e^{(\mu + \sigma^2/2)(t+s)} \\
&= e^{\mu(s+t)} E\left(e^{\sigma(2B_s + B_t - B_s)}\right) - e^{(\mu + \sigma^2/2)(t+s)} \\
&= e^{\mu(s+t)} E\left(e^{\sigma(B_t - B_s)}\right) E\left(e^{2\sigma B_s}\right) - e^{(\mu + \sigma^2/2)(t+s)} \\
&= e^{(\mu + \sigma^2/2)(t+s)}\left(e^{\sigma^2 s} - 1\right).
\end{aligned}
$$

(3) 확률과정 $\{X_t\}$가

$$X_t = B_t - tB_1, \quad 0 \le t \le 1$$

으로 정의될 때 이를 브라운 다리 과정(Brownian bridge process)이라 한다.

이때 $X_0 = X_1 = 0$가 성립하는 것은 자명하게 보일 수 있고, 간단한 계산결과 다음을 얻을 수 있다.

$$E(X_t) = 0$$
$$cov(X_s, X_t) = \min(s, t) - st \, (s, t \in [0, 1])$$

브라운 운동 B_t의 출발점은 $B_0 = 0$이지만 이후에 어떤 값을 가질지는 알 수 없다. 그래서 주로 금융 기초자산의 움직임을 나타낼 때 브라운 운동을 사용한다. 그러나 채권과 같이 미래 만기시점의 가격이 알려진 경우도 있고, 선물가격과 현물가격의 차이도 만기시점에는 0이 된다. 이와 같이 만기일 이전에

는 방향성이 없고 불규칙한 브라운 운동을 따르나 만기일 근처에서는 액면가격이나 현물가격으로 돌아오는 금융자산의 가격 움직임에는 브라운 다리 과정이 때때로 이용된다.

4.11 미분불가능성

주어진 t, $h > 0$에 대해서 $B_{t+h} - B_t =^d B_h \sim N(0, h)$이므로, 적당한 $Z \sim N(0, 1)$이 존재하여 다음 식이 성립한다.

$$\frac{B_{t+h} - B_t}{h} =^d \frac{B_h}{h} = \frac{\sqrt{h}}{h} Z$$

이제 극한 $h \to 0$을 취하면

$$\lim_{h \to 0^+} \frac{B_{t+h} - B_t}{h} = \lim_{h \to 0^+} \frac{\sqrt{h}}{h} Z \text{ 이고 } \lim_{h \to 0^+} \frac{\sqrt{h}}{h} = \infty$$

이므로 브라운 운동 B_t에서 실현된 표본경로는 모든 t에서 연속함수이지만 어떤 t에서도 미분가능하지 않음을 알 수 있다. 실제로 브라운 운동의 표본 경로는 연속함수이지만 모든 점에서 미분불가능하다는 것을 보다 엄밀한 방법으로 증명할 수 있다. 그와 관련된 내용은 생략하기로 한다.

> $\Delta t \to dt$ 의 극한을 취함에 따라 $\Delta B_t \to dB_t$ 이다. 하지만 $\dfrac{dB_t}{dt}$ 는 정의되지 않는다.

3. 확률미분방정식

현대 금융수학 이론에 핵심이 되는 확률미분방정식과 이토적분에 대해서 살펴본다. 이토적분의 핵심은 브라운 운동의 표본경로에 대한 적분을 정의하는 데 있다. 브라운 운동의 표본경로는 미분불가능이므로 연쇄법칙과 치환적분을 사용하는 일반적인 의미에서의 브라운 운동의 표본경로에 대한 적분은 존재할 수 없다. 먼저 우리는 미적분학의 기본인 일반 리만적분의 확장으로 리만-스틸체스(Riemann-Stieltjes) 적분에 대하여 살펴본다. 피적분 함수 또는 피적분 표본경로가 충분히 매끄러운 경우 브라운 운동의 표본경로에 대한 리만-스틸체스 적분은 정의될 수 있다.

4.12 리만-스틸체스(Riemann-Stieltjes) 적분

폐구간 $[a, b]$을 n개의 소구간 $[t_{k-1}, t_k]$, $1 \leq k \leq n$으로 나누는 분할 τ_n을 다음과 같이 정의하자.

$$\tau_n \ : \ a = t_0 < t_1 < t_2 < \cdots < t_n = b$$

또한 Δ_k를 k번째 소구간의 길이, p_n을 n개 소구간의 길이 중 최댓값, 즉

$$\Delta_k = t_k - t_{k-1}, \ \ p_n = \max_{1 \leq k \leq n} \Delta_k$$

이라고 정의하자. 함수 $f : [a, b] \rightarrow \mathbb{R}$가 유계일 때 임의의 점 $y_k \in [t_{k-1}, t_k]$에 대하여

$$S(\tau_n) = \sum_{k=1}^{n} f(y_k) \, \Delta_k$$

를 $[a, b]$의 분할 τ_n에 대한 f의 리만합(Riemann sum)이라고 한다.

그리고 극한값 $\lim\limits_{p_n \to 0} S(\tau_n)$이 분할 τ_n을 선택하는 방법, 그리고 $y_k \in [t_{k-1}, t_k]$을 선택하는 방법에 모두 상관없이 존재하는 경우에 f는 폐구간 $[a, b]$에서 리만적분 가능하다고 말하고, 이 경우 리만적분 $\int_a^b f(t) \, dt$를 다음과 같이 정의한다.

$$\int_a^b f(t) \, dt = \lim_{p_n \to 0} S(\tau_n) = \lim_{p_n \to 0} \sum_{k=1}^{n} f(y_k) \, \Delta_k$$

따라서 f가 $[a, b]$에서 리만적분 가능한 경우 $y_k \in [t_{k-1}, t_k]$을 소구간의 왼쪽 끝점 $y_k = t_{k-1}$로 택하는 경우 다음 식이 성립한다.

$$\int_a^b f(t) \, dt = \lim_{p_n \to 0} \sum_{k=1}^{n} f(t_{k-1}) \, \Delta_k$$

한편, 폐구간 $[a, b]$에서 유계인 함수 f가 $[a, b]$에서 연속이거나 f의 불연속인 점이 너무 많지 않은 경우(불연속점이 가산집합인 경우를 포함), f는 폐구간 $[a, b]$에서 리만적분 가능하고, 즉 리만적분 $\int_a^b f(t) \, dt$는 존재하며

$$\int_a^b f(t) \, dt = \lim_{p_n \to 0} \sum_{k=1}^{n} f(t_{k-1}) \, \Delta_k$$

이 성립함이 고전 미적분학에서 잘 알려져 있다.

그러므로 f가 $[a, b]$에서 리만적분 가능한 경우 분할 τ_n을 $[a, b]$의 n등분으로 택할 수 있고, 이때

$$\Delta_k = \frac{b-a}{n}, \quad t_{k-1} = a + \frac{b-a}{n}(k-1)$$

이므로 다음 식이 성립한다.

$$\int_a^b f(t)\,dt = \lim_{n \to \infty} \sum_{k=1}^n f\left(a + \frac{b-a}{n}(k-1)\right)\frac{b-a}{n}$$

이제 리만적분을 확장시킨 리만 – 스틸체스 적분을 살펴본다. $[a,b]$에서 유계인 함수 f, 폐구간 $[a,b]$을 n개의 소구간 $[t_{k-1}, t_k]$, $1 \le k \le n$으로 나누는 분할 τ_n과 더불어 함수 $g : [a,b] \to \mathbb{R}$가 있을 때

$$\Delta_k g = g(t_k) - g(t_{k-1}), \quad 1 \le k \le n$$

으로 정의하고 임의의 점 $y_k \in [t_{k-1}, t_k]$에 대하여

$$S_g(\tau_n) = \sum_{k=1}^n f(y_k)\,\Delta_k g$$

로 정의된 $S_g(\tau_n)$를 $[a,b]$의 분할 τ_n에 대한 리만 – 스틸체스(Riemann-Stieltjes) 합이라고 한다. 그리고 극한값 $\lim_{p_n \to 0} S_g(\tau_n)$이 분할 τ_n을 선택하는 방법 그리고 $y_k \in [t_{k-1}, t_k]$을 선택하는 방법 모두에 상관없이 존재하는 경우에 리만 – 스틸체스 적분 $\int_a^b f(t)\,dg_t$를

$$\int_a^b f(t)\,dg_t = \lim_{p_n \to 0} S_g(\tau_n) = \lim_{p_n \to 0} \sum_{k=1}^n f(y_k)\,\Delta_k g$$

으로 정의한다. 정의로부터 $[a,b]$에서 함수 f가 리만적분 가능이고 $g(t) = t$이면 리만 – 스틸체스 적분 $\int_a^b f(t)\,dg_t$은 리만적분 $\int_a^b f(t)\,dt$과 같아진다.

또한 $[a,b]$에서 함수 f가 리만적분 가능이고 g가 C^1인 경우, 즉 도함수 g'이 존재하고 연속인 경우 리만 – 스틸체스 적분 $\int_a^b f(t)\,dg_t$는 존재하고 리만적분 $\int_a^b f(t)\,g'(t)\,dt$와 동일하다. 한편 함수 f가 $[a,b]$에서 연속인 경우, g가 C^1에 속하지 않더라도 $[a,b]$에서 유계변동(bounded variation)이면, 즉 다음 조건

$$\sup \sum_{k=1}^n |g(t_k) - g(t_{k-1})| < \infty$$

(여기서 supremum은 $[a, b]$의 모든 분할 $\tau_n : a = t_0 < t_1 < t_2 < \cdots < t_n = b$에 대해 취함)을 만족하는 경우 리만 – 스틸체스 적분 $\displaystyle\int_a^b f(t) \, dg_t$ 은 존재함이 알려져 있다.

4.13 유계 p – 변동 함수

함수 $g : [a, b] \to \mathbb{R}$ 가 적당한 $p > 0$에 대해서 다음 조건을 만족할 때 g는 유계 p – 변동(bounded p – variation)이라고 한다.

$$\sup \sum_{k=1}^n |g(t_k) - g(t_{k-1})|^p < \infty$$

여기서 supremum은 $[a, b]$의 모든 분할 $\tau_n : a = t_0 < t_1 < t_2 < \cdots < t_n = b$에 대해 취한다. ($p = 1$인 경우 g는 간단히 유계변동이라고 한다.)

브라운 운동의 표본경로 $B_t(\omega)$는 $p > 2$일 때 폐구간 $[a, b]$에서 유계 p – 변동함수이고 $0 < p \leq 2$인 경우 유계변동이 아님이 알려져 있다. 따라서 $B_t(\omega)$는 유계변동이 아니고, 따라서 함수 f가 $[a, b]$에서 연속이라도 리만 – 스틸체스 적분 $\displaystyle\int_a^b f(t) \, dB_t(\omega)$가 존재하지 않는 경우가 발생한다.

예를 들면, $f(t) = B_t(\omega)$인 경우 적분 $\displaystyle\int_0^1 B_t(\omega) \, dB_t(\omega)$은 리만 – 스틸체스 적분으로는 존재하지 않는다는 것이 알려져 있다. 그런 이유에서 우리는 $[a, b]$에서 연속인 모든 f에 대해서 적분 $\displaystyle\int_a^b f(t) \, dB_t(\omega)$ 을 리만 – 스틸체스 적분이 아닌 방법으로 정의하고자 한다.

4.14 평균제곱 수렴

확률변수들의 수열 $\{X_n\}$ 에 대하여 적당한 확률변수 X 가 있어서

$$\lim_{n \to \infty} E\left[(X_n - X)^2 \right] = 0$$

이 성립할 때 확률변수열 $\{X_n\}$은 X에 평균제곱 수렴(mean square convergence) 또는 L^2 – 수렴 (L^2 – convergence)한다고 정의한다.

확률변수열 $\{X_n\}$이 평균제곱 수렴하면 그 극한값을 나타내는 확률변수는 유일하게 결정됨이 알려져 있다. 또한 두 확률변수열 $\{X_n\}, \{Y_n\}$이 각각 X, Y에 평균제곱 수렴하고 a, b가 상수이면 확률

변수열 $\{aX_n + bY_n\}$은 $aX + bY$에 평균제곱 수렴함을 쉽게 보일 수 있다. 평균제곱 수렴의 개념을 이용하면 $[a, b]$에서 연속인 모든 f에 대해서 적분

$$\int_a^b f(t) \, dB_t(\omega)$$

을 정의할 수 있다. 이에 대하여 아래 **4.15**에서 설명하고자 한다.

4.15 이토적분

앞서의 **4.12**에서의 정의와 마찬가지로 $\tau_n : a = t_0 < t_1 < t_2 < \cdots < t_n = b$가 폐구간 $[a, b]$의 분할이고,

$$\Delta_k = t_k - t_{k-1}, \ p_n = \max_{1 \le k \le n} \Delta_k$$

라 할 때, 폐구간 $[a, b]$에서 연속함수 f에 대하여 확률변수 X_n을 다음과 같이 정의하자.

$$X_n = \sum_{k=1}^{n} f(t_{k-1})(B_{t_k} - B_{t_{k-1}})$$

이때 어떤 확률변수 X가 존재하여 $\{X_n\}$은 X에 평균제곱 수렴함이 알려져 있다. 이때의 극한값 X를

$$X = \int_a^b f(t) \, dB_t$$

라 정의하고, 이 확률변수 X의 실현값 $X(\omega)$를 브라운 운동의 표본경로에 대한 적분

$$X(\omega) = \int_a^b f(t) \, dB_t(\omega)$$

으로 정의한다. 이렇게 정의된 적분을 이토적분(Ito integral)이라고 부른다.

다시 말해서 이토적분 $\int_a^b f(t) \, dB_t$는 n이 커짐에 따라 급수 $\sum_{k=1}^{n} f(t_{k-1})(B_{t_k} - B_{t_{k-1}})$이 평균제곱 수렴하는 극한값, 즉 다음 식이 성립하는 값이다.

$$\lim_{p_n \to 0} E\left[\left\{ \sum_{k=1}^{n} f(t_{k-1})(B_{t_k} - B_{t_{k-1}}) - \int_a^b f(t) \, dB_t \right\}^2 \right] = 0.$$

여기서 평균제곱 수렴의 극한값으로 적분이 정의되었다는 것과 함께 가장 주의해야 할 점은 이토적분 $\int_a^b f(t) \, dB_t$는 반드시 급수 $\sum_{k=1}^{n} f(t_{k-1})(B_{t_k} - B_{t_{k-1}})$의 극한이어야 하며, 예를 들어 n이 커짐

에 따라 $\sum_{k=1}^{n} f(t_k)(B_{t_k} - B_{t_{k-1}})$이 수렴하는 값으로 정의해서는 안 된다는 것이다. 리만 적분이나 리만-스틸체스 적분과는 달리, 임의의 $y_k \in [t_{k-1}, t_k]$를 택했을 때 n이 커짐에 따라 급수 $\sum_{k=1}^{n} f(y_k)(B_{t_k} - B_{t_{k-1}})$는 평균제곱 수렴하지만 그 수렴 값은 $y_k \in [t_{k-1}, t_k]$의 선택방법에 따라서 변하게 되는데, 그 이유는 브라운 운동의 경로가 모든 점에서 미분 불가능하다는 것 때문이다.

> *폐구간 $[a, b]$ 에서 연속인 함수 f 와 구간의 분할 τ_n : $a = t_0 < t_1 < t_2 < \cdots < t_n = b$ 에 대하여 급수 $\sum_{k=1}^{n} f(t_{k-1})(B_{t_k} - B_{t_{k-1}})$ 가 n 이 커짐에 따라 평균제곱 수렴하는 극한이 이토적분 $\int_a^b f(t) dB_t$ 이다. 즉 $p_n = \max_{1 \le k \le n}(t_k - t_{k-1})$ 일 때, 이토적분 $\int_a^b f(t) dB_t$ 는 아래와 같이 정의되는 확률변수이다.*
>
> $$\lim_{p_n \to 0} E\left[\left\{\sum_{k=1}^{n} f(t_{k-1})(B_{t_k} - B_{t_{k-1}}) - \int_a^b f(t) dB_t\right\}^2\right] = 0$$

4.16 이토적분의 확률 분포

이제 분할 τ_n : $a = t_0 < t_1 < t_2 < \cdots < t_n = b$가 구간 $[a, b]$의 n등분이라 하자. 이때 n개의 확률변수

$$f(t_{k-1})(B_{t_k} - B_{t_{k-1}}), 1 \le k \le n$$

들은 브라운 운동의 정의에 의해서 서로 독립이고

$$f(t_{k-1})(B_{t_k} - B_{t_{k-1}}) \sim N\left(0, f(t_{k-1})^2(t_k - t_{k-1})\right)$$

의 분포를 갖는다. 따라서 **정리 2.25**와 정규분포의 독립 가법성(**2.21**)에 의해

$$\sum_{k=1}^{n} f(t_{k-1})(B_{t_k} - B_{t_{k-1}}) \sim N\left(0, \sum_{k=1}^{n} f(t_{k-1})^2(t_k - t_{k-1})\right)$$

가 성립한다. 이토적분 $\int_a^b f(t) dB_t$ 은 $n \to \infty$ 을 취했을 때 급수 $\sum_{k=1}^{n} f(t_{k-1})(B_{t_k} - B_{t_{k-1}})$의 평균제곱 의미에서의 극한이고, 이 급수의 분산

$$\sum_{k=1}^{n} f(t_{k-1})^2 (t_k - t_{k-1})$$

은 $n \to \infty$ 을 취했을 때, 리만적분값

$$\int_a^b f(t)^2\, dt$$

에 수렴한다. 따라서 이토적분으로 정의된 확률변수 $\int_a^b f(t)\, dB_t$ 는 정규분포

$$\int_a^b f(t)\, dB_t \,\sim\, N\!\left(0\,,\, \int_a^b f(t)^2\, dt\right)$$

를 따른다는 결론에 이른다. 또한 확률변수 $\int_a^b f(t)\, dB_t$ 의 평균이 0이므로, 공식

$$Var(X) = E(X^2) - E(X)^2$$

에 따르면 $\int_a^b f(t)\, dB_t$ 의 분산은 $E\!\left[\left(\int_a^b f(t)\, dB_t\right)^2\right]$ 이 되어서 다음 등식을 얻는다.

$$E\!\left[\left(\int_a^b f(t)\, dB_t\right)^2\right] = \int_a^b f(t)^2\, dt$$

이를 Ito isometry라고 부른다. 마찬가지로 f 가 t 와 B_t 의 연속 함수일 때 이토적분

$$\int_a^b f(t, B_t)\, dB_t$$

는 급수

$$\sum_{k=1}^{n} f(t_{k-1}, B_{t_{k-1}})(B_{t_k} - B_{t_{k-1}})$$

의 평균제곱의 의미에서의 극한으로 정의되고 등식

$$E\!\left(\int_a^b f(t, B_t)\, dB_t\right) = 0$$

을 만족한다. $F(t) = f(t, B_t)$ 로 정의된 함수 $F(t)$ 를 확률함수라고 부르며, 확률함수에 대해서도

$$E\!\left[\left(\int_a^b F(t)\, dB_t\right)^2\right] = \int_a^b E\!\left[F(t)^2\right]\, dt$$

라는 Ito isometry가 성립하는데 이는 확률미분방정식을 다룰 때 중요한 성질이다.

다음에 소개하는 **정리 4.17**은 이토적분을 이해하는 데, 그리고 평균제곱 수렴의 의미에서의 극한을 직접 구하는 데 매우 중요하다.

일반적으로 t의 증분 Δt가 아주 작은 양의 값을 가질 때 극한을 dt로 표기하며 dt는 미분/적분 방정식에서 연산의 기본단위이다. ΔB_t는 B_t의 증분으로

$$\Delta B_t = B_{t+\Delta t} - B_t$$

를 의미한다. dB_t는 B_t의 미분(differential)으로 $\Delta t \to dt$일 때 ΔB_t의 극한, 즉

$$dB_t = B_{t+dt} - B_t$$

라고 해석할 수 있다.

브라운 운동의 정의로부터

$$\Delta B_t = {}^d B_{\Delta t} \sim N(0,\Delta t)$$

이므로, 적당한 $Z \sim N(0,1)$에 대해서 다음 식이 성립한다.

$$\Delta B_t = \sqrt{\Delta t} \cdot Z$$

이 식의 양변을 제곱하면

$$(\Delta B_t)^2 = (\Delta t) \cdot Z^2$$

이고 $Z^2 \sim \chi^2(1)$은 t와 무관하게 평균 1, 분산 2를 갖는다. 따라서 $\Delta t \to dt$의 극한을 취하면 적당한 $Z^2 \sim \chi^2(1)$에 대하여 등식 $(dB_t)^2 = Z^2 dt$를 사용하는 것이 자연스럽다고 생각될 수도 있다.

하지만 이토적분은 평균제곱의 의미에서 극한으로 정의되는데, 위의 등식

$$(\Delta B_t)^2 = (\Delta t) \cdot Z^2$$

으로부터 $(\Delta B_t)^2$는 평균 Δt 분산 $2(\Delta t)^2$의 분포를 갖는다는 것을 알 수 있다. 이를 식으로 표현하면

$$2(\Delta t)^2 = Var\big((\Delta B_t)^2\big) = E\left(\left[(\Delta B_t)^2 - \Delta t\right]^2\right)$$

즉 다음 식을 얻는다.

$$E\left(\left[(\Delta B_t)^2 - \Delta t\right]^2\right) = 2(\Delta t)^2$$

이제 위 식에 $\Delta t \to dt$의 극한을 취하면 우변의 $2(\Delta t)^2$은 Δt의 제곱의 크기이므로 Δt보다 훨씬 급속히 0에 가까워진다.

$$\Delta t \to dt \text{ 에 따라 } E\left(\left[(\Delta B_t)^2 - \Delta t\right]^2\right) = 2(\Delta t)^2 \to 0$$

이는 $\Delta t \to dt$ 의 극한을 취하면 $(\Delta B_t)^2$ 의 극한인 $(dB_t)^2$ 은 평균제곱 수렴의 의미에서 dt 와 같게 됨을 알 수 있다. 이와 관련한 다음 정리는 평균제곱 수렴의 의미에서의 극한의 의미를 이해하는 데, 그리고 이토적분을 이해하는 데 매우 중요하다.

4.17 정리

폐구간 $[0, T]$ 의 분할을 다음과 같이 정의하자.

$$0 = t_0 < t_1 < t_2 < \cdots < t_n = T, \quad \Delta B_k = B_{t_k} - B_{t_{k-1}},$$

$$\Delta_k = t_k - t_{k-1}, \quad p_n = \max_{1 \le k \le n} \Delta_k$$

이때 다음 식이 성립한다.

$$\lim_{p_n \to 0} E\left[\left\{\sum_{k=1}^{n} (\Delta B_k)^2 - T\right\}^2\right] = 0$$

증명 |

먼저 확률변수 $(\Delta B_k)^2$ 의 분포를 살펴보자.

$$\Delta B_k \sim N(0, \Delta_k)$$

이므로

$$E\left((\Delta B_k)^2\right) = Var(\Delta B_k) + E(\Delta B_k)^2 = \Delta_k$$

임을 알 수 있다.

$Z = \dfrac{\Delta B_k}{\sqrt{\Delta_k}}$ 라 놓으면 $Z \sim N(0, 1)$ 이고, 표준정규분포 확률변수의 첨도 $E(Z^4) = 3$ (**2.12** 참조) 으로부터 다음을 얻는다.

$$E\left((\Delta B_k)^4\right) = 3\Delta_k^2$$

그러므로

$$Var\left((\Delta B_k)^2\right) = E\left((\Delta B_k)^4\right) - E\left((\Delta B_k)^2\right)^2 = 3\Delta_k^2 - \Delta_k^2 = 2\Delta_k^2$$

이다. 즉 $(\Delta B_k)^2$ 의 평균은 Δ_k, 분산은 $2\Delta_k^2$ 임을 알 수 있다.

이제 $\displaystyle\sum_{k=1}^{n} (\Delta B_k)^2$ 의 평균과 분산을 구하자.

$$E\left(\sum_{k=1}^{n} (\Delta B_k)^2\right) = \sum_{k=1}^{n} E\left((\Delta B_k)^2\right) = \sum_{k=1}^{n} \Delta_k = T$$

이고, 각각의 $(\Delta B_k)^2 (1 \leq k \leq n)$이 서로 독립이므로

$$Var\left(\sum_{k=1}^{n}(\Delta B_k)^2\right) = \sum_{k=1}^{n} Var\left((\Delta B_k)^2\right)$$

$$= \sum_{k=1}^{n}\left[E\left((\Delta B_k)^4\right) - E\left((\Delta B_k)^2\right)^2\right] = \sum_{k=1}^{n}(3\Delta_k^2 - \Delta_k^2)$$

$$= 2\sum_{k=1}^{n}\Delta_k^2$$

즉 $\sum_{k=1}^{n}(\Delta B_k)^2$의 분산은 다음과 같다.

$$Var\left(\sum_{k=1}^{n}(\Delta B_k)^2\right) = 2\sum_{k=1}^{n}\Delta_k^2$$

$p_n = \max_{1 \leq k \leq n} \Delta_k$이고 $\sum_{k=1}^{n}\Delta_k = T$이므로

$$\lim_{p_n \to 0} Var\left(\sum_{k=1}^{n}(\Delta B_k)^2\right) = \lim_{p_n \to 0} 2\sum_{k=1}^{n}\Delta_k^2 \leq 2\lim_{p_n \to 0} p_n \sum_{k=1}^{n}\Delta_k = 0$$

이다.

이제 $E\left(\sum_{k=1}^{n}(\Delta B_k)^2\right) = T$임을 보였으므로 분산의 정의에 의하여

$$Var\left(\sum_{k=1}^{n}(\Delta B_k)^2\right) = E\left[\left\{\sum_{k=1}^{n}(\Delta B_k)^2 - T\right\}^2\right]$$

이다. 그러므로

$$\lim_{p_n \to 0} E\left[\left\{\sum_{k=1}^{n}(\Delta B_k)^2 - T\right\}^2\right] = \lim_{p_n \to 0} Var\left(\sum_{k=1}^{n}(\Delta B_k)^2\right) = 0$$

이 성립하며, 이에 따라 **정리 4.17**이 증명되었다.

위 정리는 $\sum_{k=1}^{n}(\Delta B_k)^2$이 $p_n \to 0$에 따라 상수 T로 평균제곱 수렴함을 의미한다.

즉 평균제곱 수렴의 의미로 모든 $T > 0$에 대하여 등식

$$\int_0^T (dB_t)^2 = \int_0^T dt$$

이 성립함을 말한다. 이를 간단히 표기하면 다음과 같다.

$$(dB_t)^2 = dt$$

한편 dt 를 최소단위로 하는 미분방정식의 연산에서 그 스케일이 $(dt)^c$, $c > 1$ 이면 0으로 간주하는데, $(dB_t)^2 = dt$ 로부터

$$dt \, dB_t = 0$$

임을 알 수 있다. 즉

$$dt \, dt = 0, \quad dt \, dB_t = dB_t \, dt = 0, \quad dB_t \, dB_t = dt$$

이 우리가 기억해야 할 곱의 연산식이다. 이를 간단히 정리하면 다음 표와 같다.

	dt	dB_t
dt	0	0
dB_t	0	dt

4.18 이토적분의 예

임의로 선택된 $T > 0$ 에 대해서 이토적분

$$\int_0^T B_t \, dB_t$$

의 의미를 살펴본다. 앞서와 마찬가지로 폐구간 $[0, T]$ 의 분할을 다음과 같이 정의하자.

$$0 = t_0 < t_1 < t_2 < \cdots < t_n = T, \ \ \Delta B_k = B_{t_k} - B_{t_{k-1}},$$

$$\Delta_k = t_k - t_{k-1}, \ \ p_n = \max_{1 \leq k \leq n} \Delta_k$$

4.15과 **4.16**에서 소개한 이토적분의 정의에 의해서 $\int_0^T B_t \, dB_t$ 는 $p_n \to 0$ 의 극한을 취함에 따라 확률변수

$$\sum_{k=1}^n B_{t_{k-1}} \left(B_{t_k} - B_{t_{k-1}} \right)$$

가 평균제곱 수렴하게 되는 극한값이다. 한편 등식

$$x(y-x) = \frac{1}{2}\left(y^2 - x^2 - (y-x)^2\right)$$

으로부터 다음을 얻는다.

$$\sum_{k=1}^{n} B_{t_{k-1}}\left(B_{t_k} - B_{t_{k-1}}\right) = \frac{1}{2}\sum_{k=1}^{n}\left[\left(B_{t_k}^2 - B_{t_{k-1}}^2\right) - \left(B_{t_k} - B_{t_{k-1}}\right)^2\right]$$

$$= \frac{1}{2}B_T^2 - \frac{1}{2}\sum_{k=1}^{n}\left(\Delta B_k\right)^2$$

한편 앞의 **정리 4.17**로부터 $\sum_{k=1}^{n}\left(\Delta B_k\right)^2$는 $p_n \to 0$의 극한을 취함에 따라 상수 T에 평균제곱 수렴한다. 따라서 $\sum_{k=1}^{n} B_{t_{k-1}}\left(B_{t_k} - B_{t_{k-1}}\right)$가 평균제곱 수렴하게 되는 극한은 확률변수

$$\frac{1}{2}B_T^2 - \frac{1}{2}T$$

이다. 따라서 극한값의 유일성에 의해

$$\int_0^T B_t\,dB_t = \frac{1}{2}B_T^2 - \frac{1}{2}T$$

이고, 따라서 이토 적분으로 정의된 적분값은 다음과 같다.

$$\int_0^T B_t(\omega)\,dB_t(\omega) = \frac{1}{2}B_T(\omega)^2 - \frac{1}{2}T$$

즉

$$\int_0^T B_t(\omega)\,dB_t(\omega) \neq \frac{1}{2}B_T(\omega)^2$$

가 되어 고전적 의미에서 함수에 대한 치환적분의 법칙이 이토적분에서는 성립하지 않는다.

4.19 확률미분방정식

주가, 이자율, 환율 등 금융 기초자산 가격의 미분방정식은 결정적 모형이 아니라 확률적 모형을 따르는 확률미분방정식으로 나타낸다. 우리가 다루고자 하는 확률미분방정식의 일반 형태는 다음과 같다.

$$dX_t = a(t, X_t)\,dt + b(t, X_t)\,dB_t$$

여기서 $X = X_t$는 확률과정이고 $a(t, X_t)$, $b(t, X_t)$는 X_t와 t의 연속 함수이다.

위의 확률방정식은 현재 시점 t를 기준으로 아래의 식

$$X_{t+\Delta t} - X_t = a(t, X_t)\, \Delta t + b(t, X_t)\, (B_{t+\Delta t} - B_t)$$

에 $\Delta t \to dt$의 극한을 취한 형태라고 이해될 수 있으며, 이는 실제로 확률적분방정식

$$X_t - X_0 = \int_0^t a(s, X_s)\, ds + \int_0^t b(s, X_s)\, dB_s$$

을 미분방정식의 형태로 표현한 것이다. 여기서 첫 번째 적분 $\int_0^t a(s, X)\, ds$은 일반적인 리만적분이

고, 두 번째 적분 $\int_0^t b(s, X)\, dB_s$은 평균제곱 수렴에 대한 극한으로 정의되는 이토적분이다. 앞서 설

명한 $dB_t = B_{t+dt} - B_t$와 마찬가지로 dX_t는

$$dX_t = X_{t+dt} - X_t$$

로 해석될 수 있으며 dX_t 대신 간단히 dX로 표기하기도 한다.

우리는 앞으로 본 교재에서 확률적분방정식을 나타낼 때,

$$X_t - X_0 = \int_0^t a(s, X_s)\, ds + \int_0^t b(s, X_s)\, dB_s$$

과 동일한 표현식인

$$dX = a(t, X)\, dt + b(t, X)\, dB_t$$

형태의 미분방정식을 사용하겠다. 그리고 이와 같은 형태의 확률미분방정식으로 나타낼 수 있는 확률
과정 $\{X_t\}$을 **이토과정**(Ito process)이라고 부른다.

한편 $a(t, X) = 0$인 경우, 즉 이토과정 $\{X_t\}$가

$$dX = b(X, t)\, dB_t$$

으로 표현되는 경우 모든 $t > 0$에 대하여

$$E\left[\int_0^t b(s, X_s)\, dB_s\right] = 0$$

이므로 다음이 성립한다.

$$E(X_t) = X_0 + E\left[\int_0^t b(s, X_s)\, dB_s\right] = X_0$$

마찬가지로 모든 $t > s > 0$에 대하여

$$E_s\left(X_t\right) = X_s$$

이 성립하므로 $\{X_t\}$는 마팅게일이다.

> *확률미분방정식*
>
> $$dX = a(t, X)\,dt + b(t, X)\,dB_t$$
>
> *은*
>
> $$X_t - X_0 = \int_0^t a(s, X_s)\,ds + \int_0^t b(s, X_s)\,dB_s$$
>
> *을 의미하며 $a(t, X) = 0$인 경우 이토과정 $\{X_t\}$는 마팅게일 확률과정이다.*

참고|

수학전공 대학원 교재에는 $a(t, X)$ 대신 $a(X_t, t)$의 표기를 하는 것이 일반적이다. 이 교재에서 $a(t, X)$라고 표기한 이유는 앞의 변수 t가 $X\,(= X_t)$의 시간을 결정하기 때문이고, 바로 뒤에서 소개할 이토의 보조정리와 5장에서 집중적으로 다룰 블랙 – 숄즈 방정식을 학부생들이 이해하는 데 더 큰 도움을 주기 때문이다. 본 교재에서 $a(X_t, t)$ 대신 $a(t, X)$라는 표현을 사용하는 것은 확률미분방정식 이론을 전개하거나 각종 수식들을 계산하는 데 어떠한 혼동도 가져오지 않는다.

4.20 바슐리에 과정

가장 단순한 이토과정은

$$a(t, X) = \mu, \ \ b(t, X) = \sigma \ (\mu \in \mathbb{R}, \ \sigma > 0)$$

가 모두 상수인 경우이다. 이때의 확률미분방정식

$$dX = \mu\,dt + \sigma\,dB_t$$

은

$$X_t - X_0 = \int_0^t \mu\,ds + \int_0^t \sigma\,dB_s$$

로부터

$$X_t - X_0 = \mu\,(t - 0) + \sigma\,(B_t - B_0)$$

을 얻는다. 즉 X_t는 다음과 같이 표현된다.

$$X_t = X_0 + \mu t + \sigma B_t$$

이를 위의 확률미분방정식의 해(solution) 또는 강해(strong solution)라 부른다. 확률미분방정식의 강해란 확률미분방정식으로 표현된 X_t를 t와 B_t에 대한 명시적인 함수의 형태, 즉

$$X_t = f(t, B_t)$$

의 형태로 표시한 것이다.

확률미분방정식 $dX = \mu\, dt + \sigma\, dB_t$의 형태로 표현되는 이토과정 $\{X_t\}$를 바슐리에 과정 (Bachelier process)이라고 부르기로 한다.

바슐리에 과정의 해 $X_t = X_0 + \mu t + \sigma B_t$는 추세모수가 μ이고 확산모수가 σ인 브라운 운동으로,

$$X_t \sim N(X_0 + \mu t,\ \sigma^2 t)$$

의 분포를 갖는다. 1900년에 바슐리에는 자신의 박사학위 논문에서 금융시장의 가격변동을 이와 같은 추세 $\mu = 0$이고 확산모수 $\sigma > 0$를 갖는 브라운 운동으로 모형화했다. 이는 랜덤워크 모형에 극한을 취한 형태이다. 하지만 바슐리에 모형에서 주가는 정규분포를 따르므로 이론적으로 0 이하의 값을 취할 수 있지만 현실 세계에서는 이와 같은 일은 일어날 수 없다. 이에 대해 1960년대 초반 새뮤얼슨 등의 경제학자들은 주식 가격이 무작위적인 양만큼 상승하거나 하락하는 것이 아니라, 무작위적인 비율만큼 상승하거나 하락하는 걸로 바슐리에의 모형을 약간 수정하였다. 이로부터 주가는 음의 값을 취할 수 없을 뿐더러 높은 가격에서 1기간 주가의 변동 액수가 낮은 가격에서의 변동 액수보다 크게 되므로 현실에서의 주가의 움직임과 더욱 근접한 모형이 된다. 이와 같이 새뮤얼슨 등에 의하여 수정된 바슐리에의 모형은 주가에 로그함수를 취한 값이 랜덤워크의 극한으로 표시된다는 말과 같으며, 3장의 **3.3**에서 우리가 사용한 주가모형과 동일하다.

4.21 주가모형

여기서 우리는 **3.3**에서 사용한 무배당 주식에 대한 주가의 이항과정을 통하여 주가의 확률미분방정식을 도출하고자 한다. 폐구간 $[0, T]$의 균등 분할

$$0 = t_0 < t_1 < t_2 < \cdots < t_n = T,\ \ t_k - t_{k-1} = T/n = \Delta_n,\ \ t_k = \frac{k}{n}T$$

의 t_k 시점에서 주가 S_k는 이전의 모든 시점과 독립적으로 다음 시점 t_{k+1}에서 $S_k u$로 오르거나 $S_k d$로 내린다고 가정하고 이때 확률은 각각 p, $1 - p$라고 하자. **3.3**에서와 마찬가지로 $u > 1, 0 < d < 1$ 그리고 p는 시점과 관계없이 동일한 상수라고 가정한다.

이제 각 $1 \le k \le n$에 대해서 확률변수 X_k를

$$X_k = \Delta(\ln S_k) = \ln S_k - \ln S_{k-1}$$

이라 정의하면 $X_1, X_2, \cdots, X_n$은 $i.i.d.$이고 정의에 따라서 X_k의 기댓값과 분산은 분할된 소구간의 길이 $\Delta_n = t_k - t_{k-1}$에 정비례한다. 그러므로 적당한 양의 실수 μ와 σ에 대하여

$$E(X_k) = \mu\Delta_n \text{ 그리고 } Var(X_k) = \sigma^2\Delta_n$$

이라 놓을 수 있다. 이때

$$W_k = \sum_{i=1}^{k} \frac{X_i - \mu\Delta_n}{\sigma}$$

라 정의하면

$$W_k \sim (0,\, k\Delta_n)$$

이다. 또한 정의로부터의 확률분포

$$\frac{X_k - \mu\Delta_n}{\sigma} = W_k - W_{k-1} = \Delta W_k \sim (0,\, \Delta_n)$$

로부터 다음 식

$$X_k = \mu\Delta_n + \sigma\Delta W_k$$

즉

$$\ln\frac{S_k}{S_{k-1}} = \mu\Delta_n + \sigma\Delta W_k$$

이 성립한다. 여기서

$$\ln\frac{S_k}{S_{k-1}} = \ln\left(1 + \frac{S_k - S_{k-1}}{S_{k-1}}\right) = \ln\left(1 + \frac{\Delta S_k}{S_{k-1}}\right)$$

이므로 위 식은

$$\ln\left(1 + \frac{\Delta S_k}{S_{k-1}}\right) = \mu\Delta_n + \sigma\Delta W_k$$

이다. $\lim_{x \to 0} \frac{\ln(1+x)}{x} = 1$로부터 $x > 0$가 아주 작을 때 근사식 $\ln(1+x) \approx x$가 성립하므로

$$\frac{\Delta S_k}{S_{k-1}} \approx \ln\left(1 + \frac{\Delta S_k}{S_{k-1}}\right) = \mu\Delta_n + \sigma\Delta W_k$$

이다. 이제 $n \to \infty$ 의 극한을 취하면 $\Delta_n \to dt$ 그리고 $\ln\left(1 + \dfrac{\Delta S_k}{S_{k-1}}\right) \to \dfrac{dS}{S}$ 가 성립하며, 또한 중심극

한정리에 의해서

$$\Delta W_k \to dB_t$$

이다. 그러므로 우리는 연속시간과정에서 주가 S의 확률미분방정식을 아래와 같이 얻는다.

$$\frac{dS}{S} = \mu \, dt + \sigma \, dB_t$$

그리고 위 식을 다음과 같이 표시할 수 있다.

$$dS = \mu S \, dt + \sigma S \, dB_t$$

$\dfrac{S_k}{S_{k-1}}$ 가 이항과정을 따르고, $\ln S_k - \ln S_{k-1}$의 평균과 분산이 각각 $\mu(t_k - t_{k-1})$,

$\sigma^2(t_k - t_{k-1})$ 일 때, 극한 $(t_k - t_{k-1}) \to dt$ 를 취하면 $S = S_t$의 확률미분방정식 $dS = \mu S \, dt + \sigma S \, dB_t$ 를 얻는다.

주가의 확률미분 방정식

$$dS = \mu S \, dt + \sigma S \, dB_t$$

은 1960년대 초반에 등장하여 1960년대 중반 새뮤얼슨에 의하여 널리 알려진 것으로 1973년 블랙 – 숄즈의 옵션가격 논문에서도 주가의 움직임을 이 방정식을 사용해서 묘사했다. 지금도 여전히 가장 많이 사용되는 방정식이다. 여기서 상수 μ와 σ는 **3.4**에서 도출한 실제 세계 주가의 확률분포

$$\ln S_t \sim N\left(\ln S_0 + (\mu - \sigma^2/2)t \,,\, \sigma^2 t\right)$$

에서와 동일한 μ와 σ로 각각 주식의 기대수익률과 변동성을 의미한다.

한편 확률미분 방정식 $dS = \mu S \, dt + \sigma S \, dB_t$의 해 $S = S_t$를 구하려면 이토의 보조정리가 필요하다. 이토의 보조정리는 확률미분방정식에서 가장 기본적이고 중요한 정리이고, 금융에서도 필수적으로 쓰이는 중요한 개념이다. 특히 이토의 보조정리는 기초자산의 확률미분방정식으로부터 파생상품의 확률미분방정식을 얻는 데 결정적으로 사용된다.

4. 이토의 보조정리

확률미분방정식

$$dX_t = a(t, X)\, dt + b(t, X)\, dB_t$$

은 **4.19**에서 설명한 것과 같이 적분방정식

$$X_t - X_0 = \int_0^t a(s, X)\, ds + \int_0^t b(s, X)\, dB_s$$

을 의미하고, 여기서 $\int_0^t b(s, X)\, dB_s$ 은 평균제곱 수렴에 대한 극한으로 정의되는 이토적분이다. 따라서 확률미분방정식의 해를 구하는 것은 이토적분을 계산하는 문제로 귀결된다. 하지만 바슐리에 과정에서와 같이 dB_t 의 계수가 상수인 경우를 제외하고는 이토적분을 계산에 의하여 구하는 것은 일반적으로 매우 어렵다. 게다가 앞서 **4.18**의 예

$$\int_0^T B_t(\omega)\, dB_t(\omega) \neq \frac{1}{2} B_T(\omega)^2$$

에서 보였다시피 이토적분을 계산할 때는 고전 미적분에서의 연쇄법칙에서 유래된 치환적분을 사용할 수 없다. 미적분학의 연쇄법칙은 이토적분으로 대체되는데, 이토의 보조정리는 고전미적분학의 연쇄법칙과 치환적분에 해당하는 확률미적분의 기본공식이다. 이토의 보조정리를 소개하기에 앞서 일반 미적분학에서 테일러급수 전개식을 먼저 살펴보겠다.

4.22 테일러급수

실수의 부분집합 I 에서 정의된 함수 f 에 대하여 f 의 n 계 도함수 $f^{(n)}$ 이 존재하고 또한 $f^{(n)}$ 이 연속일 때 f 를 C^n 함수 또는 C^n 클래스 함수(function of class C^n)라고 부르고 $f \in C^n(I)$ 로 나타낸다.

함수 f 가 $f \in C^{n+1}([x, x + \Delta x])$일 때 적당한 $w \in (x, x + \Delta x)$ 가 존재하여

$$f(x + \Delta x) = \sum_{k=0}^n \frac{f^{(k)}(x)}{k!} (\Delta x)^k + \frac{f^{(n+1)}(w)}{(n+1)!} (\Delta x)^{n+1}$$

이 성립함이 알려져 있다. 이를 테일러급수 전개식 또는 테일러 정리(Taylor theorem)라고 부른다. 이 경우 Δx 의 n차 식

$$\sum_{k=0}^n \frac{f^{(k)}(x)}{k!} (\Delta x)^k$$

를 $f(x + \Delta x)$ 에 대한 n차 테일러 다항식이라 하고 Δx의 $(n+1)$차 식

$$\frac{f^{(n+1)}(w)}{(n+1)!}(\Delta x)^{n+1}$$

을 나머지(Remainder) 또는 오차항이라고 부른다.

한편 $f \in C^n([x, x + \Delta x])$인 경우에도 $f(x + \Delta x)$를 n차 테일러 다항식 $\sum_{k=0}^{n} \dfrac{f^{(k)}(x)}{k!}$

$(\Delta x)^k$으로 근사시킬 수 있다. 하지만 이때의 오차항 $o(|\Delta x|^n)$은 Δx의 $(n+1)$차 식은 아니지만

$$\lim_{\Delta x \to 0} \frac{o(|\Delta x|^n)}{|\Delta x|^n} = 0$$

을 만족한다.

만일 $F(x, y)$가 $\mathbb{R}^2$의 부분집합에서 정의된 2변수함수인 경우 F의 모든 n계 편도함수가 존재하고 또 연속일 때 F를 C^n 클래스 함수라고 부른다. 2변수함수 F가 C^2 클래스 함수인 경우 $F(x + \Delta x, y + \Delta y)$의 2차 테일러급수 전개식은 다음과 같다.

$$F(x + \Delta x, y + \Delta y) = F(x, y) + \frac{\partial F}{\partial x}(x, y)\Delta x + \frac{\partial F}{\partial y}(x, y)\Delta y$$

$$+ \frac{1}{2}\left(\frac{\partial^2 F}{\partial x^2}(x, y)(\Delta x)^2 + 2\frac{\partial^2 F}{\partial x \partial y}(x, y)\Delta x \Delta y + \frac{\partial^2 F}{\partial y^2}(x, y)(\Delta y)^2 \right) + R_2(x, y)$$

여기서 $R_2(x, y)$는 오차항을 나타낸다. 마찬가지의 방식으로 C^n 클래스 함수 $F(x, y)$에 대한 n차 테일러급수 전개식을 나타낼 수 있다.

이제 이토의 보조정리를 소개한다.

4.23 정리(이토의 보조정리 1 ; Ito's Lemma)

확률과정 $X = X_t$가

$$dX = a(t, X)\,dt + b(t, X)\,dB_t$$

를 만족하고 확률과정 $Y = Y(X)$가 X의 C^2 클래스 함수로 주어졌을 때

$$dY = Y'(X)\,dX + \frac{1}{2}Y''(X)\,b(t, X)^2\,dt$$

이다. 이를 풀어서 확률미분방정식의 형태로 정리하면

$$dY = \left(Y'(X)a(t, X) + \frac{1}{2}Y''(X)b(t, X)^2 \right)dt + Y'(X)b(t, X)\,dB_t$$

이다.

일반 미적분에서는 $Y = Y(X)$가 X의 C^2 함수인 경우 $dY = Y'(X)dX$가 성립한다.

이토의 보조정리는 확률과정 $X = X_t$가 확률미분방정식

$$dX = a(t, X)\,dt + b(t, X)\,dB_t$$

를 만족할 때 Y의 미분(differential) dY의 표현식에 일반적인 $dY = Y'(X)dX$가 아니라 여기에 더해지는 추가항

$$\frac{1}{2}\,Y''(X)\,b(t, X)^2\,dt$$

가 있다는 것을 뜻한다. 그 이유는 Y의 증분을 2차 테일러 다항식으로 전개하고 극한을 취할 때

$$(dB_t)^2 = dt$$

가 성립하기 때문이다.

증명 |

테일러급수 전개식에 의해서

$$Y(X + \Delta X) = Y(X) + Y'(X)\Delta X + \frac{1}{2}\,Y''(X)\,(\Delta X)^2 + \cdots$$

이 성립한다. 이제 $\Delta Y = Y(X + \Delta X) - Y(X)$라 놓으면 위 식은

$$\Delta Y = Y'(X)\Delta X + \frac{1}{2}\,Y''(X)\,(\Delta X)^2 + \cdots$$

이다. 이제 $\Delta X \to dX$의 극한을 취하면 $\Delta Y \to dY$이고

$$(\Delta X)^2 \to (dX)^2 = \left(a(t, X)\,dt + b(t, X)\,dB_t\right)^2$$

이다. 이제 앞의 **4.17**에서 설명한 연산식

$$dt\,dt = 0,\ \ dt\,dB_t = dB_t\,dt = 0,\ \ dB_t\,dB_t = dt$$

를 사용하면

$$(\Delta X)^2 \to (dX)^2 = \left(a(t, X)\,dt + b(t, X)\,dB_t\right)^2 = b(t, X)^2\,dt$$

이다. 그러므로

$$dY = Y'(X)\,dX + \frac{1}{2}\,Y''(X)b(t, X)^2\,dt$$

가 성립한다. 이제 여기에 $dX = a(t, X)\,dt + b(t, X)\,dB_t$를 넣고, dt와 dB_t에 대한 식으로 정리

하면

$$dY = \left(Y'(X)\,a(t,\,X) + \frac{1}{2}\,Y''(X)\,b(t,\,X)^2 \right) dt + Y'(X) b(t,\,X)\,dB_t$$

를 얻는다.

4.24 예

(1) $Y_t = B_t^2$ 일 때 dY 를 구하자.

이 경우는

$$X = X_t = B_t,\ Y = X^2$$

에 해당되므로

$$dX = dB_t,\ Y'(X) = 2X,\ Y''(X) = 2$$

이다. 이토의 보조정리에 의하여

$$dY = Y'(X)dX + \frac{1}{2} Y''(X)\,dt$$

즉

$$dY = 2B_t\,dB_t + dt$$

또는

$$dY = dt + 2\sqrt{Y}\,dB_t$$

이다. 한편 $dY = 2B_t\,dB_t + dt$ 의 양변을 적분하면

$$\int_0^t dY_s = 2\int_0^t B_s\,dB_s + \int_0^t ds$$

을 얻고, 이로부터

$$Y_t - Y_0 = 2\int_0^t B_s\,dB_s + t$$

이고 여기에 $Y_t = B_t^2$ 과 $Y_0 = 0$ 을 대입하고 정리하면 $B_t^2 = 2\int_0^t B_s\,dB_s + t$ 가 되어서

$$\int_0^t B_s\,dB_s = \frac{1}{2}B_t^2 - \frac{1}{2}t$$

를 얻고, 이는 앞서 **4.18**에서 이토적분의 정의를 사용해서 계산한 결과와 일치한다.

(2) $Y_t = B_t^3$일 때 dY를 구하자.

이 경우는

$$X = X_t = B_t, Y = X^3$$

에 해당되므로

$$dX = dB_t \ , \ Y'(X) = 3X^2, \ Y''(X) = 6X$$

이다. 이토의 보조정리에 의하여

$$dY = Y'(X)dX + \frac{1}{2}Y''(X)dt = 3X^2 dX + 3X dt$$

즉

$$dY = 3B_t^2 dB_t + 3B_t dt = 3\sqrt[3]{Y}dt + 3 Y^{2/3}dB_t$$

이다. 한편 $dY = 3B_t^2 dB_t + 3B_t dt$의 양변을 적분하면

$$Y_t - Y_0 = 3\int_0^t B_s^2 \, dB_s + 3\int_0^t B_s \, ds$$

이고, 여기에 $Y_t = B_t^3$과 $Y_0 = 0$을 대입하고 정리하면

$$\int_0^t B_s^2 \, dB_s = \frac{1}{3}B_t^3 - \int_0^t B_s \, ds$$

를 얻는다.

4.25 예

확률과정 $\{X_t\}$가 **4.20**에서 정의한 바슐리에 과정의 확률미분방정식

$$dX = \mu\, dt + \sigma\, dB_t$$

를 만족한다고 가정하고,

$$Y = e^X$$

일 때 이토의 보조정리를 이용해서 dY를 구하자. 이 경우 $a(t, X) = \mu, \ b(t, X) = \sigma$
이므로

$$dY = Y'(X)\,dX + \frac{1}{2}\,Y''(X)b(t,X)^2 dt$$

이고

$$Y'(X) = Y''(X) = e^X = Y(X)$$

이므로

$$dY = e^X(\mu\,dt + \sigma\,dB_t) + \frac{1}{2}e^X\sigma^2 dt$$

$$= e^X(\mu + \sigma^2/2)\,dt + e^X\sigma\,dB_t$$

$$= (\mu + \sigma^2/2)\,Y\,dt + \sigma\,Y\,dB_t$$

또는

$$\frac{dY}{Y} = \left(\mu + \frac{\sigma^2}{2}\right)dt + \sigma\,dB_t$$

가 성립한다. 한편 $dX = \mu\,dt + \sigma\,dB_t$ 는 $t > 0$에 대하여

$$X_t \sim N(X_0 + \mu t,\ \sigma^2 t)$$

를 의미하므로 확률변수 $Y_t = e^{X_t}$는 다음과 같이 로그정규분포를 따른다.

$$\ln Y_t \sim N(X_0 + \mu t,\ \sigma^2 t)$$

또한 우리는 이때의 $Y = Y_t$가 확률미분방정식

$$\frac{dY}{Y} = \left(\mu + \frac{\sigma^2}{2}\right)dt + \sigma\,dB_t$$

을 만족함을 보였다.

4.26 주가의 확률분포

이제 앞서 **4.21**에서 얻은 무배당 주식에 대한 주가의 확률미분방정식

$$dS = \mu S\,dt + \sigma S\,dB_t$$

의 해 $S = S_t$를 구하자. 이토의 보조정리를 사용하기 위하여

$$Y = \ln S$$

라 놓으면

$$Y'(S) = 1/S \text{이고 } Y''(S) = -1/S^2$$

이다. 이제

$$a(t, S) = \mu S, \ b(t, S) = \sigma S$$

에 대한 이토의 보조정리를 사용하면 다음을 얻는다.

$$dY = Y'(S)\,dS + \frac{1}{2}\,Y''(S)\,(\sigma S)^2\,dt$$

$$= \frac{1}{S}(\mu S\,dt + \sigma S\,dB_t) + \frac{1}{2}\left(-\frac{1}{S^2}\right)\sigma^2 S^2\,dt$$

$$= (\mu - \sigma^2/2)\,dt + \sigma\,dB_t$$

즉 위의 결과에 의하면 $Y = \ln S$일 때, dY는 다음과 같다.

$$dY = (\mu - \sigma^2/2)\,dt + \sigma\,dB_t$$

여기서 μ, σ는 상수이므로 확률과정 $Y = Y_t$는 바슐리에 과정이고, 따라서 **4.20**에서 보인 것과 같이 다음이 성립한다.

$$Y_t = Y_0 + (\mu - \sigma^2/2)\,t + \sigma B_t$$

즉

$$\ln S_t = \ln S_0 + (\mu - \sigma^2/2)\,t + \sigma B_t$$

이므로 확률미분방정식 $dS = \mu S\,dt + \sigma S\,dB_t$의 해 S_t는 다음과 같다.

$$S_t = S_0 e^{(\mu - \sigma^2/2)t + \sigma B_t}$$

그리고 $\ln S_t = \ln S_0 + (\mu - \sigma^2/2)\,t + \sigma B_t$로부터, S_t는

$$\ln S_t \sim N(\ln S_0 + (\mu - \sigma^2/2)t, \ \sigma^2 t)$$

의 분포를 가짐을 확인하였고 이는 **3.4**에서 얻은 주가의 확률분포와 동일하다. 또한 $0 < u < t$에 대하여

$$\ln S_t - \ln S_u = (\mu - \sigma^2/2)t + \sigma B_t - (\mu - \sigma^2/2)u - \sigma B_u$$

$$\overset{d}{=} (\mu - \sigma^2/2)(t - u) + \sigma B_{t-u}$$

이므로

$$\ln S_t - \ln S_u \sim N\big((\mu - \sigma^2/2)(t-u),\, \sigma^2(t-u)\big)$$

이 성립하고 따라서 $\ln S_t - \ln S_u$ 의 표준편차가 $\sigma\sqrt{t-u}$ 임을 알 수 있고, 이는 **3.4**에서 언급한 바와 같이 실제의 시장 데이터로부터 변동성 σ 를 추정하는 데 필수적인 성질이다.

또한 **3.4**에서 언급한 것을 되풀이하면 S_t 의 확률분포 $\ln S_t \sim N(\ln S_0 + (\mu - \sigma^2/2)t,\, \sigma^2 t)$ 로부터 S_t 의 기댓값과 분산을 구할 수 있다. 우리는 2장의 **2.13**에서

$$\ln Y \sim N(a, b^2)$$

인 경우

$$E(Y) = e^{a + b^2/2},\ \ Var(Y) = e^{2a + b^2}(e^{b^2} - 1)$$

임을 보였다. 여기에

$$a = \ln S_0 + (\mu - \sigma^2/2)t,\, b^2 = \sigma^2 t$$

를 대입해서 정리하면

$$E(S_t) = S_0\, e^{\mu t}$$

이고

$$Var(S_t) = S_0^2\, e^{2\mu t}\, (e^{\sigma^2 t} - 1)$$

임을 알 수 있다. 특히 $E(S_t) = S_0\, e^{\mu t}$ 로부터 μ 는 정의대로 S_t 의 연속복리 기준 기대수익률임을 확인할 수 있다. 한편 위험중립 세계에서는 무배당 주식에 대한 주가의 확률분포가

$$\ln S_t \sim N(\ln S_0 + (r - \sigma^2/2)t,\, \sigma^2 t)$$

이므로 위험중립 세계에서 주가의 확률미분방정식은 실제 세계에서 주가의 확률미분방정식에서 μ 를 r 로 대체한 식

$$dS = rS\, dt + \sigma S\, dB_t$$

으로 주어진다.

> 주가 S_t 의 변동성이 σ 라 하면 $t > u$ 에 대하여 $\ln S_t - \ln S_u$ 의 표준편차는 $\sigma\sqrt{t-u}$ 이다. 이를 이용하여 과거 $\ln S_t - \ln S_u$ 데이터의 표준편차로부터 변동성 σ 를 추정할 수 있다. 또한, 위험중립 세계에서 무배당 주식의 주가는 $dS = rS\, dt + \sigma S\, dB_t$ 를 따른다.

4.27 전미분

앞서 **4.22**에서 설명했듯이 F가 실수 $x,\ y$의 C^2 함수일 때, 테일러 전개식에 의해서

$$\Delta F = \frac{\partial F}{\partial x}\Delta x + \frac{\partial F}{\partial y}\Delta y + \frac{1}{2}\left(\frac{\partial^2 F}{\partial x^2}(\Delta x)^2 + 2\frac{\partial^2 F}{\partial x \partial y}\Delta x \Delta y + \frac{\partial^2 F}{\partial y^2}(\Delta y)^2\right)+\cdots$$

가 성립한다. 여기서

$$\Delta x \to dx, \quad \Delta y \to dy$$

의 극한을 취하면 $\Delta F \to dF$이고

$$(\Delta x)^2 \to 0, \quad \Delta x \Delta y \to 0, \quad (\Delta y)^2 \to 0$$

이므로 다음 결과를 얻는다.

$$dF = \frac{\partial F}{\partial x}dx + \frac{\partial F}{\partial y}dy$$

이를 함수 F의 전미분(total differential)이라고 한다. 전미분을 사용하면 두 변수 x와 y에 작은 변화량이 발생할 때, 이에 따라 발생하는 함수 F의 변화량의 근삿값을 구할 수 있기 때문에 전미분은 수리과학과 경제학에서 중요하게 사용된다. 전미분의 이용에 대한 간단한 예를 들자면 다음과 같다. 직사각형의 두 변의 길이를 잰 결과 각각 5.3cm와 12cm를 얻었고 각각 최대 0.1cm의 측정오차가 발생한다면 직사각형의 면적을 계산할 때 발생할 수 있는 최대오차를 구할 수 있다. 직사각형의 두 변을 $x,\ y$라 하면 면적 F는 $F = xy$이다. 따라서 F의 전미분은

$$dF = \frac{\partial F}{\partial x}dx + \frac{\partial F}{\partial y}dy = y\,dx + x\,dy$$

이고 여기에 $x = 5.3$, $y = 12$, $dx = dy = 0.1$을 대입하면 구하고자 하는 최대오차는 다음과 같이 얻어진다.

$$dF = 12 \times 0.1 + 5.3 \times 0.1 = 1.73(\text{cm}^2)$$

$X = X_t$가 이토과정으로 표현된 확률변수이고, $Y = Y_t$가 시간 t와 확률과정 X_t에 대한 함수일 때 $Y = Y_t$ 또한 이토과정이다. 이때 dY에 대한 표현식은 $(dB_t)^2 = dt$라는 성질 때문에 일반적인 2변수 함수의 전미분과는 다른 식이 된다. 이제 소개할 이토의 보조정리(**정리 4.28** 참조)는 2변수 함수의 전미분을 대체한 것으로 해석될 수 있다.

금융기초자산의 가격을 나타내는 확률과정 $X = X_t$가 확률미분방정식

$$dX_t = a(t,\ X)\,dt + b(t,\ X)\,dB_t$$

을 만족할 때, 파생상품의 가격 Y는 내재가치와 시간가치로 이루어지고 따라서 항상 기초자산의 가격 X와 시간 t의 함수이다. 그러므로 이토의 보조정리는 기초자산 가격 X의 확률미분방정식과 파생상품 가격 Y의 확률미분방정식을 이어주는 가교 역할을 한다. 2변수 이토 보조정리의 증명은 1변수 이토보조정리의 증명에 2변수 테일러 전개식을 이용한 것으로서 앞의 증명과 마찬가지로 연산식

$$dt\,dt = 0, \quad dt\,dB_t = dB_t\,dt = 0, \quad dB_t\,dB_t = dt$$

으로부터 다음과 같은 곱의 연산 테이블을 얻을 수 있다.

	dt	$a(t, X)\,dt + b(t, X)\,dB_t$
dt	0	0
$a(t, X)\,dt + b(t, X)\,dB_t$	0	$b(t, x)^2 dt$

또는

	dt	dX_t
dt	0	0
dX_t	0	$b(t, x)^2 dt$

4.28 정리(이토의 보조정리 2 ; Ito's Lemma)

확률과정 $X = X_t$가 확률미분방정식

$$dX_t = a(t, X)\,dt + b(t, X)\,dB_t$$

를 만족하고

$$Y = Y(t, X)$$

가 X와 t의 C^2 함수일 때

$$dY = \frac{\partial Y}{\partial t}\,dt + \frac{\partial Y}{\partial X}\,dX + \frac{1}{2}\frac{\partial^2 Y}{\partial X^2}b(t, X)^2 dt$$

이다. 이를 풀어서 확률미분방정식의 형태로 정리하면

$$dY = \left(\frac{\partial Y}{\partial t} + \frac{\partial Y}{\partial X}a(t, X) + \frac{1}{2}\frac{\partial^2 Y}{\partial X^2}b(t, X)^2\right)dt + \frac{\partial Y}{\partial X}b(t, X)\,dB_t$$

이다.

증명 |

변수 t, X에 대한 Y의 2차 테일러 전개식을 이용하면

$$\Delta Y = \frac{\partial Y}{\partial t}\Delta t + \frac{\partial Y}{\partial X}\Delta X + \frac{1}{2}\left(\frac{\partial^2 Y}{\partial t^2}(\Delta t)^2 + 2\frac{\partial^2 Y}{\partial t\partial X}\Delta t\Delta X + \frac{\partial^2 Y}{\partial X^2}(\Delta X)^2\right) + \cdots$$

이다. 여기서

$$\Delta t \to dt, \ \Delta X \to dX$$

의 극한을 취하고

$$dt\,dt = 0, \ dt\,dB_t = dB_t\,dt = 0, \ dB_t\,dB_t = dt$$

로부터 얻어지는 다음 곱의 연산식

	dt	dX_t
dt	0	0
dX_t	0	$b(t,x)^2 dt$

을 이용하면

$$dY = \frac{\partial Y}{\partial t}dt + \frac{\partial Y}{\partial X}dX + \frac{1}{2}\frac{\partial^2 Y}{\partial X^2}b(t,X)^2 dt$$

를 얻는다. 이제 여기에 $dX_t = a(t,X)dt + b(t,X)dB_t$ 를 넣고, dt 와 dB_t 에 대한 식으로 정리하면

$$dY = \left(\frac{\partial Y}{\partial t} + \frac{\partial Y}{\partial X}a(t,X) + \frac{1}{2}\frac{\partial^2 Y}{\partial X^2}b(t,X)^2 \right)dt + \frac{\partial Y}{\partial X}b(t,X)dB_t$$

를 얻는다. ■

기초자산 가격의 확률미분방정식이 $dX_t = a(t,X)dt + b(t,X)dB_t$ 로 주어질 때, 이토의 보조 정리에 의하면 파생상품의 가격 $Y = Y(t,X)$ 의 확률미분방정식은 다음과 같다.

$$dY = \left(\frac{\partial Y}{\partial t} + \frac{\partial Y}{\partial X}a(t,X) + \frac{1}{2}\frac{\partial^2 Y}{\partial X^2}b(t,X)^2 \right)dt + \frac{\partial Y}{\partial X}b(t,X)dB_t$$

4.29 예

(1) $Y = t + 1 + e^{B_t}$ 일 때 dY 를 구하자.

이 경우는

$$X_t = B_t, \ \text{즉} \ dX = dB_t$$

그리고 $Y = t + 1 + e^X$ 로부터

$$\frac{\partial Y}{\partial t} = 1, \quad \frac{\partial Y}{\partial X} = \frac{\partial^2 Y}{\partial X^2} = e^X$$

에 해당되므로 2변수 이토의 보조정리를 사용하면

$$dY = \frac{\partial Y}{\partial t} dt + \frac{\partial Y}{\partial X} dX + \frac{1}{2} \frac{\partial^2 Y}{\partial X^2} dt$$

$$= dt + e^X dX + \frac{1}{2} e^X dt$$

즉

$$dY = \left(1 + \frac{1}{2} e^{B_t}\right) dt + e^{B_t} dB_t$$

이다.

(2) $Y = t B_t$ 일 때 dY를 구하자.

이 경우는

$$X_t = B_t, \ \text{즉} \ dX = dB_t$$

그리고 $Y = t X$로부터

$$\frac{\partial Y}{\partial t} = X, \quad \frac{\partial Y}{\partial X} = t, \quad \frac{\partial^2 Y}{\partial X^2} = 0$$

에 해당되므로 2변수 이토의 보조정리를 사용하면 다음과 같다.

$$dY = \frac{\partial Y}{\partial t} dt + \frac{\partial Y}{\partial X} dX + \frac{1}{2} \frac{\partial^2 Y}{\partial X^2} dt$$

$$= X dt + t dX$$

$$= B_t dt + t dB_t$$

이와 같이 $\frac{\partial^2 Y}{\partial X^2} = 0$인 경우에 dY는 일반 미적분학에서의 전미분과 동일하다.

4.30 예

(1) 주가 S가 확률미분방정식

$$dS = \mu S\,dt + \sigma S\,dB_t$$

를 따르는 주식에 대한 유러피언 콜옵션의 가격 $c = c(t, S)$는 주가 S와 시간 t의 함수이며 내재가치와 시간가치로 이루어지고

$$a(t, S) = \mu S, \;\; b(t, S) = \sigma S$$

에 해당하는 경우이므로 이토의 보조정리 **4.28**에 의해서

$$dc = \frac{\partial c}{\partial t}\,dt + \frac{\partial c}{\partial S}\,dS + \frac{1}{2}\frac{\partial^2 c}{\partial S^2}\sigma^2 S^2\,dt$$

를 얻고 여기에 $dS = \mu S\,dt + \sigma S\,dB_t$를 대입하면

$$dc = \left(\frac{\partial c}{\partial t} + \mu S\frac{\partial c}{\partial S} + \frac{1}{2}\sigma^2 S^2 \frac{\partial^2 c}{\partial S^2} \right)dt + \sigma S\,\frac{\partial c}{\partial S}\,dB_t$$

를 얻는다. 이와 같이 이토의 보조정리는 주가의 확률미분방정식으로부터 옵션 가격의 확률미분방정식에 대한 표현이 가능하게 한다. 이 식은 옵션의 가격을 구하기 위한 블랙 – 숄즈 방정식을 유도하는 데 결정적으로 쓰인다. ■

(2) 중간 무소득 투자자산의 현재 가격을 S_0 달러, 만기까지의 연수를 T, 무위험 이자율을 r, 그리고 현재의 선도가격을 F_0라 할 때, F_0와 S_0 간에는

$$F_0 = S_0 e^{rT}$$

의 관계가 성립한다. 마찬가지로 t 시점에서 기초자산의 가격과 선도가격을 각각 $S = S_t$, $F = F_t$라 하자. 이때 S와 F 사이에는

$$F = Se^{r(T-t)}$$

의 관계식이 성립한다. 이 식으로부터 다음을 얻는다.

$$\frac{\partial F}{\partial t} = -rS^{r(T-t)}, \frac{\partial F}{\partial S} = e^{r(T-t)}, \frac{\partial^2 F}{\partial S^2} = 0$$

이제 $dS = \mu S\,dt + \sigma S\,dB_t$를 가정하고 이토의 보조정리를 사용하면 다음과 같다.

$$dF = \frac{\partial F}{\partial t}\,dt + \frac{\partial F}{\partial S}\,dS + \frac{1}{2}\frac{\partial^2 F}{\partial S^2}\,\sigma^2 S^2\,dt$$

$$= -rS^{r(T-t)}\,dt + e^{r(T-t)}\,dS$$

여기에 $dS = \mu S\,dt + \sigma S\,dB_t$ 과 $F = Se^{r(T-t)}$ 를 대입하면 다음 식을 얻는다.

$$dF = (\mu - r)F\,dt + \sigma F\,dB_t$$

이로부터 주가와 마찬가지로 선도가격도 기하 브라운 운동을 따름을 알 수 있다. 이로부터 선도가격은 μ가 아니라 $\mu - r$의 기대성장률을 갖는 반면 주가와 선도가격의 변동성은 동일함을 알 수 있다.

$S = S_t$가 연속복리 수익률 q의 수익을 제공하는 투자자산의 가격으로 확률미분방정식 $dS = (\mu - q)S\,dt + \sigma S\,dB_t$를 만족하는 경우에도 S와 F 사이의 등식 $F = Se^{(r-q)(T-t)}$ 에 이토의 보조정리를 사용하면 위와 동일한 $dF = (\mu - r)F\,dt + \sigma F\,dB_t$을 얻음을 확인할 수 있다. (자세한 것은 5장의 **5.10** 참조)　■

(3) 이토의 보조정리를 이용하여 $E\left(B_t^6\right)$을 구하고자 한다.

$X_t = B_t$ 그리고 $Y = X^6$ 이라 놓으면 이토의 보조정리(**4.23** 참조)에 의하여 다음을 얻는다.

$$dY = 6X^5\,dX + 15X^4\,dt$$

즉

$$Y_t - Y_0 = \int_0^t 6B_s^5\,dB_s + \int_0^t 15B_s^4\,ds \text{ 를 얻고 } Y_0 = 0$$

과 $E\left[\displaystyle\int_0^t 6B_s^5\,dB_s\right] = 0$ 으로부터 (**4.19** 참조)

$$E(Y_t) = E\left[\int_0^t 15B_s^4\,ds\right] = \int_0^t 15\,E\left(B_s^4\right)ds$$

을 얻게 되고 $E\left(B_s^4\right) = 3s^2$ 으로부터 (**정리 4.17**의 증명 참조)

$$E\left(B_t^6\right) = 15\int_0^t 3s^2\,ds = 15t^2$$

을 얻는다.　■

4.31 Ornstein-Uhlenbeck 과정

$X = X_t$ 가 확률미분방정식

$$dX = cX dt + \sigma dB_t \ (c, \sigma \text{는 상수}, \sigma > 0)$$

을 만족할 때, 확률과정 $\{X_t\}$ 을 Ornstein-Uhlenbeck 과정이라고 한다. 이때 위의 확률미분방정식의 해 X_t 를 이토의 보조정리를 통해서 다음과 같이 구할 수 있다.

$Y = Y_t$ 를

$$Y = e^{-ct} X$$

라 정의하면 $X_0 = Y_0$ 이고 다음 식이 성립한다.

$$\frac{\partial Y}{\partial t} = -ce^{-ct} X, \quad \frac{\partial Y}{\partial X} = e^{-ct}, \quad \frac{\partial^2 Y}{\partial X^2} = 0$$

이토의 보조정리를 사용하면

$$dY = \frac{\partial Y}{\partial t} dt + \frac{\partial Y}{\partial X} dX + \frac{1}{2} \frac{\partial^2 Y}{\partial X^2} \sigma^2 dt$$

$$= -ce^{-ct} X dt + e^{-ct} (cX dt + \sigma dB_t)$$

따라서

$$dY = \sigma e^{-ct} dB_t$$

이고 이를 적분으로 표시하면

$$Y_t - Y_0 = \int_0^t \sigma e^{-cs} dB_s$$

를 얻고 여기에 원식 $Y_t = e^{-ct} X_t$ 를 대입해서 X_t 에 대하여 정리하면 다음을 얻는다.

$$X_t = e^{ct} X_0 + \sigma e^{ct} \int_0^t e^{-cs} dB_s$$

이때 적분은 이토 적분을 의미한다. 이제 **4.16**에 의하면

$$\int_0^t e^{-cs} dB_s \sim N\left(0, \int_0^t e^{-2cs} ds\right)$$

즉

$$\int_0^t e^{-cs} dB_s \sim N\left(0, \frac{1}{2c}(1 - e^{-2ct})\right)$$

이 성립하므로 X_t의 확률분포는 다음과 같다.

$$X_t \sim N\left(e^{ct} X_0,\ \frac{\sigma^2}{2c}(e^{2ct} - 1)\right)$$

Ornstein - Uhlenbeck 과정의 확률미분방정식

$$dX = c\,X\,dt + \sigma\,dB_t$$

에서 상수 c를 음수라 놓고, 적당한 상수 μ에 대하여 $X_t = r_t - \mu$라 하고, $\alpha = -c > 0$라 놓으면 $r = r_t$의 확률미분방정식은 다음과 같다.

$$dr = \alpha(\mu - r)\,dt + \sigma\,dB_t$$

이를 Vasicek의 이자율모형이라고 부른다. 위의 결과로부터 이때의 $r = r_t$는

$$r_t = \mu + e^{-\alpha t}(r_0 - \mu) + \sigma e^{-\alpha t}\int_0^t e^{\alpha s}\,dB_s$$

을 만족하고

$$r_t \sim N\left(\mu + e^{-\alpha t}(r_0 - \mu),\ \frac{\sigma^2}{2\alpha}(1 - e^{-2\alpha t})\right)$$

의 분포를 따른다는 것을 알 수 있다. Vasicek의 이자율모형에 대한 자세한 언급은 8장에서 하기로 한다.

4.32 바슐리에 과정과 옵션가격

이제 기초자산의 가격이 바슐리에 과정을 따르는 경우 옵션가격에 대해서 살펴본다. 무배당 주식의 가격이 양의 상수 μ와 σ에 대해서

$$dS = \mu\,dt + \sigma\,dB_t$$

를 따른다고 가정할 때 만기 T, 행사가격 K인 유러피언 콜옵션의 현재 적정 가격 c_0를 구하려고 한다. 이를 위해서는 위험중립 세계에서 주가의 확률미분방정식을 구해야 하는데, 앞서 **4.26**에서처럼 μ를 무위험 이자율 r로 대체한다면 $dS = r\,dt + \sigma\,dB_t$로부터

$$E(S_t) = S_0 + rt \neq S_0 e^{rt}$$

이므로 위험중립 세계에서 주가의 확률미분방정식은 $dS = r\,dt + \sigma\,dB_t$으로 표현되지 않는다. 한편 Ornstein-Uhlenbeck 과정의 확률미분방정식 $dS = rS\,dt + \sigma\,dB_t$을 따르는 $S = S_t$는 앞서 **4.31**에 의하여

$$S_t \sim N\left(S_0 e^{rt}, \ \frac{\sigma^2}{2r}(e^{2rt}-1)\right)$$

의 확률분포를 따르므로 $E(S_t) = S_0 e^{rt}$ 를 만족한다. 실제로 바슐리에 과정을 따르는 주가는 위험중립 세계에서 Ornstein-Uhlenbeck 과정

$$dS = rSdt + \sigma \, dB_t$$

을 따르게 되는데 이에 대한 자세한 설명은 8장의 **8.13**에서 다루기로 한다. 위의 내용을 정리하면 무배당 주식의 가격이 바슐리에 과정을 따를 때 만기 T, 행사가격 K인 유러피언 콜옵션의 현재 적정 가격 c_0는 위험중립가치평가에 의해서 $S_T \sim N\left(S_0 e^{rT}, \ \frac{\sigma^2}{2r}(e^{2rT}-1)\right)$인 S_T에 대하여

$$c_0 = e^{-rT} E\left[\max\left(S_T - K, 0\right)\right]$$

로 표시된다. 3장의 **정리 3.1**의 (2)에 의하면 $X \sim N(m, s^2)$일 때

$$E\left[\max\left(X - K, 0\right)\right] = \frac{s}{\sqrt{2\pi}} e^{-(m-K)^2/2s^2} + (m-K)\Phi\left(\frac{m-K}{s}\right)$$

을 만족한다. 따라서 콜옵션의 현재 적정 가격은

$$c_0 = \frac{s}{\sqrt{2\pi}} e^{-rT-(m-K)^2/2s^2} + (m-K)e^{-rT}\Phi\left(\frac{m-K}{s}\right)$$

이며, 여기서 $m = S_0 e^{rT}$이고 $s = \sigma\sqrt{\dfrac{e^{2rT}-1}{2r}}$ 이다.

1 f 가 구간 $[a, b]$ 에서 미분가능 함수일 때 다음 식이 성립함을 보이시오.

$$\int_a^b f(t)\, dB_t = f(b)B_b - f(a)B_a - \int_a^b B_t\, df(t)$$

2 $X_t = B_t^2 - t$ 로 정의된 $\{X_t : t \geq 0\}$ 는 마팅게일 확률과정임을 증명하시오.

3 상수 a, b 가 있어 $X_t = \exp\left[(a - 2b^2)t + 2bB_t\right]$ 일 때, $\ln \dfrac{X_{t+s}}{X_s}$ 의 기댓값과 분산을 구하시오.

4 $dX_k = \mu_k dt + \sigma_k dB_t$ $(1 \leq k \leq n,\ \mu_k, \sigma_k \text{는 상수})$ 를 만족하는 n 개의 확률변수 X_1, X_2, $\cdots$, X_n 은 항상 다변량 정규분포를 따름을 설명하시오.

5 주가의 확률미분방정식이 $dS = (\mu - q)S\, dt + \sigma S\, dB_t$ 를 따르는 배당 주식의 가격 S_t 의 99%의 신뢰구간을 구하시오.

6 어느 무배당 주식의 현재 주가가 40달러이고 주식의 기대수익률과 변동성은 각각 연 12%와 20%이다. 2년 후에 주가가 60달러 이상일 확률을 구하시오.

7 $t > 0$ 에 대하여 B_t 와 $\displaystyle\int_0^t B_s\, ds$ 의 공분산은 $\dfrac{t^2}{2}$ 임을 증명하시오.

8 $E\left[(B_t - B_s)^2\right] = |t - s|$ 임을 증명하고, $0 < s < t$ 일 때 $2B_s$ 와 $3B_t$ 의 상관계수를 구하시오.

9 a 가 상수일 때

$$E\left[B_t e^{aB_t}\right] = at\, e^{a^2 t/2} \quad \text{그리고} \quad E\left[B_t^2\, e^{aB_t}\right] = (t + a^2 t^2)\, e^{a^2 t/2}$$

임을 증명하시오.

10 $s, t > 0$일 때 $B_{t+s} - B_t$의 분산은 $\dfrac{s^2}{s+t}$ 임을 증명하시오

11 이토의 보조정리를 사용하여 $Y_t = B_t^3$과 $X_t = (t + B_t)^2$은 각각 확률미분방정식 $dY = 3\,Y^{1/3}\,dt + 3\,Y^{2/3}\,dB_t$과 $dX = \left(2\sqrt{X} + 1\right)dt + 2\,\sqrt{X}\,dB_t$를 만족함을 보이시오.

12 양의 상수 σ에 대하여 $X = X_t$가 $dX = \sigma\,dB_t$를 따르고 $Y = X^2$일 때 이토의 보조정리를 사용하여 $dY = \sigma^2\,dt + 2\sigma\sqrt{Y}\,dB_t$임을 보이시오.

13 a가 상수일 때

$$X_t = \exp\left[-\frac{1}{2}a^2 t - aB_t\right]$$

로 정의된 $\{X_t : t \geq 0\}$는 마팅게일 확률과정임을 증명하시오.

14 위 연습문제 **13**번의 결과를 이용하여 a가 상수일 때

$$X_t = \exp\left(-\frac{1}{2}a^2 t\right)\cosh\left(aB_t\right)$$

$$Y_t = \exp\left(-\frac{1}{2}a^2 t\right)\sinh\left(aB_t\right)$$

로 정의된 $\{X_t : t \geq 0\}$과 $\{Y_t : t \geq 0\}$는 마팅게일 확률과정임을 증명하시오.

15 달러 - 유로화 환율 $S = S_t$가 확률미분방정식 $dS = (r - r_f)\,dt + \sigma S\,dB_t$로 표현될 때 유로화 - 달러 환율 $Y = \dfrac{1}{S}$은 어떤 확률미분방정식을 따르는가?

16 $dS = \mu S\,dt + \sigma S\,dB_t$를 따르는 $S = S_t$에 대하여 $Y(t, S) = e^{-rt}S$로 정의된 $Y = Y(t, S)$는 확률미분방정식

$$dY = \left(\frac{\mu - r}{\sigma}\right)Y\,dt + \sigma\,Y\,dB_t$$

를 만족함을 보이시오.

17 상수 μ와 $\sigma > 0$에 대해 $X = X_t$가 $dX = \mu\,dt + \sigma\sqrt{X}\,dB_t$를 만족하며 $Y = \sqrt{X}$일 때 dY를 구하시오.

18 $S = S_t$가 기하브라운 운동 $dS = \mu S\, dt + \sigma S\, dB_t$를 따르고, 상수 $q > 0$에 대하여 $X_t = e^{qt} S_t$일 때, $X = X_t$의 확률미분방정식을 구하시오.

19 $t > 0$일 때, $Var\left(\int_0^t B_s\, ds\right) = E\left[\left(\int_0^t B_s\, ds\right)^2\right] - \left[E\left(\int_0^t B_s\, ds\right)\right]^2$ 을 직접 계산하여 $\int_0^t B_s\, ds$의 분산을 구하시오.

20 부분적분의 결과 $\int_0^t B_s\, ds = t B_t - \int_0^t s\, dB_s = \int_0^t (t - s)\, dB_s$와 이토적분의 성질 $\int_a^b f(t)\, dB_t \sim N\left(0, \int_a^b f(t)^2\, dt\right)$을 이용하여 $\int_0^t B_s\, ds \sim N\left(0, \dfrac{t^3}{3}\right)$임을 보이시오.

21 $X_t = e^{t^2 + B_t}$이고 $Y_t = t^2 + e^{B_t^2}$일 때 이토의 보조정리를 이용하여 $X = X_t$와 $Y = Y_t$의 확률미분방정식을 구하시오.

22 $X = X_t$가 바슐리에 과정 $dX = \mu\, dt + \sigma\, dB_t$를 따르고 $Y_t = e^{-t^2 + t} X_t$일 때, $Y = Y_t$의 확률미분방정식을 구하시오.

23 양의 실수 μ, σ가 있어 $dS = \mu S\, dt + \sigma S\, dB_t$를 만족하는 $S = S_t$에 대하여 $Y_0 = \ln S_0$이고, $t > 0$일 때 $Y_t = \dfrac{1}{t}\int_0^t \ln S_u\, du$로 정의하자. 연습문제 **19**번과 **20**번의 결과인 $\int_0^t B_s\, ds \sim N\left(0, \dfrac{t^3}{3}\right)$을 이용하여 $t > 0$일 때 $Y_t \sim N\left(\ln S_0 + \dfrac{1}{2}(\mu - \sigma^2/2)t,\ \dfrac{1}{3}\sigma^2 t\right)$임을 보이시오.

24 $t > 0$일 때 B_t와 $\int_0^t B_s\, ds$의 상관계수는 $\dfrac{\sqrt{3}}{2}$임을 보이시오.

25 주가가 $dS = \mu S\, dt + \sigma S\, dB_t$를 따르는 무배당 주식에 대해서 $Y = e^S$가 만족하는 확률미분방정식을 구하시오.

26 주가가 $dS = \mu S\,dt + \sigma S\,dB_t$를 따르는 무배당 주식에 대해서 $Y = \dfrac{e^{r(T-t)}}{S}$ 가 만족하는 확률

미분방정식은 $dY = -(r + \mu - \sigma^2)Y\,dt - \sigma Y\,dB_t$임을 보이시오

27 $Y_t = e^{B_t^2}$이 만족하는 확률미분방정식을 구하시오

28 $0 < s < t$에 대하여 $\displaystyle\int_0^s B_u\,du$와 $\displaystyle\int_0^t B_v\,dv$의 상관계수는 $\sqrt{\left(\dfrac{s}{t}\right)^3} + \dfrac{3}{2}(t-s)\sqrt{\dfrac{s}{t^3}}$ 임을 증명

하시오

29 $0 < s < t$에 대하여 $\displaystyle\int_0^s B_u\,du$와 $\displaystyle\int_0^t B_v\,dv$의 공분산은 $\dfrac{s^3}{3} + \dfrac{s^2}{2}(t-s)$임을 증명하시오

30 $t > 0$일 때 $W_t = \dfrac{\sqrt{3}}{t}\displaystyle\int_0^t B_s\,ds$라 정의하면 $s > 0$에 대하여 $W_{t+s} - W_t \sim N\left(0, \dfrac{s^2}{t+s}\right)$

임을 보이시오

31 이토의 보조정리를 사용해서 다음을 보이시오

$$X_t = \cos(t^2 + B_t)\text{일 때 } dX = -\left(X/2 + 2t\sqrt{1-X^2}\right)dt - \sqrt{1-X^2}\,dB_t$$

32 $X_t = \sinh(t + B_t)$일 때 이토의 보조정리를 이용하여 $X = X_t$는 확률미분방정식

$$dX = \left(\dfrac{X}{2} + \sqrt{1+X^2}\right)dt + \sqrt{1+X^2}\,dB_t$$

를 만족함을 보이시오

33 $Y_t = \dfrac{1}{t + B_t^2}$ 일 때 이토의 보조정리를 이용하여 $Y = Y_t$는 확률미분방정식

$$dY = 2Y^2(1 - 2tY)dt - 2Y^2\sqrt{\dfrac{1}{Y} - t}\,dB_t$$

를 만족함을 보이시오

34 $X_t = (1+t)^2 (X_0 + t + B_t)$로 정의된 확률과정 $X = X_t$는 확률미분방정식

$$dX = \left(\frac{2X}{1+t} + (1+t)^2 \right) dt + (1+t)^2 dB_t$$

를 만족함을 보이시오

35 $0 \leq t < T$에 대하여 $X_t = B_t - \dfrac{t}{T} B_T$라 정의하면 $0 < s < t < T$일 때 $cov(X_s, X_t)$를 구하시오

36 $0 \leq t < T$에 대하여 $X_t = (T-t) \displaystyle\int_0^t \frac{1}{T-s} dB_s$라 정의하면 $0 < s < t < T$일 때 $cov(X_s, X_t) = s - \dfrac{st}{T}$ 임을 보이시오

37 $dS = \mu S \, dt + \sigma S \, dB_t$을 따르는 $S = S_t$에 대하여 k가 양수일 때 $Y = S^k$는

$$dY = \left(k\mu + \frac{k(k-1)}{2} \sigma^2 \right) Y dt + k \sigma \, Y dB_t$$

를 만족함을 증명하고, $X = S^{-1}$일 때 dX를 구하시오

38 확률과정 $\{X_t\}$가 $X_t = B_t - tB_1$, $0 \leq t \leq 1$으로 정의되는 브라운 다리 과정일 때 $0 < s < t < 1$에 대하여 $cov(X_s, X_t) = s(1-t)$임을 보이시오

39 $a \neq 0$가 상수일 때 $X_t = a B_{t/a^2}$으로 정의된 확률과정 $\{X_t : t \geq 0\}$는 브라운 운동임을 증명하시오

40 $X_0 = 0$, 그리고 $t > 0$일 때 $X_t = t B_{1/t^2}$으로 정의된 확률과정 $\{X_t : t \geq 0\}$는 브라운 운동임을 증명하시오

41 $S = S_t$가 상품의 가격을 나타내는 양의 확률과정으로 t의 연속함수 $a(t)$와 $b(t)$에 대해 확률미분방정식 $dS = a(t)S \, dt + b(t) S \, dB_t$를 따를 때, 이 확률미분방정식의 해를 구하시오

42 $0 < t < 1$에 대해 $X_t = \displaystyle\int_0^t \frac{1}{1-s} dB_s$라 정의된 X_t의 분산은 $\dfrac{t}{1-t}$ 임을 보이시오

43 확률과정 $X = X_t$가 $dX = (1 + e^t) X \, dt + 2X \, dB_t$를 만족할 때 X_t는 로그정규분포를 따름을 설명하고 X_t의 기댓값 $E(X_t)$를 구하시오

44 $X_t = \dfrac{1}{1 + B_t}$는 확률미분방정식 $dX = X^3 \, dt - X^2 \, dB_t$, $X_0 = 1$의 해가 됨을 증명하시오

45 $X_t = (t + B_t)^2$일 때 이토의 보조정리를 이용하여 $X = X_t$는 $dX = \left[2\sqrt{X} + 1\right] dt + 2\sqrt{X} \, dB_t$를 만족함을 보이시오.

46 상수 $a > 0$에 대하여 $Y_t = e^{aB_t - \frac{a^2}{2}t}$는 $Y_t = 1 + \displaystyle\int_0^t a \, Y_s \, dB_s$를 만족함을 보이시오

47 이토의 보조정리를 사용해서 다음을 보이시오

$$X_t = 2 + t + e^{B_t} \text{ 일 때 } dX = \frac{1}{2}(X - t) \, dt + (X - t - 2) \, dB_t$$

48 확률과정 $X = X_t$가 확률미분방정식 $dX_t = a(t, X) \, dt + b(t, X) \, dB_t$를 따르고 $Y = Y(X)$가 X의 C^2 함수로 $b(t, X) \, Y'(X) + \dfrac{1}{2} a(t, X)^2 \, Y''(X) = 0$을 만족하는 경우 $Y = Y_t$는 마팅게일 과정임을 보이시오

49 확률변수 Y에 대하여 $X_t = E_t(Y)$로 정의된 확률과정 $\{X_t\}$는 마팅게일인가?

50 $X_t = t + 2B_t$ 그리고 $Y_t = B_t^2$으로 정의된 확률과정 $\{X_t\}$과 $\{Y_t\}$는 모두 마팅게일이 아님을 보이시오.

51 $X = X_t$가 바슐리에 과정 $dX = \mu \, dt + \sigma \, dB_t$를 따르고 $Y = \ln X$일 때, Y의 확률미분방정식을 구하시오.

52 $dS = \mu S \, dt + \sigma S \, dB_t$를 따르는 $S = S_t$에 대하여 k가 양의 정수일 때 $Y_T = S_T^k$의 분산은

$$S_0^{2k}\left(e^{k^2\sigma^2 T} - 1\right)e^{2k[\mu + (k-1)\sigma^2/2]T}$$

임을 보이시오.

53 $X_t = c \exp [at + bB_t]$가 확률미분방정식 $dX = \alpha X \, dt + \beta X dB_t$의 해가 되는 경우 상수 a, b, c 와 α, β 사이의 관계식을 구하시오.

54 이토 확률과정으로 정의된 확률변수 $X = X_t$, $Y = Y_t$가 각각 확률미분방정식 $dX = a(t, X) \, dt + b(t, X) dB_t$와 $dY = \alpha(t, Y) \, dt + \beta(t, Y) dB_t$를 따를 때 이토의 보조정리를 사용하여 $d(XY) = Xd \, Y + Yd X + b(t, X) \beta(t, Y) dt$임을 보이시오. [힌트 : $Z_t = X_t + Y_t$ 라 놓은 후 등식 $XY = \dfrac{1}{2}(Z^2 - X^2 - Y^2)$을 이용하시오]

55 확률과정 $r = r_t$가 확률미분방정식 $dr = \alpha(\mu - r) \, dt + \sigma \, dB_t$를 따를 때, $Y_t = \displaystyle\int_0^t r(s) \, ds$의 기댓값을 구하시오.

56 폐구간 $[0, T]$ 의 분할을 $0 = t_0 < t_1 < t_2 < \cdots < t_n = T$, $\Delta B_k = B_{t_k} - B_{t_{k-1}}$, $\Delta_k = t_k - t_{k-1}$, $p_n = \max_{1 \le k \le n} \Delta_k$으로 정의할 때 $\displaystyle\lim_{p_n \to 0} \sum_{k=1}^{n} |\Delta B_k| = \infty$ 임을 증명하시오.

57 다음 물음에 답하시오

(1) 연속함수 f에 대하여 $X_t = \displaystyle\int_0^t f(s) \, dB_s$로 정의되었을 때 dX를 구하시오

(2) 양의 상수 σ에 대하여 $Y_t = e^{2t} \displaystyle\int_0^t \sigma e^{-2s} \, dB_s$로 정의되었을 때 dY를 구하시오

58 $X_t = t^2 B_t - 2 \displaystyle\int_0^t s \, dB_s$ 일 때 $dX = t^2 dB_t$임을 보이시오.

59 이자율 $r = r_t$의 확률미분방정식이 양의 상수 α, μ, σ에 대하여 Vasicek의 이자율모형 $dr = \alpha(\mu - r) \, dt + \sigma \, dB_t$로 주어지고, $P = P(t, r)$가 이자율 파생상품의 가치를 나타낼 때 이토의 보조정리를 사용하여 $P = P(t, r)$의 확률미분방정식을 구하시오.

60 f가 연속함수일 때 $X(t) = \int_0^t f(s)\,dB_s$으로 정의된 $X(t)$의 $s < t$ 시점에서의 분산은

$$Var_s\left(X(t)\right) = \int_s^t f(u)^2\,du$$ 임을 설명하시오.

61 S_1, S_2가 2개의 자산 가격으로 $S_1(0) = S_2(0) = S_0$이며 양의 실수 μ, σ에 대해 각각 확률미분

방정식 $\dfrac{dS_1}{S_1} = 4\mu\,dt + \sigma\,dB_t$, $\dfrac{dS_2}{S_2} = \mu\,dt + 2\sigma\,dB_t$를 따른다고 하자.

(1) 확률 $\Pr\left(S_1(t) > S_2(t)\right)$을 구하시오.

(2) 기댓값 $E\left(S_1(t) - S_2(t)\right)$을 구하시오.

(3) 분산 $Var\left(\dfrac{S_1(t)}{S_2(t)}\right)$을 구하시오.

62 폐구간 $[a, b]$를 n개의 소구간 $[t_{k-1}, t_k]$, $1 \le k \le n$으로 나누는 분할과 $[a, b]$에서 연속인 확률함수 $f(t) = F(t, B_t)$, 그리고 각 $1 \le k \le n$에 대하여 확률변수 $X_k = f(t_k)\left(B_{t_{k+1}} - B_{t_k}\right)$가 정의되었을 때 $i \ne j$에 대하여 $E\left(X_i X_j\right) = 0$을 보이고, $E\left[\left(\sum_{k=0}^{n-1} X_k\right)^2\right] = \sum_{k=0}^{n-1} E\left(X_k^2\right)$이 성립함을 보이시오.

63 주가가 $dS = \mu S\,dt + \sigma S\,dB_t$를 따르는 무배당 주식에 대해 만기 T에서의 페이오프가 $(\ln S_T)^3$으로 주어진 파생상품의 현재 가격 공식을 구하시오. (단, 연속복리 무위험 이자율은 r이라 가정한다.)

64 f가 연속함수일 때 $X(t) = \int_0^t f(s)\,dB_s$으로 정의된 확률과정 $\{X(t)\}$은 마코브 과정이고 가우시안 과정임을 설명하시오.

65 $X_0 = X_1 = \mu$이고, $0 \le t < 1$에 대하여 확률미분방정식 $dX = \dfrac{\mu - X}{1 - t}\,dt + dB_t$를 따르는

$X = X_t$는 $X_t = \mu t + (1 - t)\left(\mu + \int_0^t \dfrac{1}{1 - s}\,dB_s\right)$임을 보이시오.

66 $X_0 = X_1 = \mu$ 이고 $0 \leq t < 1$에 대하여 $dX = \dfrac{\mu - X}{1 - t} dt + dB_t$로 주어진 $X = X_t$는 $X_t \sim$

$N\left(\mu, \dfrac{t}{1 - t}\right)$임을 보이시오.

67 B_t의 확률밀도함수 f_t에 대해서 $\lim\limits_{t \to \infty} \displaystyle\int_{-\infty}^{\infty} f_t(x) dx = \displaystyle\int_{-\infty}^{\infty} \lim\limits_{t \to \infty} f_t(x) dx$가 성립하는가?

68 $\alpha > 0$에 대하여 $X_t = \displaystyle\int_0^t e^{\alpha(t-u)} du$ 라고 정의하면, $t > s > 0$일 때

$cov(X_s, X_t) = \dfrac{e^{\alpha(t+s)} - e^{\alpha(t-s)}}{2\alpha}$ 임을 보이시오.

69 f와 g가 확률과정으로 양의 상수 c와 σ에 대해 다음 식을 만족한다고 하자.

$$df = c\sigma f \, dt + cf \, dB_t$$

$$dg = \sigma^2 g \, dt + \sigma g \, dB_t$$

(1) $X = X_t$가 $X = \ln f - \ln g$로 정의될 때 이토의 보조정리를 사용하여 dX를 구하시오.

(2) $Y = f/g$일 때, 임의의 $t > 0$에 대해 $E(Y_t) = Y_0$임을 보이시오.

70 $[a, b]$에서 연속인 확률함수 $f(t) = F(t, B_t)$에 대하여 다음 등식이 성립함을 보이시오.

$$E\left[\left(\int_a^b f(t) \, dB_t\right)^2\right] = \int_a^b E\left[f(t)^2\right] dt$$

또한, 이 결과와 등식 $4\,cov(X, Y) = Var(X + Y) - Var(X - Y)$를 이용해 $[a, b]$에서 연속

인 확률함수 $f(t), g(t)$에 대하여 이토적분으로 정의된 확률변수 $X = \displaystyle\int_a^b f(t) \, dB_t$와

$Y = \displaystyle\int_a^b g(t) \, dB_t$의 공분산은 $\displaystyle\int_a^b E\left[f(t) g(t)\right] dt$임을 보이시오.

CHAPTER 5

옵션가격이론의 응용

5장에서는 3장에 이어 옵션가격이론과 그 응용을 주로 다루며, 이론 전개에서 확률미분방정식과 이토의 보조정리가 중요한 역할을 한다. 3장에서는 주가의 확률분포와 위험중립가치평가를 이용하여 옵션의 적정 가격을 구했다. 이 장에서는 1973년 블랙과 숄즈가 사용한 델타헤징법을 이용하여 파생상품의 적정 가격에 대한 편미분방정식을 유도하고, 이 편미분방정식의 해를 구함으로써 3장에서 구한 블랙 – 숄즈 공식을 얻는 것을 시작으로 한다.

1. 블랙-숄즈 방정식

1973년은 피셔 블랙(Fisher Black)과 마이런 숄즈(Myron Scholes)의 공동 연구 논문과 로버트 머튼(Robert Merton)의 논문 등 옵션의 가격을 결정하는 데 돌파구를 여는 논문들이 발표되었고, 이와 더불어 시카고 옵션거래시장이 개설된 기념비적인 한해이다. 블랙 – 숄즈 모형이라고 불리는 블랙과 숄즈 그리고 머튼의 논문은 그 이후 금융공학의 성공에 큰 역할을 수행했다. 3장에서 사용한 위험중립가치평가는 1979~1981년에 해리슨(Harrison), 크렙스(Kreps)와 플리스카(Pliska)에 의하여 발견된 것으로 1973년의 블랙 – 숄즈의 편미분방정식으로부터 큰 영향을 받았다. 4장에서 소개한 확률미분방정식과 이토의 보조정리는 블랙 – 숄즈 방정식의 탄생에 큰 역할을 하였다.

유러피언 콜옵션의 적정 가격뿐 아니라 일반적인 파생상품의 가치를 일반 편미분방정식으로 표현하고 있는 블랙 – 숄즈(Black – Scholes) 편미분방정식이 어떻게 도출되는지를 살펴보겠다. 블랙 – 숄즈 방정식을 유도하는 데 사용되는 가정은 다음과 같다.

(1) 거래는 연속시간으로 이루어지고 주가는 확률미분방정식 $dS = \mu S\,dt + \sigma S\,dB_t$를 따른다.

(2) 무위험 이자율 r은 모든 기간에 대해서 동일한 상수이다.

(3) 주식은 배당을 지급하지 않는다.

(4) 매매를 하는 데 드는 거래비용과 거래 세금은 존재하지 않는다.

(5) 주식은 임의로 분할될 수 있다.

(6) 주식의 공매는 허용되며 공매대금은 전액 사용 가능하다.

(7) 무위험 차익거래는 존재하지 않는다. (무차익 조건)

5.1 블랙-숄즈 방정식

이제 1장 **1.24**의 방법과 본질적으로 같은 델타헤징법을 사용하여 연속시장모형에서 옵션가격의 편미분방정식을 도출하겠다. 임의의 시점 t에서 주가를 S, 옵션의 가치를 c라 할 때, 옵션계약 하나를 매도하고 주식을 Δ 단위만큼 매수하는 포트폴리오를 구성한다. 즉 해당 포트폴리오의 가치는

$$\Pi = \Delta S - 1c$$

가 된다. 이제 임의로 선택된 $t > 0$에 대하여 극단적으로 짧은 시간 구간 $[t, t+dt]$에서 포트폴리오의 가치가 무위험이 되도록 그 구간 내에서 일정한 값 Δ를 정하도록 하자. 여기서 ΔS는 S의 증분이 아니라 $\Delta \cdot S$를 뜻한다.

이제 Π의 $[t, t+dt]$에서의 증분을 뜻하는 확률미분 $d\Pi$는

$$d\Pi = \Delta \, dS - dc$$

가 되고 이토의 보조정리(**정리 4.28** 참조)에 의하여

$$dc = \frac{\partial c}{\partial t} \, dt + \frac{\partial c}{\partial S} \, dS + \frac{1}{2} \frac{\partial^2 c}{\partial S^2} \sigma^2 S^2 \, dt$$

을 얻고 여기에 $dS = \mu S \, dt + \sigma S \, dB_t$를 대입하면

$$dc = \left(\frac{\partial c}{\partial t} + \mu S \frac{\partial c}{\partial S} + \frac{1}{2} \sigma^2 S^2 \frac{\partial^2 c}{\partial S^2} \right) dt + \sigma S \frac{\partial c}{\partial S} \, dB_t$$

가 성립하므로 $d\Pi$는 다음 식과 같다.

$$\begin{aligned}
d\Pi &= \Delta \, dS - dc \\
&= \Delta (\mu S \, dt + \sigma S \, dB_t) - \left(\frac{\partial c}{\partial t} + \mu S \frac{\partial c}{\partial S} + \frac{1}{2} \sigma^2 S^2 \frac{\partial^2 c}{\partial S^2} \right) dt - \sigma S \frac{\partial c}{\partial S} \, dB_t \\
&= \left[-\frac{\partial c}{\partial t} + \mu S \left(\Delta - \frac{\partial c}{\partial S} \right) - \frac{1}{2} \sigma^2 S^2 \frac{\partial^2 c}{\partial S^2} \right] dt + \sigma S \left(\Delta - \frac{\partial c}{\partial S} \right) dB_t
\end{aligned}$$

위의 $d\Pi$ 중에서 확률적인 항은 뒷부분의

$$\sigma S \left(\Delta - \frac{\partial c}{\partial S} \right) dB_t$$

이므로, 구간 $[t, t+dt]$에서 Δ의 값을

$$\Delta = \frac{\partial c}{\partial S}$$

라 놓으면 $d\Pi$ 중에서 확률적인 부분이 사라져 포트폴리오는 구간 $[t, t+dt]$에서(순간적으로) 무위험 상태가 되고, 그와 동시에 $d\Pi$ 식에서 dt의 계수항 중

$$\mu S \left(\Delta - \frac{\partial c}{\partial S} \right)$$

도 함께 0이 되므로 $d\Pi$는

$$d\Pi = \left(-\frac{\partial c}{\partial t} - \frac{1}{2}\sigma^2 S^2 \frac{\partial^2 c}{\partial S^2} \right) dt$$

를 만족한다. 한편 $\Delta = \dfrac{\partial c}{\partial S}$ 일 때 포트폴리오의 시초시점 t에서의 가치는 다음과 같다.

$$\Pi = S \frac{\partial c}{\partial S} - 1 c$$

따라서 무차익 조건에 의해서 구간 $[t, t+dt]$ 에서 Π는 무위험 자산의 미분방정식

$$d\Pi = r\Pi\,dt$$

를 만족해야 하므로 (1장의 **1.20** 참조), 다음의 등식

$$\left(-\frac{\partial c}{\partial t} - \frac{1}{2}\sigma^2 S^2 \frac{\partial^2 c}{\partial S^2} \right) dt = r\left(S\frac{\partial c}{\partial S} - c \right) dt$$

가 성립해야 한다. 위 등식의 양변을 비교하고 정리하면 임의의 시점 t에서 콜옵션의 가격 c에 대한 다음과 같은 미분방정식을 얻는다.

$$rc = \frac{\partial c}{\partial t} + rS \frac{\partial c}{\partial S} + \frac{1}{2}\sigma^2 S^2 \frac{\partial^2 c}{\partial S^2}$$

이를 블랙-숄즈 방정식(Black-Scholes equation)이라고 한다.

블랙 - 숄즈 방정식을 유도할 때 c를 유러피언 콜옵션 가격이 아니라 무배당 주식에 대한 임의의 파생상품이라고 해도 유도과정과 방정식은 전혀 변하지 않는다. 따라서 블랙 - 숄즈 방정식

$$rv = \frac{\partial v}{\partial t} + rS \frac{\partial v}{\partial S} + \frac{1}{2}\sigma^2 S^2 \frac{\partial^2 v}{\partial S^2}$$

는 가격 S가

$$dS = \mu S\,dt + \sigma S\,dB_t$$

를 따르는 무배당 기초자산에 대한 일반적인 파생상품의 가격 v를 만족하는 방정식이다. 따라서 이 방정식은 여러 파생상품에 따라 상응하는 여러 종류의 해를 갖는다. 따라서 특정 파상생품에 해당하는 만기 조건을 첨부해야 해당 파상생품의 가격을 구하는 방정식을 만들 수 있다. 예를 들어, c가 만기 T, 행사가격 K인 유러피언 콜옵션의 가격인 경우 만기조건이 첨부된 c의 방정식은 다음과 같다.

$$rc = \frac{\partial c}{\partial t} + rS\frac{\partial c}{\partial S} + \frac{1}{2}\sigma^2 S^2 \frac{\partial^2 c}{\partial S^2}$$

$$c(T, S) = \max(S_T - K, 0)$$

> 무배당 기초자산의 가격 S가 확률미분방정식 $dS = \mu S\,dt + \sigma S\,dB_t$를 따를 때 파생상품의 가격 $v = v(t, S)$는 편미분방정식 $rv = \frac{\partial v}{\partial t} + rS\frac{\partial v}{\partial S} + \frac{1}{2}\sigma^2 S^2 \frac{\partial^2 v}{\partial S^2}$ 을 만족한다.

5.2 동적 헤징

블랙-숄즈 방정식은 유러피언 콜옵션뿐 아니라 가격 S의 확률미분방정식이

$$dS = \mu S\,dt + \sigma S\,dB_t$$

인 기초자산에 대한 일반적인 파생상품(예를 들면, 유러피언 풋옵션의 가격, 선도 계약의 가치 등)의 방정식이기도 하다. 주가 S, 파생상품의 가격이 $v = v(t, S)$라 하면 위의 과정과 동일한 내용으로 헤징 포트폴리오의 가치

$$\Pi = \Delta \cdot S - 1v$$

가 순간적으로 무위험이 되게 하는 Δ의 값은

$$\Delta = \frac{\partial v}{\partial S}$$

이다. v가 선도 매수계약의 가치이거나 콜옵션의 가격인 경우에는 주가 S가 상승하면 v도 상승한다. 이때 순간적인 상승비율 $\Delta = \frac{\partial v}{\partial S}$ 단위만큼 주식을 매입하고 파생상품 계약 1단위를 매도하는 방식으로 구성된 포트폴리오는 순간적으로 무위험이 된다. v가 풋옵션의 가격인 경우에는 주가 S가 상승하면 v는 하락한다. 이때 $\Delta = \frac{\partial v}{\partial S}$ 의 값은 음수이고, 순간적인 옵션가격 하락비율에 음의 부호를 부친 것이다. 즉 Δ 단위만큼의 주식을 공매도하고, 파생상품 계약 1단위를 매도하는 방식으로 구성된 포트폴리오는 순간적으로 무위험이 된다. 어떤 경우든 이 비율 $\Delta = \frac{\partial v}{\partial S}$ 은 주가 S와 시간 t에 따라 변하므로 포트폴리오가 지속적으로 무위험이 되기 위해서는 주가의 변화에 따라서 포트폴리오를 연속적으로 재조정해야 한다. 이를 동적 헤징(dynamic hedging)이라 한다.

5.3 선도계약의 가치

무배당 기초자산에 대한 선도계약을 생각해보자. 계약체결 당시의 시점을 0이라 하면 만기 T인 매수 선도가격은

$$F_0 = S_0\, e^{r\,T}$$

가 되고, 매수 선도계약의 가치는 0이다. 하지만 계약체결 이후에는 기초자산의 가치 변화와 만기까지의 잔여기간에 따라 해당 매수 선도계약의 가치는 양 또는 음의 값을 가지면서 변화한다. t만큼의 시간이 흐른 시점에서 잔여 만기 $T-t$인 선도가격은

$$F_t = S_t e^{r(T-t)}$$

이므로 T시점에 자산을 인수도하는 선도가격은 $F_t - F_0$만큼 변했고 따라서 이전 0시점에 체결한 매수 선도계약의 t시점에서의 가치 $f = f_t$는 선도가격의 변동금액 $F_t - F_0$를 $T-t$기간 동안 할인한 금액

$$f = (F_t - F_0)e^{-r(T-t)}$$

이다. 따라서

$$f = (F_t - F_0)e^{-r(T-t)} = S_t - F_0 e^{-r(T-t)}$$

이다. 즉 선도계약의 t시점에서의 가치는

$$f = S - F_0\, e^{-r(T-t)}$$

가 된다. 이제 위 선도계약의 가치 f가 블랙-숄즈 방정식

$$rf = \frac{\partial f}{\partial t} + rS\,\frac{\partial f}{\partial S} + \frac{1}{2}\sigma^2 S^2 \frac{\partial^2 f}{\partial S^2}$$

을 만족함을 보이자.

$f = S - F_0\, e^{-r(T-t)}$ 을 각각 t와 S로 편미분하면

$$\frac{\partial f}{\partial t} = -rF_0\, e^{-r(T-t)}, \quad \frac{\partial f}{\partial S} = 1, \quad \frac{\partial^2 f}{\partial S^2} = 0$$

이므로

$$\frac{\partial f}{\partial t} + rS\,\frac{\partial f}{\partial S} + \frac{1}{2}\sigma^2 S^2 \frac{\partial^2 f}{\partial S^2} = -rF_0\, e^{-r(T-t)} + rS + 0$$

이고 위 식의 우변은

$$-rF_0\, e^{-r(T-t)} + rS = rf$$

이므로 0시점에서 체결한 매수 선도계약의 t시점의 가치 f는 블랙 – 숄즈 방정식

$$rf = \frac{\partial f}{\partial t} + rS\,\frac{\partial f}{\partial S} + \frac{1}{2}\sigma^2 S^2 \frac{\partial^2 f}{\partial S^2}$$

를 만족함을 확인할 수 있다.

2. 편미분방정식의 해

앞서 설명한 것과 같이 무배당 기초자산의 가격 S의 확률미분방정식이 $dS = \mu S\, dt + \sigma S\, dB_t$ 일 때
파생상품의 가격 v는 블랙 – 숄즈 방정식

$$rv = \frac{\partial v}{\partial t} + rS\,\frac{\partial v}{\partial S} + \frac{1}{2}\sigma^2 S^2 \frac{\partial^2 v}{\partial S^2}$$

를 만족한다. 구체적인 개별 파생상품의 가격은 블랙 – 숄즈 방정식과 해당 파생상품 고유의 만기조건
이 결합됨으로써 결정된다. 예를 들어, 만기 T, 행사가격 K인 유러피언 콜옵션 가격 $c = c(t, S)$의 방
정식은

$$rc = \frac{\partial c}{\partial t} + rS\,\frac{\partial c}{\partial S} + \frac{1}{2}\sigma^2 S^2 \frac{\partial^2 c}{\partial S^2}$$

$$c(T,\, S) = \max(S_T - K,\, 0)$$

으로 결정되고 만기 T, 행사가격 K인 유러피언 풋옵션 가격 $p = p(S, t)$의 방정식은

$$rp = \frac{\partial p}{\partial t} + rS\,\frac{\partial p}{\partial S} + \frac{1}{2}\sigma^2 S^2 \frac{\partial^2 p}{\partial S^2}$$

$$p(T,\, S) = \max(K - S_T,\, 0)$$

으로 결정된다. 블랙 – 숄즈 방정식은 간단한 치환을 통해서 고전적인 열방정식(또는 확산방정식)으로
변형될 수 있으므로 푸리에 변환과 편미분에 대한 기초지식을 갖춘 수학 전공생이면 누구든지 어렵지
않게 만기조건이 주어진 블랙 – 숄즈 방정식의 해를 구할 수 있다. 이에 대하여 다음의 **5.4**와 **5.5**에서 다
룬다.

5.4 열방정식

$u = u(t, x)$는 x와 t의 함수이고, 여기서 x는 임의의 실수, $t \geq 0$는 시간을 나타내는 실수일 때 열방정식(heat equation) 또는 확산방정식(diffusion equation)의 형태는 다음과 같다.

$$\frac{\partial u}{\partial t} = c^2 \frac{\partial^2 u}{\partial x^2} \ (c \text{는 양의 상수})$$

한편

$$h_t(x) = \frac{1}{c\sqrt{4\pi t}} \exp\left\{ -\frac{x^2}{2c^2 t} \right\}$$

로 정의된 함수 $h_t(x)$를 열방정식 $\dfrac{\partial u}{\partial t} = c^2 \dfrac{\partial^2 u}{\partial x^2}$ 의 기본해(fundamental solution)라 부른다.

이 경우 u에 대한 초기조건이 주어진 열방정식

$$\begin{cases} \dfrac{\partial u}{\partial t} = c^2 \dfrac{\partial^2 u}{\partial x^2} \ (c > 0) \\[2mm] u(0, x) = f(x) \end{cases}$$

을 만족하는 유일한 해 $u(t, x)$는 기본해 $h_t(x)$를 사용한 적분

$$u(t, x) = \int_{-\infty}^{\infty} f(y) h_t(x - y)\, dy$$

으로 표현될 수 있음이 잘 알려져 있다. 즉 위의 초기조건에 대한 열방정식의 해는 다음과 같다.

$$u(t, x) = \int_{-\infty}^{\infty} \frac{1}{c\sqrt{4\pi t}} f(y) \exp\left\{ -\frac{(y - x)^2}{2c^2 t} \right\} dy$$

무배당 주식에 대한 콜옵션 가격 $c = c(t, S)$에 대한 블랙 - 숄즈 방정식

$$rc = \frac{\partial c}{\partial t} + rS \frac{\partial c}{\partial S} + \frac{1}{2} \sigma^2 S^2 \frac{\partial^2 c}{\partial S^2}$$

$$c(T, S) = \max(S_T - K, 0)$$

을 아래 설명과 같은 간단한 변수변환을 통하여 열방정식으로 변형할 수 있다.

위의 블랙 - 숄즈 방정식의 만기조건을 초기조건으로 환원하기 위해서 $\tau = T - t$로 치환하고 또 추가로 $y = \ln S$로 치환한 후 함수 $g(\tau, y)$를

$$g(\tau, y) = c(t, S)$$

라 정의할 때 다음 식이 성립한다.

$$\frac{\partial c}{\partial t} = \frac{\partial g}{\partial \tau}\frac{\partial \tau}{\partial t} = -\frac{\partial g}{\partial \tau}$$

$$\frac{\partial c}{\partial S} = \frac{\partial g}{\partial y}\frac{\partial y}{\partial S} = \frac{1}{S}\frac{\partial g}{\partial y}$$

$$\frac{\partial^2 c}{\partial S^2} = \frac{1}{S^2}\frac{\partial^2 g}{\partial y^2} - \frac{1}{S^2}\frac{\partial g}{\partial y}$$

이것을 위의 블랙 - 숄즈 방정식에 대입하면 다음 초기조건의 상수계수 방정식을 얻는다.

$$\begin{cases} rg = \dfrac{\partial g}{\partial \tau} - (r-\sigma^2/2)\dfrac{\partial g}{\partial y} - \dfrac{\sigma^2}{2}\dfrac{\partial^2 g}{\partial y^2} \\ g(0,y) = \max(e^y - K, 0) \end{cases}$$

이제

$$v(\tau, y) = g(\tau, y)e^{-(a\tau + by)}$$

라고 다시 치환하면 다음이 성립한다.

$$\frac{\partial g}{\partial \tau} = \left(av + \frac{\partial v}{\partial \tau}\right)e^{a\tau + by}$$

$$\frac{\partial g}{\partial y} = \left(bv + \frac{\partial v}{\partial y}\right)e^{a\tau + by}$$

$$\frac{\partial^2 g}{\partial y^2} = \left(b^2 v + 2b\frac{\partial v}{\partial y} + \frac{\partial^2 v}{\partial y^2}\right)e^{a\tau + by}$$

위 식으로부터 등식

$$\left(r(b-1) - a + \frac{\sigma^2}{2}b(b-1)\right)v = \frac{\partial v}{\partial \tau} - \left(r + (b-1/2)\sigma^2\right)\frac{\partial v}{\partial y} - \frac{\sigma^2}{2}\frac{\partial^2 v}{\partial y^2}$$

을 얻고, 여기서 위 방정식을 열방정식으로 전환하기 위해, v와 $\dfrac{\partial v}{\partial y}$ 의 계수를 모두 0이 되게 하는 a, b 를 구한다. 즉 연립방정식

$$r(b-1) - a + \frac{\sigma^2}{2}b(b-1) = 0, \quad r + (b-1/2)\sigma^2 = 0$$

을 풀면 a, b는 다음과 같다.

$$a = -\frac{\sigma^2}{8}(k+1)^2, \quad b = -\frac{1}{2}(k-1)$$

여기서 $k = 2r/\sigma^2$ 이다.

이를 위 방정식에 대입하면 열방정식

$$\frac{\partial v}{\partial \tau} = \frac{\sigma^2}{2} \frac{\partial^2 v}{\partial y^2}$$

을 얻는다. 또한 v에 대한 초기조건은 다음과 같게 된다.

$$v(0, y) = \max(e^y - K, 0)e^{-by} = \max(e^{(k+1)y/2} - Ke^{(k-1)y/2}, 0)$$

즉, 콜옵션 가격의 블랙 – 숄즈 방정식은 아래의 열방정식으로 변형된다.

$$\begin{cases} \dfrac{\partial v}{\partial \tau} = \dfrac{\sigma^2}{2} \dfrac{\partial^2 v}{\partial y^2} \\ v(0, y) = \max(e^{(k+1)y/2} - Ke^{(k-1)y/2}, 0) \end{cases}$$

그러므로 위의 방정식의 해는 아래와 같다.

$$v(\tau, y) = \int_{-\infty}^{\infty} \max(e^{(k+1)x/2} - Ke^{(k-1)x/2}, 0) \frac{1}{\sigma\sqrt{2\pi\tau}} \exp\left\{ -\frac{(y-x)^2}{2\sigma^2\tau} \right\} dx$$

이 적분을 직접 계산해서 방정식의 해 $v(\tau, y)$를 구하고 그것으로부터 **정리 3.5**에서와 같은 콜옵션의 가격

$$c = c(t, S) = S\,\Phi(d_1) - Ke^{-r(T-t)}\Phi(d_2)$$

$$d_1 = \frac{\ln(S/K) + (r + \sigma^2/2)(T-t)}{\sigma\sqrt{T-t}}, \ d_2 = d_1 - \sigma\sqrt{T-t}$$

를 얻을 수 있다. 상세한 계산과정은 생략하기로 한다. 아래 **5.5**에서는 전진 콜모고로프 방정식을 통하여 보다 간편하게 블랙 – 숄즈 옵션가격공식을 얻는 방법을 소개한다.

5.5 콜모고로프 방정식과 블랙-숄즈 공식

확률미분방정식

$$dX = \mu\,dt + \sigma\,dB_t, \ X_0 = 0$$

을 만족하는 확률과정 $\{X_t\}$는 모든 $t > 0$에 대하여 정규분포 $X_t \sim N(\mu t, \sigma^2 t)$을 따르며 X_t의 확률밀도함수 $f_t(x)$는 다음과 같다.

$$f_t(x) = \frac{1}{\sigma\sqrt{2\pi t}} e^{-\frac{(x-\mu t)^2}{2\sigma^2 t}} \quad (-\infty < x < \infty)$$

이 함수 $f_t(x)$는 편미분방정식

$$\frac{\partial u}{\partial t} + \mu\frac{\partial u}{\partial x} - \frac{\sigma^2}{2}\frac{\partial^2 u}{\partial x^2} = 0$$

의 해이다. 즉 $u(t,x) = f_t(x)$는 방정식 $\frac{\partial u}{\partial t} + \mu\frac{\partial u}{\partial x} - \frac{\sigma^2}{2}\frac{\partial^2 u}{\partial x^2} = 0$을 만족함을 실제 계산을 통하여 확인할 수 있다.

위에서 언급된 방정식

$$\frac{\partial u}{\partial t} + \mu\frac{\partial u}{\partial x} - \frac{\sigma^2}{2}\frac{\partial^2 u}{\partial x^2} = 0$$

은 전진 콜모고로프 방정식(Forward Kolmogorov equation) 또는 포커르 - 플랑크 방정식(Fokker-Planck equation)이라고 불린다. 그리고 X_t의 확률밀도함수

$$f_t(x) = \frac{1}{\sigma\sqrt{2\pi t}} e^{-\frac{(x-\mu t)^2}{2\sigma^2 t}}$$

은 이 편미분방정식의 기본해(fundamental solution)임이 알려져 있다. 이는 초기조건 방정식

$$\frac{\partial u}{\partial t} + \mu\frac{\partial u}{\partial x} - \frac{\sigma^2}{2}\frac{\partial^2 u}{\partial x^2} = 0$$

$$u(0, x) = w(x)$$

의 t시점에서의 일반해가

$$u(t, x) = \int_{-\infty}^{\infty} w(y) f_t(x-y)\,dy$$

$$= \int_{-\infty}^{\infty} w(y) \frac{1}{\sigma\sqrt{2\pi t}} \exp\left\{-\frac{(x-(y-\mu t))^2}{2\sigma^2 t}\right\} dy$$

로 표시된다는 것을 의미한다.

이제 위의 **5.4**에서 언급한 블랙 - 숄즈 방정식

$$rc = \frac{\partial c}{\partial t} + rS\frac{\partial c}{\partial S} + \frac{1}{2}\sigma^2 S^2 \frac{\partial^2 c}{\partial S^2}$$

$$c(T, S) = \max(S_T - K, 0)$$

에서 $\tau = T - t$로 변수변환하고 또 추가로 $y = \ln S$로 변수변환한 아래 방정식을 살펴보자.

$$\begin{cases} rc = \dfrac{\partial c}{\partial \tau} - (r - \sigma^2/2)\dfrac{\partial c}{\partial y} - \dfrac{\sigma^2}{2}\dfrac{\partial^2 c}{\partial y^2} \\[2mm] c(0, y) = \max(e^y - K, 0) \end{cases}$$

이제

$$u(\tau, y) = e^{r\tau} c(\tau, y)$$

라 치환하면 위 방정식은

$$\begin{cases} \dfrac{\partial u}{\partial \tau} = (r - \sigma^2/2)\dfrac{\partial u}{\partial y} + \dfrac{\sigma^2}{2}\dfrac{\partial^2 u}{\partial y^2} \\[2mm] u(0, y) = \max(e^y - K, 0) \end{cases}$$

이는 초기조건이 주어진 전진 콜모고로프 방정식이며 이 편미분방정식의 기본해는

$$h_\tau(y) = \frac{1}{\sigma\sqrt{2\pi\tau}} e^{-\dfrac{[y + (r - \sigma^2/2)\tau]^2}{2\sigma^2\tau}}$$

이므로 방정식의 해 $u(\tau, y)$는 다음과 같이 표시된다.

$$\begin{aligned}
u(\tau, y) &= \int_{-\infty}^{\infty} u(0, z) h_\tau(y - z)\, dz \\[2mm]
&= \int_{-\infty}^{\infty} \max(e^z - K, 0) \frac{1}{\sigma\sqrt{2\pi\tau}} \exp\left\{ -\frac{(y + (r - \sigma^2/2)\tau - z)^2}{2\sigma^2\tau} \right\} dz \\[2mm]
&= \int_{\ln K}^{\infty} (e^z - K) \frac{1}{\sigma\sqrt{2\pi\tau}} \exp\left\{ -\frac{(y + (r - \sigma^2/2)\tau - z)^2}{2\sigma^2\tau} \right\} dz \\[2mm]
&= \int_{\ln K}^{\infty} (e^z - K) \frac{1}{\sigma\sqrt{2\pi(T - t)}} \exp\left\{ -\frac{(\ln S_t + (r - \sigma^2/2)(T - t) - z)^2}{2\sigma^2(T - t)} \right\} dz
\end{aligned}$$

여기서 $u(\tau, y) = e^{r\tau} c(\tau, y)$이므로

$$\begin{aligned}
c(t, S) = \; & e^{-r(T - t)} \int_{\ln K}^{\infty} (e^z - K) \frac{1}{\sigma\sqrt{2\pi(T - t)}} \\[2mm]
& \exp\left\{ -\frac{(\ln S_t + (r - \sigma^2/2)(T - t) - z)^2}{2\sigma^2(T - t)} \right\} dz
\end{aligned}$$

이고, 여기에 $t = 0$을 대입한 값이 콜옵션의 현재 가치 c_0이다. 따라서

$$c_0 = e^{-rT} \int_{\ln K}^{\infty} (e^z - K) \frac{1}{\sigma \sqrt{2\pi T}} \exp\left\{ -\frac{\left(\ln S_0 + (r - \sigma^2/2)T - z\right)^2}{2\sigma^2 T} \right\} dz$$

$$= e^{-rT} \int_{0}^{\infty} \max(x - K, 0) \frac{1}{\sigma x \sqrt{2\pi T}} \exp\left[-\frac{\left\{ \ln x - \left(\ln S_0 + (r - \sigma^2/2)T\right) \right\}^2}{2\sigma^2 T} \right] dx$$

로 표시되고 이는 위험중립 세계에서 $\ln S_T \sim N\left(\ln S_0 + (r - \sigma^2/2)T,\ \sigma^2 T\right)$의 확률분포를 가정하고 $c_0 = e^{-rT} E_Q\left[\max(S_T - K, 0)\right]$을 적분으로 표현한 것과 동일함을 확인할 수 있다. (이어지는 **5.6**에서는 이와 관련한 상세한 부연설명이 첨부된다.) 따라서 옵션의 현재 가치 c_0는 앞서 3장의 **3.5**에서와 같이

$$c_0 = S_0\, \Phi(d_1) - K\, e^{-rT} \Phi(d_2)$$

$$d_1 = \frac{\ln(S_0/K) + (r + \sigma^2/2)T}{\sigma\sqrt{T}}, \ \ d_2 = \frac{\ln(S_0/K) + (r - \sigma^2/2)T}{\sigma\sqrt{T}} = d_1 - \sigma\sqrt{T}$$

임을 알 수 있다.

5.6 새뮤얼슨의 옵션가격공식

앞서 3장, 4장의 내용을 되돌아보면서 정리하면 다음과 같다. 위험중립 세계에서 무배당 주식에 대한 주가 S는 확률미분방정식

$$dS = rS\,dt + \sigma S\,dB_t$$

를 따르고, 이에 따라 만기 T 시점에서 위험중립 세계의 주가 S_T의 확률분포는

$$\ln S_T \sim N(\ln S_0 + (r - \sigma^2/2)T,\ \sigma^2 T)$$

이다. 그러므로 확률변수 X를 T 시점에서의 주가라고 놓으면 $S_T = X$의 확률밀도함수 $f(x)$는 다음과 같다. (**2.14** 참조)

$$f(x) = \begin{cases} \dfrac{1}{\sigma x \sqrt{2\pi T}} \exp\left(-\dfrac{\left(\ln x - \left\{ \ln S_0 + (r - \sigma^2/2)T \right\}\right)^2}{2\sigma^2 T} \right) & (x > 0) \\ 0 & (else) \end{cases}$$

그리고 행사가격 K인 유러피언 콜옵션의 만기 T 시점에서의 페이오프는

$$\max(S_T - K, 0)$$

이므로, **정리 2.6**의 공식

$$E(u(X)) = \int_{-\infty}^{\infty} u(x)f(x)\,dx$$

에 다음의 $u(X)$와 X의 분포

$$u(X) = \max(X - K,\, 0)$$

$$\ln X \sim N\big(\ln S_0 + (r - \sigma^2/2)\,T,\ \sigma^2\,T\big)$$

를 적용하면, 만기시점에서 옵션의 페이오프의 기댓값은 다음과 같다.

$$E(\max(X - K,\, 0)) = \int_{-\infty}^{\infty} \max(x - K,\, 0)f(x)\,dx$$

$$= \int_{0}^{\infty} \max(x - K,\, 0)\frac{1}{\sigma x \sqrt{2\pi T}} \exp\left[-\frac{\{\ln x - (\ln S_0 + (r - \sigma^2/2)\,T)\}^2}{2\sigma^2 T}\right] dx$$

그러므로 위험중립가치평가에 의한 파생상품 가격산출 공식

$$c_0 = e^{-rT} E_Q(\max(S_T - K,\, 0))$$

에 의하여 현재 0시점에서 콜옵션의 적정 가격을 다음과 같이 나타낼 수 있다.

$$c_0 = e^{-rT} \int_{0}^{\infty} \max(x - K,\, 0)\frac{1}{\sigma x \sqrt{2\pi T}} \exp\left[-\frac{\{\ln x - (\ln S_0 + (r - \sigma^2/2)\,T)\}^2}{2\sigma^2 T}\right] dx$$

3장의 **정리 3.5**에서는 **정리 3.1**의 (1)과 **3.2**를 이용하여 위의 적분을 계산하였고, 그 결과 얻어진 것이 블랙 - 숄즈 공식이다.

파생상품 등 금융 자산의 적정 가격을 구하는 가장 직관적이고 전통적인 접근방법은 미래시점의 기대 가치를 이에 상응하는 할인율로 할인하는 것이다. 파생상품은 만기가 되면 기초자산의 가격으로부터 페이오프가 결정되는데, 1장의 **1.3**에서도 이미 언급한 새뮤얼슨의 옵션 적정 가격 공식은 1973년 블랙 - 숄즈 모형 이전의 옵션의 적정 가격을 구하는 전형적인 방식이라고 할 수 있다. 1965년 논문에서 새뮤얼슨은 주가 S가 $dS = \mu S\,dt + \sigma S\,dB_t$를 따른다고 가정한 후 콜옵션의 만기 페이오프에 대한 기댓값을 옵션의 수익률로 할인하는 방식의 공식을 발표하였다. 새뮤얼슨의 1965년 논문에 따르면 만기 T, 행사가격 K인 유러피언 콜옵션의 현재 적정 가격 c_0는 현실 세계에서 옵션 만기 페이오프의 기댓값 $E(\max(S_T - K,\, 0))$을 옵션의 기대수익률 ν로 할인한 값

$$c_0 = e^{-\nu T} E(\max(S_T - K,\, 0))$$

이고 이를 적분으로 표현하면 다음과 같다.

$$c_0 = e^{-\nu T} \int_0^\infty \max(x - K, 0) \frac{1}{\sigma x \sqrt{2\pi T}} \exp\left[-\frac{\left\{ \ln x - \left(\ln S_0 + (\mu - \sigma^2/2)\, T \right) \right\}^2}{2\sigma^2 T} \right] dx$$

하지만 새뮤얼슨의 식은 옵션의 기대수익률 ν 에 대하여 $\nu \geq r$ 이라는 것밖에는 구체적인 설명이 없었고, 위험중립 세계가 아닌 실제 세계에서 옵션 만기 페이오프의 기댓값을 사용하였기 때문에 **1.3**에서처럼 차익거래를 허용하므로 적정 가격이 될 수 없었다. 옵션의 적정 가격에서 기초자산의 기대수익률 μ 대신에 무위험 이자율 r 이 쓰인다는 사실, 그리고 옵션 만기 페이오프의 기댓값에 대한 할인율 역시 무위험 이자율 r 이라는 사실은 겉보기에는 단순하지만, 새뮤얼슨의 논문 이후 10여 년 동안 발전한 매우 깊은 이론을 필요로 하였다.

위험중립가치평가는 1965년 논문에서 새뮤얼슨이 도출한 옵션가격의 적분 공식

$$c_0 = e^{-\nu T} \int_0^\infty \max(x - K, 0) \frac{1}{\sigma x \sqrt{2\pi T}} \exp\left[-\frac{\left\{ \ln x - \left(\ln S_0 + (\mu - \sigma^2/2)\, T \right) \right\}^2}{2\sigma^2 T} \right] dx$$

에서 $\mu = \nu = r$ 이 성립해야 함을 말해준다. 따라서 올바른 옵션가격의 적분 공식은

$$c_0 = e^{-r T} \int_0^\infty \max(x - K, 0) \frac{1}{\sigma x \sqrt{2\pi T}} \exp\left[-\frac{\left\{ \ln x - \left(\ln S_0 + (r - \sigma^2/2)\, T \right) \right\}^2}{2\sigma^2 T} \right] dx$$

이다.

5.7 배당 주식에 대한 옵션의 편미분방정식

이제 배당을 지급하는 주식에 대한 옵션 가격의 편미분방정식에 대하여 살펴보기로 한다. 앞서 1장에서 단일 무위험 이자율 r 은 연속복리 기준 또는 m 분기복리 기준으로도 나타낼 수 있음을 보였듯이 동일한 현금배당도 연속배당 기준 또는 이산배당 기준으로도 표현될 수 있으므로 편의상 연속배당을 지급하는 것으로 가정한다. 우리는 여기서 기업의 배당 수익률을 미리 예측할 수 있다는 가정 아래 고정 배당 수익률을 지급하는 주식에 대한 옵션의 경우만 다루도록 한다.

어느 기업의 주식이 연속배당률 q 의 배당을 지급한다고 하자. 해당 주식의 기대수익률이 μ 이고 변동성이 σ 라 가정할 때, 각 주식당 고정 배당수익률 q 만큼의 배당이 있다는 것은 배당이 q 의 수익률을 제공하므로 주가의 기대성장률은 $\mu - q$ 가 된다는 것, 즉

(주가의 기대성장률 $\mu - q$) + (배당 수익률 q) = (주식 투자의 기대수익률 μ)

임을 뜻하므로, 주가 S 의 확률미분방정식은

$$dS = (\mu - q)S\,dt + \sigma S\,dB_t$$

를 따르고, 배당수익률 q만큼의 배당이 있다는 것은 주식 1주를 보유한 경우 극단적으로 짧은 매 기간 $[t, t+dt]$ 동안 $qS\,dt$만큼의 배당을 받는다는 것을 의미한다. 이 경우 유러피언 콜옵션의 가격 c가 만족하는 미분방정식을 구해보자.

앞서 **5.1**에서 무배당 주식의 경우와 마찬가지로 임의의 시간 t에서 주가를 S, 옵션의 가치를 c라 할 때, 옵션 계약 1단위를 매도하고 주식을 Δ주를 매수하는 포트폴리오를 구성한다. 즉 포트폴리오의 가치는

$$\Pi = \Delta \cdot S - 1c$$

가 된다. 이제 **5.1**에서와 같이 극단적으로 짧은 시간 구간 $[t, t+dt]$에서 포트폴리오의 가치가 무위험이 되도록 그 구간 내에서 일정한 값 Δ를 정하도록 하자.

이제 Π의 확률미분 $d\Pi$를 구하면

$$d\Pi = \Delta\,dS + q\Delta S\,dt - dc$$

가 되고 이토의 보조정리에 의하여

$$dc = \frac{\partial c}{\partial t}\,dt + \frac{\partial c}{\partial S}\,dS + \frac{1}{2}\frac{\partial^2 c}{\partial S^2}\sigma^2 S^2\,dt$$

를 얻고 여기에

$$dS = (\mu - q)S\,dt + \sigma S\,dB_t$$

를 대입하면

$$dc = \left(\frac{\partial c}{\partial t} + (\mu - q)S\frac{\partial c}{\partial S} + \frac{1}{2}\sigma^2 S^2\frac{\partial^2 c}{\partial S^2}\right)dt + \sigma S\frac{\partial c}{\partial S}\,dB_t$$

가 되므로 아래의 계산 결과를 얻는다.

$$d\Pi = \Delta\,dS + q\Delta S\,dt - dc$$
$$= \left[-\frac{\partial c}{\partial t} + \mu S\left(\Delta - \frac{\partial c}{\partial S}\right) + q\Delta S - \frac{1}{2}\sigma^2 S^2\frac{\partial^2 c}{\partial S^2}\right]dt + \sigma S\left(\Delta - \frac{\partial c}{\partial S}\right)dB_t$$

위의 $d\Pi$ 중에서 확률적인 항은 뒷부분의

$$\sigma S\left(\Delta - \frac{\partial c}{\partial S}\right)dB_t$$

이므로, 구간 $[t, t+dt]$에서 Δ의 값을

$$\Delta = \frac{\partial c}{\partial S}$$

라 놓으면 $d\Pi$ 중에서 확률적인 부분이 사라져 포트폴리오는 구간 $[t, t+dt]$에서 (순간적으로 무위험상태가 되고, 그와 동시에 $d\Pi$ 식에서 dt의 계수항 중

$$\mu S\left(\Delta - \frac{\partial c}{\partial S}\right)$$

도 함께 0이 되므로 $d\Pi$는

$$d\Pi = \left(-\frac{\partial c}{\partial t} + qS\frac{\partial c}{\partial S} - \frac{1}{2}\sigma^2 S^2 \frac{\partial^2 c}{\partial S^2}\right)dt$$

를 만족한다. 한편 $\Delta = \frac{\partial c}{\partial S}$일 때 포트폴리오의 시초시점 t에서의 가치는 다음과 같다.

$$\Pi = S\frac{\partial c}{\partial S} - 1c$$

따라서 무차익 조건에 의해서 구간 $[t, t+dt]$에서 Π는 무위험 자산의 미분방정식

$$d\Pi = r\Pi\,dt$$

를 만족해야 하므로, 다음의 등식

$$\left(-\frac{\partial c}{\partial t} + qS\frac{\partial c}{\partial S} - \frac{1}{2}\sigma^2 S^2 \frac{\partial^2 c}{\partial S^2}\right)dt = r\left(S\frac{\partial c}{\partial S} - c\right)dt$$

가 성립해야 한다. 위 등식의 양변을 비교하고 정리하면 임의의 시점 t에서 콜옵션의 가격 c에 대한 다음과 같은 미분방정식을 얻는다.

$$rc = \frac{\partial c}{\partial t} + (r-q)S\frac{\partial c}{\partial S} + \frac{1}{2}\sigma^2 S^2 \frac{\partial^2 c}{\partial S^2}$$

즉 연속 배당 수익률 q를 제공하는 주식에 대한 만기 T, 행사가격 K인 유러피언 콜옵션의 가격방정식은 다음과 같다.

$$rc = \frac{\partial c}{\partial t} + (r-q)S\frac{\partial c}{\partial S} + \frac{1}{2}\sigma^2 S^2 \frac{\partial^2 c}{\partial S^2}$$

$$c(T, S) = \max(S_T - K, 0)$$

한편, 위 편비분방정식의 해 $c = c(t, S)$는 앞서 3장의 **3.9**에서 구한 배당지급옵션의 적정 가격으로 다음과 같다.

$$c = Se^{-q(T-t)}\Phi(d_1) - Ke^{-r(T-t)}\Phi(d_2)$$

여기서

$$d_1 = \frac{\ln(S/K) + (r - q + \sigma^2/2)(T-t)}{\sigma\sqrt{T-t}}$$

$$d_2 = \frac{\ln(S_0/K) + (r - q - \sigma^2/2)(T-t)}{\sigma\sqrt{T-t}} = d_1 - \sigma\sqrt{T-t}$$

이다.

3. 선물옵션

선물옵션은 선물계약을 기초자산으로 하는 옵션, 즉 2차 파생상품이다. 선물 콜옵션을 매입하였다면, 옵션을 행사함으로써 해당 선물에 대하여 옵션 만기시점의 선물가격으로 보유포지션을 취하게 된다. 따라서 선물가격이 옵션의 행사가격보다 높은 경우에만 선물옵션이 행사되며, 현금정산을 통하여 두 가격의 차이만큼 이익을 보게 된다. 미국 등 금융 선진국에서는 선물옵션이 현물옵션보다 시장에서 더 인기 있는 경우가 자주 있는데, 예를 들면 상품선물의 경우 선물계약은 거래소에서 이루어지고 유동성이 풍부하기 때문에 옵션이 도입될 때 현물상품 대신 선물계약에 대한 옵션을 도입한다. 이 경우 만기에 현물상품을 인수도 하는 번거로움을 피하는 이점도 있다. 미국의 경우 국채, 주가지수, 상품, 통화에 대한 선물옵션이 활발히 거래되고 있다. 유러피언 선물옵션의 가격산출 모형은 블랙(Black, F)에 의하여 1976년에 소개되었으며 널리 사용되고 있다.

5.8 선물옵션 가격방정식

어떤 자산에 대한 선물가격 F가 적당한 상수 λ, σ에 대하여

$$dF = \lambda F dt + \sigma F dB_t$$

를 만족한다고 가정한다. 이제 콜 선물옵션가격 v가 만족하는 미분방정식, 즉 선물옵션 버전의 블랙-숄즈 형태의 편미분방정식을 구해보자. 선물옵션의 기초자산이 되는 선물 매수 계약의 가치을 f라고 하자. v는 선물 매수 계약을 기초자산으로 하는 콜옵션이고, 선물계약은 투자자로 하여금 매입비용 없이 포지션을 취하게 하므로 현재 시점에서 $f = 0$이지만 시간이 흐름에 따라 해당 선물계약에 따른 손익

은 계약시점을 기준으로 한 선물가격 F의 등락에 따라 순간적으로 정산되므로 F와 f의 등락은 그 크기가 정확히 일치한다. 이제 블랙 – 숄즈 방정식에서와 마찬가지로 연속적인 델타 헤징을 사용해서 옵션가격의 미분방정식을 도출하겠다. 임의의 시간 t에서 선물매수계약의 가치를 f, 선물옵션의 가치를 c라 할 때, 선물옵션 계약 1단위를 매도하고 Δ 단위의 선물매수 계약을 하는 포트폴리오를 구성한다. 이 포트폴리오의 가치는

$$\Pi = \Delta \cdot f - 1v$$

가 된다. 이제 순간적으로 포트폴리오의 가치가 무위험이 되도록 Δ를 정한다. 이때 $df = dF$가 성립함에 유의하자.

이제 Π의 확률미분 $d\Pi$를 구하면

$$d\Pi = \Delta\, dF - dv$$

가 되고 이토의 보조정리에 의하여

$$dv = \frac{\partial v}{\partial t}\, dt + \frac{\partial v}{\partial F}\, dF + \frac{1}{2}\frac{\partial^2 v}{\partial F^2}\, \sigma^2 F^2\, dt$$

를 얻고 여기에

$$dF = \lambda F\, dt + \sigma F\, dB_t$$

를 대입하면

$$dv = \left(\frac{\partial v}{\partial t} + \lambda F \frac{\partial v}{\partial F} + \frac{1}{2}\sigma^2 F^2 \frac{\partial^2 v}{\partial F^2} \right) dt + \sigma F \frac{\partial v}{\partial F}\, dB_t$$

가 성립하므로 $d\Pi$는 다음 식과 같다.

$$
\begin{aligned}
d\Pi &= \Delta\, dF - dv \\
&= \left[-\frac{\partial v}{\partial t} + \lambda F\left(\Delta - \frac{\partial v}{\partial F}\right) - \frac{1}{2}\sigma^2 F^2 \frac{\partial^2 v}{\partial F^2} \right] dt + \sigma F\left(\Delta - \frac{\partial v}{\partial F}\right) dB_t
\end{aligned}
$$

이제 구간 $[t, t+dt]$에서 Δ를

$$\Delta = \frac{\partial v}{\partial F}$$

라 놓으면 $d\Pi$ 중에서 확률적인 항이 사라져 상기 포트폴리오는 구간 $[t, t+dt]$에서 무위험 상태가 되며, 이때 $d\Pi$는

$$d\Pi = \left(-\frac{\partial v}{\partial t} - \frac{1}{2}\sigma^2 F^2 \frac{\partial^2 v}{\partial F^2} \right) dt$$

을 만족하고, 계약 시점인 t에서 선물계약의 가치는 $f = 0$이므로 이 시점에서 포트폴리오의 가치는 다음과 같다.

$$\Pi = f\,\frac{\partial v}{\partial F} - 1v = 0 - v = -v$$

또한 이 경우 Π는 무위험 자산의 미분방정식

$$d\Pi = r\Pi\,dt$$

을 만족해야 하므로 다음 등식이 성립한다.

$$\left(-\frac{\partial v}{\partial t} - \frac{1}{2}\sigma^2 F^2\,\frac{\partial^2 v}{\partial F^2}\right)dt = -r\,v\,dt$$

위 등식의 양변을 비교하고 정리하면 편미분방정식

$$rv = \frac{\partial v}{\partial t} + \frac{1}{2}\sigma^2 F^2\,\frac{\partial^2 v}{\partial F^2}$$

을 얻는다. 이 방정식이 선물옵션의 가치 v가 만족하는 편미분방정식이다.

5.9 선물옵션의 적정 가격

이제 옵션의 만기 시점이 T이고 행사가격이 K인 유러피언 콜 선물옵션의 현재 가격 v_0을 구하도록 하겠다. 콜 선물옵션의 보유자는, T 시점에서의 선물가격 F_T가 행가가격 K보다 큰 경우에만 선물옵션을 행사하며, 이 경우 $F_T - K$ 차이만큼 이익을 보게 된다. (선물옵션에서 선물이 만기되는 시점은 옵션의 만기시점 T와 동일하거나 이후라고 가정하므로 옵션 만기 시점에서 선물가격 F_T가 의미를 갖는다.) 따라서 선물 콜옵션의 만기 페이오프는

$$v(T, F) = \max(F_T - K, 0)$$

으로 주어진다. 따라서 콜 선물옵션의 가격 v는 방정식은 아래와 같다.

$$rv = \frac{\partial v}{\partial t} + \frac{1}{2}\sigma^2 F^2\frac{\partial^2 v}{\partial F^2}$$

$$v(T, F) = \max(F_T - K, 0)$$

이 방정식은 앞서 **5.7**에서 소개한 연속 배당 수익률 q를 제공하는 주식에 대한 만기 T, 행사가격 K인 유러피언 콜옵션의 가격방정식

$$rc = \frac{\partial c}{\partial t} + (r-q)S\frac{\partial c}{\partial S} + \frac{1}{2}\sigma^2 S^2 \frac{\partial^2 c}{\partial S^2}$$

$$c(T, S) = \max(S_T - K, 0)$$

에서 $c \to v,\ S \to F$로 대체하고 $r = q$인 경우에 해당한다.

또한 **5.7**에서 보인 것처럼 위의 콜옵션 가격 방정식의 해 $c = c(t, S)$는 다음과 같다.

$$c = Se^{-q(T-t)}\Phi(d_1) - Ke^{-r(T-t)}\Phi(d_2)$$

$$d_1 = \frac{\ln(S/K) + (r - q + \sigma^2/2)(T-t)}{\sigma\sqrt{T-t}},\ \ d_2 = d_1 - \sigma\sqrt{T-t}$$

그러므로 방정식

$$rv = \frac{\partial v}{\partial t} + \frac{1}{2}\sigma^2 F^2 \frac{\partial^2 v}{\partial F^2}$$

$$v(T, F) = \max(F_T - K, 0)$$

의 해 $v = v_t$는

$$v = e^{-r(T-t)}\left[F\Phi(d_1) - K\Phi(d_2)\right]$$

여기서 $F = F_t$이고

$$d_1 = \frac{\ln(F/K) + (\sigma^2/2)(T-t)}{\sigma\sqrt{T-t}},\ \ d_2 = d_1 - \sigma\sqrt{T-t}$$

이다. 특히 0 시점에서의 콜 선물옵션의 가치 v_0는 다음과 같다.

$$v_0 = e^{-rT}\left[F_0\Phi(d_1) - K\Phi(d_2)\right]$$

$$d_1 = \frac{\ln(F_0/K) + (\sigma^2/2)T}{\sigma\sqrt{T}},\ \ d_2 = d_1 - \sigma\sqrt{T}$$

위의 설명처럼 선물옵션의 가격은 연속배당률이 무위험 이자율인 배당 지급 주식에 대한 옵션의 가격과 동일한 구조를 갖고 있으므로 연속배당률 q의 배당을 지급하는 주식에 대한 옵션의 풋 - 콜 패리티를 이용하여 선물옵션의 풋 - 콜 패리티를 찾을 수 있다. 배당률 q의 배당 지급 주식에 대한 유러피언 옵션의 풋 - 콜 패리티는 앞서 3장의 **3.10**에서 보였듯이

$$c_0 + Ke^{-rT} = p_0 + S_0 e^{-qT}$$

로 주어짐을 알고 있다. 그러므로 행사가격이 K이고 만기가 T인 유러피언 콜 선물옵션의 가격 v와 풋 선물옵션 가격 w는 다음 식을 만족한다.

$$v_0 + Ke^{-rT} = w_0 + F_0 e^{-rT}$$

$$v + Ke^{-r(T-t)} = w + Fe^{-r(T-t)}$$

을 만족한다. 풋 – 콜 패리티와 콜 선물옵션의 가격

$$v = e^{-r(T-t)} \left[F\,\Phi(d_1) - K\,\Phi(d_2) \right]$$

로부터 풋 선물옵션의 가격 w 는

$$w = e^{-r(T-t)} (K\,\Phi(-d_2) - F\,\Phi(-d_1))$$

$$d_1 = \frac{\ln(F/K) + (\sigma^2/2)(T-t)}{\sigma\sqrt{T-t}}, \ \ d_2 = d_1 - \sigma\sqrt{T-t}$$

임이 증명된다. 위의 선물옵션 가격공식은 1976년 블랙(Black)에 의해서 얻어진 것으로, 훨씬 다양한 경우로 일반화가 가능하다.

5.10 위험중립가치평가

앞서 **5.9**에서는 3장 **3.9**의 배당 주식에 대한 옵션가격공식으로부터 선물옵션의 가격공식을 도출하였다. 이 절에서는 위험중립가치평가에 의하여 선물옵션의 가격을 다시 도출하고자 한다.

1장의 **1.22**에 의하면 연속복리 수익률 q의 수익을 제공하는 투자자산의 가격을 $S = S_t$, 이에 대한 만기 T, 선물가격을 $F = F_t$ 라 할 때, S와 F 사이에는 등식

$$F = Se^{(r-q)(T-t)}$$

이 성립하고 S의 확률미분방정식이 $dS = (\mu - q)S\,dt + \sigma S\,dB_t$ 일 때, 이토의 보조정리에 의하여

$$dF = \frac{\partial F}{\partial t}dt + \frac{\partial F}{\partial S}dS + \frac{1}{2}\frac{\partial^2 F}{\partial S^2}\sigma^2 S^2\,dt$$

$$= -(r-q)S^{(r-q)(T-t)}dt + e^{(r-q)(T-t)}dS$$

이 되고, 여기에 $dS = (\mu - q)S\,dt + \sigma S\,dB_t$과 $F = Se^{(r-q)(T-t)}$를 대입하면 다음 식을 얻는다.

$$dF = (\mu - r)F\,dt + \sigma F\,dB_t$$

가 성립한다. 한편 위험중립 세계에서는 $\mu = r$이므로, 위의 dF 식에 $\mu = r$을 대입하면 위험중립 세계에서 $F = F_t$의 확률미분방정식은

$$dF = \sigma F\,dB_t$$

즉

$$E_Q(F_T) = F_0$$

이고

$$\ln F_T \text{는 정규분포를 따르고 표준편차가 } \sigma\sqrt{T}$$

임을 알 수 있다. 위험중립가치평가에 의하면 v_0는 위험중립 세계에서 선물옵션 만기 페이오프의 기댓값 $E_Q\left[\max(F_T - K, 0)\right]$을 무위험 이자율로 할인한 값

$$v_0 = e^{-rT} E_Q\left[\max(F_T - K, 0)\right]$$

이다. 이제 **정리 3.2**에 의하여

$$E_Q\left[\max(F_T - K, 0)\right] = F_0\,\Phi(d_1) - K\Phi(d_2)$$

$$d_1 = \frac{\ln(F_0/K) + \sigma^2 T/2}{\sigma\sqrt{T}}, \quad d_2 = d_1 - \sigma\sqrt{T}$$

가 성립하므로 콜 선물옵션의 현재 가격

$$v_0 = e^{-rT}\left[F_0\,\Phi(d_1) - K\,\Phi(d_2)\right]$$

을 얻을 수 있다.

4. 그릭스

그릭스(Greeks)라고 불리는 델타(delta), 감마(gamma), 세타(theta), 베가(vega), 로(rho), 즉 Δ, Γ, Θ, Λ, ρ는 블랙 - 숄즈 공식의 부산물로 옵션 포지션뿐 아니라 포트폴리오의 위험을 다양한 측면에서 측정하는 데 널리 이용된다. 금융기관을 비롯한 옵션 거래자들은 그릭 문자들을 관리하여 옵션 포지션과 포트폴리오의 위험을 적절한 수준에서 유지할 수 있다. 옵션에 대한 그릭스는 블랙 - 숄즈 공식에서 나타난 주요 변수들의 변화에 대한 옵션가격의 민감도를 나타낸다.

5.11 델타

기초자산의 가격을 S 그리고 파생상품 가격 V라 할 때 (V의) 델타(delta) $\Delta = \Delta_V$는

$$\Delta = \frac{\partial V}{\partial S}$$

로 정의된다. 델타는 파생상품 및 포트폴리오의 헤징에 매우 중요한 역할을 한다. 블랙 - 숄즈 모형을 통해서 살펴본 콜옵션의 델타 $\Delta_c = \dfrac{\partial c}{\partial S}$ 는 기초자산의 가격 변화에 대한 콜옵션의 가격 변화의 정도를 말하며, 또한 콜옵션 1계약을 매도한 투자자의 입장에서 단기간에 위험이 전혀 없는 상태가 되기 위해서 보유해야 하는 주식의 수를 의미한다.

$\Delta_c = \dfrac{\partial c}{\partial S}$ 를 구체적으로 구하기 위하여 블랙 - 숄즈 공식에서 얻어진 무배당 주식에 대한 콜옵션 가격 $c = c_t$ 의 식

$$c = S\,\Phi(d_1) - K\,e^{-r(T-t)}\,\Phi(d_2)$$

$$d_1 = \frac{\ln(S/K) + (r + \sigma^2/2)(T-t)}{\sigma\sqrt{T-t}}$$

$$d_2 = \frac{\ln(S/K) + (r - \sigma^2/2)(T-t)}{\sigma\sqrt{T-t}} = d_1 - \sigma\sqrt{T-t}$$

에서 표현의 간략화를 위하여

$$\frac{\ln S/K + r(T-t)}{\sigma\sqrt{T-t}} = C$$

라 놓으면

$$d_1 = C + \frac{1}{2}\sigma\sqrt{T-t}\,,\quad d_2 = C - \frac{1}{2}\sigma\sqrt{T-t}$$

이고 다음 식이 성립한다.

$$\ln\frac{S}{K} + r(T-t) + \frac{d_2^2}{2} = C\sigma\sqrt{T-t} + \frac{(C - \sigma\sqrt{T-t}/2)^2}{2}$$

$$= \frac{(C + \sigma\sqrt{T-t}/2)^2}{2} = \frac{d_1^2}{2}$$

이를 이용해서 $\Delta = \Delta_c$ 의 값을 계산하면 다음과 같다.

$$\Delta = \frac{\partial c}{\partial S}$$

$$= \Phi(d_1) + S\frac{1}{\sqrt{2\pi}}e^{-d_1^2/2}\frac{\partial d_1}{\partial S} - K e^{-r(T-t)}\frac{1}{\sqrt{2\pi}}e^{-d_2^2/2}\frac{\partial d_2}{\partial S}$$

$$= \Phi(d_1) + S\frac{1}{S\sigma\sqrt{(T-t)}}\frac{e^{-d_1^2/2}}{\sqrt{2\pi}} - K e^{-r(T-t)}\frac{1}{S\sigma\sqrt{T-t}}\frac{e^{-d_2^2/2}}{\sqrt{2\pi}}$$

$$= \Phi(d_1) + \frac{1}{\sigma\sqrt{2\pi(T-t)}}\left(\exp\left(-d_1^2/2\right) - \exp\left(-\ln S/K - r(T-t) - d_2^2/2\right)\right)$$

$$= \Phi(d_1) + \frac{1}{\sigma\sqrt{2\pi(T-t)}}\left(\exp\left(-d_1^2/2\right) - \exp\left(-d_1^2/2\right)\right)$$

$$= \Phi(d_1)$$

즉 위 계산으로부터 우리는 무배당 주식에 대한 콜옵션 가격에 대하여 다음의 중요한 결과를 얻는다.

$$\Delta_c = \Phi(d_1)$$

이에 따라 Δ_c의 값은 항상 0과 1 사이임을 알 수 있다. 또한 기초자산인 주식의 가격이 상승함에 따라 콜옵션은 내가격(in the money)에 있게 되고, 옵션가격은 주식의 가격과 거의 1 : 1의 비율로 변화하므로 콜옵션 보유포지션은 주식포지션과 유사하게 된다. 반면 주가가 하락하면 콜옵션은 외가격에 있게 되고 델타는 0에 접근한다. 이를 수식으로 확인하면 다음과 같다.

$$S \rightarrow \infty \text{ 일 때 } d_1 \rightarrow \infty \text{ 이고, 따라서 } \Delta_c = \Phi(d_1) \rightarrow 1$$

$$S \rightarrow 0 \text{ 일 때 } d_1 \rightarrow -\infty \text{ 이고, 따라서 } \Delta_c = \Phi(d_1) \rightarrow 0$$

한편 유러피언 풋옵션의 델타 Δ_p는

$$\Delta_p = \frac{\partial p}{\partial S} = \Delta_c - 1 = \Phi(d_1) - 1 = -\Phi(-d_1) < 0$$

임을 알 수 있다. 이로부터 주식가격이 1만큼 변동하면 콜옵션의 가격은 $\Phi(d_1)$만큼 변동하고 풋옵션의 가격은 $\Phi(d_1) - 1 = -\Phi(-d_1)$만큼 변동함을 알 수 있다. 예를 들어, $\Phi(d_1) = 0.7$인 경우 주식가격이 1원 상승하면 콜옵션 가격은 0.7원 상승하고, 풋옵션 가격은 0.3원 하락한다. 또한

$$\frac{\partial}{\partial S}\Delta_c = \frac{\partial}{\partial S}\Phi(d_1) = \frac{e^{-d_1^2/2}}{\sigma S\sqrt{2\pi(T-t)}} > 0$$

이므로 Δ_c는 S에 대하여 증가함수이다.

$0 < \frac{\partial c}{\partial S} = \Phi(d_1) < 1$로부터 기초자산의 가격변동에 대한 콜옵션의 가격 변동의 정도는 1보다 작음을 알 수 있고, 이로부터 주식의 가격이 옵션의 가격보다 더 급격히 변화하는 것으로, 따라서 주식포지션이 옵션 포지션보다 리스크가 큰 것으로 오해할 수도 있다. 하지만 $\frac{\partial c}{\partial S}$의 값이 1보다 작은 이유는 콜옵션 1계약의 가격이 주식 1주의 가격보다 작기 때문이다. 따라서 주식 포지션과 옵션 포지션의 위험도의 비교는 주가의 변동 비율 대비 옵션가격의 변동비율을 살펴보는 것으로 대체되어야 한다. 이제 기초자산의 가격변화의 비율 대비 콜옵션의 가격변화 비율을 나타내는 콜옵션의 가격 탄력성

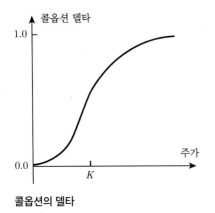

콜옵션의 델타

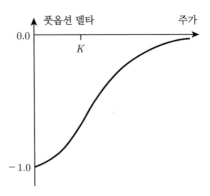

풋옵션의 델타

$$e_c = \frac{\frac{\partial c}{\partial S}}{\frac{c}{S}}$$

을 살펴보자. 이때 블랙-숄즈 공식에 의해 다음의 결과를 얻는다.

$$e_c = \frac{\frac{\partial c}{\partial S}}{\frac{c}{S}} = \frac{S\,\frac{\partial c}{\partial S}}{c} = \frac{S\Phi(d_1)}{S\Phi(d_1) - Ke^{-r(T-t)}\Phi(d_2)} > 1$$

이는 옵션의 가격이 기초자산의 가격 변동에 대해서 기초자산보다 더 민감하게 움직인다는 것, 따라서 단일 옵션 포지션은 동일 액수의 단일 주식 포지션보다 리스크가 더 크다는 것을 의미한다.

마찬가지로 풋옵션 가격의 탄력성은 다음과 같다.

$$e_p = \frac{\frac{\partial p}{\partial S}}{\frac{p}{S}} = \frac{S\,\frac{\partial p}{\partial S}}{p} = -\frac{S\Phi(-d_1)}{p} < -1$$

한편, 연속 배당률 q의 배당을 지급하는 주식에 대한 유러피언 콜옵션과 풋옵션의 델타는 각각

$$\Delta_c = e^{-q(T-t)}\Phi(d_1)$$

$$\Delta_p = -e^{-q(T-t)}\Phi(-d_1)$$

이고, 여기서

$$d_1 = \frac{\ln(S/K) + (r - q + \sigma^2/2)(T-t)}{\sigma\sqrt{T-t}}$$

이다.

콜옵션의 델타 $\Delta_c = \dfrac{\partial c}{\partial S}$ 는 기초자산의 가격 변화에 대한 콜옵션의 가격 변화의 정도를 말하며, 또한 콜옵션 1계약을 매도한 투자자의 입장에서 단기간에 위험이 전혀 없는 상태가 되기 위해서 보유해야 하는 주식의 수를 의미한다.

5.12 감마

기초자산의 가격을 S 그리고 파생상품 가격 V라 할 때 (V의) 감마(gamma) $\Gamma = \Gamma_V$는

$$\Gamma = \frac{\partial^2 V}{\partial S^2}$$

로 정의된다. 즉 옵션의 감마는 기초자산의 가격변화에 따른 옵션 델타의 변화 정도를 의미한다.

무배당 주식에 대한 유러피언 옵션의 감마는 다음과 같이 구할 수 있다.

$$\Gamma_c = \frac{\partial \Delta_c}{\partial S} = \frac{\partial}{\partial S}\,\Phi(d_1) = \frac{e^{-d_1^2/2}}{\sigma S \sqrt{2\pi(T-t)}} > 0$$

$$\Gamma_p = \frac{\partial \Delta_p}{\partial S} = \frac{\partial}{\partial S}\,(\Delta_c - 1) = \Gamma_c$$

즉, 무배당 주식에 대한 유러피언 콜옵션의 감마와 동일하다.

위 식으로부터 등가격(at the money) 옵션은 가장 큰 감마를 가짐을 알 수 있고, 이는 S가 변함에 따라 델타가 매우 빨리 변한다는 것을 의미한다. 내가격 옵션 포지션은 본질적으로 주식 포지션과 동등하기 때문에 내가격 옵션은 낮은 감마를 가진다. 또한 외가격 옵션은 델타가 0에 가깝기 때문에 낮은 감마를 갖는다.

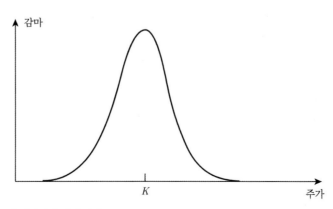

유러피언 옵션의 감마

감마는 기초자산의 가격 변동에 따라 헤지(hedge) 비율이 어떻게 변동하는지를 나타내는 지표로 활용된다. 감마값이 크다면 기초자산 가격변동에 의해 헤지 비율이 크게 영향을 받기 때문에 델타 헤지를 하는 경우 헤지 비율을 더욱 빈번히 조정해주어야 한다는 것을 의미한다.

5.13 세타

세타(theta) Θ 란 시간의 변화에 따른 파생상품가치의 변화 정도를 측정하는 것으로 무배당 주식에 대한 유러피언 콜옵션의 세타는 계산 결과 다음과 같이 얻어진다.

$$\Theta_c = \frac{\partial c}{\partial t} = -\frac{1}{\sqrt{2\pi}}\frac{\sigma S e^{-d_1^2/2}}{2\sqrt{T-t}} - rKe^{-r(T-t)}\Phi(d_2) < 0$$

그리고 유러피언 풋옵션의 세타는 풋 - 콜 패리티

$$c + Ke^{-r(T-t)} = p + S$$

에 의해서 다음과 같이 표현된다.

$$\Theta_p = \frac{\partial p}{\partial t} = \frac{\partial c}{\partial t} + rKe^{-r(T-t)}$$

$$= -\frac{1}{\sqrt{2\pi}}\frac{\sigma S e^{-d_1^2/2}}{2\sqrt{T-t}} + rKe^{-r(T-t)}\Phi(-d_2)$$

위 식으로부터 무배당 주식에 대한 유러피언 콜옵션의 세타는 항상 음의 값을 갖는다. 또한 $\frac{1}{\sqrt{2\pi}}\frac{\sigma S e^{-d_1^2/2}}{2\sqrt{T-t}}$ 의 값은 일반적인 경우 $rKe^{-r(T-t)}\Phi(-d_2)$의 값보다 크기 때문에 풋옵션의 경우에도 거의 대부분 세타는 음수이다. 하지만 이자율이 높고, 무배당 주식의 경우 주가가 행사가격에 비하여 매우 낮은 경우 세타는 양의 값을 가질 수도 있다. 콜옵션의 세타가 항상 음수라는 것은 다른 조건이 동일한 경우 만기까지 잔여기간 $T-t$가 길수록 콜옵션 가격이 높다는 것을 의미한다.

위 공식에서 한 가지 주의해야 할 점은 옵션의 만기 T가 연 단위로 계산된 경우 위의 식에 의해서 계산되는 세타 값 역시 1년이라는 시간의 단위로 측정된다는 것이다. 예를 들어, 주가와 행사가격이 모두 45달러이고, 무위험 이자율 연 5%, 변동성 연 25% 일 때 만기 3개월의 유러피언 콜옵션의 경우

$$S_0 = 45,\ K = 45,\ T = 1/4,\ r = 0.05,\ \sigma = 0.25$$

의 데이터를 사용해서 공식을 사용한 경우 위의 세타 공식으로부터 콜옵션의 가격은 2.49 달러와, $\Theta = -5.58$을 얻는다. 이는 1년이 경과하면 콜옵션 가격이 5.58 달러가 하락해서 음수가 된다는 의미

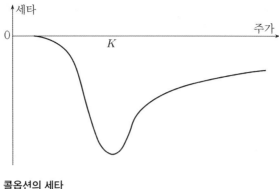

콜옵션의 세타

가 아니라 단기적으로 발생하는 옵션의 시간가치 하락이 연 5.58달러, 즉 1일 기준으로 $\dfrac{5.58}{252}=$ 0.0221달러임을 뜻한다. 이에 따라 주가가 변하지 않을 때 3일 동안 예상되는 옵션가격의 하락폭은 0.0663달러라고 해석해야 한다.

무배당 주식의 옵션의 경우 세타는 항상 음수이며, 옵션의 시간가치가 만기에 가까워질수록 급격히 감소하므로 세타에 대한 정보가 중요하게 된다. 풋옵션의 경우에도 주로 세타는 음수이지만 앞서 언급한 바와 같이 심내가격에서는 세타가 음수가 아닌 경우가 있게 된다. 콜옵션과 풋옵션 모두 세타는 등가격 상태에서 최대가 된다. 무배당 주식에 대한 콜옵션의 세타함수의 그래프는 다음과 같다.

이제 델타, 감마, 세타를 이용해서 무배당 주식에 대한 파생상품의 가치 v에 대한 블랙 – 숄즈 방정식

$$rv = \frac{\partial v}{\partial t} + rS\frac{\partial v}{\partial S} + \frac{1}{2}\sigma^2 S^2 \frac{\partial^2 v}{\partial S^2}$$

을 다시 표현하면

$$rv = \Theta + rS\Delta + \frac{1}{2}\sigma^2 S^2 \Gamma$$

이다.

한편, 연속배당률 q의 배당을 지급하는 주식에 대한 유러피언 옵션의 경우 세타는 다음과 같다. 여기서 d_1과 d_2는 3장의 **3.9**에서 정의한 것과 같다.

$$\Theta_c = \frac{\partial c}{\partial t} = -\frac{1}{\sqrt{2\pi}}\frac{\sigma S e^{-d_1^2/2}e^{-q(T-t)}}{2\sqrt{T-t}} + qS\Phi(d_1)e^{-q(T-t)} - rKe^{-r(T-t)}\Phi(d_2)$$

$$\Theta_p = -\frac{1}{\sqrt{2\pi}}\frac{\sigma S e^{-d_1^2/2}e^{-q(T-t)}}{2\sqrt{T-t}} - qS\Phi(-d_1)e^{-q(T-t)} + rKe^{-r(T-t)}\Phi(-d_2)$$

그리고 이 경우 파생상품의 가치 v에 대한 블랙 – 숄즈 방정식은 다음과 같다.

$$rv = \Theta + (r-q)S\Delta + \frac{1}{2}\sigma^2 S^2 \Gamma$$

5.14 베가, 로

베가(vega) Λ란 기초자산의 변동성의 변화에 대한 파생상품의 가격변화의 정도를 의미하는 것으로, 기초자산의 변동성을 σ 그리고 파생상품 가격 V라 할 때 $\Lambda = \Lambda_V$는

$$\Lambda = \frac{\partial V}{\partial \sigma}$$

으로 정의된다.

예를 들면, 변동성이 연 30%인 어느 주식에 대한 유러피언 콜옵션의 Λ(베가)가 13이라고 하자. 이 때 해당 주식의 변동성이 연 29%로 내려간 경우 베가를 이용한 해당 콜옵션의 가격변화의 추정값은 $-0.01 \times 13 = -0.13$, 즉 대략 -0.13만큼 옵션의 가치가 하락한다는 의미이다.

콜옵션의 가격이 블랙 – 숄즈 공식으로 표현되었을 때, 기초자산의 변동성이 상수가 아니라 변수라고 가정하면 무배당 주식에 대한 유러피언 콜옵션의 베가는 다음과 같다.

$$\Lambda_c = \frac{\partial c}{\partial \sigma} = S\Phi'(d_1)\frac{\partial d_1}{\partial \sigma} - Ke^{-r(T-t)}\Phi'(d_2)\frac{\partial d_2}{\partial \sigma}$$

$$= \frac{S\sqrt{T-t}\,e^{-d_1^2/2}}{\sqrt{2\pi}} > 0$$

마찬가지로 유러피언 풋옵션의 베가는

$$\Lambda_p = \frac{\partial p}{\partial \sigma} = \frac{\partial c}{\partial \sigma} + \frac{\partial}{\partial \sigma}(Ke^{-r(T-t)} - S) = \Lambda_c$$

이다. 따라서 유러피언 옵션의 베가는 항상 0보다 크고, 시간의 경과에 따라 감소하며, 만기와 행사가격이 동일한 콜옵션과 풋옵션은 동일한 베가 값을 갖는다. 무배당 주식에 대한 유러피언 옵션의 베가 함수의 그래프는 다음과 같다.

베가는 등가격 옵션일 때 값이 가장 커지고 내가격, 외가격으로 갈수록 값이 작아지는데 이는 등가격 옵션이 변동성에 가장 민감하게 반응한다는 것을 의미한다.

로(rho) ρ란 이자율의 변화에 따른 파생상품 가치의 변화 정도를 측정하는 것으로 콜옵션의 가격이 블랙 – 숄즈 공식으로 표현되었을 때, 무위험 이자율이 상수가 아니라 변수라고 가정하면 무배당 주식

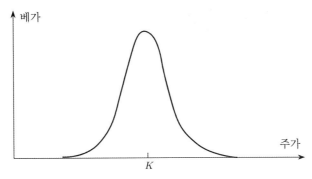

유러피언 옵션의 베가

에 대한 유러피언 콜옵션의 로는 간단한 계산을 통하여 다음과 같음을 알 수 있다.

$$\rho_c = \frac{\partial c}{\partial r} = (T-t)Ke^{-r(T-t)}\Phi(d_2) > 0$$

유러피언 풋옵션의 로는 풋-콜 패리티 $c + Ke^{-r(T-t)} = p + S$ 에 의해서

$$\rho_p = \frac{\partial p}{\partial r} = -(T-t)Ke^{-r(T-t)}\Phi(-d_2) < 0$$

의 값을 갖는다. 즉 콜옵션의 가격은 이자율의 변화와 정의 관계를 갖고, 풋옵션의 가격은 이자율의 변화와 역관계를 갖는다. 또한 만기까지의 기간이 긴 옵션은 이자율의 변화에 많은 영향을 받는다.

이와 같이 정의된 델타, 감마, 세타, 베가, 로, 즉 $\Delta, \Gamma, \Theta, \Lambda, \rho$ 를 그릭스(Greeks)라고 부른다.

5.15 예

현재 가격 100달러인 무배당 주식에 대한 잔여만기 3개월인 유러피언 콜옵션의 현재 가격이 5.5달러이다. 그리고 해당 콜옵션의 현재 그릭스는 다음과 같다.

$$\Delta = 0.46,\ \Gamma = 0.06,\ \Theta = -12.3,\ \Lambda = 8.9,\ \rho = 6.25$$

이때 아래 물음에 답하시오.
(1) 주가가 101달러로 오를 때 새로운 옵션가격과 새로운 델타의 근삿값을 구하시오.
(2) 주가가 120달러로 오를 때 새로운 옵션가격의 근삿값을 구하시오.
(3) 만기까지 남은 기간이 하루 줄어들 때 새로운 옵션가격의 근삿값을 구하시오.
(4) 변동성이 1% 증가할 때 새로운 옵션가격의 근삿값을 구하시오.
(5) 연속복리 무위험 연간 이자율이 0.5% 포인트 증가할 때 새로운 옵션가격의 근삿값을 구하시오.

풀이 |

$S = 100,\ c = 5.5,\ T = 0.25$ 와 $\Delta = 0.46,\ \Gamma = 0.06,\ \Theta = -12.3,\ \Lambda = 8.9,\ \rho = 6.25$ 를 사용하여 답할 수 있다.

(1) 주가의 변화가 작은 경우에는 델타만으로 새로운 옵션가격을 추정할 수 있다.

주가의 변화는 $\partial S = 1$이므로 $\Delta = \dfrac{\partial c}{1} = 0.46$으로부터 옵션가격의 변화는

$$\partial c = \Delta \times 1 = 0.46$$

이다. 따라서 새로운 옵션가격의 근삿값은 $5.5 + 0.46 = 5.96$ 달러이다. 또한 $\dfrac{\partial \Delta}{\partial S} = \Gamma = 0.06$

으로부터 델타가 변하는 근삿값은

$$\partial \Delta = 0.06 \times \partial S = 0.06$$

이다. 따라서 콜옵션의 새로운 델타의 근삿값은 $0.46 + 0.06 = 0.52$이다.

(2) 주가의 변화가 큰 경우는 델타는 물론 감마까지 사용해서 새로운 옵션가격을 추정한다.

테일러급수 전개식에 의하여

$$\partial c \simeq \Delta \left(\partial S \right) + \frac{1}{2} \Gamma \left(\partial S \right)^2$$

이므로 옵션가격의 변화는

$$\partial c \simeq 0.46 \times 20 + \frac{1}{2} \times 0.06 \times 20^2 = 21.2$$

이다. 따라서 새로운 옵션가격의 근삿값은 $5.5 + 21.2 = 26.7$ 달러이다.

(3) 하루는 거래일로 $\dfrac{1}{252}$ 년이므로 $\partial t = \dfrac{1}{252}$ 이다. 세타를 이용한 옵션가격 변동의 근삿값은

$$\partial c \simeq \theta \times \left(\partial t \right) = -12.3 \times \frac{1}{252} = -0.049$$

이다. 따라서 새로운 옵션가격의 근삿값은 $5.5 - 0.049 = 5.451$ 달러이다.

(4) $\Lambda = \dfrac{\partial c}{\partial \sigma} = 8.9$이므로 변동성이 1% 증가할 때 옵션가격은 대략적으로 8.9% 증가한다. 따라서 옵션가격 변동의 근삿값은 $5.5 \times 0.089 = 0.49$이고 새로운 옵션가격의 근삿값은 $5.5 + 0.49 = 5.99$ 달러이다.

(5) $\rho = \dfrac{\partial c}{\partial r} = 6.25$이고 $\partial r = 0.005$이므로 옵션가격의 변화는

$$\partial c \simeq 6.25 \times 0.005 = 0.031$$

이다. 따라서 새로운 옵션가격의 근삿값은 $5.5 + 0.031 = 5.531$ 달러이다.

5.16 포트폴리오의 그릭스

그릭스는 개별 자산을 기초자산으로 하는 파생상품 포트폴리오에도 적용할 수 있다. 예를 들면, 가격이 S인 금융자산을 기초자산으로 하는 파생상품 포트폴리오의 가치를 Π라 할 때 이 포트폴리오의 델타는 다음과 같다.

$$\Delta_\Pi = \frac{\partial \Pi}{\partial S}$$

또한 여러 가지의 옵션으로 구성된 옵션 포트폴리오의 델타도 마찬가지의 방법으로 정의할 수 있다. 델타의 커다란 이점은 합산할 수 있다는 것이다. 델타 헤징을 사용하여 여러 가지 옵션으로 구성된 포트폴리오의 위험을 헤지하고 싶을 때, 현실적으로 보유하고 있는 옵션들을 개별적으로 헤지하는 것은 매우 어렵기 때문에 보유하고 있는 옵션포트폴리오의 총 델타를 기준으로 헤지가 이루어지는 경우가 많다. 포트폴리오가 n가지의 옵션으로 구성되어 있고, k번째 옵션계약의 단위수가 a_k, k번째 옵션의 델타가 Δ_k인 포트폴리오의 총 델타 Δ_Π는 다음과 같다.

$$\Delta_\Pi = \sum_{k=1}^{n} a_k \Delta_k$$

마찬가지로 포트폴리오의 감마(Γ), 세타(Θ), 베가(Λ), 로(ρ)도 파생상품과 동일한 방식으로 정의된다.

예제

어느 투자자는 현재 델타가 0이고 감마가 100인 포트폴리오를 보유 중이고, 금융시장에서는 델타가 0.6이고 감마가 0.8인 유러피언 콜옵션이 거래되고 있다. 이 콜옵션과 해당 기초자산을 이용하여 포트폴리오의 델타와 감마가 모두 0이 되도록 투자 전략을 수립하시오.

풀이

콜옵션 x단위를 포함시켜 내 포트폴리오를 감마중립으로 만들려면 $100 + 0.8x = 0$으로부터 $x = -125$를 얻으므로 콜옵션 125단위를 매도해야 한다. 그 경우 내 포트롤리오의 델타는 $-125 \times 0.6 = -75$로 변한다. 주식의 감마는 0이므로 해당 주식을 75주 매입하면 포트폴리오를 다시 델타중립으로 만들 수 있다. 즉 해당 주식 75주를 매수하고 콜옵션 125단위를 매도하면 된다. ■

5. 블랙-숄즈 옵션가격 곡선

이제 만기까지의 잔여기간을 T로 고정하고 블랙 – 숄즈 공식에서 얻어진 유러피언 콜옵션의 가격 c를 주가 S에 대한 함수로 간주한 $c = c(S)$의 그래프를 살펴보겠다.

5.17 콜옵션 가격의 상계와 하계

우선 유러피언 콜옵션의 보유자는 만기에 행사가격으로 주식 1개를 살 수 있는 권리를 얻는다. 만일 현재 옵션가격이 주가를 넘어선다면, 콜옵션을 매도하고 주식을 매입하는 무위험 차익거래가 발생한다. 그러므로 무차익 원칙에 의해서

$$c \leq S$$

가 항상 성립한다.

반대로 콜옵션 하나와 현금 Ke^{-rT}만큼을 보유하고 주식 1개를 공매도한 포트폴리오를 살펴보자. 이 포트폴리오는 현재

$$\Pi = c + Ke^{-rT} - S$$

의 가치를 갖는다. 한편 이 포트폴리오의 만기시점의 가치는

$$\max(S_T - K, 0) + K - S_T$$

이고 이 값은 $S_T \geq K$인 경우에는 0, $S_T < K$인 경우에는 $K - S_T > 0$이므로 항상 0 이상이다. 그러므로 무차익원칙에 의해서 이 포트폴리오의 현재 가치도 0 이상이어야 한다. 즉

$$c + Ke^{-rT} - S \geq 0$$

이 성립한다. 이를 종합하면 만기까지의 잔여기간 T, 행사가격 K인 유러피언 콜옵션의 현재 가격 c는

$$S - Ke^{-rT} \leq c \leq S$$

를 만족한다. 이를 옵션의 상계(upper bound)와 하계(lower bound)라고 한다.

5.18 옵션가격 그래프

이제 시점을 $t = 0$으로 고정한 함수 $c = c(0, S) = c(S)$의 그래프를 살펴보면 $S = 0$일 때 $c = 0$이므로 그래프는 원점 $(0, 0)$을 지나고 이 그래프는 직선 $c = S$의 아래에 그리고 직선 $c = S - Ke^{-rT}$

의 위쪽에 존재한다. 그리고 앞서 **5.11**과 **5.12**에서 보인 것처럼

$$\frac{\partial c}{\partial S} = \Delta > 0, \frac{\partial^2 c}{\partial S^2} = \Gamma > 0$$

이므로 $c = c(S)$는 S에 대해서 증가하면서 (아래로) 볼록인 함수이다. 또한

$$c = S\Phi(d_1) - Ke^{-rT}\Phi(d_2)$$

이고

$$S \to \infty \text{ 일 때 } \Phi(d_1) \to 1, \ \Phi(d_2) \to 1$$

의 극한을 취하므로

$$S \to \infty \text{ 일 때 } c = c(S)\text{의 점근선은 직선 } c = S - Ke^{-rT}$$

이 된다. 이를 바탕으로 $c = c(S) = S\Phi(d_1) - Ke^{-rT}\Phi(d_2)$의 그래프를 그릴 수 있다.

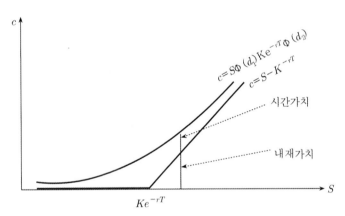

$S\Phi(d_1) - Ke^{-rT}\Phi(d_2)$**의 그래프**

5.19 콜옵션의 조기행사 및 아메리칸 콜옵션

콜옵션 가격

$$c = c(0, S) = S\Phi(d_1) - Ke^{-rT}\Phi(d_2)$$

의 그래프를 살펴보면 옵션의 내재가치와 시간가치가 구분된다. $Ke^{-rT} \leq S$인 경우 $S - Ke^{-rT}$는 옵션의 내재가치, 그리고 $c - (S - Ke^{-rT})$는 옵션의 시간가치가 된다. 시간가치는 등가격 수준일 때 가장 크고, 내가격이나 외가격의 정도가 심할수록 점점 작아진다. $Ke^{-rT} > S$인 경우 옵션의 내재가

치는 0이고 옵션의 가치 c는 모두 시간가치이다. 옵션의 내재가치가 현 상황에서 옵션을 행사했을 때, 얻어지는 이익이라면 그 값은 $S-K$이어야 하는데, 그 대신 $S-Ke^{-rT}$가 내재가치라고 하는 이유는 위와 같이 무배당 주식의 경우에는 옵션을 조기에 행사하는 것은 합리적인 결정이 아니므로 옵션 보유자의 선택이 될 수 없기 때문이다. 만일 C가 동일 만기, 동일 행사가격의 아메리칸 콜옵션의 가격이라면

$$C \geq c \geq S - Ke^{-rT} > S - K$$

이므로 어느 경우에도 만기 이전에 권리를 행사하는 것은 최적이 될 수 없다. 이를 다시 설명하면 다음과 같다:

만일 현재 주가가 과대평가되었다고 생각하더라도 콜옵션을 조기에 행사하는 선택보다 주식을 공매도하고 옵션을 만기까지 보유하는 선택이 항상 유리하기 때문에 옵션의 조기행사는 어느 경우에도 최적의 선택이 될 수 없다.

주식을 공매도하고 콜옵션을 만기까지 보유하는 것이 조기행사하는 것보다 유리한 점은 콜옵션이 부여하는 보험의 기능을 누릴 수 있고, 행사가격을 늦게 지불하기 때문에 이자비용만큼 유리한 것에 있다. 이로부터 5장의 첫머리에서 언급한 블랙 – 숄즈 방정식을 얻는 데 사용되는 가정아래에서는 무배당 주식에 대한 동일 만기, 동일 행사가격의 아메리칸 콜옵션과 유러피언 콜옵션의 적정 가격은 같다는 결론에 이른다.

앞서 **5.13**에서 얻은 유러피언 콜옵션의 세타의 식

$$\Theta_c = \frac{\partial c}{\partial t} = -\frac{1}{\sqrt{2\pi}} \frac{\sigma S e^{-d_1^2/2}}{2\sqrt{T-t}} - rKe^{-r(T-t)}\Phi(d_2)$$

으로부터 이를 살펴보면 앞의 $-\dfrac{1}{\sqrt{2\pi}}\dfrac{\sigma S e^{-d_1^2/2}}{2\sqrt{T-t}}$ 부분은 시간이 흐름에 따라 콜옵션이 부여하는 보험기능의 가치가 줄어들고 있음을 말하고, 뒤의 $-rKe^{-r(T-t)}\Phi(d_2)$는 이자율과 관련된 현금의 시간가치가 줄어들고 있음을 말한다. 이는 옵션 보유자의 입장에서는 행사가격을 늦게 지불할수록 유리하기 때문이다. 이와 반대로 유러피언 풋옵션의 세타공식

$$\Theta_p = \frac{\partial p}{\partial t} = -\frac{1}{\sqrt{2\pi}} \frac{\sigma S e^{-d_1^2/2}}{2\sqrt{T-t}} + rKe^{-r(T-t)}\Phi(-d_2)$$

에서는 이자율과 관련된 현금가치 $rKe^{-r(T-t)}\Phi(-d_2)$는 시간이 지남에 따라 늘어난다. 즉 옵션 보유자의 입장에서는 행사가격을 일찍 받을수록 유리하다는 뜻이다. 이와 같이 풋옵션의 경우는 옵션의 보험가치와 현금의 시간가치가 반대방향을 향하므로 경우에 따라 옵션의 조기행사가 유리할 때도 있다.

따라서 동일 만기 동일 행사가격의 아메리칸 풋옵션과 유러피언 풋옵션의 적정 가격은 같다고 말할 수 없다. 실제로 무배당 주식의 주가 확률미분방정식을 블랙 - 숄즈 모형에서와 같이 $dS = \mu S\,dt + \sigma S\,dB_t$으로 가정했을 때 만기 T, 행사가격 K인 아메리칸 풋옵션의 현재 적정 가격을 구하는 공식은 현재까지 미해결 문제이며 실제로 그런 공식이 존재하는가의 여부조차 알려진 바 없다. 대신 아메리칸 풋옵션의 적정 가격은 앞서 3장의 **3.15~3.16**에서 소개한 콕스 - 로스 - 루빈스타인의 모형처럼 위험중립 세계에서 주가의 모형을 이용하여 여러 단계의 이항(또는 다항) 트리를 구성함으로써 구하는 방법이 주로 사용된다.

앞서 말한 것처럼 풋 - 콜 패리티는 유러피언 옵션에 대해서만 성립하고, 무배당 주식에 대한 아메리칸 옵션의 경우는 풋 - 콜 패리티와 유사한 부등식이 성립한다.

$$S_0 - K \leq C_0 - P_0 \leq S_0 - Ke^{-rT}$$

위 부등식이 성립함을 보이는 것에 대한 간단한 설명을 아래에 첨부한다. 위에서 설명한 것처럼 무배당 주식에 대한 옵션의 가치는 $c_0 = C_0$ 그리고 $p_0 \leq P_0$이다.

따라서 풋 - 콜 패리티에 의하여

$$P_0 \geq p_0 = c_0 + Ke^{-rT} - S_0 = C_0 + Ke^{-rT} - S_0$$

이므로 부등식

$$C_0 - P_0 \leq S_0 - Ke^{-rT}$$

가 성립한다. 한편 유러피언 옵션 1단위와 현금 K를 함께 보유하는 포트폴리오의 만기가치는

$$\max(S_T - K, 0) + Ke^{rT} = \max(S_T, K) - K + Ke^{rT}$$

가 되어 주식 1단위와 아메리칸 풋옵션을 함께 보유하는 포트폴리오의 만기가치 이상이므로 무차익 원칙에 의해 $c_0 + K \geq P_0 + S_0$가 성립하고, $c_0 = C_0$이므로 나머지 방향의 부등식

$$S_0 - K \leq C_0 - P_0$$

을 항상 만족한다.

5.20 옵션행사확률 $\Phi(d_2)$

무배당 주식에 대한 블랙 - 숄즈 옵션 가격 공식

$$c = S\Phi(d_1) - Ke^{-rT}\Phi(d_2)$$

$$d_1 = \frac{\ln(S/K) + (r + \sigma^2/2)\,T}{\sigma\sqrt{T}}, \quad d_2 = \frac{\ln(S/K) + (r - \sigma^2/2)\,T}{\sigma\sqrt{T}}$$

에서 등장하는 $\Phi(d_1)$, $\Phi(d_2)$에 대하여

$$\Phi(d_1) = \Delta = \frac{\partial c}{\partial S}$$

임을 **5.11**에서 보였다. 이제 $\Phi(d_2)$ 또한 중요한 의미를 가지고 있음을 설명하고자 한다.

$\Phi(d_2)$는 기초자산에 대한 시장 참여자들이 위험중립인 세계, 즉 기초자산의 가격이 확률미분방정식

$$dS = rS\,dt + \sigma S\,dB_t$$

를 만족한다는 가정하에서 만기에 유러피언 콜옵션이 행사될 확률이다. 즉 위험중립 세계에서

$$\Phi(d_2) = \mathrm{Pr}(S_T > K)$$

가 성립한다. 이제 위험중립 세계에서 만기 주가의 확률분포

$$\ln S_T \sim N(\ln S_0 + (r - \sigma^2/2)\,T,\ \sigma^2 T)$$

을 이용해서 이를 증명해보자.

$\ln S_T \sim N(\ln S_0 + (r - \sigma^2/2)\,T,\ \sigma^2 T)$로부터

$$\frac{\ln S_T - \left(\ln S_0 + (r - \sigma^2/2)\,T\right)}{\sigma\sqrt{T}} \sim N(0,1)$$

이므로 다음 등식이 성립한다.

$$\begin{aligned}
\mathrm{Pr}(S_T > K) &= \mathrm{Pr}(\ln S_T > \ln K)\\
&= \mathrm{Pr}\left(\frac{\ln S_T - \left(\ln S_0 + (r - \sigma^2/2)\,T\right)}{\sigma\sqrt{T}} > \frac{\ln K - \left(\ln S_0 + (r - \sigma^2/2)\,T\right)}{\sigma\sqrt{T}}\right)\\
&= \mathrm{Pr}(Z > -d_2)\ (\text{여기서}\ Z \sim N(0,1))\\
&= 1 - \mathrm{Pr}(Z \le -d_2) = 1 - \Phi(-d_2) = \Phi(d_2)
\end{aligned}$$

이에 따라 $\Phi(d_2)$는 위험중립 세계에서 만기에 유러피언 콜옵션이 행사될 확률임이 증명되었다.

5.21 이항옵션

무배당 주식에 대해서 T기간 후의 주가가 K달러보다 크면 M달러를 받게 되고 그렇지 않으면 가치가 0이 되는 옵션의 현재 가치 v_0는 어떻게 될까?

위험중립가치평가에 의해서 다음 식이 성립하고

$$v_0 = e^{-rT} E_Q(v_T)$$

위험중립 세계에서의 만기 주가의 확률분포는

$$\ln S_T \sim N(\ln S_0 + (r - \sigma^2/2)T, \ \sigma^2 T)$$

이므로 등식

$$e^{-rT} E_Q(v_T) = e^{-rT} \big[M \cdot \mathrm{Pr}(S_T > K) + 0 \cdot \mathrm{Pr}(S_T \leq K) \big] = e^{-rT} \big[M \cdot \Phi(d_2) \big]$$

가 성립한다. 즉 이러한 옵션의 현재 가치 v_0는

$$v_0 = e^{-rT} M \Phi(d_2)$$

이다. 마찬가지 방법으로 무배당 주식에 대해서 T기간 후의 주가가 K달러보다 작으면 M달러를 받게 되고 그렇지 않으면 가치가 0이 되는 옵션의 현재 가치 u_0는

$$u_0 = e^{-rT} M \big[1 - \Phi(d_2) \big] = e^{-rT} M \Phi(-d_2)$$

임을 알 수 있다. 그렇다면

> "무배당 주식에 대해서 T기간 후의 주가가 K달러보다 크면 주식 1주를 받게 되고 그렇지 않으면 가치가 0이 되는 옵션의 현재 가치 x_0는 어떻게 될까?"

이에 대한 답을 간단히 할 수 있다. 앞서 설명한 대로 T기간 후의 주가가 K달러보다 크면 K달러를 받게 되고 그렇지 않으면 가치가 0이 되는 옵션의 현재 가치는 $v_0 = e^{-rT} K \Phi(d_2)$이다. 이제 T기간 후의 주가가 K달러보다 크면 주식 1주를 받게 되고 그렇지 않으면 가치가 0이 되는 옵션 1단위를 매수하고, 주가가 K달러보다 크면 K달러를 받게 되고 그렇지 않으면 가치가 0이 되는 옵션 1단위를 매도하는 포트폴리오를 생각해보자. 이 포트폴리오의 만기가치는 $\max(S_T - K, 0)$이 되어, 해당 주식에 대한 만기 T, 행사가격 K인 유러피언 콜옵션의 만기 페이오프 $c(T, S)$와 동일하다. 즉

$$c_T = x_T - v_T$$

가 성립한다. 따라서 무차익 원리에 의하여 포트폴리오의 현재 가치는 콜옵션의 현재 가치와 동일해야 한다. 그러므로

$$c_0 = x_0 - v_0$$

가 성립한다. 여기에 $c_0 = S_0 \Phi(d_1) - Ke^{-rT}\Phi(d_2)$와 $v_0 = e^{-rT} K \Phi(d_2)$를 대입하면

$$x_0 = S_0\,\Phi\left(d_1\right)$$

즉 무배당 주식에 대해서 T기간 후의 주가가 K달러보다 크면 주식 1주를 받게 되고 그렇지 않으면 가치가 0이 되는 옵션의 현재 가치는 $S_0\,\Phi\left(d_1\right)$임을 알 수 있다.

이와 같은 옵션들을 이항옵션(binary option)이라 부른다. 이항옵션은 이색옵션 중에서 가장 단순한 형태를 갖고 있는 파생상품이다. 이색옵션에 대해서는 다음 7장에서 더 자세히 다루기로 한다.

위에서 우리는 무배당 주식에 대한 유러피언 콜옵션의 현재 가치를 나타내는 블랙 – 숄즈 공식의 $c_0 = S_0\,\Phi\left(d_1\right) - Ke^{-rT}\Phi\left(d_2\right)$는 두 가지 종류의 이항옵션의 현재 가격의 차로 나타남을 보였다. 이 중에서 $S_0\,\Phi\left(d_1\right)$는 asset-or-nothing 옵션의 가치이고 $e^{-rT}K\,\Phi\left(d_2\right)$는 cash-or-nothing 옵션의 가치라 할 수 있다.

> 무배당 주식에 대한 만기 T, 행사가격 K인 유러피언 콜옵션의 가치를 나타내는 블랙 – 숄즈 공식의 $c_0 = S_0\,\Phi\left(d_1\right) - Ke^{-rT}\Phi\left(d_2\right)$는 두 가지 종류의 이항옵션의 가격차로 나타난다. 이 중에서 $S_0\,\Phi\left(d_1\right)$는 asset-or-nothing 옵션의 가치이고 $e^{-rT}K\,\Phi\left(d_2\right)$는 cash-or-nothing 옵션의 가치이다.

6. 옵션으로서의 자본과 부채

로버트 머튼(Robert Merton)은 1974년에 기업의 자기자본을 기업의 자산에 대한 옵션으로 간주하여 블랙 – 숄즈 공식을 사용하여 기업부채의 현재 가치를 측정하는 이론을 제시하였고, 이후에 머튼의 이론은 KMV 모형이라는 신용위험 측정모형으로 발전하여 현재까지 널리 쓰이고 있다. 이 모형은 채권의 신용등급을 이용하는 것이 아니라 주식 가격을 이용하여 부채의 현재 가치를 평가한다. 실시간으로 변하는 주식 가격을 이용하기 때문에 기업 부채의 가치를 평가하는 데 있어 보다 최신의 정보가 반영되는 이점이 있다. 5.22에서는 이론 전개의 단순화를 위하여 한 기업의 모든 부채가 T시점 후에 상환 만기가 된다고 가정하고, 머튼 모델을 이용하여 현재 시점에서 부채의 가치가 어떻게 되는가에 대해서 알아보고, 이를 이용하여 이어지는 5.24에서는 아주 간단한 전환사채에 대하여, 5.25에서는 신주인수권부사채에 대하여 간략히 살펴본다.

5.22 부채의 현재 가치

어느 기업 자산의 가치를 V, 자본의 가치를 E, 그리고 T시점에 갚아야 하는 전체 부채의 액수를 D라고 표시하고, σ_V는 자산의 변동성, σ_E는 자본의 변동성이라고 하자.

이때

$$V_T > D \text{이면 } E_T = V_T - D \text{이고,}$$

$$V_T \leq D \text{이면 } E_T = 0 \text{이므로,}$$

만기에서 자기자본의 가치 E_T는 다음과 같이 표현된다.

$$E_T = \max(V_T - D, 0)$$

이는 만기 T시점에서 자기자본의 가치가 자산 가치에 대하여 행사가격이 부채총액인 유러피언 콜옵션과 동일한 형태의 페이오프 갖는다는 것을 의미한다.

머튼은 자산 가치 V는 기대수익률 μ_V, 변동성 σ_V가 상수인 로그정규분포를 따른다는 가정을 하고 이에 따라 V의 확률미분방정식을 다음과 같이 표현하였다.

$$dV = \mu_V V dt + \sigma_V V dB_t$$

이에 따라 V 가격모형과 E의 만기구조는 블랙 - 숄즈 공식을 적용할 수 있는 상황을 만들고, 따라서 블랙 - 숄즈 공식에 의하여 현재 0시점에서 자기자본의 가치는 다음과 같다.

$$E_0 = V_0 \Phi(d_1) - De^{-rT} \Phi(d_2)$$

여기서

$$d_1 = \frac{\ln(V_0/D) + (r + \sigma_V^2/2)T}{\sigma_V \sqrt{T}}, \; d_2 = d_1 - \sigma_V \sqrt{T}$$

이다. 그리고 현재 시점에서 부채의 가치 B는 등식

$$B = V_0 - E_0$$

을 통해서 구할 수 있다. 하지만 위 모형을 현실에 적용할 때 현재 자산의 가치 V_0와 자산가치의 변동성 σ_V를 어떻게 파악할 수 있는지의 문제가 실제로 발생한다. 머튼 모형에서 옵션의 형식을 띠는 자기자본의 가치는 시장에서 관찰이 가능하지만 기초자산의 형식을 띠는 기업의 자산 가치는 직접적으로 관찰이 불가능하다. 따라서 V_0가 미지수라면

$$E_0 = V_0 \Phi(d_1) - De^{-rT} \Phi(d_2)$$

는 방정식은 하나인데 미지수는 V_0와 σ_V 두 개이므로 V_0와 σ_V를 구하기 위해 추가로 또 하나의 방정식이 필요하다.

한편 E는 해당 기업의 주가에 발행 주식수를 곱해줌으로써 시장에서 관찰이 가능하다. 따라서 주가의 움직임을 나타내는 E는 로그정규분포를 따른다고 가정하는 것이 자연스럽고 이에 따라 E의 기대수익률을 μ_E, 변동성을 σ_E라 하면 E의 확률미분방정식은

$$dE = \mu_E E\, dt + \sigma_E E\, dB_t$$

으로 나타낼 수 있다. 따라서 이러한 경우 주식가격의 움직임과 자산가치의 움직임을 연결해주는 이토의 보조정리를 사용하면 추가의 방정식을 얻을 수 있다.

머튼 모형에서는 자기자본이 기업의 자산에 대한 옵션의 형식이므로 E를 V와 t의 함수로 간주할 수 있으므로 이토의 보조정리를 사용하면

$$dE = \frac{\partial E}{\partial t}\, dt + \frac{\partial E}{\partial V}\, dV + \frac{1}{2}\frac{\partial^2 E}{\partial V^2}\sigma_V^2 V^2\, dt$$

를 얻고 여기에

$$dV = \mu_V V\, dt + \sigma_V V\, dB_t$$

를 대입하고 정리한 후에

$$dE = \mu_E E\, dt + \sigma_E E\, dB_t$$

에서의 dB_t의 계수를 서로 비교하면

$$\frac{\partial E}{\partial V} = \Delta_E = \Phi(d_1)$$

이므로 다음 식을 얻는다.

$$\sigma_E E_0 = \Phi(d_1)\sigma_V V_0$$

과거 주가의 움직임을 통해 우리는 주가의 변동성 σ_E를 관찰할 수 있고, 이제 두 개의 방정식

$$E_0 = V_0 \Phi(d_1) - De^{-rT}\Phi(d_2)$$
$$\sigma_E E_0 = \Phi(d_1)\sigma_V V_0$$

은 두 개의 미지수 V_0와 σ_V만을 포함하고 있으므로, 이로부터 V_0와 σ_V를 구할 수 있다.

이 방법으로 구한 기업 부채의 현재 가치 $B = V_0 - E_0$는 만기에 상환해야 할 부채 총액 D의 무위험 할인가치인 De^{-rT}보다 항상 작은 값이고, De^{-rT}와 B의 차이가 클수록 기업의 신용등급은 낮다.

이때

$$B = D\,e^{-(r+s)T}$$

를 만족하는 상수 $s > 0$을 신용스프레드(credit spread)라 부르는데, 신용스프레드는 해당 기업의 신용등급을 결정한다. 기업의 부채비율 L 은

$$L = \frac{D\,e^{-rT}}{V_0}$$

로 정의되는데, 신용스프레드 s 와 부채비율 L 은 아래와 같은 관계를 갖는다.

$$s = -\frac{1}{T}\ln\left[\Phi(d_2) + \frac{\Phi(-d_1)}{L}\right]$$

이에 대한 증명은 $B = D\,e^{-(r+s)T}$ 과 $B = V_0 - E_0$ 를 동치로 놓은 후에 정리하면 쉽게 얻어진다. 실제로

$$\begin{aligned} B &= V_0 - E_0 = V_0 - V_0\Phi(d_1) + D\,e^{-rT}\Phi(d_2) \\ &= V_0(1 - \Phi(d_1)) + L\,V_0\,\Phi(d_2) = V_0\left[L\,\Phi(d_2) + \Phi(-d_1)\right] \end{aligned}$$

이고, $D\,e^{-rT} = V_0 L$ 이므로 등식

$$V_0\left[L\,\Phi(d_2) + \Phi(-d_1)\right] = L\,V_0\,e^{-sT}$$

이 성립하고 s 에 대하여 정리하면 $s = -\dfrac{1}{T}\ln\left[\Phi(d_2) + \dfrac{\Phi(-d_1)}{L}\right]$ 을 얻는다.

한편 **5.20**에 따르면 $\Phi(d_2)$ 는 위험중립 세계에서 $V_T \geq D$ 일 확률을 뜻하므로 $V_T < D$ 일 확률, 즉 만기에 기업이 채무 불이행할 위험중립 확률은

$$1 - \Phi(d_2) = \Phi(-d_2)$$

이다. 위험중립이라는 가정을 제거한 현실에서 기업의 부도확률은 $\Phi(-d_2^*)$, 여기서 d_2^* 는 d_2 에서 r 을 μ_V 로 대체했을 때의 값

$$d_2^* = \frac{\ln(V_0/D) + (\mu_V - \sigma_V^2/2)\,T}{\sigma_V\sqrt{T}}$$

이다.

5.23 예

(1) 어느 기업 주식의 현재 시가총액이 300만 달러이고, 주가의 변동성이 연 80%이며, 무위험 이자율은 연 5%이다. 이 기업이 1년 후에 상환해야 할 부채는 1천만 달러이고 그 밖에 다른 부채는 없다고 가정하자. 이 기업 부채의 현재 시장가치를 구하자.

(2) 어느 기업의 현재 자산가치가 1억 달러이고 시장에서 주식의 시가총액이 4천만 달러이다. 이 기업이 3년 후에 갚아야 할 부채는 7천만 달러이고, 그 밖에 다른 부채는 없다. 무위험 이자율이 연 4%일 때, 위험중립 세계에서 3년 후에 해당 기업의 부도확률을 구하시오.

풀이

(1) $E_0 = 3$, $D = 10$, $T = 1$, $r = 0.05$, $\sigma_E = 0.8$

이라 놓고 연립방정식

$$E_0 = V_0 \Phi(d_1) - D e^{-rT} \Phi(d_2)$$

$$\sigma_E E_0 = \Phi(d_1) \sigma_V V_0$$

을 풀면

$$\sigma_V = 0.2123, \quad V_0 = 12.40$$

을 얻는다. 즉 부채의 현재 시장 가치 $L = V_0 - E_0$은 940만 달러이다.

한편 1년 후에 상환해야 할 부채 1,000만 달러의 현재 가치는 $10 e^{-0.05 \times 1} = 9.51$, 즉 951만 달러이다.

(2) $V_0 = 100$, $D = 70$, $T = 3$, $r = 0.04$, $\sigma_V = \sigma$라 놓고 블랙-숄즈 공식 $c(V_0 = 100, D = 70, T = 3, r = 0.04, \sigma) = 40$으로부터 내재변동성을 구하면 $\sigma_V = 0.242$이다. 이때

$$d_2 = \frac{\ln(V_0/D) + (r - \sigma_V^2/2)T}{\sigma_V \sqrt{T}} = 0.9256$$

이므로, 해당 기업의 부도확률은 $\Phi(-d_2) = \Phi(-0.9256) = 0.1773$이다. ∎

한편 위의 예 (1)에서 기업의 주가는 30달러, 주식의 총수는 10만 주, 1년 후에 상환해야 할 부채는 액면가 100달러의 채권 10만 단위라고 하자. 이때 채권의 현재 가치는 94달러이다. 한편 다른 조건은 동일하다고 가정하고, 액면가 100달러의 채권 1단위는 1년 후에 해당 주식 3단위로 전환할 수 있는 전환권이 부여되었다고 가정하자. 이 경우에는 기업에서 발행한 채권은 일반사채가 아닌 전환사채이다.

5.24 전환사채

전환사채(Convertible Bond, CB)는 채권 소유자가 특정 기간 내에 채권을 해당 기업의 주식으로 전환할 수 있는 권한이 부여된 사채를 말한다. 채권 소유자가 사채의 전환권을 행사한 후에는 채권은 소멸되고 대신 주식을 보유하게 된다. 따라서 전환사채의 소유자는 일반사채와 그 기업의 주식에 대한 콜옵션을 소유하고 있는 것이 되고, 전환사채의 가치는 일반사채의 가치에 전환권의 가치를 더해서 구할 수 있다.

전환사채의 가치 = 일반사채의 가치 + 전환권의 가치

위의 예 **5.23**과 동일한 상황에서, 기업에서 발행한 사채는 일반사채가 아닌 전환사채라고 하고 채권의 적정 가격을 구하는 방법을 살펴보자.

예제

위의 예 **5.23**에서와 같이 어느 기업 주식의 가격이 주당 30달러에 주식 총수가 10만으로 현재 시가총액이 300만 달러이고, 주가의 변동성이 연 80%이며, 무위험 이자율은 연 5%이다. 이 기업이 1년 후에 상환해야 할 부채는 액면가 100달러의 채권 10만 단위로 합계 1천만 달러이고 그 밖에 다른 부채는 없다. 한편 액면가 100달러의 채권 1단위는 1년 후에 해당 주식 3단위로 전환할 수 있는 전환권이 부여되었다고 가정하자. 이때 이 기업이 발행한 해당 액면가 100달러 채권의 현재 가치를 구하시오.

풀이

일반사채일 때 현재 가격이 예 **5.23**에서 구한 것과 같이 94달러이므로 1년 후 적정 가격은 $94\,e^{0.05 \times 1} = 98.84$ 달러이다. 따라서 주식 1주를 얻기 위해서 포기해야 하는 1주당 전환권의 행사가격은 $\dfrac{98.84}{3} = 32.9$ 달러이다. 따라서 전환사채의 소유자는 1년 후 주가수준이 적어도 32.9 달러 이상이 되어야 전환권을 행사할 것이다. 1년 후 주가가 32.9달러를 넘어서면 30만 주가 새로 발행되어 총 주식수가 40만 주가 되므로, 3장의 **3.13**에서와 동일한 논리로 1년 후 1주당 전환권의 가치는 행사가격이 32.9달러인 유러피언 콜옵션의 가격에 $\dfrac{10}{10+30} = \dfrac{1}{4}$ 을 곱한 것과 같다. 현재 주가 30달러, 행사가격 32.9달러, 무위험 이자율 연 5%, 만기 1년, 변동성 연 80%인 경우, 즉

$$S_0 = 30, \quad T = 1, \quad K = 32.9, \quad r = 0.05, \quad \sigma = 0.80$$

을 대입해서 블랙 – 숄즈 공식

$$c_0 = S_0 \, \Phi(d_1) - K \, e^{-rT} \Phi(d_2)$$

으로 구한 옵션 가격은 $c_0 = 8.89$ 달러이다. 따라서 1주당 전환권의 가치는

$$\frac{10}{10+30} \times 8.89 = 2.22$$

달러이다. 따라서 채권의 가격은 일반사채의 현재 가치 94달러에 전환권의 현재 가치 2.22달러에 3을 곱해서 더한 $94 + 2.22 \times 3 = 100.66$ 달러이다.

∎

5.25 신주인수권부사채

신주인수권부사채(bond with warrants, BW)는 채권 소유자에게 미래의 특정 시점에 약정된 가격으로 약정된 수의 신주를 인수할 수 있는 권리인 신주인수권이 부여된 사채이다. 신주인수권은 채권을 주식으로 전환하는 것이 아니라 신주의 매입권이라는 점에서 전환사채에서의 전환권과 다르다. 신주인수권부사채의 가치는 일반사채의 가치에 신주인수권의 가치를 더해서 구할 수 있다.

신주인수권부사채의 가치 = 일반사채의 가치 + 신주인수권의 가치

신주인수권(warrant)의 가치를 구하는 방법은 3장의 **3.13**에서 이미 다루었으므로 앞의 **5.22**의 방법으로 일반사채의 가치를 구한 후 **3.13**의 방법으로 신주인수권의 가치를 구함으로써 간단한 신주인수권부사채의 현재 가격을 구할 수 있다.

예제

예 **5.23**에서와 같이 어느 기업 주식의 가격이 주당 30달러에 주식 총수가 10만으로 현재 시가총액이 300만 달러이고, 주가의 변동성이 연 80%이며, 무위험 이자율은 연 5%이다. 이 기업이 1년 후에 상환해야 할 부채는 액면가 100달러의 채권 10만 단위로 합계 1천만 달러이고 그 밖에 다른 부채는 없다. 한편 액면가 100달러의 채권 1단위는 1년 후에 해당기업의 새로 발행된 주식 1주를 행사가격 30달러에 인수할 수 있는 신주인수권이 부여되었다고 가정하자. 이때 이 기업이 발행한 해당 액면가 100달러 채권의 현재 가치를 구하자.

풀이|

3.13의 신주인수권(또는 스톡옵션) 가치의 공식

$$\frac{N}{N+M}(S_0\, \Phi(d_1) - K\, e^{-rT}\, \Phi(d_2))$$

에 $N = M = 10$ 그리고

$$S_0 = 30, \ T = 1, \ K = 30, \ r = 0.05, \ \sigma = 0.80$$

을 대입하면 $S_0 \Phi(d_1) - K e^{-rT} \Phi(d_2) = 9.84$ 이므로 1주당 신주인수권의 현재 가치는 $\dfrac{10}{10+10}$ $\times 9.84 = 4.92$ 달러이다. **5.23**에 의해 일반사채의 현재 가치는 94달러이므로 신주인수권부사채의 현재 가격은 $94 + 4.92 = 98.92$ 달러이다.

■

7. 블랙(Black) 모형

1976년 발표된 피셔 블랙(Fisher Black)의 선물옵션에 대한 가격모델을 일반화시켜서 유러피언 옵션형 파생상품의 적정 가격을 구하는 방법을 Black 모형(Black model)이라고 부른다. 다시 말하면 Black 모형은 주식, 채권 등 금융자산은 물론 이자율 등의 금융변수를 기초자산으로 하는 만기 T, 행사가격 K 인 유러피언 옵션의 적정 가격을 구하기 위하여 사용되는 수리적 모델이다. $0 \le t \le T$ 에 대하여

$P(t, T)$는 시점 T에 현금 1을 지급하는 무이표채의 시점 t에서의 가치

라고 정의한다. 현재 시점을 $t = 0$라 하면 우리는 수익률곡선(**1.18** 참조)을 통해 모든 $T > 0$에 대하여 시장으로부터 $P(0, T)$의 값을 얻을 수 있다. Black 모형에서는 고정 이자율을 사용하는 대신 미래의 확정가치를 현재 가치로 할인하는 데 현재 시점에서 시장 할인율 $P(0, T)$를 이용한다. 또한 t 시점에 $V = V_t$의 가치를 지닌 금융 변수에 대한 만기 T의 시장 선도가격을 이용하여 위험중립 세계에서 V_T 의 기댓값 $E_Q(V_T)$을 알아낸다. 즉 Black 모형에서는 현재 시점에서 이자율의 시장가치, 해당 금융변수의 시장 선도가격 등 시장 내재변수를 적극적으로 활용한다.

이제 F를 V에 대한 만기 T인 선도가격이라 하고, σ는 F의 변동성이라고 하자. 4장의 예 **4.30**과 5장의 **5.10**에서 보인 것처럼 이론적으로는 V의 변동성과 선도가격 F의 변동성은 동일하나, F를 사용하여 추정한 변동성은 선도가격의 매매호가에 내재된 변동성으로 미래 변동성에 대한 시장의 공통된 의견을 반영하므로 선도가격 F에 의한 변동성 추정치가 V의 과거자료에 의한 역사적 변동성 추정치보다 우수할 것이라는 논리가 Black 모형에 밑바탕을 이루고 있다.

Black 모형에서는 다음과 같은 단 하나의 가정을 사용한다. 이러한 가정의 타당성은 **3.3**에서 설명한 바와 동일하다.

"$\ln V_T$는 정규분포를 따르고 표준편차가 $\sigma \sqrt{T}$라 가정한다."

이때 위 가정 아래 가치가 V인 해당 금융변수에 대한 만기 T, 행사가격 K인 유러피언 콜옵션의 현재 가치를 구할 수 있다. 다음은 Black 모형을 대표하는 정리이다.

5.26 정리(Black 모형)

$V = V_t$의 가치를 지닌 금융 변수에 대한 만기 T인 선도가격을 F라 하고, F의 변동성 σ라 하자. $\ln V_T$는 정규분포를 따르고 표준편차가 $\sigma\sqrt{T}$라 가정했을 때, V에 대한 만기 T, 행사가격 K인 유러피언 콜옵션의 현재 가치 c_0와 유러피언 풋옵션의 현재 가치 p_0는 다음과 같다.

$$c_0 = P(0, T)\left[F_0\,\Phi(d_1) - K\Phi(d_2)\right]$$
$$p_0 = P(0, T)\left[K\Phi(-d_2) - F_0\,\Phi(-d_1)\right]$$

여기서

$$d_1 = \frac{\ln(F_0/K) + \sigma^2 T/2}{\sigma\sqrt{T}}, \quad d_2 = \frac{\ln(F_0/K) - \sigma^2 T/2}{\sigma\sqrt{T}} = d_1 - \sigma\sqrt{T}$$

이다.

증명 |

정리에서 언급한 콜옵션의 만기 페이오프는 $c_T = \max(V_T - K, 0)$이므로 위험중립 세계에서 옵션의 만기 페이오프의 기댓값을 T기간의 할인율 $P(0, T)$로 할인한 값이 현재의 옵션가격이다. 즉 다음의 식이 성립한다.

$$c_0 = P(0, T)\,E_Q\left[\max(V_T - K, 0)\right]$$

한편 **1.31**에 따르면

$$E_Q(V_T) = F_0$$

가 성립하므로 **정리 3.2**에 의하여

$$E_Q\left[\max(V_T - K, 0)\right] = F_0\,\Phi(d_1) - K\Phi(d_2)$$

$$d_1 = \frac{\ln(F_0/K) + \sigma^2 T/2}{\sigma\sqrt{T}}, \quad d_2 = d_1 - \sigma\sqrt{T}$$

가 성립한다. 따라서 등식

$$c_0 = P(0, T)\left[F_0\,\Phi(d_1) - K\Phi(d_2)\right]$$

가 성립하고, **정리 5.26**에서 콜옵션의 가격 c_0의 경우가 증명되었다. 풋옵션의 가격

$$p_0 = P(0, T)\left[K\Phi(-d_2) - F_0\,\Phi(-d_1)\right]$$

은 **정리 3.1**의 (1)과 **정리 3.2**에서와 같은 방법으로

$$E_Q\big[\max(K-V_T,0)\big] = K\,\Phi(-d_2) - F_0\,\Phi(-d_1)$$

을 얻을 수 있으므로 p_0에 대한 식도 성립한다.

∎

정리 3.5의 무배당 주식에 대한 블랙 - 숄즈 공식은 **정리 5.26**의 Black 모형에서

$$P(0,\,T) = e^{-r\,T} \text{ 그리고 } F_0 = E_Q(S_T) = S_0 e^{r\,T}$$

가 적용된 특수 경우이고, **정리 3.9**의 연속배당률 q의 배당지급 주식에 대한 콜옵션 공식은 Black 모형에서

$$P(0,\,T) = e^{-r\,T} \text{ 그리고 } F_0 = E_Q(S_T) = S_0 e^{(r-q)\,T}$$

가 적용된 특수 경우이다. 그리고 **5.9**에서 소개한 블랙의 선물옵션 공식의 경우에는

$$P(0,\,T) = e^{-r\,T} \text{과 } \textbf{5.10}\text{에서 얻은 식 } E_Q(F_T) = F_0$$

이 적용된 특수 경우이다.

Black 모형의 응용으로 우리는 주가가 기하브라운 운동 $dS = \mu S\,dt + \sigma S\,dB_t$를 따르는 무배당 주식에 대해 만기 페이오프가 $v_T = \max(S_T^2 - K, 0)$으로 주어지는 콜옵션 형태의 파생상품의 현재가치 v_0를 구하고자 한다. 이러한 파생상품은 앞으로 7장의 **7.3**에서 소개할 파워옵션의 일종이고 3장 연습문제 **57**번에서 구체적으로 다룬 바 있다. 여기에서는 Black 모형을 이용해서 v_0를 구하는 방법을 다음과 같이 소개한다.

위의 v_T는 $Y = S^2$에 대하여 만기 T, 행사가격 K인 유러피언 콜옵션의 만기 페이오프이다.

이토의 보조정리에 의하여(4장의 연습문제 **37**번 참조)

$$dY = (2\mu + \sigma^2)\,Y dt + 2\,\sigma\,Y dB_t$$

이므로 위험중립 세계에서는 $dS = rS\,dt + \sigma S\,dB_t$로부터

$$dY = (2r + \sigma^2)\,Y dt + 2\,\sigma\,Y dB_t$$

이며 $\ln Y_T$는 정규분포를 따르고 표준편차가 $2\sigma\sqrt{T}$이다. 따라서 Y의 선도가격 F는

$$F_0 = E_Q(Y_T) = Y_0 e^{(2r+\sigma^2)\,T} = S_0^2\,e^{(2r+\sigma^2)\,T}$$

이다. 이제 **정리 5.26** Black 모형의 c_0 공식에 $P(0,\,T) = e^{-r\,T}$와 $F_0 = S_0^2\,e^{(2r+\sigma^2)\,T}$ 그리고 $\ln Y_T$

의 표준편차에 $2\sigma\sqrt{T}$을 대입하면 v_0의 공식을 얻을 수 있다.

그 밖에도 Black 모형은 채권옵션, 유러피언 스왑옵션, Libor 시장 모형(Libor market model) 등 유러피언 옵션형 이자율 파생상품의 가격을 구하는 데 널리 사용된다.

5.27 유러피언 채권옵션

주어진 채권에 대한 옵션 잔여 만기 T, 행사가격 K인 유러피언 콜옵션의 가격을 구하고자 한다. P_0는 현재 시점에서 채권의 현금가격, I는 옵션 만기일까지 지급되는 총 이자의 현재 가치를 나타낸다고 하자. T기간의 연속복리 할인율이 r인 경우 $P(0, T) = e^{-rT}$이므로 앞서 1장의 **1.22**에 의하면 만기 T의 선도가격 F_0는 다음과 같이 결정된다.

$$F_0 = (P_0 - I)\,e^{rT} = \frac{P_0 - I}{P(0, T)}$$

따라서 σ를 채권가격 또는 선도가격의 변동성이라 할 때 $\ln P_T$의 표준편차가 $\sigma\sqrt{T}$라는 가정하에 **정리 5.26**의 Black 모형에 따라 해당 채권에 대한 옵션 잔여 만기 T, 행사가격 K인 유러피언 콜옵션의 현재 가격은 다음과 같다.

$$c_0 = P(0, T)\left[F_0\Phi(d_1) - K\Phi(d_2)\right]$$

여기서

$$F_0 = \frac{P_0 - I}{P(0, T)}$$

$$d_1 = \frac{\ln(F_0/K) + \sigma^2 T/2}{\sigma\sqrt{T}}, \quad d_2 = d_1 - \sigma\sqrt{T}$$

이때 주의해야 할 것은 $\ln P_T$의 표준편차가 $\sigma\sqrt{T}$라는 가정이다. 주가와 마찬가지로 채권가격의 움직임도 랜덤워크 과정의 극한으로부터 로그정규분포를 따르는 것으로 모형화할 수 있고 브라운 운동의 속성에 따라 $\ln P_T$의 표준편차가 $\sigma\sqrt{T}$라는 가정은 매우 합리적이지만, 주가와 달리 채권가격의 변동성은 가격에 대한 불확실성이 없는 현재 시점과 채권가격이 액면가와 같아지는 채권의 만기시점에서 0이므로 T가 채권만기에 가까운 경우 T가 커짐에 따라 $\ln P_T$의 표준편차는 줄어들게 되는 점 때문에 모든 T에 대하여 $\ln P_T$의 표준편차가 $\sigma\sqrt{T}$라고 놓을 수 없다.

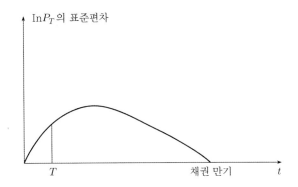

하지만 대부분의 경우 채권의 잔여만기는 옵션의 만기 T보다 훨씬 길고, 그런 이유 때문에 $\ln P_T$의 표준편차가 $\sigma\sqrt{T}$라는 가정은 적합하다. 채권의 만기가 얼마 남지 않아서 옵션의 만기와 채권의 만기가 가까운 경우에는 $\ln P_T$의 표준편차는 T가 커짐에 따라 감소하지만 채권가격의 옵션 만기에서의 불확실성이 아주 적으므로 현실적으로 그런 채권에 대한 옵션이 거래되는 경우는 아주 드물다. 옵션의 만기 T시점에서 채권의 만기가 절반 이상 남은 경우에는 Black 모형의 사용이 가능하고 거래되는 대부분의 채권옵션은 이에 해당한다.

5.28 예

액면가 100달러, 액면이자율 연 8%에 연 2회 지급하고 만기까지 8년 6개월 남은 채권에 대한 잔여만기 11개월의 유러피언 콜옵션의 가격을 구하고자 한다. 해당 채권은 4달러의 이자를 각각 3개월, 9개월 후에 지급한다. 채권의 현재 가격은 96달러, 옵션의 행사가격은 100달러이고, 현재 시점 기준으로 만기 11개월, 9개월, 3개월인 무이표채의 연속복리 기준 할인율은 각각 연 10%, 10%, 9%이다. 그리고 채권 선도가격의 변동성은 연 10%이다. 이 채권 옵션의 현재 적정 가격은?

풀이 |

콜옵션의 잔여만기 11개월은 채권의 잔여만기보다 훨씬 이전이므로 $\ln P_T$의 표준편차가 $\sigma\sqrt{T}$라 가정할 수 있고, 따라서 Black 모형의 공식

$$c_0 = P(0,\,T)\big[\,F_0\,\Phi(d_1) - K\Phi(d_2)\,\big]$$

$$F_0 = \frac{P_0 - I}{P(0,\,T)}$$

$$d_1 = \frac{\ln\,(F_0/K) + \sigma^2\,T/2}{\sigma\,\sqrt{T}}, \quad d_2 = d_1 - \sigma\,\sqrt{T}$$

을 적용하기에 적합하다. 위 공식에서

$$P_0 = 96,\ K = 100,\ \sigma = 0.10,\ T = 11/12 = 0.917$$

이고 만기 11개월에 대한 연속복리 할인율이 연 10%이므로

$$P(0,\ T) = e^{-0.1 \times 11/12} = 0.912$$

이다. 또한

$$I = 4e^{-0.25 \times 0.09} + 4e^{-0.75 \times 0.10} = 7.622$$

$$F_0 = \frac{P_0 - I}{P(0,\ T)} = (96 - 7.622)e^{0.1 \times 0.917} = 96.865$$

따라서

$$d_1 = \frac{\ln(96.865/100) + (0.1)^2(0.917)/2}{0.1\sqrt{0.917}} = -0.2847$$

$$d_2 = -0.2847 - 0.1\sqrt{0.917} = -0.380$$

을 얻고, 여기서

$$\Phi(-0.2847) = 0.388,\quad \Phi(-0.380) = 0.352$$

이므로

$$c_0 = P(0,\ T)\big[F_0\Phi(d_1) - K\Phi(d_2)\big]$$

$$= 0.912(96.865 \times 0.388 - 100 \times 0.352) = 2.714$$

이다. 따라서 콜옵션의 가격은 2.714달러가 된다. ■

5.29 유러피언 스왑옵션

1장 **1.10**과 **1.19**에서 소개한 바와 같이 스왑은 계약 당사자의 특정 자산 및 부채를 일정기간 동안 정해진 조건으로 교환하기로 하는 계약으로 대표적인 장외파생상품이다. 스왑에는 동일통화에 대한 고정금리와 변동금리를 교환하는 금리스왑(IRS), 서로 다른 통화의 금리 및 원금을 교환하는 통화스왑(CRS) 등이 있다. 금리스왑은 글자 그대로 금리를 교환하는 스왑이며, 교환대상인 금리는 동일통화에 대한 고정금리와 변동금리가 된다. 고정금리는 만기까지 동일하게 적용되는 금리이며 변동금리는 금리스왑 기간 동안 3개월 또는 6개월 등의 일정기간마다 새로 책정되는 단기금리이다. 런던금융시장에는 은행 사이에 만기 1년 이하의 단기자금시장이 형성되어 있으며 이때의 AA - 신용등급 기준의 offer

금리를 Libor라 하는데 달러, 유로, 파운드 등의 금리스왑거래에서는 Libor가 변동금리의 기준으로 활용된다. 금리스왑에서 변동금리인 Libor와 교환되는 고정금리를 스왑금리라고 부른다. **1.19**의 예제에서 스왑금리가 어떻게 결정되는가에 대해 설명한 바 있다.

스왑옵션은 금리스왑을 기초자산으로 하는 옵션이다. 스왑옵션의 매입자는 정해진 시점에 특정 금리스왑에 참여할 수 있는 권리를 갖는다. 이로부터 불리한 이자율 변화에 대해서 보호받을 수 있는 동시에 유리한 이자율 변동으로부터는 이득을 취할 수 있다. 유러피언 스왑옵션의 구조는 보통 옵션 보유자에게 옵션 만기일에 그날로부터 시작하여 특정일까지 지속되는 금리스왑에 참여할 수 있는 권리를 부여하는 형식을 갖는다.

이제 T년 후부터 시작하여 n년 동안 지속되는 원금 L, 연간 이자 교환횟수 m번의 금리스왑에서 r_K의 고정금리를 지급하고 Libor를 받을 수 있는 권리를 갖는 스왑옵션의 적정 가격을 산출하려 한다. 현재 시점은 0, 옵션의 만기시점은 금리스왑이 시작되는 시점인 T년 후이고, 스왑 옵션의 만기시점 T에서 시작하여 n년 동안 지속되는 금리스왑의 스왑금리를 s_T라 하며, s_T와 r_K 모두 연간 m번 복리 계산 기준의 금리라고 하자.

이때 스왑옵션의 보유로부터 얻어지는 페이오프는 스왑의 지속기간인 n년 동안 매년 m번의 동일한 현금흐름이고, 해당 현금흐름은 아래와 같다.

$$\frac{L}{m}\max(s_T - r_K, 0)$$

즉 스왑옵션의 소유자는 스왑의 잔존기간인 n년 동안 매년 m번씩 총 mn회에 걸쳐 매회 $\frac{L}{m}\max(s_T - r_K, 0)$ 액수만큼의 현금을 받게 된다. 총 mn회의 해당 현금 지급일은 현재부터 연 단위로 측정하면

$$T + 1/m,\ T + 2/m,\ T + 3/m,\ \cdots,\ T + n$$

년 후이다. 이제 $k(1 \leq k \leq mn)$를 고정하고 $T + k/m$년 후에 스왑옵션 보유자가 얻는 현금흐름 $\frac{L}{m}\max(s_T - r_K, 0)$의 현재 가치를 구하도록 한다. 이는 위험중립가치평가에 의하여 위험중립 세계에서 페이오프의 기댓값

$$E_Q\left[\frac{L}{m}\max(s_T - r_K, 0)\right] = \frac{L}{m}E_Q\left[\max(s_T - r_K, 0)\right]$$

을 $T + k/m$년의 Libor 할인율로 할인한 값

$$\frac{L}{m}P\left(0,\ T + \frac{k}{m}\right)E_Q\left[\max(s_T - r_K, 0)\right]$$

이다.

스왑금리 s의 변동성을 σ라 하고 옵션 만기일의 스왑금리 s_T가 로그정규분포를 따르며 $\ln s_T$의 표준편차가 $\sigma\sqrt{T}$라고 가정하자. 이제 f_0를 현재 0시점에서 s_T에 대한 선도 스왑금리라고 정의하면 다음 식이 성립한다. (이에 대한 상세한 내용은 8장의 **8.15** 참조)

$$E_Q(s_T) = f_0$$

따라서 Black 모형을 적용하면 고정된 $k(1 \leq k \leq mn)$에 대하여 $T + k/m$년 후에 스왑옵션 보유자가 얻는 현금흐름 $\dfrac{L}{m}\max(s_T - r_K, 0)$의 현재 가치는 다음과 같다.

$$\frac{L}{m}P\left(0,\, T + \frac{k}{m}\right)\left[f_0\Phi(d_1) - r_K\Phi(d_2)\right]$$

여기서

$$d_1 = \frac{\ln(f_0/r_K) + \sigma^2 T/2}{\sigma\sqrt{T}},\; d_2 = d_1 - \sigma\sqrt{T}$$

이다. 따라서 해당 스왑옵션의 현재 가치는 다음과 같다.

$$\sum_{k=1}^{mn}\frac{L}{m}P\left(0,\, T + \frac{k}{m}\right)\left[f_0\Phi(d_1) - r_K\Phi(d_2)\right]$$

위 식에서 사용한 $T + k/m$년의 할인율 $P(0,\, T + k/m)$은 Libor를 기준으로 하는 할인율을 나타낸다. 이에 대한 보다 더 엄밀한 이론적 설명은 8장의 **8.15**에서 다루도록 한다.

한편 위의 공식을 간단히 표현하기 위하여 A를 다음과 같이 정의하자.

$$A = \frac{1}{m}\sum_{k=1}^{mn}P(0,\, T + k/m)$$

이제 A를 이용하여 스왑옵션의 가치 공식을 다음과 같이 나타낼 수 있다.

$$LA\left[f_0\Phi(d_1) - r_K\Phi(d_2)\right]$$

$$d_1 = \frac{\ln(f_0/r_K) + \sigma^2 T/2}{\sigma\sqrt{T}},\; d_2 = d_1 - \sigma\sqrt{T}$$

또한 스왑옵션이 고정금리 r_K를 지급하고 Libor를 받는 것이 아니라, 반대로 Libor를 지급하고 고정금리 r_K를 받는 스왑에 참여할 수 있는 권리라고 한다면 스왑옵션의 페이오프는 다음과 같은 mn차례 현금흐름의 합이 된다.

$$\frac{L}{m} \max(r_K - s_T, 0)$$

이는 만기 T, 행사가격이 r_K인 스왑금리에 대한 풋옵션이 된다. 이때 앞에서와 마찬가지로 Black 모형의 풋옵션 공식을 이용하면 스왑옵션의 가치는 다음과 같이 얻어진다.

$$LA[r_K \Phi(-d_2) - f_0 \Phi(-d_1)]$$

여기서

$$A = \frac{1}{m} \sum_{k=1}^{mn} P(0, T + k/m)$$

$$d_1 = \frac{\ln(f_0/r_K) + \sigma^2 T/2}{\sigma \sqrt{T}}, \ d_2 = d_1 - \sigma \sqrt{T}$$

5.30 예

현재 시점의 Libor 수익률 곡선이 1년 복리 기준으로 연 6%에서 수평이라고 하자. 3년 후에 고정금리 연 6%를 지급하고 Libor를 1년 단위로 4년 동안 받는 금리스왑을 체결할 권리를 갖는 유러피언 스왑옵션의 현재 가치는 얼마인가? (단, 스왑원금은 400만 달러이고, 스왑이자율의 변동성은 연 20%라고 가정한다.)

풀이|

Libor 수익률 곡선이 1년 복리 기준으로 연 6%에서 수평이라는 것은 모든 만기에 대해 선도스왑금리가 1년 복리 기준으로 연 6%라는 의미이므로 위의 공식

$$LA[f_0 \Phi(d_1) - r_K \Phi(d_2)]$$

$$d_1 = \frac{\ln(f_0/r_K) + \sigma^2 T/2}{\sigma \sqrt{T}}, \ d_2 = d_1 - \sigma \sqrt{T}$$

에서

$$L = 400, \ r_K = 0.06, \ f_0 = 0.06, \ T = 3, \ \sigma = 0.20, \ m = 1, \ n = 4$$

이고

$$A = \sum_{k=1}^{4} \frac{1}{(1.06)^{3+k}} = 2.48$$

$$d_1 = \sigma \sqrt{T}/2 = 0.1732, \ d_2 = d_1 - 0.2\sqrt{3} = -0.1732$$

이다. 그러므로 스왑옵션의 가치는

$$400 \times 2.48 \left[0.06\ \Phi(0.1732) - 0.06\ \Phi(-0.1732) \right] = 8.184$$

즉 해당 스왑옵션의 가치는 81,840 달러이다.

■

5.31 금리옵션

선도금리계약(Forward Rate Agreement, FRA)은 거래 당사자들이 특정 금리를 미래 특정 기간 동안 정해진 원금에 적용할 것을 합의한 선도계약이다. 금리옵션은 서로 다른 이자율을 만기에 두 계약자가 교환한다는 점에서 선도금리계약과 유사하나 옵션 보유자는 자신에게 유리한 상황 아래에서 이자율의 교환을 선택적으로 행할 수 있다는 점에서 큰 차이가 있다. 금리옵션의 행사가격 또는 행사금리는 현물이자율과 선도이자율을 참고해서 결정되며 옵션 만기에 금리옵션의 페이오프는 시장이자율인 Libor와 행사금리의 차이 그리고 1계약의 크기에 의하여 결정된다. 한편 금리옵션의 행사이익이 발생하면 그 이익은 옵션 만기시점에 지급되는 것이 아니라 만기시점으로부터 Libor의 적용기간이 경과되는 시점에 지급되는 것이 일반적이다. 예를 들면, 금리 콜옵션이 기초하는 시장 이자율이 3개월 Libor이고 옵션의 행사이자율은 연 7%, 원금은 100만 달러 그리고 만기까지 2개월이 남았다고 하자. 이때 만기까지 2개월이 남았으므로 옵션의 행사 여부는 2개월 후에 결정하게 되며, 옵션 행사 시 그 이익은 옵션 만기일로부터 3개월 후, 즉 현재 시점으로부터 5개월 후에 지급하게 된다. 만기일에 3개월 Libor가 연 8%가 된다면 금리 콜옵션은 행사되고 옵션 1단위에 대하여 아래 액수의 페이오프가 현재로부터 5개월 후에 지급된다.

$$Payoff = 100만\ 달러 \times (0.08 - 0.07)\frac{3}{12}$$
$$= 2,500달러$$

원금 L, 옵션 잔여만기 T년, 금리 콜옵션이 기초하는 이자율은 k개월 Libor이고, 행사이자율이 r_K인 유러피언 금리 옵션의 현재 가치를 Black 모형을 이용하여 구하기 위하여 Libor 시장이자율 r이 변동성 σ인 로그정규분포를 따른다는 일반적인 가정, 즉 $\ln r_T$는 정규분포를 따르고 표준편차가 $\sigma\sqrt{T}$라는 가정을 하자. f_0를 T년부터 시작하는 k개월 Libor에 대한 현재 시점의 선도금리라 할 때, 위험중립 세계에서 $E(r_T) = f_0$이고 지급시점 $T + \dfrac{k}{12}$에서 옵션의 페이오프는

$$L\frac{k}{12}\ \max(r_T - r_K,\,0)$$

이므로 Black 모형에 의하여 금리 콜옵션의 현재 가치 c_0와 풋옵션의 현재 가치 p_0는 다음과 같이 얻어진다.

$$c_0 = L \frac{k}{12} P\left(0, T + \frac{k}{12}\right) \left[f_0 \Phi(d_1) - r_K \Phi(d_2) \right]$$

$$p_0 = L \frac{k}{12} P\left(0, T + \frac{k}{12}\right) \left[r_K \Phi(-d_2) - f_0 \Phi(-d_1) \right]$$

$$d_1 = \frac{\ln(f_0 / r_K) + \sigma^2 T / 2}{\sigma \sqrt{T}}, \ d_2 = d_1 - \sigma \sqrt{T}$$

예제

Libor 수익률 곡선이 분기복리 기준 연 6%에서 수평이고, 3개월 Libor의 변동성은 연 20%라 하자. 이 때 원금 100만 달러에 대하여 9개월 후부터 시작해서 3개월 동안 분기복리 기준의 행사금리 연 7%를 적용하는 금리 콜옵션의 현재 적정 가격을 구하라.

풀이 |

위 예에서 $k = 3$, $T = \frac{9}{12}$ 이고 따라서 다음이 성립한다.

$$P\left(0, T + \frac{k}{12}\right) = P(0, 1) = \left(1 + \frac{0.06}{4}\right)^{-4} = 0.942$$

주어진 조건

$$L = 100, \ f_0 = 0.06, \ r_K = 0.07, \ \sigma = 0.20$$

으로부터

$$d_1 = \frac{\ln(f_0 / r_K) + \sigma^2 T / 2}{\sigma \sqrt{T}} = \frac{\ln(0.06/0.07) + 0.2^2 \times 0.75/2}{0.2\sqrt{0.75}} = -0.803$$

$$d_2 = d_1 - \sigma \sqrt{T} = -0.803 - 0.2\sqrt{0.75} = -0.977$$

이고

$$\Phi(d_1) = \Phi(-0.803) = 0.211 \ \text{그리고} \ \Phi(d_2) = \Phi(-0.977) = 0.164$$

이므로 다음이 성립한다.

$$c_0 = L\frac{k}{12}P\left(0, T+\frac{k}{12}\right)\left[f_0\Phi(d_1)-r_K\Phi(d_2)\right]$$

$$= 100 \times \frac{3}{12} \times 0.942\,(0.06 \times 0.211 - 0.07 \times 0.164) = 27.79$$

즉 금리 콜옵션의 현재 적정 가격은 27만 7,900달러이다.

5.32 금리 캡과 금리 플로어

금리 캡(interest rate cap)은 만기가 시간별로 순차적으로 이어지도록 설정되어 있는 여러 개의 유러피언 금리 콜옵션을 모아 놓은 형태의 금리파생상품이다. 금리 캡에 포함된 각 옵션을 캐플렛(caplet)이라고 하며 순차적으로 하나씩 소멸된다. 어떤 기업이 금융기관으로부터 변동금리로 차입할 때, 차입 금액을 원금으로 하는 금리 캡을 매입하면 변동금리가 일정 수준 이상으로 올라가는 것에 대한 위험을 헤지할 수 있다. 이러한 일정 수준의 금리, 즉 금리 캡의 행사가격에 해당하는 이자율을 캡 금리(cap rate)라고 한다.

원금이 L, 캡 금리가 r_K이며 금리 캡을 구성하는 n개의 캐플렛의 만기가 각각 $t_1, t_2, t_3, \cdots, t_n$이라고 하고 각 캐플렛 페이오프의 지급 시점을 $t_2, t_3, t_4, \cdots, t_{n+1}$이라고 하자. 즉 만기 t_k인 캐플렛의 페이오프는 t_{k+1}시점에 지급된다. $\Delta_k = t_{k+1} - t_k$라 하고 r_k를 t_k와 t_{k+1} 사이의 (즉, Δ_k기간의) Libor라 할 때 t_{k+1}시점에 지급되는 금리 캡, 즉 t_k시점에서의 Δ_k기간 Libor에 상응하는 캐플렛의 페이오프는 다음과 같다.

$$L\,\Delta_k\,\max(r_k - r_K, 0)$$

이제 r_k가 로그정규분포를 따르며 k에 무관하게 변동성이 σ라 가정하면, 위의 공식에 의하여 위의 캐플렛의 현재 0시점에서의 가치는 다음과 같다.

$$L\,\Delta_k\,P(0, t_{k+1})\left[f_k\Phi(d_1) - r_K\Phi(d_2)\right]$$

$$d_1 = \frac{\ln(f_k/r_K) + \sigma^2(t_k/2)}{\sigma\sqrt{t_k}}, \ \ d_2 = d_1 - \sigma\sqrt{t_k}$$

여기서 f_k는 t_k시점에서의 Δ_k기간 Libor에 대한 현재의 선도이자율이다. 따라서 해당 금리 캡의 현재가치 c_0는 캡을 이루는 캐플렛들의 가치를 모두 더한 값이며 따라서 다음과 같다.

$$c_0 = \sum_{k=1}^{n} L \, \Delta_k \, P\left(0, t_{k+1}\right) \left[f_k \, \Phi\left(d_1\right) - r_K \, \Phi\left(d_2\right) \right]$$

$$d_1 = \frac{\ln\left(f_k / r_K\right) + \sigma^2\left(t_k/2\right)}{\sigma \sqrt{t_k}}, \ d_2 = d_1 - \sigma \sqrt{t_k}$$

금리 플로어(interest rate cap)는 만기가 시간별로 순차적으로 이어지도록 설정되어 있는 유러피언 금리 풋옵션을 여러 개 모아 놓은 형태의 금리파생상품이다. 금리 플로어에 포함된 각 옵션을 플로어렛 (floorlet)이라고 하며 순차적으로 하나씩 소멸된다. 위의 금리 캡에서와 같은 가정을 할 때, t_k시점에서 의 Δ_k기간 Libor에 상응하는 플로어렛의 현재 가치는 다음과 같다.

$$L \, \Delta_k \, P\left(0, t_{k+1}\right) \left[r_K \, \Phi\left(-d_2\right) - f_k \, \Phi\left(-d_1\right) \right]$$

$$d_1 = \frac{\ln\left(f_k / r_K\right) + \sigma^2\left(t_k/2\right)}{\sigma \sqrt{t_k}}, \ d_2 = d_1 - \sigma \sqrt{t_k}$$

이러한 플로어렛의 가치를 모두 합하면 현재 금리플로어의 가치를 얻게 된다.

5.33 블랙-숄즈 모형의 확장

블랙 – 숄즈 방정식을 확장시켜서 주식의 변동성, 배당률, 그리고 무위험 이자율이 시간에 대한 함수로 주어진다고 가정하자. 이때 연속배당 지급 주식에 대한 유러피언 콜옵션의 방정식

$$rc = \frac{\partial c}{\partial t} + (r - q)S \frac{\partial c}{\partial S} + \frac{1}{2}\sigma^2 S^2 \frac{\partial^2 c}{\partial S^2}$$

$$c(T, S) = \max(S_T - K, 0)$$

에서

$$r \to r(t), \ q \to q(t), \ \sigma \to \sigma(t)$$

를 대입하여 새로운 방정식을 만들면

$$r(t)c = \frac{\partial c}{\partial t} + (r(t) - q(t))S \frac{\partial c}{\partial S} + \frac{1}{2}\sigma(t)^2 S^2 \frac{\partial^2 c}{\partial S^2}$$

$$c(T, S) = \max(S_T - K, 0)$$

이 되는데 이 방정식의 해를 구하는 데는 r, q, σ가 t의 변수라고 해도 각각이 상수일 때와 같은 방법을 쓸 수 있으며 r, q, σ가 상수인 경우의 해에서

$$r \rightarrow \frac{1}{T-t} \int_0^{T-t} r(u)\,du$$

$$q \rightarrow \frac{1}{T-t} \int_0^{T-t} q(u)\,du$$

$$\sigma^2 \rightarrow \frac{1}{T-t} \int_0^{T-t} \sigma^2(u)\,du$$

로 대체한 것임을 보일 수 있다.

즉 위 방정식의 해 $c = c(t, S)$는

$$c = Se^{-\int_0^{T-t} q(u)\,du} \Phi(\overline{d_1}) - Ke^{-\int_0^{T-t} r(u)\,du} \Phi(\overline{d_2})$$

여기서

$$\overline{d_1} = \frac{\ln(S/K) + \int_0^{T-t}\left(r(u) - q(u) + \sigma^2(u)/2\right)du}{\sqrt{\int_0^{T-t} \sigma^2(u)\,du}}$$

$$\overline{d_2} = \overline{d_1} - \sqrt{\int_0^{T-t} \sigma^2(u)\,du}$$

로 주어진다. 이에 대한 증명은 잠시 후 **5.36**에서 다루는데, 그 증명과정에서 **5.34**에서 등장하는 방법을 사용하기 때문이다.

8. 위험중립가치평가의 증명

정리 1.30은 만기 T인 파생상품의 가치 v는 $v_0 = e^{-rT}E_Q(v_T)$로 표현됨을 말하고 있고 이를 위험중립가치평가라고 한다. 파생상품의 현재 가치가 유일하게 결정된다는 가정 아래 **정리 1.30**의 일반적인 증명은 마팅게일 성질 및 확률미분방정식과 이토의 보조정리 등을 포함한 다양한 테크닉을 필요로한다. 우리는 아래 **5.34**에서 위험중립가치평가 공식을 증명하고, 그 증명방법과 본질적으로 동일한 파인만-카츠 공식(Feynman-Kac formula)을 **정리 5.35**에서 소개한다. 파인만 – 카츠 공식은 확률과정의 기댓값과 편미분방정식이 어떤 관계를 갖고 있는지를 나타낸 공식으로 파생상품 가격에 관한 고급 수준의 수학에서 매우 유용하게 쓰인다. 이에 대한 응용으로 **5.33**에서 언급한 확장된 블랙 – 숄즈 가격공식을 **5.36**에서 증명한다.

5.34 정리 1.30 위험중립가치평가의 증명

앞서 **5.7**에서 연속배당률 q의 배당을 지급하는 주식에 대한 임의의 파생상품의 가격 $v = v\,(t,\,S)$는 편미분방정식

$$rv = \frac{\partial v}{\partial t} + (r-q)\,S\,\frac{\partial v}{\partial S} + \frac{1}{2}\sigma^2 S^2 \frac{\partial^2 v}{\partial S^2}$$

을 만족한다는 것을 보였고, 이로부터 해당 파생상품의 만기가 T일 때 현재 적정 가격 v_0가 유일하게 존재한다면 이는

$$v_0 = e^{-r\,T}\,E_Q\,(v_T)$$

로 표현된다는 위험중립가치평가 공식을 다음과 같이 유도할 수 있다.

    5.7에 따르면 위험중립 세계에서 연속배당률 q의 배당을 지급하는 주식의 가격 S의 확률미분방정식은

$$dS = (r-q)\,S\,dt + \sigma\,S\,dB_t$$

를 따르므로 해당 파생상품의 가치를 $v = v\,(t,\,S)$라 할 때,

$$Y\,(t,\,S) = e^{-rt}\,v\,(t,\,S)$$

라 놓고 이토의 보조정리를 적용하여 $d\,Y$를 나타내면 다음과 같다.

$$
\begin{aligned}
d\,Y &= \frac{\partial Y}{\partial t}\,dt + \frac{\partial Y}{\partial S}\,dS + \frac{1}{2}\sigma^2 S^2 \frac{\partial^2 Y}{\partial S^2}\,dt \\[2mm]
&= \left(-r\,e^{-rt}\,v + e^{-rt}\frac{\partial v}{\partial t}\right)dt + e^{-rt}\frac{\partial v}{\partial S}\left((r-q)\,S\,dt + \sigma\,S\,dB_t\right) + \frac{1}{2}\sigma^2 S^2 e^{-rt}\frac{\partial^2 v}{\partial S^2}\,dt \\[2mm]
&= e^{-rt}\left(\frac{\partial v}{\partial t} + (r-q)\,S\,\frac{\partial v}{\partial S} + \frac{1}{2}\sigma^2 S^2\frac{\partial^2 v}{\partial S^2} - rv\right)dt + \sigma\,e^{-rt}\,S\,\frac{\partial v}{\partial S}\,dB_t
\end{aligned}
$$

    위 식에서

$$\frac{\partial v}{\partial t} + (r-q)\,S\,\frac{\partial v}{\partial S} + \frac{1}{2}\sigma^2 S^2\frac{\partial^2 v}{\partial S^2} - rv = 0$$

이므로

$$d\,Y = \sigma\,e^{-rt}\,S\,\frac{\partial v}{\partial S}\,dB_t$$

가 되어 $\{\,Y_t\,\}$는 마팅게일 확률과정이다(**4.19** 참조). 마팅게일 성질에 의해서

$$Y_0 = E\left(Y_T\right)$$

즉

$$v_0 = Y_0 = E\left(Y_T\right) = E\left(e^{-rT} v_T\right) = e^{-rT} E\left(v_T\right)$$

이 성립함을 알 수 있고, 앞서 우리는 위험중립 세계에서의 주가의 확률미분방정식

$$dS = (r-q)S\,dt + \sigma S\,dB_t$$

를 가정하였으므로 위 식의 기댓값은 위험중립 세계에서의 기댓값을 뜻한다. 현재 적정 가격이 유일하게 존재한다는 가정으로부터 위와 같이 구한 기댓값이 유일한 적정 가격이 된다. 따라서 공식

$$v_0 = e^{-rT} E_Q\left(v_T\right)$$

이 증명되었다.

5.35 정리(파인만-카츠 공식(Feynman-Kac formula))

확률과정 $X = X_t$가 확률미분방정식
$$dX_t = a(t, X)\,dt + b(t, X)\,dB_t$$
를 만족하고
$$v = v(t, X)$$
가 X와 $t\ (t \in [0, T])$의 함수일 때 말기 조건이 주어진 편미분방정식
$$\frac{\partial v}{\partial t} + a(t, X)\frac{\partial v}{\partial X} + \frac{1}{2}b(t, X)^2\frac{\partial^2 v}{\partial X^2} = f(X)\,v$$
$$v(T, X) = g(X_T)$$
의 해는 다음과 같이 주어진다.
$$v(t, X) = E_t\left[\exp\left(-\int_t^T f(X_u)\,du\right) g(X_T)\right]$$
특히
$$v_0 = E\left[\exp\left(-\int_0^T f(X_u)\,du\right) g(X_T)\right]$$
이다.

증명 |

$t \in [0, T]$를 고정하고 $s \in [0, T]$에 대하여

$$Y(s, X) = \exp\left(-\int_t^s f(X_u)\,du\right) v(s, X)$$

에 이토의 보조정리를 적용하여 dY 를 나타내면 다음과 같다.

$$dY = \frac{\partial Y}{\partial s}\, ds + \frac{\partial Y}{\partial X}\, dX + \frac{1}{2}b(s,X)^2 \frac{\partial^2 Y}{\partial X^2}\, ds$$

여기에

$$\frac{\partial Y}{\partial s} = -f(X_s)\exp\left(-\int_t^s f(X_u)\,du\right)v(s,X) + \exp\left(-\int_t^s f(X_u)\,du\right)\frac{\partial v}{\partial s}$$

$$\frac{\partial Y}{\partial X} = \exp\left(-\int_t^s f(X_u)\,du\right)\frac{\partial v}{\partial X}$$

$$\frac{\partial^2 Y}{\partial X^2} = \exp\left(-\int_t^s f(X_u)\,du\right)\frac{\partial^2 v}{\partial X^2}$$

를 대입하여 정리하면 다음과 같다.

$$dY = \exp\left(-\int_t^s f(X_u)\,du\right)\cdot$$
$$\left[\left(-f(X)v(s,X)+\frac{\partial v}{\partial s}+a(s,X)\frac{\partial v}{\partial X}+\frac{1}{2}b(s,X)^2\frac{\partial^2 v}{\partial X^2}\right)ds + b(s,X)\frac{\partial v}{\partial X}\,dB_t\right]$$

위 식에서

$$-f(X)v(s,X)+\frac{\partial v}{\partial s}+a(s,X)\frac{\partial v}{\partial X}+\frac{1}{2}b(s,X)^2\frac{\partial^2 v}{\partial X^2}=0$$

이므로

$$dY_s = \exp\left(-\int_t^s f(X_u)\,du\right)b(s,X)\frac{\partial v}{\partial X}\,dB_s$$

가 되어 $\{Y_s\}$ 는 마팅게일 확률과정이다. 따라서

$$Y_t = E_t(Y_T)$$

이 성립한다. 정의에 의하여

$$Y(t,X) = v(t,X), \quad v(T,X) = g(X_T)$$

이므로

$$v(t,X) = E_t\left[\exp\left(-\int_t^T f(X_u)\,du\right)g(X_T)\right]$$

가 성립함이 증명되었다. ∎

5.36 확장된 블랙-숄즈 모형의 증명

이제 **5.33**에서 언급한 확장된 블랙 - 숄즈 모형을 증명하고자 한다. 블랙 - 숄즈 방정식과 마찬가지로 주가의 확률미분방정식으로부터 파생상품 가격의 편미분방정식을 유도한 후 **5.34, 5.35**에서 사용한 방법으로 위험중립가치평가 공식을 도출하여 유러피언 콜옵션의 가격공식을 증명한다.

블랙 - 숄즈 모형에서 주식의 기대수익률, 변동성, 배당률, 그리고 무위험 이자율이 상수가 아니라 시간에 대한 함수로 주어진다고 가정하자. 즉 새뮤얼슨의 기하 브라운 운동 주가모형에서

$$\mu \to \mu(t), \ r \to r(t), \ q \to q(t), \ \sigma \to \sigma(t)$$

를 대입하여 새로운 주가모형을 만들면, 실제 세계에서 주가는 아래 확률미분방정식을 따른다.

$$dS = (\mu(t) - q(t))S\,dt + \sigma(t)\,dB_t$$

이때 무위험 자산이나 무위험 포트폴리오의 가치를 Π 라 하면 $d\Pi = r(t)\Pi\,dt$ 가 성립하고 이 미분방정식의 해는

$$\Pi(t) = \Pi_0 \exp\left(\int_0^t r(s)\,ds\right)$$

이다.

임의의 파생상품의 가격 c 가 만족하는 편미분방정식을 구하기 위해 임의의 시간 t 에서 해당 파생상품 1단위를 매도하고 주식을 Δ 주를 매수하는 포트폴리오를 구성한다. 즉 포트폴리오의 가치는 $\Pi = \Delta \cdot S - 1c$ 가 된다. 이제 극단적으로 짧은 시간 구간 $[t, t+dt]$ 에서 포트폴리오의 가치가 무위험이 되도록 그 구간 내에서 일정한 값 Δ 를 정하도록 하자.

이제 Π 의 확률미분 $d\Pi$ 를 구하면

$$d\Pi = \Delta\,dS + q\Delta S\,dt - dc$$

이고 여기에 이토의 보조정리에 의하여 얻어진

$$dc = \frac{\partial c}{\partial t}\,dt + \frac{\partial c}{\partial S}\,dS + \frac{1}{2}\frac{\partial^2 c}{\partial S^2}\,\sigma(t)^2 S^2\,dt$$

와

$$dS = (\mu(t) - q(t))S\,dt + \sigma(t)S\,dB_t$$

를 대입하면 아래의 계산 결과를 얻는다.

$$d\Pi = \left[-\frac{\partial c}{\partial t} + \mu(t)S\left(\Delta - \frac{\partial c}{\partial S}\right) + q(t)\Delta S - \frac{1}{2}\sigma(t)^2 S^2\frac{\partial^2 c}{\partial S^2}\right]dt + \sigma(t)S\left(\Delta - \frac{\partial c}{\partial S}\right)dB_t$$

앞서와 마찬가지로 구간 $[t, t+dt]$에서 Δ의 값을 $\Delta = \dfrac{\partial c}{\partial S}$라 놓으면 $d\Pi$ 중에서 확률적인 부분이 사라져 포트폴리오는 구간 $[t, t+dt]$에서 무위험 상태가 되므로

$$d\Pi = \left(-\frac{\partial c}{\partial t} + q(t)S\frac{\partial c}{\partial S} - \frac{1}{2}\sigma(t)^2 S^2 \frac{\partial^2 c}{\partial S^2}\right)dt$$

를 만족한다. 무차익 조건에 의해서 구간 $[t, t+dt]$에서 Π는 무위험 자산의 미분방정식

$$d\Pi = r(t)\Pi\, dt$$

를 만족하는 것을 이용하면 임의의 시점 t에서 파생상품의 가격 c에 대한 다음과 같은 미분방정식을 얻는다.

$$r(t)c = \frac{\partial c}{\partial t} + (r(t) - q(t))S\frac{\partial c}{\partial S} + \frac{1}{2}\sigma(t)^2 S^2 \frac{\partial^2 c}{\partial S^2}$$

이는 연속배당 지급 주식에 대한 파생상품 가격의 방정식은 기존 블랙 - 숄즈 방정식

$$rc = \frac{\partial c}{\partial t} + (r - q)S\frac{\partial c}{\partial S} + \frac{1}{2}\sigma^2 S^2 \frac{\partial^2 c}{\partial S^2}$$

에

$$r \to r(t),\, q \to q(t),\, \sigma \to \sigma(t)$$

를 대입한 것이다. 이 방정식을 사용하면 일반화된 위험중립가치평가 공식을 얻을 수 있다.

위험중립 세계라는 가정 아래 주가의 확률미분방정식은

$$dS = (r(t) - q(t))S\, dt + \sigma(t)\, dB_t$$

이다.

$$Y(t, S) = c(t, S)\exp\left(-\int_0^t r(s)\, ds\right)$$

라고 놓고 이토의 보조정리를 사용하면

$$dY = \exp\left(-\int_0^t r(s)\, ds\right)$$
$$\left[\left(\frac{\partial c}{\partial t} + (r(t) - q(t))S\frac{\partial c}{\partial S} + \frac{1}{2}\sigma(t)^2 S^2 \frac{\partial^2 c}{\partial S^2} - r(t)c\right)dt + \sigma(t)S\frac{\partial c}{\partial S}dB_t\right]$$

이므로 앞 절 **5.34**, **5.35**에서와 마찬가지 이유로 $\{Y_t\}$는 마팅게일 확률과정임을 알 수 있고 이에 따라

$$c_0 = Y_0 = E(Y_T) = \exp\left(-\int_0^T r(t)\,dt\right) E(c_T)$$

가 성립한다. 따라서 위험중립가치평가 공식

$$c_0 = \exp\left(-\int_0^T r(t)\,dt\right) E_Q(c_T)$$

이 얻어진다.

c가 해당 주식에 대한 만기 T, 행사가격 K인 유러피언 콜옵션의 가격인 경우

$$c_0 = \exp\left(-\int_0^T r(t)\,dt\right) E_Q[\max(S_T - K, 0)]$$

가 성립하므로 이 기댓값을 계산함으로써 옵션의 현재 가치 공식을 얻을 수 있다.

위험중립 세계에서 주가는 확률미분방정식 $dS = (r(t) - q(t))S\,dt + \sigma(t)\,dB_t$를 따르고 $Y = \ln S$에 이토의 보조정리를 적용함으로써 만기 주가 $\ln S_T$는

$$\ln S_T = \ln S_0 + \int_0^T \left[r(t) - q(t) - \frac{\sigma(t)^2}{2}\right] dt + \int_0^T \sigma(t)\,dB_t$$

이고, 따라서

$$\ln S_T \sim N\left[\ln S_0 + \int_0^T \left[r(t) - q(t) - \frac{\sigma(t)^2}{2}\right] dt, \; \int_0^T \sigma(t)^2\,dt\right]$$

를 얻는다. 이제 편의를 위해 새로운 변수를 다음과 같이 정의하자.

$$\bar{r} = \frac{1}{T}\int_0^T r(t)\,dt, \;\; \bar{q} = \frac{1}{T}\int_0^T q(t)\,dt, \;\; \bar{\sigma} = \sqrt{\frac{1}{T}\int_0^T \sigma(t)^2\,dt}$$

그러면 위험중립 세계에서 만기 주가의 분포를 다음과 같이 표현할 수 있다.

$$\ln S_T \sim N\left[\ln S_0 + \left(\bar{r} - \bar{q} - \frac{\bar{\sigma}^2}{2}\right)T, \; \bar{\sigma}^2 T\right]$$

따라서 **3.9**의 배당주식에 대한 옵션 공식과 완전히 동일한 계산 방식으로 다음이 성립한다.

$$E_Q[\max(S_T - K, 0)] = S_0 e^{(\bar{r} - \bar{q})T}\Phi(\overline{d_1}) - K\Phi(\overline{d_2})$$

여기서

$$\overline{d_1} = \frac{\ln(S_0/K) + (\bar{r} - \bar{q} + \bar{\sigma}^2/2)T}{\bar{\sigma}\sqrt{T}}, \;\; \overline{d_2} = \frac{\ln(S_0/K) + (\bar{r} - \bar{q} - \bar{\sigma}^2/2)T}{\bar{\sigma}\sqrt{T}} = \overline{d_1} - \bar{\sigma}\sqrt{T}$$

따라서 위 옵션의 t 시점에서 가격 $c = c(t, S)$의 공식은 다음과 같다.

$$c = S e^{-\int_0^{T-t} q(u)\,du} \Phi(\overline{d_1}) - K e^{-\int_0^{T-t} r(u)\,du} \Phi(\overline{d_2})$$

여기서,

$$\overline{d_1} = \frac{\ln(S/K) + \int_0^{T-t} \left(r(u) - q(u) + \sigma^2(u)/2 \right) du}{\sqrt{\int_0^{T-t} \sigma^2(u)\,du}}$$

$$\overline{d_2} = \overline{d_1} - \sqrt{\int_0^{T-t} \sigma^2(u)\,du}$$

1 연속복리 무위험 이자율이 상수 r로 주어졌고, 어느 중간 무배당 기초자산의 가격 $S = S_t$가

$$dS = (\mu + \sigma^2/2)\, S\, dt + \sigma S\, dB_t$$

를 따른다고 가정할 때, 해당 기초자산에 대한 파생상품의 가격 $c = c(t, S)$가 만족하는 미분방정식을 유도하시오.

2 S가 주가, σ는 변동성, r은 연속복리 무위험 이자율을 나타낸다고 할 때, $f(t, S) = S^{-2r/\sigma^2}$은 블랙 – 숄즈 방정식을 만족함을 보이시오.

3 주가가 $dS = \mu S\, dt + \sigma S\, dB_t$를 따르는 무배당 주식에 대해 만기 T시점의 페이오프가 $\ln S_T$로 주어지는 파생상품에 대해 다음 물음에 답하시오.

(1) 위험중립가치평가를 사용하여 현재 t시점에서 해당 파생상품의 적정 가격을 구하시오.

(2) 이렇게 구한 파생상품 가격이 블랙 – 숄즈 방정식을 만족함을 보이시오.

4 무배당 주식에 대한 1965년 새뮤얼슨의 콜옵션과 풋옵션의 공식

$$c_0 = e^{-\nu T} \int_0^\infty \max(x-K, 0)\, \frac{1}{\sigma x \sqrt{2\pi T}} \exp\left[-\frac{\left\{\ln x - \left(\ln S_0 + (\mu - \sigma^2/2)\, T\right)\right\}^2}{2\sigma^2 T}\right] dx$$

$$p_0 = e^{-\nu T} \int_0^\infty \max(K-x, 0)\, \frac{1}{\sigma x \sqrt{2\pi T}} \exp\left[-\frac{\left\{\ln x - \left(\ln S_0 + (\mu - \sigma^2/2)\, T\right)\right\}^2}{2\sigma^2 T}\right] dx$$

를 수정하여 올바른 공식을 만들어보자. 만기 T, 선도가격 K인 매수 선도계약의 현재 시점에서의 가치를 f_0라 할 때, 3장 연습문제 1번의 등식 $f_0 = c_0 - p_0$과 $f_0 = S_0 - Ke^{-rT}$을 이용하여 새뮤얼슨 공식에서 $\nu = \mu = r$이 성립해야 함을 증명하시오.

5 양의 실수 μ, σ에 대하여 확률과정 $S = S_t$가 $S_t = S_0 e^{\mu t} + \sigma B_t$를 만족할 때 실수 $K > 0$에 대하여 기댓값 $E\left[\max\left(S_T - K, 0\right)\right]$를 구하시오.

6 연속배당률 q의 배당을 지급하는 주식에 대해 만기 T, 행사가격 K인 유러피언 콜옵션과 풋옵션의 현재 가격 c_0와 p_0는 각각 $S_0 e^{-qT} - Ke^{-rT} \leq c_0 \leq S_0 e^{-qT}$와 $Ke^{-rT} - S_0 e^{-qT} \leq p_0 \leq Ke^{-rT}$를 만족함을 보이시오.

7 무배당 주식에 대한 블랙-숄즈 콜옵션 가격 공식 $c_0 = S_0 \Phi(d_1) - Ke^{-rT}\Phi(d_2)$에서 $S_0 \Phi'(d_1) - Ke^{-rT}\Phi'(d_2) = 0$을 증명하시오

8 K, T, r, σ를 상수로 고정시켰을 때의 무배당 주식에 대한 블랙-숄즈 콜옵션 가격 공식

$$c = S\Phi(d_1) - Ke^{-rT}\Phi(d_2) \ ; \ d_1 = \frac{\ln(S/K) + (r + \sigma^2/2)T}{\sigma\sqrt{T}}, \ d_2 = d_1 - \sigma\sqrt{T}$$에 대하여

$$S\frac{d}{dS}\Phi(d_1) - Ke^{-rT}\frac{d}{dS}\Phi(d_2) = 0$$을 증명하시오.

9 무배당 주식에 대한 블랙-숄즈 콜옵션 가격 공식 $c_0 = S_0 \Phi(d_1) - Ke^{-rT}\Phi(d_2)$에서 $\rho_c = \frac{\partial c}{\partial r} = TKe^{-rT}\Phi(d_2)$임을 문제 **7**번의 등식 $S_0 \Phi'(d_1) - Ke^{-rT}\Phi'(d_2) = 0$을 이용하여 증명하시오.

10 연속 배당 주식에 대한 콜옵션 가격 공식 $c_0 = S_0 e^{-qT}\Phi(d_1) - Ke^{-rT}\Phi(d_2) \ ; \ d_1 = \frac{\ln(S_0/K) + (r - q + \sigma^2/2)T}{\sigma\sqrt{T}}, \ d_2 = d_1 - \sigma\sqrt{T}$에 대해 $S_0 e^{-qT}\Phi'(d_1) - Ke^{-rT}\Phi'(d_2)$

$= 0$을 증명하고 이를 이용하여 $\rho_c = \frac{\partial c}{\partial r} = TKe^{-rT}\Phi(d_2)$임을 증명하시오.

11 연속 배당 주식에 대한 콜옵션 가격 공식 $c_0 = S_0 e^{-qT}\Phi(d_1) - Ke^{-rT}\Phi(d_2) \ ; \ d_1 = \frac{\ln(S_0/K) + (r - q + \sigma^2/2)T}{\sigma\sqrt{T}}, \ d_2 = d_1 - \sigma\sqrt{T}$에 대해 $S_0 e^{-qT}\Phi'(d_1) - Ke^{-rT}\Phi'(d_2)$

$= 0$을 이용하여 콜옵션의 베가는 $\Lambda_c = \dfrac{Se^{-qT}\sqrt{T}\,e^{-d_1^2/2}}{\sqrt{2\pi}}$임을 보이시오.

12 연속 배당 주식에 대한 콜옵션의 가격 $c_0 = S_0 e^{-qT} \Phi(d_1) - K e^{-rT} \Phi(d_2)$의 로$(\rho_c)$와 베가$(\Lambda_c)$

가 각각 $\rho_c = \dfrac{\partial c}{\partial r} = TK e^{-rT} \Phi(d_2)$ 와 $\Lambda_c = \dfrac{S e^{-qT} \sqrt{T}\, e^{-d_1^2/2}}{\sqrt{2\pi}}$ 임을 알고 있다고 가정하고

풋 – 콜 패리티를 사용하여 동일 만기와 동일 행사가격을 갖는 풋옵션의 로와 베가를 구하시오

13 무배당 주식에 대한 블랙 – 숄즈 모형에서 옵션가격을 행사가격 K로 편미분한 값이 각각

$\dfrac{\partial c_0}{\partial K} = -e^{-rT} \Phi(d_2)$ 그리고 $\dfrac{\partial p_0}{\partial K} = e^{-rT} \Phi(-d_2)$임을 증명하고, 이것이 의미하는 바를 간단

히 설명하시오.

14 연속배당률 연 3%의 배당을 지급하는 주식의 주가 변동성이 연 25%이고 연속복리 무위험 이자율
이 연 4%일 때, 해당 주식에 대한 6개월 만기 유러피언 풋옵션의 델타를 구하시오.

15 어떤 투자자산의 선물가격이 현재 19달러이고, 선물가격의 변동성이 연 20% 그리고 무위험 이자율
이 연 12%일 때, 만기 5개월 행사가격 20달러인 유러피언 풋선물옵션의 현재 가치를 구하시오.

16 투자 자산의 현재 선물가격이 30달러이고, 만기가 6개월 남고 행사가격이 30달러인 유러피언 풋선
물옵션의 현재 가격이 3.7달러이다. 연속복리 무위험 이자율이 연 10%라 할 때, 해당 선물가격에 대
한 동일 만기와 동일 행사가격을 갖는 콜선물옵션의 적정 가격은 얼마인가?

17 현재 1유로는 0.95파운드이며 파운드 – 유로화 환율의 연 변동성은 8%이고 파운드와 유로화의 무
위험 연 이자율은 각각 연속복리 5%와 4%이다. 9개월 후에 1유로의 가치가 0.95파운드보다 높으면
1만 파운드를 지급하는 파생상품의 현재 가치는 몇 파운드인가? 이 파생상품을 파운드 통화의 관점
에서 asset-or-nothing 콜옵션으로 간주하여 답을 구하시오.

18 현재 1유로는 0.95파운드이며 파운드 – 유로화 환율의 연 변동성은 8%이고 파운드와 유로화의 무
위험 연 이자율은 각각 연속복리 5%와 4%이다. 9개월 후에 1유로의 가치가 0.95파운드보다 높으면
1만 파운드를 지급하는 파생상품의 현재 가치는 몇 파운드인가? 이 파생상품을 유로화의 관점에서
cash-or-nothing 풋옵션으로 간주하여 가치를 구한 후 현재 환율을 적용해서 답을 구하시오.

19 콜선물옵션의 현재 가격 $v_0 = e^{-rT} \left[F_0 \Phi(d_1) - K \Phi(d_2) \right]$에서 $F_0 \Phi'(d_1) = K \Phi'(d_2)$가
성립함을 보이시오.

20 선물옵션의 행사가격이 현재 선물가격과 같은 경우 동일 만기의 유러피언 콜선물옵션과 풋선물옵션의 가격이 서로 동일함을 보이시오.

21 연속복리 무위험 이자율이 연 4%이고 어떤 무배당 주식의 6개월 만기 선도가격이 58달러이다. 이 주식의 만기 6개월인 유러피언 풋옵션의 가격이 3달러일 때, 차익거래 기회가 발생하지 않게 하는 해당 옵션 행사가격의 최댓값을 구하시오.

22 무배당 주식에 대한 유러피언 콜옵션 가격은 행사가격에 대해 볼록함수, 즉 $\dfrac{\partial^2 c_0}{\partial K^2} > 0$임을 보이시오.

23 주가 100달러인 주식의 3개월 만기 등가격 유러피언 콜옵션의 현재 가격이 5.598달러이다. 그리고 이 콜옵션의 그릭스는 아래와 같을 때 다음 물음에 답하시오.

$$\Delta = 0.565,\ \Gamma = 0.032,\ \Theta = -5.387,\ \Lambda = 18.685,\ \rho = 7.71$$

(1) 1시간 후 주가가 101달러로 상승한다면 옵션 가격과 델타는 어떻게 변할지 예측하시오.
(2) 1시간 후 주가가 120달러로 급등한다면 옵션 가격은 어떻게 변할지 예측하시오.

24 주가 100달러인 주식의 3개월 만기 등가격 유러피언 콜옵션의 현재 가격이 5.598달러이다. 그리고 이 콜옵션의 그릭스는 아래와 같을 때 다음 물음에 답하시오.

$$\Delta = 0.565,\ \Gamma = 0.032,\ \Theta = -5.387,\ \Lambda = 18.685,\ \rho = 7.71$$

(1) 변동성이 기존의 연 16%에서 18%로 상승한다면 옵션 가격은 어떻게 변할지 예측하시오.
(2) 이자율이 단기간에 0.3% 포인트 하락한다면 옵션 가격은 어떻게 변할지 예측하시오.

25 어떤 주식에 대한 만기 T, 행사가격 K인 콜옵션과 풋옵션의 로(ρ)가 각각 $\rho_c = 21.5$와 $\rho_p = -16.7$이다. 해당 주식의 콜옵션 800개를 매수하고 풋옵션 800개를 매도한 포트폴리오를 생각하자. 금리가 단기간에 연 3.64%에서 3.44%로 하락하는 경우 이 포트폴리오의 가치 변화를 구하시오.

26 $1 \le k \le n$에 대하여 $c_k = c_k(t, S)$이 편미분방정식 $rc = \dfrac{\partial c}{\partial t} + (r-q)S\dfrac{\partial c}{\partial S} + \dfrac{1}{2}\sigma^2 S^2 \dfrac{\partial^2 c}{\partial S^2}$을 만족할 때 임의의 상수 $a_1, a_2, \cdots, a_n$에 대하여 $a_1 c_1(t, S) + \cdots + a_n c_n(t, S)$도 같은 편미분방정식을 만족함을 보이시오.

27 연속배당률 연 1.2%의 배당을 지급하는 주식의 현재 가격이 37달러이고, 주가변동성은 연 30%, 연속복리 무위험 이자율은 연 8.5%이다. 이 주식에 대한 만기 3개월, 행사가격 35달러의 유러피언 콜옵션의 그릭스가 다음과 같이 주어졌을 때 해당 콜옵션의 가격을 구하시오.

$$\Delta = 0.711, \ \Gamma = 0.062, \ \Theta = -5.329, \ \Lambda = 16.685, \ \rho = 4.91$$

28 p_1과 p_2가 각각 동일 주식에 대한 행사가격 K_1과 K_2인 풋옵션의 현재 가격을 나타낸다. 만기는 T로 동일하고 $K_1 < K_2$이다. 이때 $0 \leq p_2 - p_1 \leq (K_2 - K_1)e^{-rT}$이 성립함을 보이시오.

29 연속배당률 q의 배당을 지급하는 주식에 대한 만기 T, 행사가격 K인 유러피언 콜옵션의 $t < T$ 시점의 가격을 c_t라 할 때 $c_t \geq \max\big(S_t e^{-q(T-t)} - Ke^{-r(T-t)}, 0\big)$이 성립함을 증명하시오.

30 연속배당률 q의 배당을 지급하는 주식에 대한 만기 T, 행사가격 K인 유러피언 풋옵션의 $t < T$ 시점의 가격을 p_t라 할 때 $p_t \geq \max\big(Ke^{-r(T-t)} - S_t e^{-q(T-t)}, 0\big)$이 성립함을 증명하시오.

31 무배당 주식에 대한 등가격 유러피언 콜옵션의 델타는 항상 $\dfrac{1}{2}$보다 크다는 것을 보이시오. 배당 주식에 대한 등가격 유러피언 콜옵션의 델타도 항상 $\dfrac{1}{2}$보다 크다고 할 수 있는가?

32 무배당 주식에 대한 등가격 유러피언 풋옵션의 델타는 항상 $-\dfrac{1}{2}$과 0 사이에 있음을 보이시오.

33 P_1과 P_2가 각각 동일 주식에 대한 행사가격 K_1과 K_2인 아메리칸 풋옵션의 가격을 나타낸다. 만기는 T로 동일하고 $K_1 < K_2$이다. 이때 모든 $t < T$시점에서 $0 \leq P_2(t) - P_1(t) \leq K_2 - K_1$이 성립함을 보이시오.

34 무배당 주식의 가격 $S = S_t$가 기하브라운 운동 $dS = \mu S\, dt + \sigma S\, dB_t$를 따르고, 상수 $q > 0$에 대하여 $X_t = e^{qt} S_t$일 때, $X = X_t$의 확률미분방정식을 구하시오.

35 같은 주식에 대해 K_1, K_2, K_3를 행사가격으로 하는 동일 만기 유러피언 콜옵션의 현재 가격을 각각 c_1, c_2, c_3라 하고 $K_3 - K_2 = K_2 - K_1 > 0$라고 가정하자. 이때 $2c_2 \leq c_1 + c_3$임을 보이시오.

36 c가 배당 주식에 대한 블랙-숄즈 공식의 콜옵션 가격이고 T, r, q, σ가 고정되어 있을 때 양수 λ에 대하여 $c(\lambda S_0, K) = \lambda c(S_0, K/\lambda)$가 성립함을 보이시오. (단, K는 옵션의 행사가격이다.)

37 연속배당지급 주식에 대하여 $c = c(S)$가 행사가격 K인 콜옵션의 블랙-숄즈 가격일 때 옵션의 시간가치, 즉 $f(S) = c(S) - \max(S - K, 0)$는 $S = K$에서 최댓값을 가짐을 보이시오.

38 유러피언 콜 선물옵션의 델타는 $e^{-rT}\Phi(d_1)$임을 설명하시오.

39 배당 주식에 대한 옵션 가격 방정식 $rc = \dfrac{\partial c}{\partial t} + (r-q)S\dfrac{\partial c}{\partial S} + \dfrac{1}{2}\sigma^2 S^2 \dfrac{\partial^2 c}{\partial S^2}$과 선물가격의 공식 $F = Se^{(r-q)(T-t)}$에 연쇄법칙(chain rule)을 적용하여 선물옵션의 가격 $v = v(t, F)$이 편미분 방정식 $rv = \dfrac{\partial v}{\partial t} + \dfrac{1}{2}\sigma^2 F^2 \dfrac{\partial^2 v}{\partial F^2}$을 만족함을 보이시오.

40 동일 주식에 대해 만기가 $K_1 < K_2$로 다르고 나머지가 동일한 두 종류의 아메리칸 콜옵션의 가격을 각각 C_1과 C_2라고 할 때 만기 이전의 모든 시점에서 $0 \le C_1 - C_2 \le K_2 - K_1$이 성립함을 보이시오.

41 어느 무배당 주식의 현재 가격은 31달러이고, 만기 3개월에 행사가격 30달러인 아메리칸 콜옵션의 가격은 4달러이다. 무위험 이자율이 연 8%라 할 때, 동일 만기, 동일 행사가격의 아메리칸 풋옵션의 가격은 2.4달러와 3달러 사이에 있음을 보이시오.

42 연속배당률 q의 배당을 지급하는 주식에 대한 만기 T, 행사가격 K인 아메리칸 콜옵션과 풋옵션의 현재 가격은 다음 부등식을 만족함을 보이시오.
$$S_0 e^{-qT} - K \le C_0 - P_0 \le S_0 - Ke^{-rT}$$

43 배당 주식에 대한 옵션 가격 $c = c(t, S)$이 편미분방정식
$$rc = \frac{\partial c}{\partial t} + (r-q)S\frac{\partial c}{\partial S} + \frac{1}{2}\sigma^2 S^2 \frac{\partial^2 c}{\partial S^2}$$
을 만족시킴을 이용하여 임의의 양의 상수 λ에 대하여 $w = w(t, S)$가 $w(t, S) = c(t, \lambda S)$로 정의되었을 때 $rw = \dfrac{\partial w}{\partial t} + (r-q)S\dfrac{\partial w}{\partial S} + \dfrac{1}{2}\sigma^2 S^2 \dfrac{\partial^2 w}{\partial S^2}$가 성립함을 보이시오.

44 유럽의 금융기관이 미국 달러에 대한 7개월 만기 유러피언 콜옵션 100단위를 매도하였다. 현물환율은 1달러당 0.8유로, 행사가격은 1달러당 0.81유로, 미국의 무위험 이자율은 연 5% 유로화의 무위험이자율은 연 8%, 그리고 환율의 변동성은 연 15%이다. 이때 해당 금융기관이 취한 포지션의 델타, 감마, 세타, 로와 베가를 각각 계산하시오.

45 어느 투자자는 현재 델타가 0이고 감마가 100인 포트폴리오를 보유중이고, 금융시장에서는 델타가 0.6이고 감마가 0.8인 유러피언 콜옵션이 거래되고 있다. 이 콜옵션과 해당 기초자산을 이용하여 포트폴리오의 델타와 감마가 모두 0이 되도록 투자 전략을 수립하시오.

46 무배당 투자자산에 대해 만기 T, 행사가격 K인 아메리칸 콜선물옵션과 풋선물옵션의 현재 가격 C_0와 P_0은 다음 부등식을 만족함을 보이시오.

$$F_0 e^{-rT} - K \leq C_0 - P_0 \leq F_0 - K e^{-rT}$$

47 KT의 현재 주가는 3만원이고, 연간 주식 수익률의 분산은 0.2, 그리고 연속복리 무위험 이자율은 연 10%라 가정하자. 또한 KT는 향후 6개월 동안 주식에 대해 배당을 할 계획이 없다. KT의 주가가 1% 상승할 때 해당 주식에 대한 잔여만기 6개월, 행사가격 28,000원인 유러피언 콜옵션과 풋옵션은 각각 몇 %씩 변하겠는가?

48 어느 기업의 현재 주가가 50달러일 때 만기 1년에 행사가격이 50달러인 유러피언 콜옵션과 유러피언 풋옵션이 있다고 하자. 연속복리 기준 무위험 이자율은 연 5%, 주식의 변동성은 연 15%이고 1년 동안 배당은 없는 것으로 가정할 때 이 기업의 주가가 1% 변화하면 콜옵션 가격과 풋옵션 가격은 각각 몇 %씩 변화하겠는가?

49 주가가 $dS = \mu S\, dt + \sigma S\, dB_t$를 따르는 무배당 주식에 대해 만기 T에서의 페이오프가 S_T^2으로 주어진 파생상품의 현재 가치 v_0를 구하시오.

50 무배당 주식에 대해서 만기 T에서의 주가가 K달러보다 낮으면 M달러의 가치를 지니게 되고 그렇지 않으면 가치가 0이 되는 옵션의 현재 가치는 $v_0 = M e^{-rT} \Phi(-d_2)$임을 증명하시오.

51 연속배당률 q의 배당을 지급하는 주식에 대해서 만기인 T에서의 주가가 K달러보다 크면 주식 5주를 받게 되고 그렇지 않으면 가치가 0이 되는 옵션의 현재 가치 공식을 구하시오.

52 정리 **5.26**의 블랙모형에서의 풋옵션 가격 공식 $p_0 = P(0, T)[K\Phi(-d_2) - F_0\Phi(-d_1)]$을 증명하시오.

53 블랙 - 숄즈 콜옵션 가격 공식 $c_0 = S_0\Phi(d_1) - Ke^{-rT}\Phi(d_2)$을 사용해서 현재 주가가 S_0인 경우 주식 가격이 1% 상승할 때 콜옵션과 풋옵션의 가격은 몇 %씩 변화할지를 설명하시오.

54 현재의 채권가격은 120달러, 옵션의 행사가격은 115달러, 채권의 잔여만기는 9년, 옵션의 잔여만기는 1년인 유러피언 채권 풋옵션의 현재 가치를 구하시오. (단, 1년 동안의 할인율은 연 6%, 옵션 만기까지 지급될 채권이표의 현재가치는 10달러이고, 채권가격의 변동성은 연 15%이다.)

55 주가가 $dS = \mu S\,dt + \sigma S\,dB_t$를 따르는 무배당 주식에 대해 만기 T시점의 페이오프가 $(S_T)^n$으로 주어지는 파생상품의 현재 t시점의 가격이 $f(t)S_t^n$일 때 다음 물음에 답하시오.

(1) 블랙 - 숄즈 방정식을 이용하여 $f(t)$가 만족해야 하는 미분방정식을 유도하시오.

(2) 이를 이용하여 $f(t) = \exp\left(\left[\dfrac{1}{2}n(n-1)\sigma^2 + (n-1)r\right](T-t)\right)$임을 증명하시오.

56 동일한 무배당 주식에 대한 5만 단위의 유러피언 콜옵션을 매도하고 3만 단위의 풋옵션을 매수한 포지션을 취한 투자자가 있다. 콜옵션과 풋옵션의 델타가 각각 0.5389와 -0.7584일 때 투자자가 자신의 포트폴리오를 델타 중립으로 만들기 위해서는 어떠한 조치를 취해야 하는가?

57 어느 투자자는 현재 델타가 20이고 감마가 120인 단일주식과 유러피언 콜옵션 및 풋옵션으로만 이루어진 포트폴리오를 보유 중이다. 콜옵션의 델타와 감마는 각각 0.4와 0.2이고, 풋옵션의 델타와 감마는 각각 -0.5와 0.3이다. 이때 콜옵션과 풋옵션을 이용하여 포트폴리오의 델타와 감마가 모두 0이 되도록 투자 전략을 수립하시오.

58 나는 현재 델타가 0이고 감마가 $-3,000$인 포트폴리오를 보유 중이다. 옵션 시장에 어떤 주식에 대해 델타가 0.62이고 감마가 1.5인 콜옵션이 거래되고 있을 때, 이 콜옵션을 이용해서 나의 포트폴리오를 델타중립과 감마중립으로 만들기 위해서는 해당 주식 1,240주를 매도하고 콜옵션 2,000개를 매수해야 함을 보이시오.

59 무배당 주식에 대한 만기 T, 행사가격 K인 유러피언 콜옵션의 t시점의 가격 $c = c(t, S)$라고 하자.

(1) c는 다음 적분식으로 표현됨을 설명하시오

$$c = e^{-r(T-t)} \int_{-\infty}^{\infty} \max(x - K, 0)$$

$$\frac{1}{\sigma x \sqrt{2\pi(T-t)}} \exp\left(-\frac{\left[\ln(x/S) - (r - \sigma^2/2)(T-t)\right]^2}{2\sigma^2(T-t)}\right) dx$$

(2) 임의로 고정된 $x > 0$와 T에 대하여 아래와 같이 정의된 함수

$$\psi(t, S) = \frac{1}{\sigma x \sqrt{2\pi(T-t)}} \exp\left(-\frac{\left[\ln(x/S) - (r - \sigma^2/2)(T-t)\right]^2}{2\sigma^2(T-t)}\right) \text{는 편미분방정식}$$

$$\frac{\partial \psi}{\partial t} + rS\frac{\partial \psi}{\partial S} + \frac{1}{2}\sigma^2 S^2 \frac{\partial^2 \psi}{\partial S^2} = 0 \text{을 만족함을 보이시오.}$$

60 두바이 원유의 현재 선물가격이 갤런당 85달러이다. 선물가격의 변동성이 연 25%이고 연속복리 무위험 이자율이 연 9%일 때 만기 4개월, 행사가격 85달러인 유러피언 콜선물옵션의 현재 가격을 구하시오.

61 주가가 $dS = \mu S\,dt + \sigma S\sqrt{S}\,dB_t$를 따르는 무배당 주식에 대한 파생상품의 가격 $v = v(t, S)$의 편미분방정식을 유도하시오.

62 유러피언 콜선물옵션의 가격공식 $v_0 = e^{-rT}\left[F_0\,\Phi(d_1) - K\,\Phi(d_2)\right]$에서

$$\frac{\partial v_0}{\partial \sigma} = F_0\sqrt{T}\,e^{-rT}\,\Phi'(d_1) \text{가 성립함을 보이시오.}$$

63 현재 시점의 Libor 수익률 곡선이 1년 복리 기준으로 연 5%에서 수평이라고 하자. 4년 후에 고정금리 5%를 지급하고 Libor를 1년 단위로 3년 동안 받는 금리스왑에 참여할 권리를 갖는 유러피언 스왑옵션의 현재 가치는 몇 달러인가? (단, 스왑원금은 1억 달러이고, 스왑이자율의 변동성은 연 20%라고 가정한다.)

64 등가격에 있는 유러피언 콜선물옵션의 적정 가격은 동일 만기 등가격의 유러피언 풋선물옵션의 적정 가격과 항상 일치함을 보이시오.

65 위험중립 세계에서 확률변수 $I = \begin{cases} 1 & (\text{if } S_T > K) \\ 0 & (else) \end{cases}$ 는 $I = \begin{cases} 1 & (\text{if } Z > -d_2) \\ 0 & (else) \end{cases}$ 로 표현될 수 있다는

것과 이때 $E(I) = \Pr(S_T > K) = \Phi(d_2)$ 임을 이용해서, 무배당 주식에 대해서 T 기간 후의

주가가 K 달러보다 크면 주식 1주를 받게 되고 그렇지 않으면 가치가 0이 되는 asset-or-nothing 옵

션의 현재 가치는 $x_0 = S_0 \Phi(d_1)$ 임을 직접 계산으로 증명하시오.

66 Libor 수익률 곡선이 분기복리 기준 연 5%에서 수평이고, 3개월 Libor의 변동성은 연 18%라 하자.

이때 원금 100만 달러에 대하여 6개월 후부터 시작해서 3개월 동안 분기복리 기준의 행사금리 연

6%를 적용하는 금리 콜옵션의 현재 적정 가격을 구하시오.

67 확률과정 $S = S_t$ 가 $dS = S\,dt + \sigma\sqrt{S}\,dB_t$ 을 따르고 $v = v(t, S)$ 가 편미분방정식

$$\sigma v = \frac{\partial v}{\partial t} + S\frac{\partial v}{\partial S} + \frac{1}{2}\sigma^2 S\frac{\partial^2 v}{\partial S^2}, \quad v(T, S) = \min(S_T - K, 4)$$

을 만족할 때 $v_0 = e^{-\sigma T} E\left[\min(S_T - K, 4)\right]$ 임을 보이시오. (단, σ 는 양의 상수)

68 **5.29**에서 $A = \frac{1}{m}\sum_{k=1}^{mn} P(0, T + k/m)$ 라 하고 f_0 를 현재 0시점에서 s_T에 대한 선도 스왑금리

라 할 때 $f_0 = \frac{1}{A}(P(0, T) - P(0, T+n))$ 임을 무차익 원리를 이용하여 설명하시오.

69 μ, σ 가 상수일 때 파인만 - 카츠 공식을 사용해서 $[0, T] \times \mathbb{R}$ 에서 정의된 다음 편미분방정식의 해

$v(t, X)$ 를 구하시오.

$$\frac{\partial v}{\partial t} + \mu X\frac{\partial v}{\partial X} + \frac{1}{2}\sigma^2 X^2\frac{\partial^2 v}{\partial X^2} = 0$$

$$v(T, X) = \ln(X_T^4)$$

70 배당 주식에 대한 유러피언 콜옵션 가격 $c = c(t, S)$ 이 만족하는 편미분방정식

$$rc = \frac{\partial c}{\partial t} + (r - q)S\frac{\partial c}{\partial S} + \frac{1}{2}\sigma^2 S^2\frac{\partial^2 c}{\partial S^2}$$

$$c(T, S) = \max(S_T - K, 0)$$

은 $X_t = S_t e^{-q(T-t)}$로 치환하면 다음과 같은 무배당 주식에 대한 유러피언 콜옵션의 편미분방정식으로 변환됨을 보이시오

$$rc = \frac{\partial c}{\partial t} + rX\frac{\partial c}{\partial X} + \frac{1}{2}\sigma^2 X^2 \frac{\partial^2 c}{\partial X^2}$$

$$c(T, X) = \max(X_T - K, 0)$$

CHAPTER 6

리스크와 포트폴리오

6장에서 우리는 금융 리스크 중에서 포트폴리오 가치의 감소로 인한 손실 발생을 염두에 두는 시장 리스크에 관한 기본 이론을 소개한다. 앞서 5장의 **5.11～5.16**에서는 옵션 포지션에서 델타, 감마, 세타 등의 그릭스로 측정된 각각의 민감도는 금융 리스크 측정의 일부를 제공함을 설명하였다. 하지만 그릭스는 포트폴리오에 의해 생성되는 전체 리스크의 측정을 위해 합산될 수 없다. 예를 들면, 동일 포트폴리오의 델타와 감마를 합산하는 것은 전혀 무의미하다. 이에 따라, 금융기업 등 시장참여자는 각자의 포트폴리오에 대한 시장 리스크의 종합적인 측정법을 필요로 하였으며, 원금손실 리스크를 의미하는 VaR는 이와 같은 시장 리스크의 일관된 측정 요구에 대한 답이라고 할 수 있다. 6장의 전반부에서 우리는 VaR 측정법 중 가장 기본적인 델타 노멀 측정법을 소개한다. 이어서 중반부에서는 금융이론의 고전이라고 할 수 있는 최적포트폴리오 이론과 자본시장이 균형상태를 이룰 때 자산의 기대수익과 위험의 관계를 설명하는 자본자산가격결정모형(CAPM)을 간단히 소개하고, 6장의 후반부에서는 리스크 측정을 위한 변동성의 추정 및 포트폴리오 리스크 측정의 기본이 되는 상관계수 추정에 대한 이론들을 소개한다.

1. Value at Risk

6.1 VaR의 정의

원금손실 리스크를 뜻하는 Value at Risk(VaR)는 여러 가지 시장 리스크들의 복합요소들을 단일 숫자로 표시한 것으로서 다음과 같이 정의된다.

VaR는 주어진 신뢰수준 내에서 특정 기간에 걸쳐 발생할 수 있는 포트폴리오의 최대 손실금액을 의미한다.

즉 현재 가치 1억 달러의 주식 포트폴리오가 향후 3일 동안 150만 달러 이상 하락할 확률이 5%라고 측정되었다면, 이 포트폴리오의 5% 신뢰수준의 3일 VaR는 150만 달러이다. 기업이나 금융사들은 VaR를 통해 여러 구성요소들로 이루어진 리스크를 통계기법을 통해 객관적이고 통합적으로 계량할 수 있으며, VaR는 최대손실액이라는 금액으로 표시되므로 감수할 리스크의 규모를 의사결정 책임자가 파악하기 쉬운 장점이 있다. VaR를 계산하려면 우선 목표기간 동안 포트폴리오 수익률의 미래 분포를 도출한다. 이때 정규분포 등의 모수적 분포를 사용하거나 과거에 있었던 실제 분포를 사용하는 등 비모수적 분포를 사용하기도 한다. 그 이후 신뢰수준을 정하고, 신뢰수준에 따른 임계치를 구한다. 가장 많이 쓰이는 임계치로서는 표준정규분 분포를 택했을 경우, 즉 $Z \sim N(0, 1)$일 때

$$P(Z > 2.33) = P(Z < -2.33) \cong 0.01$$

그리고

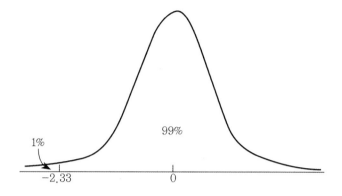

$$P\left(Z > 1.64\right) = P\left(Z < -1.64\right) \cong 0.05$$

이고, 따라서 99%의 신뢰수준일 때 2.33, 그리고 95% 신뢰수준일 때 1.64라는 숫자이다.

여기서는 모수적 VaR 측정법 중에서 델타 노멀(delta normal) 방법이라 불리는 대표적인 VaR 측정법을 소개한다. 델타 노멀 VaR 측정법에는 서로 상관된 브라운 운동의 다변량 정규분포 성질이 사용된다.

6.2 서로 상관된 브라운 운동

B_t와 Z_t가 서로 독립인 브라운 운동일 때, 상수 $-1 < \rho < 1$에 대하여

$$W_t = \rho\,B_t + \sqrt{1 - \rho^2}\,Z_t$$

로 정의된 W_t는 **4.6**에서 언급한 브라운 운동의 세 가지 조건을 모두 만족하므로 새로운 브라운 운동이다. B_t와 Z_t가 서로 독립이므로

$$E\left(B_t\,Z_t\right) = 0, \;\; dB_t\,dZ_t = 0$$

이 성립하여

$$E\left(B_t\,W_t\right) = \rho\,E\left(B_t^2\right) = \rho\,t \text{ 그리고 } dB_t\,dW_t = \rho\left(dB_t\right)^2 = \rho\,dt$$

을 얻는다. 또한 $0 < s < t$에 대하여

$$B_s + W_t = B_s + \rho\,B_t + \sqrt{1 - \rho^2}\,Z_t$$

이므로 B_s, W_t는 이변량 정규분포를 따른다. 마찬가지로 B_t와 W_t가 브라운 운동으로 상관계수가 ρ일 때 B_t와 독립인 브라운 운동 Z_t가 존재하여

$$W_t = \rho\,B_t + \sqrt{1 - \rho^2}\,Z_t$$

가 성립한다. 이는 **2.31**에서 설명한 이변량 정규분포의 성질로부터 얻어진 결과이다. 또한 이 성질을 n 개의 서로 상관된 브라운 운동으로 확장할 수 있다.

$S_1, \cdots, S_n$ 가 각각 중간 무배당인 n 개의 자산의 가격이라 하고 다음의 확률미분방정식을 따른다고 하자.

$$\frac{dS_1}{S_1} = \mu_1 \, dt + \sigma_1 \, dB_t^{(1)}$$

$$\vdots$$

$$\frac{dS_n}{S_n} = \mu_n \, dt + \sigma_n \, dB_t^{(n)}$$

$$dB_t^{(i)} dB_t^{(j)} = \rho_{ij} \, dt$$

이때 임의의 $0 < t_1 < t_2 < t_3 < \cdots < t_n$ 에 대하여 확률벡터

$$\mathbb{X} = \begin{bmatrix} B_{t_1}^{(1)} \\ B_{t_2}^{(2)} \\ \vdots \\ B_{t_n}^{(n)} \end{bmatrix}$$

는 다변량 정규분포를 따른다는 것을 **정리 4.9**와 유사한 방법으로 보일 수 있다. 즉 서로 상관된 브라운 운동은 가우시안 과정이다.

6.3 델타 노멀 측정법

주가 S의 확률미분방정식이

$$\frac{dS}{S} = \mu \, dt + \sigma \, dB_t$$

를 만족할 때, 근사적으로

$$\frac{\Delta S_k}{S_{k-1}} \approx \mu \Delta_k + \sigma \, \Delta B_k$$

으로 표현할 수 있다. 여기서 $\Delta S_k = S_k - S_{k-1}$ 이고 Δ_k는 이항과정에서 1기간을 의미한다. 이때 등식

$$\ln S_k - \ln S_{k-1} = \ln \frac{S_k}{S_{k-1}} = \ln\left(1 + \frac{S_k - S_{k-1}}{S_{k-1}}\right) = \ln\left(1 + \frac{\Delta S_k}{S_{k-1}}\right) \approx \frac{\Delta S_k}{S_{k-1}}$$

으로부터 $\dfrac{\Delta S_k}{S_{k-1}}$ 은 $\ln S_k - \ln S_{k-1}$ 의 근사식으로, 1기간인 Δ_k 동안 해당 주식의 수익률이다. VaR는

1일 단위를 기준으로 하므로 $\Delta_k = 1$ 이라 놓으면 μ 와 σ 는 각각 주식의 1일 기대 수익률과 1일 변동성

을 의미하게 된다. 3장의 **3.7**에서 설명한 것처럼 일 년 동안의 거래일수가 m 일이라 할 때

$$\text{일 변동성} = \text{연 변동성} \div \sqrt{m} \ (\text{보통 } m = 252 \text{가 사용됨})$$

이고

$$\text{일 기대 수익률} = \text{연 기대 수익률} \div m$$

이므로 1일 기대 수익률 μ 는 1일 변동성 σ 에 비해서 일반적으로 무시해도 될 만큼 작다. 그러므로 VaR

를 계산할 때 일반적으로 1일 기대 수익률 μ 는 0이라고 가정한다. μ 가 0이라는 가정 아래 주식의 수익률

은 근사적으로 다음과 같이 표현된다.

$$\frac{\Delta S_k}{S_{k-1}} = \sigma \,\Delta B_k \overset{d}{=} \sigma B_{\Delta_k}$$

즉

$$\frac{\Delta S_k}{S_{k-1}} \sim N(0, \sigma^2 \Delta_k)$$

의 분포를 따른다.

위와 같이 Δ_k 기간 동안 해당 주식의 수익률은 평균이 0이고 표준편차가 $\sigma \sqrt{\Delta_k}$ 인 정규분포를 따

른다는 가정이 델타 노멀 VaR를 계산할 때 핵심이다. 이를 위해서는 주가의 1일 변동성 σ 의 값이 필요

하다. σ 에 대한 추정방법은 본 장의 후반부에서 다루기로 한다.

위의 방식을 확장해서 이번에는 N 종류의 주식으로 구성된 어떤 주식 포트폴리오를 생각해보자. 이

포트폴리오에는 첫 번째 주식이 X_1 의 액수만큼, 두 번째 주식이 X_2 만큼, $\cdots$, N 번째 주식이 X_N 의 액

수만큼 차지하고 있다고 하자. 위의 포트폴리오의 현재 총 가치를 Π_0 라 하면 다음 식이 성립한다.

$$\Pi_0 = X_1 + X_2 + \cdots + X_N$$

이제 1일 동안의 해당 포트폴리오의 VaR를 구하려고 한다. (즉, $\Delta_k = 1$ 이라고 가정한다.) 먼저

$1 \le k \le N$ 에 대해서

$$R_k = \frac{\Delta X_k}{X_k}$$

를 1일 동안 k 번째 주식의 수익률이라고 정의한다. (주의 : 여기에서는 ΔX_k 가 $X_k - X_{k-1}$ 을 뜻하는

것이 아니라 편의상 k번째 주식의 하루 동안 주가 변동액을 말한다.) 이때 앞서 설명한 것과 같이 주식의 1일 기대 수익률이 0이라는 가정에 따라

$$R_k = \sigma_k B_{\Delta_k}^{(k)} \sim N(0, \sigma_k^2)$$

이 성립한다. 여기서 σ_k는 k번째 주식의 1일 변동성이다. 또한 $\Delta_k = 1$ 이라 가정했음을 상기하면 하루 동안 포트폴리오 가치의 총 변화액수는 다음과 같다.

$$\Delta\Pi = \Delta X_1 + \Delta X_2 + \cdots + \Delta X_N = X_1 R_1 + X_2 R_2 + \cdots + X_N R_N$$

따라서 포트폴리오의 수익률 $R_\Pi = \dfrac{\Delta\Pi}{\Pi_0}$ 은 아래와 같이 표현된다.

$$R_\Pi = \frac{\Delta\Pi}{\Pi_0} = \frac{X_1}{\Pi_0} R_1 + \frac{X_2}{\Pi_0} R_2 + \cdots + \frac{X_N}{\Pi_0} R_N = \sum_{k=1}^{N} w_k R_k$$

여기서 $w_k = \dfrac{X_k}{\Pi_0}$ 는 현재 포트폴리오에서 k번째 주식이 차지하는 비중을 의미하고

$$0 \leq w_k \leq 1, \sum_{k=1}^{N} w_k = 1$$

이 성립한다. 이와 더불어

$$R_k = \sigma_k B_{\Delta_k}^{(k)}$$

이므로 앞서 언급한 서로 상관된 브라운 운동의 성질에 의해서 $R_1, R_2, \cdots, R_N$은 N변량 정규분포를 따른다. 따라서

$$cov(R_j, R_k) = \sigma_{jk}$$

라 표기하고 $N \times N$ 행렬 Σ는 σ_{jk}를 성분으로 갖는 공분산행렬이라고 정의하면

$$\begin{bmatrix} R_1 \\ R_2 \\ \vdots \\ R_N \end{bmatrix} \sim N_N(0, \Sigma)$$

이므로, $\boldsymbol{w}^T = (w_1 \, w_2 \, \cdots \, w_N)$이라 놓으면 **정리 2.30**에 의하여

$$R_\Pi \sim N(0, \boldsymbol{w}^T \Sigma \boldsymbol{w})$$

이 성립한다. 이제 포트폴리오 분산 σ_Π^2 을

$$\sigma_\Pi^2 = \boldsymbol{w}^T \Sigma \boldsymbol{w} = \sum_{j,k=1}^{N} w_j w_k \sigma_{jk}$$

라 정의하면 포트폴리오의 수익률 $R_\Pi = \dfrac{\Delta \Pi}{\Pi_0}$ 은 다음과 같은 확률분포를 따른다.

$$R_\Pi \sim N(0, \sigma_\Pi^2)$$

그러므로 포트폴리오 가치의 1일 변화량 $\Delta \Pi$ 는 평균이 0이고 표준편차가 $\Pi_0 \sigma_\Pi$ 인 정규분포를 따른다.

$$\Pr\left(\frac{\Delta \Pi}{\Pi_0 \sigma_\Pi} < -2.33 \right) = 0.01$$

이므로

포트폴리오의 99% 신뢰수준에서 1일 VaR는 $(2.33 \times \Pi_0)\,\sigma_\Pi$

이다. 그러므로 위의 포트폴리오의

99% 신뢰수준에서 n일 VaR는 $(\sqrt{n} \times 2.33 \times \Pi_0)\,\sigma_\Pi$

이고

95% 신뢰수준에서 n일 VaR는 $(\sqrt{n} \times 1.64 \times \Pi_0)\,\sigma_\Pi$

이다. 이를 정리하면 다음과 같다.

6.4 정리

N 종류의 주식으로 구성된 포트폴리오의 99% 또는 95% 신뢰수준에서 n 거래일 동안의 VaR는 각각

$$\sqrt{n} \times 2.33 \times \Pi_0 \sigma_\Pi$$

과

$$\sqrt{n} \times 1.64 \times \Pi_0 \sigma_\Pi$$

이다. 여기서 Π_0 는 포트폴리오의 최초 가치이고, σ_Π^2 은 포트폴리오 분산으로 다음과 같이 정의되었으며

$$\sigma_\Pi^2 = \boldsymbol{w}^T \Sigma \boldsymbol{w} = \sum_{j,k=1}^{N} w_j w_k \sigma_{jk}$$

w_j 는 현재 j 번째 주식이 포트폴리오에서 차지하는 비중으로 $\sum_{k=j}^{N} w_j = 1$ 이고

$$\Sigma = (\sigma_{jk})_{N \times N}$$

로 정의된 $N \times N$ 행렬 Σ 는 포트폴리오를 구성하는 주식들의 수익률의 공분산 행렬이다.

*A*기업 주식에 1만 달러를 투자했고, *B*기업 주식에 5천 달러를 투자한 포트폴리오를 살펴보자. *A*주식의 일 변동성은 2%이고 *B*주식의 일 변동성은 1%, 그리고 두 주식의 수익률 상관계수는 0.6이라 가정할 때, 4일 기준, 99% 신뢰수준으로 이 포트폴리오의 VaR를 구하라.

풀이│

투자비중 벡터 $\boldsymbol{w} = \begin{pmatrix} w_1 \\ w_2 \end{pmatrix}$와 공분산 행렬 $\Sigma = \begin{pmatrix} \sigma_1^2 & \sigma_{12} \\ \sigma_{21} & \sigma_{22} \end{pmatrix}$에서

$$w_1 = \frac{10,000}{15,000} = \frac{2}{3}, \ w_2 = \frac{1}{3}$$

그리고

$$\sigma_1 = 0.02, \ \sigma_2 = 0.01, \ \sigma_{12} = \sigma_{21} = 0.6 \times 0.02 \times 0.01 = 0.00012$$

이다. 포트폴리오 분산식

$$\sigma_\Pi^2 = \boldsymbol{w}^T \Sigma \boldsymbol{w}$$

를 사용하면 다음과 같다.

$$\sigma_\Pi^2 = (2/3 \ \ 1/3) \begin{pmatrix} (0.02)^2 & 0.00012 \\ 0.00012 & (0.01)^2 \end{pmatrix} \begin{pmatrix} 2/3 \\ 1/3 \end{pmatrix}$$

$$= (2/3)^2 \times 0.0004 + (1/3)^2 \times 0.0001 + 2 \times 2/3 \times 1/3 \times 0.00012$$

이로부터 $\sigma_\Pi = 0.01556$을 얻고, 따라서 우리가 구하고자 하는 VaR는

$$\sqrt{4} \times 2.33 \times 15,000 \times 0.01556 = 1,088$$

달러이다. ∎

정리 6.4를 사용하기 위해서는 각 증권의 변동성뿐 아니라 각각의 증권의 수익률 간의 상관계수, 즉 수익률의 공분산행렬을 알아야 한다. 이와 관련된 변동성과 상관계수의 추정은 본 장의 후반부에서 다루기로 한다. 위의 예와 같이 두 종류의 주식으로 구성된 포트폴리오의 VaR를 구하는 경우 행렬 대신 간편한 공식 $\sigma_{X+Y} = \sqrt{\sigma_X^2 + \sigma_Y^2 + 2\rho\sigma_X\sigma_Y}$ 을 사용할 수 있다.

6.5 리스크의 분해

이 절에서는 앞서 **6.3**의 델타 노멀 VaR에서 k번째 주식이 전체 포트폴리오의 위험에서 차지하는 정도에 대하여 알아본다. 이를 위해서 포트폴리오 분산

$$\sigma_\Pi^2 = \boldsymbol{w}^T \Sigma \boldsymbol{w} = \sum_{j,k=1}^{N} w_j w_k \sigma_{jk}$$

을 k번째 주식의 비중인 w_k로 미분하면 다음 값을 얻는다.

$$\frac{\partial \sigma_\Pi^2}{\partial w_k} = 2 \sum_{j=1}^{N} w_j \sigma_{jk} = 2 cov\left(R_k, \sum_{j=1}^{N} w_j R_j\right) = 2 cov(R_k, R_\Pi)$$

한편 연쇄법칙에 의해서

$$\frac{\partial \sigma_\Pi^2}{\partial w_k} = 2 \sigma_\Pi \frac{\partial \sigma_\Pi}{\partial w_k}$$

이므로 가중치 변화에 대한 포트폴리오 변동성 변화의 민감도는 다음과 같다.

$$\frac{1}{\sigma_\Pi} \frac{\partial \sigma_\Pi}{\partial w_k} = \frac{cov(R_k, R_\Pi)}{\sigma_\Pi^2} = \beta_{\Pi k}$$

여기서 $\beta_{\Pi k}$는 포트폴리오의 베타계수라고 불리는데 윌리엄 샤프(William Sharpe)의 자본자산가격결정모형(Capital Asset Pricing Model, CAPM)에서 전체 포트폴리오에 대한 k번째 주식의 체계적 위험이라고 소개된 것으로 전체 포트폴리오의 위험에서 개별 주식이 차지하는 정도를 나타낸다. 또한 여기서 등식

$$\sum_{k=1}^{N} w_k \beta_{\Pi k} = \sum_{k=1}^{N} w_k \frac{cov(R_k, R_\Pi)}{\sigma_\Pi^2}$$

$$= \frac{1}{\sigma_\Pi^2} \sum_{k=1}^{N} w_k cov\left(R_k, \sum_{j=1}^{N} w_j R_j\right)$$

$$= \frac{1}{\sigma_\Pi^2} \sum_{k=1}^{N} w_k \sum_{j=1}^{N} w_j \sigma_{kj} = 1$$

이 성립하므로 $\beta_{\Pi k}$들은 전체 포트폴리오의 VaR를 위험의 원천별로 분해하는 데 유용하다.

즉

$$VaR_k = w_k \beta_{\Pi k} VaR$$

라 정의하면

$$VaR = VaR \sum_{k=1}^{N} w_k \beta_{\Pi k} = \sum_{k=1}^{N} VaR_k$$

가 되어 우리는 포트폴리오의 총 위험을 개별 증권의 위험의 합으로 분리할 수 있다. 여기서 VaR_k는 k번째 주식에 대한 marginal VaR라 불린다.

델타 노멀 VaR는 선형 측정법이고, 여러 종류의 증권으로 이루어진 대규모 포트폴리오에 적용하기에 이상적이다. 하지만 델타위험을 제외한 모든 종류의 위험을 고려하지 않는 단점이 있다. 그러므로 옵션 등의 파생상품이 포트폴리오에 포함된 경우는 리스크 요소들이 비선형적으로 결합되었기 때문에 델타 노멀 VaR에 의존하는 것은 지나치게 단순한 대응이 된다. 이 경우에는 2계 미분계수까지 고려한 델타 – 감마 확장분석법을 사용해야 한다. 또한 수익률의 분산과 상관계수가 미래에도 과거와 같이 그대로 유지된다고 가정하기 때문에 현대와 같이 급변하는 금융환경에서는 실제 리스크 수준을 제대로 평가하지 못할 소지가 있다.

6.6 옵션의 VaR

옵션은 기초자산의 비선형함수이다. 따라서 델타헤징이나 델타 노멀 VaR는 기초자산의 가격변동이 큰 경우에는 효과적이지 않으며 이런 경우에는 옵션의 비선형성을 고려하여야 하므로 델타 – 감마 확장분석을 이용한 방법을 사용해야 한다. 여기서는 아주 간단한 경우, 즉 유러피언 콜옵션 1계약으로 이루어진 포트폴리오의 VaR에 대하여 살펴보고자 한다.

테일러 전개식에 의하면 옵션가치의 변화량 δc는 다음과 같이 나타낼 수 있다.

$$\delta c = \frac{\partial c}{\partial t}(\delta t) + \frac{\partial c}{\partial S}(\delta S) + \frac{1}{2}\frac{\partial^2 c}{\partial S^2}(\delta S)^2 + \cdots = \Theta\,(\delta t) + \Delta\,(\delta S) + \frac{1}{2}\Gamma\,(\delta S)^2 + \cdots$$

(일관적인 표기방법을 따르려면 옵션 가치의 변화량은 Δc로 나타내는 것이 합당하나 변화량 Δc, Δt, ΔS 등은 그릭문자 $\Delta = \dfrac{\partial c}{\partial S}$ 와 혼동의 여지가 있어 이번 **6.6**에서만 δc, δt, δS로 표시하겠다. 델타 헤징에서의 Δ 와 증분을 나타내는 Δ 는 전혀 다른 개념이나 여태껏 동일한 기호를 사용해왔는데 그 이유는 혼동의 여지가 적기 때문이다. 하지만 이 절에서는 동일 기호를 사용하는 것이 혼동의 여지가 있으므로 Δ 는 그릭문자 $\Delta = \dfrac{\partial c}{\partial S}$ 를 뜻하고 증분은 소문자 δ를 사용하여 나타내도록 한다.)

위의 δc 표현식에서 첫 번째 항 $\Theta \cdot (\delta t)$ 은 콜옵션 시간가치의 감소를 나타내는 비확률적인 값이므로 무시하면 근사적으로 다음 식을 얻는다.

$$\delta c = \frac{\partial c}{\partial S}\,(\delta S) + \frac{1}{2}\frac{\partial^2 c}{\partial S^2}\,(\delta S)^2 + \cdots$$

$$= \Delta\,(\delta S) + \frac{1}{2}\,\Gamma\,(\delta S)^2 + \cdots$$

따라서 δc의 분산은 다음과 같다.

$$Var(\delta c) = \Delta^2\, Var(\delta S) + \left(\frac{\Gamma}{2}\right)^2 Var\big((\delta S)^2\big) + 2\Delta\left(\frac{\Gamma}{2}\right)cov\big(\delta S,\,(\delta S)^2\big)$$

여기서 δS의 분포는 $\dfrac{\delta S_k}{S_{k-1}} \sim N(0,\sigma^2\delta_k)$, 즉 $\delta S \sim N(0,\,\sigma^2 S^2 \delta t)$이므로

$$cov(\delta S,\,\delta S^2) = E(\delta S^3) - E(\delta S)\,E(\delta S^2) = 0$$

이고, 따라서 δc의 분산은 다음과 같이 요약된다.

$$Var(\delta c) = \Delta^2\,\sigma^2\,S^2\,\delta t + \frac{1}{2}(\Gamma\,\sigma^2\,S^2\,\delta t)^2$$

한편

$$\delta c = \frac{\partial c}{\partial S}(\delta S) + \frac{1}{2}\frac{\partial^2 c}{\partial S^2}(\delta S)^2$$

은 정규분포를 따르지 않으므로 VaR를 구하기 위해서 99%의 신뢰수준일 때 2.33, 그리고 95% 신뢰수준일 때 1.64라는 숫자를 사용할 수 없다. 만일 δc 분포에서 특정 99% 신뢰 수준에 α라는 숫자가 대응될 때, 즉 다음 식이 성립하는 α를 찾는다.

$$\Pr\left(\frac{\delta c}{c_0} < -\alpha\,\sqrt{Var(\delta c)}\right) = 0.01$$

위 식을 만족하는 α에 대하여 옵션 포트폴리오의 δt 기간 동안 99% 신뢰수준의 VaR는 다음과 같이 정해진다.

$$\text{VaR} = \alpha\,\sqrt{\Delta^2\,\sigma^2\,S^2\,\delta t + \frac{1}{2}(\Gamma\,\sigma^2\,S^2\,\delta t)^2}$$

앞에서 설명한 대로 옵션에 대한 δt 기간 동안 99% 신뢰수준의 VaR를 정할 때 쓰이는 α의 값은 정규분포의 경우처럼 2.33이 아니라 때에 따라 모두 다른 값을 갖으며 그 값을 이론적으로 구하는 것도 쉽지 않다. 그러한 이유로 옵션으로 구성된 포트폴리오의 VaR도 선형모형을 적용하는 경우가 적지 않다. 선형모형을 적용하면 다변량 정규분포를 사용할 수 있고, 1.64(95%의 경우)나 2.33(99%의 경우)을 경우에 상관없이 일괄적으로 적용할 수 있는 이점이 있다. c가 콜옵션의 가격인 경우 $\Delta = \dfrac{\delta c}{\delta S}$는 콜옵션의 델

타이고, 옵션의 가치변화량은 $\delta c = \varDelta \times \delta S$이다. δt 기간이 하루인 경우 주식의 일일수익률은 $R = \dfrac{\delta S}{S}$ 이므로 하루 동안 옵션가치의 변화량은 근사적으로 $\delta c = \varDelta \times S \times R$로 표시될 수 있다. 포트폴리오가 여러 개의 옵션으로 구성된 경우 포트폴리오의 1일 가치변화는 근사적으로

$$\delta \varPi = \sum_{k=1}^{n} \varDelta_k S_k R_k$$

이고 상수 $\alpha_k = \varDelta_k S_k$에 대해서 $\delta \varPi = \sum_{k=1}^{n} \alpha_k R_k$ 라 놓을 수 있으므로 근사적으로 앞서 델타 노멀 VaR를 구하는 경우와 동일한 상황이 된다.

2. 최적 포트폴리오

라그랑주(Lagrange) 승수법은 제약조건하에서 특정 함수의 극대(최대)값 또는 극소(최소)값을 구하는데 널리 쓰인다.

최대 또는 최솟값을 구하기 위한 목적함수와 그에 따른 제약조건이 다음과 같을 때 목적함수의 극값을 구하는 문제를 생각해보자.

$$\text{목적함수} : f(x, y)$$
$$\text{제약조건} : g(x, y) = 0$$

이때 라그랑주 함수 $L(x, y, \lambda)$는 다음과 같이 정의된다.

$$L(x, y, \lambda) = f(x, y) - \lambda g(x, y)$$

여기서의 λ를 라그랑주 승수(Lagrange multiplier)라 한다. 아래의 유명한 **정리 6.7**을 라그랑주 승수법이라고 부른다. **정리 6.7**에 대한 증명은 생략한다.

6.7 정리

(1) n차원 공간의 영역에서 정의된 미분가능 함수들 f, g가 있을 때, 주어진 제약조건
$$g(x_1, x_2, \cdots, x_n) = 0$$
아래에서 함수 f가 최대 또는 최솟값을 갖는 점은 다음과 같이 정의된 함수
$$L(x_1, x_2, \cdots, x_n, \lambda) = f(x_1, x_2, \cdots, x_n) - \lambda g(x_1, x_2, \cdots, x_n)$$

에 대해서 다음을 만족한다.

$$\frac{\partial L}{\partial x_1} = \frac{\partial L}{\partial x_2} = \cdots = \frac{\partial L}{\partial x_n} = \frac{\partial L}{\partial \lambda} = 0$$

이때 L을 라그랑주 함수라고 한다.

(2) n차원 공간의 영역에서 정의된 미분가능 함수들 f, g, h가 있을 때, 제약조건

$$g(x_1, x_2, \cdots, x_n) = 0, \quad h(x_1, x_2, \cdots, x_n) = 0$$

아래에서 함수 f가 최댓값 또는 최솟값을 갖는 점은 다음과 같이 정의된 함수

$$L(x_1, x_2, \cdots, x_n, \lambda_1, \lambda_2) = f(x_1, x_2, \cdots, x_n) - \lambda_1 g(x_1, x_2, \cdots, x_n) - \lambda_2 h(x_1, x_2, \cdots, x_n)$$

에 대해서 다음을 만족한다.

$$\frac{\partial L}{\partial x_1} = \frac{\partial L}{\partial x_2} = \cdots = \frac{\partial L}{\partial x_n} = \frac{\partial L}{\partial \lambda_1} = \frac{\partial L}{\partial \lambda_2} = 0$$

이때 L을 라그랑주 함수라고 한다.

라그랑주 승수법을 요약하면 제약조건

$$g(x_1, x_2, \cdots, x_n) = 0, \quad h(x_1, x_2, \cdots, x_n) = 0$$

아래에서 목적함수 $f(x_1, x_2, \cdots, x_n)$의 최댓값 또는 최솟값을 구하기 위해서는 라그랑주 함수

$$L = f - \lambda_1 g - \lambda_2 h$$

의 그래디언트(gradient) ∇L이 0이 되는 점, 즉

$$\frac{\partial L}{\partial x_1} = \frac{\partial L}{\partial x_2} = \cdots = \frac{\partial L}{\partial x_n} = \frac{\partial L}{\partial \lambda_1} = \frac{\partial L}{\partial \lambda_2} = 0$$

이 되는 점들을 찾으면, 그 점들 중에서 목적함수 $f(x_1, x_2, \cdots, x_n)$를 최대/최소로 하는 값이 존재한다는 것이다. 제약조건하에서의 최적화 문제는 현실에서 매우 빈번히 다루어지며, 금융 포트폴리오 이론에서는 주어진 수익률을 얻기 위한 포트폴리오를 구성할 때, 위험을 최소화하는 방법에 가장 널리 쓰인다.

6.8 최소분산 포트폴리오

1952년 해리 마코위츠(Harry Markowitz)는 박사학위 논문에서 평균 – 분산모형이라고 불리는 포트폴리오 이론을 소개했다. 여기서 우리는 마코위츠의 분산 – 공분산 모형이라고 불리는 포트폴리오 이론에 대해서 살펴본다.

주가 S의 확률미분방정식

$$\frac{dS}{S} = \mu\, dt + \sigma\, dB_t$$

의 근사식

$$\frac{\Delta S_k}{S_{k-1}} \approx \mu \Delta_k + \sigma \, \Delta B_k$$

으로부터

$$\frac{\Delta S_k}{S_{k-1}} \sim N(\mu \Delta_k, \, \sigma^2 \Delta_k)$$

의 분포를 따르므로 Δ_k 기간 동안 해당 주식의 수익률은 평균이 $\mu \Delta_k$ 이고 표준편차가 $\sigma \sqrt{\Delta_k}$ 인 정규분포를 따른다고 가정하자. 마코위츠의 포트폴리오 이론에서는 **6.2**에서 델타 노멀 VaR를 구할 때 $\mu = 0$ 을 가정했던 것과 달리 기대 수익률 μ 가 중요한 역할을 한다.

시장에 존재하는 N 가지의 주식으로 구성된 포트폴리오를 생각하자. 1기간을 나타내는 $\Delta_k = 1$ 이라고 가정하고 R_j 는 j 번째 주식의 1기간 수익률로서

$$R_j \sim N(\mu_j, \, \sigma_j^2)$$

을 따른다고 하자. 이때 브라운 운동의 성질에 의해서 $R_1, R_2, \cdots, R_N$ 은 N 변량 정규분포를 따른다. 이제 앞서와 마찬가지로

$$cov(R_j, R_k) = \sigma_{jk}$$

라 표기하고 Σ 는 σ_{jk} 를 성분으로 갖는 공분산행렬이라고 정의하면

평균벡터 $\boldsymbol{\mu} = \begin{bmatrix} \mu_1 \\ \mu_2 \\ \vdots \\ \mu_N \end{bmatrix}$ 에 대하여 수익률 벡터는

$$\begin{bmatrix} R_1 \\ R_2 \\ \vdots \\ R_N \end{bmatrix} \sim N_N(\boldsymbol{\mu}, \, \Sigma)$$

이므로, $\boldsymbol{w}^T = (w_1 \, w_2 \, \cdots \, w_N)$ 가 $\displaystyle\sum_{k=1}^{N} w_k = 1$ 을 만족하는 포트폴리오의 가중치 벡터일 때 포트폴리오의 수익률 $R_\Pi = \displaystyle\sum_{k=1}^{N} w_k R_k$ 은

$$R_\Pi \sim N(\boldsymbol{w}^T \boldsymbol{\mu}, \, \boldsymbol{w}^T \Sigma \boldsymbol{w})$$

의 분포를 따르며, 포트폴리오 분산 σ_Π^2은

$$\sigma_\Pi^2 = \boldsymbol{w}^T \Sigma \boldsymbol{w} = \sum_{j,k=1}^{N} w_j w_k \sigma_{jk}$$

이다. 이제 우리는 상수로 주어진 포트폴리오 기대수익 $x > 0$에 대해 최소분산을 갖는 포트폴리오를 구하고자 한다.

즉 제약조건

$$\sum_{k=1}^{N} w_k = 1 \;,\;\; \sum_{k=1}^{N} w_k \mu_k = x$$

하에서 목적함수

$$\sigma_\Pi^2 = \boldsymbol{w}^T \Sigma \boldsymbol{w} = \sum_{j,k=1}^{N} w_j w_k \sigma_{jk}$$

를 최소화시키는 투자비중 벡터 $\boldsymbol{w}$를 구하고자 한다. 이에 앞서 사용에 편리한 벡터미분을 다음 절에서 소개한다.

참고|

우리는 포트폴리오 분산 σ_Π^2이 양수인 경우만 고려하므로 Σ가 양의 정부호 행렬(positive definite matrix)이라고 가정하는 것이 일반적이다. Σ는 대칭행렬, 즉 $\Sigma^T = \Sigma$이므로 역행렬 Σ^{-1}도 대칭행렬, 즉 $(\Sigma^{-1})^T = \Sigma^{-1}$이다.

6.9 벡터미분과 최소분산 포트폴리오

n차원 열벡터 $\boldsymbol{x} = \begin{bmatrix} x_1 \\ x_2 \\ \vdots \\ x_n \end{bmatrix}$의 스칼라 함수 $y = y(\boldsymbol{x})$가 있을 때, 함수 y의 $\boldsymbol{x}$에 대한 편미분벡터 $\dfrac{\partial y}{\partial \boldsymbol{x}}$는

$$\frac{\partial y}{\partial \boldsymbol{x}} = \begin{bmatrix} \dfrac{\partial y}{\partial x_1} \\ \dfrac{\partial y}{\partial x_2} \\ \vdots \\ \dfrac{\partial y}{\partial x_n} \end{bmatrix}$$

로 정의되며, 이 경우 $\boldsymbol{a}$가 n차원 열벡터이고 A가 $n \times n$ 대칭행렬일 때

$$\frac{\partial\left(a^{T}x\right)}{\partial x} = a$$

이 성립하고, 또한

$$\frac{\partial\left(x^{T}A\,x\right)}{\partial x} = 2\,A\,x$$

가 성립한다. 이는 직접 계산을 통해 간단히 확인할 수 있다.

N가지의 기초자산으로 구성된 포트폴리오에서 수익률의 공분산 행렬이 Σ로 주어졌을 때 최소분산 포트폴리오(minimum variance portfolio)는 N가지 주식의 모든 가능한 결합들 중에서 포트폴리오 분산 σ_{Π}^{2}이 최소가 되는 포트폴리오를 의미한다. 아래 정리는 어떤 가중치 벡터가 최소분산 포트폴리오를 구성하는가에 대한 내용이다.

정리|
공분산 행렬이 Σ로 주어졌을 때, 최소분산 포트폴리오를 구성하는 투자비중 벡터 w는 열벡터 $1 = \begin{bmatrix} 1 \\ 1 \\ \vdots \\ 1 \end{bmatrix}$ 에 대하여

$$w^{T} = \frac{1^{T}\Sigma^{-1}}{1^{T}\Sigma^{-1}1}$$

을 만족한다.

증명|
이 증명은 라그랑주 승수에 대한 **정리 6.7**과 벡터미분을 이용한다. 제약조건이 $1^{T}w = 1$이고 목적함수가 $\sigma_{\Pi}^{2} = w^{T}\Sigma w$이므로

$$L\left(w, \lambda\right) = w^{T}\Sigma w - \lambda(1^{T}w - 1)$$

에서

$$\frac{\partial L}{\partial w} = 2\,w^{T}\Sigma - \lambda 1^{T} = 0$$

으로부터

$$w^{T} = \frac{\lambda}{2}\,1^{T}\Sigma^{-1}$$

을 얻는다. 이를 제약조건 $1^{T}w = 1$, 즉 $w^{T}1 = 1$에 대입하면

$$1 = \frac{\lambda}{2}\,1^{T}\Sigma^{-1}1$$

를 얻는다. 즉

$$w^T = \frac{\lambda/2}{\lambda/2} \frac{1^T \Sigma^{-1}}{1^T \Sigma^{-1} 1} = \frac{1^T \Sigma^{-1}}{1^T \Sigma^{-1} 1}$$

이다.

예제

세 종류의 주식으로 구성된 포트폴리오 수익률의 공분산행렬이

$$\Sigma = \begin{bmatrix} 0.03 & -0.04 & 0.02 \\ -0.04 & 0.08 & -0.04 \\ 0.02 & -0.04 & 0.04 \end{bmatrix}$$

일 때 최소분산 포트폴리오를 이루는 투자비중벡터 w를 구하시오.

풀이|

$\Sigma^{-1} = \begin{bmatrix} 100 & 50 & 0 \\ 50 & 50 & 25 \\ 0 & 25 & 50 \end{bmatrix}$ 이므로 위 정리에 의해서

$$w^T = \frac{1^T \Sigma^{-1}}{1^T \Sigma^{-1} 1} = (0.4286 \quad 0.3571 \quad 0.2143) 이다.$$

아래 **6.10**에서는 N가지 주식의 모든 가능한 결합들이 아니라 주어진 기대수익률을 충족하는 특수한 조건 아래에서 최소분산에 대한 내용을 다룬다.

6.10 최소분산의 궤적

N가지의 주식만으로 구성된 포트폴리오에 대하여 주어진 수익률에 대한 최소분산의 궤적을 알아보고자 한다. 앞서 언급했듯이 Σ와 Σ^{-1} 모두 대칭행렬이다.

$\mu = \begin{bmatrix} \mu_1 \\ \mu_2 \\ \vdots \\ \mu_N \end{bmatrix}, 1 = \begin{bmatrix} 1 \\ 1 \\ \vdots \\ 1 \end{bmatrix}$ 이라 할 때 최소분산 포트폴리오는 다음 조건에서 구해진다.

제약조건

$$1^T w = \sum_{k=1}^{N} w_k = 1 과 \mu^T w = \sum_{k=1}^{N} w_k \mu_k = x$$

아래에서, 목적함수

$$\sigma_\Pi^2 = \boldsymbol{w}^T \Sigma \boldsymbol{w} = \sum_{j,k=1}^{N} w_j w_k \sigma_{jk}$$

를 최소화시킨다.

이제 위 조건들을 충족하는 $\boldsymbol{w}$ 를 구하기 위해 **정리 6.7**의 (2)에 따라 아래와 같이 라그랑주 함수를 정의한다.

$$L = \frac{1}{2} \boldsymbol{w}^T \Sigma \boldsymbol{w} - \lambda_1 (\boldsymbol{w}^T \mathbf{1} - 1) - \lambda_2 (\boldsymbol{w}^T \boldsymbol{\mu} - x)$$

위의 라그랑주 함수 L 을 $\boldsymbol{w}$ 에 대하여 벡터 편미분한 후 0으로 두면 다음 식을 얻는다.

$$\frac{\partial L}{\partial \boldsymbol{w}} = \Sigma \boldsymbol{w} - \lambda_1 \mathbf{1} - \lambda_2 \boldsymbol{\mu} = 0$$

즉

$$\Sigma \boldsymbol{w} = \lambda_1 \mathbf{1} + \lambda_2 \boldsymbol{\mu}$$

이다.

Σ 는 수익률의 공분산을 성분으로 갖는 양의 정부호 행렬이므로 역행렬 Σ^{-1} 이 존재한다. 그러므로 위 식의 양변에 Σ^{-1} 을 곱하면 다음과 같이 투자비중 벡터 $\boldsymbol{w}$ 가 구해진다.

$$\boldsymbol{w} = \Sigma^{-1} (\lambda_1 \mathbf{1} + \lambda_2 \boldsymbol{\mu}) = \lambda_1 \Sigma^{-1} \mathbf{1} + \lambda_2 \Sigma^{-1} \boldsymbol{\mu}$$

여기서 λ_1, λ_2 를 구하여 위 식에 대입하면 최소분산포트폴리오를 구성하는 투자비중 벡터 $\boldsymbol{w}$ 가 밝혀지고 이를 통해 우리는 최적포트폴리오를 찾아내게 된다.

이제 열벡터들이 $\mathbf{1}$ 과 $\boldsymbol{\mu}$ 로 이루어진 $n \times 2$ 행렬을 $K = \begin{bmatrix} 1 & \mu_1 \\ 1 & \mu_2 \\ \vdots \\ 1 & \mu_N \end{bmatrix}$ 라 표기하면, 등식

$$\Sigma \boldsymbol{w} = \lambda_1 \mathbf{1} + \lambda_2 \boldsymbol{\mu} = K \begin{bmatrix} \lambda_1 \\ \lambda_2 \end{bmatrix}$$

로부터

$$\boldsymbol{w} = \Sigma^{-1} K \begin{bmatrix} \lambda_1 \\ \lambda_2 \end{bmatrix}$$

로 표시되고, 제약조건

$$1^T w = 1 \text{과 } \mu^T w = x$$

로부터

$$K^T w = \begin{bmatrix} 1 \\ x \end{bmatrix}$$

를 얻고 여기에 $w = \Sigma^{-1} K \begin{bmatrix} \lambda_1 \\ \lambda_2 \end{bmatrix}$ 를 대입하면 다음 식을 얻는다.

$$K^T \Sigma^{-1} K \begin{bmatrix} \lambda_1 \\ \lambda_2 \end{bmatrix} = \begin{bmatrix} 1 \\ x \end{bmatrix}$$

이로부터 λ_1, λ_2 가 아래와 같이 구해진다.

$$\begin{bmatrix} \lambda_1 \\ \lambda_2 \end{bmatrix} = (K^T \Sigma^{-1} K)^{-1} \begin{bmatrix} 1 \\ x \end{bmatrix}$$

이제 위에서 구한 $\begin{bmatrix} \lambda_1 \\ \lambda_2 \end{bmatrix} = (K^T \Sigma^{-1} K)^{-1} \begin{bmatrix} 1 \\ x \end{bmatrix}$ 을 $w = \Sigma^{-1} K \begin{bmatrix} \lambda_1 \\ \lambda_2 \end{bmatrix}$ 에 대입해서 최소분산포트폴리오를 구성하는 투자비중 벡터 w 를 구하면 다음과 같다.

$$w = \Sigma^{-1} K (K^T \Sigma^{-1} K)^{-1} \begin{bmatrix} 1 \\ x \end{bmatrix}$$

위의 투자비중 $w = \Sigma^{-1} K (K^T \Sigma^{-1} K)^{-1} \begin{bmatrix} 1 \\ x \end{bmatrix}$ 를 최적 투자비중이라고 부르고 w^* 로 표기하기로 한다. 이제 최적 투자비중

$$w^* = \Sigma^{-1} K (K^T \Sigma^{-1} K)^{-1} \begin{bmatrix} 1 \\ x \end{bmatrix}$$

을 목적함수

$$\sigma_{\Pi}^2 = w^T \Sigma w$$

에 대입하면 주어진 포트폴리오 기대수익률 x 에 대해서 최소분산 포트폴리오 집합을 구할 수 있다. 또한 x 를 변화시킴으로써 최소분산의 궤적을 구할 수 있고, 이때 최소분산의 궤적은 다음과 같다.

$$\sigma_{\Pi}^2 = (w^*)^T \Sigma w^*$$

$$w^* = \Sigma^{-1} K (K^T \Sigma^{-1} K)^{-1} \begin{bmatrix} 1 \\ x \end{bmatrix} \ (x > 0)$$

6.11 효율적 프론티어

효율적 포트폴리오란 포트폴리오의 분산 σ_{II}^2이 일정할 때 그 기대수익률이 최대이거나, 포트폴리오의 기대수익률이 일정할 때 분산 σ_{II}^2가 최소인 포트폴리오를 말한다. 이러한 효율적 포트폴리오의 궤적을 효율적 프론티어(efficient frontier)라 부른다. 이제 "일정 기대수익률 & 최소분산"인 효율적 프론티어가 어떤 형태를 띠고 있는가를 살펴보겠다.

앞서 **6.10**에서는 주식만으로 구성된 포트폴리오에 대한 최소분산의 궤적은 다음과 같다고 하였다.

$$\sigma_{II}^2 = (w^*)^T \Sigma w^*$$

$$w^* = \Sigma^{-1} K \left(K^T \Sigma^{-1} K\right)^{-1} \begin{bmatrix} 1 \\ x \end{bmatrix} \ (x > 0)$$

즉 σ_{II}^2는 대칭행렬 Σ에 대응하는, w^*에 대한 2차 형식(quadratic form)이므로 x에 대한 2차 함수(포물선)의 형태를 띠고 있음을 알 수 있다.

구체적인 궤적을 계산해보면 다음과 같다. 우선 최적 투자비중

$$w^* = \Sigma^{-1} K \left(K^T \Sigma^{-1} K\right)^{-1} \begin{bmatrix} 1 \\ x \end{bmatrix}$$

를 살펴보자.

2×2 대칭 행렬 $K^T \Sigma^{-1} K$을 직접 계산하면 아래와 같다.

$$K^T \Sigma^{-1} K = \begin{bmatrix} a & b \\ b & c \end{bmatrix}$$

여기서 a, b, c는 다음과 같이 정의되는 실수이다.

$$a = 1^T \Sigma^{-1} 1$$

$$b = \mu^T \Sigma^{-1} 1 = 1^T \Sigma^{-1} \mu$$

$$c = \mu^T \Sigma^{-1} \mu$$

이때 코시 - 슈바르츠 부등식에 의하여 $K^T \Sigma^{-1} K$의 행렬식

$$|K^T \Sigma^{-1} K| = ac - b^2 = d > 0$$

이 성립함을 알 수 있고 이에 따라 역행렬 $\left(K^T \Sigma^{-1} K\right)^{-1}$이 존재하며

$$\left(K^T \Sigma^{-1} K\right)^{-1} = \frac{1}{d} \begin{bmatrix} c & -b \\ -b & a \end{bmatrix} = \left[(K^T \Sigma^{-1} K)^{-1} \right]^T$$

가 성립한다. 한편

$$w^* = \Sigma^{-1} K \left(K^T \Sigma^{-1} K\right)^{-1} \begin{bmatrix} 1 \\ x \end{bmatrix}$$

일 때 공분산행렬 Σ는 대칭행렬이고, 따라서 $\left(\Sigma^{-1}\right)^T = \Sigma^{-1}$이므로

$$(w^*)^T = [1 \ x] \left[\left(K^T \Sigma^{-1} K\right)^{-1}\right]^T K^T \left(\Sigma^{-1}\right)^T$$

$$= [1 \ x] \left(K^T \Sigma^{-1} K\right)^{-1} K^T \Sigma^{-1}$$

을 얻게 되고, 여기서 두 개의 식

$$w^* = \Sigma^{-1} K \left(K^T \Sigma^{-1} K\right)^{-1} \begin{bmatrix} 1 \\ x \end{bmatrix}$$

그리고

$$(w^*)^T = [1 \ x] \left(K^T \Sigma^{-1} K\right)^{-1} K^T \Sigma^{-1}$$

을 포트폴리오의 분산

$$\sigma_\Pi^2 = (w^*)^T \Sigma w^*$$

에 대입하여 계산하면 다음 등식을 얻는다.

$$\sigma_\Pi^2 = (w^*)^T \Sigma w^*$$

$$= [1 \ x] \left(K^T \Sigma^{-1} K\right)^{-1} K^T \Sigma^{-1} \Sigma \Sigma^{-1} K \left(K^T \Sigma^{-1} K\right)^{-1} \begin{bmatrix} 1 \\ x \end{bmatrix}$$

$$= [1 \ x] \left(K^T \Sigma^{-1} K\right)^{-1} K^T \Sigma^{-1} K \left(K^T \Sigma^{-1} K\right)^{-1} \begin{bmatrix} 1 \\ x \end{bmatrix}$$

$$= [1 \ x] \left(K^T \Sigma^{-1} K\right)^{-1} \begin{bmatrix} 1 \\ x \end{bmatrix}$$

$$= \frac{1}{d} [1 \ x] \begin{bmatrix} c & -b \\ -b & a \end{bmatrix} \begin{bmatrix} 1 \\ x \end{bmatrix}$$

$$= \frac{a x^2 - 2bx + c}{d}$$

여기서 $a = 1^T \Sigma^{-1} 1$ 이고 Σ^{-1}는 양정치 행렬이므로 $a > 0$이다.

즉

$$\sigma_\Pi^2 = \frac{a x^2 - 2bx + c}{d} = \frac{a\left(x - \dfrac{b}{a}\right)^2 + c - \dfrac{b^2}{a}}{d}$$

이 되므로

$$x = \frac{b}{a} = \frac{\mathbf{1}^T \Sigma^{-1} \mu}{\mathbf{1}^T \Sigma^{-1} \mathbf{1}}$$

일 때 포트폴리오 분산 σ_Π^2은 최솟값

$$\frac{c - \dfrac{b^2}{a}}{d} = \frac{ac - b^2}{ad} = \frac{d}{ad} = \frac{1}{a} = \frac{1}{\mathbf{1}^T \Sigma^{-1} \mathbf{1}}$$

를 갖는다.

한편 위 식에서 x는 포트폴리오의 수익률 μ_π를 나타내므로 효율적 프론티어 방정식

$$\sigma^2 = \frac{a\mu^2 - 2b\mu + c}{d}$$

는 (σ, μ) 평면에서 쌍곡선을 나타내고 실현 가능한 포트폴리오의 영역

$$D = \left\{ (\mu, \sigma) \mid \sigma \geq \sqrt{\frac{a\mu^2 - 2b\mu + c}{d}} \right\}$$

의 경계이다. 따라서 (σ, μ) 평면에서 1사분면에 위치한 쌍곡선 중에서 꼭짓점 $\left(\dfrac{b}{a}, \dfrac{1}{\sqrt{a}} \right)$의 윗부분이

효율적 프론티어이다. 또한, 방정식

$$\sigma^2 = \frac{a\mu^2 - 2b\mu + c}{d}$$

의 그래프로 표현되는 효율적 프론티어는 (σ, μ) 평면에서 쌍곡선의 일부분으로 나타나고, (σ^2, μ) 평면에서는 포물선으로 표현됨을 알 수 있다.

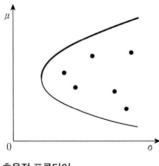

효율적 프론티어

1만 달러를 이용해 A, B, C 세 종류의 무배당 주식으로 포트폴리오를 구성하려고 한다. 이들의 연

간 기대수익률 벡터는 $\boldsymbol{\mu} = \begin{bmatrix} 0.10 \\ 0.15 \\ 0.075 \end{bmatrix}$ 이고, 공분산행렬은 $\Sigma = \begin{bmatrix} 0.03 & -0.04 & 0.02 \\ -0.04 & 0.08 & -0.04 \\ 0.02 & -0.04 & 0.04 \end{bmatrix}$ 일 때 다

음 물음에 답하시오

(1) 최소분산 포트폴리오의 기대수익률과 분산을 구하시오

(2) 포트폴리오의 연간 기대수익률이 18%일 때 투자비중 벡터와 그 경우 포트폴리오 분산을 구하

시오.

(3) 세 주식의 현재 주가가 달러로 $A_0 = 15$, $B_0 = 50$, $C_0 = 30$ 일 때 포트폴리오의 연간 기대수익

률을 18%로 만들기 위해서 1만 달러로 세 주식에 어떻게 투자해야 할지 설명하시오

풀이

(1) $\boldsymbol{\mu} = \begin{bmatrix} 0.10 \\ 0.15 \\ 0.075 \end{bmatrix}$ 이고 $\Sigma^{-1} = \begin{bmatrix} 100 & 50 & 0 \\ 50 & 50 & 25 \\ 0 & 25 & 50 \end{bmatrix}$ 이므로

$$a = \mathbf{1}^T \Sigma^{-1} \mathbf{1} = 350$$

$$b = \boldsymbol{\mu}^T \Sigma^{-1} \mathbf{1} = \mathbf{1}^T \Sigma^{-1} \boldsymbol{\mu} = 39.375$$

$$c = \boldsymbol{\mu}^T \Sigma^{-1} \boldsymbol{\mu} = 4.4688$$

$$d = ac - b^2 = 13.6719$$

이다.

따라서 최소분산 포트폴리오의 기대수익률과 분산은

$$\boldsymbol{\mu}_\Pi = \frac{b}{a} = 0.1125 \text{ 이고 } \sigma_\pi^2 = \frac{1}{350} = 0.00286 \text{ 이다.}$$

(2) $x = 0.18$ 이므로 위에서 구한 a, b, c, d 를 사용해 라그랑주 승수를 구하면

$$\begin{bmatrix} \lambda_1 \\ \lambda_2 \end{bmatrix} = (K^T \Sigma^{-1} K)^{-1} \begin{bmatrix} 1 \\ x \end{bmatrix} = \frac{1}{d} \begin{bmatrix} c & -b \\ -b & a \end{bmatrix} \begin{bmatrix} 1 \\ x \end{bmatrix} = \frac{1}{d} \begin{bmatrix} c - bx \\ ax - b \end{bmatrix} = \begin{bmatrix} -0.191543 \\ 1.728 \end{bmatrix}$$

이다. 따라서 투자비중 벡터는

$$\boldsymbol{w} = \Sigma^{-1} K \begin{bmatrix} \lambda_1 \\ \lambda_2 \end{bmatrix} = \begin{bmatrix} 100 & 50 & 0 \\ 50 & 50 & 25 \\ 0 & 25 & 50 \end{bmatrix} \begin{bmatrix} 1 & 0.10 \\ 1 & 0.15 \\ 1 & 0.075 \end{bmatrix} \begin{bmatrix} -0.191543 \\ 1.728 \end{bmatrix} = \begin{bmatrix} 1.50857 \\ 0.897143 \\ -1.40571 \end{bmatrix}$$

이다. 그리고 포트폴리오 분산은

$$\sigma_\Pi^2 = \boldsymbol{w}^T \Sigma \boldsymbol{w} = 0.1195 \text{이다.}$$

(3) 투자금액 1만 달러, 세 주식의 현재 가격 $A_0 = 15$, $B_0 = 50$, $C_0 = 30$ 그리고 투자비중 $w_1 = 1.50857$, $w_2 = 0.897143$, $w_3 = -1.40571$로부터

$$\text{주식 } A \text{를 } \frac{1.50857 \times 10,000}{15} = 1005.71 \text{주 매입하고}$$

$$\text{주식 } B \text{를 } \frac{0.897143 \times 10,000}{50} = 179.43 \text{주 매입하고}$$

$$\text{주식 } C \text{를 } \frac{1.40571 \times 10,000}{30} = 468.57 \text{주 공매도한다.}$$

∎

6.12 무위험 자산을 포함하는 경우

앞의 절에서는 주식만으로 구성된 포트폴리오에 대한 최소분산 포트폴리오의 궤적을 살펴보았다. 이번 **6.12**에서는 투자자가 무위험 채권 등의 무위험 자산에 $q\,(0 < q < 1)$의 비율만큼 투자하고, N가지 주식으로 구성된 포트폴리오에 $1 - q$의 비율만큼 투자하는 경우를 가정한다. 이를 앞서 **6.8~6.11**에서 다룬 순수 주식 포트폴리오와 구별하기 위하여 편의상 P 포트폴리오라고 부르기로 한다. 무위험 자산의 수익률은 무위험 이자율 r, 변동성은 0이므로 최적화 문제는 아래와 같다.

제약조건

$$q + \boldsymbol{1}^T \boldsymbol{w} = q + \sum_{k=1}^{N} w_k = 1 \text{과 } qr + \boldsymbol{\mu}^T \boldsymbol{w} = qr + \sum_{k=1}^{N} w_k \mu_k = x$$

아래에서 목적함수

$$\sigma_P^2 = \boldsymbol{w}^T \Sigma \boldsymbol{w} = \sum_{j,k=1}^{N} w_j w_k \sigma_{jk}$$

를 최소화시킨다.

위의 제약조건을 하나의 식으로 만들기 위해 q를 소거하면 다음과 같다.

$$\text{제약조건} : \boldsymbol{\mu}^T \boldsymbol{w} + (1 - \boldsymbol{1}^T \boldsymbol{w})r = x$$

$$\text{목적함수} : \sigma_P^2 = \boldsymbol{w}^T \Sigma \boldsymbol{w} = \sum_{j,k=1}^{N} w_j w_k \sigma_{jk}$$

이제 위 식을 풀기 위해 아래와 같은 라그랑주 함수를 정의한다.

$$L = \frac{1}{2} w^T \Sigma w - \lambda \left[\mu^T w + (1 - 1^T w) r - x \right]$$

위 식을 w 에 대하여 벡터 편미분한 후 0으로 두면 다음 식을 얻고

$$\frac{\partial L}{\partial w} = \Sigma w - \lambda (\mu - r1) = 0$$

이로부터

$$w = \lambda \Sigma^{-1} (\mu - r1)$$

을 얻는다. 그리고 제약조건

$$\mu^T w + (1 - 1^T w) r = x$$

으로부터

$$(\mu - r1)^T w = x - r$$

을 얻고 여기에 위에서 구한

$$w = \lambda \Sigma^{-1} (\mu - r1)$$

을 결합하면 다음을 얻는다.

$$\lambda (\mu - r1)^T \Sigma^{-1} (\mu - r1) = x - r$$

이로부터.

$$\lambda = \frac{x - r}{h}$$

임을 알 수 있다. 여기서

$$h = (\mu - r1)^T \Sigma^{-1} (\mu - r1) > 0$$

이다. 이제 $\lambda = \dfrac{x - r}{h}$ 을

$$w = \lambda \Sigma^{-1} (\mu - r1)$$

에 대입하면 최적 투자비중 w^* 가 다음과 같이 얻어진다.

$$w^* = \frac{x - r}{h} \Sigma^{-1} (\mu - r1)$$

이 값을 목적함수

$$\sigma_P^2 = (\boldsymbol{w}^*)^T \Sigma \boldsymbol{w}^*$$

에 대입하여 최소분산 포트폴리오의 궤적을 계산하면 다음과 같다.

$$\sigma_P^2 = (\boldsymbol{w}^*)^T \Sigma \boldsymbol{w}^*$$

$$= \frac{x-r}{h} (\boldsymbol{\mu} - r\mathbf{1})^T \Sigma^{-1} (\boldsymbol{\mu} - r\mathbf{1}) \frac{x-r}{h}$$

$$= \frac{(x-r)^2}{h}$$

포트폴리오의 기대수익률은 무위험 이자율보다 크므로 식

$$\sigma_P^2 = \frac{(x-r)^2}{h}$$

으로부터 아래 결과를 얻는다.

$$\sigma_P = \frac{x-r}{\sqrt{h}}$$

즉 최소분산 포트폴리오의 궤적은 직선 $\sigma_P = \dfrac{\mu_P - r}{\sqrt{h}}$ 또는

$$\mu_P = r + \sigma_P \sqrt{h}$$

즉 (σ, μ) 평면에서 기울기 $\sqrt{h}$ 인 직선

$$\mu = r + \sqrt{h}\, \sigma$$

으로 표시됨을 알 수 있다.

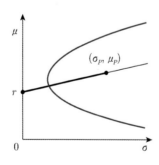

6.13 자본자산가격결정모형

이번 절에서는 **6.12**에서 다룬 무위험 자산을 포함하는 P 포트폴리오에 대한 최적 포트폴리오의 궤적을 이용해서 윌리엄 샤프의 자본자산가격결정모형을 도출한다. 앞 **6.5**에서 포트폴리오의 베타계수에 대해 언급했듯이 P 포트폴리오에 대한 베타계수는

$$\beta_{Pk} = \frac{cov(R_k, R_P)}{\sigma_P^2}$$

으로 정의된다. 이제 e_j를 j번째 열이 1이고 나머지 열은 모두 0인 N차원 벡터라 하자.

이때

$$cov(R_{k,} R_P) = \boldsymbol{w}^T \Sigma \, \boldsymbol{e_k}$$

으로 표시할 수 있는데

$$\beta_{Pk} = \frac{cov(R_k, R_P)}{\sigma_P^2}, \; \text{즉} \; cov(R_{k,} R_P) = \sigma_P^2 \, \beta_{Pk}$$

이고, **6.12**에서 얻어진 최적 투자비중

$$\boldsymbol{w} = \frac{\mu_P - r}{h} \Sigma^{-1} (\boldsymbol{\mu} - r\mathbf{1})$$

으로부터 $\boldsymbol{w}^T = \dfrac{\mu_P - r}{h} (\boldsymbol{\mu} - r\mathbf{1}) \Sigma^{-1}$ 이므로

$$cov(R_{k,} R_P) = \boldsymbol{w}^T \Sigma \, \boldsymbol{e_k}$$

$$= \frac{\mu_P - r}{h} (\boldsymbol{\mu} - r\mathbf{1}) \Sigma^{-1} \Sigma \, \boldsymbol{e_k}$$

$$= \frac{\mu_P - r}{h} (\boldsymbol{\mu} - r\mathbf{1}) \, \boldsymbol{e_k} = \frac{(\mu_P - r)(\mu_k - r)}{h}$$

이 성립하고, 이에 따라

$$\sigma_P^2 \, \beta_{Pk} = \frac{(\mu_P - r)(\mu_k - r)}{h}$$

의 관계식을 갖는다. 이로부터 다음 식을 얻는다.

$$\mu_k - r = \frac{h}{\mu_P - r} \sigma_P^2 \, \beta_{Pk}$$

이제 앞서 **6.12**에서 $\sigma_P^2 = \dfrac{(\mu_P - r)^2}{h}$ 을 위 식에 대입하고 정리하면 다음 식을 얻는다.

$$\mu_k = r + (\mu_P - r)\beta_{Pk}$$

또는

$$E(R_k) = r + \left[E(R_P) - r\right]\beta_{Pk}$$

특히 위의 포트폴리오 P가 시장포트폴리오(**6.14**에 참조) M인 경우

$$\frac{cov(R_k, R_M)}{\sigma_M^2} = \beta_k$$

을 k번째 증권의 베타계수 또는 베타라고 부르고, 이때의 등식

$$E(R_k) = r + \left[E(R_M) - r\right]\beta_k$$

을 자본자산가격결정모형(Capital Asset Pricing Model, CAPM) 또는 증권시장선(security market line)이라 부른다. 이는 윌리엄 샤프(William Sharpe)에 의해서 고안되었으며 재무관리이론에서 핵심 역할을 한다. 베타란 시장 전체의 가격변동이 개별 증권수익률에 미치는 영향을 수치화한 것으로, CAPM에 따르면 모든 증권의 기대수익률은 베타와 비례적 선형관계를 갖고 있다.

6.14 시장포트폴리오와 블랙-숄즈 방정식

무위험 자산을 포함하는 경우의 합리적 포트폴리오 운영 전략은 점 (σ_P, μ_P)로 표시되는 포트폴리오가 무위험 자산을 포함하지 않는 경우의 효율적 프론티어에 위치해야 한다. 무위험 이자율을 r이라 하고, (σ, μ) 평면에서 $(0, r)$에 해당하는 점을 R이라 하자. 이때 무위험 자산을 포함하지 않을 때의 효율적 프론티어에 접하면서 점 R을 지나는 직선이 유일하게 존재한다. 이때의 접점을 $M = (\sigma_M, \mu_M)$이라 하면 R과 M을 지나는 1사분면 위의 직선은 마코위츠의 효율적 프론티어 곡선에 위치하고 그 기울기는

$$\frac{\mu_M - r}{\sigma_M}$$

이다. 방정식

$$\mu = r + \frac{\mu_M - r}{\sigma_M}\sigma$$

으로 나타낼 수 있는 이 직선은 자본시장선(Capital Market Line, CML)이라고 부르고 포트폴리오 M을 시장포트폴리오라고 부른다. 시장포트폴리오는 무위험 자산이 존재하는 경우 마코비츠의 효율적 프론티어 상에 있는 포트폴리오 중 최적의 포트폴리오이고, 투자자들은 무위험 자산과 시장포트폴리오 M의 결합으로 자신들의 포트폴리오를 구성하게 된다. 이를 토빈의 분리이론이라고 한다. 이에 따르면 자본 시장의 균형하에 모든 투자자들이 무위험 자산과 시장포트폴리오에만 투자하게 되므로 시장포트폴리오에 포함되지 않는 자산은 이론적으로 시장에 존재할 수 없게 된다. 즉 시장포트폴리오는 시장에 존재하는 모든 주식을 포함한다.

시장포트폴리오 M에 대해서 $\dfrac{cov(R_k, R_M)}{\sigma_M^2} = \beta_k$을 k번째 증권의 베타계수 또는 체계적 위험이라고 부르고 이 경우 매우 중요한 CAPM 등식

$$E(R_k) = r + \left[E(R_M) - r \right] \beta_k$$

이 성립한다. CAPM에서 베타는 종합주가지수가 움직일 때 해당 개별 주식의 가격이 얼마나 민감하게 변동하는가를 나타내는 지표이다. 예를 들면, 무위험 이자율이 연 5%이고 시장포트폴리오의 기대수익률이 연 10%인 경우 베타값이 1.2인 주식의 기대수익률은 $0.05 + (0.10 - 0.05) \times 1.2 = 0.11$, 따라서 연 11%이다.

한편, 블랙 – 숄즈 옵션가격공식을 처음으로 발견한 1973년 블랙과 숄즈의 공동논문에는 CAPM으로부터 블랙 – 숄즈 방정식을 유도하는 방법도 아래와 같이 함께 소개되어 있다.

특정 무배당 주식의 주가를 S라 하고 해당 주식에 대한 콜옵션의 가격을 c라 하자. 시장포트폴리오 M에 대해서 아주 짧은 dt 기간 동안의 주식과 콜옵션의 수익률에 CAPM 등식을 적용하면 각각

$$E\left(\frac{dS}{S} \right) = r\,dt + \beta_S \left[E(R_M) - r \right] dt$$

$$E\left(\frac{dc}{c} \right) = r\,dt + \beta_c \left[E(R_M) - r \right] dt$$

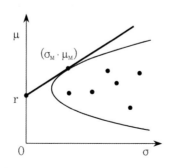

를 얻는다. 이토의 보조정리에 의해서 얻어진 등식

$$dc = \frac{\partial c}{\partial t}\, dt + \frac{\partial c}{\partial S}\, dS + \frac{1}{2}\,\frac{\partial^2 c}{\partial S^2}\,\sigma^2 S^2\, dt$$

의 양변을 $c = c_t$ 로 나누면

$$\frac{dc}{c} = \frac{1}{c}\left(\frac{\partial c}{\partial t} + \frac{1}{2}\,\frac{\partial^2 c}{\partial S^2}\,\sigma^2 S^2\right) dt + \frac{\partial c}{\partial S}\,\frac{S}{c}\,\frac{dS}{S}$$

가 성립하고, 이로부터

$$R_c\, dt = \frac{1}{c}\left(\frac{\partial c}{\partial t} + \frac{1}{2}\,\frac{\partial^2 c}{\partial S^2}\,\sigma^2 S^2\right) dt + \frac{\partial c}{\partial S}\,\frac{S}{c}\, R_S\, dt$$

즉

$$R_c = \frac{1}{c}\left(\frac{\partial c}{\partial t} + \frac{1}{2}\,\frac{\partial^2 c}{\partial S^2}\,\sigma^2 S^2\right) + \frac{\partial c}{\partial S}\,\frac{S}{c}\, R_S$$

을 얻는다. 여기서 $\dfrac{1}{c}\left(\dfrac{\partial c}{\partial t} + \dfrac{1}{2}\,\dfrac{\partial^2 c}{\partial S^2}\,\sigma^2 S^2\right)$ 은 비확률적인 확정변수를 나타내므로

$$cov\left(R_c,\, R_M\right) = \frac{\partial c}{\partial S}\,\frac{S}{c}\, cov\left(R_S,\, R_M\right)$$

이 성립한다. 이는 파생상품의 베타계수와 기초자산의 베타계수를 연결시켜 주는 중요한 등식으로

$$\beta_c = \left(\frac{\partial c}{\partial S}\,\frac{S}{c}\right)\beta_S$$

가 성립함을 의미한다. 여기서 등식 $E\left(\dfrac{dc}{c}\right) = r\, dt + \beta_c\left[E(R_M) - r\right] dt$ 의 양변에 c 를 곱한 후

$\beta_c = \left(\dfrac{\partial c}{\partial S}\,\dfrac{S}{c}\right)\beta_S$ 를 넣으면

$$E(dc) = r\, c\, dt + \frac{\partial c}{\partial S}\, S\, \beta_S\left[E(R_M) - r\right] dt$$

를 얻는다. 이제 $dc = \dfrac{\partial c}{\partial t}\, dt + \dfrac{\partial c}{\partial S}\, dS + \dfrac{1}{2}\,\dfrac{\partial^2 c}{\partial S^2}\,\sigma^2 S^2\, dt$ 의 양변에 기댓값을 취하고 등식

$$E(dS) = r\, S\, dt + \beta_S\left[E(R_M) - r\right] dt$$

를 이용하면 다음 식이 성립한다.

$$E(dc) = \frac{\partial c}{\partial S}dt + \frac{\partial c}{\partial S}\left(rS\,dt + S\,\beta_S\left[E(R_M) - r\right]dt\right) + \frac{1}{2}\sigma^2 S^2 \frac{\partial^2 c}{\partial S^2}\,dt$$

이제 두 가지 방법으로 표현한 $E(dc)$를 같게 놓으면 블랙 – 숄즈 방정식

$$rc = \frac{\partial c}{\partial t} + rS\frac{\partial c}{\partial S} + \frac{1}{2}\sigma^2 S^2 \frac{\partial^2 c}{\partial S^2}$$

를 얻게 된다.

6.15 포트폴리오의 베타

CAPM은 개별 자산뿐 아니라 포트폴리오에 대해서도 동일하게 적용된다. 비중이 $w_1, w_2, \cdots, w_n$인 n 개의 증권으로 이루어진 포트폴리오의 베타를

$$\beta_\pi = \frac{cov(R_\pi, R_M)}{\sigma_M^2}$$

라 정의하면

$$\beta_\pi = \sum_{k=1}^{n} w_k \beta_k$$

가 성립하고, 해당 포트폴리오의 수익률을 R_π라 하면

$$E(R_\pi) = r + \left[E(R_M) - r\right]\beta_\pi$$

가 성립함을 쉽게 보일 수 있다. 이를 해석하자면 포트폴리오의 베타는 무위험 이자율을 초과하는 포트폴리오 수익률을 시장초과수익률에 대해 회귀분석한 회귀직선의 기울기이다. $\beta_\Pi = 1$일 때 그 포트폴리오의 기대수익률은 시장수익률과 동일하고, $\beta_\Pi = 2$일 때 해당 포트폴리오의 초과수익률은 시장 초과수익률의 2배임을 의미한다. 예를 들면, 코스피 200의 종목들로 구성된 포트폴리오의 베타가 0.5인 경우를 살펴보자. 코스피 200 지수의 기대수익률이 연 12%이고 무위험 이자율이 연 5%라고 할 때 해당 포트폴리오의 기대수익률은

$$0.05 + 0.5 \times (0.12 - 0.05) = 0.085,\ \text{즉 연 8.5\%이다.}$$

이에 따라 상대적인 초과수익 달성이나 리스크의 축소를 원한다면 포트폴리오의 베타를 조정하는 방법을 고려할 수 있다. 즉 시장의 전반적 상승이 기대된다면 초과수익 달성을 위해 포트폴리오의 베타를 높게 조정하고, 시장의 하락이 우려된다면 손실의 제한을 위해 베타를 낮게 조정해서 포트폴리오의 위험 및 수익구조를 관리하는 전략을 사용할 수 있다.

또한 주가지수 선물을 이용하여 주식 포트폴리오를 헤지(hedge)하는 데 포트폴리오의 베타가 이용된다. 베타가 2.0인 포트폴리오는 베타가 1.0인 포트폴리오보다 시장변동에 대해서 2배의 민감도를 갖기 때문에 포트폴리오를 헤지하기 위해서는 두 배의 선물계약이 필요하다. 아래의 구체적인 예를 통해서 이를 살펴보자.

어느 기업이 S&P 500 지수의 종목으로 구성된 3천만 달러의 주식 포트폴리오를 소유하고 있는데, 그 기업은 S&P 500 지수선물을 이용하여 포트폴리오 위험을 헤지하려고 한다. S&P 500 지수 선물은 현재 4,500이며 거래단위는 지수선물가격 곱하기 250달러이다.

이 경우 $\dfrac{39,400,000}{4,500 \times 250} = 35.02$이므로 그 기업이 보유한 포트폴리오의 베타가 1이라면 기업은 단순히 S&P 500 지수 선물 35계약을 매도함으로써 포트폴리오 위험을 헤지할 수 있다. 그런데 만일 기업이 보유한 포트폴리오의 베타가 1.3이라면 $1.3 \times \dfrac{39,400,000}{4,500 \times 250} = 45.528$이므로 포트폴리오 위험을 헤지하기 위해서 기업은 S&P 500 지수선물 46계약을 매도해야 한다.

6.16 단일지수모형

6.14에서 정의한 시장포트폴리오는 이론적으로 시장에 존재하는 모든 주식으로 구성되어 있으므로 시장포트폴리오의 수익률은 종합주가지수의 수익률이라고 할 수 있고, 종합주가지수의 상승 또는 하락은 시장의 개별 증권에게 공통적인 영향을 주게 된다. 샤프의 단일지수모형(single-index model)은 개별 증권의 수익률에 영향을 줄 수 있는 여러 가지의 경제적 요인들 중 주가지수의 수익률 단 1개만을 고려하여 선형관계를 표시한 것이다.

주어진 시장포트폴리오 수익률 R_M 아래에서 개별 증권의 수익률 R_k의 조건부 기댓값 $E(R_k \mid r_M)$과 이를 통한 조건부 기대 확률변수 $E(R_k \mid R_M)$을 구하고자 한다.

R_k와 R_M의 상관계수를 ρ_{kM}이라 하면 **정리 2.24**에 의해 $R_k - \mu_k$와 $R_M - \mu_M$의 상관계수 역시 ρ_{kM}이다. $X = R_M - \mu_M,\ Y = R_k - \mu_k$라 놓으면 브라운 운동의 성질에 의해 $X,\ Y$는 이변량 정규분포를 따르고 2장의 **2.31**에 의해

$$E(Y \mid X = x) = \rho_{kM} \frac{\sigma_k}{\sigma_M}\, x$$

가 성립하므로

$$E(R_k \mid R_M = r_M) = E\left[\mu_k + Y \mid X = r_M - \mu_M\right] = \mu_k + E\left[Y \mid X = r_M - \mu_M\right]$$

을 얻고, 따라서

$$E\left(R_k \mid r_M\right) = \mu_k + \rho_{kM}\frac{\sigma_k}{\sigma_M}\left(r_M - \mu_M\right)$$

이 성립한다. 여기서

$$\rho_{kM}\frac{\sigma_k}{\sigma_M} = \frac{\sigma_{kM}}{\sigma_k \sigma_M}\frac{\sigma_k}{\sigma_M} = \frac{\sigma_{kM}}{\sigma_M^2} = \beta_k$$

이므로 확률변수 $E\left(R_k \mid R_M\right)$는 다음과 같이 나타낼 수 있다.

$$E\left(R_k \mid R_M\right) = \mu_k + \rho_{kM}\frac{\sigma_k}{\sigma_M}\left(R_M - \mu_M\right)$$
$$= E\left(R_k\right) + \beta_k\left[R_M - E\left(R_M\right)\right]$$
$$= E\left(R_k\right) - \beta_k E\left(R_M\right) + \beta_k R_M$$

따라서 상수 α_k를 $\alpha_k = E\left(R_k\right) - \beta_k E\left(R_M\right)$라 정의하면 다음이 성립한다.

$$E\left(R_k \mid R_M\right) = \alpha_k + \beta_k R_M$$

이제 실제 수익률 R_k와 $E\left(R_k \mid R_M\right)$의 오차 ϵ_k를

$$\epsilon_k = R_k - E\left(R_k \mid R_M\right) = R_k - \alpha_k - \beta_k R_M$$

이라 정의하면

$$E\left(\epsilon_k\right) = E\left(\epsilon_k \mid R_M\right) = 0$$

이고, 다음 식을 얻는다.

$$R_k = \alpha_k + \beta_k R_M + \epsilon_k$$

여기서 오차 ϵ_k와 시장포트폴리오 수익률 R_M의 공분산은 아래와 같이 0이 됨을 쉽게 보일 수 있다.

$$cov\left(\epsilon_k, R_M\right) = cov\left(R_k - \alpha_k - \beta_k R_M, R_M\right)$$
$$= cov\left(R_k, R_M\right) - \beta_k Var\left(R_M\right)$$
$$= \sigma_{kM} - \frac{\sigma_{kM}}{\sigma_M^2}\sigma_M^2 = 0$$

샤프의 단일지수모형에서는 위에서 보인 것과 같이 각 k에 대하여

$$R_k = \alpha_k + \beta_k R_M + \epsilon_k$$

라 놓을 수 있고, 이때 오차항 $\epsilon_1, \epsilon_2, \cdots, \epsilon_N$은 정규분포를 따르며, 시장포트폴리오 수익률 R_M과의 상관계수가 0이다. 이와 더불어 오차항 $\epsilon_1, \epsilon_2, \cdots, \epsilon_N$은 서로 독립이라고 가정한다. 이에 따라 모든 주식의 수익률에 공통적으로 영향을 미치는 요인은 시장수익률밖에 없게 된다. 따라서 다음 결과를 얻는다.

(1) $E(R_k) = \alpha_k + \beta_k E(R_M)$

(2) $Var(R_k) = \beta_k^2 Var(R_M) + Var(\epsilon_k)$

(3) $cov(R_j, R_k) = \beta_j \beta_k Var(R_M)$

위의 식 (1), (2), (3)에서 $R_k = \alpha_k + \beta_k R_M + \epsilon_k$와 $E(\epsilon_k) = 0$으로부터 (1)과 (2)는 자명하다. (3)을 보이기 위하여 $cov(R_j, R_k)$를 직접 계산하면 다음과 같다.

$$
\begin{aligned}
cov(R_j, R_k) &= cov(\alpha_j + \beta_j R_M + \epsilon_j, \ \alpha_k + \beta_k R_M + \epsilon_k) \\
&= cov(\beta_j R_M + \epsilon_j, \ \beta_k R_M + \epsilon_k) \\
&= \beta_j \beta_k Var(R_M) + \beta_k cov(\epsilon_j, R_M) + \beta_j cov(R_M, \epsilon_j) + cov(\epsilon_j, \epsilon_k)
\end{aligned}
$$

한편

$$
cov(\epsilon_j, R_M) = cov(R_M, \epsilon_k) = 0
$$

이 성립함을 위에서 보였고 또한 ϵ_j와 ϵ_k가 독립이라는 가정으로부터 $cov(\epsilon_j, \epsilon_k) = 0$이므로

$$
cov(R_j, R_k) = \beta_j \beta_k Var(R_M)
$$

이 되어 (3)이 증명된다.

위 식의 (2)에서 $\beta_k^2 Var(R_M)$는 모든 증권에 공통적으로 영향을 미치는 요인과 관련된 위험이므로 체계적 위험이라고 불리고, $Var(\epsilon_k)$는 개별 주식 특유의 속성으로 인한 위험으로 비체계적 위험이라고 불린다. (3)에서 수익률의 공분산은 개별 증권의 베타계수와 시장수익률의 분산만으로 구할 수 있다. 따라서 마코위츠의 분산 – 공분산 모형보다 훨씬 적은 양의 정보만으로도 최적 포트폴리오를 구할 수 있다.

이제 N가지의 주식으로 구성된 포트폴리오를 생각하자. 이를 포트폴리오 Π라 부르기로 하고, $\boldsymbol{w}^{T} = (w_1 \ w_2 \ \cdots \ w_N)$를 투자비중 벡터라 하자. 위의 단일지수모형의 식

$$
R_k = \alpha_k + \beta_k R_M + \epsilon_k
$$

을 포트폴리오의 수익률 $R_\Pi = \displaystyle\sum_{k=1}^{N} w_k R_k$에 대입하고,

$$\alpha_\Pi = \sum_{k=1}^{N} w_k \alpha_k, \ \ \beta_\Pi = \sum_{k=1}^{N} w_k \beta_k, \ \ \epsilon_\Pi = \sum_{k=1}^{N} w_k \epsilon_k$$

라 놓으면 다음을 얻는다.

$$R_\Pi = \sum_{k=1}^{N} w_k \alpha_k + \sum_{k=1}^{N} w_k \beta_k R_M + \sum_{k=1}^{N} w_k \epsilon_k$$

$$= \alpha_\Pi + \beta_\Pi R_M + \epsilon_\Pi$$

따라서 포트폴리오 분산 σ_Π^2는 다음과 같이 표시될 수 있다.

$$\sigma_\Pi^2 = Var(R_\Pi) = \beta_\Pi^2 \, Var(R_M) + Var(\epsilon_\Pi)$$

여기서 $\beta_\Pi^2 \, Var(R_M)$는 포트폴리오의 체계적 위험 그리고 $Var(\epsilon_\Pi)$는 비체계적 위험이라고 불리는데, 오차항 $\epsilon_1, \epsilon_2, \cdots, \epsilon_N$이 서로 독립이므로

$$Var(\epsilon_\Pi) = \sum_{k=1}^{N} w_k^2 \, Var(\epsilon_k)$$

이고 포트폴리오에 속한 증권의 가지 수 N이 크고 투자 비중이 분산되었을 경우 $Var(\epsilon_\Pi) = \sum_{k=1}^{N} w_k^2 \, Var(\epsilon_k)$는 0에 가까운 값을 갖게 된다. 따라서 투자자는 분산투자를 통해 비체계적 위험 $Var(\epsilon_\Pi)$를 0에 가깝도록 제거할 수 있다.

3. 변동성과 상관성의 추정

블랙 - 숄즈 공식과 위에서 설명한 델타 노멀(delta normal) VaR에서는 개별 주식의 변동성은 상수라고 가정했다. 변동성이 상수라는 것은 수익률의 분산과 상관계수가 미래에도 과거와 같이 그대로 유지된다고 가정하는 것이기 때문에 변화하는 시장 환경을 정확히 반영하지 못할 수 있고, 특히 위험관리 측면에서 더욱 정교한 모형을 필요로 하는 경우가 많다. 또한 블랙 - 숄즈 공식으로부터 내재변동성을 구해서 옵션의 내재변동성을 행사가격의 함수로 표현하면 상수가 아닌 이른바 변동성 미소(volatility smile)가 관찰됨으로써 상수 변동성 모형을 현실에 보다 적합하게 향상시키는 것이 요구되기도 한다. VaR를 구할 때 미래의 매우 짧은 기간의 포트폴리오 가치 변화량을 평가하므로, 현재 기준에서 미래 짧은 기간 동안의 변동성과 상관계수를 어떻게 추정할 것인가가 중요하다. 내재변동성은 미래의 변동성의 변화

에 대해서 별다른 정보를 줄 수 없고 내재 상관계수는 시장에서 찾아내기 매우 힘들기 때문에, 실제 변동성과 상관계수를 추정하려면 역사적 자료를 사용하는 방식을 택할 수밖에 없다. 그중에서 가장 간단하면서 널리 사용되는 방법은 일정기간을 설정하여 변동성을 추정하는 이동평균 모형이다.

6.17 이동평균 모형

VaR를 계산할 때 대부분 1일 또는 매우 짧은 기간 동안에 발생할 수 있는 포트폴리오의 손실을 평가하게 되므로 현재 기준에서 1일 단위의 수익률 분산과 상관성을 어떻게 추정할 것인지에 초점을 맞춘다. 주식의 수익률 등 대부분의 금융변수들은 시간 구간별로 다양한 분산을 갖는다. 이러한 특성을 이분산성(heteroskedasticity)이라고 한다. 특히 한 기간에 주가의 변동성이 커지면 큰 상태로 어느 정도 지속되는 변동성 집중현상이 빈번이 관찰되므로, 변동성의 추정은 현재의 시장 상황을 가장 잘 반영하는 시점이 기준이 되는 조건부 분산을 사용하는 것이 일반적이다. 이동평균 모형에서는 현재 시점을 기준으로 최근 20거래일(약 1개월), 60거래일(약 3개월)과 같이 일정한 기간을 설정하여 변동성을 추정한다.

u_k는 $k-1$번째 날(줄여서 $k-1$일이라고 하자)과 k번째 날(k일) 사이 주식의 수익률로 다음과 같이 정의된다고 하자.

$$u_k = \frac{\Delta S_k}{S_{k-1}} = \frac{S_k - S_{k-1}}{S_{k-1}}$$

$\sigma_{(n)}$을 $n-1$일 폐장 후에 추정한 n일(즉, 다음 날)의 변동성이라고 하자. I_{n-1}을 과거부터 $n-1$일 말까지 모든 정보들의 집합이라고 할 때, $\sigma_{(n)}$은 정보 집합 I_{n-1} 아래에서 n일의 수익률 u_n의 (조건부) 표준편차가 된다. (4장의 **4.2** 참조)

이동평균 모형에서는 최근 m일 동안의 관찰치를 사용해서 변동성을 추정하는 방식을 사용하는데 매일, 하루 전 거래일의 수익률 자료를 추가하고, 가장 오래된 거래일의 자료를 삭제하여 추정치를 새로 계산한다. 이때 u_k의 표본 표준편차가 변동성의 추정치가 되므로, 다음 식

$$\sigma_{(n)}^2 = \frac{1}{m-1} \sum_{k=1}^{m} \left(u_{n-k} - \overline{u} \right)^2$$

을 사용하는 것이 가장 용이한 방법이다. 앞서 **6.2**에서 VaR를 구할 때 설명한 것처럼 기대수익률을 무시하는 것이 변동성 추정에 큰 차이를 가져오지 않으므로, 일반적으로 1일 기대 수익률은 0이라 가정하여 $\overline{u} = 0$이라고 놓는다. 또한 우리는 변동성의 최우추정량(maximum likelihood estimator, **2.34** 참조)을 원하므로, **2.35**에서 언급한 불편추정량의 분모 $m-1$을 최우추정량의 분모 m으로 대체한다. 결과적으로 $\sigma_{(n)}$은 다음과 같이 훨씬 간편한 식이 된다. 이를 단순 **이동평균 모형**이라고 부른다.

$$\sigma_{(n)}^2 = \frac{1}{m} \sum_{k=1}^{m} u_{n-k}^2$$

위 내용을 정리하면, 증권의 수익률은 정규분포를 따른다고 가정했으므로 단순 이동평균 모형에서는 $n-1$일 말까지 얻어진 정보 아래에서 u_n의 조건부 확률분포 $u_n | I_{n-1}$는 모든 자연수 n에 대하여 평균 0 분산 $\sigma_{(n)}^2$의 정규분포

$$u_n | I_{n-1} \sim N(0, \sigma_{(n)}^2)$$

를 따르며, 최근 m 거래일 동안의 관찰치를 사용했을 때 내일(n일)의 변동성 추정치 $\sigma_{(n)}$는 다음과 같다.

$$\sigma_{(n)} = \left(\frac{1}{m} \sum_{k=1}^{m} u_{n-k}^2 \right)^{1/2}$$

변동성의 추정치를 구하는 것과 마찬가지로 두 가지 증권의 가격 X와 Y의 수익률의 공분산 추정치도 동일한 방식으로 구할 수 있다.

$$v_k = \frac{X_k - X_{k-1}}{X_{k-1}}, \, w_k = \frac{Y_k - Y_{k-1}}{Y_{k-1}}$$

를 $k-1$일과 k일 사이의 각 증권의 수익률이라 하면 단순 이동평균 모형을 사용하는 경우 최근 m 거래일 동안의 관찰치를 사용했을 때 내일의 X와 Y의 수익률의 공분산 추정치 $cov_{(n)}$은 다음과 같은 간편한 식이 된다.

$$cov_{(n)} = \frac{1}{m} \sum_{k=1}^{m} v_{n-k} w_{n-k}$$

단순 이동평균 모형을 사용한 추정치에서는 모든 자료들이 동일한 가중치 $1/m$을 부여받는데 동일 가중치는 최근의 자료가 오래된 자료와 동일한 비중을 갖는다는 것을 뜻하므로 이는 단순 이동평균 모형의 결점이 된다.

변동성과 상관계수 추정에서 현실적으로 수익률에 대한 최근의 자료가 과거의 자료보다 중요한 것은 분명한 사실이므로 이동평균 모형을 사용하는 추정방식을 택하는 경우라 하더라도 최근의 자료일수록 더 큰 가중치를 부여하는 경우가 많다. 즉 단순 이동평균 모형과 다르게 적당한

$$a_1 > a_2 > \cdots > a_m > 0, \,\, \sum_{k=1}^{m} a_k = 1$$

에 대하여 변동성 추정치 $\sigma_{(n)}$을 다음과 같이 표현하는 가중 이동평균 모형을 생각할 수 있다.

$$\sigma_{(n)}^2 = \sum_{k=1}^{m} a_k u_{n-k}^2$$

지수가중 이동평균 모형(Exponentially Weighted Moving Average, EWMA)은 시간이 과거로 갈수록 가중치가 지수적으로 감소하는 모형이다. 즉, 적당한 상수 $0 < \lambda < 1$에 대해서 m 거래일의 자료를 사용한 EWMA에서는 가중치 a_k는 다음과 같이 표현되고

$$a_k = \frac{\lambda^{k-1}}{1 + \lambda + \lambda^2 + \cdots + \lambda^{m-1}}$$

따라서 EWMA를 사용한 변동성의 추정치 $\sigma_{(n)}$은 다음과 같다.

$$\sigma_{(n)}^2 = \frac{u_{n-1}^2 + \lambda u_{n-2}^2 + \lambda^2 u_{n-3}^2 + \cdots + \lambda^{m-1} u_{n-m}^2}{1 + \lambda + \lambda^2 + \cdots + \lambda^{m-1}}$$

한편 $m \to \infty$ 일 때 $a_k \to (1-\lambda)\lambda^{k-1}$ 이므로, 위 식에서 $m \to \infty$ 일 때 다음이 성립한다.

$$\sigma_{(n)}^2 = (1-\lambda) \sum_{k=1}^{\infty} \lambda^{k-1} u_{n-k}^2$$

6.18 리스크메트릭스 모형

리스크메트릭스(RiskMetrics)는 과거 J. P. Morgan 사가 사용하던 위험관리용 프로그램으로, 일자별로 변동성과 수익률의 공분산 추정치를 업데이트하는 방식을 사용하는 모형이다. 고정된 상수 $0 < \lambda < 1$가 있어, 새로 업데이트된 변동성 추정치 $\sigma_{(n)}$는 그 전날의 추정치 $\sigma_{(n-1)}$과 하루 사이에 새로 얻어진 수익률 u_{n-1}로부터 다음과 같이 얻어진다.

$$\sigma_{(n)}^2 = \lambda \sigma_{(n-1)}^2 + (1-\lambda) u_{n-1}^2$$

마찬가지로 공분산의 추정치 $cov_{(n)}$은 아래와 같이 얻어진다.

$$cov_{(n)} = \lambda \, cov_{(n-1)} + (1-\lambda) v_{n-1} w_{n-1}$$

리스크메트릭스 모형은 본질적으로 EWMA 모형의 일종인데, 이를 살펴보기 위해서

$$\sigma_{(n-1)}^2 = \lambda \sigma_{(n-2)}^2 + (1-\lambda) u_{n-2}^2$$

를 위의 $\sigma_{(n)}^2$ 식에 대입해서 정리하면 다음과 같다.

$$\sigma_{(n)}^2 = \lambda \left[\lambda \sigma_{(n-2)}^2 + (1-\lambda) u_{n-2}^2 \right] + (1-\lambda) u_{n-1}^2$$
$$= (1-\lambda)(u_{n-1}^2 + \lambda u_{n-2}^2) + \lambda^2 \sigma_{(n-2)}^2$$

이와 같은 대입을 반복하면 다음과 같은 식을 얻게 된다.

$$\sigma_{(n)}^2 = (1 - \lambda) \sum_{k=1}^{m} \lambda^{k-1} u_{n-k}^2 + \lambda^m \sigma_{(n-m)}^2$$

이때 $m \to \infty$ 의 극한을 취하면

$$\sigma_{(n)}^2 = (1 - \lambda) \sum_{k=1}^{\infty} \lambda^{k-1} u_{n-k}^2$$

이 되어 앞서 **6.17**의 EWMA 모형에서 $m \to \infty$ 의 극한을 취했을 때의 식과 같게 된다. 이는 리스크메트릭스 모형이 추정할 모수의 개수를 적게 만들어 일반 EWMA 모형과 비교할 때 간결함을 특징으로 하는 동시에, EWMA 모형보다 더 많은 과거의 자료를 반영할 수 있게 해줌을 뜻한다.

하나의 증권에 대해 리스크메트릭스 모형의 유일한 계수는 λ 이고 이론적으로 최우추정법에 의해서 각각의 증권에 대해서 고유한 λ 를 구할 수 있다. 하지만 모든 종류의 증권의 수익률과 공분산에 대하여 각각 상이한 λ 를 구하는 것은 지나치게 부담스러운 작업이므로 리스크메트릭스 모형에서는 모든 자료에 대해 동일한 λ 를 사용하였다. 실제로 일별 자료에 대해서 J. P. Morgan 사는 여러 실험을 거친 끝에 최적화된 $\lambda = 0.94$ 를 일률적으로 사용하였다. 리스크메트릭스는 단순하고 명료한 장점이 있으나, 다음 **6.19~6.20**에서 소개하는 조건부 이분산 모형에 비교해볼 때 성공적인 모형이라고 평가받지 못하고 있다.

6.19 ARCH 모형

I_{n-1} 을 과거부터 $n-1$ 일 말까지 모든 정보들의 집합이라고 할 때, 앞서 이동평균 모형에서는 자연수 n 에 대하여 n 일(n 번째 날) 수익률 u_n 의 조건부 확률분포 $u_n \,|\, I_{n-1}$ 는

$$u_n \,|\, I_{n-1} \sim N(0, \sigma_{(n)}^2)$$

을 만족한다고 가정하였다. 이는 해당 증권의 하루 동안의 수익률을 R 이라 놓으면, R 의 추정 분산 $\sigma_{(n)}^2$ 를 정보 집합 I_{n-1} 아래에서의 조건부 분산 $Var(R \,|\, I_{n-1}) = Var_{n-1}(R)$ 과 동일시하는 것으로 볼 수 있다. 한편 과거 정보에 근거한 R 의 조건부 분산 $Var_{n-1}(R)$ 은 시간에 따라 변하지만 증권의 일일 수익률이라는 확률변수 R 의(무조건부, unconditional) 분산 $Var(R) = \sigma^2$ 이 존재한다고 여기는 것 또한 자연스러운 발상이다. 이 경우 모든 n 에 대하여 u_n 의 무조건부 분포는

$$u_n \sim N(0, \sigma^2)$$

이고, $\sigma^2_{(n)}$ 의 무조건부 기댓값 $E\left(\sigma^2_{(n)}\right)$ 은 아래와 같이 구할 수 있다.

우선 u^2_n 의 조건부 기댓값 $E_{n-1}(u^2_n) = E\left(u^2_n \mid I_{n-1}\right)$ 을 살펴보면,

$$E_{n-1}(u^2_n) = \left[E_{n-1}(u_n)\right]^2 + Var_{n-1}(u_n) = 0 + \sigma^2_{(n)}$$

이므로

$$\sigma^2_{(n)} = E_{n-1}(u^2_n)$$

이 성립하고 양변에 무조건부 기댓값을 취하면 $E\left(\sigma^2_{(n)}\right) = E\left[E_{n-1}(u^2_n)\right]$ 이며, 4장의 **4.2**에서 설명한 반복 기댓값의 법칙에 따르면

$$E\left[E_{n-1}(u^2_n)\right] = E(u^2_n)$$

이 성립하므로 $E(u^2_n) = \left[E(u_n)\right]^2 + Var(u_n) = \sigma^2$ 이다. 이로부터 $\sigma^2_{(n)}$ 의 무조건부 기댓값은 모든 n 에 대하여

$$E\left(\sigma^2_{(n)}\right) = \sigma^2$$

임을 알 수 있다.

앞 절의 이동평균 모형에서 설명한 것처럼 보다 정확한 추정을 위하여 가까운 현재의 자료에 더 많은 가중치를 부여하는 것이 합리적이므로 근래의 자료일수록 더 큰 가중치를 부여하는 동시에 수익률의 무조건부 분산이 존재함을 감안해서 여기에 일정한 가중치를 부여하면 다음과 같은 모형이 만들어진다.

$$\sigma^2_{(n)} = \omega + \sum_{k=1}^{m} a_k u^2_{n-k}$$

여기서

$$a_1 > a_2 > \cdots > a_m > 0, \ \sum_{k=1}^{m} a_k < 1, \ \omega > 0$$

이다. 이제 식 $\sigma^2_{(n)} = \omega + \sum_{k=1}^{m} a_k u^2_{n-k}$ 의 양변에 무조건부 기댓값을 취하면

$$E\left(\sigma^2_{(n)}\right) = \omega + \sum_{k=1}^{m} a_k E\left(u^2_{n-k}\right)$$

이 성립하고, 여기에

$$E\left(\sigma^2_{(n)}\right) = E\left(u^2_{n-k}\right) = \sigma^2$$

을 대입하면 다음과 같이 u_n의 무조건부 분산, 즉 장기평균분산 σ^2이 구해진다.

$$\sigma^2 = \frac{\omega}{1 - \displaystyle\sum_{k=1}^{m} a_k}$$

마찬가지로 공분산의 추정치 $cov_{(n)}$은 아래와 같이 얻어진다.

$$cov_{(n)} = \omega + \sum_{k=1}^{m} a_k v_{n-k} w_{n-k}$$

$$a_1 > a_2 > \cdots > a_m > 0\,, \quad \sum_{k=1}^{m} a_k < 1$$

이때 두 증권 수익률의 무조건부 공분산은 다음과 같다.

$$\frac{\omega}{1 - \displaystyle\sum_{k=1}^{m} a_k}$$

위와 같이 수익률의 조건부 분산과 무조건부 분산을 모두 고려하면서 m개의 과거 수익률 데이터를 사용하는 모형을 ARCH(m) 모형이라고 한다. ARCH(autoregressive conditional heteroskedasticity) 모형을 최초로 제시한 엥글(Engle)은 2003년 노벨 경제학상을 수상했다.

6.20 GARCH 모형

EWMA 모형에서의 수익률의 분산에 대한 추정치

$$\sigma_{(n)}^2 = \frac{u_{n-1}^2 + \lambda u_{n-2}^2 + \lambda^2 u_{n-3}^2 + \cdots + \lambda^{m-1} u_{n-m}^2}{1 + \lambda + \lambda^2 + \cdots + \lambda^{m-1}}$$

은 리스크메트릭스 모형의 추정식

$$\sigma_{(n)}^2 = \lambda \sigma_{(n-1)}^2 + (1 - \lambda) u_{n-1}^2$$

으로 간편하게 향상될 수 있음을 앞에서 살펴보았다. 그와 유사하게, 무조건부 분산과 m일 동안의 수익률 자료를 사용하는 ARCH(m) 모형은 대체로 보다 유용하고 간략한 GARCH(1,1)으로 향상될 수 있다. GARCH(generalized autoregressive conditional heteroskedasticity)는 1986년에 볼레슬레브(Bollerslev)에 의해 제시되었다. GARCH(1,1) 모형은 리스크메트릭스 모형에 수익률의 무조건부 분산을 포함한 항을 더한 모습을 하고 있는데, GARCH(1,1) 모형에서는 $\sigma_{(n)}$이 $\sigma_{(n-1)}$과 u_{n-1} 그리고 수익률의 무조건부 분산 σ^2에 의해서 계산된다. 일별로 변동성을 갱신하기 위한 GARCH (1,1) 모형은 다음과 같다.

$$\sigma^2_{(n)} = \omega + a\,u^2_{n-1} + b\,\sigma^2_{(n-1)}$$

여기서 $\omega > 0$, $a, b > 0$이고 모형이 안정적이기 위해서는 $a + b < 1$이어야 한다.

이 경우 ω, a, b가 결정되면 일일 수익률의 무조건부 분산 σ^2은 위 식의 양변에 무조건부 기댓값을 취하고

$$E\left(\sigma^2_{(n)}\right) = E\left(u^2_{n-1}\right) = E\left(\sigma^2_{(n-1)}\right) = \sigma^2$$

을 이용한 후 정리하면

$$\sigma^2 = \frac{\omega}{1-a-b}$$

로 계산된다. 한편 GARCH (1,1) 모형 $\sigma^2_{(n)} = \omega + a\,u^2_{n-1} + b\,\sigma^2_{(n-1)}$에

$$\sigma^2_{(n-1)} = \omega + a\,u^2_{n-2} + b\,\sigma^2_{(n-2)}$$

를 대입해서 정리하고 다시 $\sigma^2_{(n-2)} = \omega + a\,u^2_{n-3} + b\,\sigma^2_{(n-3)}$을 대입 정리하는 작업을 무한 반복해서 위의 GARCH (1,1) 모형을 ARCH 형태로 표시하면

$$\sigma^2_{(n)} = \frac{\omega}{1-a-b} + b\sum_{k=1}^{m} a^{k-1}\,u^2_{n-k}$$

과 같은 ARCH(∞) 모형이 되는데, 이로부터 GARCH (1,1) 모형은 ARCH(m)보다 간략하지만 실제 더 많은 데이터를 암묵적으로 포괄하는 유리함을 갖고 있음이 확인된다. 또한 리스크메트릭스 모형은 GARCH(1,1) 모형의 특수한 형태로서 $\omega = 0$, $a = 1 - \lambda$, $b = \lambda$인 경우에 해당한다. 또한, 공분산에 대한 GARCH (1,1) 모형은 수익률 변동성의 경우와 마찬가지로 다음과 같다.

$$cov_{(n)} = \omega + a\,v_{n-1}\,w_{n-1} + b\,cov_{(n-1)}$$

이때 두 증권 수익률의 무조건부 공분산은

$$\frac{\omega}{1-a-b}$$

이다.

GARCH (1,1) 모형은 단순하지만 비선형적이고, 3개의 계수 ω, a, b를 시장 자료로부터 추정하여야 하는데, 이 계수들은 최우도함수(maximum likelihood function)로부터 추정되어야 하므로 수리적인 최적화 단계를 거쳐야 한다. GARCH (1,1) 모형의 확장형인 GARCH (p,q) 모형은 다음과 같다.

$$\sigma^2_{(n)} = \omega + \sum_{k=1}^{p} a_k u_{n-k}^2 + \sum_{k=1}^{q} b_k \sigma^2_{(n-k)}$$

GARCH (1,1) 모형은 여러 가지 GARCH 모형들 중 가장 널리 쓰이는 모형이다.

GARCH (1,1) 모형에서 하루 수익률의 조건부 분산에 대한 연속과정 확률미분방정식을 살펴보기로 한다. 모형을 나타내는 식

$$\sigma^2_{(n)} = \omega + a\, u_{n-1}^2 + b\, \sigma^2_{(n-1)}$$

$$a, b > 0 \,,\; a + b < 1$$

을 가정하면, 수익률의 조건부 확률분포는

$$u_n \,|\, I_{n-1} \sim N(0, \sigma^2_{(n)})$$

이므로 정보집합 I_{n-1} 아래에서 기댓값과 분산은

$$E_{n-1}(u_n) = 0 \text{이고 } Var_{n-1}(u_n) = \sigma^2_{(n)}$$

이므로

$$E_{n-1}(u_n^2) = \sigma^2_{(n)}$$

이고, 따라서

$$Var_{n-1}(u_n^2) = E_{n-1}(u_n^4) - \left[E_{n-1}(u_n^2) \right]^2 = 3\,\sigma^4_{(n)} - \sigma^4_{(n)} = 2\,\sigma^4_{(n)}$$

이므로, 적당한

$$W \,|\, I_{n-1} \sim (0, 1)$$

이 존재하여

$$u_n^2 = \sigma^2_{(n)} + \sqrt{2}\,\sigma^2_{(n)}\, W$$

가 성립한다. 따라서 위의 식을 GARCH (1,1)의

$$\sigma^2_{(n+1)} = \omega + a\, u_n^2 + b\, \sigma^2_{(n)}$$

에 대입하면 다음을 얻는다.

$$\sigma^2_{(n+1)} - \sigma^2_{(n)} = \omega + (a+b-1)\sigma^2_{(n)} + a\,\sqrt{2}\,\sigma^2_{(n)}\, W$$

$V = \sigma^2_{(n)}$를 $n-1$일 장 마감 후에 추정한 n일 수익률의 분산이라고 하고, 1년 단위의 스케일에서 하루를 $\Delta t = 1/252$이라 놓자. 이 경우 하루 동안 수익률 분산의 변화량은

$$\Delta V = \sigma^2_{(n+1)} - \sigma^2_{(n)}$$

이고, 상수 α, β와 ν를

$$\alpha = \frac{1-a-b}{252}, \ \nu = \omega/\alpha, \ \text{그리고} \ \beta = \alpha\sqrt{504}$$

라 놓으면 위 식은

$$\Delta V = \alpha(\nu - V)\Delta t + \beta V \sqrt{\Delta t}\, W$$

가 되고 여기에 중심극한 정리를 적용하면 확률미분방정식

$$dV = \alpha(\nu - V)dt + \beta V dB_t$$

를 얻는다. 즉 수익률의 조건부 분산 V의 연속시간 모형은

$$dV = \alpha(\nu - V)dt + \beta V dB_t$$

이다. 여기서 ν는 수익률의 1년(252일) 무조건부 분산, 즉 장기평균 연 분산을 뜻한다.

또한

$$\sigma^2_{(n)} = \omega + a u^2_{n-1} + b\sigma^2_{(n-1)}, \ a, b > 0, \ a+b < 1$$

에서 무조건부 분산은 $\sigma^2 = \dfrac{\omega}{1-a-b}$ 이므로, 위 식에 $\omega = (1-a-b)\sigma^2$을 대입하고 정리하면 다음을 얻는다.

$$\sigma^2_{(n)} - \sigma^2 = a(u^2_{n-1} - \sigma^2) + b(\sigma^2_{(n-1)} - \sigma^2)$$

이를 미래 $n+k$일로 확장하면 다음과 같다.

$$\sigma^2_{(n+k)} - \sigma^2 = a(u^2_{n+k-1} - \sigma^2) + b(\sigma^2_{(n+k-1)} - \sigma^2)$$

한편

$$u_{n+k-1} | I_{n+k-2} \sim N(0, \sigma^2_{(n+k-1)})$$

즉 $n+k-2$일 시점에서 u^2_{n+k-1}의 조건부 기댓값이 $\sigma^2_{(n+k-1)}$인 것을 이용하면

$$E_{n+k-2}(\sigma^2_{(n+k)} - \sigma^2) = a E_{n+k-2}(u^2_{n+k-1} - \sigma^2) + b E_{n+k-2}(\sigma^2_{(n+k-1)} - \sigma^2)$$

$$= (a+b)(\sigma^2_{(n+k-1)} - \sigma^2)$$

을 얻고, 위 식의 양변에 $n+k-3$일 시점의 기댓값 $E_{n+k-3}(\bullet)$을 취한 후에 반복 기댓값의 법칙을 적용하면 다음 식

$$E_{n+k-3}(\sigma^2_{(n+k)} - \sigma^2) = (a+b)E_{n+k-3}(\sigma^2_{(n+k-1)} - \sigma^2)$$

을 얻고 또 여기에

$$\sigma^2_{(n+k-1)} - \sigma^2 = a(u^2_{n+k-2} - \sigma^2) + b(\sigma^2_{(n+k-2)} - \sigma^2)$$

을 대입한 후 $n+k-3$일 시점에서 u^2_{n+k-2}의 조건부 기댓값이 $\sigma^2_{(n+k-2)}$인 것을 이용하면 다음 식을 얻는다.

$$E_{n+k-3}(\sigma^2_{(n+k)} - \sigma^2) = (a+b)^2(\sigma^2_{(n+k-2)} - \sigma^2)$$

이와 같은 작업을 반복하면, $n-1$일 장 마감 후에 정보에 의한 $n+k$일 수익률 분산의 조건부 기댓값은 다음과 같다.

$$E_{n-1}(\sigma^2_{(n+k)}) = \sigma^2 + (a+b)^k(\sigma^2_{(n)} - \sigma^2)$$

이로부터 $n-1$일 말의 정보로부터 $n+k$일의 변동성을 예측하는 것을 가능하게 한다. 또한 $0 < a+b < 1$이므로 위 식으로부터 $k \to \infty$의 극한을 취함에 따라

$$E_{n-1}(\sigma^2_{(n+k)}) \to \sigma^2$$

이 성립함을 확인할 수 있다. 즉 GARCH (1,1) 모형에서 미래 변동성의 기댓값은 장기평균 변동성으로 회귀함을 알 수 있다.

한편 GARCH (1,1) 모형으로부터 얻어진 식

$$E_{n-1}(\sigma^2_{(n+k)}) = \sigma^2 + (a+b)^k(\sigma^2_{(n)} - \sigma^2)$$

은 옵션의 적정 가격을 구할 때 사용되는 변동성을 추정하는 데 널리 이용된다. 블랙–숄즈 공식에서는 상수 변동성을 사용하는데, 현재 시점이 k일이고 미래시점인 n일부터 $n+M$일까지 M일 동안 존속하는 옵션의 경우 단순히 n일의 추정 변동성을 하루 변동성으로 사용하는 것보다 다음과 같은 기대변동성

$$\left[\frac{252}{M}\sum_{j=0}^{M-1} E_k(\sigma^2_{n+j})\right]^{1/2}$$

을 연 변동성으로 사용하는 것이 보다 정교한 옵션가격의 산출을 가능하게 한다.

6.21 예

GARCH(1,1) 모형에서 모수의 최적값이 $\omega = 0.000004$, $a = 0.05$, $b = 0.92$로 얻어졌다. 이때 장기평균 일 변동성을 구하고, 현재 변동성이 연 20%라 할 때, 20일 후의 기대변동성을 구하라.

풀이⌋

무조건부 일일 분산 σ^2 은

$$\sigma^2 = \frac{\omega}{1-a-b} = \frac{0.000004}{0.03} = 0.0001333$$

이다. 따라서 장기평균 일 변동성은 $\sigma = \sqrt{0.0001333} = 0.0155$, 즉 1.155%이다. 이제 위에서의 공식

$$E_{n-1}(\sigma^2_{(n+k)}) = \sigma^2 + (a+b)^k(\sigma^2_{(n)} - \sigma^2)$$

현재 시점을 $n-1$ 일이라고 가정하면

$$E_{n-1}(\sigma^2_{n+k}) = 0.0001333 + 0.97^k(\sigma^2_n - 0.0001333)$$

현재 변동성은 연 20%이므로 현재 일 변동성은 $\sigma_n = 0.2/\sqrt{252} = 0.0126$ 이다.

그러므로

$$E(\sigma^2_{n+20}) = 0.0001333 + 0.97^{20}(0.0126^2 - 0.0001333) = 0.0001471$$

이다. 이에 따라 20일 후의 기대변동성은 $\sqrt{0.0001471} = 0.0121$, 즉 1.21% 이다. ∎

1 N종류의 주식으로 구성된 주식포트폴리오에서 $cov(R_j, R_k) = \sigma_{jk}$를 성분으로 갖는 $N \times N$ 공분산행렬 Σ의 역행렬 Σ^{-1}는 대칭행렬인 이유를 설명하시오.

2 $\begin{pmatrix} X_1 \\ X_2 \end{pmatrix} \sim N_2 \left[\begin{pmatrix} \mu_1 \\ \mu_2 \end{pmatrix}, \begin{pmatrix} \sigma_1^2 & \sigma_{12} \\ \sigma_{12} & \sigma_2^2 \end{pmatrix} \right]$ 이고, $\mu_\pi = w_1\mu_1 + w_2\mu_2$, $\sigma_\pi^2 = w_1^2\sigma_1^2 + w_2^2\sigma_2^2 + 2w_1w_2\sigma_{12}$라 하면 $\Pr(w_1X_1 + w_2X_2 \geq m) = 0.99$를 만족하는 m의 값은 $m = \mu_\pi - 2.33\sigma_\pi$임을 보이시오.

3 어느 투자자는 1천만 달러어치의 IBM 주식과 5백만 달러어치의 AT&T 주식을 갖고 있다. IBM 주식의 일 변동성은 2%이고 AT&T 주식의 일 변동성은 1%이다.

(1) IBM 주식과 AT&T 주식에 대해 각각 99% 신뢰수준에서 10거래일 동안의 VaR를 구하시오.

(2) 두 주식 수익률의 상관계수가 0.7일 때, IBM 주식과 AT&T 주식을 동시에 보유한 포트폴리오에 대한 99% 신뢰수준에서 10거래일 동안의 VaR를 구하시오.

4 라그랑주 승수법을 사용하여 제약조건 $x^2 + y^2 = 1$, $x + y + z = 1$ 아래에서, 목적함수
$$f(x, y, z) = x^2 + y^2 + z^2 + 4$$
의 최솟값을 구하시오.

5 여러 종류의 주식들로 구성된 포트폴리오가 있을 때, 포트폴리오를 구성하는 주식들의 종류가 증가할수록 포트폴리오의 위험에 있어서 개별 주식들의 변동성보다 서로 다른 주식의 수익률 간의 공분산의 영향이 더 커짐을 설명하시오.

6 개별 자산 수익률 R_k와 시장포트폴리오 수익률 R_M의 상관계수를 ρ_{kM}이라 할 때
$$\rho_{kM}^2 = \beta_k^2 \frac{\sigma_M^2}{\sigma_k^2} = \beta_k \frac{\sigma_{kM}}{\sigma_k^2}$$
이 성립함을 증명하시오.

7 16종류로 구성된 주식포트폴리오가 있다. 각 주식 수익률의 1일 분산은 25이고, 다른 주식 수익률과의 공분산은 모두 16으로 동일하다. 이 주식 포트폴리오의 구성비율은 한 주식이 25%이고 나머지 15종의 주식들은 모두 5%이다. 이때 포트폴리오 분산 σ_Π^2 을 구하시오.

8 비중이 $w_1, w_2, \cdots, w_n$ 인 n개의 증권으로 이루어진 포트폴리오의 베타를

$$\beta_\pi = \frac{cov(R_\pi, R_M)}{\sigma_M^2}$$

라 정의하면

$$\beta_\pi = \sum_{k=1}^{n} w_k \beta_k$$

가 성립함을 보이고, 해당 포트폴리오의 수익률을 R_π 라 하면

$$E(R_\pi) = r + \left[E(R_M) - r\right]\beta_\pi$$

가 성립함을 보이시오.

9 자본시장선(CML) 위의 임의의 두 포트폴리오의 수익률 간의 상관계수는 1임을 증명하시오.

10 시장포트폴리오 M에 대해서

$$\frac{cov(R_S, R_M)}{\sigma_M^2} = \beta_S$$

을 특정 증권의 베타계수라 하고,

$$\frac{cov(R_c, R_M)}{\sigma_M^2} = \beta_c$$

를 해당 증권에 대한 유러피언 콜옵션의 베타라 하자. $\epsilon_c = \dfrac{\dfrac{\partial c}{\partial S}}{\dfrac{c}{S}}$ 가 콜옵션의 가격 탄력성일 때, $\beta_c = \epsilon_c \beta_S$ 임을 증명하시오.

11 무위험 이자율이 연 6%이고 시장포트폴리오의 기대수익률은 14%라 가정하자. 자본시장선 위에 존재하는 포트폴리오 A 의 기대수익률과 수익률의 표준편차가 모두 10%이다. 포트폴리오 B 역시 자본시장선 위에 존재하고 수익률의 표준편차가 30%라면 이 포트폴리오의 균형하에서의 기대수익률은 얼마인가?

12 효율적 프론티어 위의 한 점을 P라 하고, P와 동일한 기대수익률을 갖는 임의의 포트폴리오를 Q라 할 때,

$$cov(R_P, R_Q) = Var(R_P)$$

임을 증명하시오.

13 A기업 주식에 3달러를 투자했고, B기업 주식에 2만 달러를 투자한 포트폴리오를 살펴보자. A 주식의 일 변동성은 2%이고 B 주식의 일 변동성은 3%, 그리고 두 주식의 수익률 상관계수는 0.7이라 가정할 때, 행렬을 사용하여 4거래일 기준 99% 신뢰수준으로 이 포트폴리오의 VaR를 구하시오.

14 효율적 포트폴리오들은 최소분산 포트폴리오와 모두 같은 공분산을 가짐을 보이시오.

15 무위험 이자율은 연 3.5%이고 시장포트폴리오의 수익률은 연 5%이고 연간 표준편차는 그 가치의 15.9%라 하자. 특정 증권의 수익률과 시장포트폴리오 수익률의 공분산이 0.04일 때 해당 증권의 베타와 기대수익률을 구하시오.

16 특정 증권의 수익률과 시장포트폴리오 수익률의 상관계수가 0일 때 해당 증권의 기대수익률은 무위험 이자율과 같음을 보이시오.

17 현재 주가 40달러인 무배당 주식의 베타가 1.2라고 하자. 주가의 변동성이 연 40%이고 무위험 이자율이 연 4%일 때 해당 주식에 대한 만기 1년, 행사가격 40달러인 유러피언 풋옵션의 베타를 구하시오.

18 자본시장선(CML) 위에 존재하는 포트폴리오 A의 기대수익률과 수익률의 표준편차가 모두 10%인 것으로 확인되었다. 포트폴리오 B 또한 CML 위에 존재하고 수익률의 표준편차가 30%라면 이 포트폴리오의 기대수익률은 18%임을 보이시오.

19 최소분산 포트폴리오의 투자비중벡터는 다음 식을 만족함을 보이시오.

$$w^T = \frac{1^T \Sigma^{-1}}{1^T \Sigma^{-1} 1}$$

20 a가 n차원 열벡터이고 A가 $n \times n$ 행렬일 때

$$\frac{\partial (x^T A x)}{\partial x} = (A + A^T)x$$

임을 보이시오.

21 특정한 무배당 주식에 대해 동일한 만기와 행사가격을 갖는 콜옵션과 풋옵션의 베타를 각각 β_c, β_p라 하고 해당 주식의 베타를 β_S라 할 때, 등식 $c\beta_c - p\beta_p = S\beta_S$이 성립함을 보이시오.

22 3개의 종목으로 구성된 주식 포트폴리오가 있다. 이 포트폴리오의 투자비중 벡터는

$$\boldsymbol{w} = \begin{bmatrix} w_1 \\ w_2 \\ w_3 \end{bmatrix} = \begin{bmatrix} 0.4 \\ -0.2 \\ 0.8 \end{bmatrix}$$ 이고, 연간 기대수익률 벡터는 $\boldsymbol{\mu} = \begin{bmatrix} \mu_1 \\ \mu_2 \\ \mu_3 \end{bmatrix} = \begin{bmatrix} 0.08 \\ 0.10 \\ 0.06 \end{bmatrix}$ 이다. 이 포트폴리오의

공분산 행렬이 $\Sigma = \begin{pmatrix} 1.5 & 0.3 & -0.2 \\ 0.3 & 0.5 & 0 \\ -0.2 & 0 & 1.2 \end{pmatrix}$ 일 때, 다음 물음에 답하시오.

(1) $\sigma_\Pi = 1.013$이고 $\mu_\Pi = 0.06$임을 보이시오.

(2) 무위험 이자율이 연 5%일 때 $\sigma_M = 0.156$이고 $\mu_M = 0.183$임을 보이시오.

23 A, B, C 세 종류의 무배당 주식으로 포트폴리오를 구성하려고 한다. 이들의 연간 기대수익률 벡터

는 $\boldsymbol{\mu} = \begin{bmatrix} 0.10 \\ 0.15 \\ 0.20 \end{bmatrix}$ 이고, 공분산행렬은 $\Sigma = \begin{bmatrix} 0.0784 & -0.0067 & 0.0175 \\ -0.0067 & 0.0576 & 0.0120 \\ 0.0175 & 0.0120 & 0.0625 \end{bmatrix}$ 일 때, 최소분산 포트폴

리오의 기대수익률과 분산을 구하시오.

24 세 종류의 무배당 주식으로 포트폴리오를 구성하려고 한다. 이들의 연간 기대수익률 벡터는

$\boldsymbol{\mu} = \begin{bmatrix} 0.10 \\ 0.15 \\ 0.20 \end{bmatrix}$ 이다. 또한, 각 주식 수익률의 표준편차는 $\sigma_1 = 0.25$, $\sigma_2 = 0.28$, $\sigma_3 = 0.20$이며 수

익률의 상관계수는 $\rho_{12} = 0.30$, $\rho_{23} = 0$, $\rho_{13} = 0.15$일 때, 다음 물음에 답하시오.

(1) 최소분산 포트폴리오의 기대수익률과 표준편차는 근사적으로 각각 17.3%와 15.1%임을 보이시오.

(2) 포트폴리오의 연간 기대수익률이 20%일 때 투자비중 벡터와 그 경우 포트폴리오의 기대수익률

과 표준편차는 근사적으로 각각 $\boldsymbol{w} = \begin{bmatrix} 0.672 \\ -0.246 \\ 0.574 \end{bmatrix}$, $\mu_\Pi = 0.20$, $\sigma_\Pi = 0.192$임을 보이시오.

25 무배당 주식의 베타를 β_S, 해당 주식에 대한 콜옵션의 베타를 β_c라 할 때 $\beta_c > \beta_S$임을 보이시오.

26 자본시장선(CML) 위에 존재하는 포트폴리오 A의 기대수익률과 수익률의 표준편차가 모두 10% 인 것으로 확인되었다. 포트폴리오 B 또한 CML 위에 존재하고 수익률의 표준편차가 30%라면 이 포트폴리오의 기대수익률은 18%임을 보이시오.

27 단일지수모형 $R_k = \alpha_k + \beta_k R_M + \epsilon_k$에서 R_M과 ϵ_k의 공분산을 구하시오.

28 단일지수모형 $R_k = \alpha_k + \beta_k R_M + \epsilon_k$에서 $E(\epsilon_k) = E(\epsilon_k | R_M) = 0$임을 보이시오.

29 S_1, S_2가 각각 무배당 주식의 가격으로 다음의 기하 브라운 운동을 따른다고 하고

$$\frac{dS_1}{S_1} = \mu_1\, dt + \sigma_1\, dB_t^{(1)}$$

$$\frac{dS_2}{S_2} = \mu_2\, dt + \sigma_2\, dB_t^{(2)}$$

$dB_t^{(1)} dB_t^{(2)} = \rho\, dt$라 가정할 때 $Y = S_1 S_2$도 또한 기하 브라운 운동을 따름을 보이시오.

30 S_1, S_2가 주식의 가격으로 로그정규분포를 따르며 연간 변동성이 각각 0.15와 0.25이고 두 주식 수익률의 상관계수가 0.5일 때 두 주가의 곱 $S_1 S_2$의 연간 변동성은 얼마인가?

31 A주식에 대한 콜옵션 1,000계약과 B주식에 대한 콜옵션 2,000계약으로 구성된 포트폴리오의 VaR를 구하려고 한다. A주식과 B주식의 현재 주가는 각각 240달러와 500달러이고 콜옵션의 델타는 각각 0.5와 0.6이다. 두 주식의 일일 변동성은 각각 2%와 1%이고, 수익률의 상관계수는 0.3일 때 해당 포트폴리오의 VaR를 95%의 신뢰수준에서 2일 기준으로 계산하시오.

32 A주식에 300만 달러를, B주식에 200만 달러를, 그리고 C주식에 500만 달러를 투자한 포트폴리오를 고려하자. A, B, C주식의 일 변동성이 각각 1%, 2%, 1.5%이고, A와 B의 수익률 상관계수가 0.1, B와 C의 수익률 상관계수가 0.2, 그리고 C와 A의 수익률 상관계수가 0.25라고 가정할 때, 포트폴리오의 VaR를 95%의 신뢰수준에서 4일 기준으로 계산하시오.

33 확률변수 X, Y에 대하여 다음 등식이 성립함을 보이시오.

$$Var(X) = E[Var(X|Y)] + Var[E(X|Y)]$$

34 닫힌 구간 $[0, 1]$에서 임의로 한 점을 택한 값을 Y라 하고, $[0, Y]$에서 임의로 한 점을 택한 값을 확률변수 X라 할 때 다음이 성립함을 보이시오.

$$Var(X) = E[Var(X|Y)] + Var[E(X|Y)] = \frac{1}{48} + \frac{1}{36} = \frac{7}{144}$$

35 GARCH(1,1) 모형에서 모수의 최적값이 $\omega = 0.000004$, $a = 0.05$, $b = 0.92$로 얻어졌고 현재 시점에서 추정된 다음 날의 변동성이 연 25%라 할 때, 15거래일 이후의 1일 기대변동성을 구하시오.

36 어제 주가지수가 1,040이었고, 지수의 일일 변동성이 1%로 추정되었다. GARCH(1,1) 모형의 모수가 $\omega = 0.000002$, $a = 0.92$, $b = 0.05$이고 주가지수의 오늘 종가가 1,050이라면 GARCH(1,1)을 사용했을 때 새로운 일일 변동성 추정치는 얼마인가?

37 리스크메트릭스 모형에서 $\lambda = 0.95$이고, 전날 계산된 X와 Y의 상관계수 추정치가 0.6이며, 전날 계산된 X와 Y의 변동성 추정치가 각각 1%와 2%라 하자. 이제 하루 사이에 새로 얻어진 수익률이 각각 0.5%와 2.5%라 할 때 X와 Y의 오늘 추정된 새로운 공분산과 상관계수를 구하시오.

38 A주식, B주식, 그리고 C주식에 분산 투자하는 포트폴리오가 있다. A, B, C주식의 연간 기대수익률은 각각 8%, 12%, 15%이고, 연간 변동성은 각각 16%, 25%, 36%이며, A와 B의 수익률 상관계수가 0.1, B와 C의 수익률 상관계수가 0.2, 그리고 C와 A의 수익률 상관계수가 0.05라고 가정할 때, 목표 기대수익률을 13%로 잡고 100만 달러를 투자한다면 각 종목에 각각 얼마만큼을 투자해야 총 위험을 극소화시킬 수 있는가를 라그랑주 승수법을 사용하여 답하시오. (단, 각각의 주식은 배당을 지급하지 않는다고 가정한다.)

39 공분산에 대한 GARCH (1,1) 모형 $cov_{(n)} = \omega + a\, v_{n-1} w_{n-1} + b\, cov_{(n-1)}$에서 모수의 추정치는 $\omega = 0.000001$, $a = 0.04$, $b = 0.94$이고 두 자산의 추정된 일 변동성은 각각 1%와 1.2%이며 추정된 수익률의 상관계수는 0.5였다. 두 자산의 어제와 오늘 종가가 각각 30달러와 50달러에서 31달러와 51달러로 올랐을 때 새로운 공분산의 추정치는 얼마인가?

40 금 1온스의 어제 종가는 598달러이고, 추정된 일일 변동성은 1.2%였다. 금 1온스의 오늘 종가는 596달러일 때 다음을 이용하여 일일 변동성 추정치를 갱신하시오.

(1) $\lambda = 0.94$인 리스크메트릭스 모형

(2) $\omega = 0.000003$, $a = 0.05$, $b = 0.94$인 GARCH(1,1) 모형

CHAPTER 7

이색옵션

3장과 5장에서 다룬 표준형 유러피언 옵션 또는 아메리칸 옵션의 범주에 해당하지 않는 옵션형 파생상품을 이색옵션(exotic option)이라고 부른다. 여러 가지 이유로 각종 금융사에 의하여 개발되는 이색옵션의 종류는 매우 다양하여 그 모두를 열거하는 것은 거의 불가능하다. 이 장에서는 기초적인 이색옵션의 가격 결정에 대하여 살펴본다. 우선 5장에서 소개한 가장 단순한 이색옵션인 이항옵션(binary option), 선택자옵션(chooser option)과 파워옵션(power option)에 대하여 잠시 언급한 후, 대표적인 경로 종속적 옵션인 배리어 옵션, 룩백 옵션 그리고 아시안 옵션에 대하여 기초적인 내용 위주로 살펴본다. 경로 종속적 옵션이란 기초자산의 가격이 움직이는 경로에 의하여 만기 페이오프가 결정되는 옵션을 말한다. 배리어 옵션과 룩백 옵션의 가격결정이론에는 브라운 운동의 중요한 성질인 반사원리가 사용되는데 그에 대해서도 간략히 살펴보기로 한다.

1. 이항옵션, 파워옵션, 선택자옵션

7.1 이항옵션

이항옵션(binary option)은 옵션 만기일에 기초자산의 가치가 특정한 범위에 있으면 미리 정한 액수에 해당하는 페이오프를 갖고, 그렇지 않으면 만기 페이오프가 0이 되는 단순한 옵션이다. 예를 들면, 주가가

$$dS = \mu S\, dt + \sigma S\, dB_t$$

의 움직임을 갖는 무배당 주식에 대해서 T기간 후의 주가가 K보다 크면 M만큼의 현금의 가치를 지니고, 그렇지 않으면 가치가 0이 되는 이항옵션의 현재 가치 v_0는 위험중립가치평가에 의해서

$$v_0 = e^{-rT} E_Q(v_T)$$

이다. 이는 $dS = rS\, dt + \sigma S\, dB_t$를 가정한 상태에서 5장의 **5.20**에 의하여

$$\Pr(S_T > K) = \Phi(d_2)$$

이므로

$$E_Q(v_T) = M \cdot \Pr(S_T > K) + 0 \cdot \Pr(S_T \le K) = M\,\Phi(d_2)$$

가 성립한다. 즉

$$v_0 = e^{-rT} M\,\Phi(d_2)$$

이다. 마찬가지로 T기간 후의 주가가 K보다 작으면 M만큼의 현금 가치를 지니고, 그렇지 않으면 가

치가 0이 되는 이항옵션의 현재 가치 f_0는 다음과 같다.

$$f_0 = e^{-rT} M \Phi(-d_2)$$

한편 연속배당률 q의 배당을 지급하는 주식의 주가는 위험중립 세계에서 확률미분방정식

$$dS = (r-q)S\,dt + \sigma S\,dB_t$$

를 따르고

$$d_2^* = \frac{\ln(S_0/K) + (r-q-\sigma^2/2)T}{\sigma\sqrt{T}}$$

에 대하여 $\Pr(S_T > K) = \Phi(d_2^*)$이다. 따라서 $v_0 = e^{-rT} M \Phi(d_2^*)$가 성립한다.

한편 무배당 주식에 대해서 T기간 후의 주가가 K달러보다 크면 주식 1주를 받게 되고 그렇지 않으면 가치가 0이 되는 asset-or-nothing 이항옵션의 현재 가치는 $x_0 = S_0 \Phi(d_1)$임을 **5.21**에서 보인 바 있다. 이를 다음과 같이 직접 계산을 통해서 보일 수도 있다.

위험중립 세계에서 무배당 주식의 T시점 주가는

$$S_T = S_0 e^{(r-\sigma^2/2)T + \sigma B_T}$$

이다. 이때 양의 상수 K와 $Z \sim N(0,1)$ 그리고 $d_2 = \dfrac{\ln(S_0/K) + (r-\sigma^2/2)T}{\sigma\sqrt{T}}$에 대하여

$$\{S_T > K\} = \{Z > -d_2\}$$

임을 보인 바 있다. 이제 확률변수 I를 다음과 같이 정의하자.

$$I = \begin{cases} 1 & (S_T > K \text{인 경우}) \\ 0 & (else) \end{cases}$$

위험중립 세계에서 $S_T = S_0 e^{(r-\sigma^2/2)T + \sigma\sqrt{T}Z}$이므로

$$I = \begin{cases} 1 & (Z > -d_2 \text{인 경우}) \\ 0 & (else) \end{cases}$$

라고 표현할 수 있고

$$E(I) = \Pr(S_T > K) = \Phi(d_2)$$

이다.

이를 이용해서 asset-or-nothing 옵션의 현재 가치 x_0를 계산을 통해 구할 수 있다. 위험중립 세계에서 이 옵션의 만기 페이오프는

$$x_T = I S_T = I S_0 e^{(r - \sigma^2/2)T + \sigma\sqrt{T}Z}$$

이고 이는 Z의 함수이므로

$$x_0 = e^{-rT} E\left(I S_0 e^{(r - \sigma^2/2)T + \sigma\sqrt{T}Z} \right)$$

$$= e^{-rT} \frac{1}{\sqrt{2\pi}} \int_{-d_2}^{\infty} S_0 e^{(r - \sigma^2/2)T + \sigma\sqrt{T}z} e^{-z^2/2} dz$$

$$= S_0 \frac{1}{\sqrt{2\pi}} \int_{-d_2}^{\infty} e^{-(z - \sigma\sqrt{T})^2/2} dz$$

$$= S_0 \frac{1}{\sqrt{2\pi}} \int_{-d_2 - \sigma\sqrt{T}}^{\infty} e^{-y^2/2} dy = S_0 \Phi(d_1)$$

이다.

7.2 파워 이항옵션

파워 이항옵션(power binary option)은 옵션 만기일에 기초자산의 가치 S_T가 특정한 범위에 있으면 양수 k에 대해 S_T^k에 해당하는 만기 페이오프를 갖고, 그렇지 않으면 만기 페이오프가 0이 되는 asset-or-nothing 옵션의 일종이다. 이러한 옵션의 현재 가치도 앞서와 같이 확률변수

$$I = \begin{cases} 1 & (S_T > K \text{인 경우}) \\ 0 & (else) \end{cases}$$

를 이용하여 구할 수 있다. 무배당 주식에 대해서 T기간 후의 주가가 K달러보다 크면 S_T^k를 받게 되고 그렇지 않으면 가치가 0이 되는 파워 이항옵션의 현재 가치 x_0는 다음과 같다.

$$x_0 = e^{-rT} E\left(I S_T^k \right)$$

$$= e^{-rT} E\left(I S_0^k e^{k(r - \sigma^2/2)T + \sigma k\sqrt{T}Z} \right)$$

$$= e^{-rT} S_0^k e^{k(r - \sigma^2/2)T} \frac{1}{\sqrt{2\pi}} \int_{-d_2}^{\infty} e^{k\sigma\sqrt{T}z} e^{-z^2/2} dz$$

$$= e^{-rT} S_0^k e^{k(r + (k-1)\sigma^2/2)T} \frac{1}{\sqrt{2\pi}} \int_{-d_2}^{\infty} e^{-(z - k\sigma\sqrt{T})^2/2} dz$$

$$= e^{-rT} S_0^k e^{k(r + (k-1)\sigma^2/2)T} \Phi(d_2 + k\sigma\sqrt{T})$$

$$= S_0^k e^{(k-1)(r + k\sigma^2/2)T} \Phi(d_2 + k\sigma\sqrt{T})$$

7.3 파워옵션

표준 유러피언 옵션의 만기 페이오프는 기초자산의 만기 가격과 행사가격의 차이로 결정된다. 반면에 대칭 파워옵션(symmetric power option)의 만기 페이오프는 표준 유러피언 옵션과 **7.2**에서 소개한 파워 이항옵션을 결합한 형태이다. 대칭 파워 콜옵션의 만기 페이오프는 자연수 k에 대하여 $\left[\max\left(S_T - K, 0\right)\right]^k$로 정해지고 대칭 파워 풋옵션의 만기 페이오프는 $\left[\max\left(K - S_T, 0\right)\right]^k$이다.

무배당 주식에 대한 만기 T, 행사가격 K인 유러피언 대칭 파워 콜옵션의 현재 가격 v_0는 **7.2**에서 구한 파워 이항옵션의 현재 가격과 이항전개식

$$(x-y)^k = \sum_{i=0}^{k} (-1)^i \binom{k}{i} x^{k-i} y^i$$

를 이용해서 구할 수 있다. 해당 파워옵션의 만기 페이오프는

$$\left[\max\left(S_T - K, 0\right)\right]^k = (S_T - K)^k \chi_{S_T > K}$$

이고 **7.1, 7.2**의 결과를 이용하면 다음 식을 얻는다.

$$v_0 = e^{-rT} \sum_{i=0}^{k} (-1)^i \binom{k}{i} S_0^{k-i} K^i \exp\left((k-i)rT + \frac{(k-1)(k-i-1)\sigma^2}{2} T\right) \Phi\left(d_2 + (k-i)\sigma\sqrt{T}\right)$$

파워옵션은 일반적으로 대칭 파워옵션과 비대칭 파워옵션(asymmetric power option)으로 구분된다. 기대수익률 μ와 변동성 σ의 무배당 주식이 있을 때, 상수 $c > 0$에 대해 만기 페이오프가

$$v_T = \max(S_T^c - K, 0)$$

으로 주어지는 파생상품은 대표적인 유러피언 비대칭 파워 콜옵션이다. 이러한 파워 콜옵션의 현재 가격 v_0는 다음과 같다. (3장의 연습문제 **57, 58**번과 5장의 **5.26** 참조)

$$v_0 = S_0^c \exp\left((c-1)(r + c\sigma^2/2)T\right) \Phi\left(d + c\sigma\sqrt{T}\right) - Ke^{-rT}\Phi(d)$$

여기서

$$d = \frac{\ln\left(S_0/K^{1/c}\right) + (r - \sigma^2/2)T}{\sigma\sqrt{T}}$$

7.4 선택자옵션

선택자옵션(chooser option)은 특정 기간이 지난 후에 옵션 보유자가 콜옵션으로 할 것인지, 동일 행사가격의 풋옵션으로 할 것인지를 결정할 수 있는 옵션이다. 그 특정 시점이 t_a로 주어진 경우 그 시점에서 선택자옵션의 가치는 $\max(c_{t_a}, p_{t_a})$이다.

콜옵션과 풋옵션이 모두 무배당 주식에 대한 동일 만기 T의 유러피언 옵션인 경우 풋 – 콜 패리티에 의해 $p_{t_a} = c_{t_a} + Ke^{-r(T-t_a)} - S_{t_a}$이 성립하므로

$$\max(c_{t_a}, p_{t_a}) = c_{t_a} + \max\left(0, Ke^{-r(T-t_a)} - S_{t_a}\right)$$

이다. 이는 만기 T, 행사가격 K인 콜옵션 1개와 만기 t_a, 행사가격이 $Ke^{-r(T-t_a)}$인 풋옵션 1개로 구성된 패키지로 해석될 수 있다. 따라서 주가변동성이 σ인 경우 선택자옵션의 현재 가치 v_0는 다음과 같이 표시된다.

$$v_0 = S_0 \Phi(d) + Ke^{-rT}\Phi(d - \sigma\sqrt{T}) + Ke^{-r(T-t_a)}e^{-rt_a}\Phi(-e + \sigma\sqrt{t_a}) - S_0\Phi(-e)$$
$$= S_0 \Phi(d) + Ke^{-rT}\Phi(d - \sigma\sqrt{T}) + Ke^{-rT}\Phi(-e + \sigma\sqrt{t_a}) - S_0\Phi(-e)$$

여기서,

$$d = \frac{\ln\dfrac{S_0}{K} + \left(r + \dfrac{\sigma^2}{2}\right)T}{\sigma\sqrt{T}}, \ e = \frac{\ln\dfrac{S_0}{K} + \left(r + \dfrac{\sigma^2}{2}\right)t_a}{\sigma\sqrt{t_a}}$$

이다.

ㄹ. 배리어 옵션

일반적인 옵션은 보유자가 만기까지 그 권리를 계속 유지할 수 있다. 하지만 세계적으로 많이 거래되는 옵션 중에는 만기 이전에 기초자산의 가격이 미리 설정된 어떤 기준에 도달하면 권리 자체가 소멸되는 옵션이 있다. 예를 들어, 행사가격 100달러, 만기 3개월, KO 기준 95달러인 주식옵션은 주식을 매도할 수 있는 3개월 만기 풋옵션인데, 만기 전 한 번이라도 주가가 95달러 또는 그 아래에 도달하면 옵션의 권리가 사라져 버린다. 이러한 옵션을 넉-아웃(knock-out) 옵션이라고 한다. 그와 반대로 기초자산의 가격이 미리 정한 어떤 기준에 도달하면 그 시점부터 권리가 발효되는 옵션이 있는데, 이를 넉-인

(knock-in) 옵션이라고 한다.

이와 같이 만기 이전에 기초자산의 가격이 미리 정해놓은 경계(barrier)에 이르면 옵션의 효력이 발생하거나 소멸하는 특성을 가진 옵션을 배리어 옵션(barrier option)이라고 한다. 대표적인 배리어 옵션에는 위에서 설명한 것과 같은 넉 – 아웃(knock-out) 옵션과 넉 – 인(knock-in) 옵션이 있고 넉 – 아웃 옵션은 기초자산 가격이 상승해서 만기 이전에 기준에 도달하면 권리가 소멸되는 up-and-out과 기초자산 가격이 하락해서 만기 이전에 기준에 도달하면 권리가 소멸되는 down-and-out으로 구분된다. 마찬가지로 넉 – 인 옵션은 up-and-in과 down-and-in으로 구분된다. 배리어 옵션은 행사 가능 시점에 따라 유러피언 옵션과 아메리칸 옵션으로 구분될 수 있다. 배리어 옵션은 표준옵션에 비해 가격이 저렴하기 때문에 상대적으로 낮은 비용으로 헤지를 할 수 있는 수단을 제공한다.

7.5 배리어 옵션의 편미분방정식

이 절에서는 무배당 주식에 대하여, 넉 – 아웃 옵션의 하나인 유러피언 down-and-out 콜옵션의 적정 가격을 편미분방정식을 이용하여 구하고자 한다. down-and-out 콜옵션은 기초자산의 가격이 하락하여 정해진 배리어 B에 도달하면 옵션의 효력이 소멸된다. 따라서 현재의 기초자산 가격이 배리어 B보다 작다면 무의미하므로 항상 현재의 기초자산의 가격은 B보다 커야 한다. 따라서 만기 T, 행사가격 K인 down-and-out 콜옵션의 t시점에서의 가격을 $c = c(t, S)$라 하면 블랙 – 숄즈 형태의 방정식에 경계조건을 추가해서 얻어진 c에 대한 방정식은 다음과 같다.

$$rc = \frac{\partial c}{\partial t} + rS \frac{\partial c}{\partial S} + \frac{1}{2} \sigma^2 S^2 \frac{\partial^2 c}{\partial S^2} \ (S_t > B \text{ for } 0 \le t < T)$$

$$c(T, S) = \max(S_T - K, 0)$$

$$c(t, B) = 0$$

위 방정식을 변수변환을 통하여 열방정식으로 변형하도록 하자.

방정식의 만기조건을 초기조건으로 환원하기 위해서 $\tau = T - t$로 변수변환하고 또 추가로 $y = \ln \frac{S}{B}$로 변수변환을 할 경우 배리어를 표시하는 경계는 직선 $y = 0$ 이 된다. 또한

$$g(\tau, y) = c(t, S)$$

이라 놓을 때 다음 관계가 성립한다.

$$\frac{\partial c}{\partial t} = \frac{\partial g}{\partial \tau} \frac{\partial \tau}{\partial t} = -\frac{\partial g}{\partial \tau}$$

$$\frac{\partial c}{\partial S} = \frac{\partial g}{\partial y} \frac{\partial y}{\partial S} = \frac{1}{S} \frac{\partial g}{\partial y}$$

$$\frac{\partial^2 c}{\partial S^2} = \frac{1}{S^2} \frac{\partial^2 g}{\partial y^2} - \frac{1}{S^2} \frac{\partial g}{\partial y}$$

이것을 위의 블랙 – 숄즈 형태의 방정식에 대입하면 다음 초기조건, 경계조건의 방정식을 얻는다.

$$\begin{cases} rg = \dfrac{\partial g}{\partial \tau} - (r - \sigma^2/2)\dfrac{\partial g}{\partial y} - \dfrac{\sigma^2}{2}\dfrac{\partial^2 g}{\partial y^2} \\ g(0, y) = \max(Be^y - K, 0) \;\; \text{and} \;\; g(t, 0) = 0 \end{cases}$$

이제

$$v(\tau, y) = g(\tau, y)e^{-(a\tau + by)}$$

라고 치환해서 위 식에서 g 와 $\dfrac{\partial g}{\partial y}$ 가 소거되도록 a 와 b 를 정하자. 즉

$$\frac{\partial g}{\partial \tau} = \left(av + \frac{\partial v}{\partial \tau}\right)e^{a\tau + by}$$

$$\frac{\partial g}{\partial y} = \left(bv + \frac{\partial v}{\partial y}\right)e^{a\tau + by}$$

$$\frac{\partial^2 g}{\partial y^2} = \left(b^2 v + 2b\frac{\partial v}{\partial y} + \frac{\partial^2 v}{\partial y^2}\right)e^{a\tau + by}$$

을 위의 방정식에 대입하면 방정식

$$\left(r(b-1) - a + \frac{\sigma^2}{2}b(b-1)\right)v = \frac{\partial v}{\partial \tau} - (r + (b - 1/2)\sigma^2)\frac{\partial v}{\partial y} - \frac{\sigma^2}{2}\frac{\partial^2 v}{\partial y^2}$$

을 얻고, 여기서 v 와 $\dfrac{\partial v}{\partial y}$ 의 소거를 위해 각 계수를 0이 되게 하는 a, b 를 구한다.

이로부터 만들어진 연립방정식

$$r(b-1) - a + \frac{\sigma^2}{2}b(b-1) = 0, \;\; r + (b - 1/2)\sigma^2 = 0$$

을 풀면 a, b 는 다음과 같다.

$$a = -\frac{\sigma^2}{8}(k+1)^2, \;\; b = -\frac{1}{2}(k-1)$$

여기서, $k = 2r/\sigma^2$ 이다. 이를 위 방정식에 대입하면 열방정식

$$\frac{\partial v}{\partial \tau} = \frac{\sigma^2}{2}\frac{\partial^2 v}{\partial y^2}$$

을 얻는다. 또한 v의 초기조건과 경계조건은

$$v(0, y) = \max(Be^y - K, 0)e^{-by} = \max(Be^{(k+1)y/2} - Ke^{(k-1)y/2}, 0)$$
$$v(t, 0) = 0$$

가 된다.

한편 상수 $c > 0$에 대하여 다음의 초기조건과 경계조건의 semi-infinite 열방정식

$$\frac{\partial w}{\partial t} = c^2\frac{\partial^2 w}{\partial x^2} \ (x > 0 \ \text{and} \ t > 0)$$
$$w(0, x) = f(x), \ w(t, 0) = h(t)$$

의 해 $w(t, x)$는 다음과 같음이 알려져 있다. (참고문헌 Kevorkian, 1.4절 참조)

$$w(t, x) = \frac{1}{2c\sqrt{\pi t}}\int_0^\infty f(s)\left[e^{-(x-s)^2/4c^2 t} - e^{-(x+s)^2/4c^2 t}\right]ds$$

$$+ \frac{x}{2c\sqrt{\pi}}\int_0^t \frac{e^{-x^2/2c^2 s}}{s^{3/2}}h(t-s)\,ds$$

따라서 위의 적분 공식으로부터

$$g(\tau, y) = e^{(a\tau + by)}v(\tau, y)$$

$$= \frac{e^{(a\tau + by)}}{\sigma\sqrt{2\pi\tau}}\int_0^\infty \max\left((Be^s - K)e^{-bs}, 0\right)\left[e^{-(y-s)^2/2\sigma^2\tau} - e^{-(y+s)^2/2\sigma^2\tau}\right]ds$$

가 성립하고 $g(\tau, y) = c(t, S)$이므로 위의 적분을 직접 계산한 후 $\tau = T$와

$$a = -\frac{\sigma^2}{8}(2r/\sigma^2 + 1)^2, \ b = -\frac{1}{2}(2r/\sigma^2 - 1), \ y = \ln\frac{S_0}{B}$$

을 대입하면 배리어 옵션의 현재 시점의 가치를 얻을 수 있다. 이 책에서는 위 적분의 복잡한 계산과정은 생략하고 그 대신 결과는 위험중립 세계에서 배리어 옵션의 만기 페이오프에 대한 기댓값을 무위험 이자율로 할인하는 방식의 위험중립가치평가를 이용하여 배리어 옵션의 현재 가치를 구하는 방법을 살펴본다.

7.6 특성함수

각종 옵션의 만기 페이오프는 특성함수를 이용하여 나타낼 수 있으므로, 특성함수에 대하여 먼저 정의하도록 한다.

E가 표본공간 $\mathbb{S}$의 부분집합일 때

$$\chi_E(x) = \begin{cases} 1 & (x \in E) \\ 0 & (x \notin E) \end{cases}$$

으로 정의되는 함수 χ_E를 집합 E의 특성함수(characteristic function)라고 부른다.

옵션의 가격을 구하는 데 특성함수의 역할을 설명하기 위하여 무배당 주식에 대한 블랙 – 숄즈 공식을 특성함수를 이용하여 구하고자 한다. 무배당 주식의 현재 가격이 S_0이고 무위험 이자율이 상수 r로 주어졌을 때, 해당 주식에 대한 만기 T, 행사가격 K인 유러피언 콜옵션의 만기 페이오프는

$$(S_T - K)\chi_{\{S_T \geq K\}} = S_T \chi_{\{S_T \geq K\}} - K \chi_{\{S_T \geq K\}}$$

이므로 위험중립가치평가에 의하여 콜옵션의 현재 가격은 다음과 같이 표시된다.

$$c_0 = e^{-rT} E_Q\left(S_T \chi_{\{S_T \geq K\}} - K \chi_{\{S_T \geq K\}}\right)$$
$$= e^{-rT} E_Q\left(S_T \chi_{\{S_T \geq K\}}\right) - e^{-rT} K E_Q\left(\chi_{\{S_T \geq K\}}\right)$$

여기서 $e^{-rT} E_Q\left(S_T \chi_{\{S_T \geq K\}}\right)$은 위험중립가치평가를 이용하여 앞서 **5.21**에서 소개한 asset-or-nothing 이항옵션의 현재 가치를 표현한 식이고, $e^{-rT} K E_Q\left(\chi_{\{S_T \geq K\}}\right)$는 cash-or-nothing 이항옵션의 현재 가치를 표현한 식이다. 또한

$$E_Q\left(\chi_{\{S_T \geq K\}}\right) = \Phi(d_2)$$

임은 **5.20**에서 보였고,

$$E_Q\left(S_T \chi_{\{S_T \geq K\}}\right) = S_0 e^{rT} \Phi(d_1)$$

이 성립함은 **5.21**과 앞서 7장의 **7.1**에서 asset-or-nothing 옵션의 가치를 구하면서 보인 바 있다.

7.7 배리어 옵션과 위험중립가치평가

앞서 **7.4**에서와 같이 정해진 배리어 B에 도달하면 옵션의 효력이 소멸되는 유러피언 down-and-out 콜옵션의 현재 적정 가격을 위험중립가치평가를 사용하여 나타내어보자.

이제 m_T^S를 시간 구간 $[0, T]$에서 주가 S_t의 최솟값이라고 정의하면 만기 T, 행사가격 K인 down-and-out 콜옵션의 만기시점에서의 페이오프는

$$(S_T - K)\chi_{\{S_T \geq K,\ m_T^S \geq B\}}$$

으로 나타난다. 이 경우 위험중립 세계에서

$$(S_T - K)\chi_{\{S_T \geq K,\ m_T^S \geq B\}}$$

의 기댓값을 무위험 이자율로 할인함으로써 배리어 옵션의 현재 가치를 구할 수 있다.

한편

$$(S_T - K)\chi_{\{S_T \geq K,\ m_T^S \geq B\}} = S_T \chi_{\{S_T \geq K,\ m_T^S \geq B\}} - K\chi_{\{S_T \geq K,\ m_T^S \geq B\}}$$

이므로 위험중립 세계에서 만기 주가 S_T의 확률분포가

$$\ln S_T \sim N\left(\ln S_0 + (r - \sigma^2/2)T,\ \sigma^2 T\right)$$

로 주어짐을 이용하여 배리어 옵션의 현재 0 시점의 가치 c_0는 다음과 같이 나타낼 수 있다. 여기서 기댓값 $E(\cdot)$는 위험중립 세계에서의 기댓값을 나타낸다.

$$c_0 = e^{-rT}E\left(S_T \chi_{\{S_T \geq K,\ m_T^S \geq B\}} - K\chi_{\{S_T \geq K,\ m_T^S \geq B\}}\right)$$

$$= e^{-rT}E\left(S_T \chi_{\{S_T \geq K,\ m_T^S \geq B\}}\right) - e^{-rT}E\left(K\chi_{\{S_T \geq K,\ m_T^S \geq B\}}\right)$$

따라서 두 기댓값

$$E\left(S_T \chi_{\{S_T \geq K,\ m_T^S \geq B\}}\right)$$

과

$$E\left(K\chi_{\{S_T \geq K,\ m_T^S \geq B\}}\right)$$

을 구하는 것은 배리어 옵션의 가격을 구하기 위한 필수적인 과정이나, 앞서 **7.1**에서 일반 유러피언 옵션인 경우의 두 기댓값 $E\left(S_T \chi_{\{S_T \geq K\}}\right)$과 $E\left(\chi_{\{S_T \geq K\}}\right)$보다 훨씬 계산도 복잡하고, 계산을 위해서는 브라운 운동의 중요한 성질인 반사원리(reflection principle)를 필요로 한다. 따라서 반사원리와 그에 따른 몇 가지 결과들을 먼저 나열하고 정리한 후에 두 기댓값 $E\left(S_T \chi_{\{S_T \geq K,\ m_T^S \geq B\}}\right)$과 $E\left(K\chi_{\{S_T \geq K,\ m_T^S \geq B\}}\right)$을 구하기로 한다. 이를 위해서 브라운 운동의 최초 도달시점에 대한 정의와 브라운 운동의 중요한 성질인 반사원리를 소개한다.

7.8 브라운 운동의 반사원리

정의⏐

브라운 운동 B_t와 고정된 상수 x에 대하여 $B_t = x$가 되는 최초의 시점을 나타내는 확률변수 T_x를 x에 대한 B_t의 최초도달시점(first passage time)이라고 한다. 즉

$$T_x = \inf \{t \mid B_t = x\}$$

이다. 최초도달시점과 관련된 다음 정리는 브라운 운동의 반사원리(reflection principle)라 불린다.

고정된 상수 $x \neq 0$에 대해서 다음과 같은 확률과정 $\{W_t : t \geq 0\}$를 정의한다.

$$W_t = \begin{cases} B_t & (t \leq T_x) \\ 2x - B_t & (t > T_x) \end{cases}$$

이때 $\{W_t : t \geq 0\}$ 역시 브라운 운동(위너과정)이다.

브라운 운동의 반사원리는 엄밀한 증명 대신 다음 그림을 통하여 이해할 수 있다.

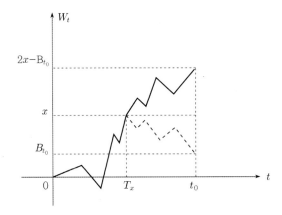

표본경로를 통해 살펴본 브라운 운동의 반사원리

위 그림처럼 x는 $2x - B_{t_0}$와 B_{t_0}의 중앙값이고, 최초 도달시점 T_x 이전 시점에는 W_t와 B_t가 동일하며 T_x 이후 시점에는 서로 대칭인 W_t와 B_t는 서로 동일한 확률분포를 갖는다. 따라서 **정리 7.8**의 반사원리가 성립함을 알 수 있다.

브라운 운동의 반사원리를 이용하면 다음 정리를 증명할 수 있다.

7.9 정리

$T > 0$에 대하여 구간 $[0, T]$에서 B_t의 최솟값을 m_T라 하자. 이때 $x \geq y$와 $y < 0$에 대하여 다음이 성립한다.

$$\Pr\,(B_T \geq x,\, m_T \leq y) = \Pr\,(B_T \leq 2y - x)$$

증명 |

$x \geq y$, $y < 0$인 실수 x, y를 택하고 $E = \{B_T \geq x,\, m_T \leq y\}$로 정의하자.

$B_0 = 0$이고 브라운 운동의 경로는 연속이므로 사건 E가 발생한 경우 중간값 정리에 의해 적당한 t_0에 대하여 $B_{t_0} = y$가 성립해야 한다. 이는 브라운 운동의 경로가 y까지 내려갔다가 다시 x까지 올라갔음을 말한다. 이제

$$W_t = \begin{cases} B_t & (t \leq T_y) \\ 2y - B_t & (t > T_y) \end{cases}$$

라 정의하면 반사원리에 의해서 $\{W_t : t \geq 0\}$는 브라운 운동이고 따라서 $B_T \geq x$과 $W_T \leq 2y - x$는 동일한 사건(event)을 나타낸다. 한편 사건 $W_T \leq 2y - x$는 항상 사건 $m_T \leq y$의 부분집합이다. 따라서 등식

$$\Pr\,(B_T \geq x,\, m_T \leq y) = \Pr\,(W_T \leq 2y - x) = \Pr\,(B_T \leq 2y - x)$$

이 성립한다. ∎

다음의 **따름정리 7.10**은 **정리 7.9**로부터 자명하게 얻어진다.

7.10 따름정리

확률과정 $\{Y_t\}$가 상수 $\sigma > 0$에 대해 $Y_t = \sigma B_t$로 정의되었을 때, 구간 $[0, T]$에서 Y_t의 최솟값을 m_T^Y라 하면 $x \geq y$와 $y < 0$에 대하여 다음이 성립한다.

$$\Pr\,(Y_T \geq x,\, m_T^Y \leq y) = \Pr\,(Y_T \leq 2y - x)$$

다음 정리는 위의 따름정리를 추세 브라운 운동에 대하여 확장한 정리로 배리어 옵션의 적정 가격을 구하는 데 핵심적인 역할을 한다.

7.11 정리

확률과정 $\{Z_t\}$가

$$Z_t = \mu t + \sigma B_t$$

으로 정의된다고 하자. 이때 구간 $[0, T]$에서 Z_t의 최솟값을 m_T^Z라 하면 $x \geq y$와 $y < 0$에 대하여 다음이 성립한다.

$$\Pr\left(Z_T \geq x, m_T^Z \leq y\right) = e^{2\mu y \sigma^{-2}} \Pr\left(Z_T \leq 2y - x + 2\mu T\right)$$

$$= e^{2\mu y \sigma^{-2}} \Phi\left(\frac{2y - x + \mu T}{\sigma\sqrt{T}}\right)$$

정리 7.11의

$$\Pr(Z_T \geq x, \, m_T^Z \leq y) = e^{2\mu y \sigma^{-2}} \Pr(Z_T \leq 2y - x + 2\mu T)$$

부분의 증명은 **정리 7.9**의 증명과 본질적으로 유사하나, 보다 더 높은 수준의 이론을 필요로 한다. 증명에 앞서 **정리 7.11**의 증명을 위해 필요한 확률측도의 변환을 아래에 소개한다.

7.12 확률측도의 변환

확률과정 $X = X_t$가

$$X_0 = 1, \;\; dX = \mu X \, dB_t$$

을 만족한다고 하자. 이때 X_t는 마팅게일 과정으로

$$X_t = \exp\left(-\frac{1}{2}\mu^2 t + \mu B_t\right)$$

이고 $E(X_t) = 1$, $X_t > 0$임을 확인할 수 있다. 이제 새로운 확률측도를

$$\overline{\Pr}(A) = E\left(\chi_A X_t\right)$$

라 정의하자.

$$\Pr(B_t < x) = \frac{1}{\sqrt{2\pi t}}\int_{-\infty}^{x} e^{-s^2/2t}\, ds$$

이므로 $S = B_t$의 확률밀도함수는

$$f(s) = \frac{1}{\sqrt{2\pi t}} e^{-s^2/2t}$$

이고, **정리 2.6**의 기본공식 $E(u(S)) = \displaystyle\int_{-\infty}^{\infty} u(s) f(s)\, ds$에 의하면

$$\overline{\mathrm{Pr}}\left(B_t < x\right) = E\left(\chi_{\{B_t < x\}} X_t\right) = \frac{1}{\sqrt{2\pi t}} \int_{-\infty}^{x} e^{-s^2/2t}\, e^{-\mu^2 t/2 + \mu s}\, ds$$

$$= \frac{1}{\sqrt{2\pi t}} \int_{-\infty}^{x} \exp\left(-\frac{(s - \mu t)^2}{2t}\right) ds$$

$$= \mathrm{Pr}\left(B_t < x - \mu t\right)$$

이다. 즉

$$\mathrm{Pr}\left(B_t + \mu t < x\right) = \overline{\mathrm{Pr}}\left(B_t < x\right)$$

이 성립한다. 이는 새로운 확률측도에서 B_t는 이전 확률측도에서 $\mu t + B_t$, 즉 추세를 갖는 브라운 운동임을 의미한다. 마찬가지로 W_t를 새로운 확률측도 $\overline{\mathrm{Pr}}$에서의 브라운 운동이라고 하면 원래 확률측도에서의 브라운 운동 B_t와 $W_t = B_t - \mu t$의 관계식을 갖는다.

따라서 확률측도 $\overline{\mathrm{Pr}}$에서 원래의 확률측도로 되돌아가기 위해서는

$$Y_t = \exp\left(-\frac{1}{2}\mu^2 t - \mu W_t\right) = \exp\left(-\frac{1}{2}\mu^2 t + \mu^2 t - \mu B_t\right) = X_t^{-1}$$

을 사용한다. 즉 확률측도 $\overline{\mathrm{Pr}}$에 대한 기댓값이 $\overline{E}\left(\,\bullet\,\right)$일 때

$$\mathrm{Pr}\left(E\right) = \overline{E}\left(\chi_E\, Y_t\right)$$

이 성립한다. 이로부터 수리금융 이론에서 가장 중요한 정리 중 하나인 기르사노프(Girsanov) 정리를 가져올 수 있다. 정리의 엄밀한 증명은 생략한다.

7.13 기르사노프 정리

상수 μ와 $t > 0$에 대해 $X_t = \exp\left(-\frac{1}{2}\mu^2 t + \mu B_t\right)$가 있어 새로운 확률측도 Q에 대한 확률 $\overline{\mathrm{Pr}}$과 조건부 기댓값이 $u < t$일 때 확률함수 $f(t)$에 대하여

$$\overline{\mathrm{Pr}}\left(A\right) = E\left(\chi_A\, X_t\right)$$

$$E_Q\big(f(t) \,|\, I_u\big) = E\left(f(t)\frac{X_t}{X_u} \,|\, I_u\right)$$

로 정의되는 경우 $W_t = B_t - \mu t$는 확률측도 Q에 대해 브라운 운동이다.

기르사노프(Girsanov) 정리를 사용하면 우리는 위험중립 측도를 엄밀하게 도입하고 위험중립 세계에서 주가의 확률미분방정식을 얻을 수 있다.

7.14 주가의 위험중립 확률과정

무배당 주식에 대한 주가의 확률미분방정식 $dS = \mu S\, dt + \sigma S\, dB_t$에서 $Y_t = e^{-rT}S_t$라 정의하면 이토의 보조정리에 의해

$$dY = (\mu - r)\, Y dt + \sigma\, Y\, dB_t$$

이 성립한다.

$$W_t = B_t + \frac{\mu - r}{\sigma}\, t$$

라 정의하면 Girsanov 정리에 의해 W_t는

$$X_t = \exp\left(-\frac{1}{2}\left[\frac{\mu - r}{\sigma}\right]^2 t - \frac{\mu - r}{\sigma}\, B_t\right)$$

에 대해 확률이

$$\overline{\mathrm{Pr}}\,(A) = E\,(\chi_A\, X_t)$$

로 정의되는 새로운 확률측도 Q에 대해 브라운 운동이다. 이러한 확률측도 Q를 위험중립 측도라고 부른다. $W_t = B_t + \dfrac{\mu - r}{\sigma}\, t$로부터 $dB_t = dW_t - \dfrac{\mu - r}{\sigma}\, dt$이므로

$$dY = (\mu - r)\, Y dt + \sigma\, Y\, dB_t = \sigma Y dW_t$$

이고, 따라서 Y_t는 새로운 확률측도 Q에 대해 마팅게일 확률과정이다. $dY = \sigma Y dW_t$으로부터

$$Y_t = Y_0 \exp\left(-\frac{1}{2}\sigma^2 t + \sigma\, W_t\right)$$

을 얻으며 이는 $S_t = S_0 e^{(\mu - \sigma^2/2)t + \sigma B_t}$와 동일한 표현 결과이다.

$dB_t = dW_t - \dfrac{\mu - r}{\sigma}\, dt$으로부터 주가의 확률미분방정식 $dS = \mu S\, dt + \sigma S\, dB_t$는 위험중립 측도 Q에 대하여 $dS = rS\, dt + \sigma S\, dW_t$로 표시된다. 이로부터 위험중립 세계에서 무배당 주가의 확률미분방정식은 브라운 운동 B_t에 대해 $dS = rS\, dt + \sigma S\, dB_t$를 따름을 알 수 있다.

> B_t와 W_t를 각각 실제 세계와 위험중립 세계에서의 브라운 운동이라고 하면 $W_t = B_t + \dfrac{\mu - r}{\sigma}\, t$
>
> 가 성립하며 주가의 확률미분방정식 $dS = \mu S\, dt + \sigma S\, dB_t$은 $dS = rS\, dt + \sigma S\, dW_t$과 동일

하다. 위험중립 세계에서 Z_t 가 브라운 운동이라 할 때 무배당 주식에 대한 주가의 확률미분방정식은 $dS = rS\,dt + \sigma S\,dZ_t$ 이다.

7.15 기르사노프 정리와 이항옵션

무배당 주식에 대한 asset-or-nothing 이항옵션의 만기 페이오프의 기댓값

$$E_Q\left(S_T\,\chi_{\{S_T \ge K\}}\right) = S_0\,e^{r\,T}\,\Phi\left(d_1\right)$$

를 기르사노프 정리를 사용하여 다음과 같이 증명할 수 있다.

위험중립 세계에서 $S_T = S_0 e^{(r - \sigma^2/2)\,T + \sigma B_T}$ 이고 $S_T \ge K$ 는 $Z \ge -d_2$ 와 동치이므로

$$E_Q\left(S_T\,\chi_{\{S_T \ge K\}}\right) = E\left(S_0\,e^{(r - \sigma^2/2)\,T + \sigma B_T}\,\chi_{\{S_T \ge K\}}\right)$$

$$= S_0\,e^{r\,T}\,E\left(e^{-\sigma\,T^2/2 + \sigma B_T}\,\chi_{\{S_T \ge K\}}\right)$$

이다. 기르사노프 정리에 의해 $W_t = B_t - \sigma t$ 는

$$E\left(e^{-\sigma\,T^2/2 + \sigma B_T}\,\chi_{\{S_T \ge K\}}\right) = E_{\widetilde{Q}}\left(\chi_{\{S_T \ge K\}}\right)$$

을 만족하는 확률측도 $\widetilde{Q}$ 에 대해 브라운 운동이다.

$$E_{\widetilde{Q}}\left(\chi_{\{S_T \ge K\}}\right) = E_{\widetilde{Q}}\left(\chi_{\{\ln S_T - \ln S_0 \ge \ln K - \ln S_0\}}\right)$$

이고

$$\ln S_T - \ln S_0 = (r - \sigma^2/2)\,T + \sigma B_T$$

$$= (r - \sigma^2/2)\,T + \sigma\left(W_T + \sigma T\right)$$

$$= (r + \sigma^2/2)\,T + \sigma W_T$$

이므로

$$E_{\widetilde{Q}}\left(\chi_{\{\ln S_T - \ln S_0 \ge \ln K - \ln S_0\}}\right) = E\left(\chi_{\{Z \ge -d_1\}}\right) = \Phi\left(d_1\right)$$

이다.

이제 확률측도 변환을 이용한 **정리 7.11**의 증명을 아래에 소개한다.

7.16 정리 7.11의 증명

정리 7.11에서 증명의 일반성을 잃지 않고 $\sigma = 1$로 놓아 확률과정 $\{Z_t\}$가 $Z_t = \mu t + B_t$으로 정의된다고 하자. 이때 구간 $[0,\ T]$에서 Z_t의 최솟값을 m_T^Z라 하면 $x \geq y$와 $y < 0$에 대하여

$$\Pr(Z_T \geq x,\ m_T^Z \leq y) = e^{2\mu y} \Pr(Z_T \leq 2y - x + 2\mu T)$$

이 성립함을 보이고자 한다.

우선 $Z_t = \mu t + B_t$의 추세항을 지우기 위해서

$$X_t = \exp\left(-\frac{1}{2}\mu^2 t - \mu B_t\right)$$

를 사용하여 새로운 확률측도 $\overline{\Pr}$ 을

$$\overline{\Pr}(A) = E(\chi_A X_t)$$

라고 정의한 후, 새로운 확률측도에 대한 기댓값을 $\overline{E}(\ \bullet\ )$으로 표시한다. 새로운 측도에 대해서 Z_t는 표준 브라운 운동이다. 이때 $\exp\left(-\frac{1}{2}\mu^2 t + \mu Z_t\right)$를 이용하면 원래 확률측도로 되돌아갈 수 있다. 즉

$$\Pr(A) = \overline{E}\left(\chi_A \exp\left(-\frac{1}{2}\mu^2 t + \mu Z_t\right)\right)$$

가 성립한다.

이제 등식 $\Pr(A) = \overline{E}\left(\chi_A \exp\left(-\frac{1}{2}\mu^2 T + \mu Z_T\right)\right)$에 $A = \{Z_T \geq x,\ m_T^Z \leq y\}$를 대입하면 기댓값 $\overline{E}(\ \bullet\ )$에 대하여 Z_t는 표준 브라운 운동이므로 반사원리와 **정리 7.9**에 의하여 다음이 성립한다.

$$\begin{aligned}
\Pr(A) &= \overline{E}\left(\chi_A \exp\left(-\frac{1}{2}\mu^2 T + \mu Z_T\right)\right) \\
&= \overline{E}\left(\chi_{\{2y - Z_T \geq x,\ m_T^Z \leq y\}} \exp\left(-\frac{1}{2}\mu^2 T + \mu(2y - Z_T)\right)\right) \\
&= \overline{E}\left(\chi_{\{Z_T \leq 2y - x\}} \exp\left(-\frac{1}{2}\mu^2 T + \mu(2y - Z_T)\right)\right) \\
&= e^{2\mu y}\, \overline{E}\left(\chi_{\{Z_T \leq 2y - x\}} \exp\left(-\frac{1}{2}\mu^2 T - \mu Z_T\right)\right)
\end{aligned}$$

한편

$$\overline{E}\left(\chi_A \exp\left(-\frac{1}{2}\mu^2 T - \mu Z_T\right)\right) = \Pr{}^*(A)$$

로 정의된 또 다른 측도 Pr^* 와 이에 대한 기댓값 $E^*(\,\bullet\,)$은 다음 식

$$\overline{E}\left(\chi_{\{Z_T \,\leq\, 2y\,-\,x\}}\exp\left(-\frac{1}{2}\mu^2 T - \mu Z_T\right)\right) = E^*\left(\chi_{\{Z_T\,\leq\,2y\,-\,x\}}\right) = \mathrm{Pr}^*\left(Z_T \leq 2y - x\right)$$

을 만족하며, Pr^* 에 대해서 Z_t 는 $-\mu t$ 의 추세항을 갖게 되고 따라서

$$\mathrm{Pr}^*\left(Z_T \leq 2y - x\right) = \mathrm{Pr}\left(Z_T \leq 2y - x + 2\mu T\right)$$

가 성립하게 된다. 이로부터 **정리 7.11**의 등식

$$\mathrm{Pr}(Z_T \geq x,\, m_T^Z \leq y) = e^{2\mu y \sigma^{-2}}\mathrm{Pr}\left(Z_T \leq 2y - x + 2\mu T\right)$$

이 얻어진다.

∎

다음의 따름정리들은 **정리 7.11**로부터 얻어지며, 배리어 옵션과 룩백 옵션의 적정 가격을 구하는 데 중요한 역할을 한다.

7.17 따름정리

$Z_t = \mu t + \sigma B_t$이고, 구간 $[0, T]$에서 Z_t의 최솟값을 m_T^Z라 하면 $x \geq y$와 $y < 0$에 대하여 다음이 성립한다.

$$\mathrm{Pr}(Z_T \geq x,\, m_T^Z \geq y) = \Phi\left(\frac{\mu T - x}{\sigma\sqrt{T}}\right) - e^{2\mu y \sigma^{-2}}\Phi\left(\frac{2y - x + \mu T}{\sigma\sqrt{T}}\right)$$

증명│

$$\mathrm{Pr}(Z_T \geq x) = \mathrm{Pr}(Z_T \geq x,\, m_T^Z \leq y) + \mathrm{Pr}(Z_T \geq x,\, m_T^Z \geq y)$$

이고

$$\mathrm{Pr}(Z_T \geq x) = 1 - \Phi\left(\frac{x - \mu T}{\sigma\sqrt{T}}\right) = \Phi\left(\frac{\mu T - x}{\sigma\sqrt{T}}\right)$$

이므로 **정리 7.11**에 의하여 다음을 얻는다.

$$\mathrm{Pr}(Z_T \geq x,\, m_T^Z \geq y) = \mathrm{Pr}(Z_T \geq x) - \mathrm{Pr}(Z_T \geq x,\, m_T^Z \leq y)$$

$$= \Phi\left(\frac{\mu T - x}{\sigma\sqrt{T}}\right) - e^{2\mu y \sigma^{-2}}\Phi\left(\frac{2y - x + \mu T}{\sigma\sqrt{T}}\right)$$

∎

한편 위 정리와 같은 가정 아래

$$\Pr(m_T^Z \le y) = \Pr(Z_T \ge y,\, m_T^Z \le y) + \Pr(Z_T \le y,\, m_T^Z \le y)$$

이 성립하고

$$\Pr(Z_T \le y) = \Pr(Z_T \le y,\, m_T^Z \le y)$$

이므로

$$\Pr(m_T^Z \le y) = \Pr(Z_T \ge y,\, m_T^Z \le y) + \Pr(Z_T \le y)$$

가 성립한다. 따라서 다음 **따름정리 7.18**을 얻을 수 있다.

7.18 따름정리

앞의 정리와 동일한 가정 아래 다음이 성립한다.
$$\Pr(m_T^Z \le y) = \Phi\!\left(\frac{y - \mu\,T}{\sigma\sqrt{T}}\right) + e^{2\mu y \sigma^{-2}} \Phi\!\left(\frac{y + \mu\,T}{\sigma\sqrt{T}}\right)$$

또한, 위 식으로부터 다음 식이 성립한다.
$$\Pr(m_T^Z \ge y) = \Phi\!\left(\frac{\mu\,T - y}{\sigma\sqrt{T}}\right) - e^{2\mu y \sigma^{-2}} \Phi\!\left(\frac{y + \mu\,T}{\sigma\sqrt{T}}\right)$$

한편 구간 $[0,\,T]$에서 Z_t의 최댓값을 M_T^Z라 하면 위 식으로부터 $x > 0$에 대하여 다음이 성립한다.
$$\Pr(M_T^Z \le x) = \Phi\!\left(\frac{x - \mu\,T}{\sigma\sqrt{T}}\right) - e^{2\mu x \sigma^{-2}} \Phi\!\left(\frac{-x - \mu\,T}{\sigma\sqrt{T}}\right)$$

앞의 두 식의 증명은 **따름정리 7.17**로부터 자명하게 얻을 수 있으며, 세 번째 등식의 증명은 연습문제로 남긴다.

이제 위에 언급한 **정리 7.11, 따름정리 7.17, 7.18**과 기르사노프 정리를 이용하여 대표적인 배리어 옵션인 유러피언 down-and-out 콜옵션의 적정 가격을 구할 수 있다.

7.19 정리(배리어 옵션의 적정 가격 I)

무배당 주식에 대한 만기 T, 행사가격 K, 배리어 B인 유러피언 down-and-out 콜옵션의 현재 시점의 가격 c_0은 $B \le K$일 때 다음과 같다.
$$c_0 = S_0 \Phi(d_1) - K e^{-rT} \Phi(d_2) - \left(\frac{B}{S_0}\right)^{1 + (2r/\sigma^2)} S_0\, \Phi(d_3) + \left(\frac{B}{S_0}\right)^{-1 + (2r/\sigma^2)} K e^{-rT} \Phi(d_4)$$

여기서 d_1, d_2, d_3, d_4는 아래와 같이 정의된다.

$$d_1 = \frac{\ln(S_0/K) + (r + \sigma^2/2)\,T}{\sigma\sqrt{T}}, \quad d_2 = \frac{\ln(S_0/K) + (r - \sigma^2/2)\,T}{\sigma\sqrt{T}} = d_1 - \sigma\sqrt{T}$$

$$d_3 = \frac{\ln(B^2/S_0K) + (r + \sigma^2/2)\,T}{\sigma\sqrt{T}}, \quad d_4 = \frac{\ln(B^2/S_0K) + (r - \sigma^2/2)\,T}{\sigma\sqrt{T}} = d_3 - \sigma\sqrt{T}$$

증명ㅣ

앞서 언급했듯이 위험중립 세계에서 무배당 주식의 가격방정식

$$\ln S_t = \ln S_0 + (r - \sigma^2/2)\,t + \sigma B_t$$

에 대하여, down-and-out 콜옵션의 만기 페이오프

$$(S_T - K)\,\chi_{\{S_T \geq K,\ m^s_T \geq B\}}$$

의 기댓값을 무위험 이자율로 할인함으로써 옵션의 현재 가치 c_0 를 다음과 같이 나타낼 수 있다.

$$c_0 = e^{-rT} E\left(S_T\,\chi_{\{S_T \geq K,\ m^S_T \geq B\}}\right) - e^{-rT} E\left(K\,\chi_{\{S_T \geq K,\ m_T^S \geq B\}}\right)$$

위 식에서 먼저

$$E\left(K\,\chi_{\{S_T \geq K,\ m_T^S \geq B\}}\right)$$

의 값을 구하기로 하자. 여기서 등식

$$E\left(K\,\chi_{\{S_T \geq K,\ m_T^S \geq B\}}\right) = K\,E\left(\chi_{\{S_T \geq K,\ m_T^S \geq B\}}\right) = K\,\Pr\left(S_T \geq K,\ m_T^S \geq B\right)$$

가 성립하므로, 확률

$$\Pr\left(S_T \geq K,\ m_T^S \geq B\right)$$

을 구하는 것에 초점을 맞추기로 한다. 이제

$$Z_t = \ln S_t - \ln S_0$$

라 놓으면 위험중립 세계에서 $Z = Z_t$ 는 확률미분방정식

$$dZ = (r - \sigma^2/2)\,dt + \sigma\,dB_t$$

를 따르고 정의에 의하여

$$\Pr\left(S_T \geq K,\ m_T^S \geq B\right) = \Pr\left(Z_T \geq \ln K - \ln S_0,\ m_T^Z \geq \ln B - \ln S_0\right)$$

이 성립한다. 따라서 **따름정리 7.17**에 의해서 다음이 성립한다.

$$\Pr(S_T \geq K,\, m_T^S \geq B) = \Pr(Z_T \geq \ln K - \ln S_0,\, m_T^Z \geq \ln B - \ln S_0)$$

$$= \Phi\left(\frac{\ln(S_0/K) + (r - \sigma^2/2)\,T}{\sigma\sqrt{T}}\right) - \left(\frac{B}{S_0}\right)^{-1 + (2r/\sigma^2)} \Phi\left(\frac{\ln(B^2/S_0 K) + (r - \sigma^2/2)\,T}{\sigma\sqrt{T}}\right)$$

그러므로 $E\left(K\,\chi_{\{S_T \geq K,\, m_T^S \geq B\}}\right) = K\Pr(S_T \geq K,\, m_T^S \geq B)$의 값은 다음과 같이 얻어진다.

$$E\left(K\,\chi_{\{S_T \geq K,\, m_T^S \geq B\}}\right)$$

$$= K\Phi\left(\frac{\ln(S_0/K) + (r - \sigma^2/2)\,T}{\sigma\sqrt{T}}\right) - K\left(\frac{B}{S_0}\right)^{-1 + (2r/\sigma^2)} \Phi\left(\frac{\ln(B^2/S_0 K) + (r - \sigma^2/2)\,T}{\sigma\sqrt{T}}\right)$$

한편 $E\left(S_T\,\chi_{\{S_T \geq K,\, m_T^S \geq B\}}\right)$을 구하려면, 기르사노프 정리를 사용해서 앞서 **7.15**에서 이항옵션의 적정 가격 공식 $E\left(S_T\,\chi_{\{S_T \geq K\}}\right) = S_0 e^{rT}\Phi(d_1)$를 보일 때와 같은 방법으로 다음 식을 얻을 수 있다. $W_t = B_t - \sigma t$는

$$E\left(e^{-\sigma T^2/2 + \sigma B_T}\,\chi_{\{S_T \geq K,\, m_T^S \geq B\}}\right) = E_{\widetilde{Q}}\left(\chi_{\{S_T \geq K,\, m_T^S \geq B\}}\right)$$

을 만족하는 확률측도 $\widetilde{Q}$에 대해 브라운 운동이고 다음이 성립한다.

$$E\left(S_T\,\chi_{\{S_T \geq K,\, m_T^S \geq B\}}\right) = S_0 e^{rT} E_{\widetilde{Q}}\left(\chi_{\{S_T \geq K,\, m_T^S \geq B\}}\right)$$

$$= S_0 e^{rT} E\left(\chi_{\{X_T \geq K,\, m_T^X \geq B\}}\right)$$

$$= S_0 e^{rT} \Pr(X_T \geq K,\, m_T^X \geq B)$$

여기서, $\ln X_T = \ln S_0 + (r + \sigma^2/2)\,T + \sigma B_T$이다.

이제 $Z_t = \ln X_t - \ln S_0$라 놓으면 **따름정리 7.17**에서

$$\mu = (r + \sigma^2/2),\quad x = \ln K - \ln S_0,\quad y = \ln B - \ln S_0 \,\, (x \geq y,\, y < 0)$$

인 경우에 해당하므로 다음이 성립한다.

$$\Pr(X_T \geq K,\, m_T^X \geq B) = \Pr(Z_T \geq \ln K - \ln S_0,\, m_T^Z \geq \ln B - \ln S_0)$$

$$= \Phi\left(\frac{(r + \sigma^2/2)\,T - \ln K + \ln S_0}{\sigma\sqrt{T}}\right) - e^{(2r + \sigma^2)\ln(B/S_0)\,\sigma^{-2}} \Phi\left(\frac{2\ln(B/S_0) - \ln(K/S_0) + (r + \sigma^2/2)\,T}{\sigma\sqrt{T}}\right)$$

$$= \Phi\left(\frac{\ln(S_0/K) + (r + \sigma^2/2)\,T}{\sigma\sqrt{T}}\right) - \left(\frac{B}{S_0}\right)^{1 + (2r/\sigma^2)} \Phi\left(\frac{\ln(B^2/S_0 K) + (r + \sigma^2/2)\,T}{\sigma\sqrt{T}}\right)$$

따라서

$$E\left(S_T \chi_{\{S_T \geq K, \, m_T^S \geq B\}}\right)$$

$$= S_0 e^{rT} \Phi\left(\frac{\ln(S_0/K) + (r + \sigma^2/2)\,T}{\sigma\sqrt{T}}\right) - S_0 e^{rT} \left(\frac{B}{S_0}\right)^{1 + (2r/\sigma^2)} \Phi\left(\frac{\ln(B^2/S_0 K) + (r + \sigma^2/2)\,T}{\sigma\sqrt{T}}\right)$$

이 성립하고, 이 결과들을

$$c_0 = e^{-rT} E\left(S_T \chi_{\{S_T \geq K, \, m_T^S \geq B\}}\right) - e^{-rT} E\left(K \chi_{\{S_T \geq K, \, m_T^S \geq B\}}\right)$$

에 대입하면 **정리 7.19**가 증명된다.

∎

정리 7.19를 포함해서 여태까지는 $B \leq K$, 즉 배리어가 옵션의 행사가격보다 작은 경우를 다루었다. $B > K$, 즉 배리어가 행사가격보다 큰 경우는 집합 $\{S_T \geq K\}$는 $\{m_T^S \geq B\}$를 포함하므로 down-and-out 콜옵션의 만기 페이오프는 $(S_T - K)\chi_{\{m_T^S \geq B\}}$이다. 따라서 위험중립가치평가에 의하여 옵션의 현재 가치 c_0를 다음과 같이 나타낼 수 있다.

$$c_0 = e^{-rT} E\left(S_T \chi_{\{m_T^S \geq B\}}\right) - e^{-rT} K E\left(\chi_{\{m_T^S \geq B\}}\right)$$

이제, **따름정리 7.18**에서 $\mu = r + \sigma^2/2$라 놓고, **정리 7.19**의 증명에서와 같이 계산하면 다음 식을 얻는다.

$$E\left(S_T \chi_{\{m_T^S \geq B\}}\right)$$

$$= S_0 e^{rT} \left\{ \Phi\left(\frac{\ln(S_0/B) + (r + \sigma^2/2)\,T}{\sigma\sqrt{T}}\right) - \left(\frac{B}{S_0}\right)^{1 + 2r/\sigma^2} \Phi\left(\frac{\ln(B/S_0) + (r + \sigma^2/2)\,T}{\sigma\sqrt{T}}\right) \right\}$$

마찬가지로 **따름정리 7.18**에서 $\mu = r - \sigma^2/2$라 놓고 계산하면 다음을 쉽게 얻는다.

$$E\left(\chi_{\{m_T^S \geq B\}}\right)$$

$$= \left\{ \Phi\left(\frac{\ln(S_0/B) + (r - \sigma^2/2)\,T}{\sigma\sqrt{T}}\right) - \left(\frac{B}{S_0}\right)^{-1 + 2r/\sigma^2} \Phi\left(\frac{\ln(B/S_0) - (r + \sigma^2/2)\,T}{\sigma\sqrt{T}}\right) \right\}$$

이를 종합하면, 배리어가 행사가격보다 큰 경우 down-and-out 콜옵션의 현재 가격은 다음 **정리 7.20**과 같음이 증명되었다.

7.20 정리(배리어 옵션의 적정 가격 II)

무배당 주식에 대한 만기 T, 행사가격 K, 배리어 B인 유러피언 down-and-out 콜옵션의 현재 시점의
가격 c_0은 $B > K$일 때 다음과 같다.

$$c_0 = S_0 \Phi(d_1) - Ke^{-rT} \Phi(d_2) - \left(\frac{B}{S_0}\right)^{1+(2r/\sigma^2)} S_0 \Phi(d_3) + \left(\frac{B}{S_0}\right)^{-1+(2r/\sigma^2)} Ke^{-rT} \Phi(d_4)$$

여기서 d_1, d_2, d_3, d_4는 아래와 같이 정의된다.

$$d_1 = \frac{\ln(S_0/B) + (r+\sigma^2/2)T}{\sigma\sqrt{T}}, \quad d_2 = \frac{\ln(S_0/B) + (r-\sigma^2/2)T}{\sigma\sqrt{T}} = d_1 - \sigma\sqrt{T}$$

$$d_3 = \frac{\ln(B/S_0) + (r+\sigma^2/2)T}{\sigma\sqrt{T}}, \quad d_4 = \frac{\ln(B/S_0) + (r-\sigma^2/2)T}{\sigma\sqrt{T}} = d_3 - \sigma\sqrt{T}$$

배리어 옵션에 있어서 주목해야 할 사실은 동일 만기 동일 행사가격 동일 배리어의 유러피언 down-
and-in 콜옵션과 유러피언 down-and-out 콜옵션에 대하여 down-and-in 콜옵션의 효력이 살아있으면
down-and-out 콜옵션의 효력이 없고, 반대로 down-and-out 콜옵션의 효력이 살아있으면 down-and-in 콜
옵션은 효력이 없다는 것이다. 따라서 down-and-in 콜옵션과 down-and-out 콜옵션을 동시에 보유하고
있으면 표준 유러피언 콜옵션을 보유하고 있는 것과 같으므로 표준 콜옵션의 가치는 down-and-in 콜옵
션과 down-and-out 콜옵션의 가치의 합과 같게 된다.

> 표준 콜옵션 = down-and-in 콜옵션 + down-and-out 콜옵션
>
> 표준 풋옵션 = up-and-in 풋옵션 + up-and-out 풋옵션

7.21 아메리칸 이항옵션

아메리칸 이항옵션은 배리어 옵션의 일종으로 간주할 수 있다. 주가가 $dS = \mu S\,dt + \sigma S\,dB_t$의 움직
임을 갖는 무배당 주식에 대해서 T기간 안에 주가가 올라서 K에 도달하면 M만큼의 현금 가치를 지니
고, 그렇지 않으면 가치가 0이 되는 이항옵션의 만기 T 시점에서의 페이오프는

$$M \chi_{\{M^S{}_T > K\}}$$

이고, 반대로 T기간 안에 주가가 내려서 K에 도달하면 M만큼의 현금 가치를 지니고, 그렇지 않으면
가치가 0이 되는 이항옵션의 만기 T시점에서의 페이오프는

$$M \chi_{\{m^S{}_T \leq K\}}$$

이다. 후자의 경우 아메리칸 이항 풋옵션이라고 불리며 옵션의 현재 가치 p_0는 위험중립가치평가에 의하여 다음과 같다.

$$p_0 = e^{-rT} M \, \mathrm{Pr} \left[m^S_{\,T} \leq K \right]$$

이를 앞서 유러피언 down-and-out 콜옵션의 적정 가격을 구할 때와 동일한 방법으로 계산하면 다음과 같은 결과를 얻는다.

$$p_0 = e^{-rT} M \left[1 - \Phi(d_2) + \left(\frac{K}{S_0} \right)^{-1 + 2r/\sigma^2} \Phi \left(\frac{\ln(K/S_0) + (r - \sigma^2/2) T}{\sigma \sqrt{T}} \right) \right]$$

여기서

$$d_2 = \frac{\ln(S_0/K) + (r - \sigma^2/2) T}{\sigma \sqrt{T}}$$

이다.

3. 룩백 옵션

룩백 옵션(lookback option)은 발행시점부터 만기까지 기초자산 가격의 최댓값 또는 최솟값에 의하여 만기의 페이오프가 결정되는 옵션이다. 룩백 콜옵션의 행사가격은 만기까지 주가의 최솟값이고, 룩백 풋옵션의 행사가격은 만기까지 기초자산의 최댓값이다.

무배당 주식을 기초자산으로 하여 새로 발행된 유러피언 룩백 콜옵션을 고려해보자. 옵션의 만기 페이오프는 만기 주가가 만기까지 주가의 최솟값을 초과한 금액이다.

즉 옵션의 만기 페이오프는 $S_T - m^S_T$이다. 따라서 위험중립 세계에서 만기 주가의 확률분포

$$\ln S_T = \ln S_0 + \left(r - \frac{\sigma^2}{2} \right) T + \sigma B_T$$

를 사용하면 옵션의 현재 가격은 다음과 같이 나타낼 수 있다.

$$\begin{aligned} c_0 &= e^{-rT} E(S_T - m^S_T) \\ &= e^{-rT} E(S_T) - e^{-rT} E(m^S_T) \end{aligned}$$

여기서

$$e^{-rT} E(S_T) = S_0$$

이므로 위험중립 세계에서 $E(m_T^S)$의 값을 구하면 룩백 콜옵션의 현재 가치를 알 수 있다. 다음 정리는 바로 위에서 언급한 새로 발행된 룩백 콜옵션의 적정 가격에 대한 공식이다.

7.22 정리(룩백 옵션의 적정 가치 I)

무배당 주식에 대한 룩백 콜옵션의 발행 시점에서의 적정 가격 c_0는 다음과 같다.

$$c_0 = S_0 \left\{ -\frac{\sigma^2}{2r} + \left(1 + \frac{\sigma^2}{2r} \right) \Phi(a_1) - e^{-rT} \left(1 - \frac{\sigma^2}{2r} \right) \Phi(a_2) \right\}$$

여기서

$$a_1 = \frac{(r + \sigma^2/2)T}{\sigma\sqrt{T}}, \quad a_2 = \frac{(r - \sigma^2/2)T}{\sigma\sqrt{T}} = a_1 - \sigma\sqrt{T}$$

이다.

증명 |

$Z_t = \ln \dfrac{S_t}{S_0}$ 그리고 $\nu = r - \sigma^2/2$ 라 정의하면 위험중립 세계에서 $Z_t = \nu t + \sigma B_t$ 이므로 **따름정리**

7.18에 의하여 $y < 0$에 대하여 다음이 성립한다.

$$\mathrm{Pr}(m_T^Z \le y) = \Phi\left(\frac{y - \nu T}{\sigma\sqrt{T}} \right) + e^{2\nu y \sigma^{-2}} \Phi\left(\frac{y + \nu T}{\sigma\sqrt{T}} \right)$$

여기서 $Y = \ln \dfrac{m_T^S}{S_0}$ 라 치환하면 $m_T^S = S_0 e^Y$ 이고 $Y = m_T^Z$ 이므로 $y < 0$에 대하여

$$\mathrm{Pr}(Y \le y) = \Phi\left(\frac{y - \nu T}{\sigma\sqrt{T}} \right) + e^{2\nu y \sigma^{-2}} \Phi\left(\frac{y + \nu T}{\sigma\sqrt{T}} \right)$$

이 성립하고, 이는 $y \le 0$인 경우 Y의 누적분포함수이다. 따라서 Y의 확률밀도함수 $f(y)$는 다음과 같이 구할 수 있다.

Y의 정의에 의하여 $y > 0$에 대하여 확률밀도함수 $f(y)$는 $f(y) = 0$이고, $y \le 0$인 경우에 대하여 다음이 성립한다. 여기서 $\varphi = \Phi'$은 표준정규분포의 확률밀도함수이다.

$$f(y) = \frac{d}{dy} \mathrm{Pr}(Y \le y) = \frac{d}{dy} \left[\Phi\left(\frac{y - \nu T}{\sigma\sqrt{T}} \right) + e^{2\nu y \sigma^{-2}} \Phi\left(\frac{y + \nu T}{\sigma\sqrt{T}} \right) \right]$$

$$= \frac{1}{\sigma\sqrt{T}} \varphi\left(\frac{y - \nu T}{\sigma\sqrt{T}} \right) + \frac{2\nu}{\sigma^2} e^{2\nu y \sigma^{-2}} \Phi\left(\frac{y + \nu T}{\sigma\sqrt{T}} \right) + e^{2\nu y \sigma^{-2}} \frac{1}{\sigma\sqrt{T}} \varphi\left(\frac{y + \nu T}{\sigma\sqrt{T}} \right).$$

따라서 다음을 얻는다.

$$E(m_T^S) = E\left(S_0 e^Y\right) = S_0 E(e^Y)$$

$$= S_0 \int_{-\infty}^{\infty} e^y f(y)\, dy = S_0 \int_{-\infty}^{0} e^y f(y)\, dy$$

이를 직접 계산하면 다음과 같다.

$$E(m_T^S) = S_0 \int_{-\infty}^{0} e^y f(y)\, dy$$

$$= S_0 \int_{-\infty}^{0} e^y \left[\frac{1}{\sigma\sqrt{T}} \varphi\left(\frac{y-\nu T}{\sigma\sqrt{T}}\right) + \frac{2\nu}{\sigma^2} e^{2\nu y \sigma^{-2}} \Phi\left(\frac{y+\nu T}{\sigma\sqrt{T}}\right) + e^{2\nu y \sigma^{-2}} \frac{1}{\sigma\sqrt{T}} \varphi\left(\frac{y+\nu T}{\sigma\sqrt{T}}\right) \right] dy$$

$$= S_0 \int_{-\infty}^{0} e^y \left[\frac{1}{\sigma\sqrt{T}} \varphi\left(\frac{y-\nu T}{\sigma\sqrt{T}}\right) \right] dy + S_0 \int_{-\infty}^{0} e^y \left[\frac{2\nu}{\sigma^2} e^{2\nu y \sigma^{-2}} \Phi\left(\frac{y+\nu T}{\sigma\sqrt{T}}\right) \right] dy$$

$$+ S_0 \int_{-\infty}^{0} e^y \left[e^{2\nu y \sigma^{-2}} \frac{1}{\sigma\sqrt{T}} \varphi\left(\frac{y+\nu T}{\sigma\sqrt{T}}\right) \right] dy$$

$$= I + II + III$$

이라 하자. 먼저 첫 번째 적분식의 값 I 을 구하자.

$$\int_{-\infty}^{0} e^y \left[\frac{1}{\sigma\sqrt{T}} \varphi\left(\frac{y-\nu T}{\sigma\sqrt{T}}\right) \right] dy = \int_{-\infty}^{0} \frac{1}{\sigma\sqrt{2\pi T}} \exp\left(y - \frac{(y-\nu T)^2}{2\sigma^2 T} \right) dt$$

$$= \int_{-\infty}^{0} \frac{e^{(\nu+\sigma^2/2)T}}{\sigma\sqrt{2\pi T}} \exp\left(- \frac{\left[y-(\nu+\sigma^2)T\right]^2}{2\sigma^2 T} \right) dy$$

$$= e^{rT} \Phi\left(- \frac{(r+\sigma^2/2)T}{\sigma\sqrt{T}} \right)$$

따라서

$$I = S_0\, e^{rT} \Phi\left(- \frac{(r+\sigma^2/2)T}{\sigma\sqrt{T}} \right)$$

이다.

두 번째 적분식의 값 II를 구하기 위하여 다음 등식을 이용한다.

$$\int_{-\infty}^{0} e^y \left[\frac{2\nu}{\sigma^2} e^{2\nu y \sigma^{-2}} \Phi\left(\frac{y+\nu T}{\sigma\sqrt{T}}\right) \right] dy$$

$$= \int_{-\infty}^{0} \frac{2\nu}{2\nu+\sigma^2} \left[\frac{d}{dy} \exp\left(\frac{2\nu+\sigma^2}{\sigma^2} y\right) \right] \Phi\left(\frac{y+\nu T}{\sigma\sqrt{T}}\right) dy$$

이로부터 부분적분을 사용해서 다음 식을 얻는다.

$$\int_{-\infty}^{0}\left[\frac{d}{dy}\exp\left(\frac{2\nu+\sigma^2}{\sigma^2}y\right)\right]\Phi\left(\frac{y+\nu T}{\sigma\sqrt{T}}\right)dy$$

$$=\left[\exp\left(\frac{2\nu+\sigma^2}{\sigma^2}y\right)\Phi\left(\frac{y+\nu T}{\sigma\sqrt{T}}\right)\right]_{-\infty}^{0}-\int_{-\infty}^{0}\exp\left(\frac{2\nu+\sigma^2}{\sigma^2}y\right)\frac{1}{\sigma\sqrt{2\pi T}}\exp\left(-\frac{(y+\nu T)^2}{2\sigma^2 T}\right)dy$$

$$=\Phi\left(\frac{\nu T}{\sigma\sqrt{T}}\right)-e^{(\nu+\sigma^2/2)T}\Phi\left(-\frac{(\nu+\sigma^2)T}{\sigma\sqrt{T}}\right)$$

위 식에 $\nu=r-\sigma^2/2$ 을 대입하고 정리하면 다음 식이 성립한다.

$$\int_{-\infty}^{0}e^y\left[\frac{2\nu}{\sigma^2}e^{2\nu y\sigma^{-2}}\Phi\left(\frac{y+\nu T}{\sigma\sqrt{T}}\right)\right]dy$$

$$=\left(1-\frac{\sigma^2}{2r}\right)\Phi\left(\frac{(r-\sigma^2/2)T}{\sigma\sqrt{T}}\right)-e^{rT}\left(1-\frac{\sigma^2}{2r}\right)\Phi\left(-\frac{(r+\sigma^2/2)T}{\sigma\sqrt{T}}\right)$$

따라서

$$II=S_0\left(1-\frac{\sigma^2}{2r}\right)\Phi\left(\frac{(r-\sigma^2/2)T}{\sigma\sqrt{T}}\right)-S_0 e^{rT}\left(1-\frac{\sigma^2}{2r}\right)\Phi\left(-\frac{(r+\sigma^2/2)T}{\sigma\sqrt{T}}\right)$$

이다. 적분식 III의 값은 I에서와 같은 방법으로 구할 수 있다.

$$\int_{-\infty}^{0}e^y\left[e^{2\nu y\sigma^{-2}}\frac{1}{\sigma\sqrt{T}}\varphi\left(\frac{y+\nu T}{\sigma\sqrt{T}}\right)\right]dy=\int_{-\infty}^{0}\frac{1}{\sigma\sqrt{2\pi T}}\exp\left(\frac{(2\nu+\sigma^2)y}{\sigma^2}-\frac{(y+\nu T)^2}{2\sigma^2 T}\right)dy$$

$$=\int_{-\infty}^{0}\frac{e^{(\nu+\sigma^2/2)T}}{\sigma\sqrt{2\pi T}}\exp\left(-\frac{[y-(\nu+\sigma^2)T]^2}{2\sigma^2 T}\right)dy$$

$$=e^{rT}\Phi\left(\frac{(r+\sigma^2/2)T}{\sigma\sqrt{T}}\right)$$

따라서

$$III=S_0 e^{rT}\Phi\left(-\frac{(r+\sigma^2/2)T}{\sigma\sqrt{T}}\right)=I$$

이다. 이로부터 새로 발행된 유러피언 룩백 콜옵션의 가격 c_0를 다음과 같이 얻을 수 있다.

$$c_0=e^{-rT}E(S_T-m_T^S)=e^{-rT}E(S_T)-e^{-rT}E(m_T^S)=S_0-e^{-rT}(I+II+III)$$

$$=S_0\left\{1-2\Phi\left(-\frac{(r+\sigma^2/2)T}{\sigma\sqrt{T}}\right)-e^{-rT}\left(1-\frac{\sigma^2}{2r}\right)\Phi\left(\frac{(r-\sigma^2/2)T}{\sigma\sqrt{T}}\right)\right.$$

$$\left.+\left(1-\frac{\sigma^2}{2r}\right)\Phi\left(-\frac{(r+\sigma^2/2)T}{\sigma\sqrt{T}}\right)\right\}$$

$$= S_0 \left\{ -\frac{\sigma^2}{2r} + \left(1 + \frac{\sigma^2}{2r}\right) \Phi(a_1) - e^{-rT} \left(1 - \frac{\sigma^2}{2r}\right) \Phi(a_2) \right\}$$

여기서

$$a_1 = \frac{(r + \sigma^2/2)T}{\sigma\sqrt{T}}, \ a_2 = \frac{(r - \sigma^2/2)T}{\sigma\sqrt{T}} = a_1 - \sigma\sqrt{T}$$

이다. 이로부터 **정리 7.22**의 증명이 완결되었다. ∎

한편 룩백 콜옵션이 발행된 지 t 만큼의 시간이 흐른 시점에서 룩백 콜옵션의 가치 c_t 를 구하는 것은 일반 콜옵션의 경우처럼, S_0 대신 S_t 를, 그리고 만기까지 시간 T 대신 $T-t$ 를 공식에 대입하는 것으로 대체될 수 없다. 왜냐하면 옵션 발행시점부터 만기까지 주가의 최솟값이 S_t 보다 작은 경우에는 구간 $[t, T]$ 에서 주가의 최솟값이 옵션의 행사가격이 되지 않을 수 있기 때문이다.

발행 후 t 만큼의 시간이 흐른 시점에서 룩백 콜옵션의 가치 c_t 는 앞의 **정리 7.22**과 유사한 방법으로 다음과 같이 구해진다.

7.23 정리(룩백 옵션의 적정 가치 II)

무배당 주식에 대한 룩백 콜옵션의 적정 가격 $c = c_t$ 는 다음과 같다. 여기서 $S_{\min}$ 은 옵션 발행시점부터 현재 시점까지 주가의 최솟값이다.

$$c = S\,\Phi(a_1) - S_{\min}e^{-r\tau}\Phi(a_2) + Se^{-r\tau}\frac{\sigma^2}{2r}\left[\left(\frac{S}{S_{\min}}\right)^{-2r/\sigma^2}\Phi\left(-a_1 + \frac{2r\sqrt{\tau}}{\sigma}\right) - e^{r\tau}\Phi(-a_1)\right]$$

이때 a_1, a_2 는 다음과 같이 정의된다.

$$a_1 = \frac{\ln(S/S_{\min}) + (r + \sigma^2/2)\tau}{\sigma\sqrt{\tau}}, \ a_2 = \frac{\ln(S/S_{\min}) + (r - \sigma^2/2)\tau}{\sigma\sqrt{\tau}} = a_1 - \sigma\sqrt{\tau}$$

증명|

위험중립가치평가에 의하여 다음이 성립한다.

$$c_t = e^{-r(T-t)}E_t(S_T - m_T^S)$$
$$= e^{-r(T-t)}E_t(S_T) - e^{-r(T-t)}E_t(m_T^S)$$

여기서 기댓값은 t 시점을 기준으로 위험중립 세계에서의 기댓값을 의미한다. 따라서

$$e^{-r(T-t)}E_t(S_T) = S_t = S$$

이 성립하고 따라서 $E_t\left(m_T^S\right)$를 구하는 것이 c_t를 구하는 것의 핵심인데, 편의상 t 시점을 현재 시점이라 가정하고, 따라서 $E_t\left(\,\bullet\,\right)$을 현재 시점의 기댓값 $E\left(\,\bullet\,\right)$으로 표시하도록 한다.

즉 $E_t\left(m_T^S\right) = E\left(m_T^S\right)$라 표시하고 $E\left(m_T^S\right)$를 구하도록 한다.

이제

$$\tau = T - t, \quad m_\tau^S = \min\left\{S_u \mid t \le u \le T\right\}, \quad S_{\min} = \min\left\{S_u \mid 0 \le u \le t\right\}$$

라 표기하면 다음이 성립한다.

$$m_T^S = \min\left[S_{\min}, m_\tau^S\right] = S_{\min}\,\chi\left(S_{\min} \le m_\tau^S\right) + m_\tau^S\,\chi\left(S_{\min} \ge m_\tau^S\right)$$

이제

$$E\left(m_T^S\right) = E\left(\min\left[S_{\min}, m_\tau^S\right]\right)$$

값을 구하기 위하여 앞서 정리의 결과를 얻은 방법을 아래와 같이 반복한다.

$Z_u = \ln\dfrac{S_u}{S_t}$ 그리고 $\nu = r - \sigma^2/2$라 놓으면 위험중립 세계에서

$$Z_T = \nu\,\tau + \sigma B_\tau$$

으로 표현되고, 따라서 **따름정리 7.18**에 의하여 $y \le 0$에 대하여 다음이 성립한다.

$$\Pr\left(m_\tau^Z \le y\right) = \Phi\!\left(\frac{y - \nu\tau}{\sigma\sqrt{\tau}}\right) + e^{2\nu y \sigma^{-2}}\,\Phi\!\left(\frac{y + \nu\tau}{\sigma\sqrt{\tau}}\right)$$

이제 $Y = \ln\dfrac{m_\tau^S}{S_t}$라 치환하면 $m_\tau^S = Se^Y$이고 $Y = m_\tau^Z \le 0$이므로 $y \le 0$에 대하여

$$\Pr\left(Y \le y\right) = \Phi\!\left(\frac{y - \nu\tau}{\sigma\sqrt{\tau}}\right) + e^{2\nu y \sigma^{-2}}\,\Phi\!\left(\frac{y + \nu\tau}{\sigma\sqrt{\tau}}\right)$$

는 Y의 누적분포함수이다. 따라서 Y의 확률밀도함수 $f(y)$는 다음과 같이 구할 수 있다. $y \le 0$에 대하여

$$f(y) = \frac{d}{dy}\Pr\left(Y \le y\right) = \frac{d}{dy}\left[\Phi\!\left(\frac{y - \nu\tau}{\sigma\sqrt{\tau}}\right) + e^{2\nu y \sigma^{-2}}\,\Phi\!\left(\frac{y + \nu\tau}{\sigma\sqrt{\tau}}\right)\right]$$

$$= \frac{1}{\sigma\sqrt{\tau}}\,\varphi\!\left(\frac{y - \nu\tau}{\sigma\sqrt{\tau}}\right) + \frac{2\nu}{\sigma^2}\,e^{2\nu y \sigma^{-2}}\,\Phi\!\left(\frac{y + \nu\tau}{\sigma\sqrt{\tau}}\right) + e^{2\nu y \sigma^{-2}}\,\frac{1}{\sigma\sqrt{\tau}}\,\varphi\!\left(\frac{y + \nu\tau}{\sigma\sqrt{\tau}}\right)$$

따라서

$$E\left(m_T^S\right) = E\left(\min\left[S_{\min}, m_\tau^S\right]\right)$$

$$= E\left[S_{\min}\,\chi\left(S_{\min} \leq m_\tau^S\right) + m_\tau^S\chi\left(S_{\min} \geq m_\tau^S\right)\right]$$

$$= E\left[S_{\min}\,\chi\left(S_{\min} \leq m_\tau^S\right)\right] + E\left[m_\tau^S\chi\left(S_{\min} \geq m_\tau^S\right)\right]$$

이다. 여기서

$$E\left(S_{\min}\,\chi\left(S_{\min} \leq m_\tau^S\right)\right)$$

$$= S_{\min}\Pr(m_\tau^S \geq S_{\min}) = S_{\min}\Pr\left(m_\tau^Z \geq \ln\frac{S_{\min}}{S}\right)$$

$$= S_{\min}\left[1 - \Pr\left(m_\tau^Z \leq \ln\frac{S_{\min}}{S}\right)\right]$$

$$= S_{\min}\left[\Phi\left(\frac{\ln(S/S_{\min}) + \nu\tau}{\sigma\sqrt{\tau}}\right) - \left(\frac{S}{S_{\min}}\right)^{1 - 2r/\sigma^2}\Phi\left(-\frac{\ln(S/S_{\min}) - \nu\tau}{\sigma\sqrt{\tau}}\right)\right]$$

이 성립하고, 두 번째 기댓값 $E\left[m_\tau^S\chi\left(S_{\min} \geq m_\tau^S\right)\right]$ 은 다음과 같이 계산된다.

$$E\left[m_\tau^S\chi\left(S_{\min} \geq m_\tau^S\right)\right]$$

$$= S\int_{-\infty}^{\ln(S_{\min}/S)} e^y f(y)\,dy$$

$$= S\int_{-\infty}^{\ln(S_{\min}/S)} e^y\left[\frac{1}{\sigma\sqrt{\tau}}\varphi\left(\frac{y - \nu\tau}{\sigma\sqrt{\tau}}\right) + \frac{2\nu}{\sigma^2}e^{2\nu y\sigma^{-2}}\Phi\left(\frac{y + \nu\tau}{\sigma\sqrt{\tau}}\right) + e^{2\nu y\sigma^{-2}}\frac{1}{\sigma\sqrt{\tau}}\varphi\left(\frac{y + \nu\tau}{\sigma\sqrt{\tau}}\right)\right]dy$$

$$= S\int_{-\infty}^{\ln(S_{\min}/S)} e^y\left[\frac{1}{\sigma\sqrt{\tau}}\varphi\left(\frac{y - \nu\tau}{\sigma\sqrt{\tau}}\right)\right]dy + S\int_{-\infty}^{\ln(S_{\min}/S)} e^y\left[\frac{2\nu}{\sigma^2}e^{2\nu y\sigma^{-2}}\Phi\left(\frac{y + \nu\tau}{\sigma\sqrt{\tau}}\right)\right]dy$$

$$+ S\int_{-\infty}^{\ln(S_{\min}/S)} e^y\left[e^{2\nu y\sigma^{-2}}\frac{1}{\sigma\sqrt{\tau}}\varphi\left(\frac{y + \nu\tau}{\sigma\sqrt{\tau}}\right)\right]dy$$

$$= I + II + III$$ 이라 하자.

이제 첫 번째 적분식의 값 I을 구하자.

$$I = S\int_{-\infty}^{\ln(S_{\min}/S)} e^y\left[\frac{1}{\sigma\sqrt{\tau}}\varphi\left(\frac{y - \nu\tau}{\sigma\sqrt{\tau}}\right)\right]dy = S\int_{-\infty}^{\ln(S_{\min}/S)}\frac{1}{\sigma\sqrt{2\pi\tau}}\exp\left(y - \frac{(y - \nu\tau)^2}{2\sigma^2\tau}\right)dy$$

$$= S\int_{-\infty}^{\ln(S_{\min}/S)}\frac{e^{(\nu + \sigma^2/2)\tau}}{\sigma\sqrt{2\pi\tau}}\exp\left(-\frac{\left[y - (\nu + \sigma^2)\tau\right]^2}{2\sigma^2\tau}\right)dy$$

$$= Se^{r\tau}\Phi\left(\frac{\ln(S_{\min}/S) - (r + \sigma^2/2)\tau}{\sigma\sqrt{\tau}}\right)$$

마찬가지의 방법으로 세 번째 적분식의 값 III도 I과 같은 값을 얻는다. 즉

$$I = Se^{r\tau} \Phi \left(\frac{\ln\left(S_{\min}/S\right) - (r + \sigma^2/2)\tau}{\sigma\sqrt{\tau}} \right) = III$$

이다. 두 번째 적분식의 값 II은 다음과 같이 얻어진다.

$$
\begin{aligned}
II &= S \int_{-\infty}^{\ln(S_{\min}/S)} e^y \left[\frac{2\nu}{\sigma^2} e^{2\nu y \sigma^{-2}} \Phi\left(\frac{y + \nu\tau}{\sigma\sqrt{\tau}} \right) \right] dy \\
&= S \int_{-\infty}^{\ln(S_{\min}/S)} \frac{2\nu}{2\nu + \sigma^2} \left[\frac{d}{dy} \exp\left(\frac{2\nu + \sigma^2}{\sigma^2} y \right) \right] \Phi\left(\frac{y + \nu\tau}{\sigma\sqrt{\tau}} \right) dy \\
&= S \frac{2\nu}{2\nu + \sigma^2} \left\{ \left[\exp\left(\frac{2\nu + \sigma^2}{\sigma^2} y \right) \Phi\left(\frac{y + \nu\tau}{\sigma\sqrt{\tau}} \right) \right]_{-\infty}^{\ln(S_{\min}/S)} \right\} \\
&\quad - S \frac{2\nu}{2\nu + \sigma^2} \int_{-\infty}^{\ln(S_{\min}/S)} \exp\left(\frac{2\nu + \sigma^2}{\sigma^2} y \right) \frac{1}{\sigma\sqrt{2\pi\tau}} \exp\left(-\frac{(y + \nu\tau)^2}{2\sigma^2\tau} \right) dy \\
&= \left(1 - \frac{\sigma^2}{2r} \right) S \left[\left(\frac{S_{\min}}{S} \right)^{2r/\sigma^2} \Phi\left(\frac{\ln\left(S_{\min}/S\right) + (r - \sigma^2/2)\,T}{\sigma\sqrt{T}} \right) \right. \\
&\quad \left. - e^{r\,T} \Phi\left(\frac{\ln\left(S_{\min}/S\right) - (r + \sigma^2/2)\,T}{\sigma\sqrt{T}} \right) \right]
\end{aligned}
$$

따라서 위의 결과를 종합하면 다음과 같이 옵션의 가치 $c = c_t$를 얻을 수 있어 **정리 7.23**이 증명된다.

$$c = S\,\Phi(a_1) - S_{\min} e^{-r\tau} \Phi(a_2) + Se^{-r\tau} \frac{\sigma^2}{2r} \left[\left(\frac{S}{S_{\min}} \right)^{-2r/\sigma^2} \Phi\left(-a_1 + \frac{2r\sqrt{\tau}}{\sigma} \right) - e^{r\tau} \Phi(-a_1) \right]$$

$$a_1 = \frac{\ln\left(S/S_{\min}\right) + (r + \sigma^2/2)\tau}{\sigma\sqrt{\tau}}, \ \ a_2 = \frac{\ln\left(S/S_{\min}\right) + (r - \sigma^2/2)\tau}{\sigma\sqrt{\tau}} = a_1 - \sigma\sqrt{\tau}$$

한편 $t = 0$ 인 경우 $S_{\min} = S_0$가 되어 위 공식은 앞서 구한 **정리 7.22**에서의 결과와 일치한다. ∎

7.24 룩백 풋옵션

옵션이 발행된 지 t만큼의 시간이 흐른 시점에서 무배당 주식에 대한 룩백 풋옵션의 가치 p_t를 구하는 것은 앞서 룩백 콜옵션의 가치를 구하는 방법과 본질적으로 동일하다. 이제

$$\tau = T - t, \ \ M_\tau^S = \max\left\{ S_u \mid t \leq u \leq T \right\}, \ \ S_{\max} = \max\left\{ S_u \mid 0 \leq u \leq t \right\}$$

그리고

$$\nu = r - \sigma^2/2, \ \ X = \ln \frac{M_\tau^S}{S_t} \geq 0$$

이라 정의하면 따름정리에 의하여 $x \geq 0$에 대하여 위험중립 세계에서 다음이 성립한다.

$$\Pr(X \leq x) = \Phi\left(\frac{x - \nu\tau}{\sigma\sqrt{\tau}}\right) - e^{2\nu x\sigma^{-2}}\Phi\left(-\frac{x + \nu\tau}{\sigma\sqrt{\tau}}\right)$$

그리고 풋옵션의 가치 p_t는 다음 식을 통하여 구할 수 있다.

$$p_t = e^{-r\tau}E_t(M_T^S - S_T) = e^{-r\tau}E_t(M_T^S) - e^{-r\tau}E_t(S_T)$$

위 식에서

$$e^{-r\tau}E_t(S_T) = S_t = S$$

가 성립하고, 또한

$$M_T^S = \max\left[S_{\max}, M_\tau^S\right] = S_{\max}\,\chi(S_{\max} \geq M_\tau^S) + M_\tau^S\,\chi(S_{\max} \leq M_\tau^S)$$

이므로

$$E_t\,(M_T^S) = E_t\left[S_{\max}\,\chi(S_{\max} \geq M_\tau^S) + M_\tau^S\,\chi(S_{\max} \leq M_\tau^S)\right]$$

$$= E_t\left[S_{\max}\,\chi(S_{\max} \geq M_\tau^S)\right] + E_t\left[M_\tau^S\,\chi(S_{\max} \leq M_\tau^S)\right]$$

이고, $E_t\left[S_{\max}\,\chi(S_{\max} \geq M_\tau^S)\right]$ 과 $E_t\left[M_\tau^S\,\chi(S_{\max} \leq M_\tau^S)\right]$ 의 값은 다음과 같다.

$$E_t\left[S_{\max}\,\chi(S_{\max} \geq M_\tau^S)\right]$$

$$= S_{\max}\Pr(M_\tau^S \leq S_{\max}) = S_{\min}\Pr\left(X \leq \ln\frac{S_{\max}}{S}\right)$$

$$= S_{\max}\left[\Phi\left(-\frac{\ln(S/S_{\max}) + \nu\tau}{\sigma\sqrt{\tau}}\right) - \left(\frac{S}{S_{\max}}\right)^{1 - 2r/\sigma^2}\Phi\left(\frac{\ln(S/S_{\max}) - \nu\tau}{\sigma\sqrt{\tau}}\right)\right]$$

$$E\left[M_\tau^S\,\chi(S_{\max} \leq M_\tau^S)\right] = S\,E\left[e^X\,\chi(X \geq \ln(S_{\max}/S)\right]$$

이 성립하고 여기서 X의 확률밀도함수 $g(x)$는 다음과 같이 정의된다.

$$g(x) = \frac{d}{dx}\Pr(X \leq x) = \frac{d}{dx}\left[\Phi\left(\frac{x - \nu\tau}{\sigma\sqrt{\tau}}\right) - e^{2\nu x\sigma^{-2}}\Phi\left(-\frac{x + \nu\tau}{\sigma\sqrt{\tau}}\right)\right]$$

$$= \frac{1}{\sigma\sqrt{\tau}}\varphi\left(\frac{x - \nu\tau}{\sigma\sqrt{\tau}}\right) - \frac{2\nu}{\sigma^2}e^{2\nu x\sigma^{-2}}\Phi\left(-\frac{x + \nu\tau}{\sigma\sqrt{\tau}}\right) + e^{2\nu x\sigma^{-2}}\frac{1}{\sigma\sqrt{\tau}}\varphi\left(-\frac{x + \nu\tau}{\sigma\sqrt{\tau}}\right)$$

따라서

$$E\left[M_\tau^S \chi(S_{\max} \le M_\tau^S)\right] = S\,E\left[e^X \chi(X \ge \ln(S_{\max}/S))\right]$$

$$= S \int_{\ln(S_{\max}/S)}^{\infty} e^x\, g(x)\, dx$$

를 앞의 경우와 마찬가지 방법으로 계산하고 정리하면 다음과 같이 풋옵션의 가격을 얻을 수 있다.

$$p = S_{\max} e^{-r\tau} \Phi(-b_2) - S\,\Phi(-b_1) - Se^{-r\tau}\frac{\sigma^2}{2r}\left[\left(\frac{S}{S_{\max}}\right)^{-2r/\sigma^2}\Phi\left(b_1 - \frac{2r\sqrt{\tau}}{\sigma}\right) - e^{r\tau}\Phi(b_1)\right]$$

$$b_1 = \frac{\ln(S/S_{\max}) + (r+\sigma^2/2)\tau}{\sigma\sqrt{\tau}}, \quad b_2 = \frac{\ln(S/S_{\max}) + (r-\sigma^2/2)\tau}{\sigma\sqrt{\tau}} = b_1 - \sigma\sqrt{\tau}$$

4. 아시안 옵션

아시안 옵션(Asian option)은 만기까지 기간 중에서 미리 정한 시점들에서 기초자산의 평균가격 A에 의하여 결정되는 옵션이다. 따라서 행사가격이 K인 아시안 콜옵션의 만기 페이오프는 $\max(A-K, 0)$이다. 가장 대표적인 평균가격 A는

$$A = \frac{1}{n}\sum_{k=1}^{n} S_{t_k}$$

로 나타낼 수 있는 이산 산술평균 가격이지만, 주가가 로그정규분포를 따른다는 일상적인 가정을 한다면, 로그정규분포를 따르는 확률변수들의 합으로 표시된 A에 대한 구체적인 확률분포를 명시할 수 없으므로 기초자산의 평균가격을 이산 산술평균 가격으로 설정하는 경우 옵션의 가격을 해석적인 공식으로는 얻을 수 없다. 반면에 평균가격 A를 S_{t_k}들의 기하평균, 즉

$$A = \left[\prod_{k=1}^{n} S_{t_k}\right]^{1/n}$$

이라 하면 A는 로그정규분포를 따르므로 일반적인 방식으로 옵션의 가격공식을 구할 수 있다.

옵션의 만기를 T, 행사가격을 K라 할 때 구간 $[0, T]$를 n등분한 것을 $\Delta t = T/n$이라 하고 $t_k = k\Delta_t$라 하자. 위험중립 세계에서 주가 S_t는

$$S_t = S_0 e^{(r-\sigma^2/2)t + \sigma B_t}$$

으로 나타낼 수 있으므로

$$R_k = \frac{S_{t_k}}{S_{t_{k-1}}} \ (1 \le k \le n)$$

이라 정의하면

$$\ln R_k = (r - \sigma^2/2)\,\Delta t + \sigma B_{\Delta t}$$

이다. 정의에 의하여

$$A = \left[\prod_{k=1}^{n} S_{t_k}\right]^{1/n} = S_0 \left[\frac{S_{t_n}}{S_{t_{n-1}}}\left(\frac{S_{t_{n-1}}}{S_{t_{n-2}}}\right)^2 \cdots \left(\frac{S_{t_1}}{S_{t_0}}\right)^n\right]^{1/n}$$

이므로 다음 식이 성립한다.

$$\ln A = \ln S_0 + \frac{1}{n}\big(\ln R_n + 2\ln R_{n-1} + \cdots + n\ln R_1\big)$$

한편 각 $1 \le k \le n$에 대하여 확률변수

$$\ln R_k = (r - \sigma^2/2)\,\Delta t + \sigma B_{\Delta t} \sim N\big((r - \sigma^2/2)\,\Delta t\,,\,\sigma^2 \Delta t\big)$$

를 살펴보면, 겹치지 않는 브라운 운동의 증분은 서로 독립이라는 성질에 의하여 $\ln R_k$들은 서로 독립이므로 $\ln A$는 정규분포를 따르고 그 평균은

$$\ln S_0 + \frac{1}{n}\big(r - \sigma^2/2\big)\Delta t \sum_{k=1}^{n} k = \ln S_0 + \frac{n+1}{2n}\left(r - \frac{\sigma^2}{2}\right)T$$

이고, 분산은

$$\frac{1}{n^2}\,\sigma^2\,\Delta t \sum_{k=1}^{n} k^2 = \frac{(n+1)(2n+1)\,\sigma^2\,T}{6\,n^2}$$

이다. 이제 앞서와 마찬가지로 위험중립 세계에서

$$\ln A = \ln S_0 + \left(\mu_A - \frac{\sigma_A^2}{2}\right)T + \sigma_A^2\,B_T$$

라 놓고 평균과 분산을 앞의 식과 비교하면

$$\sigma_A^2 = \frac{(n+1)(2n+1)\,\sigma^2}{6\,n^2}$$

을 얻고, 또한

$$\mu_A - \frac{\sigma_A^2}{2} = \frac{n+1}{2n}\left(r - \frac{\sigma^2}{2}\right)$$

으로부터

$$\mu_A = \frac{n+1}{2n}\left(r - \frac{\sigma^2}{2}\right) + \frac{(n+1)(2n+1)\,\sigma^2}{12\,n^2}$$

을 얻게 되어 위험중립 세계에서

$$\mu_A = \frac{n+1}{2n}\left(r - \frac{\sigma^2}{2}\right) + \frac{(n+1)(2n+1)\,\sigma^2}{12\,n^2}, \quad \sigma_A^2 = \frac{(n+1)(2n+1)\,\sigma^2}{6\,n^2}$$

에 대하여

$$\ln A \sim N\big(\ln S_0 + (\mu_A - \sigma_A^2/2)\,T,\ \sigma_A^2\,T\big)$$

의 분포를 따르는 것을 확인할 수 있다.

정리 3.2에 의하면 위험중립 세계에서 옵션의 만기 페이오프 $\max(A - K, 0)$는 다음과 같다.

$$\max(A - K, 0) = S_0\,e^{\mu_A}\,\Phi(d_1) - K\,\Phi(d_2)$$

$$d_1 = \frac{\ln(S_0/K) + (\mu_A + \sigma_A^2/2)\,T}{\sigma_A\sqrt{T}},\ d_2 = d_1 - \sigma_A\sqrt{T}$$

따라서 옵션의 현재 가치는 다음 정리와 같이 나타낼 수 있다.

7.25 정리

주가의 변동성이 σ인 무배당 주식에 대하여 만기 T까지 균등한 n기간 동안 주가의 기하평균 $A = \left[\prod_{k=1}^{n} S_{t_k}\right]^{1/n}$ 을 사용한 행사가격 K의 아시안 콜옵션의 현재 가격 c_0는 다음과 같다.

$$c_0 = e^{-rT}\Big[\,S_0\,e^{\mu_A}\,\Phi(d_1) - K\,\Phi(d_2)\,\Big]$$

여기서

$$d_1 = \frac{\ln(S_0/K) + (\mu_A + \sigma_A^2/2)\,T}{\sigma\sqrt{T}},\quad d_2 = d_1 - \sigma_A\sqrt{T}$$

$$\mu_A = \frac{n+1}{2n}\left(r - \frac{\sigma^2}{2}\right) + \frac{(n+1)(n+2)\,\sigma^2}{12\,n^2},\quad \sigma_A^2 = \frac{(n+1)(n+2)\,\sigma^2}{6\,n^2}$$

이다.

5. 교환옵션

교환옵션(exchange option)은 지정된 자산을 다른 종류의 자산과 교환할 수 있는 권리가 부여된 옵션으로 그 가치를 평가하는 데 두 자산의 상관성이 중요한 역할을 한다. 교환옵션의 가치 평가를 위하여 두 개의 확률변수에 대한 이토의 보조정리를 먼저 소개한다.

7.26 확장된 이토의 보조정리

확률과정으로 정의된 확률변수 X_1, X_2가 다음의 확률미분방정식을 만족한다고 하자.

$$dX_1 = a_1(t, X_1)\,dt + b_1(t, X_1)\,dB_t^{(1)}$$

$$dX_2 = a_2(t, X_2)\,dt + b_2(t, X_2)\,dB_t^{(2)}$$

6장의 **6.2**에서 설명한 대로 여기서 $B_t^{(1)}$과 $B_t^{(2)}$는 두 개의 브라운 운동으로 서로 독립적이지 않고 상관되어 있으며, 상관계수가 ρ라고 가정하자. 이는

$$dB_t^{(1)}dB_t^{(2)} = \rho\,dt$$

라 가정하는 것과 동일하다.

이제 $Y = Y(t, X_1, X_2)$가 t, X_1, X_2의 C^2 함수일 때 3개의 변수 t, X_1, X_2에 대한 Y의 2차 테일러 전개식을 이용하면 다음과 같다.

$$\Delta Y = \frac{\partial Y}{\partial t}\Delta t + \frac{\partial Y}{\partial X_1}\Delta X_1 + \frac{\partial Y}{\partial X_2}\Delta X_2$$

$$+ \frac{1}{2}\left(\frac{\partial^2 Y}{\partial t^2}(\Delta t)^2 + 2\frac{\partial^2 Y}{\partial t\partial X_1}\Delta t\Delta X_1 + \cdots + \frac{\partial^2 Y}{\partial X_2^2}(\Delta X_2)^2\right) + \cdots$$

여기서

$$\Delta t \to dt, \ \ \Delta X \to dX$$

의 극한을 취하고, 이에 따른 등식

$$dt\,dt = 0, \ \ dt\,dB_t^{(1)} = dt\,dB_t^{(2)} = 0$$

$$dB_t^{(1)}dB_t^{(2)} = \rho\,dt, \ dB_t^{(1)}dB_t^{(1)} = dB_t^{(2)}dB_t^{(2)} = dt$$

으로부터 얻어지는 곱셈 연산 테이블

	dt	$dB_t^{(1)}$	$dB_t^{(2)}$
dt	0	0	0
$dB_t^{(1)}$	0	dt	$\rho\,dt$
$dB_t^{(2)}$	0	$\rho\,dt$	dt

을 이용하면 다음 식을 얻는다.

$$dY = \frac{\partial Y}{\partial t}dt + \frac{\partial Y}{\partial X_1}dX_1 + \frac{\partial Y}{\partial X_2}dX_2 + \frac{1}{2}\left(\frac{\partial^2 Y}{\partial X_1^2}b_1^2 + 2\frac{\partial^2 Y}{\partial X_1 \partial X_2}b_1 b_2 \rho + \frac{\partial^2 Y}{\partial X_2^2}b_2^2\right)dt$$

이를 2개의 확률변수로 확장된 이토의 보조정리라고 부른다.

참고|

위 정리의 특별한 경우로 Y가 X_1, X_2만의 C^2 함수일 때, 즉

$$Y = f(X_1, X_2)$$

로 표시된 경우 dY는 다음과 같다.

$$dY = f_{X_1}dX_1 + f_{X_2}dX_2 + \frac{1}{2}\left(f_{X_1 X_1}(dX_1)^2 + 2f_{X_1 X_2}dX_1 dX_2 + f_{X_2 X_2}(dX_2)^2\right)$$

특히

$$f(X_1, X_2) = X_1 X_2$$

인 경우 다음과 같은 식을 얻는다.

$$d(X_1 X_2) = X_1 dX_2 + X_2 dX_1 + dX_1 dX_2$$

> 확률과정으로 정의된 확률변수 X, Y에 대하여 다음이 성립한다.
> $$d(XY) = X\,dY + Y\,dX + dX\,dY$$

상관된 브라운 운동에 대한 다음 정리는 많은 경우에 유용하게 쓰인다.

7.27 정리

> $B_t^{(1)}$과 $B_t^{(2)}$가 두 개의 브라운 운동으로 $dB_t^{(1)}dB_t^{(2)} = \rho\,dt$를 만족할 때 상수 a, b에 대해서
> $$W_t = \frac{aB_t^{(1)} + bB_t^{(2)}}{\sqrt{a^2 + b^2 + 2\rho ab}}$$ 는 브라운 운동이다.

정리 7.27에 대한 증명은 W_t가 브라운 운동의 공리를 모두 만족함을 보임으로써 완성될 수 있다. 자세한 증명과정은 생략한다.

7.28 교환옵션의 적정 가격

S_1, S_2가 각각 중간 무배당인 두 자산(자산 1과 자산 2)의 가격이라 하고 다음의 확률미분방정식을 따른다고 하자.

$$\frac{dS_1}{S_1} = \mu_1\,dt + \sigma_1\,dB_t^{(1)}$$

$$\frac{dS_2}{S_2} = \mu_2\,dt + \sigma_2\,dB_t^{(2)}$$

앞서와 마찬가지로 $dB_t^{(1)}$과 $dB_t^{(2)}$의 상관계수는 ρ, 즉 $dB_t^{(1)}dB_t^{(2)} = \rho\,dt$라 가정한다.

만기 T 시점에 자산 2를 자산 1로 교환할 수 있는 옵션을 생각해보자. 자산 2의 가치를 S_2, 그리고 이 옵션의 가치를 v라 할 때, 옵션의 만기 페이오프는 다음과 같다.

$$v(T, S_1, S_2) = \max\left(S_1(T) - S_2(T), 0\right)$$

이때 아시안 옵션의 경우와 마찬가지로 $S_1(T) - S_2(T)$의 구체적인 확률분포를 알 수 없는 등의 어려움에 놓이게 되고, 이를 극복하고자 마크레이브(Margrabe)는 1978년에 발표한 논문에서 아래와 같은 방법을 사용하였다.

먼저 해당 교환옵션 계약 하나를 매수하고 자산 1을 Δ_1 단위, 자산 2를 Δ_2 단위 매도하는 포트폴리오를 구성한다. 즉 해당 포트폴리오의 가치는

$$\Pi = v - \Delta_1 S_1 - \Delta_2 S_2$$

가 된다. 이제 임의로 선택된 $t > 0$에 대하여 극단적으로 짧은 시간 구간 $[t, t+dt]$에서 포트폴리오의 가치가 무위험이 되도록 그 구간 내에서 일정한 값 Δ_1과 Δ_2를 정하도록 하자.

$$d\Pi = dv - \Delta_1 dS_1 - \Delta_2 dS_2$$

가 되고 이토의 보조정리(**정리 7.26** 참조)에 의하여

$$dv = \frac{\partial v}{\partial t}dt + \frac{\partial v}{\partial S_1}dS_1 + \frac{\partial v}{\partial S_2}dS_2 + \frac{1}{2}\left(\frac{\partial^2 v}{\partial S_1^2}\sigma_1^2 S_1^2 + 2\frac{\partial^2 v}{\partial S_1 \partial S_2}\sigma_1 \sigma_2 \rho\, S_1 S_2 + \frac{\partial^2 v}{\partial S_2^2}\sigma_2^2 S_2^2\right)dt$$

이므로 $d\Pi$는 다음 식과 같다.

$$d\Pi = dv - \Delta_1 dS_1 - \Delta_2 dS_2$$

$$= \frac{\partial v}{\partial t} dt + \left(\frac{\partial v}{\partial S_1} - \Delta_1\right) dS_1 + \left(\frac{\partial v}{\partial S_2} - \Delta_2\right) dS_2$$

$$+ \frac{1}{2}\left(\frac{\partial^2 v}{\partial S_1^2}\sigma_1^2 S_1^2 + 2\frac{\partial^2 Y}{\partial S_1 \partial S_2}\sigma_1\sigma_2\rho S_1 S_2 + \frac{\partial^2 v}{\partial S_2^2}\sigma_2^2 S_2^2\right) dt$$

따라서 구간 $[t, t+dt]$ 에서 Δ_1 과 Δ_2 를

$$\Delta_1 = \frac{\partial v}{\partial S_1} \ , \ \Delta_2 = \frac{\partial v}{\partial S_2}$$

라 놓으면 $d\Pi$ 중에서 확률적인 부분이 사라져 포트폴리오는 구간 $[t, t+dt]$ 에서 무위험 상태가 되고, 그와 동시에 $d\Pi$ 는

$$d\Pi = \frac{\partial v}{\partial t} dt + \frac{1}{2}\left(\frac{\partial^2 v}{\partial S_1^2}\sigma_1^2 S_1^2 + 2\frac{\partial^2 Y}{\partial S_1 \partial S_2}\sigma_1\sigma_2\rho S_1 S_2 + \frac{\partial^2 v}{\partial S_2^2}\sigma_2^2 S_2^2\right) dt$$

를 만족한다. 이때 무차익 조건에 의해서 구간 $[t, t+dt]$ 에서 Π 는 무위험 자산의 미분방정식

$$d\Pi = r\Pi \, dt$$

를 만족해야 한다. 한편, 만기 t 의 변화에 따른 교환옵션의 페이오프 함수

$$v(t, S_1, S_2) = \max(S_1(t) - S_2(t), 0)$$

는 양의 상수 λ 에 대하여

$$v(t, \lambda S_1, \lambda S_2) = \lambda \, v(t, S_1, S_2)$$

를 만족하는 1차 동차(homogeneous) 함수이므로 오일러의 정리에 의하여

$$v = \frac{\partial v}{\partial S_1} S_1 + \frac{\partial v}{\partial S_2} S_2$$

가 성립한다. 즉

$$\Pi = v - \Delta_1 S_1 - \Delta_2 S_2 = v - \frac{\partial v}{\partial S_1} S_1 - \frac{\partial v}{\partial S_2} S_2 = 0 \text{이므로,}$$

$$d\Pi = r\Pi \, dt = 0$$

으로부터 다음과 같은 교환옵션 가격의 편미분방정식을 얻는다.

$$\frac{\partial v}{\partial t} = -\frac{1}{2}\left(\frac{\partial^2 v}{\partial S_1^2}\sigma_1^2 S_1^2 + 2\frac{\partial^2 Y}{\partial S_1 \partial S_2}\sigma_1\sigma_2\rho S_1 S_2 + \frac{\partial^2 v}{\partial S_2^2}\sigma_2^2 S_2^2\right)$$

이제 $S = \dfrac{S_1}{S_2}$, $Y = \ln S = \ln S_1 - \ln S_2$ 그리고 $V(t, S) = \dfrac{v(t, S_1, S_2)}{S_2}$ 라 정의하면

$$V(T, S) = \max(S_T - 1, 0)$$

이고 $B_t^{(1)}, B_s^{(2)}$ 가 이변량 정규분포를 따르므로 Y는 정규분포를 따르고

$$\frac{\partial Y}{\partial S_1} = \frac{1}{S_1}, \quad \frac{\partial Y}{\partial S_2} = -\frac{1}{S_2}, \quad \frac{\partial^2 Y}{\partial S_1 \partial S_2} = 0, \quad \frac{\partial^2 Y}{\partial S_1^2} = -\frac{1}{S_1^2}, \quad \frac{\partial^2 Y}{\partial S_2^2} = \frac{1}{S_2^2}$$

이므로, 이토의 보조정리(**정리 7.26** 참조)에 의해서 다음이 성립한다.

$$dY = \frac{1}{S_1}dS_1 - \frac{1}{S_2}dS_2 + \frac{1}{2}\left(\sigma_2^2 - \sigma_1^2\right)dt$$

$$= \left[(\mu_1 - \mu_2) + \frac{1}{2}(\sigma_2^2 - \sigma_1^2)\right]dt + \sigma_1 dB_t^{(1)} - \sigma_2 dB_t^{(2)}$$

정리 7.27에 따라 $\sigma_1 dB_t^{(1)} - \sigma_2 dB_t^{(2)} = \sigma\, dB_t$ 라 놓을 수 있고, 이때 σ는 $S = \dfrac{S_1}{S_2}$ 의 변동성이고

$$Var(\sigma_1 dB_t^{(1)} - \sigma_2 dB_t^{(2)}) = (\sigma_1^2 + \sigma_2^2 - 2\rho\sigma_1\sigma_2)dt$$

이므로

$$\sigma = \sqrt{\sigma_1^2 + \sigma_2^2 - 2\rho\sigma_1\sigma_2}$$

이 성립한다.

또한 $Y = \ln\dfrac{S_1}{S_2}$, $\sigma = \sqrt{\sigma_1^2 + \sigma_2^2 - 2\rho\sigma_1\sigma_2}$ 와 $V(t, S) = \dfrac{v(t, S_1, S_2)}{S_2}$, $\tau = T - t$에 대하여

$$S_1\frac{\partial}{\partial S_1} = \frac{\partial}{\partial Y}, \quad S_2\frac{\partial}{\partial S_2} = -\frac{\partial}{\partial Y}$$

이므로, 앞서 언급한 교환옵션의 편미분방정식

$$\frac{\partial v}{\partial t} = -\frac{1}{2}\left(\frac{\partial^2 v}{\partial S_1^2}\sigma_1^2 S_1^2 + 2\frac{\partial^2 Y}{\partial S_1 \partial S_2}\sigma_1\sigma_2\rho S_1 S_2 + \frac{\partial^2 v}{\partial S_2^2}\sigma_2^2 S_2^2\right)$$

$$V(T, S) = \max(S_T - 1, 0)$$

은 편미분방정식

$$\frac{\partial V}{\partial \tau} = -\frac{\sigma^2}{2}\frac{\partial V}{\partial Y} + \frac{\sigma^2}{2}\frac{\partial^2 V}{\partial Y^2}$$

$$V(0, Y) = \max(e^{Y_T} - 1, 0)$$

으로 변환되며, 이는 5장의 **5.4**와 **5.5**의 변환된 블랙 - 숄즈 방정식에서 $r = 0$인 경우에 해당된다. 그러므로 현재 0시점에서 V의 가치를 구하는 것은 행사가격 $K = 1$ 그리고 무위험 이자율 $r = 0$인 경우의 유러피언 콜옵션의 현재 가치를 구하는 것과 동일하다. 따라서 블랙 - 숄즈 공식에 $K = 1, r = 0$을 대입한 결과

$$V(0, S) = S(0) \Phi(d_1) - \Phi(d_2)$$

가 얻어지고, 교환옵션의 현재 가치 $v_0 = v(0, S_1, S_2) = S_2(0) V(0, S)$는 다음과 같다.

$$v(0, S_1, S_2) = S_1(0) \Phi(d_1) - S_2(0) \Phi(d_2)$$

여기서

$$d_1 = \frac{\ln(S_1(0)/S_2(0)) + \sigma^2 T/2}{\sigma \sqrt{T}}, \ d_2 = d_1 - \sigma \sqrt{T}, \ \sigma = \sqrt{\sigma_1^2 + \sigma_2^2 - 2\rho \sigma_1 \sigma_2}$$

이다.

한편 자산 1이 연속복리 q_1의 중간소득을 지급하고, 한편 자산 2가 연속복리 q_2의 중간소득을 지급하는 경우 만기 T시점에 자산 2를 자산 1로 교환할 수 있는 옵션의 현재 가치는 다음과 같다.

$$v(0, S_1, S_2) = e^{-q_1 T} S_1(0) \Phi(d_1) - e^{-q_2 T} S_2(0) \Phi(d_2)$$

여기서

$$d_1 = \frac{\ln(S_1(0)/S_2(0)) + (q_2 - q_1 + \sigma^2/2) T}{\sigma \sqrt{T}}, \ d_2 = d_1 - \sigma \sqrt{T}, \ \sigma = \sqrt{\sigma_1^2 + \sigma_2^2 - 2\rho \sigma_1 \sigma_2}$$

이다.

예제

무위험 이자율이 연속복리 기준 연 10%일 때, 99% 순도의 은 3.75kg을 99% 순도의 금 37.5g과 1년 후에 교환할 수 있는 유러피언 교환옵션의 현재 가격을 구하자. (단, 금과 은 3.75g의 현재 가격은 각각 190달러와 2달러, 가격의 변동성은 각각 연 20%, 두 가격의 상관계수는 0.7이다.)

풀이

위의 경우 자산 1은 금 37.5 g, 자산 2는 은 75 kg 이므로

$$S_1(0) = 1{,}900, \ S_2(0) = 2{,}000, \ T = 1, \ r = 0.10, \ \sigma_1 = \sigma_2 = 0.2, \ \rho = 0.7$$

을 공식

$$v(0, S_1, S_2) = S_1(0) \Phi(d_1) - S_2(0) \Phi(d_2)$$

$$d_1 = \frac{\ln(S_1(0)/S_2(0)) + \sigma^2 T/2}{\sigma \sqrt{T}}, \quad d_2 = d_1 - \sigma \sqrt{T}, \quad \sigma = \sqrt{\sigma_1^2 + \sigma_2^2 - 2\rho \sigma_1 \sigma_2}$$

에 대입하면 $\sigma = 0.155$, $d_1 = -0.254$, $d_2 = -0.409$를 얻고, 이에 따라 교환옵션의 현재 가치는

$$1,900 \Phi(-0.254) - 2,000 \Phi(-0.409) = 76.9$$

달러이다.

7.29 교환옵션과 위험중립가치평가

앞서 **7.28**과 동일한 결과를 위험중립가치평가와 기르사노프 정리를 통해 얻을 수 있다.

위험중립 세계를 가정하면 $\dfrac{dS_1}{S_1} = r\,dt + \sigma_1 dB_t^{(1)}$ 과 $\dfrac{dS_2}{S_2} = r\,dt + \sigma_2 dB_t^{(2)}$ 이므로 앞에서 언급

한 교환옵션의 적정 가격은 공식

$$v_0 = e^{-rT} E\left(\max(S_1(T) - S_2(T), 0)\right)$$

을 통해 얻을 수 있다. 그런데 교환옵션의 가격은 이자율에 영향을 받지 않으므로 $r = 0$이라 가정할 수

있다. 따라서 $dS_1 = \sigma_1 S_1 dB_t^{(1)}$ 와 $dS_2 = \sigma_2 S_2 dB_t^{(2)}$ 라 놓고

$$c_0 = E\left(S_2(T) \max\left[\frac{S_1(T)}{S_2(T)} - 1, 0\right]\right)$$

를 계산하면 된다. $Y = S_1/S_2$ 라 놓고 확장된 이토의 보조정리를 사용하면

$$dY = (\sigma_2^2 - \rho \sigma_1 \sigma_2) Y\,dt + Y(\sigma_1 dB_t^{(1)} - \sigma_2 dB_t^{(2)})$$

이고

$$S_2(T) = S_2(0) e^{-\sigma_2^2 T/2 + \sigma_2 B_T^{(2)}}$$

이므로 기르사노프 정리에 의해

$$c_0 = S_2(0) E_{\widetilde{Q}}(\max[Y(T) - 1, 0])$$

이고 $W_t^{(2)} = B_t^{(2)} - \sigma_2 t$ 는 확률측도 $\widetilde{Q}$에 대해 브라운 운동이다.

$B_t^{(1)} = \rho B_t^{(2)} + \sqrt{1-\rho^2}\, Z_t$ 이고 $B_t^{(2)}$과 Z_t가 서로 독립이라고 놓으면, Z_t는 $\widetilde{Q}$에 대해 브라운 운동이고 $W_t^{(2)}$와 독립이므로

$$W_t^{(1)} = \rho W_t^{(2)} + \sqrt{1-\rho^2}\, Z_t = B_t^{(1)} - \rho\sigma_2 t$$

는 $\widetilde{Q}$에 대해 브라운 운동이다. 따라서 $\widetilde{Q}$에 대해 Y는

$$dY = Y\big(\sigma_1\, dW_t^{(1)} - \sigma_2\, dW_t^{(2)}\big) = \sigma Y\, dW_t$$

를 만족하며, 여기서 W_t는 브라운 운동이고 $\sigma = \sqrt{\sigma_1^2 + \sigma_2^2 - 2\rho\sigma_1\sigma_2}$ 이다. **정리 3.2**에 의해

$$v_0 = S_2(0)\, E_{\widetilde{Q}}\big(\max\,[\,Y(T)-1,\,0\,]\big) = S_2(0)\big(Y(0)\,\Phi(d_1) - \Phi(d_2)\big)$$

를 얻고 이는 **7.28**에서 구한 결과와 동일하다.

7.30 콴토

콴토(quanto)는 두 가지 통화가 관련된 파생상품이다. 콴토의 수익은 특정 통화로 계산되지만 지급은 다른 통화에 대한 고정 환율의 현금 결제로 이루어진다. 코스피 200 주가지수 옵션 계약의 결제가 달러화로 이루어지는 시스템이 존재한다면 이는 콴토 옵션의 일종이다. 이 같은 옵션은 환위험에 노출 없이 특정국가의 주식시장에 참여하고자 하는 해외 투자자에게 이용될 수 있다. 예를 들어, 코스피 200 지수에 대한 콴토 콜옵션의 행사가격은 210이고 지수 1포인트당 500달러의 가치가 미리 정해져 있다고 하자. 만기에 코스피 200 지수가 215가 되면 옵션 소유자는 원/달러 환율에 상관없이 2,500달러의 수익을 올리게 된다. 다음 **7.31**에서는 콴토 옵션의 가격결정에 대하여 설명하기로 한다. 먼저 다음 예를 통하여 콴토의 적정 가격을 살펴보자.

예제

마이크로소프트 주식의 현재 가격이 28달러라고 하자. 달러의 무위험 이자율은 연속복리 연 3%이고 유로화의 무위험 이자율은 연 2%라 하자. 이때 달러로 표시한 마이크로소프트 주식에 대한 만기 4개월짜리 선물가격은 만기까지 배당이 없다고 가정할 때 다음과 같이 계산할 수 있다.

$$28\, e^{0.03 \times 4/12} = 30.43\,\text{달러}$$

이제 마이크로소프트 주가의 변동성이 연 20%이고 1달러에 대한 유로화 환율의 변동성이 연 12%, 그리고 이 두 변수 사이의 상관계수는 0.25라 가정하자. 이때 유로화에 대한 위험중립 세계에서 마이크로소프트 주식에 대한 만기 4개월짜리 선물의 가격 F_0는 공식

$$F_0 = S_0 e^{(r - \rho \sigma_V \sigma_S) T}$$

을 이용하여 다음과 같이 계산된다.

$$F_0 = 28 e^{(0.03 - 0.25 \times 0.2 \times 0.12) \times 4/12} = 30.39 \text{ 달러}$$

이 값은 달러가 아니라 유로화로 이득을 지급하는 마이크로소프트 주식에 대한 선도가격을 의미한다. 이 공식은 다음 절에서 콴토 옵션을 설명하면서 도출하기로 한다.

7.31 콴토 옵션

S가 마이크로소프트사의 주가이고 옵션 만기 T시점까지 배당은 지급되지 않는다고 가정할 때, 달러 행사가격 K에 대하여 현재 유로화 가치로 만기시점 T에

$$\max(S_T - K, 0) V_0$$

의 페이오프를 갖는 콴토 콜옵션의 현재 가치 c_0를 구하자. V는 1달러에 대한 유로화의 가치를 나타내는 현물환율이고, r은 연속복리 기준 달러의 무위험 이자율, r_f는 유로화의 무위험 이자율을 나타낸다고 하자.

또한 $S = S_t$와 $V = V_t$는 다음과 같은 확률과정을 따른다고 가정하자.

$$dS = \mu_S S dt + \sigma_S S dB_t^{(1)}$$

$$dV = \mu_V V dt + \sigma_V V dB_t^{(2)}$$

$B_t^{(1)}$과 $B_t^{(2)}$는 두 별개의 브라운 운동으로, 앞서와 마찬가지로 $dB_t^{(1)}$과 $dB_t^{(2)}$의 상관계수를 ρ, 즉

$$dB_t^{(1)} dB_t^{(2)} = \rho dt$$

라 가정하자. 또한 **3.12**에 따르면 유로통화에 대한 위험중립 세계에서

$$E(V_T) = V_0 e^{(r_f - r) T}$$

이므로 V의 변동성이 σ_V일 때 유로통화에 대한 위험중립 세계에서 다음이 성립한다.

$$dV = (r_f - r) V dt + \sigma_V V dB_t^{(2)}$$

VS는 마이크로소프트 주식의 유로화 가치가 되고, 위험중립 세계가 아닌 실제 세계에서 VS의 확률과정을 구하기 위하여 $Y = VS$라 놓고 2개의 확률변수에 대한 이토의 보조정리

$$d\,Y = S\,dV + V\,dS + dS\,dV$$

로부터 VS의 확률 미분방정식은 다음과 같다.

$$d\,(VS) = S\,dV + V\,dS + \rho\,\sigma_V\sigma_S\,dt$$

$$= SV\,(\mu_V + \mu_S + \rho\,\sigma_V\sigma_S)\,dt + SV\,\big(\sigma_S\,dB_t^{(1)} + \sigma_V dB_t^{(2)}\big)$$

따라서 유로통화에 대한 위험중립 세계에서 VS의 확률미분방정식은 다음과 같다.

$$d\,(VS) = r_f S V\,dt + SV\,\big(\sigma_S\,dB_t^{(1)} + \sigma_V dB_t^{(2)}\big)$$

유로화에 대한 위험중립 세계에서 V의 확률미분방정식은

$$d\,V = (r_f - r)\,V dt + \sigma_V\,V dB_t^{(2)}$$

이므로 $Y = 1/V$의 유로화에 대한 위험중립 세계에서의 확률미분방정식은 이토의 보조정리를 사용하면 다음과 같다.

$$d\left(\frac{1}{V}\right) = (r - r_f + \sigma^2_V)\,\frac{1}{V}\,dt - \frac{\sigma_V}{V}\,dB_t^{(2)}$$

한편

$$S = \frac{1}{V}\cdot VS$$

이므로 유로통화에 대한 위험중립 세계에서 다음이 성립한다.

$$d\,S = d\left(\frac{1}{V}VS\right) = VS\,d\,(1/V) + 1/V d\,(VS) + d\,(1/V)\,d\,(VS)$$

위 식에

$$d\left(\frac{1}{V}\right) = (r - r_f + \sigma^2_V)\,\frac{1}{V}\,dt - \frac{\sigma_V}{V}\,dB_t^{(2)}$$

과

$$d\,(VS) = r_f S V\,dt + SV\,\big(\sigma_S\,dB_t^{(1)} + \sigma_V dB_t^{(2)}\big)$$

을 대입하면 유로통화에 대한 위험중립 세계에서 마이크로소프트 사의 주가 S의 확률미분방정식은 다음과 같다.

$$dS = (r - \rho\,\sigma_V\sigma_S)\,S\,dt + \sigma_S\,S\,dB_t^{(1)}$$

따라서 유로통화에 대한 위험중립 세계에서 S_T의 기댓값은

$$E(S_T) = S_0 e^{(r - \rho \sigma_V \sigma_S) T}$$

이다. 달러화가 아니라 유로화로 이득을 지급하는 마이크로소프트 주식에 대한 만기 T인 현재 시점에서의 선도가격 F_0는 유로화에 대한 위험중립 세계에서 S_T의 기댓값과 같으므로 아래 식을 얻는다.

$$F_0 = S_0 e^{(r - \rho \sigma_V \sigma_S) T}$$

이로서 앞서 **7.28**의 예에서 사용한 공식이 도출되었다.

한편 콴토 콜옵션의 현재 가치는

$$dS = (r - \rho \sigma_V \sigma_S) S\, dt + \sigma_S S\, dB_t^{(1)}$$

즉

$$\ln S_T \sim N(\ln S_0 + (r - \rho \sigma_V \sigma_S - \sigma_S^2/2)\, T,\ \sigma_S^2 T),\ \ E(S_T) = S_0 e^{(r - \rho \sigma_V \sigma_S) T}$$

을 만족한다는 가정 아래, 옵션의 만기 페이오프

$$\left[\max(S_T - K,\, 0) \right] V_0$$

에 대한 기댓값에 유로화 기준의 할인율 $e^{-r_f T}$를 곱한 값

$$c_0 = e^{-r_f T} \left[E\left(\max(S_T - K,\, 0) \right) \right] V_0$$

이고, **정리 3.2**에 의하면 다음이 성립한다.

$$c_0 = e^{-r_f T} \left[F_0 \Phi(d_1) - K\, \Phi(d_2) \right] V_0$$

여기서

$$F_0 = S_0 e^{(r - \rho \sigma_V \sigma_S) T}$$

이고

$$d_1 = \frac{\ln (F_0 / K) + (\sigma_S^2 / 2)\, T}{\sigma_S \sqrt{T}},\ \ d_2 = d_1 - \sigma \sqrt{T - t}$$

이다.

6. 스프레드 옵션

스프레드 옵션(spread option)은 두 가지 기초자산의 가격차이에 의해 페이오프가 결정되는 옵션이다. 예를 들면, 두 자산은 휘발유와 경유일 수 있다. 이러한 옵션의 거래는 두 가격의 차이에 따라 수익이 달라질 수 있는 정유업체나 자동차업체에 관심을 끌 수 있다. 두 자산의 가격이 각각 S와 Y라고 하면 만기 T, 행사가격 K인 콜스프레드 옵션의 만기 페이오프는 $\max\left(Y_T - S_T - K,\, 0\right)$이다. $K = 0$인 경우 스프레드 옵션은 앞 절에서 다룬 교환옵션과 동일하다.

　스프레드 옵션의 적정 가치를 구하는 것은 쉽지 않다. 일반적으로 기초자산의 가격은 로그정규분포를 따른다고 가정하는 경우가 많은데 이 경우 확률변수의 차이 $Y - S$에 대한 구체적인 확률분포를 명시할 수 없는 어려움이 있다. 기초자산 가격의 산술평균으로 페이오프가 결정되는 아시안 옵션도 마찬가지다. 실제로 두 기초자산의 가격이 기하 브라운 운동(새뮤얼슨 과정)을 따른다는 일반적인 가정 아래에서 스프레드 옵션의 적정 가격을 구하는 공식은 아직 발견되지 않았다. 그 대신 두 기초자산의 가격이 바슐리에 과정을 따른다고 가정하면 브라운 운동의 다변량 정규분포 성질에 따라 $Y - S$는 정규분포를 따르게 되어 우리는 어렵지 않게 스프레드 옵션의 적정 가격을 구할 수 있다.

7.32 정리

두 가지의 무배당 기초자산의 가격 S와 Y의 확률미분방정식이 아래와 같이 바슐리에 과정을 따르고

$$dS = \mu_1 dt + \sigma_1 dB_t$$

$$dY = \mu_2 dt + \sigma_2 dW_t$$

적당한 $-1 < \rho < 1$에 대하여 브라운 운동 B_t와 W_t가 $dB_t dW_t = \rho dt$을 만족할 때 만기시점 T에서의 페이오프가 $\max\left(Y_T - S_T - K,\, 0\right)$인 콜 스프레드 옵션의 현재 가치 c_0는 다음과 같다.

$$c_0 = e^{-rT}\left[(m-K)\,\Phi\left(\frac{m-K}{s}\right) - s\,\Phi'\left(\frac{m-K}{s}\right)\right]$$

여기서

$$m = Y_0 e^{rT} - S_0 e^{rT}$$

$$s^2 = \frac{\sigma_1^2 + \sigma_2^2 - 2\rho\sigma_1\sigma_2}{2r}\left(e^{2rT} - 1\right)$$

이다.

증명 |
위험중립가치평가에 의하여

$$c_0 = e^{-rT} E_Q \left[\max \left(Y_T - S_T - K, 0 \right) \right]$$

이고, 이를 계산하기 위하여

$$Z_t = B_t + \left(\frac{\mu_1 - rS_t}{\sigma_1} \right) t, \ V_t = W_t + \left(\frac{\mu_2 - rY_t}{\sigma_2} \right) t$$

라 놓으면

$$dS = rSdt + \sigma_1 dZ_t, \ dY = rYdt + \sigma_2 dV_t$$

이 성립하고 Z_t와 V_t는 위험중립확률측도 Q에 대하여 브라운 운동으로 $dZ_t dV_t = \rho dt$ 이다. (여기에 대한 보다 자세한 내용은 8장의 **8.13**에서 설명한다.)

즉 위험중립 세계에서 S_t와 Y_t는 **4.31**에서 소개한 Ornstein-Uhlenbeck 확률과정을 따르고 **4.31**에 의해 아래와 같이 표현된다.

$$S_t = e^{rt} S_0 + \sigma_1 e^{rt} \int_0^t e^{-rs} dZ_s$$

$$Y_t = e^{rt} Y_0 + \sigma_2 e^{rt} \int_0^t e^{-rs} dV_s$$

따라서 위험중립 세계에서

$$E(Y_T - S_T) = Y_0 e^{rT} - S_0 e^{rT}$$

이 성립하고, $Y_T - S_T$의 분산은

$$Var(Y_T - S_T) = Var(Y_T) + Var(S_T) - 2 cov(Y_T, S_T)$$

로부터 구할 수 있는데, 먼저

$$Var(Y_T) = Var\left(\sigma_2 e^{rT} \int_0^T e^{-rs} dV_s \right) = \sigma_2^2 e^{2rT} \int_0^T e^{-2rs} ds = \frac{\sigma_2^2}{2r}\left(e^{2rT} - 1 \right)$$

이며, 마찬가지로 다음이 성립한다.

$$Var(S_T) = \sigma_1^2 e^{2rT} \int_0^T e^{-2rs} ds = \frac{\sigma_1^2}{2r}\left(e^{2rT} - 1 \right)$$

이제 공분산 식에서

$$cov(Y_T, S_T) = \sigma_1 \sigma_2 e^{2rT} cov\left(\int_0^T e^{-rs} dZ_s, \int_0^T e^{-rs} dV_s \right)$$

이 성립하는데, **6.2**에서 설명한 것처럼 $dV_t = \rho\, dZ_t + \sqrt{1-\rho^2}\, dU_t$과 $dU_t\, dZ_t = 0$으로 놓으면

$$cov\left(\int_0^T e^{-rs}\, dZ_s\,,\, \int_0^T e^{-rs}\, dV_s\right) = \rho\, E\left[\left(\int_0^T e^{-rs}\, dZ_s\right)^2\right] = \rho \int_0^T e^{-2rs}\, ds$$

이므로

$$cov\,(Y_T, S_T) = \frac{\rho\,\sigma_1\sigma_2}{2r}\left(e^{2rT} - 1\right)$$

을 얻는다. 따라서 위험중립 세계에서 $Y_T - S_T \sim N(m, s^2)$이라 하면

$$m = Y_0\, e^{rT} - S_0\, e^{rT} \text{ 이고 } s^2 = \frac{\sigma_1^2 + \sigma_2^2 - 2\rho\,\sigma_1\sigma_2}{2r}\left(e^{2rT} - 1\right)$$

이다. 이제 3장의 **정리 3.1**의 (2)에 의해서 $X \sim N(m, s^2)$일 때

$$E\,[\max(X-K, 0)] = \frac{s}{\sqrt{2\pi}}\, e^{-(m-K)^2/2s^2} + (m-K)\,\Phi\!\left(\frac{m-K}{s}\right)$$

가 성립하므로 m과 s를 대입하면 위의 정리가 증명된다. ∎

1 $a > 0$일 때, $\Pr\left[B_t \geq a\right] \leq \sqrt{\dfrac{t}{2\pi}}\,\dfrac{1}{a}e^{-a^2/(2t)}$ 임을 보이시오.

2 $Z \sim N(0, 1)$와 상수 a, b에 대하여 확률변수 I가 $I = \begin{cases} 1 & (Z > b \text{인 경우}) \\ 0 & (else) \end{cases}$ 으로 정의될 때 $E\!\left(e^{aZ}I\right) = \Phi(a - b)$임을 보이시오.

3 주가 S가 $dS = \mu S\,dt + \sigma S\,dB_t$를 따르는 무배당 주식에 대해 만기 T에서의 페이오프가 $\left(\ln S_T\right)^2$으로 주어진 파생상품의 현재 가격 공식을 구하시오. (단, 연속복리 무위험 이자율은 r이라 가정한다.)

4 연속배당률 q의 배당을 지급하는 주식에 대해 만기 T에서의 페이오프가 $\left(\ln S_T - K\right)^2$으로 주어진 파생상품의 현재 가격 v_0는 $v_0 = e^{-rT}\!\left[\sigma^2 T + \left(\ln S_0 + (r - q - \sigma^2/2)T - K\right)^2\right]$임을 보이시오. (단, 연속복리 무위험 이자율은 r이라 가정한다.)

5 연속배당률 q의 배당을 지급하는 주식에 대하여 옵션 만기 T시점의 주가가 행사가격보다 높으면 옵션의 가치는 주가와 같고, 그렇지 않으면 가치가 0이 되는 옵션의 현재 가치 v_0를 직접 계산을 통해서 그리고 기르사노프 정리를 사용해서 각각 구하시오.

6 1년 후에 S&P 주가지수가 1200을 넘으면 1,000달러를 받고 그렇지 않으면 아무것도 받을 수 없는 옵션의 현재 가치를 구하시오. (단, 현재 S&P 주가지수는 1145, 지수의 연속복리 배당률은 연 3%, 무위험 이자율은 연 5%, 그리고 주가지수의 변동성은 연 20%라고 가정한다.)

7 주가 S가 $dS = \mu S\,dt + \sigma S\,dB_t$를 따르는 무배당 주식에 대해 만기 T에서의 페이오프가 다음과 같이 주어진 파생상품의 현재 가격공식을 구하시오.

"주가가 현재보다 오르는 경우 오른 액수의 30%를 지급하며 주가가 내리는 경우 내린 액수의 25%를 지급한다."

8 주가 S가 $dS = \mu S\,dt + \sigma S\,dB_t$를 따르는 무배당 주식에 대해 만기 T에서의 페이오프가 다음과 같이 주어진 파생상품의 현재 가격공식을 구하시오.

"주가가 현재보다 오르는 경우 오른 액수의 50%를 지급하며, 주가가 내리는 경우 100달러를 지급한다."

9 주가 S가 $dS = \mu S\,dt + \sigma S\,dB_t$를 따르는 무배당 주식과 양의 상수 K에 대해 만기 T에서의 페이오프가 $v_T = \max\left(K, \dfrac{S_T}{S_0}\right)$로 주어진 파생상품의 현재 가격공식을 구하시오.

10 주가 S가 $dS = \mu S\,dt + \sigma S\,dB_t$를 따르는 무배당 주식과 양의 상수 K에 대해 만기 T에서의 페이오프가 $v_T = \min\left(K, \dfrac{S_T}{S_0}\right)$로 주어진 파생상품의 현재 가격공식을 구하시오.

11 배리어 옵션에서 기초자산의 변동성의 증가는 배리어 옵션가격을 하락시킬 수도 있음을 설명하시오.

12 연속배당률 q의 배당을 지급하는 주식에 대해서 T 기간 후의 주가가 K달러보다 크면 S_T^k를 받게 되고 그렇지 않으면 가치가 0이 되는 파워 이항옵션의 현재 가치 x_0는 다음과 같음을 보이시오.

$$x_0 = S_0^k \exp\left(\frac{kT}{2}\left(2r - 2q\right) + \left(k-1\right)\sigma^2\right) \Phi\left(\frac{\ln\left(S_0/K\right) + \left(r - q - \sigma^2/2\right)T}{\sigma\sqrt{T}} + k\sigma\sqrt{T}\right)$$

13 주가가 $dS = \mu S\,dt + \sigma S\,dB_t$를 따르는 무배당 주식에 대해서 만기 T시점의 주가가 K_1과 K_2 사이에 있으면 1의 가치를 지니고 그렇지 않으면 가치가 0이 되는 옵션형 파생상품의 현재 가치를 구하시오.

14 연속배당률 q의 배당을 지급하는 주식에 대해서 만기 T시점의 주가가 K_1과 K_2 사이에 있으면 1의 가치를 지니고, 그렇지 않으면 가치가 0이 되는 옵션형 파생상품의 현재 가치를 구하시오.

15 주가가 $dS = \mu S\, dt + \sigma S\, dB_t$를 따르는 무배당 주식에 대해서 다음과 같은 만기 페이오프 v_T를 갖는 옵션형 파생상품의 현재 가치 v_0를 구하시오

$$v_T = \begin{cases} S_T - K & (\text{if } K \le S_T < K + M) \\ M & (\text{if } S_T \ge K + M \text{ and } \textit{zero elsewhere}) \end{cases}$$

16 연속배당률 q의 배당을 지급하는 주식에 대해서 다음과 같은 만기 페이오프 v_T를 갖는 옵션형 파생상품의 현재 가치 v_0를 구하시오.

$$v_T = \begin{cases} S_T - K & (\text{if } K \le S_T < K + M) \\ M & (\text{if } S_T \ge K + M \text{ and } \textit{zero elsewhere}) \end{cases}$$

17 주가 변동성이 σ인 연속배당률 q의 배당지급 주식이 있을 때, 상수 $c > 0$에 대해 만기 페이오프가 $v_T = \max(S_T^c - K, 0)$으로 주어지는 유러피언 비대칭 파워 콜옵션의 가격은 배당지급 주식에 대한 블랙 - 숄즈 콜옵션 공식에 현재 주가 S_0^c, 행사가격 K, 변동성 $c\sigma$ 그리고 연속배당률 $cq - (c-1)(r + c\sigma^2/2)$을 대입한 것임을 보이시오.

18 $x \ne 0$에 대해 최초도달시점 T_x는 $\Pr[T_x < t] = 2\Pr[B_t < x]$를 만족함을 보이시오.

19 무배당 주식에 대해서 T 기간 후의 주가가 $K < S_T < L$이면 S_T^k를 받게 되고 그렇지 않으면 가치가 0이 되는 파워 이항옵션의 현재 가치 x_0를 구하시오.

20 연속배당률 q의 배당을 지급하는 주식에 대해서 만기 페이오프가 $\left[\max(K - S_T, 0)\right]^k$인 유러피언 파워 풋옵션의 현재 가치는 어떤 공식으로 나타나는가?

21 $x > 0$일 때 x에 대한 B_t의 최초도달시점 T_x는 다음을 만족함을 증명하시오

$$\Pr(T_x \le t,\, B_t \le y) = \Pr(B_t \ge 2y - x)$$

22 $M_T = \max\{B_t : 0 \le t \le T\}$이라 할 때, 상수 $m > 0$, $b < m$에 대하여

$$\Pr(M_T > m, B_T < b) = \frac{1}{\sqrt{2\pi T}} \int_{2m-b}^{\infty} \exp\left(-\frac{x^2}{2T}\right) dx$$

임을 증명하시오.

23 $x > 0, x \geq y$일 때 x에 대한 B_t의 최초도달시점 T_x는 다음을 만족함을 증명하시오.

$$\Pr\left(T_x \leq t\right) = 1 - \Phi\left(\frac{x}{\sqrt{t}}\right) + \Phi\left(-\frac{x}{\sqrt{t}}\right)$$

24 고정된 상수 x에 대하여 브라운 운동의 최초도달시점 $T_x = \inf\{t \mid B_t = x\}$의 확률밀도함수 $f(t)$는 다음과 같음을 증명하시오.

$$f(t) = \begin{cases} \dfrac{x}{\sqrt{2\pi t^3}} \exp\left(-\dfrac{x^2}{2t}\right) & (t > 0) \\ 0 & (else) \end{cases}$$

25 무위험 이자율이 연속복리 기준 연 10%일 때, 백금 1온스를 금 1온스와 1년 후에 교환할 수 있는 유러피언 교환옵션의 현재 가격을 구하시오 (단, 금과 백금 1온스의 현재 가격은 각각 1,600달러와 1,520달러, 가격의 변동성은 각각 연 20%, 두 가격의 상관계수는 0.7이다.)

26 $Z \sim N(0,1)$, $W \sim N(0,1)$이고 Z와 W의 상관계수가 ρ일 때 임의의 양수 a, b, σ, δ에 대하여 다음이 성립함을 보이시오.

$$E\left[\max\left(a e^{\sigma Z - \sigma^2/2} - b e^{\delta W - \delta^2/2}, 0\right)\right] = a\Phi(d_1) - b\Phi(d_2)$$

여기서, $\alpha = \sqrt{\sigma^2 + \delta^2 - 2\rho\sigma\delta}$에 대하여 $d_1 = \dfrac{\ln(a/b) + \alpha/2}{\alpha}$, $d_2 = d_1 - \alpha$

27 $B_t^{(1)}$과 $B_t^{(2)}$가 두 개의 브라운 운동으로 $dB_t^{(1)}dB_t^{(2)} = \rho dt$를 만족할 때 $X_t = B_t^{(1)}B_t^{(2)}$는 마팅게일 확률과정인가?

28 **7.31**의 퀀토 옵션에서 $S = S_t$가 확률과정 $dS = (\mu_S - q)S\,dt + \sigma_S S\,dB_t^{(1)}$를 따른다면 해당 퀀토옵션의 현재 가격은 다음과 같음을 보이시오.

$$c_0 = e^{-r_f T}\left[F_0\Phi(d_1) - K\Phi(d_2)\right]V_0$$

여기서

$$F_0 = S_0 e^{(r - q - \rho\sigma_V\sigma_S)T}$$

이고

$$d_1 = \frac{\ln(F_0/K) + (\sigma_S^2/2)T}{\sigma_S\sqrt{T}}, \quad d_2 = d_1 - \sigma\sqrt{T-t}$$

29 특정 시점 t_a에 연속배당률 q의 배당을 지급하는 주식에 대한 만기 T, 행사가격 K의 유러피언 콜옵션 또는 풋옵션을 택할 수 있는 선택자옵션의 현재 가치를 구하시오. (단, 주가변동성은 σ이다.)

30 B_t가 브라운 운동을 나타내고, $Y(t) = |B_t|$일 때, 다음이 성립함을 증명하시오.

$$E\left(Y(t)\right) = \sqrt{\frac{2t}{\pi}} \ , \ Var\left(Y(t)\right) = \left(1 - \frac{2}{\pi}\right)t$$

31 $Z_t = \mu t + \sigma B_t$에 대해 $[0, T]$에서 Z_T의 최댓값을 M_T^Z라 할 때 $x > 0$에 대하여

$$\Pr(M_T^Z \leq x) = \Phi\left(\frac{x - \mu T}{\sigma \sqrt{T}}\right) - e^{2\mu x \sigma^{-2}} \Phi\left(\frac{-x - \mu T}{\sigma \sqrt{T}}\right)$$

가 성립함을 증명하시오.

32 $Z_t = \mu t + \sigma B_t$에 대해 $[0, T]$에서 Z_T의 최댓값을 M_T^Z라 할 때 $x \leq y, \, y > 0$에 대하여

$$\Pr(Z_T \leq x, \, M_T^Z \geq y) = e^{2\mu y \sigma^{-2}} \Phi\left(\frac{x - 2y - \mu T}{\sigma \sqrt{T}}\right)$$

임을 보이고, 이를 이용하여

$$\Pr(Z_T \leq x, \, M_T^Z \leq y) = \Phi\left(\frac{x - \mu T}{\sigma \sqrt{T}}\right) - e^{2\mu y \sigma^{-2}} \Phi\left(\frac{x - 2y - \mu T}{\sigma \sqrt{T}}\right)$$

임을 보이시오.

33 $Z_t = \mu + \sigma B_t$이고 $[0, T]$에서 Z_t의 최댓값을 M_T^Z라 할 때 $\mu < l$인 상수 l에 대하여 $\Pr(M_T^Z \leq l)$을 표준누적분포함수 Φ로 나타내시오.

34 자산 1이 연속복리 q_1의 중간소득을 지급하고, 한편 자산 2가 연속복리 q_2의 중간소득을 지급하는 경우 만기 T시점에 자산 2를 자산 1로 교환할 수 있는 옵션의 현재 가치는

$$v(0, S_1, S_2) = e^{-q_1 T} S_1(0) \Phi(d_1) - e^{-q_2 T} S_2(0) \Phi(d_2)$$

$$d_1 = \frac{\ln(S_1(0)/S_2(0)) + (q_2 - q_1 + \sigma^2/2)T}{\sigma \sqrt{T}}, \, d_2 = d_1 - \sigma \sqrt{T}, \, \sigma = \sqrt{\sigma_1^2 + \sigma_2^2 - 2\rho \sigma_1 \sigma_2}$$

임을 **7.29**에서처럼 기르사노프 정리를 이용해서 증명하시오.

35 어떤 자산의 가격 $S = S_t$가 두 개의 브라운 운동 B_t와 W_t에 대해서 $dS = \mu S dt + S(\sigma_1 dB_t + \sigma_2 dW_t)$로 표시된다고 하자. B_t와 W_t의 상관계수는 -0.5이고 1년을 기준으로 $\sigma_1 = 0.15$, $\sigma_2 = 0.15$라 할 때, 해당 자산에 대한 옵션의 연 변동성을 구하시오.

36 S_1, S_2가 각각 중간 무배당인 두 자산의 가격이라 하고 다음의 확률미분방정식을 따른다고 하자.

$$\frac{dS_1}{S_1} = \mu_1 dt + \sigma_1 dB_t^{(1)}$$

$$\frac{dS_2}{S_2} = \mu_2 dt + \sigma_2 dB_t^{(2)}$$

또한 $dB_t^{(1)}$과 $dB_t^{(2)}$의 상관계수는 ρ, 즉 $dB_t^{(1)} dB_t^{(2)} = \rho dt$라 가정할 때, 두 자산에 대한 파생상품의 가격 v는 다음 미분방정식을 만족함을 증명하시오.

$$rv = \frac{\partial v}{\partial t} + r \sum_{i=1}^{2} S_i \frac{\partial v}{\partial S_i} + \frac{1}{2} \sum_{i,j=1}^{2} \rho \sigma_i \sigma_j S_i S_j \frac{\partial^2 v}{\partial S_i \partial S_j}$$

37 S_1, S_2가 각각 중간 무배당인 두 자산의 가격이라 하고 다음의 확률미분방정식

$$\frac{dS_1}{S_1} = \mu_1 dt + \sigma_1 dB_t^{(1)}$$

$$\frac{dS_2}{S_2} = \mu_2 dt + \sigma_2 dB_t^{(2)}$$

을 따르며, $dB_t^{(1)} dB_t^{(2)} = \rho dt$라 가정할 때 만기 T에서의 페이오프가

$$w_T = \max\left[S_1(T), S_2(T)\right]$$

로 주어진 파생상품의 현재 가격 w_0를 구하시오.

38 S_1, S_2가 각각 중간 무배당인 두 자산의 가격이라 하고 다음의 확률미분방정식을 따른다고 하자.

$$\frac{dS_1}{S_1} = \mu_1 dt + \sigma_1 dB_t^{(1)}$$

$$\frac{dS_2}{S_2} = \mu_2 dt + \sigma_2 dB_t^{(2)}$$

또한 $dB_t^{(1)}$과 $dB_t^{(2)}$의 상관계수는 ρ, 즉 $dB_t^{(1)} dB_t^{(2)} = \rho dt$라 가정한다. $f = S_1 S_2$라 할 때, $\mu = \mu_1 + \mu_2 + \rho \sigma_1 \sigma_2$와 $\sigma^2 = \sigma_1^2 + \sigma_2^2 + 2\rho \sigma_1 \sigma_2$에 대하여 $df = \mu f dt + \sigma f dB_t$가 성립함을 증명하시오.

39 위의 **38**번 문제와 동일한 S_1, S_2에 대하여 $g = \dfrac{S_1}{S_2}$ 일 때, dg를 구하시오

40 S_1, S_2가 각각 중간 무배당인 두 자산의 가격이라 하고 다음의 확률미분방정식

$$\frac{dS_1}{S_1} = \mu_1\, dt + \sigma_1\, dB_t^{(1)}$$

$$\frac{dS_2}{S_2} = \mu_2\, dt + \sigma_2\, dB_t^{(2)}$$

을 따르며, $dB_t^{(1)} dB_t^{(2)} = \rho\, dt$라 가정할 때 만기 T에서의 페이오프가

$$w_T = \max\left[3S_1(T),\, 2S_2(T)\right]$$

로 주어진 파생상품의 현재 가격 w_0를 구하시오

CHAPTER 8

이자율과 채권

8장에서는 이자율이 상수라는 가정을 버리고, 극단적으로 짧은 기간 $[t, t+dt]$에 적용되는 연속복리 기준 이자율을 r_t 또는 $r(t)$로 표기하기로 한다. 이는 시간 경과에 따라 매 순간 바뀌는 연속복리 이자율의 의미이다. 이 경우 시간 경과에 따른 미래의 이자율을 편의상 안다고 가정했을 때, 이자율은 시간 t의 결정 함수라 놓을 수 있고, 반면에 현실과 부합하게 미래의 이자율은 확률변수라 가정한다면 이자율은 확률과정을 따르게 된다. 여기에서는 이자율이 시간의 확정적인 함수라 가정하는 **8.1**을 제외하고는 순간 이자율 r_t가 이토 확률과정을 따른다고 가정한다.

1. 이자율 모형의 소개

8.1 이자율이 시간의 함수 $r = r(t)$인 경우

이자율이 시간에 대하여 확정적인 함수인 경우 무차익 원칙에 의하여 채권(신용위험이 없는 채권)은 무위험 자산이다. 또한 무위험 자산의 가치 $B(t)$은 방정식은

$$B(t) = B_0 \exp \left[\int_0^t r(s) \, ds \right]$$

가 되고 이를 t에 대하여 미분하면

$$dB = r(t)B(t) \, dt$$

를 만족하게 된다.

이제 이자율이 시간의 함수 $r = r(t)$로 주어진다고 하고, 채권의 만기는 T, 액면가는 F, 그리고 채권은 단위시간당 $K = K(t)$의 이자를 지급한다고 하자. 이 채권 하나로 이루어진 포트폴리오의 가치를 Π라 하면, 현재는

$$\Pi_0 = P$$

가 되고, 이 포트폴리오는 무위험이므로

$$d\Pi = r(t)\Pi_0 \, dt$$

를 만족한다. 또한 채권의 이자 지급에 의하여

$$d\Pi = \left(\frac{dP}{dt} + K(t) \right) dt$$

가 성립하므로 양변을 동치로 놓고 현재 가치 $\Pi_0 = P$를 대입하면

$$\left(\frac{dP}{dt} + K(t)\right)dt = r(t)P\,dt$$

을 얻는다. 즉 채권의 가격 P는 미분방정식

$$\frac{dP}{dt} - r(t)P = -K(t)$$

$$P(T) = F$$

를 얻는다. 이는 일계 선형 미분방정식이므로 양변에 적분인자 $e^{\int_t^T r(s)\,ds}$ 를 곱하면

$$\frac{d}{dt}\left(P\,e^{\int_t^T r(s)\,ds}\right) = -K(t)\,e^{\int_t^T r(s)\,ds}$$

를 만족한다. 이로부터

$$P\,e^{\int_t^T r(s)\,ds} = \int_t^T K(s)e^{\int_s^T r(u)\,du}\,ds + C \ \text{(여기서, } C\text{는 상수)}$$

가 성립한다. 여기에 $t = T$를 대입하면 $C = P(T) = F$를 얻게 되므로 방정식의 해는 다음과 같다.

$$P(t) = e^{-\int_t^T r(s)\,ds}\left(\int_t^T K(s)e^{\int_s^T r(u)\,du}\,ds + F\right)$$

연속적으로 이자가 지급되는 것이 아니라 각 지급 시점 $t_k, 1 \le k \le n$에 $K(t_k)$만큼의 이자가 지급되는 채권의 경우 채권의 적정 가격은 다음과 같다.

$$P(t) = e^{-\int_t^T r(s)\,ds}\left(\sum_{k=1}^{n} K(t_k)e^{\int_{t_k}^T r(s)\,ds} + F\right)$$

해당 채권이 무이표채인 경우 $K \equiv 0$이므로

$$P(t) = Fe^{-\int_t^T r(s)\,ds}$$

를 얻는다.

8.2 이자율 $r = r(t)$이 확률과정인 경우

순간이자율 $r = r_t$가 위험중립 세계에서 확률미분방정식 $dr = a(t,r)\,dt + b(t,r)\,dB_t$으로 표현된다는 것은 위험중립 세계에서 등식

$$P(t,\,T) = E_t\left[\exp\left(-\int_t^T r(s)\,ds\right)\right]$$

가 성립한다는 것을 의미한다. 이에 대한 자세한 내용은 **8.9**에서 다루기로 한다.

　t시점에서 T시점까지의 연속복리 기준 할인율인 현물이자율을 $R(t,\,T)$라 정의하면

$$P(t,\,T) = e^{-R(t,\,T)(T-t)}$$

가 성립하므로, 따라서

$$R(t,\,T) = -\frac{1}{T-t}\ln P(t,\,T)$$

이 성립한다. 이와 위험중립 세계에서의

$$P(t,\,T) = E_t\left[\exp\left(-\int_t^T r(s)\,ds\right)\right]$$

를 결합하면, 이자율 $r = r_t$의 위험중립 세계에서의 확률미분방정식이

$$dr = a(t,r)\,dt + b(t,r)\,dB_t$$

일 때

$$R(t,\,T) = -\frac{1}{T-t}\ln E_t\left(e^{-\int_t^T r(s)\,ds}\right)$$

를 얻는다. 즉 $r = r_t$의 위험중립 세계의 확률과정을 파악할 수 있으면 시간 경과에 따른 무이표 수익률 곡선의 전개에 대해 완벽히 규정지을 수 있다. 이후에 전개되는 이론에서는 이자율 $r_t = r(t)$이 이토 확률과정을 따르는 것으로 가정한다.

8.3 각종 이자율 모형

이 절에서는 이토과정

$$dr = a(t,r)\,dt + b(t,r)\,dB_t$$

를 따르는 이자율 $r = r_t$에 대한 각종 모형을 대략적으로 살펴본다. 널리 사용되는 이자율 모형의 대략적인 종류와 형태는 다음 표에 설명한 것과 같다.

Merton(1973)	$dr = \mu\,dt + \sigma\,dB_t$
Rendleman-Bartter(1980)	$dr = \mu r\,dt + \sigma r\,dB_t$
Vasicek(1977)	$dr = \alpha(\mu - r)\,dt + \sigma\,dB_t$
Brennan-Schwartz(1980)	$dr = \alpha(\mu - r)\,dt + \sigma r\,dB_t$
Cox-Ingersoll-Ross(1985)	$dr = \alpha(\mu - r)\,dt + \sigma\sqrt{r}\,dB_t$
Ho-Lee(1986)	$dr = \theta(t)\,dt + \sigma\,dB_t$
Hull-White(1990)	$dr = [\theta(t) - \alpha r]dt + \sigma\,dB_t \quad dr = [\theta(t) - \alpha r]dt + \sigma\sqrt{r}\,dB_t$
Black-Derman-Toy(1990)	$d(\ln r) = \left(\theta(t) + \dfrac{\sigma'(t)}{\sigma(t)}\ln r\right)dt + \sigma(t)\,dB_t$

이자율 모형은 미래의 수익률곡선과 이자율의 변화를 모수적으로 예측하고 각종 이자율 파생상품의 적정 가격을 산출하기 위하여 사용된다. 바람직한 이자율 모형은 필수적이지는 않지만 다음 세 가지 조건을 적절히 갖추어야 한다.

- 이자율 r_t는 모든 t에 대해서 양수이어야 한다.
- 이자율 r_t는 평균회귀성향을 가져야 한다.
- 이자율 r_t는 가급적 단순한 형태를 가져야 한다.

위의 세 조건 중 이자율이 음수가 되어서는 안 된다는 것은 현실적으로 자명한 전제이다. 한편 주가의 확률과정과 이자율의 확률과정 사이에는 큰 차이점이 있는데, 이자율은 시간이 흐름에 따라 어떤 평균값보다 높거나 낮은 값을 형성하면 그 평균값으로 돌아가려는 현상이 주가보다 강하다는 것이다. 이와 같은 현상을 평균회귀(mean reversion) 현상이라 한다. 이는 단기적인 관점보다는 중장기적인 관점에서의 경제현상과 잘 부합되는데 금리가 매우 높으면 경제가 약화되어 자금에 대한 수요를 축소시키고 약화된 자금수요는 다시 금리를 낮추게 한다. 반대로 금리가 매우 낮으면 채권자로부터 자금을 빌리려는 수요를 증가시키고 강화된 자금수요는 다시 금리를 높이는 효과를 준다. 그래서 이자율의 확률과정 모형은 평균회귀 성향을 반영하는 경향이 있다. 이자율 모형이 단순한 형태를 가져야 한다는 것은 채권, 채권옵션 등의 이자율 파생상품의 적정 가격을 구하기 용이한 형태를 가져야 한다는 뜻과 동일하다. 특히 이자율 모형을 사용하여 얻어진 무이표채의 가치 $P(t,\,T)$는 채권옵션 등 기타 이자율 파생상품의 적정 가격을 구할 때 중요하게 사용되므로 $P(t,\,T)$의 식은 가급적 다루기 쉽고 간단해야 한다. 또한 위험중립 세계에서의 이자율 모형을 이산과정으로 전환하여 중도행사 가능한 각종 이자율 파생상품의 가치를 구하는 방법은 매우 중요하고 현실에서의 응용도 빈번히 이루어지므로 이산과정으로 전환하기 용이한 이자율 모형의 장점이 부각되는 현실이다.

8.4 Vasicek 모델

앞서 4장의 **4.31**에서 $r = r_t$ 의 확률 미분방정식이

$$dr = \alpha(\mu - r)dt + \sigma\,dB_t$$

으로 주어졌을 때 이를 Vasicek의 이자율모형이라고 한다고 소개했다. **4.31**에서 보였듯이 위 확률미분방정식의 해는

$$r_t = \mu + e^{-\alpha t}(r_0 - \mu) + \sigma e^{-\alpha t}\int_0^t e^{\alpha s}\,dB_s$$

이고

$$r_t \sim N\!\left(\mu + e^{-\alpha t}(r_0 - \mu),\; \frac{\sigma^2}{2\alpha}(1 - e^{-2\alpha t})\right)$$

의 확률 분포를 갖는다. 즉 r_t 는 정규분포를 따르는 것이 되기 때문에 이론적으로 모든 실수의 값을 취할 수 있고, 경우에 따라서는 음수의 값이 나오기도 한다. 장점으로는 Vasicek의 이자율 모형에서 r_t 는 α 의 속도로 μ 에 회귀하는 평균회귀 성향을 보이고 있으며, 또한 아주 간편한 이자율 모델의 특성을 갖고 있다. 이자율 모형은 채권의 가격 및 각종 이자율, 채권 파생상품의 가격을 구하는 데 사용되기 때문에 다루기 편해야 실제 금융현장에서 빈번히 이용될 수 있다. 이자율 모형은 채권의 가격 및 각종 이자율 및 채권 파생상품의 가격을 구하는 데 사용되기 때문에 다루기 편해야 실제 금융현장에서 빈번히 이용될 수 있다.

한편 $r = r_t$ 의 실제 세계의 확률미분방정식이

$$dr = \alpha(\mu - r)dt + \sigma\,dB_t$$

으로 표현되는 $\alpha,\ \mu,\ \sigma$ 의 모수를 역사적 자료를 바탕으로 한 통계적 추정방법을 이용해서 추정한 후에, 최종적으로 시장 위험가격을 나타내는 상수 λ 를 각종 시장데이터를 바탕으로 찾아서 위험중립 확률모형으로 바꾸는 작업이 필요하다. 이를 위해서는 시장 위험가격 상수 λ 에 대하여 위험중립 세계에서 $r = r_t$ 는 기르사노프 정리에 의하여

$$dr = \left[\alpha(\mu - r) - \lambda\sigma\right]dt + \sigma\,dB_t$$

를 따르므로

$$\nu = \mu - \lambda\sigma/\alpha$$

로 놓으면 위험중립 세계에서 이자율의 확률미분방정식은 다음과 같다.

$$dr = \alpha(\nu - r)dt + \sigma\,dB_t$$

시장 위험가격 λ의 개념은 이자율 파생상품이론에서 매우 중요한 역할을 맡고 있다. 이제 우리는 시장 위험가격과 채권이론에 대하여 살펴보기로 한다. Vasicek의 이자율 모형에 대해서는 뒤에 **8.16**에서 이어 나가기로 한다.

2. 이자율 파생상품 이론

8.5 시장 위험가격

아주 짧은 기간 $[t, t+dt]$에 적용되는 이자율을 $r = r_t$이 일반적인 형태의 확률미분방정식

$$dr = a(t, r)\,dt + b(t, r)\,dB_t$$

를 따르고 f_1, f_2가 각각 이자율 r에 대한 중간 무소득 파생상품들 A, B의 가격을 나타내며 다음과 같은 확률미분방정식을 따른다고 가정하자.

$$df_1 = \mu_1(t, r)f_1\,dt + \sigma_1(t, r)f_1\,dB_t$$
$$df_2 = \mu_2(t, r)f_2\,dt + \sigma_2(t, r)f_2\,dB_t$$

이제 $\mu_1(r, t)$, $\mu_2(r, t)$, $\sigma_1(r, t)$, $\sigma_2(r, t)$는 간단히 $\mu_1, \mu_2, \sigma_1, \sigma_2$로 표기하기로 하자. (물론 $\mu_1, \mu_2, \sigma_1, \sigma_2$는 상수가 아니라 모두 이자율 r과 시간 t의 함수를 나타낸다.)

이제 극단적으로 짧은 기간 $[t, t+dt]$ 동안에 첫 번째 상품 A를 $\sigma_2 f_2$ 단위 매입하고 두 번째 상품 B를 $\sigma_1 f_1$ 단위 매도하는 포트폴리오를 구성하고, Π를 이 포트폴리오의 가치라고 하면

$$\Pi = (\sigma_2 f_2)f_1 - (\sigma_1 f_1)f_2$$

이므로 다음 식이 성립한다.

$$d\Pi = (\sigma_2 f_2)df_1 - (\sigma_1 f_1)df_2 = (\mu_1 \sigma_2 f_1 f_2 - \mu_2 \sigma_1 f_1 f_2)\,dt$$

위의 $d\Pi$의 식 중 확률적인 항이 없으므로 이 포트폴리오는 $[t, t+dt]$ 동안 무위험이고 따라서

$$d\Pi = r\Pi\,dt$$

가 성립한다. 이로부터

$$(\mu_1 \sigma_2 f_1 f_2 - \mu_2 \sigma_1 f_1 f_2)\,dt = (r\sigma_2 f_1 f_2 - r\sigma_1 f_1 f_2)\,dt$$

를 얻게 되므로 양변을 비교하면

$$\mu_1 \sigma_2 - \mu_2 \sigma_1 = r\sigma_2 - r\sigma_1$$

즉

$$\frac{\mu_1(t,r)-r(t)}{\sigma_1(t,r)}=\frac{\mu_2(t,r)-r(t)}{\sigma_2(t,r)}$$

또는 간략한 표현으로

$$\frac{\mu_1-r}{\sigma_1}=\frac{\mu_2-r}{\sigma_2}$$

가 성립한다. 이제 이 값 $\dfrac{\mu_1-r}{\sigma_1}=\dfrac{\mu_2-r}{\sigma_2}$ 을 $\lambda=\lambda(t,r)$ 이라고 정의하고, λ를 이자율 r에 대한 시장

위험가격 또는 위험의 시장가격(market price of risk)이라고 부른다. 위의 설명에서와 같이 시장 위험가

격 $\lambda=\lambda(t,r)$는 이자율 파생상품의 개별적인 종류나 성격에 무관한 값으로, f가 이자율에 종속된 유

가증권의 가격을 나타내며 t와 r의 함수인 μ, σ가 있어

$$df=\mu f\,dt+\sigma f\,dB_t$$

의 확률과정을 따른다고 할 때, f의 속성과 상관없이

$$\frac{\mu-r}{\sigma}=\lambda$$

가 성립한다. 즉 $\mu=r+\lambda\sigma$가 되고, 따라서

$$df=(r+\lambda\sigma)f\,dt+\sigma f\,dB_t$$

가 성립한다.

8.6 g에 대한 위험중립 세계

f와 g가 이자율에 종속된 중간 무소득 파생상품의 가격을 나타내고 시장 위험가격이 g의 변동성이라

가정하면, 즉 $\lambda=\sigma_g$가 성립하는 경우에는 다음 식이 성립한다.

$$df=(r+\sigma_g\sigma_f)f\,dt+\sigma_f f\,dB_t$$
$$dg=(r+\sigma_g^2)g\,dt+\sigma_g g\,dB_t$$

이때, $F=\ln f$ 그리고 $G=\ln g$라 놓고 이토의 보조정리를 이용하면 다음을 얻는다.

$$dF=(r+\sigma_g\sigma_f-\sigma_f^2/2)\,dt+\sigma_f\,dB_t$$
$$dG=(r+\sigma_g^2/2)\,dt+\sigma_g\,dB_t$$

따라서 다음 식이 성립한다.

$$d(F-G) = \left(\sigma_g\sigma_f - \sigma_f^2/2 - \sigma_g^2/2\right)dt + (\sigma_f - \sigma_g)\,dB_t$$

$$= -\frac{(\sigma_f - \sigma_g)^2}{2}\,dt + (\sigma_f - \sigma_g)\,dB_t$$

즉 $X = F - G$라 놓으면 다음 식이 성립한다.

$$dX = -\frac{(\sigma_f - \sigma_g)^2}{2}\,dt + (\sigma_f - \sigma_g)\,dB_t$$

여기서 $Y = f/g$라 치환하면 정의에 의하여

$$X = F - G = \ln(f/g) = \ln Y$$

이고 따라서 $Y = e^X$이므로 이토의 보조정리를 사용하면 다음 식을 얻는다.

$$dY = Y'(X)\,dX + \frac{1}{2}Y''(X)(\sigma_f - \sigma_g)^2\,dt$$

$$= Y\left(-\frac{(\sigma_f - \sigma_g)^2}{2}\,dt + (\sigma_f - \sigma_g)\,dB_t\right) + \frac{1}{2}Y(\sigma_f - \sigma_g)^2\,dt$$

$$= (\sigma_f - \sigma_g)\,Y\,dB_t$$

즉

$$dY = (\sigma_f - \sigma_g)\,Y\,dB_t$$

가 성립하므로 dY에서 dt 항의 계수는 0이 되어, 시점 0과 임의의 시점 T 사이에서 Y의 변화량의 기댓값은 0이 된다. 따라서 식

$$E(Y_T) = Y_0$$

가 성립한다. 이는 확률과정 $Y = f/g$가 마팅게일임을 의미한다. (확률미분방정식 $dX = a(t, X)dt + b(t, X)dB_t$에서 $a(t, X) = 0$일 때, 즉 확률미분방정식 $dX = b(t, X)dB_t$를 따르는 $X = X_t$는 마팅게일 확률과정임을 **4.19**에서 설명한 바 있다.)

위의 내용을 다시 정리하면 f와 g가 이자율에 종속된 중간 무소득 금융상품의 가격일 때, 시장 위험가격이 g의 변동성과 일치하는 경우에는 f/g가 마팅게일이고, 따라서 임의의 시점 T에 대하여

$$E\left(\frac{f_T}{g_T}\right) = \frac{f_0}{g_0}$$

가 성립한다는 것이다. 시장 위험가격이 g의 변동성과 일치하는 세계, 즉 $\lambda = \sigma_g$인 세계를

"g에 대하여 위험중립인 세계(risk neutral world with respect to g)" 또는

"g에 대하여 선도 위험중립인 세계(forward risk neutral world with respect to g)"

라고 부르기로 한다. 위 정의에 따라 g에 대하여 위험중립인 세계에서의 • 의 기댓값을 $E_g(\,\bullet\,)$로 표시하면 위의 내용은 다음 식으로 요약될 수 있다.

$$E_g\left(\frac{f_T}{g_T}\right) = \frac{f_0}{g_0}$$

8.6에서 설명한 내용은 매우 중요하므로 이를 종합해서 정리로 요약하면 다음과 같다.

8.7 정리

f와 g가 이자율에 종속된 중간 무소득 파생상품의 가격일 때, 시장 위험가격이 g의 변동성과 일치하는 세계, 즉 g에 대한 위험중립인 세계에서의 기댓값을 $E_g(\,\bullet\,)$로 표시하면 모든 $T > 0$에 대하여 등식

$$f_0 = g_0\, E_g\left(\frac{f_T}{g_T}\right)$$

이 성립한다.

8.8 Numeraire

위 **8.6**의 $Y = f/g$는 f를 g의 단위로 측정한 것으로 생각될 수도 있는데, 이 경우 g를 numeraire라고 부른다. 즉 numeraire는 상대가격을 계산할 때 계산단위로 사용되는 자산의 가격이다. **8.9**에서 설명하는 위험중립가치평가에서는 MMA(현금과정)가 numeraire의 역할을 하고 있다. 실제로 numeraire의 개념은 단지 이자율 파생상품의 경우만 아니라 여러 개의 독립적인 요소들에 대해 영향을 받는 금융변수에 대한 것으로도 확장시킬 수 있다.

8.9 위험중립가치평가

무위험 이자율 $r = r_t$가 확률과정을 따른다고 할 때, 시점 0에서 현금 M_0를 시점 t까지 무위험 이자율로 투자한다면, 시점 t에서의 가치 $M_t = M(t)$는

$$M(t) = M_0 \exp\left(\int_0^t r(s)\,ds\right)$$

이고, 이는 미분방정식

$$dM = rM\,dt$$

를 만족시킨다. 즉 $t \to t + dt$의 시간 흐름에 따라

$$M(t) \to M(t) + r(t)M(t)\,dt$$

가 성립함을 뜻한다. 이때의 식 $dM = rM\,dt$는 브라운 운동 dB_t항을 포함하지 않으므로 M_t는 무위험 확률과정이고, 우리는 이러한 무위험 과정을 현금과정 또는 현금계정(Money Market Account, MMA)이라 부른다. 이제 확률과정 $\{M_t\}$를 $M_0 = 1$인 현금과정이라 정의하면 M의 변동성은 0이고, 이에 따라 M에 대하여 위험중립인 세계는 시장 위험가격이 0인 세계이다. 이 경우는 앞서 1~5장까지에서 다루던 위험중립 세계와 일치한다. 이 경우 M에 대하여 위험중립인 세계에서의 기댓값 $E_M(\bullet)$은 일반적인 위험중립 기댓값 $E_Q(\bullet)$로 표시하기로 한다. 즉 위험중립 기댓값 $E_Q(\bullet)$는 이자율에 종속되는 모든 중간 무소득 투자자산의 가치 f가 확률미분방정식

$$df = rf\,dt + \sigma_f f\,dB_t$$

를 만족시키는 (가상) 세계에서의 기댓값을 뜻한다. 그리고 이러한 투자자산 f의 현재 가치는 **정리 8.7**에 의해 공식

$$f_0 = M_0\,E_Q\!\left(\frac{f_T}{M_T}\right)$$

로부터 얻어지는데, $M_0 = 1$인 경우 $M_T = e^{\int_0^T r(s)\,ds}$ 이므로

$$f_0 = E_Q\!\left(\exp\!\left(-\int_0^T r(s)\,ds\right)f_T\right)$$

의 공식을 얻게 된다. 이는 위험중립 세계에서 이자율의 확률미분방정식을 구하는 것이 무이표채를 비롯한 이자율 파생상품의 가치를 평가하는 데 필수적이라는 것을 말해주고 있다.

예를 들어, 시점 T에 1을 지급하는 무이표채의 시점 t에서의 가치 $P(t, T)$는, $P(T, T) = 1$이므로 공식

$$P(t, T) = E_Q^t\!\left[\exp\!\left(-\int_t^T r(s)\,ds\right)\right]$$

에 의해서 구해진다. 여기서 기호 $E_Q^t(\bullet) = E_Q(\bullet\,|\,I_t)$는 위험중립 세계에서 시점 t에서의 조건부 기댓값을 의미한다. 이 내용을 종합하면 다음 정리를 얻는다.

8.10 정리

만기 T인 중간 무소득 이자율 파생상품의 현재 가치 f_0는 다음 식으로 나타낼 수 있다.

$$f_t = E_Q^t \left[\exp\left(-\int_t^T r(s)\,ds \right) f_T \right]$$

특히 무이표채의 가치 $P(t, T)$는 다음을 만족한다.

$$P(t, T) = E_Q^t \left[\exp\left(-\int_t^T r(s)\,ds \right) \right]$$

8.11 예(무이표채의 선도가격)

만기시점 T에서 1의 현금을 지급하는 무이표채를 $T-$채권이라 부르고, 마찬가지로 만기시점 S에서 1의 현금을 지급하는 것을 무이표채는 $S-$채권이라 부르기로 하자. t시점에서의 $T-$채권의 가격은 앞서와 마찬가지로 $P(t, T)$로 표기한다. 정의로부터 모든 $t > 0$에 대해서 $P(t, t) = 1$이 성립한다. 이제 $T < S$일 때, S시점에서 1을 받기 위해서 T시점에서 K를 지급하기로 하는 선도계약이 맺어졌다고 하자. 이 계약은 T시점에서 K를 지급하고 $S-$채권을 받기로 하는 계약과 동일하다. 따라서 이 계약의 T시점에서의 가치는

$$f_T = P(T, S) - K$$

가 된다. 그러므로 **정리 8.10**에 의해서 $t < T$시점에서 이 선도계약의 가치 f_t는 다음과 같다.

$$f_t = E_Q^t \left(\exp\left(-\int_t^T r(s)\,ds \right) (P(T, S) - K) \right)$$

한편

$$P(T, S) = E_Q^T \left[\exp\left(-\int_T^S r(s)\,ds \right) \right]$$

이고 계약시점 t에서 선도계약의 가치는 0이므로 다음 식을 얻는다.

$$
\begin{aligned}
0 &= E_Q^t \left(\exp\left(-\int_t^T r(s)\,ds \right) (P(T, S) - K) \right) \\
&= E_Q^t \left(\exp\left(-\int_t^T r(s)\,ds \right) E_Q^T \left[\exp\left(-\int_T^S r(s)\,ds \right) \right] \right) - K E_Q^t \left(\exp\left(-\int_t^T r(s)\,ds \right) \right) \\
&= E_Q^t \left(E_Q^T \left[\exp\left(-\int_t^T r(s)\,ds \right) \exp\left(-\int_T^S r(s)\,ds \right) \right] \right) - K E_Q^t \left(\exp\left(-\int_t^T r(s)\,ds \right) \right)
\end{aligned}
$$

$$= E_Q^t \left\{ E_Q^T \left[\exp\left(- \int_t^S r(s)\,ds \right) \right] \right\} - K E_Q^t \left[\exp\left(- \int_t^T r(s)\,ds \right) \right]$$

$$= E_Q^t \left(- \int_t^S r(s)\,ds \right) - K E_Q^t \left[\exp\left(- \int_t^T r(s)\,ds \right) \right] \text{(tower property에 의해서)}$$

$$= P(t, S) - K P(t, T)$$

따라서 위 식을 만족하는 K의 값은 다음과 같다.

$$K = \frac{P(t, S)}{P(t, T)}$$

즉 차익거래가 발생하지 않도록 하는 적정 K의 값은 $K = \dfrac{P(t, S)}{P(t, T)}$ 이므로, S시점에서 1에 해당하는 T시점에서의 적정 가치는 $\dfrac{P(t, S)}{P(t, T)}$ 이다.

8.12 시장 위험가격과 위험중립 세계

이자율 $r = r_t$이 실제 세계에서 확률미분방정식

$$dr = a(t,r)\,dt + b(t,r)\,dB_t$$

를 따를 때, 만기 T인 이자율 파생상품의 가치 $f = f_t$는

$$f_t = E_Q^t \left(\exp\left(- \int_t^T r(s)\,ds \right) f_T \right)$$

로 표시된다. 즉 파생상품의 적정 가치를 구하기 위해서는 실제 세계가 아닌 위험중립 세계에서 이자율 $r = r_t$의 확률과정이 사용된다. 한편 만기시점 T를 고정시켰을 때 무이표채의 가격 $P(t) = P(t, T)$의 확률미분방정식이

$$dP(t) = \mu(t, r) P(t)\,dt + \sigma(t, r) P(t)\,dB_t$$

로 표시된다면 이자율에 대한 시장 위험가격 $\lambda = \lambda(t, r)$은 **8.5**에서 설명한 대로 다음과 같이 정의된다.

$$\lambda(t, r) = \frac{\mu(t, r) - r(t)}{\sigma(t, r)}$$

즉 $\lambda(t, r)$는 확률과정으로 채권투자로 인한 초과 기대수익률을 채권의 단위 변동성으로 나눈 값이다. B_t가 브라운 운동을 표시한다고 할 때

$$\widetilde{B}_t = B_t + \int_0^t \lambda(s,r)\,ds$$

라 놓으면

$$\widetilde{dB_t} = dB_t + \lambda(t,r)\,dt$$

이 성립하므로 이를 이용하여 간단히 정리하면 다음이 성립한다.

$$r(t)\,P(t)\,dt + \sigma(t,r)\,P(t)\,d\widetilde{B}_t = \mu(t,r)\,P(t)\,dt + \sigma(t,r)\,P(t)\,dB_t$$

따라서 무이표채의 가격 $P(t) = P(t,\,T)$은 다음 확률미분방정식을 따른다.

$$dP(t) = r(t)\,P(t)\,dt + \sigma(t,r)\,P(t)\,d\widetilde{B}_t$$

실제로 $\widetilde{B}_t = B_t + \int_0^t \lambda(s,r)\,ds$는 새로운 확률측도 Q에 대하여 브라운 운동이 되고 이때의 Q가 바로 동등 마팅게일 측도이다. 이는 기르사노프 정리(**정리 7.13** 참조)의 확장이고 결과적으로 위험중립 세계에서 $P(t) = P(t,\,T)$의 확률미분방정식은 다음과 같이 나타낼 수 있다.

$$dP(t) = r(t)\,P(t)\,dt + \sigma(t,r)\,P(t)\,dB_t$$

따라서 이자율 $r = r_t$이 실제 세계에서 확률미분방정식

$$dr = a(t,r)\,dt + b(t,r)\,dB_t$$

를 따를 때,

$$\widetilde{dB_t} = dB_t + \lambda(t,r)\,dt$$

로부터 $dB_t = \widetilde{dB_t} - \lambda(t,r)\,dt$를 $dr = a(t,r)\,dt + b(t,r)\,dB_t$에 대입하면

$$dr = \left[a(t,r) - \lambda(t,r)\,b(t,r)\right]dt + b(t,r)\,d\widetilde{B}_t$$

를 얻게 되고, 따라서 위험중립 세계에서 이자율 $r = r_t$의 확률미분방정식은 다음과 같음을 알 수 있다.

$$dr = \left[a(t,r) - \lambda(t,r)\,b(t,r)\right]dt + b(t,r)\,dB_t$$

이상의 내용을 요약해서 정리로 표현하면 다음과 같다.

8.13 정리

실제 세계에서 이자율 $r = r_t$이 확률미분방정식

$$dr = a(t,r)\,dt + b(t,r)\,dB_t$$

를 따르고 이자율의 시장 위험가격이 $\lambda(t,r)$라 할 때, 위험중립 세계에서 $r = r_t$은 확률미분방정식

$$dr = [a(t,r) - \lambda(t,r)\,b(t,r)]\,dt + b(t,r)\,dB_t$$

를 따른다.

참고|

앞서 **4.32**와 정리 **7.32**에서 언급한 것처럼 주가가 바슐리에 과정 $dS = \mu\,dt + \sigma\,dB_t$를 따르고 연속

복리 무위험 이자율이 상수 r인 경우 위의 채권의 확률미분방정식과 동일한 방법으로

$$dS = \frac{\mu}{S}\,S dt + \frac{\sigma}{S}\,S\,dB_t$$

로 표시하면 시장 위험가격 $\lambda = \lambda(t, S)$는

$$\lambda(t, S_t) = \frac{(\mu/S_t) - r}{\sigma/S_t} = \frac{\mu - r\,S_t}{\sigma}$$

이다. **8.12**에서와 마찬가지로

$$W_t = B_t + \int_0^t \lambda(u, S)\,du$$

라 놓으면 W_t은 위험중립 측도에 대해 브라운 운동이고

$$dW_t = dB_t + \lambda(t, S)\,dt$$

이 성립하므로 이를 이용하여 간단히 정리하면 다음이 성립한다.

$$rS\,dt + \sigma\,dW_t = \mu dt + \sigma\,dB_t$$

이로부터 실제 세계에서 주가가 $dS = \mu\,dt + \sigma\,dB_t$를 따르는 경우 위험중립 세계에서 주가의 확률

미분방정식은 $dS = rS\,dt + \sigma\,dB_t$를 따름을 확인할 수 있다.

8.14 채권 가격의 미분방정식

위에서와 같이 $r = r(t)$의 확률미분방정식이

$$dr = a(t,r)\,dt + b(t,r)\,dB_t$$

으로 표현되고 무이표채의 가격 $P(t) = P(t, T)$의 확률미분방정식이

$$dP = \mu(t,r)\,P(t)\,dt + \sigma(t,r)\,P(t)\,dB_t$$

으로 표현된다고 할 때, $P(t) = P(t, T)$가 만족하는 편미분방정식을 도출하고자 한다. 이토의 보조정리를 사용하면

$$dP = \left(\frac{\partial P}{\partial t} + \frac{\partial P}{\partial r} a(t, r) + \frac{1}{2} \frac{\partial^2 P}{\partial r^2} b(t, r)^2 \right) dt + \frac{\partial P}{\partial r} b(t, r) \, dB_t$$

이다. 그러므로 두 가지 dP에 대한 식을 비교하면 두 개의 등식

$$\mu(t, r) P(t) = \left(\frac{\partial P}{\partial t} + \frac{\partial P}{\partial r} a(t, r) + \frac{1}{2} \frac{\partial^2 P}{\partial r^2} b(t, r)^2 \right)$$

$$\sigma(t, r) P(t) = \frac{\partial P}{\partial r} b(t, r)$$

을 얻는다. 한편 이자율의 시장 위험가격

$$\lambda(t, r) = \frac{\mu(t, r) - r(t)}{\sigma(t, r)}$$

에 대하여

$$r(t) = \mu(t, r) - \lambda(t, r) \sigma(t, r)$$

를 만족하므로 위의 두 등식은 다음과 같이 표현될 수 있다.

$$\mu(t, r) P(t) = \left(\frac{\partial P}{\partial t} + \frac{\partial P}{\partial r} a(t, r) + \frac{1}{2} \frac{\partial^2 P}{\partial r^2} b(t, r)^2 \right)$$

$$\lambda(t, r) \sigma(t, r) P(t) = \frac{\partial P}{\partial r} \lambda(t, r) b(t, r)$$

따라서 위의 첫 번째 식에서 두 번째 식을 빼고 정리하면 다음과 같은 편미분방정식을 얻는다.

$$r(t) P = \frac{\partial P}{\partial t} + (a(t, r) - \lambda(t, r) b(t, r)) \frac{\partial P}{\partial r} + \frac{1}{2} b(t, r)^2 \frac{\partial^2 P}{\partial r^2}$$

여기에 무이표채의 만기조건 $P(T, T) = 1$을 더하면 채권가격의 미분방정식이 만들어진다.

위의 채권가격 방정식에서 $\frac{\partial P}{\partial r}$의 계수인 $a(t, r) - \lambda(t, r) b(t, r)$는 정리에서 위험중립 세계의 dr 중 dt의 계수를 나타낸다. 즉 위험중립 세계에서 이자율의 확률미분방정식

$$dr = [a(t, r) - \lambda(t, r) b(t, r)] \, dt + b(t, r) \, dB_t$$

과 더불어 말기 조건이 주어진 편미분방정식

$$r(t) P = \frac{\partial P}{\partial t} + (a(t, r) - \lambda(t, r) b(t, r)) \frac{\partial P}{\partial r} + \frac{1}{2} b(t, r)^2 \frac{\partial^2 P}{\partial r^2}$$

$$P(T, T) = 1$$

의 해는 파인만 – 카츠 공식(Feynman-Kac formula, **정리 5.35**)을 통해 다음과 같이 표현된다.

$$P(t, T) = E_t \left[\exp\left(-\int_t^T r(s)\, ds \right) \right]$$

이는 앞서 **8.10 ~ 8.13**의 설명을 종합해서 얻어진 결과와 동일함을 알 수 있다.

8.15 Black 모형과 numeraire

이제 **정리 8.7**에서 무이표채의 가격 $P(t, T)$가 numeraire인 경우를 살펴보자. 이때 $P(t, T) = g_t$에 대한 위험중립 세계에서 기댓값을 $E_{P_T}(\,\bullet\,)$로 표시하면 **8.6**에서 설명한 것과 같이 임의의 이자율 파생상품의 가격 f에 대하여 다음 식이 성립한다.

$$E_{P_T}\left(\frac{f_T}{g_T} \right) = \frac{f_0}{g_0}$$

여기서 $g_T = P(T, T) = 1$이므로

$$f_0 = g_0\, E_{P_T}\left(\frac{f_T}{g_T} \right) = P(0, T)\, E_{P_T}(f_T)$$

의 식을 얻는다. 이는 시점 T에서의 $P(t, T)$에 대한 위험중립 세계에서 f_T 기댓값을 계산하고 이를 T기간 동안의 무위험 이자율 $P(0, T)$로 할인함으로써 f의 현재 가치를 구할 수 있다는 것을 뜻하며, 5장 **정리 5.26**의 Black 모형과 **5.27**의 유러피언 채권옵션 가격모형의 기본이론을 제공한다. 이와 더불어 Vasicek 모형, Ho-Lee 모형 및 Hull-White 모형 등 특정 이자율 모형 아래에서 유러피언 채권옵션 가격 공식을 제공한다.

이제 **5.29**에서 제시한 스왑옵션의 공식을 numeraire의 개념이 포함된 정교한 이론을 사용하여 설명하고자 한다. **5.29**에서와 같이 T년 후부터 시작하여 n년간 지속되는 스왑계약에서 r_K의 고정금리를 지급하고 Libor를 받는 스왑의 원금은 단순화를 위하여 1이라 하고, 연간 금리 교환횟수는 m이라고 한다. T시점에서의 n년 만기 스왑의 스왑이자율은 s_T라 하고, 금리 교환 시점은 현재부터 연 단위로 측정하면

$$T_1, T_2, \cdots, T_{mn} \;(\text{즉},\; T_k = T + k/m,\; 1 \leq k \leq mn)$$

이라고 하자. $t \leq T$일 때 t시점에서의 만기 T인 선도스왑이자율을 s_t라고 하고, $P(t, T)$가 Libor 수익률을 적용한 무이표채의 가격일 때

$$A(t) = \frac{1}{m} \sum_{k=1}^{mn} P(t, T_k)$$

라고 정의하자. 이때 t 시점에서 고정금리 기준으로 스왑의 가치는 $s_t A(t)$ 이고 변동금리 기준으로는 $P(t, T) - P(t, T_{mn})$ 이므로 이 두 값을 같게 놓음으로써 선도스왑이자율 s_t 를 구하면

$$s_t A(t) = P(t, T) - P(t, T_{mn})$$

이고, 즉 다음의 값을 얻는다.

$$s_t = \frac{1}{A(t)} (P(t, T) - P(t, T_{mn}))$$

이제 위에서의 공식

$$E_g \left(\frac{f_T}{g_T} \right) = \frac{f_0}{g_0}$$

에서 $f_t = P(t, T) - P(t, T_{mn})$ 그리고 $g_t = A(t)$ 를 대입하면

$$E_A(s_T) = s_0$$

즉 만기 T 인 현재의 선도스왑이자율 s_0 은 $A(t)$ 에 대하여 위험중립인 세계에서 T 시점의 스왑이자율 s_T 의 기댓값이다. (기호의 혼란을 피하기 위하여 **5.29**의 선도스왑이자율 f_0 를 여기서는 s_0 라 표시하기로 한다.)

이제 위에서 언급한 T 년 후부터 시작하여 n 년간 지속되는 스왑계약에서 r_K 의 고정금리를 지급하고 Libor를 받을 수 있는 권리를 갖는 옵션을 고려해보자. 콜 스왑옵션의 가치를 $f_t = c_t$ 라 하고 $g_t = A(t)$ 로 놓고 공식 $E_g \left(\dfrac{f_T}{g_T} \right) = \dfrac{f_0}{g_0}$ 을 사용하면 다음 식을 얻는다.

$$c_0 = A(0) E_A \left(\frac{c_T}{A(T)} \right)$$

여기에 옵션의 만기 페이오프 $c_T = A(T) \max(s_T - s_0, 0)$ 을 대입하면 다음을 얻는다.

$$c_0 = A(0) E_A \left[\max(s_T - r_K, 0) \right]$$

이제 선도스왑이자율 s_t 의 변동성이 상수 σ 라 하고, 옵션 만기일에 스왑이자율 s_T 가 로그정규분포를 따르고 $\ln s_T$ 의 표준편차가 $\sigma \sqrt{T}$ 라는 가정하에 $E_A(s_T) = s_0$ 과 **정리 3.2**를 적용하면 다음 식을 얻는다.

$$c_0 = A(0)\left[s_0\,\Phi(d_1) - r_K\,\Phi(d_2)\right] = \sum_{k=1}^{mn}\frac{1}{m}P(0, T_k)\left[s_0\,\Phi(d_1) - r_K\,\Phi(d_2)\right]$$

여기서

$$d_1 = \frac{\ln(s_0/r_K) + \sigma^2\,T/2}{\sigma\sqrt{T}},\ \ d_2 = d_1 - \sigma\sqrt{T}$$

이다.

3. 균형모형

균형모형(equilibrium model)에서는 이자율의 확률미분방정식이 $dr = a(r)\,dt + b(r)\,dB_t$의 형태, 즉 a와 b는 r의 함수이지만 시간과는 독립적인 것으로 가정한다. 앞서 **8.3**에서 표를 통해 소개한 각종 이자율 모형들 중 Merton 모델, Rendleman-Bartter 모델, Brennan-Schwartz 모델, Vasicek 모델과 Cox-Ingersoll-Ross 모델은 일종의 균형모형이다. 여기서는 Vasicek 모델과 Cox-Ingersoll-Ross 모델을 중심으로 균형모형에 대해 알아본다.

8.16 Vasicek 모델에 의한 채권가격

앞서 **8.4**에 이어서 Vasicek 모델에 따라 위험중립 세계에서 이자율의 확률미분방정식이

$$dr = \alpha(\nu - r)\,dt + \sigma\,dB_t$$

이라 할 때

$$X(t) = r(t) - \nu$$

라 놓으면, 확률과정 $X = X_t$는 위험중립 세계에서 다음과 같은 Ornstein-Uhlenbeck 과정을 따른다.

$$dX = -\alpha\,X\,dt + \sigma\,dB_t$$

이때 4장 **4.31**에 의하면 다음이 성립하는 것을 알 수 있다.

$$X_t = e^{-\alpha t}\,X_0 + \sigma e^{-\alpha t}\int_0^t e^{\alpha s}\,dB_s$$

$$X_t \sim N\!\left(e^{-\alpha t}\,X_0,\ \frac{\sigma^2}{2c}(e^{-2\alpha t} - 1)\right)$$

시점 $t = 0$에서 무이표채의 가격 $P(0, T)$는

$$P(0, T) = E\left[\exp\left(-\int_0^T r(s)\,ds\right)\right]$$

$$= e^{-\nu T} E\left(\exp\left[-\int_0^T X(t)\,dt\right]\right)$$

으로부터 얻을 수 있으므로 우선 $E\left(\exp\left[-\int_0^T X(t)\,dt\right]\right)$의 값을 구하기로 한다.

$Y_T = \int_0^T X(t)\,dt$라 놓으면 Y_T는 정규분포를 따르므로 다음이 성립한다.

$$E\left(\exp\left[-\int_0^T X(t)\,dt\right]\right) = E\left(e^{-Y_T}\right) = \exp\left(-E(Y_T) + \frac{1}{2} Var(Y_T)\right)$$

여기서 $E(Y_T)$는 다음과 같이 쉽게 구할 수 있고

$$E(Y_T) = \int_0^T E(X(t))\,dt = \int_0^T e^{-\alpha t} X_0\,dt = \frac{1}{\alpha}(1 - e^{-\alpha T})X_0$$

$Var(Y_T)$는 다음 식을 계산함으로써 얻을 수 있다.

$$Var(Y_T) = cov(Y_T, Y_T) = cov\left(\int_0^T X(t)\,dt, \int_0^T X(s)\,ds\right)$$

$$= \int_0^T \int_0^T cov[X(t), X(s)]\,ds\,dt$$

여기서 피적분함수 $cov[X(t), X(s)]$는 다음과 같이 얻어질 수 있다.

$$cov[X(t), X(s)] = E\left[\left(X(t) - \mu_{X(t)}\right)\left(X(s) - \mu_{X(s)}\right)\right]$$

$$= E\left[\sigma e^{-\alpha t} \int_0^t e^{\alpha u}\,dB_u \cdot \sigma e^{-\alpha s} \int_0^s e^{\alpha u}\,dB_u\right]$$

$$= \sigma^2 e^{-\alpha(s+t)} E\left[\int_0^t e^{\alpha u}\,dB_u \cdot \int_0^s e^{\alpha u}\,dB_u\right]$$

$$= \sigma^2 e^{-\alpha(s+t)} \int_0^{\min(s,t)} e^{2\alpha u}\,du$$

$$= \sigma^2 e^{-\alpha(s+t)} \frac{e^{2\alpha[\min(s,t)]} - 1}{2\alpha}$$

이제 좌표평면 위의 1사분면을 $\{(s, t) : 0 < s < t\} \cup \{(s, t) : 0 < t \leq s\}$로 표시하고 각 영역

에서 위 식을 적분하면 다음을 얻는다.

$$Var\left(Y_T\right) = \int_0^T \int_0^T cov\left[X(t), X(s)\right] ds\, dt$$

$$= \int_0^T \int_0^T \sigma^2 e^{-\alpha(s+t)} \frac{e^{2\alpha[\min(s,t)]}-1}{2\alpha} ds\, dt$$

$$= \int_0^T \int_0^t \sigma^2 e^{-(t+u)} \frac{e^{2\alpha u}-1}{2\alpha} du\, dt + \int_0^T \int_0^s \sigma^2 e^{-(s+u)} \frac{e^{2\alpha u}-1}{2\alpha} du\, ds$$

$$= 2\int_0^T \int_0^t \sigma^2 e^{-(t+u)} \frac{e^{2\alpha u}-1}{2\alpha} du\, dt$$

$$= \frac{\sigma^2}{\alpha^2} \int_0^T (1 + e^{-2\alpha t} - 2e^{-\alpha t}) dt$$

$$= \frac{\sigma^2}{\alpha^2} \left(T - \frac{e^{-2\alpha T}}{2\alpha} + \frac{2e^{-\alpha T}}{\alpha} - \frac{3}{2\alpha} \right)$$

$$= \frac{\sigma^2 T}{\alpha^2} - \frac{\sigma^2}{\alpha^3}(1 - e^{-\alpha T}) - \frac{\sigma^2}{2\alpha^3}(1 - e^{-\alpha T})^2$$

따라서 $E\left(\exp\left[-\int_0^T X(t)\,dt\right]\right)$ 의 값은 다음과 같이 구해진다.

$$E\left(\exp\left[-\int_0^T X(t)\,dt\right]\right) = \exp\left(-E\left(Y_T\right) + \frac{1}{2} Var\left(Y_T\right)\right)$$

$$= \exp\left[-\frac{X_0}{\alpha}(1 - e^{-\alpha T}) + \frac{\sigma^2 T}{2\alpha^2} - \frac{\sigma^2}{2\alpha^3}(1 - e^{-\alpha T}) \right.$$

$$\left. - \frac{\sigma^2}{4\alpha^3}(1 - e^{-\alpha T})^2 \right]$$

그러므로 다음 식을 얻는다.

$$P(0, T) = E\left[\exp\left(-\int_0^T r(s)\,ds\right)\right]$$

$$= e^{-\nu T} \exp\left[-\frac{r_0 + \nu}{\alpha}(1 - e^{-\alpha T}) + \frac{\sigma^2 T}{2\alpha^2} - \frac{\sigma^2}{2\alpha^3}(1 - e^{-\alpha T}) - \frac{\sigma^2}{4\alpha^3}(1 - e^{-\alpha T})^2 \right]$$

$$= \exp\left(-\frac{1 - e^{-\alpha T}}{\alpha} r_0\right) \exp\left[-\frac{\nu}{\alpha}(1 - e^{-\alpha T}) + \frac{\sigma^2 T}{2\alpha^2} - \frac{\sigma^2}{2\alpha^3}(1 - e^{-\alpha T}) - \frac{\sigma^2}{4\alpha^3}(1 - e^{-\alpha T})^2 \right]$$

$$= \exp\left[A(T) - C(T) r_0 \right]$$

여기서 $A(T)$와 $C(T)$는 다음과 같다.

$$C(T) = \frac{1 - e^{-\alpha T}}{\alpha}$$

$$A(T) = [C(T) - T]\left(\nu - \frac{\sigma^2}{2\alpha^2}\right) - \frac{\sigma^2}{4\alpha} C(T)^2$$

한편 시점 t에서의 무이표채의 가격 $P(t, T)$는 해당 시점의 이자율이 $r(t)$ 그리고 만기까지 잔여기간이 $T-t$이므로, 확률과정 $r(t)$의 마코브 성질에 의하여

$$\int_t^T r(s)\,ds =^d \int_0^{T-t} r(u)\,du$$

이므로 위의 $P(0, T)$의 공식에서 기준 시점을 0에서 t로, 그리고 잔여 만기 T를 $T-t$로 대체한 값이고 따라서 다음 식이 성립한다.

$$P(t, T) = E_t\left[\exp\left(-\int_t^T r(s)\,ds\right)\right]$$

$$= \exp\left[A(T-t) - C(T-t)r(t)\right]$$

여기서

$$C(T-t) = \frac{1 - e^{-\alpha(T-t)}}{\alpha}$$

$$A(T-t) = [C(T-t) - (T-t)]\left(\nu - \frac{\sigma^2}{2\alpha^2}\right) - \frac{\sigma^2}{4\alpha} C(T-t)^2$$

이다.

8.17 편미분방정식과 무이표채의 가격 공식

위험중립 세계에서 이자율의 확률과정이

$$dr = (a(t) + b(t)r)\,dt + \sigma(t)\,dB_t$$

이라고 가정하고 **8.14**절에서 얻은 편미분방정식

$$r(t)P = \frac{\partial P}{\partial t} + [a(t) + b(t)r(t)]\frac{\partial P}{\partial r} + \frac{1}{2}\sigma(t)^2\frac{\partial^2 P}{\partial r^2}$$

에 위 식을 대입하면

$$r(t)P = -P\left(\frac{\partial A(t,\,T)}{\partial t} + r(t)\frac{\partial B(t,\,T)}{\partial t}\right) - [a(t) + b(t)r(t)]$$

$$B(t,\,T)P - \frac{1}{2}\sigma(t)^2 B^2(t,\,T)P$$

로부터

$$\left[b(t)B(t,\,T) + \frac{\partial B(t,\,T)}{\partial t} + 1\right]r(t) = \frac{1}{2}\sigma(t)^2 B(t,\,T)^2 - a(t)B(t,\,T) - \frac{\partial A(t,\,T)}{\partial t}$$

을 얻고, 이 등식이 임의의 $r(t)$에 대하여 성립하므로

$$b(t)B(t,\,T) + \frac{\partial B(t,\,T)}{\partial t} + 1 = 0$$

그리고

$$\frac{1}{2}\sigma(t)^2 B(t,\,T)^2 - a(t)B(t,\,T) - \frac{\partial A(t,\,T)}{\partial t} = 0$$

이 성립함을 알 수 있다. Vasicek 모델에서 무이표채의 가격 $P(t,\,T)$의 식을 구하기 위하여 위험중립 세계에서의 확률미분방정식 $dr = \alpha(\mu - r)dt + \sigma\,dB_t$로부터

$$P(t,\,T) = \exp\left[-A(t,\,T) - B(t,\,T)r(t)\right]$$

라 하면 위에서 언급한 이자율 확률과정에서 $a(t) = \alpha\mu, b(t) = -\alpha$ 그리고 $\sigma(t) = \sigma$인 경우이므로

$$-\alpha B(t,\,T) + \frac{\partial B(t,\,T)}{\partial t} + 1 = 0,\ \ B(T,\,T) = 0$$

으로부터

$$B(t,\,T) = \frac{1 - e^{-\alpha(T-t)}}{\alpha}$$

를 얻고

$$\frac{1}{2}\sigma^2 B(t,\,T)^2 - \alpha\mu B(t,\,T) - \frac{\partial A(t,\,T)}{\partial t} = 0, A(T,\,T) = 0$$

으로부터

$$A(t,\,T) = -\frac{\sigma^2}{2}\int_t^T B^2(s,\,T)\,ds + \alpha\mu\int_t^T B(s,\,T)\,ds$$

임을 알 수 있다. 이 식에 앞서 구한 $B(t,\,T) = \dfrac{1 - e^{-\alpha(T-t)}}{\alpha}$ 을 대입하고 계산하면 다음 결과를 얻는다.

$$A(t, T) = -\frac{\sigma^2}{2}\int_t^T \left(\frac{1-e^{-\alpha(T-s)}}{\alpha}\right)^2 ds + \alpha\mu\int_t^T \left(\frac{1-e^{-\alpha(T-s)}}{\alpha}\right) ds$$

$$= -\frac{\sigma^2}{2\alpha^2}\int_t^T \left(1-2e^{-\alpha(T-s)}+e^{-2\alpha(T-s)}\right) ds + \mu\int_t^T \left(1-e^{-\alpha(T-s)}\right) ds$$

$$= -\frac{\sigma^2}{2\alpha^2}(T-t) + \frac{\sigma^2}{\alpha^2}\left(\frac{1-e^{-\alpha(T-t)}}{\alpha}\right) - \frac{\sigma^2}{2\alpha^2}\left(\frac{1-e^{-2\alpha(T-t)}}{2\alpha}\right) + \mu(T-t)$$

$$- \mu\left(\frac{1-e^{-\alpha(T-t)}}{\alpha}\right)$$

이를 정리하면

$$A(t, T) = \left[-B(t, T)-(T-t)\right]\left(\mu - \frac{\sigma^2}{2\alpha^2}\right) + \frac{\sigma^2}{4\alpha}B(t, T)^2$$

을 얻는다.

이어지는 **8.18**에서는 **정리 8.16**의 결과와 이변량 정규분포의 결합확률밀도함수를 사용하여 이자율이 Vasicek 모델을 따를 때 유러피언 채권옵션의 적정 가격을 구한다. 이때의 유러피언 채권옵션 공식은 Hull-White 모델을 사용했을 때의 채권옵션 공식과 동일하다. 한편, **8.15**에서 설명한 방법과 Black 모형을 사용하여 보다 쉽게 채권옵션 가격을 구하는 방법은 뒤에 **8.30**에서 소개하도록 한다.

8.18 Vasicek 모델에 의한 채권옵션 가격

Vasicek 모델을 이용하여 액면가 1인 무이표채에 대한 행사가격 K, 옵션만기 T인 유러피언 채권옵션의 현재 가격 c_0를 구하고자 한다. 채권의 만기가 $S > T$라 할 때 **8.16**의 결과를 이용하면 다음 식을 얻는다.

$$c_0 = E\left[\exp\left(-\int_0^T r(s)ds\right)\max\left[P(T, S)-K, 0\right]\right]$$

$$= E\left[\exp\left(-\int_0^T r(s)ds\right)\max\left(\exp\left[A(S-T)-C(S-T)r(T)\right]-K, 0\right)\right]$$

$$= \int_{-\infty}^{\infty}\int_{-\infty}^{\infty} e^{-x}\left[\max\{\exp\left(A(S-T)-C(S-T)y\right)-K, 0\}\right] f(x, y)\,dx\,dy$$

여기서 $f(x, y)$는 두 확률변수 $\int_0^T r(s)ds$와 $r(T)$의 결합 확률밀도함수이다.

두 확률변수 $X = \int_0^T r(s)ds$와 $Y = r(T)$는 이변량 정규분포를 따르고, 각각의 기댓값과 분산 그리고 상관계수는 $X \sim N(\mu_1, \sigma_1^2)$, $Y \sim N(\mu_2, \sigma_2^2)$, $\rho(X, Y) = \rho$라고 표기하면 $f(x, y)$는 다음과 같다. (2장 **2.30** 참조)

$$f(x, y) = \frac{1}{2\pi\sigma_1\sigma_2\sqrt{1-\rho^2}}$$
$$\exp\left[-\frac{1}{2(1-\rho^2)}\left(\frac{(x-\mu_1)^2}{\sigma_1^2} + \frac{2\rho(x-\mu_1)(y-\mu_2)}{\sigma_1\sigma_2} + \frac{(y-\mu_2)^2}{\sigma_2^2}\right)\right]$$

따라서 다음 식이 성립한다.

$$c_0 = \int_{-\infty}^{\infty}\int_{-\infty}^{\infty} e^{-x}\left[\max\{\exp\left(A(S-T) - C(S-T)y\right) - K, 0\}\right] f(x, y)\, dx\, dy$$

$$= \int_{-\infty}^{\infty}\int_{-\infty}^{\infty} e^{-(x+\mu_1)}\left[\max\{\exp\left(A(S-T) - C(S-T)(y+\mu_2)\right) - K, 0\}\right]$$
$$\cdot\frac{1}{2\pi\sigma_1\sigma_2\sqrt{1-\rho^2}}\exp\left[-\frac{1}{2(1-\rho^2)}\left(\frac{x^2}{\sigma_1^2} + \frac{2\rho\, x\, y}{\sigma_1\sigma_2} + \frac{y^2}{\sigma_2^2}\right)\right] dx\, dy$$

$$= e^{-\mu_1 + \sigma_1^2/2}\frac{1}{\sigma_2\sqrt{2\pi}}\int_{-\infty}^{\infty}\left[\max\{\exp\left(A(S-T) - C(S-T)(y+\mu_2)\right) - K, 0\}\right]$$
$$\cdot\exp\left[-\frac{(y-\sigma_1\sigma_2\rho)^2}{2\sigma_2^2}\right] dy$$

$$= e^{-\mu_1 + \sigma_1^2/2}\frac{1}{\sigma_2\sqrt{2\pi}}\int_{-\infty}^{-\frac{\ln K + A(S-T)}{C(S-T)} - \mu_2}$$
$$\{\exp\left(A(S-T) - C(S-T)(y+\mu_2)\right) - K\}\cdot\exp\left[-\frac{(y-\sigma_1\sigma_2\rho)^2}{2\sigma_2^2}\right] dy$$

$$= e^{-\mu_1 + \sigma_1^2/2}\left(I_1 + I_2\right)$$

여기서,

$$e^{-\mu_1 + \sigma_1^2/2} = E\left[\exp\left(-\int_0^T r(s)\, ds\right)\right] = P(0, T)$$

이고 I_1, I_2는 다음과 같다.

$$I_1 = \frac{1}{\sigma_2\sqrt{2\pi}}\int_{-\infty}^{-\frac{\ln K + A(S-T)}{C(S-T)} - \mu_2}\exp\left[A(S-T) - C(S-T)(y+\mu_2)\right]$$
$$\exp\left[-\frac{(y-\sigma_1\sigma_2\rho)^2}{2\sigma_2^2}\right] dy$$

$$= \exp\left[\frac{\sigma_2^2\, C(S-T)^2}{2} - \rho\,\sigma_1\sigma_2\, C(S-T) - \mu_2\, C(S-T) - A(S-T)\right]$$

$$\cdot\; \Phi\left[-\frac{\ln K + A(S-T)}{\sigma_2\, C(S-T)} - \frac{\mu_2}{\sigma_2} - \rho\,\sigma_1 + \sigma_2\, C(S-T)\right]$$

$$I_2 = -\frac{1}{\sigma_2\sqrt{2\pi}} \int_{-\infty}^{-\frac{\ln K + A(S-T)}{C(S-T)} - \mu_2} K \exp\left[-\frac{(y - \sigma_1\sigma_2\rho)^2}{2\,\sigma_2^2}\right] dy$$

$$= -K\,\Phi\left[-\frac{\ln K + A(S-T)}{\sigma_2\, C(S-T)} - \frac{\mu_2}{\sigma_2} - \rho\,\sigma_1\right]$$

한편 $X = \int_0^T r(s)\,ds$ 와 $Y = r(T)$ 의 공분산 $\rho\,\sigma_1\sigma_2$ 은 다음과 같이 구해진다.

$$\rho\,\sigma_1\sigma_2 = E\left[\int_0^T [r(s) - E(r(s))]\,ds \cdot [r(T) - E(r(T))]\right]$$

$$= \int_0^T cov\,[r(s), r(T)]\,ds$$

$$= \frac{\sigma^2}{2\alpha^2}(1 - e^{-\alpha T})^2$$

이제 $X = \int_0^T r(s)\,ds$ 와 $Y = r(T)$ 의 평균과 표준편차 μ_1, μ_2 와 σ_1, σ_2 는 식

$$r(T) \sim N\left(\nu + e^{-\alpha T}(r_0 - \nu),\; \frac{\sigma^2}{2\alpha}(1 - e^{-2\alpha T})\right)$$

과 앞서 **8.16**에서의 식

$$E\left[\int_0^T r(t)\,dt\right] = \int_0^T E(r(t))\,dt = \nu T + \frac{r_0 - \nu}{\alpha}(1 - e^{-\alpha T})$$

$$Var\left[\int_0^T r(t)\,dt\right] = \int_0^T \int_0^T cov\,[r(t), r(s)]\,ds\,dt$$

$$= \frac{\sigma^2 T}{\alpha^2} - \frac{\sigma^2}{\alpha^3}(1 - e^{-\alpha T}) - \frac{\sigma^2}{2\alpha^3}(1 - e^{-\alpha T})^2$$

으로부터 얻을 수 있고, μ_1, μ_2 와 σ_1, σ_2 의 값을 식 I_1 과 I_2 에 대입하고, $t > 0$ 에 대하여 식

$$P(0, t) = \exp\left[A(t) - C(t)r_0\right]$$

를 사용하여 정리하면 다음과 같은 c_0 의 공식을 얻는다.

$$c_0 = P(0, S)\, \Phi(d_1) - K\, P(0, T)\, \Phi(d_2)$$

여기서

$$d_1 = \frac{1}{\sigma_p} \ln \frac{P(0, S)}{K\, P(0, T)} + \frac{\sigma_p}{2}\, , \ \ d_2 = d_1 - \sigma_p$$

$$\sigma_p = \frac{\sigma}{\alpha}(1 - e^{-\alpha(S-T)}) \sqrt{\frac{1 - e^{-2\alpha T}}{2\alpha}}$$

이다. 이를 일반적인 액면가 L과 시점 $t > 0$에 대하여 적용하면 다음 정리를 얻는다.

8.19 정리

위험중립 세계에서 이자율의 확률미분방정식이

$$dr = \alpha(\nu - r)\, dt + \sigma\, dB_t$$

으로 주어졌을 때, 액면가 L, 채권만기 S인 무이표채에 대한 행사가격 K, 옵션만기 T인 유러피언 콜옵션, 풋옵션의 t시점에서의 가치 c_t, p_t는 각각 다음과 같다.

$$c_t = L\, P(t, S)\, \Phi(d_1) - K\, P(t, T)\, \Phi(d_2)$$
$$p_t = K\, P(t, T)\, \Phi(-d_2) - L\, P(t, S)\, \Phi(-d_1)$$

여기서

$$d_1 = \frac{1}{\sigma_p} \ln \frac{L\, P(t, S)}{K\, P(t, T)} + \frac{\sigma_p}{2}\, , \ \ d_2 = d_1 - \sigma_p$$

$$\sigma_p = \frac{\sigma}{\alpha}(1 - e^{-\alpha(S-T)}) \sqrt{\frac{1 - e^{-2\alpha(T-t)}}{2\alpha}}$$

이다.

8.20 Cox-Ingersoll-Ross 모델

1985년 콕스(Cox), 잉거솔(Ingersoll)과 로스(Ross)는 Vasicek의 모델에서 이자율이 경우에 따라서는 음수의 값이 나오기도 하는 약점을 보완하고자 Vasicek의 이자율 모델을 아래와 같이 변형하였다. 여기서 α, μ, σ는 양의 상수이다.

$$dr = \alpha(\mu - r)\, dt + \sigma\, \sqrt{r}\, dB_t$$

이자율의 확률미분방정식이 위와 같을 때 해를 구하기 위하여 $Y = e^{\alpha t}\, r$이라 놓으면

$$\frac{\partial Y}{\partial t} = \alpha\, e^{\alpha t}\, r\, , \ \ \frac{\partial Y}{\partial r} = e^{\alpha t}\, , \ \ \frac{\partial^2 Y}{\partial r^2} = 0$$

이므로 이토의 보조정리에 의하여 dY는 다음과 같다.

$$dY = \alpha e^{\alpha t} r \, dt + e^{\alpha t} \left[\alpha \left(\mu - r \right) dt + \sigma \sqrt{r} \, dB_t \right]$$

$$= \alpha \mu e^{\alpha t} dt + \sigma e^{\alpha t} \sqrt{r} \, dB_t$$

따라서 $Y_t = Y_0 + \displaystyle\int_0^t \alpha \mu e^{\alpha s} ds + \int_0^t \sigma e^{\alpha s} \sqrt{r} \, dB_s$ 이고, $r(t)$는 다음과 같이 구해진다.

$$r_t = e^{-\alpha t} \left[r_0 + \alpha \mu \int_0^t e^{\alpha s} ds + \sigma \int_0^t e^{\alpha s} \sqrt{r} \, dB_s \right]$$

$$= \mu + \left(r_0 - \mu \right) e^{-\alpha t} + \sigma e^{-\alpha t} \int_0^t e^{\alpha s} \sqrt{r} \, dB_s$$

그러므로

$$E\left(r_t \right) = \mu + e^{-\alpha t} \left(r_0 - \mu \right)$$

가 성립하고 $t \to \infty$ 의 극한을 취하면, 이자율의 기댓값 $E\left(r_t \right)$는 α 의 속도로 μ로 회귀하는 성향을 띤다. 이때 이자율 r_t 의 확률분포는 정규분포가 아닌 비중심 카이제곱 분포를 따르고 항상 음이 아닌 값을 갖는다.

한편, 콕스-잉거솔-로스(Cox-Ingersoll-Ross) 모델, 즉 CIR 모델에 따라 현실세계 이자율의 확률미분방정식이

$$dr = \alpha \left(\mu - r \right) dt + \sigma \sqrt{r} \, dB_t$$

라 하면

$$\frac{dr}{r} = \frac{\alpha \left(\mu - r \right)}{r} dt + \frac{\sigma}{\sqrt{r}} dB_t$$

로부터 위험의 시장 가격이 λ라 할 때 위험중립 세계에서 $r = r_t$의 확률미분방정식은 다음과 같다.

$$\frac{dr}{r} = \left[\frac{\alpha \left(\mu - r \right)}{r} - \lambda \frac{\sigma}{\sqrt{r}} \right] dt + \frac{\sigma}{r} dB_t$$

즉 위험중립 세계에서 $dr = \left[\alpha \left(\mu - r \right) - \lambda \sigma \sqrt{r} \right] dt + \sigma \, dB_t$를 따른다. 따라서 시장 위험가격 λ를 적당한 상수 $c > 0$에 대하여 $\lambda = c \sqrt{r}$ 이라 놓으면 위험중립 세계에서 이자율의 확률미분방정식은

$$dr = \left[\alpha \left(\mu - r \right) - c \sqrt{r} \sigma \sqrt{r} \right] dt + \sigma \sqrt{r} \, dB_t$$

$$= \alpha \left[\mu - \left(\alpha + c \sigma \right) r \right] dt + \sigma \sqrt{r} \, dB_t$$

즉 위험중립 세계에서 이자율의 확률미분방정식은 아래와 같이 모수가 바뀐 형태이다.

$$dr = a\,(b - r)\,dt + \sigma\,\sqrt{r}\,dB_t$$

여기서 $a = \alpha\,(\alpha + c\sigma)$, $b = \dfrac{\mu}{\alpha + c\sigma}$ 이다.

Cox-Ingersoll-Ross 모델(CIR 모델)에서는 금리가 항상 0보다 크고, Vasicek 모델보다 정교하게 이자율의 움직임을 표현하지만, CIR 모델을 사용해서 채권가격이나 채권옵션의 가격을 구하는 것은 Vasicek 모델을 사용하는 경우보다 상당히 더 복잡하고 보다 높은 수준의 수학을 필요로 한다.

한편 Vasicek 모델이나 CIR 모델에 의한 위험중립 세계의 금리모형을 이용해서 **8.2**의 공식

$$R(t,\,T) = -\frac{1}{T-t}\ln E_t\left(e^{-\int_t^T r(s)\,ds}\right)$$

을 사용해서 $R(t,\,T)$를 구한 후 $t = 0$을 대입하면 현재의 기간구조(수익률 곡선)가 얻어져야 하는데, 실제로는 그렇지 않은 경우가 자주 발생한다. 마찬가지로 공식

$$P(t,\,T) = E_t\left[\exp\left(-\int_t^T r(s)\,ds\right)\right]$$

을 사용하여 구한 $P(t,\,T)$에 $t = 0$을 대입하면 현재의 시장에서 관찰되는 채권가격과 다른 경우가 빈번이 발생한다. 즉 거시적 중장기 지표에 따른 모수를 활용한 Vasicek 모델이나 CIR 모델의 아웃풋(output)은 현재의 기간구조와 일관성을 갖기 쉽지 않다. 이자율 모형이 현재의 채권가치를 적절히 산출하지 못할 경우 채권옵션 등 채권파생상품의 가격에서 시장가격과의 오차는 더욱 커지게 되므로, 해당 이자율 모형의 현실 적용은 그 신뢰도가 떨어질 수밖에 없다.

이와 같은 문제점을 극복하기 위해서 고안된 모델이 무차익 모형(no arbitrage model)이다. 이자율의 무차익 모형을 사용할 경우, Vasicek 모델이나 CIR 모델의 경우에는 dt의 계수 $\alpha\,(\mu - r)$이 r의 함수일 뿐 t의 함수가 아닌 반면에 무차익 모델에서는 dt의 계수가 t의 함수로 주어진다. 실제로 무차익 모형에서는 현재의 기간구조가 모델의 인풋(input)이 되므로 $R(t,\,T)$를 구한 후 $t = 0$을 대입하면 현재의 기간구조를 얻게 되며,

$$P(t,\,T) = E_t\left[\exp\left(-\int_t^T r(s)\,ds\right)\right]$$

을 사용하여 구한 $P(t,\,T)$에 $t = 0$을 대입하면 현재 시장에서 관찰되는 무이표채의 가격과 동일하므로 차익거래의 기회가 존재하지 않는다.

4. 무차익 모형

이자율이 시간의 결정적 함수 $r = r(t)$로 주어진다고 할 때 $P(t, T) = e^{-\int_t^T r(s)\,ds}$ 이므로 $0 < t < T$에 대해서 $P(t, T) = \dfrac{P(0, T)}{P(0, t)}$ 가 성립한다.

이자율 $r = r(t)$가 확률과정을 따를 때 **8.11**에서 증명한 것과 같이 $\dfrac{P(0, T)}{P(0, t)}$는 인도 시점이 t인 $T-$ 채권에 대한 시점 0에서의 선도가격을 나타낸다.

다음의 **정리 8.21** 우리는 Ho-Lee 모델의 기반이 되는 채권가격의 무차익 이항모형을 구성하고자 한다.

현재 시점을 0이라 하고, 만기가 $T > 1$, T는 정수인 무이표채의 시점 1에서의 가격은 다음과 같이 상승 또는 하락한다고 하자. 여기서 $0 < d_T < 1 < u_T$ 이다.

$$P(1, T) = \begin{cases} u_T\, \dfrac{P(0, T)}{P(0, 1)} & (up) \\[2ex] d_T\, \dfrac{P(0, T)}{P(0, 1)} & (down) \end{cases}$$

8.21 정리

차익거래의 기회가 존재하지 않는다는 가정 아래, 각각의 $T = 2, 3, 4, \cdots$에 대해서

$\dfrac{1 - d_T}{u_T - d_T} = q$는 T와는 독립적인 상수이고, 채권 가격이 상승할 확률에 q 하락할 확률에 $1 - q$를 대응하는

확률측도 $Q = (q, 1 - q)$는 모든 $T = 2, 3, 4, \cdots$에 대해서

$$E_Q\left[\frac{P(1, T)}{B(1)}\right] = \frac{P(0, T)}{B(0)}$$

를 만족한다. (여기서 $B(t)$는 MMA이다.)

즉 채권의 이항과정에 대한 마팅게일 확률측도 $Q = (q, 1 - q)$가 존재한다.

증명 |

주어진 T에 대해서

$$\frac{1 - d_T}{u_T - d_T} = q_T$$

라 하고 확률측도 Q_T를

$$Q_T = (q_T, 1 - q_T)$$

라 정의하면 $q_T u_T + (1 - q_T) d_T = 1$ 이므로 다음 식이 성립한다.

$$E_{Q_T}(P(1, T)) = q_T u_T \frac{P(0, T)}{P(0, 1)} + (1 - q_T) d_T \frac{P(0, T)}{P(0, 1)}$$

$$= \frac{P(0, T)}{P(0, 1)}$$

여기에 $P(0, 1) = \dfrac{B(0)}{B(1)}$ 을 대입하면

$$E_{Q_T}\left[\frac{P(1, T)}{B(1)}\right] = \frac{P(0, T)}{B(0)}$$

를 얻는다.

이제 $q_T = q_2$ 임을 보이기 위해 x 단위의 현금과 y 단위의 $T-$ 채권으로 이루어진 포트폴리오로 $P(t, 2)$ 를 복제하고자 한다. 이 포트폴리오의 가치를 $\Pi(t)$ 라 하면 시점 1에서의 가치는

$$\Pi(1) = xB(1) + yP(1, T)$$

이고, 이 값

$$\Pi(1) = \begin{cases} xB(1) + yu_T \dfrac{P(0, T)}{P(0, 1)} = xB(1) + yu_T P(0, T)B(1) \ (up) \\ xB(1) + yd_T \dfrac{P(0, T)}{P(0, 1)} = xB(1) + yd_T P(0, T)B(1) \ (down) \end{cases}$$

은 채권 가격의 등락과 관계없이 $P(1, 2)$ 과 같아야 하므로 다음 식을 얻는다.

$$xB(1) + yu_T P(0, T)B(1) = u_2 P(0, 2)B(1)$$

$$xB(1) + yd_T P(0, T)B(1) = d_2 P(0, 2)B(1)$$

이로부터

$$y = \frac{(u_2 - d_2)P(0, 2)}{(u_T - d_T)P(0, T)}, \quad x = \frac{(u_T d_2 - u_2 d_T)P(0, 2)}{u_T - d_T}$$

를 얻는다. 무차익 가정에 따라 상기 복제 포트폴리오의 0 시점에서의 가치는 $P(0, 2)$ 와 같아야 하고 이를 다시 정리하면

$$\Pi(0) = x + yP(0, T) = \frac{(u_T d_2 - u_2 d_T)P(0, 2) + (u_2 - d_2)P(0, 2)}{u_T - d_T}$$

$$= \left[u_2 \frac{1 - d_T}{u_T - d_T} + d_2 \frac{u_T - 1}{u_T - d_T}\right]P(0, 2) = P(0, 2)$$

여기서 $\dfrac{1-d_T}{u_T-d_T}=q_T$이므로 $u_2 q_T + d_2(1-q_T)=1$이 성립하고, 이를 정리하면 모든 정수 $T\geq$

2에 대하여 $q_T=\dfrac{1-d_2}{u_2-d_2}=q_2=q$임을 알 수 있다. 이것으로 확률측도 $Q=(q,1-q)$는 모든

$T=2,3,4,\cdots$에 대해서

$$E_Q\left[\frac{P(1,\,T)}{B(1)}\right]=\frac{P(0,\,T)}{B(0)}$$

를 만족함을 보였다.

∎

8.22 Ho-Lee 모델

이자율에 대한 최초의 무차익 모델은 1986년 토마스 호(T. S. Y. Ho)와 이상빈(S. B. Lee)이 도입한 모델이다. 원래 Ho와 Lee의 논문은 **8.21**에서 소개한 것처럼 이항과정에 대해 전개되었지만, 이를 연속과정으로 변형시키면 위험중립 세계에서 다음과 같은 확률미분방정식을 얻는다.

$$dr = \theta(t)\,dt + \sigma\,dB_t$$

여기서 $\theta(t)$는 시간의 함수로서 이자율의 모형이 최초의 기간구조와 들어맞도록 선택되었다. 위험중립 세계에서 이자율이 위와 같은 형태를 따를 때,

$$r(t) = r(0) + \int_0^t \theta(u)\,du + \sigma B_t$$

이고, 따라서

$$r(t) \sim N\left[r(0) + \int_0^t \theta(u)\,du,\ \sigma^2 t\right]$$

이다. 또한 무이표채의 가격 $P(t,\,T)$는 다음과 같다.

$$
\begin{aligned}
P(t,\,T) &= E_t\left[e^{-\int_t^T r(s)\,ds}\right]\\
&= \exp\left[-E_t\left(\int_t^T r(s)\,ds\right) + \frac{1}{2}Var_t\left(\int_t^T r(u)\,du\right)\right]\\
&= \exp\left[A(t,\,T) - (T-t)r(t)\right]
\end{aligned}
$$

여기서 $A(t,\,T) = -\displaystyle\int_t^T\left[(T-s)\theta(s) - \frac{\sigma^2}{2}(T-s)^2\right]ds$이다.

한편, 위험중립 세계에의 $P(t, T)$ 식 $P(t, T) = \exp[A(t, T) - (T-t)r(t)]$ 에 이토의 보조 정리를 적용하면 고정된 T에 대하여 위험중립 세계에서 다음이 성립한다.

$$dP(t, T) = \frac{\partial P}{\partial t} dt + \frac{\partial P}{\partial r} dr + \frac{1}{2} \sigma^2 \frac{\partial^2 P}{\partial r^2} dt$$

$$= P(t, T) \left[r\, dt + \frac{\partial}{\partial t} A(t, T)\, dt - (T-t) dr + \frac{1}{2} (T-t)^2\, \sigma^2 dt \right]$$

여기에 $dr = \theta(t) dt + \sigma\, dB_t$를 대입하고 $dt\, dt = 0$, $dt\, dB_t = dB_t\, dt = 0$, $dB_t\, dB_t = dt$를 이용하면 다음 식을 얻는다.

$$dP(t, T) = r(t) P(t, T) dt - (T-t) \sigma P(t, T) dB_t$$

즉 Ho-Lee 모델에서 $P(t, T)$의 변동성은 $-(T-t)\sigma$가 된다.

$F(0, t)$를 현재 시점에서 관찰한 t 시점에서의 순간 선도이자율이라고 하자. (**8.24**에서 순간 선도이자율을 자세히 정의한다.) Ho-Lee 모델은 실제 세계에서

$$r_t = F(0, t) + \sigma B_t$$

의 형태로 움직이는 것을 기본으로 한 이자율의 위험중립 세계에서의 확률미분방정식이고, 이에 따라 위험중립 세계에서

$$\theta(t) = \frac{\partial}{\partial t} F(0, t) + \sigma^2 t$$

가 성립하는데 이와 관련한 내용은 뒤의 **8.27**에서 다루기로 한다. 한편 $\frac{\partial}{\partial t} F(0, t)$를 $\theta(t)$의 근삿값이라고 하면, Ho-Lee 모델에서 미래의 금리가 움직이는 평균 방향이 대략 선도 수익률곡선의 기울기와 같다는 것을 의미한다. Ho-Lee 모델은 최초의 기간구조와 들어맞고 모형이 매우 간편하지만, 이자율의 평균회귀 성향을 묘사하지 않는다는 단점이 있다.

8.23 Hull-White 모델

1990년 헐(Hull)과 화이트(White)는 Ho-Lee 모델과 마찬가지로 현재의 기간구조와 부합하면서, Vasicek 모델이나 CIR 모델처럼 평균회귀 성향을 나타내는 이자율 모형에 대하여 연구 결과를 발표했으며, 위험중립 세계에서

$$dr = [\theta(t) - \alpha r] dt + \sigma\, dB_t$$

와 같이 Vasicek 모델을 확장한 모형, 그리고

$$dr = [\theta(t) - \alpha r]dt + \sigma \sqrt{r}\,dB_t$$

와 같이 CIR 모델을 확장한 모형을 소개했다. 다루기 편리한 특성 때문에

$$dr = [\theta(t) - \alpha r]dt + \sigma\,dB_t$$

모형이 현재까지도 널리 이용되고 있으며, 이는 Ho-Lee 모델과 마찬가지로 실제 세계에서의 확률과 정이 아니라 위험중립 세계에서의 이자율의 확률미분방정식을 의미한다. 위의 모델에서 $\alpha = 0$이면 Ho-Lee 모델이 된다. 또한 식

$$\theta(t) - \alpha r = \alpha \left(\frac{\theta(t)}{\alpha} - r \right)$$

로부터 α의 속도로 r_t가 $\dfrac{\theta(t)}{\alpha}$로 회귀함을 알 수 있다.

Hull-White 모델에서 무이표채의 가격 $P(t, T)$와 변동성을 구하기 위하여 위험중립 세계에서의 확률미분방정식 $dr = [\theta(t) - \alpha r]dt + \sigma\,dB_t$로부터

$$d(e^{\alpha t} r(t)) = e^{\alpha t}[\alpha r\,dt + dr] = e^{\alpha t}[\theta(t)dt + \sigma\,dB_t]$$

을 얻고 따라서

$$e^{\alpha t} r(t) = r(0) + \int_0^t e^{\alpha u}\theta(u)\,du + \int_0^t e^{\alpha u}\sigma\,dB_u$$

즉

$$r(t) = e^{-\alpha t} r(0) + \int_0^t e^{-\alpha(t-u)}\theta(u)\,du + \int_0^t e^{-\alpha(t-u)}\sigma\,dB_u$$

이 성립한다. 이 식으로부터 $r(t)$는 정규분포를 따르고 평균은 $e^{-\alpha t}\left[r(0) + \int_0^t e^{\alpha u}\theta(u)\,du \right]$ 분산은

$\sigma^2 e^{-2\alpha t}\int_0^t e^{2\alpha u}\,du = \dfrac{\sigma^2}{2\alpha}(1 - e^{-2\alpha t})$ 그리고 $r(t)$와 $r(s)$의 공분산은 $s < t$일 때

$$cov\,[r(s), r(t)] = \sigma^2 e^{-\alpha(t+s)}\int_0^s e^{2\alpha u}\,du = \frac{\sigma^2}{2\alpha}\left[e^{-\alpha(t-s)} - e^{-\alpha(t+s)} \right]$$

임을 알 수 있다.

이제 $X(t) = \sigma \int_0^t e^{\alpha u}\,dB_u$, $Y(t) = \int_0^t e^{-\alpha u} X(u)\,du$ 라 놓으면

$$r(t) = e^{-\alpha t}\left[r(0) + \int_0^t e^{\alpha u}\,\theta(u)\,du\right] + e^{-\alpha t}\,X(t)$$

라 표현할 수 있고, 따라서 다음과 같이 표현된다.

$$\int_0^T r(t)\,dt = \int_0^T e^{-\alpha t}\left[r(0) + \int_0^t e^{\alpha u}\,\theta(u)\,du\right]dt + Y(T)$$

이때

$$E\left[\int_0^T r(t)\,dt\right] = \int_0^T e^{-\alpha t}\left[r(0) + \int_0^t e^{\alpha u}\,\theta(u)\,du\right]dt$$

이고

$$Var\left[\int_0^T r(t)\,dt\right] = E\left(Y(T)^2\right) = \int_0^T \sigma^2 e^{2\alpha t}\left(\int_t^T e^{-\alpha u}\,du\right)^2 dt$$

$$= \frac{\sigma^2}{\alpha^2}\int_0^T e^{2\alpha t}\left(e^{-\alpha t} - e^{-\alpha T}\right)^2 dt$$

$$= \frac{\sigma^2 T}{\alpha^2} - \frac{\sigma^2}{\alpha^3}(1 - e^{-\alpha T}) - \frac{\sigma^2}{2\alpha^3}(1 - e^{-\alpha T})^2$$

이다. 따라서 다음 식이 성립하게 된다.

$$P(0, T) = E\left[e^{-\int_0^T r(s)\,ds}\right]$$

$$= \exp\left[-E\left(\int_0^T r(s)\,ds\right) + \frac{1}{2}Var\left(\int_0^T r(u)\,du\right)\right]$$

$$= \exp\left[-\int_0^T e^{-\alpha s}\left(r(0) + \int_0^s e^{\alpha u}\,\theta(u)\,du\right)ds + \frac{\sigma^2}{2\alpha^2}\int_0^T e^{2\alpha u}\left(e^{-\alpha u} - e^{-\alpha T}\right)^2 du\right]$$

$$= \exp\left[A(0, T) - C(0, T)r(0)\right]$$

여기서 $C(0, T) = \int_0^T e^{-\alpha s}\,ds = \frac{1}{\alpha}(1 - e^{-\alpha T})$

$$A(0, T) = -\int_0^T \int_0^s e^{-\alpha(s-u)}\,\theta(u)\,du\,ds + \frac{1}{2}\frac{\sigma^2}{\alpha^2}\int_0^T e^{2\alpha u}\left(e^{-\alpha u} - e^{-\alpha T}\right)^2 du \text{ 이다.}$$

한편 $\int_0^T \int_0^s e^{-\alpha(s-u)}\,\theta(u)\,du\,ds = \int_0^T \int_u^T e^{-\alpha(s-u)}\,\theta(u)\,ds\,du$ 이므로 $A(0, T)$는 다음과 같이 표기될 수 있다.

$$A(0, T) = -\int_0^T \int_u^T e^{-\alpha(s-u)} \theta(u)\, ds\, du + \frac{1}{2}\frac{\sigma^2}{\alpha^2}\int_0^T e^{2\alpha u}\left(e^{-\alpha u} - e^{-\alpha T}\right)^2 du$$

$$= -\int_0^T \left[\int_u^T e^{-\alpha(s-u)}\theta(u)\, ds - \frac{1}{2}\frac{\sigma^2}{\alpha^2}e^{2\alpha u}\left(e^{-\alpha u} - e^{-\alpha T}\right)^2\right] du$$

$P(t, T) = E_t\left[e^{-\int_t^T r(s)\, ds}\right]$ 이고 $r(t)$는 마코브 과정이므로 $\int_t^T r(s)\, ds \stackrel{d}{=} \int_0^{T-t} r(u)\, du$ 이

성립하여, 다음 식을 얻는다.

$$P(t, T) = \exp\left[A(t, T) - C(t, T) r(t)\right]$$

여기서

$$C(t, T) = e^{\alpha t}\int_t^T e^{-\alpha s}\, ds = \frac{1}{\alpha}\left(1 - e^{-\alpha(T-t)}\right)$$

$$A(t, T) = -\int_t^T \left[\int_u^T e^{-\alpha(s-u)}\theta(u)\, ds - \frac{1}{2}\frac{\sigma^2}{\alpha^2}e^{2\alpha u}\left(e^{-\alpha u} - e^{-\alpha T}\right)^2\right] du$$

이다. 또한 식 $P(t, T) = \exp\left[A(t, T) - C(t, T) r(t)\right]$ 에 이토의 보조정를 적용하면 고정된 T 에 대하여 다음 식을 얻게 되고

$$dP(t, T) = \frac{\partial P}{\partial t}\, dt + \frac{\partial P}{\partial r}\, dr + \frac{1}{2}\sigma^2 \frac{\partial^2 P}{\partial r^2}\, dt$$

$$= P(t, T)\left[-r\, C_t(t, T)dt + A_t(t, T)dt - C(t, T)dr + \frac{1}{2}C(t, T)^2 \sigma^2 dt\right]$$

여기에 $dr = [\theta(t) - \alpha r]dt + \sigma\, dB_t$ 을 대입하고 $dt\, dt = 0$, $dt\, dB_t = dB_t\, dt = 0$, $dB_t\, dB_t = dt$ 를 이용하면,

$$dP(t, T) = P(t, T)\left[r(t)dt - \sigma C(t, T)dB_t\right]$$

가 성립하여 무이표채의 가격 $P(t, T)$의 변동성은

$$-\sigma C(t, T) = -\frac{\sigma}{\alpha}\left(1 - e^{-\alpha(T-t)}\right)$$

가 됨을 알 수 있고, 이는 Vasicek 모델을 사용한 경우 $P(t, T)$의 변동성과 동일하다.

Hull-White 모델의 $\theta(t)$는 Ho-Lee 모델과 마찬가지로 초기의 기간구조로부터 결정되는데,

$$\theta(t) = \frac{\partial}{\partial t}F(0, t) + \alpha F(0, t) + \frac{\sigma^2}{2\alpha}\left(1 - e^{-2\alpha t}\right)$$

로 주어진다. 이에 대해서는 **8.28**에서 자세히 다루기로 한다. 위 $\theta(t)$의 마지막 항을 무시한다면

$dr = [\theta(t) - \alpha r]dt + \sigma dB_t$ 에서 dt 항의 계수는 $\dfrac{\partial}{\partial t} F(0, t) + \alpha [F(0, t) - r]$ 이다. 따라서 평균

적으로 이자율이 현재의 순간 선도 수익률 곡선의 기울기를 따라가며, 이 곡선에서 벗어나는 경우 α 의

속도로 현재 선도 수익률 곡선으로 회귀함을 알 수 있다.

8.24 선도이자율

t 시점에서 1의 현금을 $T-t$ 년 동안 $T-$ 채권에 투자했을 때, 그 기간 동안 연속복리 평균 이자율(또는

할인율) $R(t, T)$ 을 t 시점에서 T 시점까지의 현물이자율(spot rate)이라 한다. 이때 식

$$P(t, T) = e^{-R(t, T)(T-t)}$$

또는

$$R(t, T) = -\frac{\ln P(t, T)}{T-t}$$

가 성립한다.

$t \le T \le S$ 일 때 t 시점에서 관찰된 $[T, S]$ 사이의 연속복리 무차익 이자율을 t 시점에서의 T 시점과

S 시점 사이의 선도이자율이라고 부르고 $f(t, T, S)$ 라 표시한다. 더 상세히 말하면 $f(t, T, S)$ 는 다음

과 같이 정의된다. 우리가 S 시점에 현금 $e^{(S-T)f(t, S, T)}$ 를 받기 위해서 T 시점에 현금 1을 투자하기로

t 시점에 결정하는 계약이 차익거래를 발생하지 않게 하는 값이다. 즉 t 시점에서 $[T, S]$ 기간 동안의 이

자율을 차익거래가 발생하지 않도록 고정시킨 값이 $f(t, T, S)$ 이다. **8.11**에 의하면 S 시점에서 1에 해

당하는 것의 T 시점에서의 무차익 가치는 $\dfrac{P(t, S)}{P(t, T)}$ 이므로 등식

$$e^{(S-T)f(t, T, S)} \frac{P(t, S)}{P(t, T)} = 1$$

이 성립하고, 이로부터 $f(t, T, S)$ 를 수식으로 표현하면 다음과 같다.

$$f(t, T, S) = \frac{1}{S-T} \ln \frac{P(t, T)}{P(t, S)}$$

위 공식은 금융이론에서 매우 중요하므로, 앞서 **8.11**에서 구한 선도계약의 가치공식을 직접 사용하

지 않고 무차익 원리를 통해 $f(t, T, S) = \dfrac{1}{S-T} \ln \dfrac{P(t, T)}{P(t, S)}$ 을 아래에서 증명해보겠다.

우선 $f(t, T, S) > \dfrac{1}{S-T} \ln \dfrac{P(t, T)}{P(t, S)}$ 이라고 가정하고 차익거래가 발생함을 보이고자 한다. T

시점에 현금 1을 투자해서 S 시점에 현금 $e^{(S-T)f(t,S,T)}$를 받기로 하는 계약을 C 라고 하자. 이때 t 시점에 계약 C 를 체결하고, $T-$ 채권 한 개를 매수하는 동시에 $S-$ 채권 $\dfrac{P(t,T)}{P(t,S)}$ 개를 공매도하는 포트폴리오를 구성하자. C를 체결하는 비용이 0이므로, t 시점에서 포트폴리오의 가치 $\Pi(t)$는

$$\Pi(t) = 0 + P(t,T) - \frac{P(t,T)}{P(t,S)} P(t,S) = 0$$

이다. 한편 이 포트폴리오의 보유 시 T시점에서 얻게 되는 현금 1로 계약 C를 이행할 수 있으므로, T 시점에서 발생하는 순수 현금흐름은 0이고, S시점에서 포트폴리오의 가치는 다음과 같다.

$$\Pi(S) = e^{(S-T)f(t,S,T)} - P(t,T)/P(t,S)$$

이때 $f(t,T,S) > \dfrac{1}{S-T} \ln \dfrac{P(t,T)}{P(t,S)}$ 라는 가정에 의해서 $\Pi(S) > 0$이다. 이는 무위험 차익거래의 예가 되므로 $f(t,T,S) > \dfrac{1}{S-T} \ln \dfrac{P(t,T)}{P(t,S)}$ 이 되어서는 안 된다. 마찬가지의 방법으로 반대방향의 부등식 $f(t,T,S) < \dfrac{1}{S-T} \ln \dfrac{P(t,T)}{P(t,S)}$ 도 성립해서는 안 된다는 것이 증명된다. 그러므로 $f(t,T,S) = \dfrac{1}{S-T} \ln \dfrac{P(t,T)}{P(t,S)}$ 의 등식이 성립한다.

8.25 순간선도이자율

위의 정의로부터 선도이자율과 현물이자율 사이의 관계식은 다음과 같다.

$$f(t,t,S) = R(t,S)$$

이제 t 시점에서 관찰한 T시점에서의 순간선도이자율 $F(t,T)$는 다음과 같이 정의된다.

$$F(t,T) = f(t,T,T+dt) = \lim_{S \to T} f(t,T,S)$$

여기서

$$F(t,T) = \lim_{S \to T} f(t,T,S) = -\frac{\partial}{\partial T} \ln P(t,T) = -\frac{1}{P(t,T)} \frac{\partial P(t,T)}{\partial T}$$

이 성립하므로, 다음 등식을 얻을 수 있다.

$$\int_t^T F(t,u)\,du = -\int_t^T \frac{\partial}{\partial u} \ln P(t,u)\,du = \left[-\ln P(t,u)\right]_{u=t}^{u=T} = -\ln P(t,T)$$

이로부터 중요한 등식

$$P(t, T) = \exp\left[-\int_t^T F(t, u)\, du\right]$$

를 얻을 수 있고, 따라서 순간선도이자율 $F(t, T)$를 사용하면 기댓값을 계산하지 않고도 무이표채의 가격 $P(t, T)$를 구할 수 있는 이점이 있다.

위 정의에 의하면 초 단기간 $[t, t + dt]$에 적용되는 이자율을 $r = r_t$는 다음과 같이 나타낼 수 있다.

$$r(t) = \lim_{T \to t} R(t, T) = \lim_{T \to t} F(t, T) = F(t, t)$$

위 결과를 간단히 정리하면 다음과 같다.

$$P(t, T) = \exp\left[-R(t, T)(T-t)\right] = \exp\left[-\int_t^T F(t, s)\, ds\right]$$

8.26 Heath-Jarrow-Morton 프레임

고정된 $T\,(T > t)$에 대하여 순간 선도이자율 $F(t, T)$의 확률미분방정식을 다음과 같이 표현하고자 한다.

$$dF(t, T) = a(t, T)\, dt + b(t, T)\, dB_t$$

이와 같은 표현법을 Heath-Jarrow-Morton 프레임이라 부른다. 이는 순간 선도이자율 $F(t, T)$을

$$F(t, T) = F(0, T) + \int_0^t a(s, T)\, ds + \int_0^t b(s, T)\, dB_s$$

로 표시되는 것을 의미하므로 다음 식이 성립한다.

$$r(T) = \lim_{t \to T} F(t, T) = F(0, T) + \int_0^T a(s, T)\, ds + \int_0^T b(s, T)\, dB_s$$

이제 무이표채 가격 $P(t, T)$의 위험중립 확률모형을 이용해서, 위험중립 세계에서 $F(t, T)$를 구하고 이를 이용해서 앞서 언급한 **8.22**의 Ho-Lee 모델에서의 $\theta(t)$와 **8.23**의 Hull-White 모델에서의 $\theta(t)$를 각각 직접 구해보도록 한다.

무이표채의 가격 $P(t, T)$의 확률미분방정식이

$$dP(t, T) = \mu(t, T)\, P(t)\, dt + \sigma(t, T)\, P(t)\, dB_t$$

로 표시된다면 위험중립 세계에서 $P(t, T)$의 확률미분방정식은 다음과 같이 나타낼 수 있다.

$$dP(t, T) = r(t) P(t, T) \, dt + \sigma(t, T) P(t, T) \, dB_t$$

여기에 이토의 보조정리를 적용하면 다음 식을 얻는다.

$$d\ln[P(t, T)] = \left(r(t) - \sigma(t, T)^2/2\right) dt + \sigma(t, T) \, dB_t$$

$$d\ln[P(t, S)] = \left(r(t) - \sigma(t, S)^2/2\right) dt + \sigma(t, S) \, dB_t$$

여기서 앞서 **8.25**의 공식

$$f(t, T, S) = \frac{1}{S - T} \ln \frac{P(t, T)}{P(t, S)}$$

을 이용하여 정리하면 위험중립 세계에서 선도이자율 $f(t, T, S)$은 다음을 따른다.

$$df(t, T, S) = \frac{\sigma(t, S)^2 - \sigma(t, T)^2}{2(S - T)} \, dt + \frac{\sigma(t, T) - \sigma(t, S)}{S - T} \, dB_t$$

위 식에 $S \to T$의 극한을 취하면

$$f(t, T, S) \to F(t, T)$$

이고

$$\frac{\sigma(t, T) - \sigma(t, S)}{S - T} \to -\frac{\partial}{\partial T} \sigma(t, T) = -\sigma_T(t, T)$$

$$\frac{\sigma(t, S)^2 - \sigma(t, T)^2}{2(S - T)} \to \sigma(t, T) \sigma_T(t, T)$$

이므로 위험중립 세계에서 $F(t, T)$는 다음 식을 만족한다.

$$dF(t, T) = \sigma(t, T) \sigma_T(t, T) \, dt - \sigma_T(t, T) \, dB_t$$

즉 무이표채의 변동성은 위험중립 세계에서 순간 선도이자율의 확률미분방정식을 결정함을 알 수 있다. 또한, 위 식으로부터 위험중립 세계에서 이자율 $r_t = r(t)$는

$$r(t) = F(0, t) + \int_0^t \sigma_t(s, t) \sigma(s, t) \, ds - \int_0^t \sigma_t(s, t) \, dB_s$$

를 만족하게 되므로 현재 시점 기준의 순간선도이자율과 무이표채의 변동성은 위험중립 세계에서 이자율의 확률과정을 결정한다.

8.27 Ho-Lee 모델의 $\theta(t)$

위험중립 세계에서 $P(t, T)$의 확률미분방정식은 다음과 같이 나타낸다면

$$dP(t, T) = r(t)\, P(t, T)\, dt + \sigma(t, T)\, P(t, T)\, dB_t$$

이자율의 확률미분방정식을 $dr = \theta(t)\, dt + \sigma\, dB_t$ 라 가정하는 Ho-Lee 모델의 경우 **8.22**에 의하면

$$\sigma(t, T) = -(T-t)\sigma$$

이 성립함을 알 수 있다.

위험중립 세계에서 Heath-Jarrow-Morton 프레임은

$$dF(t, T) = \sigma(t, T)\, \sigma_T(t, T)\, dt - \sigma_T(t, T)\, dB_t$$

를 만족하므로 Ho-Lee 모델의 $\sigma(t, T) = -(T-t)\sigma$ 을 위 식에 적용하면

$$-\sigma_T(t, T) = \sigma$$

이므로, 위험중립 세계에서의 $F(s, t)$의 확률미분방정식은

$$dF(t, T) = (T-t)\sigma^2\, dt - \sigma\, dB_t$$

으로 표현되고, 이때 다음의 식이 성립한다.

$$r(t) = F(0, t) + \int_0^t \sigma_t(s, t)\, \sigma(s, t)\, ds - \int_0^t \sigma_t(s, t)\, dB_s$$

$$= F(0, t) + \int_0^t (t-s)\sigma^2\, ds + \int_0^t \sigma\, dB_s = F(0, t) + \frac{1}{2}\sigma^2 t^2 + \sigma\, B_t$$

다시 말하면 위험중립 세계에서 $r_t = r(t)$는

$$r(t) = F(0, t) + \frac{1}{2}\sigma^2 t^2 + \sigma\, B_t$$

을 만족하고 따라서

$$dr = \left(\frac{\partial}{\partial t} F(0, t) + \sigma^2 t \right) dt + \sigma\, dB_t$$

의 확률미분방정식 따르게 되고, **8.22**에서 언급한 $\theta(t) = \dfrac{\partial}{\partial t} F(0, t) + \sigma^2 t$ 이 증명되었다.

8.28 Hull-White 모델의 $\theta(t)$

위험중립 세계에서 $P(t, T)$ 의 확률미분방정식은 다음과 같이 나타낸다면

$$dP(t, T) = r(t) P(t, T) dt + \sigma(t, T) P(t, T) dB_t$$

이자율의 확률미분방정식을 $dr(t) = [\theta(t) - \alpha r(t)] dt + \sigma dB_t$ 라 가정하는 Hull-White 모델의 경우 **8.23**에 의하면

$$\sigma(t, T) = -\frac{\sigma}{\alpha}(1 - e^{-\alpha(T-t)})$$

그리고 $-\sigma_T(t, T) = \sigma e^{-\alpha(T-t)}$ 을 얻는다. 따라서 위험중립 세계에서 $r(t)$ 의 식

$$r(t) = F(0, t) + \int_0^t \sigma_t(s, t) \sigma(s, t) ds - \int_0^t \sigma_t(s, t) dB_s$$

에 아래의

$$-\sigma_t(s, t) = \sigma e^{-\alpha(t-s)}, \quad \sigma(s, t) = -\frac{\sigma}{\alpha}(1 - e^{-\alpha(t-s)})$$

을 대입하여 계산하면

$$\int_0^t \sigma_t(s, t) \sigma(s, t) ds = \frac{\sigma^2}{\alpha} \int_0^t e^{-\alpha(t-s)}(1 - e^{-\alpha(t-s)}) ds$$

$$= \frac{\sigma^2}{2\alpha^2}(1 - e^{-\alpha t})^2$$

이 성립하므로 위험중립 세계에서 $r_t = r(t)$ 는 다음과 같다.

$$r(t) = F(0, t) + \frac{\sigma^2}{2\alpha^2}(1 - e^{-\alpha t})^2 + \sigma \int_0^t e^{-\alpha(t-s)} dB_s$$

따라서 단순한 계산 결과 다음 식을 얻는다.

$$dr(t) = \frac{\partial F}{\partial t}(0, t) dt + \frac{\sigma^2}{\alpha}(e^{-\alpha t} - e^{-2\alpha t}) dt + \left[\int_0^t \alpha \sigma e^{-\alpha(t-s)} dB_s \right] dt + \sigma dB_t$$

이제 위의 $r(t)$ 의 식을 $dr(t) = [\theta(t) - \alpha r(t)] dt + \sigma dB_t$ 에 넣고 위의 $dr(t)$ 의 식과 비교하면 **8.23**에서 언급한 것처럼 다음과 같은 $\theta(t)$ 가 얻어진다.

$$\theta(t) = \frac{\partial}{\partial t} F(0, t) + \alpha F(0, t) + \frac{\sigma^2}{2\alpha}(1 - e^{-2\alpha t})$$

실제로 위의 $\theta(t)$ 를 **8.23**의 식

$$r(t) = e^{-\alpha t} r(0) + \int_0^t e^{-\alpha(t-u)} \theta(u) \, du + \int_0^t e^{-\alpha(t-u)} \sigma \, dB_u$$

에 대입하면 앞서 구한 것과 동일한 식

$$r(t) = F(0,t) + \frac{\sigma^2}{2\alpha^2}(1 - e^{-\alpha t})^2 + \sigma \int_0^t e^{-\alpha(t-u)} \, dB_u$$

을 얻는다.

8.29 Hull-White 모델의 일반화

Hull-White 모델을 일반화시켜서 위험중립 세계에서의 이자율 $r(t)$가 다음과 같은 확률미분방정식을 만족한다고 가정하자. 여기서 $a(t)$, $b(t)$, $\sigma(t)$는 t에 대하여 결정적인 함수를 뜻한다.

$$dr = [a(t) - b(t)r] \, dt + \sigma(t) \, dB_t$$

위 확률미분방정식의 해 $r(t)$를 구하기 위하여 $k(t) = \int_0^t b(s) \, ds$ 라 놓으면

$$d[e^{k(t)} r] = e^{k(t)} [a(t) \, dt + \sigma(t) \, dB_t]$$

로부터 아래의 식을 얻는다.

$$r(t) = e^{-k(t)} \left[r(0) + \int_0^t e^{k(s)} a(s) \, ds + \int_0^t e^{k(s)} \sigma(s) \, dB_s \right]$$

따라서 $r(t)$는 정규분포를 따르며 기댓값은

$$E(r(t)) = e^{-k(t)} \left[r(0) + \int_0^t e^{k(s)} a(s) \, ds \right]$$

이고 $s \leq t$ 일 때, $r(s)$와 $r(t)$의 공분산은 다음과 같다.

$$cov[r(s), r(t)] = e^{-[k(s)+k(t)]} \int_0^s e^{2k(u)} \sigma(u)^2 \, du$$

또한

$$E\left[\int_0^T r(t) \, dt \right] = \int_0^T e^{-k(t)} \left[r(0) + \int_0^t e^{k(u)} \theta(u) \, du \right] dt$$

$$Var\left[\int_0^T r(t) \, dt \right] = \int_0^T \sigma(s)^2 e^{2k(s)} \left(\int_s^T e^{-k(u)} \, du \right)^2 dt$$

이므로 $P(0, T)$는 다음과 같이 구할 수 있다.

$$P(0, T) = E\left[e^{-\int_0^T r(s)\,ds}\right]$$

$$= \exp\left[-E\left(\int_0^T r(s)\,ds\right) + \frac{1}{2}Var\left(\int_0^T r(u)\,du\right)\right]$$

$$= \exp\left[A(0, T) - C(0, T)r(0)\right]$$

여기서

$$C(0, T) = \int_0^T e^{-k(s)}\,ds$$

$$A(0, T) = -\int_0^T\left[e^{k(u)}a(u)\int_u^T e^{-k(s)}\,ds - \frac{1}{2}e^{2k(u)}\sigma(u)^2\left(\int_u^T e^{-k(s)}\,ds\right)^2\right]du$$

이다. 이로부터 무이표채의 가치 $P(t, T)$는 아래와 같이 나타낼 수 있다.

$$P(t, T) = \exp\left[A(t, T) - C(t, T)r(t)\right]$$

$$C(t, T) = e^{k(t)}\int_t^T e^{-k(s)}\,ds$$

$$A(t, T) = -\int_t^T\left[e^{k(u)}a(u)\int_u^T e^{-k(s)}\,ds - \frac{1}{2}e^{2k(u)}\sigma(u)^2\left(\int_u^T e^{-k(s)}\,ds\right)^2\right]du$$

5. 채권옵션

앞서 **8.18**에서는 채권가격 공식과 이변량 정규분포의 결합확률밀도함수를 사용하여 이자율이 Vasicek 모델을 따른다는 가정 아래 유러피언 채권옵션의 적정 가격 공식을 유도하였다. **8.30**에서는 **8.18**에서 사용한 방법처럼 구체적인 채권가격공식을 사용하는 대신, 채권가격이 로그정규분포를 따르는 경우 채권가격의 변동성과 **8.15**에서 $P(t, T)$를 numeraire로 하는 Black 모형을 사용하여 유러피언 채권옵션 가격의 일반적인 형태를 구한다. **8.30**의 공식은 Ho-Lee 모델, Vasicek 모델, Hull-White 모델 등 채권가격이 로그정규분포를 따르는 경우에 적용될 수 있다. 또한 여기에 Heath-Jarrow-Morton 프레임을 사용하여 구한 이자율 모델에서 채권가격의 변동성을 넣어 계산하면 각각의 이자율 모델 아래 유러피언 채권옵션 가격의 구체적인 공식을 얻게 된다.

8.30 유러피언 채권옵션 공식

앞서 **8.26~8.28**과 마찬가지로 위험중립 세계에서 $P(t,T)$의 확률미분방정식은 다음과 같다고 하자.

$$dP(t,T) = r(t)P(t,T)\,dt + \sigma(t,T)P(t,T)\,dB_t$$

$t \le T < S$에 대하여

$$Y(t,S) = \frac{P(t,S)}{P(t,T)}$$

라 놓으면 이토의 보조정리에 의하여 다음이 성립한다.

$$dY(t,S) = \frac{1}{P(t,T)}dP(t,S) + P(t,S)\,d\left(\frac{1}{P(t,S)}\right) + dP(t,S)\,d\left(\frac{1}{P(t,S)}\right)$$

$$= Y(t,S)\sigma(t,T)[\sigma(t,T)-\sigma(t,S)]dt + Y(t,S)[\sigma(t,S)-\sigma(t,T)]\,dB_t$$

이때 **8.6**와 **8.15**에 의하면 $Y(t,S) = \dfrac{P(t,S)}{P(t,T)}$는 $P(t,T)$에 대한 위험중립 세계에서 마팅게일이므로 $P(t,T)$에 대한 위험중립 세계에서 $dY(t,S)$는 dt항을 갖지 않는다. 즉, $P(t,T)$에 대한 위험중립 세계에서 $dY(t,S)$는 다음과 같다.

$$dY(t,S) = Y(t,S)(\sigma(t,S)-\sigma(t,T))\,dB_t$$

이제 $L(t,S) = \ln Y(t,S)$라 놓고 이토의 보조정리를 적용하면 $P(t,T)$에 대한 위험중립 세계에서 $dL(t,S)$는 다음과 같다.

$$dL(t,S) = -\frac{1}{2}(\sigma(t,S)-\sigma(t,T))^2\,dt + (\sigma(t,S)-\sigma(t,T))dB_t$$

이로부터 $P(t,T)$에 대한 위험중립 세계에서 $Y(T,S) = \dfrac{P(T,S)}{P(T,T)} = P(T,S)$는 로그정규분포를 따름을 알 수 있고, $\ln P(T,S)$의 분산 b^2과 기댓값 a는 다음과 같다.

$$Var_{P_T}(\ln P(T,S)) = b^2 = \int_0^T (\sigma(u,S)-\sigma(u,T))^2\,du$$

$$E_{P_T}(\ln P(T,S)) = a = \ln\frac{P(0,S)}{P(0,T)} - \frac{1}{2}b^2$$

액면가 1, 채권만기 S인 무이표채에 대한 행사가격 K, 옵션만기 T인 유러피언 콜옵션의 현재 가격 c_0은 앞서 **8.15**의 설명에 따라 다음과 같이 나타낼 수 있다.

$$c_0 = P(0,T)E_{P_T}(c_T) = P(0,T)E_{P_T}[\max(P(T,S)-K,0)]$$

$P(t,T)$에 대한 위험중립 세계에서 $\ln P(T,S) \sim N(a,b^2)$이므로 **정리 3.2**에 의하여

$$E_{P_T}[\max(P(T,S)-K,0)] = E_{P_T}[P(T,S)]\,\Phi(d_1) - K\Phi(d_2)$$

$$d_1 = \frac{\ln(E_{P_T}[P(T,S)]/K) + b^2/2}{b}\ ,\ \ d_2 = d_1 - b$$

여기에

$$E_{P_T}[P(T,S)] = e^{a+b^2/2} = \frac{P(0,S)}{P(0,T)}$$

을 대입하고 정리하면 다음과 같이 채권 콜옵션가격 c_0 를 구할 수 있다.

$$c_0 = P(0,T)\,E_{P_T}[\max(P(T,S)-K,0)]$$

$$= P(0,S)\,\Phi(d_1) - K\,P(0,T)\,\Phi(d_2)$$

여기서

$$d_1 = \frac{\ln(E_{P_T}[P(T,S)]/K) + b^2/2}{b} = \frac{1}{b}\left(\ln\frac{P(0,S)}{K\,P(0,T)}\right) + \frac{b}{2}\ ,\ \ d_2 = d_1 - b$$

$$b^2 = \int_0^T (\sigma(u,S) - \sigma(u,T))^2\,du$$

이다. 위 공식은 Ho-Lee 모델, Vasicek 모델, Hull-White 모델 등 채권가격이 로그정규분포를 따르는 경우에 적용된다. 먼저, 이자율이 Ho-Lee 모델을 따른다고 가정하면

$$\sigma(u,T) = -(T-u)\sigma$$

이므로

$$b^2 = \int_0^T [\sigma(u,S) - \sigma(u,T)]^2\,du = \sigma^2 T(S-T)^2$$

이다. 이자율이 Vasicek 모델이나 Hull-White 모델을 따르는 경우 채권가격의 변동성은

$$\sigma(u,T) = -\frac{\sigma}{\alpha}(1 - e^{-\alpha(T-u)})$$

이므로

$$b^2 = \int_0^T [\sigma(u,S) - \sigma(u,T)]^2\,du$$

$$= \frac{\sigma^2}{\alpha^2} \int_0^T [e^{-\alpha(T-u)} - e^{-\alpha(S-u)}]^2\,du$$

$$= \frac{\sigma^2}{2\alpha^2}(1 - e^{-\alpha(S-T)})^2(1 - e^{-2\alpha T})$$

이다. 이는 **정리 8.19**에서 얻은 결과와 일치한다.

1 $f = f_t$와 $g = g_t$가 확률과정으로 동일한 브라운 운동 B_t 그리고 양의 상수 a, b 와 μ, σ에 대해 다음 식을 만족한다고 하자.

$$df = a f\, dt + b f\, dB_t$$

$$dg = \mu\, g\, dt + \sigma\, g\, dB_t$$

이때 fg는 로그정규분포를 따르며 기대수익률은 $a + \mu + b\sigma$이고 변동성은 $b + \sigma$임을 증명하시오.

2 f가 연속함수일 때 $X(t) = \displaystyle\int_0^t f(s)\, dB_s$으로 정의된 확률과정 $\{X(t)\}$은 다음을 만족함을 증명하시오.

$$cov\left(X(t), X(s)\right) = \int_0^{\min(s,\, t)} f(u)^2\, du$$

3 $0 < t < T$일 때 현물이자율 $R(t, T)$와 순간선도이자율 $F(t, T)$ 사이에는 $F(t, T) = R(t, T) + (T - t)\dfrac{\partial R}{\partial T}(t, T)$의 등식이 성립함을 증명하시오.

4 연속함수 f에 대하여 $X(t) = \displaystyle\int_0^t f(s)\, dB_s$, 그리고 $Y(t) = \displaystyle\int_0^t X(u)\, du$라 정의되었을 때, $s < t$에 대하여 $cov\left[Y(s), Y(t)\right] = \displaystyle\int_0^s f(s)^2\, (s - u)(t - u)\, du$임을 증명하시오.

5 상수 a, b와 $\sigma > 0$에 대해 이자율 $r = r_t$가 $dr_t = a(b - \ln r_t)r_t\, dt + \sigma r_t\, dB_t$를 만족할 때 $Y_t = \ln r_t$는 $dY_t = \left[a(b - Y_t) - \sigma^2/2\right]dt + \sigma\, dB_t$를 만족함을 보이시오.

6 앞서 연습문제 5번의 $Y_t = \ln r_t$는

$$Y_t = Y_0 e^{-at} + \left(b - \frac{\sigma^2}{2a}\right)(1 - e^{-at}) + \int_0^t \sigma e^{-a(t-s)}\, dB_s$$

로 나타낼 수 있음을 보이시오.

7 $0 < t < S < T$ 일 때 $P(t, T) = P(t, S) \exp\left(-\displaystyle\int_S^T f(t, u)\, du\right)$ 임을 증명하시오

8 이자율 $r(t)$ 가 Vasicek 모델의 확률미분방정식 $dr = \alpha(\mu - r)\, dt + \sigma\, dB_t$ 을 따를 때 $f(0, t) = \mu + e^{-\alpha t}[r(0) - \mu] - \dfrac{\sigma^2}{2\alpha^2}(1 - e^{-\alpha t})^2$ 임을 보이시오.

9 두 개의 공식

$$P(t, T) = \exp\left[-\int_t^T F(t, u)\, du\right]$$

$$P(t, T) = E_Q^t\left[\exp\left(-\int_t^T r(s)\, ds\right)\right]$$

으로부터 $r(t) = F(t, t)$ 가 성립함을 증명하시오.

10 양의 상수 α 와 σ 에 대하여 $dr = \alpha r\, dt + \sigma\sqrt{r}\, dB_t$ 를 만족하는 $r = r_t$ 의 기댓값과 분산은 각각 $r_0 e^{\alpha t}$ 그리고 $\dfrac{\sigma^2 r_0}{\alpha}(e^{2\alpha t} - e^{\alpha t})$ 임을 보이시오.

11 고정된 T 에 대해서 t 시점에서 T 시점까지의 연속복리 현물이자율을 $R(t) = R(t, T)$ 라 하자. 양의 실수 a 와 σ 에 대해 $R = R(t)$ 가 확률미분방정식 $dR = a(R_0 - R)\, dt + \sigma R\, dB_t$ 를 따른다고 할 때 무이표채의 가격 $P(t) = P(t, T)$ 가 만족하는 확률미분방정식을 구하시오.

12 $r = r(t)$ 가 확률미분방정식 $dr = [a(t) + b(t)r]\, dt + \sigma(t)\, dB_t$ 를 만족할 때, 다음을 증명하시오

(1) $\dfrac{d}{dt} E(r(t)) = b(t) E(r(t)) + a(t)$

(2) $\dfrac{d}{dt} Var(r(t)) = 2b(t) Var(r(t)) + \sigma(t)^2$

13 연속복리 무위험 이자율이 r 이라고 가정하자. 양의 실수 μ, σ 에 대하여 어떤 무배당 자산의 가격 $S = S_t$ 가 바슐리에 과정 $dS = \mu\, dt + \sigma\, dB_t$ 를 따를 때 해당 자산에 대한 만기 T, 행사가격 K 인 유러피언 풋옵션의 현재 가치 p_0 를 구하시오.

14 무이표채 가격 $P(t) = P(t,\,T)$의 확률미분방정식이

$$dP(t) = r(t)\,P(t)\,dt + \sigma(t,r)\,P(t)\,d\widetilde{B}_t$$

을 따를 때, 현물이자율 공식 $R(t,\,T) = -\dfrac{1}{T-t}\ln P(t,\,T)$에 이토의 보조정리를 적용하여 다음 식을 증명하시오.

$$dR(t,\,T) = \frac{1}{T-t}\left[\left(R(t,\,T) + \frac{1}{2}\sigma(t,r)^2 - r(t)\right)dt - \sigma(t,r)\,d\widetilde{B}_t\right]$$

15 CIR 모델에서 위험중립 세계 이자율의 확률미분방정식이 $dr = \alpha(\mu - r)dt + \sigma\sqrt{r}\,dB_t$이고 시장위험가격 상수가 λ일 때 현실 세계에서 이자율의 확률미분방정식을 구하시오.

16 CIR 모델에서 위험중립 세계 이자율의 확률미분방정식이 $dr = \alpha(\mu - r)dt + \sigma\sqrt{r}\,dB_t$이면 $P(t) = P(t,\,T)$의 변동성이 $\sigma B(t,\,T)\sqrt{r}$이다. 이때 $B(t,\,T)$의 구체적인 식을 구하시오.

17 위험중립 세계에서 이자율의 확률미분방정식이 Vasicek 모델을 따라 $\alpha = 0.4$, $\nu = 0.01$, $\sigma = 0.2$에 대하여 $dr = \alpha(\nu - r)dt + \sigma\,dB_t$으로 나타나며, $r_0 = 0.04$일 때 액면가 100달러이고 만기 2.5년인 무이표채의 현재 적정 가격을 구하시오.

18 위험중립 세계에서 이자율의 확률미분방정식이 Vasicek 모델을 따른다고 가정하고 $\alpha = 0.4$, $\nu = 0.01$, $\sigma = 0.2$에 대하여 $dr = \alpha(\nu - r)dt + \sigma\,dB_t$으로 나타나며 $r_0 = 0.04$일 때, 액면가 100달러이고 채권만기 3년인 무이표채에 대해 옵션만기 1년, 행사가격 100달러인 유러피언 채권옵션의 현재 적정 가격을 구하시오.

19 선도이자율 $F(t,\,T)$의 확률미분방정식이 $dF(t,\,T) = a(t,\,T)dt + b(t,\,T)dB_t$일 때 이자율 $r(t)$는 $dr = \left(a(t,t) + \dfrac{\partial F}{\partial T}(t,t)\right)dt + b(t,t)\,dB_t$를 만족함을 보이시오.

20 Vasicek 모델의 위험중립 세계 확률미분방정식 $dr = \alpha(\mu - r)dt + \sigma\,dB_t$에서 $\alpha = 0.1$, $\mu = 0.03$ 그리고 $\sigma = 0.01$라 하자. $r_0 = 0.02$일 때 $P(0,5) = 0.897$임을 보이시오.

21 고정된 T에 대해서 t시점에서 T시점까지의 연속복리 현물이자율을 $R(t) = R(t, T)$라 하자. $R = R(t)$가 확률미분방정식이 연속함수 μ, σ에 대하여 $dR = \mu(t, R)dt + \sigma(t, R)dB_t$로 주어졌을 때 무이표채의 가격 $P(t, T)$의 변동성은 $t \to T$일 때 0으로 수렴함을 보이시오.

22 $0 < t < S < T$일 때 $f(t, S, T) = E_Q^t(P(S, T))$가 항상 성립하는가?

23 무이표채의 가격 $P(t, T)$이 $dP(t, T) = \mu(t, T)P(t)dt + \sigma(t, T)P(t)dB_t$를 따르고 선도이자율 $F(t, T)$의 확률미분방정식이 $dF(t, T) = a(t, T)dt + b(t, T)dB_t$일 때 $a(t, T) = \sigma(t, T)\dfrac{\partial\sigma}{\partial T}(t, T) - \dfrac{\partial\mu}{\partial T}(t, T)$이고 $b(t, T) = -\dfrac{\partial\sigma}{\partial T}(t, T)$임을 보이시오.

24 f가 연속함수일 때 $X(t) = \displaystyle\int_0^t f(s)dB_s$으로 정의된 $X(t)$와 상수 a에 대하여 $s < t$ 시점에서의 $e^{aX(t)}$의 기댓값은 $E_s\left[e^{aX(t)}\right] = e^{aX(s)}\exp\left(\dfrac{1}{2}a^2\displaystyle\int_s^t f(u)^2 du\right)$임을 증명하시오.

25 이자율 $r(t)$가 Vasicek 모델의 확률미분방정식 $dr = \alpha(\mu - r)dt + \sigma dB_t$를 따를 때,

$$B(t, T) = \frac{1 - e^{-\alpha(T-t)}}{\alpha}$$

에 대하여 위험중립 세계에서 무이표채의 가격 $P(t, T)$은 확률미분방정식

$$dP(t, T) = r(t)P(t, T)dt - \sigma B(t, T)P(t, T)dB_t$$

를 만족함을 보이시오.

26 이자율 $r(t)$가 Vasicek 모델의 확률미분방정식 $dr = \alpha(\mu - r)dt + \sigma dB_t$를 따를 때,

$$B(t, T) = \frac{1 - e^{-\alpha(T-t)}}{\alpha}$$

그리고 이자율의 시장 위험가격 λ에 대하여 실제 세계에서 무이표채의 가격 $P(t, T)$은 확률미분방정식

$$dP(t, T) = [r(t) - \lambda\sigma B(t, T)]P(t, T)dt - \sigma B(t, T)P(t, T)dB_t$$

를 만족함을 보이시오.

27 양의 상수 α, μ, σ에 대해 $dr = \alpha(\mu - r)dt + \sigma\sqrt{r}\,dB_t$로 주어진 Cox-Ingersoll-Ross 모델에서

$$r(t)^2 = e^{-2\alpha t}r_0^2 + (2\alpha\mu + \sigma^2)\int_0^t e^{-2\alpha t}r(s)\,ds + 2\sigma\int_0^t e^{-2\alpha s}r(s)^{3/2}\,dB_s \text{ 임을 보이시오}$$

28 위험중립 세계에서 이자율의 확률미분방정식이 $dr = \theta(t)dt + \sigma\,dB_t$으로 주어지는 Ho-Lee 모델에서 무이표채의 가격이 $P(t, T) = \exp[A(t, T) - (T - t)r(t)]$라 할 때 $A(t, T) =$ $\ln\left[\dfrac{P(0, T)}{P(0, t)}\right] + (T - t)F(0, t) - \dfrac{1}{2}\sigma^2 t(T - t)^2$이 성립함을 보이시오

29 이자율 $r = r(t)$가 시간 $t \geq 0$의 연속함수 $\alpha(t), \mu(t), \sigma(t)$에 대하여 확률미분방정식 $dr = [\alpha(t)r + \mu(t)]dt + \sigma(t)dB_t$를 만족할 때, $x(t) = \int_0^t \alpha(s)\,ds$에 대하여

$$r(t) = e^{x(t)}\left[r_0 + \int_0^t \mu(s)e^{-x(s)}\,ds + \int_0^t \sigma(s)e^{-x(s)}\,dB_s\right]$$

로 표현됨을 보이시오

30 위험중립 세계에서 이자율 $r(t)$가 확률미분방정식 $dr = \alpha[\mu(t) - r]dt + \sigma(t)dB_t$를 따른다고 할 때, $r(t)$는 다음과 같이 나타낼 수 있음을 증명하시오

$$r(t) = e^{-\alpha t}r(0) + \alpha\int_0^t e^{-\alpha(t-s)}\mu(s)\,ds + \int_0^t e^{-\alpha(t-s)}\sigma(s)\,dB_s$$

31 $dr = \alpha(\mu - r)dt + \sigma\sqrt{r}\,dB_t$ (α, μ, σ는 양의 상수)로 주어진 Cox-Ingersoll-Ross 모델에서 이자율의 분산 $Var(r(t))$을 구하시오

32 위험중립 세계에서 이자율 $r(t)$가 확률미분방정식 $dr = \alpha[\mu(t) - r]dt + \sigma(t)dB_t$를 따른다고 할 때, $\mu(t)$는 다음과 같음을 증명하시오

$$\mu(t) = \frac{1}{\alpha}\frac{\partial}{\partial t}F(0, t) + F(0, t) + \frac{1}{\alpha}\int_0^t \sigma(s)^2 e^{-2\alpha(t-s)}\,ds$$

33 위험중립 세계에서 이자율의 확률미분방정식이 연속함수 $a(t), b(t), \sigma(t), \lambda(t)$에 대하여 $dr = (a(t) + b(t)r) dt + \sqrt{\sigma(t) + \lambda(t)r} \, dB_t$로 주어졌고 $P(t, T) = \exp\left[-A(t, T) - B(t, T)r(t)\right]$ 이라 할 때

$$\frac{\partial B(t, T)}{\partial t} = \frac{1}{2}\lambda(t) B(t, T)^2 - b(t) B(t, T) - 1$$

$$\frac{\partial A(t, T)}{\partial t} = \frac{1}{2}\sigma(t)B(t, T)^2 - a(t) B(t, T)$$

을 만족함을 보이시오

34 이자율 $r(t)$가 Ho-Lee 모델을 따를 때 위험중립 세계에서 선도이자율 $F(t, T)$는

$$F(t, T) = F(0, T) + \frac{1}{2}\sigma^2 T^2 - \frac{1}{2}\sigma^2 (T - t)^2 + \sigma B_t$$

임을 증명하시오.

35 순간 선도이자율 $F(t, T)$의 확률미분방정식이 $dF(t, T) = \sigma(t, T)\sigma_T(t, T) dt - \sigma_T(t, T) dB_t$으로 표현되며 $\sigma_T(t, T) = -\sigma e^{-\alpha(T-t)}$일 때

$$F(t, T) = F(0, T) + \sigma \int_0^t e^{-\alpha(T-s)} dB_s - \frac{\sigma^2}{2\alpha^2}\left[e^{-2\alpha T}(e^{2\alpha t} - 1) - 2e^{-\alpha T}(e^{\alpha t} - 1)\right]$$

임을 보이시오.

36 위 **35**번 문항의 결과로부터 다음 두 등식이 성립함을 보이시오

$$r(t) = F(0, t) + \sigma \int_0^t e^{-\alpha(t-s)} dB_s - \frac{\sigma^2}{2\alpha^2}\left(2e^{-\alpha t} - e^{-2\alpha t} - 1\right)$$

$$dr = \left[\frac{\partial F}{\partial t}(0, t) + \alpha F(0, t) + \frac{\sigma^2}{2\alpha}(1 - e^{-2\alpha t}) - \alpha r\right] dt + \sigma \, dB_t$$

37 이자율 $r = r_t$가 위험중립 세계에서 $dr = a(t, r) dt + b(t, r) dB_t$를 따르며 무이표채 가격이

$$P(t, T) = \exp\left[A(t, T) - B(t, T)r(t)\right]$$

으로 표현될 때

$$\frac{\partial A}{\partial t} - \frac{\partial A}{\partial t}r(t) - B(t, T)a(t, r) + \frac{1}{2}B^2(t, T)b^2(t, r) - r(t) = 0$$

이 성립함을 보이시오.

38 이자율 $r = r_t$ 가 위험중립 세계에서 $dr = a(t, r)\,dt + b(t, r)\,dB_t$를 따르며 무이표채 가격이

$$P(t, T) = \exp\left[A(t, T) - B(t, T)r(t)\right]$$

으로 표현될 때

$$\frac{\partial^2 a(t, r)}{\partial r^2} = 0 \text{ 그리고 } \frac{\partial^2\left[b^2(t, r)\right]}{\partial r^2} = 0$$

임을 보이시오.

39 이자율 $r = r(t)$에 대하여 시간 t의 함수 $\alpha(t)$, $\mu(t)$, $\sigma(t)$가 있어 $Y_t = \ln r(t)$가 확률미분방정식 $dY = \alpha(t)\left[\ln\mu(t) - Y\right]dt + \sigma(t)\,dB_t$를 따를 때 $r = r(t)$가 만족하는 확률미분방정식을 구하시오.

40 순간 선도이자율 $F(t, T)$의 확률미분방정식이 $dF(t, T) = \sigma(t, T)\sigma_T(t, T)\,dt - \sigma_T(t, T)\,dB_t$으로 표현되며 $\sigma_T(t, T) = -\sigma e^{-\alpha(T-t)}$일 때, 위 **35**번과 **36**번의 결과를 이용하여 다음 식을 증명하시오.

$$P(t, T) = \exp\left[-\int_t^T F(0, s)\,ds - (r(t) - F(0, t))A(t, T) - \frac{\sigma^2}{4\alpha}A(t, T)^2(1 - e^{-2\alpha t})\right]$$

$$\left(\text{여기서, } A(t, T) = \frac{1 - e^{-\alpha(T-t)}}{\alpha}\right)$$

부록 │ 연습문제 풀이 및 해답

연습문제의 풀이 및 해답은 홀수 번 문항에 대해서만 제공됩니다. 홀수 번 문항만 숙지해도 교재 내용을 충분히 이해할 수 있으며, 짝수 번 문항도 가능한 한 홀수 번 문항과 유사하게 제시하여 학습자가 스스로 복습할 수 있도록 구성하였습니다.

1 $F_0 = S_0 \times e^{(r-q)T}$, $S_0 = 200$, $r = 0.06$, $q = 0.03$, $T = \dfrac{3}{4}$ 이므로

$F_0 = 200 \times e^{(0.06-0.03)\times\frac{3}{4}} = 204.55$ 이다.

3 $F_0 = 6.87 \times e^{(0.05-0.03)\times 2} = 7.15$ 이므로 1달러당 7.15위안이다.

5 $F_0 = S_0 e^{(r-q)T}$ 으로부터

$r = d + \dfrac{1}{T}\left(\ln F_0 - \ln S_0\right) = 0.03 + \dfrac{1}{0.25}\left(\ln 309 - \ln 305\right) = 0.0821$

이므로 연속복리 무위험 이자율은 8.21%이다.

7 2개월 후 받는 배당금 5달러의 현재 가치는 $5e^{-0.12\times(2/12)} = 4.901$ 달러이다. 따라서 선도가격은

$F_0 = (97 - 4.901)e^{0.12\times(1/2)} = 97.794$ 달러이다.

9

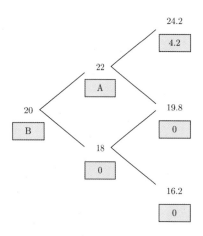

$P = \dfrac{e^{0.08\times\frac{1}{4}} - 0.9}{1.1 - 0.9} = \dfrac{e^{0.02} - 0.9}{0.2} = 0.6010$

$1 - P = 0.3990$, $T = \dfrac{1}{2}$, $K = 20$, $\triangle t = \dfrac{1}{4}$, $r = 0.08$

$A = e^{-0.08\times\frac{1}{4}}(0.6010\times 4.2 + 0.3990\times 0) = 2.4742$

$B = e^{-0.08\times\frac{1}{4}}(0.6010\times 2.4742 + 0.3990\times 0) = 1.4575$

이므로 적정 가격은 1.4575달러이다.

11 차익거래자는 다음과 같은 차익거래를 수행할 수 있다.

(1) 2년 동안 연 5%의 이자율로 100달러를 차입하고 이를 62파운드로 바꾸어서 연 7%의 무위험 이자율로 투자한다.

(2) 2년 후에 $110.52 \times 0.63 = 69.63$ 파운드를 지급하고 110.52달러를 매입할 수 있는 선도계약을 체결한다. 110.52달러는 차입했던 100달러의 2년 동안의 원리금이다.

연 7%로 투자된 62파운드는 2년 후에 $62\,e^{0.07 \times 2} = 71.3$ 파운드가 되며 이 중에서 69.63파운드는 통화선도 계약에서 110.52달러를 매입하는 데 사용한다. 따라서 차익거래자는 어떤 위험도 없이 2년 후에 $71.3 - 69.6 = 1.7$ 파운드의 이익을 얻게 된다.

13 차익거래의 기회를 제공하지 않는 적정 연속복리 무위험 이자율은 $F_0 = S_0\,e^{(r-q)T}$ 으로부터

$$r = d + \frac{1}{T}\left(\ln F_0 - \ln S_0\right) = 0.03 + \frac{1}{0.25}\left(\ln 600 - \ln 585\right) = 0.131, \ \text{즉}$$

연 13.1%인데 나는 훨씬 낮은 이자율인 연 6%로 차입할 수 있으므로 차익거래 기회가 존재한다. 간단한 차익거래 방법은 다음과 같다.

현재 주가지수 $e^{-qT} = 0.9925$ 단위의 가격인 580.613달러를 차입해서 주가지수를 매입하고 3개월 만기 지수 선물을 600달러에 매도한다. 3개월 후 내가 받는 600달러로 차입 원리금 $580.613 \times e^{0.06 \times (1/4)} = 589.39$ 달러를 상환하면 나는 10.61달러의 무위험 순이익을 얻을 수 있다.

15 $P = 5\,e^{-0.08} + 5\,e^{-2 \times 0.08} + 5\,e^{-3 \times 0.08} + 105\,e^{-4 \times 0.08} = 89.06$ 달러이다.

17 $F_2 > F_1\,e^{r(T_2 - T_1)}$ 이라고 가정하면 해당 주식에 대해 만기 T_1 인 매수 선도계약과 만기 T_2 인 매도 선도계약을 체결하는 차익거래 포트폴리오를 구성할 수 있다. 이 포트폴리오는 T_2 시점에 $F_2 - F_1\,e^{r(T_2 - T_1)}$ 의 무위험 수익을 얻는다.

19 $1.395 = 1.40\,e^{(0.01 - r_f) \times 0.5}$ 로부터 $0.03 - r_f = 2\ln\left(\dfrac{1.359}{1.40}\right) = -0.00716$ 을 얻으므로 $r_f = 0.03176$ 이다. 즉 6개월 무위험 파운드 무위험 이자율은 연 3.716%이다.

21 $F_0 = 30\,e^{0.05 \times 1} - 1.50\,e^{0.05(1 - 0.5)} - 1.80\,e^{0.05(1 - 0.75)} = 28.18$ 달러이다.

23
$$P(0.09) = 9500 - \frac{2.18}{1.1} \times 9500 \times (-0.01) + \frac{1}{2} \times 5.48 \times 9500 \times (-0.01)^2$$
$$= 9690.8757$$

따라서 변동된 채권 가격은 약 9691원이다.

25 이 채권의 현재 가격은 $P = \dfrac{7}{1.068} + \dfrac{107}{1.068^2} = 100.36$ 이므로 연속복리 만기수익률 y 는 방정식

$100.36 = 7e^{-y} + 107e^{-2y}$ 을 만족한다. 이를 풀면 $y = 0.0658$ 을 얻으므로 채권의 연속복리 기준 만기수익률은 연 6.58%이다.

27 무위험 이자율을 r 이라 하면 적정 선도가격의 공식 $20e^{0.5r} = 22.5$ 로부터 $r = 2\ln(1.125)$ 를 얻으므로 해당 주식에 대한 1년 만기 선도가격은 $20e^{2\ln(1.125)} = 23.31$ 달러이다.

29 $12.75e^{(0.08-q)\times 0.5} = 13.25$ 로부터 $q = 0.08 - 2\ln(13.25/12.75) = 0.0031$ 이므로 연속배당률 q 는 연 0.31%이다.

31 $P = \dfrac{4}{1.04} + \dfrac{104}{(1.045)^2} = 99.082$ 로부터 방정식 $\dfrac{4}{1+y} + \dfrac{104}{(1+y)^2} = 99.082$ 를 풀면 $y = 0.045$ 를 얻는다. 따라서 채권의 만기수익률은 4.50%이다.

33 (1) $P = \dfrac{50}{1.045} + \dfrac{50}{(1.0475)^2} + \dfrac{1050}{(1.0525)^3} = 994$ 이고 $\dfrac{50}{1+y} + \dfrac{50}{(1+y)^2} + \dfrac{1050}{(1+y)^3}$

$= 994$ 로부터 $y = 0.0522$ 이다. 따라서 적정 가격은 994달러, 만기수익률은 5.22%이다.

(2) $D = \dfrac{1}{994}\left(1 \times \dfrac{50}{1.0522} + 2 \times \dfrac{50}{(1.0522)^2} + 3 \times \dfrac{1050}{(1.0522)^3}\right) = 2.86$

$C = \dfrac{1}{994}\Big(1 \times 50 \times 2 \times \dfrac{1}{(1.0522)^3} + 2 \times 50 \times 3 \times \dfrac{1}{(1.0522)^4} + 3 \times 1050$

$\times 4 \times \dfrac{1}{(1.0522)^5}\Big) = 10.16$

(3) $\varepsilon = -\dfrac{r}{1+r} \times D = -\dfrac{0.0522}{1.0522} \times 2.86 = -0.1419$

35 $B'(y) = -BD$ 로부터

$B''(y) = -B'(y)D - D'(y)B = -D(-DB) - D'(y)B = B(D^2 - D'(y))$ 이므로

$C = \dfrac{B''(y)}{B} = D^2 - D'(y)$ 이다.

37 만기 T 시점에서 옵션의 가격을 제외한 해당 포트폴리오의 페이오프는 $\max(S_T - K_1, 0) - \max(S_T - K_2, 0) \geq 0$ 이므로 이 값은 $S_T \leq K_1$ 일 경우 0, $K_1 < S_T \leq K_2$ 일 경우 $S_T - K_1$, $S_T > K_2$ 일 경우 $K_2 - K_1$ 이다. 따라서 포트폴리오의 만기 손익은 만기 페이오프에서 두 옵션의 가격차이를 뺀 값이 되고 이를 그래프로 나타내면 다음과 같다.

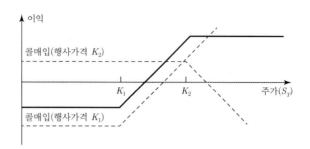

39 만기 T시점에서 옵션의 가격을 제외한 해당 포트폴리오의 페이오프는 $\max\left(S_T - K, 0\right) +$ $\max\left(K - S_T, 0\right)$이므로 이 값은 $S_T \le K$일 경우 $K - S_T$이고 $S_T > K$일 경우 $S_T - K$이다. 따라서 포트폴리오의 만기 손익은 만기 페이오프에서 두 옵션의 가격의 합을 뺀 값이 되고 이를 그 래프로 나타내면 다음과 같다.

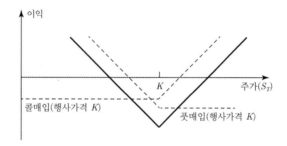

41 풋옵션의 내재가치는 $50\,e^{-0.03 \times (2/12)} - 47 = 2.75$로 이는 옵션의 현재 가치인 2.5보다 크므로 차익거래 기회가 존재한다. 실제로 차익거래자가 49.5달러를 두 달 동안 빌려 그 돈으로 주식 1주와 풋옵션 1단위를 매입한 후 2개월 후에 정산하면 어떤 경우에도 이익이 발생한다.

43

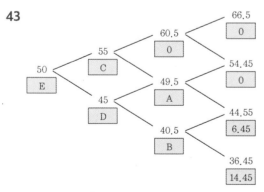

$$p = \frac{e^{0.06 \times \frac{1}{6}} - 0.9}{1.1 - 0.9} = \frac{e^{0.01} - 0.9}{0.2} = 0.5502$$

$$1 - p = 0.4498,\ T = \frac{1}{2},\ K = 51,\ \triangle t = \frac{1}{6},\ r = 0.06$$

$$A = e^{-0.06 \times \frac{1}{6}}(0.5502 \times 0 + 0.4498 \times 6.45) = 2.8723 \quad or \quad A = 1.5$$

(비교해서 더 큰 것 선택).

$$B = e^{-0.06 \times \frac{1}{6}}(0.5502 \times 6.45 + 0.4498 \times 14.55) = 9.99 \quad or \quad B = 10.5 \ (더 큰 것 선택)$$

$$C = e^{-0.06 \times \frac{1}{6}}(0.5502 \times 0 + 0.4498 \times 2.8723) = 1.28$$

$$D = e^{-0.06 \times \frac{1}{6}}(0.5502 \times 2.8723 + 0.4498 \times 10.5) = 6.24 \quad or \quad D = 6 \ (더 큰 것 선택)$$

$$E = e^{-0.06 \times \frac{1}{6}}(0.5502 \times 1.28 + 0.4498 \times 6.24) = 3.47 \quad or \quad E = 1$$

(비교해서 더 큰 것 선택)

그러므로 옵션의 적정 가격은 $E = 3.47$ 달러이다.

45 주어진 파생상품의 만기 페이오프는 $|S_T - K| = \max(S_T - K, 0) + \max(K - S_T, 0) = c_T + p_T$ 이므로 무차익 원리에 따라 해당 파생상품의 현재 가격은 $c_0 + p_0$ 이다.

47 위험중립가치평가에 의해서 $f_0 = e^{-rT}E_Q(S_T - K) = e^{-rT}(E_Q(S_T) - K)$ 이고 $E_Q(S_T) = S_0 e^{(r-q)T}$ 이므로 $f_0 = S_0 e^{-qT} - Ke^{-rT}$ 이다.

49 해당 파생상품의 가치를 v 라 하면 $v_T = S_T^2$ 이므로 위험중립가치평가에 의해

$$v_0 = e^{-rT}E_Q(S_T^2) \text{ 이고 } u = 1.48,\ d = 1 \text{ 그리고 } p = \frac{e^{rT} - d}{u - d} = \frac{e^{0.05 \times 1/3} - 1}{1.48 - 1} = 0.035$$

이므로 $v_0 = e^{-0.05 \times 1/3}(0.035 \times 37^2 + 0.965 \times 25^2) = 640.28$ 달러이다.

51 해당 선도 매도계약의 가치를 f 라 하면 위험중립가치평가 공식으로부터

$$f_0 = e^{-rT}E_Q(f_T) = e^{-rT}E_Q(55 - S_T) = e^{-rT}[55 - E_Q(S_T)] \text{ 이다.}$$

현재 시점으로부터 만기까지 3개월에 $E_Q(S_T) = 45e^{0.048 \times (3/12)} = 45.54$ 이므로

$$f_0 = e^{-0.048 \times (3/12)}(55 - 45.45) = 9.34 \text{ 달러이다.}$$

53 그 선도 매도계약의 가치를 f 라 하면 위험중립가치평가 공식으로부터

$$f_0 = e^{-rT}E_Q(f_T) = e^{-rT}E_Q(100 - S_T) = e^{-rT}[100 - E_Q(S_T)] \text{ 이다.}$$

현재 시점으로부터 만기까지 2개월에 $E_Q(S_T) = 100\,e^{(0.04-0.01)\times(2/12)} = 102.1$이고

$f_0 = e^{-0.04\times(2/12)}(100 - 102.1) = -2$이므로, 해당 선도 매도계약을 무효화시키려면 나는 2 달러를 지불해야 한다.

55 만기에서 두 옵션 가격의 차이는 $c_1(T) - c_2(T) = \max(S_T - K_1, 0) - \max(S_T - K_2, 0)$

이므로 $0 \leq c_1(T) - c_2(T) \leq K_2 - K_1$이 성립한다. 무차익 원리에 의해서

$0 \leq c_1(0) - c_2(0) \leq (K_2 - K_1)e^{-rT}$이 성립한다.

57 $K = aK_1 + (1-a)K_2$에 대해, $c(K) > a\,c(K_1) + (1-a)c(K_2)$가 성립한다고 가정하자. 이 경우 행사가격 K인 옵션을 1단위 매도하고, 행사가격 K_1인 옵션을 a단위 매수, 행사가격 K_2인 옵션을 $(1-a)$단위 매수하는 포트폴리오를 구성할 수 있다. 이 포트폴리오의 만기 페이오프는 $a\max(S_T - K_1, 0) + (1-a)\max(S_T - K_2, 0) - \max(S_T - K, 0) \geq 0$이므로 무위험 차익거래가 이루어진다.

59 $f_T = S_T - K,\, c_T = \max(S_T - K, 0),\, p_T = \max(K - S_T, 0)$이므로

$c_T - p_T = \max(S_T - K, 0) - \max(K - S_T, 0) = S_T - K = f_T$이다.

무차익 원리에 따라서 $c - p = f$가 성립한다.

Chapter 2 확률, 통계의 기초

1 X와 Y가 독립이므로 $E(XY) = \mu_x\mu_y$, $E((XY)^2) = E(X^2)E(Y^2) = (\sigma_x^2 + \mu_x^2)(\sigma_y^2 + \mu_y^2)$이고, 따라서 $Var(XY) = E[(XY)^2] - (E[XY])^2 = \sigma_x^2\sigma_y^2 + \mu_x^2\sigma_y^2 + \mu_y^2\sigma_x^2$이다.

3 $\displaystyle\int_{-\infty}^{\infty} e^x \frac{1}{2\sqrt{\pi}} e^{-\frac{(x-2)^2}{4}}dx = \int_{-\infty}^{\infty} \frac{1}{2\sqrt{\pi}} e^{-\frac{(x-2)^2 - 4x}{4}}dx = \int_{-\infty}^{\infty} \frac{1}{2\sqrt{\pi}} e^{-\frac{(x-4)^2}{4} + 3}dx$

$= e^3 \displaystyle\int_{-\infty}^{\infty} \frac{1}{2\sqrt{\pi}} e^{-\frac{(x-4)^2}{4}}dx = e^3$이다. (피적분함수는 $X \sim N(4, 2)$의 확률밀도함수)

5 $P(X = j \mid X + Y = k) = \dfrac{P(X = j, X + Y = k)}{P(X + Y = k)} = \dfrac{P(X = j, Y = k - j)}{P(X + Y = k)}$이고

$X \sim b(n, p)$와 $Y \sim b(m, p)$가 독립이므로, $X + Y \sim b(n + m, p)$이다. 따라서

$$\frac{P\left(X=j,\,Y=k-j\right)}{P\left(X+Y=k\right)}=\frac{P\left(X=j\right)P\left(Y=k-j\right)}{P\left(X+Y=k\right)}$$

$$=\frac{\binom{n}{j}p^j(1-p)^{n-j}\binom{m}{k-j}p^{k-j}(1-p)^{m-k+j}}{\binom{n+m}{k}p^k(1-p)^{n+m-k}}$$

이므로 $P\left(X=j\,|\,X+Y=k\right)=\dfrac{\binom{n}{j}\binom{m}{k-j}}{\binom{n+m}{k}}$ 이다.

7 $Y=X^3$ 이라 하면 $G\left(y\right)=\Pr\left(Y\le y\right)=\Pr\left(X\le y^{1/3}\right)=\displaystyle\int_{-\infty}^{y^{1/3}}\frac{1}{\sigma\sqrt{2\pi}}e^{-\frac{(s-\mu)^2}{2\sigma^2}}\,ds$

이므로 Y의 확률밀도함수는

$$g(y)=G'\left(y\right)=\frac{1}{\sigma\sqrt{2\pi}}e^{-\frac{(y^{1/3}-\mu)^2}{2\sigma^2}}\frac{1}{3}y^{-2/3}=\frac{1}{3\sigma\sqrt{2\pi}}e^{-\frac{(y^{1/3}-\mu)^2}{2\sigma^2}}y^{-2/3}\text{이다.}$$

9 $f(x)=c2^{-x^2}=ce^{-x^2\ln 2}$ 은 $X\sim N\left(0,1/(2\ln 2)\right)$의 확률밀도함수이다.

따라서 기댓값은 0, 분산은 $1/(2\ln 2)$ 그리고 $c=\dfrac{1}{\sigma\sqrt{2\pi}}=\dfrac{1}{\sqrt{2\pi}}\sqrt{2\ln 2}=\sqrt{\dfrac{\ln 2}{\pi}}$ 이다.

11 $Y=tX$라 하면 $G\left(y\right)=\Pr\left(Y\le y\right)=\Pr\left(X\le y/t\right)=\displaystyle\int_{-\infty}^{y/t}\frac{1}{\sigma\sqrt{2\pi}}e^{-\frac{(s-\mu)^2}{2\sigma^2}}\,ds$

이므로 Y의 확률밀도함수는 $g(y)=G'\left(y\right)=\dfrac{1}{t\sigma\sqrt{2\pi}}e^{-\frac{(y-\mu t)^2}{2t^2\sigma^2}}$ 이고, 이로부터 $Y\sim N$

$(t\mu,\,t^2\sigma^2)$임을 알 수 있다. 마찬가지 방법으로 $Z=\dfrac{X-\mu}{\sigma}$ 의 확률밀도함수는 $\varphi(z)=$

$\dfrac{1}{\sqrt{2\pi}}e^{-z^2/2}$임을 보임으로써 $Z\sim N(0,1)$가 증명된다.

13 $Z\sim N(0,1)$의 적률생성함수는 $M\left(t\right)=e^{t^2/2}=\displaystyle\sum_{n=0}^{\infty}\frac{(t^2/2)^n}{n!}=\sum_{n=0}^{\infty}\frac{t^{2n}}{2^n n!}$ 이고, 테일러 정리

에 의해서 $M\left(t\right)=\displaystyle\sum_{n=0}^{\infty}\frac{M^{(n)}(0)}{n!}t^n$ 이므로, $M^{(n)}\left(0\right)=E\left(Z^n\right)$이라는 것과 두 멱급수의 계수

를 비교하면 $E(Z^{2n-1})=0,\ E(Z^{2n})=\dfrac{(2n)!}{n!\,2^n}$ 을 얻는다. 두 번째 방법으로

$$E(Z^{2n}) = \int_{-\infty}^{\infty} z^{2n} \varphi(z) \, dz = 2 \int_{0}^{\infty} z^{2n} \frac{1}{\sqrt{2\pi}} e^{-z^2/2} \, dz$$

$$= \frac{2}{\sqrt{2\pi}} \int_{0}^{\infty} z^{2n-1} z e^{-z^2/2} \, dz$$

$u = z^{2n-1}, \, v' = z e^{-z^2/2}$ 라 놓고 부분적분을 사용하면

$$\int_{0}^{\infty} z^{2n-1} z e^{-z^2/2} \, dz = (2n-1) \int_{0}^{\infty} z^{2n-2} e^{-z^2/2} \, dz = (2n-1) \int_{0}^{\infty} z^{2n-3} z e^{-z^2/2} \, dz$$

이고, 부분적분을 다시 사용하면 이는 $(2n-1)(2n-3) \int_{0}^{\infty} z^{2n-5} z e^{-z^2/2} \, dz$ 가 되고 결국

$(2n-1)(2n-3) \cdots 5 \cdot 3 \cdot 1 \int_{0}^{\infty} e^{-z^2/2} \, dz$ 이고 $\dfrac{2}{\sqrt{2\pi}} \int_{0}^{\infty} e^{-z^2/2} \, dz = 1$ 이므로

$$E(Z^{2n}) = (2n-1)(2n-3) \cdots 5 \cdot 3 \cdot 1 = \frac{(2n)!}{n! \, 2^n} \text{ 이다.}$$

15
$$F(x) = \int_{(1/\sqrt{3})(\ln 4 - x)}^{\infty} e^{-(x + t\sqrt{3})} e^{-t^2/2} \, dt = e^{-x} \int_{(1/\sqrt{3})(\ln 4 - x)}^{\infty} e^{-t\sqrt{3} - t^2/2} \, dt$$

$$= e^{-x} \int_{(1/\sqrt{3})(\ln 4 - x)}^{\infty} e^{-(t + \sqrt{3})^2/2} e^{3/2} \, dt = e^{-x + 3/2} \int_{(1/\sqrt{3})(\ln 4 - x) + \sqrt{3}}^{\infty} e^{-t^2/2} \, dt$$

$$= e^{-x + 3/2} \sqrt{2\pi} \int_{-\infty}^{(-1/\sqrt{3})(\ln 4 - x) - \sqrt{3}} \frac{1}{\sqrt{2\pi}} e^{-t^2/2} \, dt$$

$$= e^{-x + 3/2} \sqrt{2\pi} \, \varPhi \left(\frac{1}{\sqrt{3}} (x - 3 - \ln 4) \right)$$

17 일반성을 잃지 않고 $E(X) = E(Y) = E(Z) = 0$ 이라고 가정해도 무방하다. X 의 분산을 σ^2 이라 하면 $cov(V, W) = E[(X + Y)(Y + Z)] = (0.3 + 0.5 + 1.0 + 0.2)\sigma^2 = 2\sigma^2$ 이므로

$$\rho_{VW} = \frac{2\sigma^2}{\sqrt{[1 + 2(0.3) + 1]\sigma^2 \, [1 + 2(0.2) + 1]\sigma^2}} = \frac{2}{\sqrt{(2.6)(2.4)}} = 0.801 \text{ 이다.}$$

19 $Z \sim N(0, 1)$ 의 pdf φ 에 대하여 $e^{ct} \varphi(t) = e^{c^2/2} \varphi(t - c)$ 가 성립함을 쉽게 확인할 수 있다. 따라서

$$E[e^{cZ} f(Z)] = \int_{-\infty}^{\infty} e^{ct} f(t) \varphi(t) \, dt = e^{c^2/2} \int_{-\infty}^{\infty} f(t) \varphi(t - c) \, dt$$

$$= e^{c^2/2} \int_{-\infty}^{\infty} f(z + c) \varphi(z) \, dz$$

이고 $e^{c^2/2} E[f(Z+c)] = e^{c^2/2} \int_{-\infty}^{\infty} f(z+c)\varphi(z)\,dz$ 이므로 증명이 완료된다.

21 $f_X(x) = \int_x^{x+1} 1\,dy = 1 \text{ for } 0 \le x \le 1, \quad f_Y(y) = \begin{cases} \int_0^y 1\,dx = y \,(0 \le y \le 1) \\ \int_{y-1}^1 1\,dx = 2 - y \,(1 \le y \le 2) \end{cases}$

따라서 $E(X) = \int_0^1 x\,dx = \dfrac{1}{2}, \quad E(Y) = \int_0^1 y^2\,dy + \int_1^2 y(2-y)\,dy = 1$

$$E(XY) = \int_0^1 \int_x^{x+1} xy\,dy\,dx = \int_0^1 \frac{1}{2} x(2x+1)\,dx = \frac{7}{12}$$

그러므로 $cov(X,Y) = E(XY) - E(X)E(Y) = \dfrac{7}{12} - \dfrac{1}{2} = \dfrac{1}{12}$

23 $(n-1)S^2 = \displaystyle\sum_{k=1}^{n} \left(X_k - \overline{X}\right)^2 = \sum_{k=1}^{n} \left(X_k - \mu + \mu - \overline{X}\right)^2$

$$= \sum_{k=1}^{n} \left((X_k - \mu)^2 + 2(\mu - \overline{X})(X_k - \mu) + (\mu - \overline{X})^2\right)$$

$$= \sum_{k=1}^{n} (X_k - \mu)^2 + 2(\mu - \overline{X})\sum_{k=1}^{n}(X_k - \mu) + n(\mu - \overline{X})^2$$

$$= \sum_{k=1}^{n} \left(X_k - \mu\right)^2 - n(\mu - \overline{X})^2$$

이때 $E((X_k - \mu)^2) = \sigma^2$ 이므로, $E\left(\displaystyle\sum_{k=1}^{n}(X_k - \mu)^2\right) = n\sigma^2$ 이고

$E((\overline{X} - \mu)^2) = \dfrac{1}{n^2} E\left(\displaystyle\sum_{k=1}^{n}(X_k - \mu)^2\right) = \dfrac{\sigma^2}{n}$ 이다. 따라서

$E(S^2) = \dfrac{1}{n-1} E\left(\displaystyle\sum_{k=1}^{n}\left(X_k - \mu\right)^2 - n(\mu - \overline{X})^2\right) = \dfrac{1}{n-1}\left(n\sigma^2 - n\dfrac{\sigma^2}{n}\right) = \sigma^2$ 이다.

25 $(n-1)S^2 = \displaystyle\sum_{k=1}^{n}\left(X_k - \overline{X}\right)^2 = \sum_{k=1}^{n}\left(X_k - \mu\right)^2 - n(\mu - \overline{X})^2$

$\dfrac{(n-1)S^2}{\sigma^2} = \displaystyle\sum_{k=1}^{n}\left(\dfrac{X_k - \mu}{\sigma}\right)^2 - \left(\dfrac{\overline{X} - \mu}{\sigma/\sqrt{n}}\right)^2$ 이므로 $\dfrac{(n-1)S^2}{\sigma^2} \sim \chi^2(n-1)$ 이다.

따라서 $\dfrac{(n-1)S^2}{\sigma^2}$ 의 기댓값은 $n-1$ 이고 분산은 $2(n-1)$ 이다.

이로부터 간단한 계산을 통해 $\dfrac{(n-1)S^2}{n}$ 의 평균과 분산은 각각 $\dfrac{n-1}{n}\sigma^2$ 과 $\dfrac{2(n-1)}{n^2}\sigma^4$ 임을

얻을 수 있다.

27 각 확률변수의 pdf가 $g(x)$, $h(y)$ 라 하고 결합 확률밀도함수가 $f(x,y)=g(x)h(y)$ 임을 보인다.

$$g(x)=\int_0^1 12xy(1-y)\,dy=2x \text{ 이고 } h(y)=\int_0^1 12xy(1-y)\,dx=6y(1-y) \text{ 이므로}$$

$$g(x)h(y)=12xy(1-y)=f(x,y) \text{ for } 0<x<1 , \ 0<y<1 \text{ 이다.}$$

29 $E\left(|X-\mu|\right)=\displaystyle\int_{-\infty}^{\infty}|x-\mu|\dfrac{1}{\sigma\sqrt{2\pi}}e^{-\frac{(x-\mu)^2}{2\sigma^2}}\,dx$

$$=\int_{-\infty}^{\mu}(\mu-x)\dfrac{1}{\sigma\sqrt{2\pi}}e^{-\frac{(x-\mu)^2}{2\sigma^2}}\,dx+\int_{\mu}^{\infty}(x-\mu)\dfrac{1}{\sigma\sqrt{2\pi}}e^{-\frac{(x-\mu)^2}{2\sigma^2}}\,dx$$

$t=(x-\mu)/\sigma$ 라 치환하면

$$E\left(|X-\mu|\right)=\int_{-\infty}^{0}(-t)\dfrac{1}{\sqrt{2\pi}}e^{-\frac{t^2}{2}}\sigma\,dt+\int_{0}^{\infty}t\dfrac{1}{\sqrt{2\pi}}e^{-\frac{t^2}{2}}\sigma\,dt$$

$$=\dfrac{\sigma}{\sqrt{2\pi}}+\dfrac{\sigma}{\sqrt{2\pi}}=\sigma\sqrt{2/\pi}$$

31 $W=X+Y$ 라 놓으면 W의 적률생성함수 $M_W(t)$는 $M_W(t)=M_X(t)M_Y(t)=e^{\lambda(e^t-1)}$

$e^{\mu(e^t-1)}=e^{(\lambda+\mu)(e^t-1)}$ 이므로 W 는 $\lambda+\mu$ 를 모수로 갖는 푸아송 분포를 따른다.

33 (1) $a>0$ 에 대해 $I=\begin{cases}1\ (X\ge a)\\0\ (else)\end{cases}$ 이라 하면, $X\ge 0$ 이므로 $I\le\dfrac{X}{a}$ 임을 알 수 있다. 위 부등식의

양변에 기댓값을 택하면 $E[I]\le\dfrac{E[X]}{a}$ 이고, $E[I]=P\{X\ge a\}$ 이므로 결과가 증명된다.

(2) $(X-\mu)^2$ 은 음이 아닌 확률변수이므로 앞서 (1)의 결과를 적용하면 부등식

$$P\{(X-\mu)^2\ge k^2\}\le\dfrac{E[(X-\mu)^2]}{k^2} \text{ 을 얻을 수 있다.}$$

$k>0$ 이므로 $(X-\mu)^2\ge k^2$ 일 필요충분조건은 $|X-\mu|\ge k$ 이고, 따라서

$$P\{|X-\mu|\ge k\}\le\dfrac{E[(X-\mu)^2]}{k^2}=\dfrac{\sigma^2}{k^2} \text{ 이다.}$$

35 A과수원에서 임의로 선택한 귤의 무게가 98 이하일 확률과 B과수원에서 임의로 선택한 귤의 무게가 a이하일 확률이 같으므로 $\Pr(X \leq 98) = \Pr(Y \leq a)$로부터

$$\Pr\left(Z \leq \frac{98-86}{15}\right) = \Pr\left(Z \leq \frac{a-88}{10}\right)$$를 얻게 되고 이로부터 $a = 96$을 얻는다.

37 (1) $E(X_n \mid X_{n-1}) = p \times (X_{n-1} + 1) + (1-p) \times (X_{n-1} + 1 + E(X_n))$이므로

$E(X_n \mid X_{n-1}) = X_{n-1} + 1 + (1-p)E(X_n)$이 성립한다.

(2) $E(X_n \mid X_{n-1}) = X_{n-1} + 1 + (1-p)E(X_n)$의 양변에 기댓값을 취하고

반복 기댓값의 법칙 $E(E(X_n \mid X_{n-1})) = E(X_n)$을 이용하면

$E(X_n) = E(X_{n-1}) + 1 + (1-p)E(X_n)$을 얻으므로

$E(X_n) = \dfrac{1}{p} + \dfrac{1}{p}E(X_{n-1})$이 성립한다.

(3) X_1이 모수 p의 기하분포를 따르므로 $E(X_1) = \dfrac{1}{p}$이다.

따라서 (2)로부터 $E(X_2) = \dfrac{1}{p} + \dfrac{1}{p^2}$을 얻는다.

39 Y의 누적분포함수 $G(y)$를 구하고 이를 미분하여 $g(y)$를 구한다.

$y \leq 0$이면 $G(y) = \Pr(Y \leq y) = \Pr(|X| \leq y) = 0$이므로 $g(y) = 0$이다.

따라서 $y > 0$인 경우에 한정하면 다음을 얻는다.

$$G(y) = \Pr(Y \leq y) = \Pr(-y \leq X \leq y) = \int_{-y}^{y} \frac{1}{\sigma\sqrt{2\pi}} \exp\left(-\frac{(x-\mu)^2}{2\sigma^2}\right) dx$$

따라서

$$g(y) = G'(y) = \frac{d}{dy} \int_{-y}^{y} \frac{1}{\sigma\sqrt{2\pi}} \exp\left(-\frac{(x-\mu)^2}{2\sigma^2}\right) dx$$

$$= \frac{1}{\sigma\sqrt{2\pi}} \left[\exp\left(-\frac{1}{2}\left(\frac{y+\mu}{\sigma}\right)^2\right) + \exp\left(-\frac{1}{2}\left(\frac{y-\mu}{\sigma}\right)^2\right)\right] \text{이다.}$$

41 $E(X-Y) = \mu_1 - \mu_2$, $Var(X-Y) = \sigma_1^2 + \sigma_2^2$이므로 X와 $X-Y$의 상관계수가 ρ라 하면

$$\rho = \frac{E[(X-\mu_1)(X-Y+\mu_1-\mu_2)]}{\sigma_1\sqrt{\sigma_1^2+\sigma_2^2}}$$ 이고 분자를 전개해서 정리하면

$E[(X-\mu_1)(X-Y+\mu_1-\mu_2)] = \sigma_1^2$임을 확인할 수 있다. 따라서 $\rho = \dfrac{\sigma_1}{\sqrt{\sigma_1^2+\sigma_2^2}}$이다.

43 $E(Z)=0$, $E(Z^2)=1$, $E(Z^3)=0$, $E(Z^4)=3$이므로

$$cov(Z,Y)=E(aZ+bZ^2+cZ^3)-0=b\text{이고}$$

$$Var(Y)=E\left[(a+bZ+cZ^2)^2\right]-\left[E(a+bZ+cZ^2)\right]^2$$

$$=(a^2+2ac+b^2+3c^2)-(a^2+c^2+2ac)=b^2+2c^2$$

또한 $Var(Z)=1$이므로 $\rho(Z,Y)=\dfrac{b}{\sqrt{b^2+2c^2}}$ 이다.

45 $Var\left(\displaystyle\sum_{k=1}^{n}X_k\right)=\displaystyle\sum_{j=1}^{n}\sum_{k=1}^{n}cov(X_j,X_k)=\displaystyle\sum_{k=1}^{n}Var(X_k)+2\sum_{i<j}^{n}\rho_{ij}\sigma_i\sigma_j$이므로

10개의 확률변수의 합의 분산은 $50+2\times45\times(1/2)\times5=275$이다.

47 $W=X-Y$라 놓고 적률생성함수를 구하면 $M_W(t)=E(e^{tw})=E(e^{t(x-y)})=E(e^{tx})$

$E(e^{-ty})=e^{-t+t^2}$이므로 $W\sim N(-1,2)$이다.

따라서 $\Pr(X>Y)=\Pr(W>0)=1-\Phi(1/\sqrt{2})=0.242$이다.

49 $Y=n\ln X$라 놓으면 $Y\sim N(n\mu,n^2\sigma^2)$이다. 따라서 $E(X^n)=E(e^Y)=e^{n\mu+(n\sigma)^2/2}$이고

$$Var(X^n)=Var(e^Y)=e^{2n\mu+(n\sigma)^2}(e^{n^2\sigma^2}-1)\text{이다.}$$

51 X_k를 k번째 퍼즐을 맞추는 데 소요되는 시간이라고 정의하면 $Y=\displaystyle\sum_{k=1}^{100}X_k$는 100가지 퍼즐 조각

을 모두 맞추는 데 소요되는 시간이 된다. 또한 연속균등분포 확률변수의 기댓값과 분산 공식에 따

라 $X_1,X_2,\cdots,X_{100}\sim i.i.d.\,(3,4/3)$이다. 따라서 중심극한정리에 의해

$$\Pr(Y\le320)=\Pr\left(\frac{Y-300}{\sqrt{100(4/3)}}\le\frac{320-300}{\sqrt{100(4/3)}}\right)\simeq\Phi(1.73)=0.958\text{이다.}$$

53

$$\frac{1}{\sqrt{2\pi s}}\int_b^c\exp\left(at-\frac{t^2}{2s}\right)dt=\frac{1}{\sqrt{2\pi s}}\int_b^c\exp\left(-\frac{t^2-2ast}{2s}\right)dt$$

$$=\frac{e^{a^2s/2}}{\sqrt{2\pi s}}\int_b^c\exp\left(-\frac{1}{2}\left[\frac{t-as}{\sqrt{s}}\right]^2\right)dt$$

이제 $x=\dfrac{t-as}{\sqrt{s}}$ 로 치환하면 $dt=\sqrt{s}\,dx$이므로

$$\frac{1}{\sqrt{2\pi s}}\int_b^c\exp\left(-\frac{1}{2}\left[\frac{t-as}{\sqrt{s}}\right]^2\right)dt=\int_{(b-as)/\sqrt{s}}^{(c-as)/\sqrt{s}}\varphi(x)\,dx=\left[\Phi\left(\frac{c-as}{\sqrt{s}}\right)-\Phi\left(\frac{b-as}{\sqrt{s}}\right)\right]$$

가 성립하고, 따라서 위의 식이 증명된다.

55 $E\left(|Z|^{2n+1}\right)=\displaystyle\int_{-\infty}^{\infty}|z|^{2n+1}\dfrac{1}{\sqrt{2\pi}}e^{-z^2/2}\,dz=2\displaystyle\int_{0}^{\infty}z^{2n+1}\dfrac{1}{\sqrt{2\pi}}e^{-z^2/2}\,dz$ 임을 이용해서 수

학적 귀납법으로 증명하고자 한다. (이 방법은 연속 부분적분법과 동일함)

$E\left(|Z|\right)=2\displaystyle\int_{0}^{\infty}z\dfrac{1}{\sqrt{2\pi}}e^{-z^2/2}\,dz=\sqrt{2/\pi}$ 이므로 $n=1$일 때 성립한다.

이제 $E\left(|Z|^{2k+1}\right)=2^k k!\sqrt{2/\pi}$ 라 가정하자. 이제 $u=x^{2k+2}$, $v'=x\,e^{-x^2/2}$ 라 놓고 부분적분

을 사용하면

$$E\left(|Z|^{2k+3}\right)=2\int_{0}^{\infty}z^{2k+3}\frac{1}{\sqrt{2\pi}}e^{-z^2/2}\,dz=-\sqrt{2/\pi}\int_{0}^{\infty}z^{2k+2}\,d\left(e^{-z^2/2}\right)$$

$$=\sqrt{2/\pi}\int_{0}^{\infty}(2k+2)z^{2k+1}e^{-z^2/2}\,dz=2(k+1)\,E\left(|Z|^{2K+1}\right)$$

$$=2^{k+1}(k+1)!\sqrt{2/\pi}\ \text{이다.}$$

57 $E\left(|X|\right)=\displaystyle\int_{-\infty}^{\infty}|x|\dfrac{1}{\sigma\sqrt{2\pi}}e^{-\frac{(x-\mu)^2}{2\sigma^2}}\,dx$ 이고 $t=\dfrac{x-\mu}{\sigma}$ 로 치환하면

$$E\left(|X|\right)=\int_{-\infty}^{\infty}|\mu+\sigma t|\frac{1}{\sqrt{2\pi}}e^{-\frac{t^2}{2\sigma}}\,dt$$

$$=\int_{-\infty}^{-\mu/\sigma}(-\mu-\sigma t)\frac{1}{\sqrt{2\pi}}e^{-\frac{t^2}{2\sigma}}\,dt+\int_{-\mu/\sigma}^{\infty}(\mu+\sigma t)\frac{1}{\sqrt{2\pi}}e^{-\frac{t^2}{2\sigma}}\,dt$$

$$=\int_{-\infty}^{-\mu/\sigma}(-\mu)\frac{1}{\sqrt{2\pi}}e^{-\frac{t^2}{2\sigma}}\,dt+\int_{-\mu/\sigma}^{\infty}\mu\frac{1}{\sqrt{2\pi}}e^{-\frac{t^2}{2\sigma}}\,dt$$

$$+\int_{-\infty}^{-\mu/\sigma}(-\sigma t)\frac{1}{\sqrt{2\pi}}e^{-\frac{t^2}{2\sigma}}\,dt+\int_{-\mu/\sigma}^{\infty}\sigma t\frac{1}{\sqrt{2\pi}}e^{-\frac{t^2}{2\sigma}}\,dt\ \text{이고}$$

각각의 적분을 계산해서 더하면

$$E\left(|X|\right)=\mu\left(2\Phi\left(\frac{\mu}{\sigma}\right)-1\right)+\sigma\sqrt{\frac{2}{\pi}}\exp\left(-\frac{\mu^2}{2\sigma^2}\right)\text{을 얻는다.}$$

59 X는 Z의 함수이므로 $E\left(X\right)=\displaystyle\int_{-\infty}^{\infty}x(z)\varphi(z)\,dz$ 로 표현될 수 있다. 여기서 $\varphi(z)$는 Z의 확률

밀도함수이고 $x(z)=\begin{cases}z\ (\text{if }z\geq K)\\0\ (else)\end{cases}$ 로 정의된 함수이다. 따라서

$$E\left(X\right)=\int_{K}^{\infty}z\varphi(z)\,dz=\frac{1}{\sqrt{2\pi}}\int_{K}^{\infty}z\,e^{-z^2/2}\,dz=\frac{1}{\sqrt{2\pi}}e^{-K^2/2}\ \text{이다.}$$

1 주식의 연속배당률을 q라 하면 위험중립가치평가에 의해

$$f_0 = e^{-rT} E_Q(f_T) = e^{-rT} E_Q(S_T - K)$$

$$= e^{-rT}(E_Q(S_T) - K) = e^{-qT} S_0 - e^{-rT} K \text{이다.}$$

한편, 옵션가격공식에 의해

$$c_0 - p_0 = S_0 e^{-qT} \Phi(d_1) - K e^{-rT} \Phi(d_2) - \left[K e^{-rT} \Phi(-d_2) - S_0 e^{-qT} \Phi(-d_1) \right]$$

$$= S_0 e^{-qT} \left[\Phi(d_1) + \Phi(-d_1) \right] - K e^{-rT} \left[\Phi(d_2) + \Phi(-d_2) \right] = e^{-qT} S_0 - e^{-rT} K$$

이므로 $f_0 = c_0 - p_0$이다.

3 $S_0 = 30$, $K = 29$, $T = 1/2$, $r = 0.04$, $p_0 = 3$, $q = 0.02$에 풋 - 콜 패리티 $c_0 + K e^{-rT} = p_0 + S_0 e^{-qT}$를 적용하면 $c_0 + 28.42 = 32.7$이므로 $c_0 = 4.28$달러이다.

5 $S_0 = 0.62$, $K = 0.61$, $T = 1/2$, $r = 0.04$, $\sigma = 0.12$, $r_f = 0.06$ 그리고

$$d_1 = \frac{\ln(0.62/0.61) + (0.04 - 0.06 + 0.12^2/2)1/2}{0.12\sqrt{1/2}} = 0.11621, \quad d_2 = 0.03136 \text{이므로}$$

$$p_0 = K e^{-rT} \Phi(-d_2) - S_0 e^{-r_f T} \Phi(-d_1)$$

$$= 0.5979 \Phi(-0.03135) - 0.6017 \Phi(-0.11621)$$

7 풋 - 콜 패리티 $c_0 + K e^{-rT} = p_0 + S_0$로부터 $50 e^{-r/2} = 48$이므로 $r = -2\ln(48/50) = 0.0816$이다. 따라서 연속복리 무위험 이자율은 연 8.16%이다.

9 주가가 S_0 대신 $S_0 e^{-qT}$에서 시작하고 배당을 지급하지 않는 경우의 옵션 공식을 사용한다. 배당금의 현재 가치는 $0.5 e^{-0.09 \times 2/12} + 0.5 e^{-0.09 \times 5/12} = 0.9742$달러이므로 무배당 블랙 - 숄즈 공식에서 $S_0 = 38.9661$, $K = 40$, $r = 0.09$, $T = 0.5$, $\sigma = 0.3$을 넣으면 된다. 이때 $d_1 = 0.202$이고 $d_2 = d_1 - \sigma\sqrt{T} = -0.01$이므로 $c_0 = 38.9661 \Phi(0.202) - 40 e^{-0.09 \times 0.5} \Phi(-0.01)$ $= 3.76$달러이다.

11 풋 - 콜 패리티 공식 $c_0 + K e^{-rT} = p_0 + S_0 e^{-qT}$에 의하여 $154 + 1400 e^{-0.05 \times 0.5} = 34 + 1500 e^{-0.5q}$로부터 $q = 0.02$를 얻어 연속배당률은 연 2%이다.

13 주가지수에 포함된 주식들의 2개월 동안 배당수익률이 $0.2 + 0.3 = 0.5\%$ 이므로 연평균 배당수익률은 $0.5 \times 6 = 3\%$ 이다. 즉 $q = 0.03$ 이다. 따라서

$S_0 = 246$, $K = 247$, $T = 2/12$, $r = 0.03$, $\sigma = 0.2$, $q = 0.03$ 을 대입하면

$$d_1 = \frac{\ln(246/247) + (0.03 - 0.03 + 0.2^2/2)2/12}{0.2\sqrt{2/12}} = -0.00886$$

$$d_2 = d_1 - \sigma\sqrt{T} = -0.00886 - 0.2\sqrt{2/12} = -0.09051 \text{ 이므로}$$

$$c_0 = S_0 e^{-qT}\Phi(d_1) - Ke^{-rT}\Phi(d_2)$$

$$= 244.77\,\Phi(-0.00886) - 245.77\,\Phi(-0.09015) = 7.499$$

15 $K = F_0 = S_0 e^{rT}$ 를 블랙 - 숄즈 공식 $c_0 = S_0\Phi(d_1) - Ke^{-rT}\Phi(d_2)$ 에 대입하면

$$c_0 = S_0\left[\Phi(d_1) - \Phi(d_2)\right] \text{ 이고 } d_1 = \frac{\ln(e^{-rT}) + (r + \sigma^2/2)T}{\sigma\sqrt{T}} = \frac{\sigma\sqrt{T}}{2}, \quad d_2 = -\frac{\sigma\sqrt{T}}{2}$$

를 얻는다. 따라서 $c_0 = S_0\left[2\Phi\left(\dfrac{\sigma\sqrt{T}}{2}\right) - 1\right]$ 이 성립한다.

17 $f(x) = \Phi(x)$ 는 모든 실수에서 테일러급수가 수렴한다. 따라서 x 가 0에 가까운 실수일 때 근사식

$f(x) \approx f(0) + f'(0)x + \dfrac{f''(0)}{2!}x^2$ 이 성립한다. $\Phi(0) = \dfrac{1}{2}$, $\Phi'(0) = \dfrac{1}{\sqrt{2\pi}}$ 그리고 $\Phi''(0)$

$= 0$ 이므로 $\Phi(x) \approx \dfrac{1}{2} + \dfrac{x}{\sqrt{2\pi}}$ 이 성립한다.

블랙 - 숄즈 공식에서 옵션의 만기 T 는 거의 모든 경우에 1보다 작고 σ 도 0.2 정도의 값을 갖는 것이 보통이므로 $\dfrac{\sigma\sqrt{T}}{2}$ 는 0에 가까운 값을 갖는다. 따라서 **15**번 문제의 결과로부터

$$c_0 = S_0\left[2\Phi\left(\frac{\sigma\sqrt{T}}{2}\right) - 1\right] \approx \sigma S_0\sqrt{\frac{T}{2\pi}} \text{ 이다.}$$

19 배당 주식에 대한 콜옵션 가격 공식

$$c_0 = S_0 e^{-qT}\Phi(d_1) - Ke^{-rT}\Phi(d_2)$$

$$d_1 = \frac{\ln(S_0 e^{-qT}/K) + (r + \sigma^2/2)T}{\sigma\sqrt{T}}, \; d_2 = d_1 - \sigma\sqrt{T} \text{에}$$

$$S_0 e^{-qT} = 30 - \left(1 \times e^{-0.04 \times 0.25} + 1 \times e^{-0.04 \times 0.75}\right) = 28.04 \text{ 그리고}$$

$$d_1 = \frac{0.206}{0.32} = 0.644, \; d_2 = 0.644 - 0.32 = 0.324 \text{를 대입하면 콜옵션의 적정 가격은}$$

$c_0 = 28.02\,\Phi(0.644) - 25\,e^{-0.04}\,\Phi(0.324) = 5.69$ 달러이다.

21 $T=2$, $S_0 = 40$, $\mu = 0.1$, $\sigma = 0.4$, $K = 24$일 때 $\Pr(S_T > K) > 5\Pr(S_T < K)$ 임을 직접 계산을 통해 보이면 된다.

$\Pr(S_T > K) = \Pr(\ln S_T > \ln K)$ 이고 $\ln S_T \sim N(\ln S_0 + (\mu - \sigma^2/2)T,\ \sigma^2 T)$이므로 $Z \sim N(0, 1)$에 대하여

$$\Pr(S_T > K) = \Pr\left(Z > \frac{\ln((24/40) - (0.1 - (0.4)^2/2)\times 2)}{0.4\sqrt{2}}\right)$$

$$= 1 - \Phi(-0.974) = 0.835$$

이고 $\Pr(S_T < K) = 1 - 0.835 = 0.165$이다.

$5\Pr(S_T < K) = 5 \times 0.165 = 0.825$이므로 $\Pr(S_T > K) > 5\Pr(S_T < K)$이다.

23 풋 - 콜 패리티 공식 $c_0 + Ke^{-rT} = p_0 + S_0 e^{-qT}$에 의해 $2.15 + 35\,e^{-0.05} = p_0 + 32 - 1.5\,e^{-0.05 \times 1/3} - 1.75\,e^{-0.05 \times 2/3}$이 성립한다.

이를 계산하면 풋옵션의 가격은 6.61 달러이다.

25 S가 유로화-달러 환율일 때 1달러를 특정 시점에 K유로에 매도할 수 있는 통화 풋옵션의 현재 유로화 가치는 $p_0 = Ke^{-rT}\,\Phi(-d_2) - S_0 e^{-r_f T}\,\Phi(-d_1)$이며, 여기서

$$d_1 = \frac{\ln(S_0/K) + (r - r_f + \sigma^2/2)T}{\sigma\sqrt{T}},\ d_2 = d_1 - \sigma\sqrt{T}$$

를 의미하고, 이때 r과 r_f는 각각 유로화와 달러의 연속복리 무위험 이자율이다. 이를 다시 표현하면

$$p_0 = S_0 K\left[\frac{1}{S_0}e^{-rT}\,\Phi(-d_2) - \frac{1}{K}e^{-r_f T}\,\Phi(-d_1)\right],$$

여기서 $\dfrac{1}{S_0}$는 현재 달러 - 유로화 환율이고

$$-d_2 = \frac{\ln\left(\dfrac{1/S_0}{1/K}\right) + (r_f - r + \sigma^2/2)T}{\sigma\sqrt{T}},\ -d_1 = \frac{\ln\left(\dfrac{1/S_0}{1/K}\right) + (r_f - r - \sigma^2/2)T}{\sigma\sqrt{T}}\ \text{이므로}$$

p_0는 1유로를 만기에 $\dfrac{1}{K}$ 달러에 매입할 수 있는 통화 콜옵션 $S_0 K$단위의 현재 달러가치이다. 이를 유로화 가치로 환산하려면 현재 환율 $\dfrac{1}{S_0}$을 곱해야 하므로 p_0는 같은 만기에 1유로를 $\dfrac{1}{K}$ 달러에 매입할 수 있는 통화 콜옵션 K개의 가치이다.

27 $\ln Y \sim N\left(\mu, \sigma^2\right)$일 때, $Var(Y) = e^{2\mu + \sigma^2}\left(e^{\sigma^2} - 1\right)$이다.

따라서 $\ln S_t \sim N\left(\ln S_0 + (\mu - \sigma^2/2)t, \sigma^2 t\right)$일 때 $Var(S_t) = S_0^2 \, e^{\left[2(\mu - \sigma^2/2)t + \sigma^2 t\right]}$

$\left(e^{\sigma^2 t} - 1\right) = S_0^2 \, e^{2\mu t}\left(e^{\sigma^2 t} - 1\right)$이다.

따라서 2년 후 주가의 분산은 $100^2 \, e^{2(0.2 \times 2)}\left(e^{0.4^2 \times 2} - 1\right) = 8393.1$ 이고 2년 후 주가의 표준편차

는 $\sqrt{8393.1} = 91.61$ 달러이다.

29 이는 자국통화가 파운드이고 상대국통화가 유로화인 경우에 해당한다.

$S_0 = 0.95$, $K = 0.95$, $r = 0.05$, $r_f = 0.04$, $T = 0.75$, $\sigma = 0.08$에 대한 통화콜옵션 공식

$c_0 = 0.95 \, e^{-0.04 \times 0.75} \, \Phi\left(d_1\right) - 0.95 \, e^{-0.05 \times 0.75} \, \Phi\left(d_2\right)$에서

$d_1 = \dfrac{\ln(1) + (0.05 - 0.04 + 0.0064/2) \times 0.75}{0.08\sqrt{0.75}} = 0.1429$

$d_2 = d_1 - 0.08\sqrt{0.75} = 0.0736$이고 $\Phi(0.1429) = 0.5568$, $\Phi(0.0736) = 0.5293$이므로

$c_0 = 0.95 \, e^{-0.04 \times 0.75} \times 0.5568 - 0.95 \, e^{-0.05 \times 0.75} \times 0.5293 = 0.029$ 파운드이다.

풋-콜 패리티 $c_0 + Ke^{-rT} = p_0 + S_0 e^{-r_f T}$로부터

$p_0 = 0.029 + 0.95 \, e^{-0.05 \times 0.75} - 0.95 \, e^{-0.04 \times 0.75} = 0.022$ 파운드이다.

31 풋-콜 패리티 $c_0 + Ke^{-rT} = p_0 + S_0 e^{-r_f T}$와 통화선도가격 공식 $F_0 = S_0 \, e^{(r - r_f)T}$으로부터

등식 $c_0 + Ke^{-rT} = p_0 + F_0 e^{-rT}$가 성립하고 $F_0 = K$라는 가정에 따라 $c_0 + Ke^{-rT} = p_0 + Ke^{-rT}$을 얻는다. 따라서 $c_0 = p_0$이다.

33 주가지수 옵션에 대한 풋-콜 패리티 $c_0 + Ke^{-rT} = p_0 + S_0 e^{-qT}$를 사용하면 내가 얻은 콜옵션

과 풋옵션 가격은 $4.5 + Ke^{-rT} = 2.1 + S_0 e^{-qT}$를 만족한다. 한편 시장에서 거래되는 풋옵션의

가격 p는 풋-콜 패리티 $4.3 + Ke^{-rT} = p + S_0 e^{-qT}$를 만족한다.

이로부터 등식 $4.5 - 4.3 = 2.1 - p$을 얻는다. 즉 풋옵션의 시장 거래가격은 1.9달러이다.

35 정리 2.14에서 기댓값 $\ln S_0 + (\mu - q - \sigma^2/2)t$ 와 분산 $\sigma^2 t$인 경우에 해당하므로 S_t의 확률밀도

함수는 다음과 같다.

$$g_t(y) = \begin{cases} \dfrac{1}{\sigma y \sqrt{2\pi t}} \exp\left(-\dfrac{\left[\ln y - \ln S_0 - (\mu - q - \sigma^2/2)t\right]^2}{2\sigma^2 t}\right) & (y > 0) \\ 0 \; (else) \end{cases}$$

37 $\Pr(c_T > 6) = \Pr(S_T > K+6) = \Pr(\ln S_T > \ln(K+6))$ 이고 $\ln S_T \sim N(\ln S_0 +$

$(\mu - \sigma^2/2)T,\ \sigma^2 T)$이므로 $T=2,\ S_0 = 40,\ \mu = 0.1,\ \sigma = 0.4$와 $Z \sim N(0, 1)$에 대하여

$$\Pr(\ln S_T > \ln(K+6)) = \Pr\left(Z > \frac{\ln((K+6)/40) - (0.1 - (0.4)^2/2) \times 2)}{0.4\sqrt{2}}\right) \geq 0.2$$

이고 이에 따라 $\Phi\left(\dfrac{\ln((K+6)/40) - (0.1 - (0.4)^2/2) \times 2)}{0.4\sqrt{2}}\right) \leq 0.8$

이 성립하는 K의 최댓값을 구하면 된다. 정규분포표를 이용하여 위 식을 정리하면 $\ln\left(\dfrac{K+6}{40}\right) \leq$

0.516을 얻고 이로부터 $K \leq 61.01$을 얻는다.

따라서 위의 조건을 만족하는 K의 최대 정수값은 61이다.

39 위험중립세계에서 $\ln S_T \sim N(\ln S_0 + (r - \sigma^2/2)T,\ \sigma^2 T)$이므로 위험중립가치평가에 의해 해

당 파생상품의 현재 가격은 $v_0 = e^{-rT} E_Q(\ln S_T) = e^{-rT}\left[\ln S_0 + (r - \sigma^2/2)T\right]$ 이다.

41 $\ln S_t \sim N(\ln S_0 + (\mu - q - \sigma^2/2)t,\ \sigma^2 t)$으로부터 $\dfrac{\ln S_t - (\ln S_0 + (\mu - q - \sigma^2/2)t)}{\sigma\sqrt{t}} \sim$

$N(0, 1)$이므로 다음이 성립한다.

$$\Pr(S_t > K) = \Pr(\ln S_t > \ln K)$$

$$= \Pr\left(\frac{\ln S_t - (\ln S_0 + (\mu - q - \sigma^2/2)t)}{\sigma\sqrt{t}} > \frac{\ln K - (\ln S_0 + (\mu - q - \sigma^2/2)t)}{\sigma\sqrt{t}}\right)$$

$$= \Pr(Z > \alpha)\ \text{이 성립하므로}\ \alpha = \frac{\ln K - (\ln S_0 + (\mu - q - \sigma^2/2)t)}{\sigma\sqrt{t}}\ \text{이다.}$$

43 위험중립 세계에서 $\ln S_T \sim N(\ln S_0 + (r - \sigma^2/2)T,\ \sigma^2 T)$이므로 $\ln S_T^k = k\ln S_T \sim N$

$(k\ln S_0 + k(r - \sigma^2/2)T,\ k^2\sigma^2 T)$이다. **2.13**에 의하여

$$E_Q(S_T^k) = \exp\left[k\ln S_0 + k(r - \sigma^2/2)T + \frac{1}{2}k^2\sigma^2 T\right]$$

$$= S_0^k \exp\left[krT + \frac{1}{2}k(k-1)\sigma^2 T\right]\ \text{이므로}$$

위험중립가치평가에 의해 해당 파생상품의 현재 가격은

$$e^{-rT} E_Q(S_T^k) = e^{-rT} S_0^k \exp\left[krT + \frac{1}{2}k(k-1)\sigma^2 T\right]$$

$$= S_0^k \exp\left[\left((k-1)r + \frac{1}{2}k(k-1)\sigma^2\right)T\right]\ \text{이다.}$$

45 $S_0 = K$이므로 풋 - 콜 패리티 $c_0 + Ke^{-rT} = p_0 + S_0 e^{-qT}$로부터 $c_0 - p_0 = Ke^{-qT} - Ke^{-rT}$

$= Ke^{-rT}(e^{(r-q)T} - 1)$이 성립한다. 따라서 $c_0 \geq p_0$가 성립할 필요충분조건은 $r \geq q$이다.

47 어제 변동성 σ_1을 사용하여 구한 통화 콜옵션과 풋옵션 가격을 각각 c_1, p_1이라 하고, 오늘 변동성 σ_2을 사용하여 새롭게 구한 통화 콜옵션과 풋옵션 가격을 각각 c_2, p_2이라 하자. 옵션가격은 변동성에 대한 증가함수이므로 c_2, p_2는 각각 c_1, p_1보다 크다. 그리고 두 개의 풋 - 콜 패리티 $c_1 + Ke^{-rT} = p_1 + S_0 e^{-r_f T}$와 $c_2 + Ke^{-rT} = p_2 + S_0 e^{-r_f T}$에 따라 $c_2 - c_1 = p_2 - p_1$이 성립한다.

49 부등식 $S_T > K$는 $\ln S_T > \ln K$와 동치이고 이는 아래 식과 동치이다.

$$\frac{\ln S_T - (\ln S_0 + (r - q - \sigma^2/2)T)}{\sigma\sqrt{T}} > \frac{\ln K - (\ln S_0 + (r - q - \sigma^2/2)T)}{\sigma\sqrt{T}} = -d_2$$

$\ln S_T \sim N(\ln S_0 + (r - q - \sigma^2/2)T, \sigma^2 T)$ 부등식 $S_T > K$는 $Z \sim N(0, 1)$에 대해 $Z > -d_2$와 동치이다. 그리고 $\max(S_T - K, 0) = \begin{cases} S_0 e^{(r-q-\sigma^2/2)T + \sigma\sqrt{T}Z} & (\text{if } Z > -d_2) \\ 0 & (else) \end{cases}$로 나타

낼 수 있으므로 $c_0 = e^{-rT} \dfrac{1}{\sqrt{2\pi}} \displaystyle\int_{-d_2}^{\infty} (S_0 e^{(r-q-\sigma^2/2)T + \sigma\sqrt{T}z} - K) e^{-z^2/2} dz$이다.

51 풋 - 콜 패리티 $c_0 + Ke^{-rT} = p_0 + S_0$로부터 $1.98 - 0.79 = 55 - 58e^{-0.03T}$를 얻고 이에 따라 $e^{-0.03T} = 0.9278$이 성립하여 옵션의 만기 T는 약 2.5년이다.

53 해당 파생상품의 만기 페이오프는 $v_T = \max(2S_T, 3K) = 3K + 2\max\left(S_T - \dfrac{3K}{2}, 0\right)$이므로 위험중립가치평가에 의해 $v_0 = e^{-rT}E_Q(v_T) = 3Ke^{-rT} + 2c_0$이며, 여기서 c_0는 만기 T, 행사가격 $\dfrac{3K}{2}$인 유러피언 콜옵션의 블랙 - 숄즈 공식을 통해 얻어진 현재 가격이다.

55 블랙 - 숄즈 공식과 풋 - 콜 패리티에 따르면 유러피언 콜옵션과 풋옵션은 동일한 변동성을 갖는다. 옵션 가격은 변동성에 비례하므로 내재변동성이 낮은 콜옵션은 풋옵션에 비해서 가격이 낮게 책정되었음을 알 수 있다. 따라서 콜옵션을 매수하고 풋옵션을 공매도함으로써 풋 - 콜 패리티에 의한 무위험 차익거래를 실현할 수 있다.

57 (1) $c > 0$이므로 $S_T^c > K$ 는 $S_T > K^{1/c}$와 명백히 동치이고, 위험중립 세계에서 $\ln S_T \sim N$

$(\ln S_0 + (r - \sigma^2/2)T, \, \sigma^2 T)$임에 따라

$$S_T > K^{1/c} \text{는 } Z > \frac{\ln(K^{1/c}/S_0) - (r - \sigma^2/2)T}{\sigma\sqrt{T}} = -d \text{와 동치이다.}$$

(2) 위험중립가치평가에 의하여 $v_0 = e^{-rT}E_Q[\max(S_T^c - K, 0)]$이다.

또한 $Z \sim N(0, 1)$에 대하여 $S_T^c = S_0^c \exp\left(c(r - \sigma^2/2)T + c\sigma\sqrt{T}Z\right)$이고, (1)로부터

$$\max(S_T^c - K, 0) = \begin{cases} S_T^c - K \, (Z > -d) \\ 0 \, (Z \leq -d) \end{cases} \text{이므로 \textbf{정리 2.6}에 의하여}$$

$$v_0 = e^{-rT}\int_{-d}^{\infty} \frac{1}{\sqrt{2\pi}}\left(S_0^c \exp\left[c(r - \sigma^2/2)T + c\sigma\sqrt{T}z\right] - K\right)e^{-z^2/2}\,dz \text{으로 나타낼}$$

수 있다.

(3) $e^{-rT}\int_{-d}^{\infty} \frac{1}{\sqrt{2\pi}}e^{-z^2/2}\,dz = e^{-rT}\Phi(d)$이므로 (2)에 의하여

$$v_0 = \frac{S_0^c}{\sqrt{2\pi}}\int_{-d}^{\infty}\exp\left((c-1)rT - c\sigma^2 T/2 + c\sigma\sqrt{T}z - z^2/2\right)dz - Ke^{-rT}\Phi(d) \text{이고,}$$

여기서 적분부분은 다음과 같다.

$$\frac{1}{\sqrt{2\pi}}\int_{-d}^{\infty}\exp\left((c-1)rT - c\sigma^2 T/2 + c\sigma\sqrt{T}z - z^2/2\right)dz$$

$$= \exp\left((c-1)(r + c\sigma^2/2)T\right)\frac{1}{\sqrt{2\pi}}\int_{-d}^{\infty}\exp\left(-\frac{(z - c\sigma\sqrt{T})^2}{2}\right)dz$$

$$= \exp\left((c-1)(r + c\sigma^2/2)T\right)\frac{1}{\sqrt{2\pi}}\int_{-(d + c\sigma\sqrt{T})}^{\infty}e^{-t^2/2}\,dt$$

$$= \exp\left((c-1)(r + c\sigma^2/2)T\right)\Phi(d + c\sigma\sqrt{T})$$

이상을 종합하면 증명이 완료된다.

59 $T = 2$, $\mu = 0.1$ 그리고 $\sigma = 0.4$에 대하여 $\Pr(c_T \geq 6) = \Pr(S_T \geq K + 6) = 0.20$이 되도록 K를 결정하면 된다.

$\ln S_T \sim N(\ln S_0 + (\mu - \sigma^2/2)T, \, \sigma^2 T)$이므로

$$\Pr(S_T \geq K + 6) = \Pr(\ln S_T \geq \ln(K + 6))$$

$$= \Pr\left(Z \geq \frac{\ln[(K+6)/6] - (\mu - \sigma^2/2)T}{\sigma\sqrt{T}}\right)$$

$$= 1 - \Phi\left(\frac{\ln\left[(K+6)/40\right] - (0.1 - 0.5(0.4)^2)2}{0.4\sqrt{2}}\right) = 0.2 \text{로부터}$$

$\ln\left(\dfrac{K+6}{40}\right) = 0.516$ 이고 이를 풀면 $K = 61.02$ 이므로, 스톡옵션의 행사가격은 61달러로 결정되는 것이 적합하다.

61 $S_0 = Ke^{-rT}\dfrac{S_0}{K}e^{rT} = Ke^{rT}\exp\left(\ln(S_0/K) + rT\right)$ 이고

$\ln(S_0/K) + rT = d_1\sigma\sqrt{T} - \sigma^2 T/2$ 이므로 $S_0 = Ke^{-rT}\exp\left(d_1\sigma\sqrt{T} - \sigma^2 T/2\right)$ 이다.

따라서

$$S_0\exp\left(-\frac{d_1^2}{2}\right) = Ke^{-rT}\exp\left(-\frac{d_1^2}{2} + d_1\sigma\sqrt{T} - \sigma^2 T/2\right)$$

$$= Ke^{-rT}\exp\left(-\frac{(d_1 - \sigma\sqrt{T})^2}{2}\right) \text{이므로}$$

$$S_0\exp\left(-\frac{d_1^2}{2}\right) = Ke^{-rT}\exp\left(-\frac{d_2^2}{2}\right) \text{이다.}$$

63 콕스 - 로스 - 루빈스타인 공식에 의해 $u = 1.0905 (= e^{0.3\sqrt{1/12}})$, $d = 0.9170 (= 1/u)$, $p = 0.55$ 을 얻고 아래 그림과 같이 풋옵션 가격 0.0달러를 얻는다.

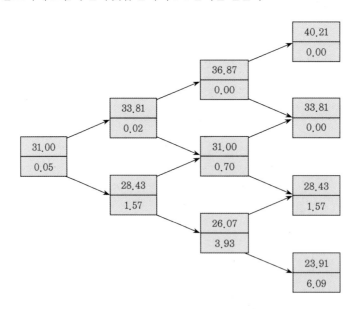

65 위험중립 세계에서 $\ln\left(S_T^2\right) = 2\ln S_T \sim N\left(2\ln S_0 + (2r - \sigma^2)T,\ 4\sigma^2 T\right)$ 이므로 평균 $(2r - \sigma^2)T = 2r - \sigma^2$ 이고 표준편차 $2\sigma\sqrt{T} = 2\sigma$ 인 정규분포를 따른다.

따라서 위험중립가치평가에 의해 해당 파생상품의 현재 가치 v_0는 $Z \sim N(0,1)$에 대하여

$$v_0 = e^{-r}E\left(\max\left[2r - \sigma^2 + 2\sigma Z - 1,\ 0\right]\right)$$

$$= e^{-r}\int_{-\infty}^{\infty}\max(2r - \sigma^2 - 1 + 2\sigma z,\ 0)\frac{1}{\sqrt{2\pi}}e^{-z^2/2}\,dz$$

$$= e^{-r}\int_{\frac{1+\sigma^2-2r}{2\sigma}}^{\infty}(2r - \sigma^2 - 1)\frac{1}{\sqrt{2\pi}}e^{-z^2/2}\,dz + e^{-r}\int_{\frac{1+\sigma^2-2r}{2\sigma}}^{\infty}2\sigma z\frac{1}{\sqrt{2\pi}}e^{-z^2/2}\,dz$$

$$= e^{-r}(2r - \sigma^2 - 1)\Phi\left(\frac{2r - \sigma^2 - 1}{2\sigma}\right) + e^{-r}\frac{2\sigma}{\sqrt{2\pi}}\exp\left(-\frac{(2r - \sigma^2 - 1)^2}{8\sigma^2}\right)\ \text{이다.}$$

67 (1) $X(t) > 100 \iff Z > \dfrac{\ln 100 - (r - \sigma^2/2)t}{\sigma\sqrt{t}} \iff Z > \sigma\sqrt{t} - w$ 이다.

(2) $E(Y(t)) = \Pr[X(t) > 100] = \Pr[Z > \sigma\sqrt{t} - w] = \Phi(w - \sigma\sqrt{t})$ 이다.

69 위험중립가치평가에 의해 $c_0 = e^{-rT}E_Q[\max(S_T - K,\ 0)]$ 이고 위험중립 세계에서 $S_T = S_0 e^{rT} + \sigma X$ 이고 변수 $X \sim N(0,\ T)$의 확률밀도함수가 $f(x) = \dfrac{1}{\sqrt{2\pi T}}e^{-x^2/(2T)}$ 이므로

$$c_0 = e^{-rT}E[\max(S_0 e^{rT} + \sigma X - K,\ 0)]$$

$$= e^{-rT}\int_{-\infty}^{\infty}\frac{1}{\sqrt{2\pi T}}\max\left(S_0 e^{rT} + \sigma x - K\right)e^{-\frac{x^2}{2T}}\,dx\ \text{이다. 이 적분을 풀어서 전개하면}$$

$$c_0 = \frac{e^{-rT}}{\sqrt{2\pi T}}\int_{(K - S_0 e^{rT})/\sigma}^{\infty}\left(S_0 e^{rT} + \sigma x - K\right)e^{-x^2/(2T)}\,dx\ \text{이고 }\ z = x/\sqrt{T}\ \text{로 치환 후}$$

$$d = \frac{K - S_0 e^{rT}}{\sigma\sqrt{T}}\ \text{라고 하면}$$

$$c_0 = \frac{e^{-rT}}{\sqrt{2\pi}}\int_d^{\infty}\left(S_0 e^{rT} + \sigma\sqrt{T}z - K\right)e^{-z^2/2}\,dz$$

$$= \frac{S_0 - Ke^{-rT}}{\sqrt{2\pi}}\int_d^{\infty}e^{-z^2/2}\,dz + \frac{e^{-rT}\sigma\sqrt{T}}{\sqrt{2\pi}}\int_d^{\infty}ze^{-z^2/2}\,dz$$

$$= \left(S_0 - Ke^{-rT}\right)\Phi(-d) + e^{-rT}\sigma\sqrt{T}\,\Phi'(d)\ \text{이다.}$$

여기서, $d = \dfrac{K - S_0 e^{rT}}{\sigma\sqrt{T}}$

1 구간 $[a, b]$ 의 분할에 대해서 다음 등식이 성립한다.

$$\sum_{k=1}^{n} f(t_{k-1})\left(B_{t_k} - B_{t_{k-1}}\right) = f(b)B_b - f(a)B_a - \sum_{k=1}^{n} B_{t_k}\left[f(t_k) - f(t_{k-1})\right]$$

양변에 극한을 취하면 $\displaystyle\int_a^b f(t)\,dB_t = f(b)B_b - f(a)B_a - \int_a^b B_t\,df(t)$ 을 얻는다.

3 $\ln \dfrac{X_{t+s}}{X_s} = (a - 2b^2)t + 2b\,B_t \sim N\left[(a-2b^2)t,\ 4b^2t\right]$ 로부터 기댓값과 평균이 구해진다.

5 확률분포 $\ln S_t \sim N\left(\ln S_0 + (\mu - q - \sigma^2/2)t,\ \sigma^2 t\right)$ 로부터 $\ln S_t$ 의 99%의 신뢰구간은

$\ln S_0 + (\mu - q - \sigma^2/2)t \pm 2.33\,\sigma\,\sqrt{t}$ 이다. 따라서 S_t 의 99%의 신뢰구간은 다음과 같다.

$$\left(S_0 e^{(\mu - q - \sigma^2/2)t - 2.33\sigma\sqrt{t}},\ S_0 e^{(\mu - q - \sigma^2/2)t + 2.33\sigma\sqrt{t}}\right)$$

7 $cov\left(B_t, \displaystyle\int_0^t B_s\,ds\right) = E\left(B_t \int_0^t B_s\,ds\right) - E(B_t)E\left(B_t \int_0^t B_s\,ds\right) = E\left(B_t \int_0^t B_s\,ds\right)$ 이고

$$E\left(B_t \int_0^t B_s\,ds\right) = E\left(\int_0^t B_t B_s\,ds\right) = \int_0^t E(B_t B_s)\,ds = \int_0^t E\left[B_s(B_t - B_s) + B_s^2\right]ds$$

이므로 $cov\left(B_t, \displaystyle\int_0^t B_s\,ds\right) = \int_0^t E(B_s^2)\,ds = \int_0^t s\,ds = \dfrac{t^2}{2}$ 이다.

9 $E\left[B_t e^{aB_t}\right] = at\,e^{a^2t/2}$ 을 증명하기 위해 $B_t = X$ 라 놓고 $E(Xe^{aX})$ 를 구하자.

$X \sim N(0, t)$ 이므로 확률밀도함수는 $f(x) = \dfrac{1}{\sqrt{2\pi t}} e^{-x^2/2t}$ 이다.

$$E(Xe^{aX}) = \frac{1}{\sqrt{2\pi t}} \int_{-\infty}^{\infty} x\,e^{ax} e^{-x^2/2t}\,dx = \frac{e^{a^2t/2}}{\sqrt{2\pi t}} \int_{-\infty}^{\infty} x\,e^{-(x-at)^2/2t}\,dx$$

여기서 적분 $\dfrac{1}{\sqrt{2\pi t}} \displaystyle\int_{-\infty}^{\infty} x\,e^{-(x-at)^2/2t}\,dx$ 은 $X \sim N(at, t)$ 의 기댓값을 나타내므로 at 이다.

따라서 $E\left[B_t e^{aB_t}\right] = at\,e^{a^2t/2}$ 가 성립한다.

이제 $E\left[B_t^2 e^{aB_t}\right] = (t + a^2t^2)\,e^{a^2t/2}$ 을 보이기 위해 $B_t = X$ 라 놓고 $E(X^2 e^{aX})$ 를 구하자.

$$E(X^2 e^{aX}) = \frac{1}{\sqrt{2\pi t}} \int_{-\infty}^{\infty} x^2 e^{ax} e^{-x^2/2t}\,dx = \frac{e^{a^2t/2}}{\sqrt{2\pi t}} \int_{-\infty}^{\infty} x^2 e^{-(x-at)^2/2t}\,dx$$

여기서 적분 $\dfrac{1}{\sqrt{2\pi t}}\displaystyle\int_{-\infty}^{\infty}x^2\,e^{-(x-at)^2/2t}\,dx$ 은 $X\sim N(at,\,t)$ 일 때 $E(X^2)$ 을 나타낸다.

$E(X^2)=E(X)^2+Var(X)=a^2t^2+t$ 이므로 $E\left[B_t^2\,e^{aB_t}\right]=(t+a^2t^2)\,e^{a^2t/2}$ 이다.

11 $Z_t=B_t$ 라 놓고 각각 이토의 보조정리를 사용하면

$$dY=Y'(Z)dZ+\frac{1}{2}\,Y''(Z)dt\ \text{그리고}\ dX=\frac{\partial X}{\partial t}\,dt+\frac{\partial X}{\partial Z}\,dZ+\frac{1}{2}\,\frac{\partial^2 X}{\partial Z^2}\,dt\ \text{로부터}$$

$$dY=3Z^2dZ+\frac{1}{2}(6Z)dt\ \text{그리고}\ dX=2(t+Z)dt+2(t+Z)dZ+\frac{1}{2}(2)dt\ \text{이므로}$$

$$dY=3Y^{1/3}dt+3Y^{2/3}dB_t\ \text{그리고}\ dX=\left(2\sqrt{X}+1\right)dt+2\sqrt{X}\,dB_t\ \text{이다.}$$

13 $0<s<t$ 일 때 $E_s(X_t)=e^{-a^2t/2}E_s\left(e^{-aB_t}\right)=e^{-a^2t/2}E_s\left(e^{-a(B_t-B_s)}e^{-aB_s}\right)$

$$=e^{-a^2t/2}e^{-aB_s}E_s\left(e^{-a(B_t-B_s)}\right)\ \text{이고}$$

$E_s\left(e^{-a(B_t-B_s)}\right)=E\left(e^{-a(B_t-B_s)}\right)=e^{a^2(t-s)/2}$ 이다.

따라서 $E_s(X_t)=e^{-a^2s/2}e^{-aB_s}=X_s$ 이다.

15 $Y=\dfrac{1}{S}$ 로부터 $Y'(S)=-\dfrac{1}{S^2}$ 과 $Y''(S)=\dfrac{2}{S^3}$ 를 얻고 이를 이토의 보조정리

$$dY=Y'(S)dS+\frac{1}{2}\,Y''(S)\,(\sigma S)^2 dt\ \text{에 대입하면}$$

$$dY=-\frac{1}{S^2}\left((r-r_f)S\,dt+\sigma S\,dB_t\right)+\frac{1}{2}\left(\frac{2}{S^3}\right)\sigma^2 S^2 dt=\left(r_f-r+\sigma^2\right)\frac{1}{S}\,dt-\frac{\sigma}{S}\,dB_t,$$

즉 $dY=\left(r_f-r+\sigma^2\right)Y\,dt-\sigma Y\,dB_t$ 를 따른다.

17 $\dfrac{dY}{dX}=\dfrac{1}{2\sqrt{X}}$, $\dfrac{d^2Y}{dX^2}=-\dfrac{1}{4X^{3/2}}$ 이고, 이토의 보조정리에 의하여

$$dY=\frac{1}{2\sqrt{X}}\,dX+\frac{1}{2}\left(-\frac{1}{4X^{3/3}}\right)(\sigma\sqrt{X})^2 dt=\frac{\mu}{2\sqrt{X}}\,dt+\frac{\sigma}{2}\,dB_t-\frac{\sigma^2}{8\sqrt{X}}\,dt\ \text{이므로}$$

확률미분방정식 $dY=\dfrac{\mu}{2Y}\left(\mu-\dfrac{\sigma^2}{4}\right)dt+\dfrac{\sigma}{2}\,dB_t$ 를 얻는다.

19 $Var\left(\displaystyle\int_0^t B_s\,ds\right)=E\left[\left(\displaystyle\int_0^t B_s\,ds\right)^2\right]-\left[E\left(\displaystyle\int_0^t B_s\,ds\right)\right]^2$ 이고 적분의 순서를 바꿔 계산하면

$$E\left(\int_0^t B_s\,ds\right) = \int_0^t E(B_s)\,ds = 0 \text{이므로}$$

$$Var\left(\int_0^t B_s\,ds\right) = E\left[\left(\int_0^t B_s\,ds\right)^2\right] = E\left(\int_0^t\int_0^t B_s B_u\,du\,ds\right) = \int_0^t\int_0^t E(B_s B_u)\,du\,ds$$

이다.

$$E(B_s B_u) = \min(s,u) \text{이므로}$$

$$Var\left(\int_0^t B_s\,ds\right) = \int_0^t\int_0^s u\,du\,ds + \int_0^t\int_s^t s\,du\,ds = \int_0^t \frac{s^2}{2}\,ds + \int_0^t s(t-s)\,ds = \frac{t^3}{3}$$

이다.

21 $X_t = e^{t^2 + B_t}$ 일 때 $Z_t = B_t$ 라 놓고 이토의 보조정리를 사용하면

$$\frac{\partial X}{\partial t} = 2tX,\ \frac{\partial X}{\partial Z} = \frac{\partial^2 X}{\partial Z^2} = X \text{와}\ dX = \frac{\partial X}{\partial t}\,dt + \frac{\partial X}{\partial Z}\,dZ + \frac{1}{2}\frac{\partial^2 X}{\partial Z^2}\,dt \text{로부터}$$

$$dX = (2t + 1/2)X\,dt + X\,dB_t \text{를 얻는다.}$$

$Y_t = t^2 + e^{B_t}$ 일 때 $Z_t = B_t$ 라 놓고 이토의 보조정리를 사용하면

$$\frac{\partial Y}{\partial t} = 2t,\ \frac{\partial Y}{\partial Z} = \frac{\partial^2 Y}{\partial Z^2} = e^{B_t} = Y - t^2 \text{와}\ dY = \frac{\partial Y}{\partial t}\,dt + \frac{\partial Y}{\partial Z}\,dZ + \frac{1}{2}\frac{\partial^2 Y}{\partial Z^2}\,dt \text{로부터}$$

$$dY = \left(2t + \frac{Y - t^2}{2}\right)dt + (Y - t^2)\,dB_t \text{를 얻는다.}$$

23 $\ln S_t = \ln S_0 + (\mu - \sigma^2/2)t + \sigma B_t$ 이므로

$$Y_t = \frac{1}{t}\int_0^t \ln S_u\,du = \frac{1}{t}\int_0^t \left[\ln S_0 + (\mu - \sigma^2/2)u + \sigma B_u\right]du$$

$$= \ln S_0 + \frac{1}{2}(\mu - \sigma^2/2)t + \frac{\sigma}{t}\int_0^t B_u\,du \text{이다.}\ \int_0^t B_s\,ds \sim N\left(0, \frac{t^3}{3}\right)\text{로부터}$$

$$\frac{\sigma}{t}\int_0^t B_u\,du \sim N\left(0, \frac{1}{3}\sigma^2 t\right) \text{이므로}\ Y_t \sim N\left(\ln S_0 + \frac{1}{2}(\mu - \sigma^2/2)t, \frac{1}{3}\sigma^2 t\right) \text{가 성립한다.}$$

25 이토의 보조정리 $dY = Y'(S)\,dS + \frac{1}{2}Y''(S)\sigma^2 S^2\,dt$ 로부터

$$dY = \left[\mu S e^S + \frac{1}{2}\sigma^2 S^2 e^S\right]dt + \sigma S e^S\,dB_t \text{를 얻으므로}\ Y = e^S \text{가 만족하는 확률미분방정식은}$$

$$dY = \left[\mu Y\ln Y + \frac{1}{2}\sigma^2 Y(\ln Y)^2\right]dt + \sigma Y\ln Y\,dB_t \text{이다.}$$

27 $X = B_t$ 라 놓고 이토의 보조정리를 사용하면 $dY = Y'(X)\,dX + \dfrac{1}{2}\,Y''(X)\,dt$ 로부터

$$dY = 2B_t\,e^{B_t^2}\,dB_t + \left(e^{B^2} + 2B_t^2\,e^{B_t^2}\right)dt$$ 를 얻고 따라서

$$dY = (Y + 2Y\ln Y)\,dt + 2Y\sqrt{\ln Y}\,dB_t$$ 이다.

29 $E(B_u B_v) = \min(u, v)$ 이므로 다음이 성립한다.

$$cov\left(\int_0^s B_u\,du,\ \int_0^t B_v\,dv\right) = E\left[\int_0^s B_u\,du \int_0^t B_v\,dv\right] - E\left(\int_0^s B_u\,du\right)E\left(\int_0^t B_v\,dv\right)$$

$$= \int_0^s \int_0^t E(B_u B_v)\,du\,dv = \int_0^s \int_0^t \min(u, v)\,du\,dv$$

$$= \int_0^s \int_0^s \min(u, v)\,du\,dv + \int_0^s \int_s^t \min(u, v)\,du\,dv$$

$$= \frac{s^3}{3} + \int_0^s \int_s^t v\,du\,dv = \frac{s^3}{3} + \frac{s^2}{2}(t - s)$$ 이다.

31 $Y_t = B_t$ 라 놓고 이토의 보조정리를 사용하면

$$dX = \frac{\partial X}{\partial t}\,dt + \frac{\partial X}{\partial Y}\,dY + \frac{1}{2}\frac{\partial^2 X}{\partial Y^2}\,dt$$ 로부터

$$dX = -2t\sin\!\left(t^2 + Y_t\right)dt - \sin\left(t^2 + Y\right)dY + \frac{1}{2}\left[-\cos\!\left(t^2 + Y_t\right)\right]dt$$ 이므로

$$dX = -\left(\frac{X}{2} + 2t\sqrt{1 - X^2}\right)dt - \sqrt{1 - X^2}\,dB_t$$ 임을 알 수 있다.

33 $X_t = B_t^2$ 이라 놓으면 이토의 보조정리에 의하여

$$dX = 2B_t\,dB_t + \frac{1}{2}\times 2\,dt = dt + 2\sqrt{X}\,dB_t$$ 가 성립한다.

$Y = \dfrac{1}{t + X}$ 에 이토의 보조정리를 적용하면

$$dY = \frac{\partial Y}{\partial t}\,dt + \frac{\partial Y}{\partial X}\,dX + \frac{1}{2}\,4X\frac{\partial^2 Y}{\partial X^2}\,dt$$ 이 성립하는데, 여기서

$$\frac{\partial Y}{\partial t} = \frac{\partial Y}{\partial X} = -\frac{1}{(t + X)^2} = -Y^2 \text{이고} \quad \frac{\partial^2 Y}{\partial X^2} = -\frac{2}{(t + X)^3} = -2Y^3 \text{이므로}$$

$$dY = -Y^2\,dt - Y^2\left(dt + 2\sqrt{X}\right)dB_t - 4XY^3\,dt$$ 이다.

여기에 $X = \dfrac{1}{Y} - t$를 대입하여 정리하면

$$dY = 2\,Y^2\,(1 - 2t\,Y)\,dt - 2\,Y^2\sqrt{\dfrac{1}{Y} - t}\ dB_t$$를 얻는다.

35
$$cov\,(X_s, X_t) = E\left[\left(B_s - \dfrac{s}{T}B_T\right)\left(B_t - \dfrac{t}{T}B_T\right)\right]$$

$$= E(B_s\,B_t) - \dfrac{t}{T}E(B_s\,B_T) - \dfrac{s}{T}E(B_s\,B_T) - \dfrac{st}{T^2}E(B_T^2)$$

$$= s - \dfrac{st}{T} - \dfrac{st}{T} + \dfrac{st}{T^2}\,T = s - \dfrac{st}{T}$$

37 $dS = \mu S\,dt + \sigma S\,dB_t$, $Y = S^k$에 이토의 보조정리를 적용하면

$$dY = Y'(S)\,dS + \dfrac{1}{2}Y''(S)\,(\sigma S)^2\,dt$$

$$= kS^{k-1}\,dS + \dfrac{1}{2}k\,(k-1)S^{k-2}\sigma^2 S^2\,dt = \left(k\mu + \dfrac{k(k-1)}{2}\sigma^2\right)Y\,dt + k\,\sigma\,Y\,dB_t$$

$X = S^{-1}$에 이토의 보조정리를 적용하면

$$dX = X'(S)\,dS + \dfrac{1}{2}X''(S)\,(\sigma S)^2\,dt$$

$$= -\dfrac{1}{S^2}\,dS + \dfrac{1}{2}\dfrac{2}{S^3}\,(\sigma S)^2\,dt = (-\mu + \sigma^2)X\,dt - \sigma X\,dB_t$$

39 (1) $X_0 = 0$ 이고 표본경로 $X_t(\omega)$가 $t \geq 0$에 대해서 연속함수임은 자명하다.

(2) 임의의 $s, t > 0$에 대해서 $X_{t+s} - X_s \sim N(0, t)$임을 보이자.

$\quad$ $t > 0$에 대하여 $B_t \sim N(0, t)$ 이므로 $X_t = a\,B_{t/a^2} \sim N(0, t)$이다.

$\quad$ $X_{t+s} - X_s = a\big(B_{(t+s)/a^2} - B_{t/a^2}\big)$이고 브라운 운동의 이변량 정규분포 성질에 의하여 정규

분포를 따르며 기댓값은 0이다. 또한

$$Var\,(X_{t+s} - X_s) = Var\,(X_{t+s}) + Var\,(X_s) - 2\,cov\,(X_{t+s}, X_s)$$

$$= t + s + s - 2\min\,(t+s, s) = t$$

이므로 $X_{t+s} - X_s \sim N(0, t)$이다.

(3) 임의의 $s, t > 0$에 대해서 $X_{t+s} - X_s$와 X_s가 서로 독립인 것은 브라운 운동의 겹치지 않는

증분이 서로 독립인 것에 기인한다.

$\quad$ 실제로 $X_s \sim N(0, s)$ 이고 $X_{t+s} - X_s \sim N(0, t)$이며 $cov\,(X_{t+s} - X_s, X_s) = 0$이므로

$X_{t+s} - X_s$ 와 X_s 는 서로 독립이다.

$(1), (2), (3)$에 의하여 $\left\{ X_t \;:\; t \geq 0 \right\}$는 브라운 운동이다.

41 $Y = \ln S$로 놓고 이토의 보조정리를 사용하면

$$dY = Y'(S)\,dS + \frac{1}{2}Y''(S)\,(b(t)S)^2\,dt$$

$$= \frac{1}{S}(a(t)S\,dt + b(t)S\,dB_t) + \frac{1}{2}\left(-\frac{1}{S^2}\right)b(t)^2 S^2\,dt$$

이므로 $\ln S_t = \ln S_0 + \displaystyle\int_0^t (a(s) - b(s)^2/2)\,ds + \int_0^t b(s)\,dB_s$ 이고, 따라서

$$S_t = S_0 \exp\left(\int_0^t (a(s) - b(s)^2/2)\,ds + \int_0^t b(s)\,dB_s\right)$$이다.

43 $Y = \ln X$로 놓고 이토의 보조정리를 사용하면

$$dY = Y'(X)\,dX + \frac{1}{2}Y''(X)\,(2X)^2\,dt$$

$$= (e^t - 1)dt + 2\,dB_t$$ 이다.

따라서

$$Y_t = Y_0 + \int_0^t (e^s - 1)\,ds + 2B_t$$ 이고 $\ln X_t = \ln X_0 + (e^t - t - 1) + 2B_t$ 이다.

그러므로 $\ln X_t \sim N(\ln X_0 + (e^t - t - 1),\ 4t)$ 이고 $E(X_t) = X_0 e^{t-1+e^t}$ 이다.

45 $X_t = (t + B_t)^2$일 때 $Y_t = B_t$라 놓고 이토의 보조정리를 사용하면

$$\frac{\partial X}{\partial t} = \frac{\partial X}{\partial Y} = 2(t + B_t), \quad \frac{\partial^2 X}{\partial Y^2} = 2 \ \text{그리고} \ dX = \frac{\partial X}{\partial t}dt + \frac{\partial X}{\partial Y}dY + \frac{1}{2}\frac{\partial^2 X}{\partial Y^2}dt \ \text{로부터}$$

$dX = \left[2(t + B_t) + 1\right]dt + 2(t + B_t)\,dB_t$를 얻고, $t + B_t = \sqrt{X}$ 이므로 확률미분방정식

$dX = \left[2\sqrt{X} + 1\right]dt + 2\sqrt{X}\,dB_t$를 얻는다.

47 $Y_t = B_t$라 놓고 이토의 보조정리를 사용하면

$$dX = \frac{\partial X}{\partial t}dt + \frac{\partial X}{\partial Y}dY + \frac{1}{2}\frac{\partial^2 X}{\partial Y^2}dt \ \text{로부터}$$

$$dX = dt + e^Y dY + \frac{1}{2}e^Y dt = dt + (X - t - 2)dB_t + \frac{1}{2}(X - t - 2)dt \ \text{이므로}$$

$$dX = \frac{1}{2}(X - t)dt + (X - t - 2)dB_t$$를 얻는다.

49 반복 기댓값의 법칙에 의해 임의의 $s > 0$에 대하여

$$E_t(X_{t+s}) = E_t\left[E_{t+s}(Y)\right] = E_t(Y) = X_t$$ 가 성립하므로 $\{X_t\}$는 마팅게일이다.

51 이토의 보조정리에 의하여 $dY = Y'(X)dX + \dfrac{1}{2}Y''(X)dt = \dfrac{1}{X}dX + \dfrac{1}{2}\left(-\dfrac{1}{X^2}\right)\sigma^2 dt$ 이

다. 따라서 $dY = \dfrac{1}{X}(\mu\,dt + \sigma\,dB_t) - \dfrac{1}{2X^2}\sigma^2 dt = \left(\dfrac{\mu}{X} - \dfrac{\sigma^2}{2X^2}\right)dt + \dfrac{\sigma}{X}dB_t$ 이므로 Y의

확률미분방정식은 $dY = \left(\mu e^{-Y} - \dfrac{\sigma^2}{2}e^{-2Y}\right)dt + \sigma e^{-Y}dB_t$ 이다.

53 $X_t = c\exp\left[at + bB_t\right]$ 에 이토의 보조정리를 사용하면

$$dX = \left(ace^{at+bB_t} + \dfrac{1}{2}b^2 c e^{at+bB_t}\right)dt + bce^{at+bB_t}dB_t$$

$$= ce^{at+bB_t}\left((a+b^2/2)dt + b\,dB_t\right) = (a+b^2/2)X\,dt + bX\,dB_t$$

이므로 c는 임의의 실수이고 $\alpha = a + b^2/2,\ \beta = b$ 또는 $a = \alpha - \beta^2/2,\ b = \beta$ 가 성립해야 한다.

55 $r_t = \mu + e^{-\alpha t}(r_0 - \mu) + \sigma e^{-\alpha t}\displaystyle\int_0^t e^{\alpha s}dB_s$ 에 대해 $Y_t = \displaystyle\int_0^t r(s)\,ds$ 이므로

$$E(Y_t) = E\left(\int_0^t r(s)\,ds\right) = \int_0^t E(r(s))\,ds$$

$$= \int_0^t E\left(\mu + e^{-\alpha s}(r_0 - \mu) + \sigma e^{-\alpha s}\int_0^s e^{\alpha u}dB_u\right)ds$$

$$= \int_0^t \mu + e^{-\alpha s}(r_0 - \mu)\,ds = \mu t + \dfrac{r_0 - \mu}{\alpha}(1 - e^{-\alpha t})$$ 이다.

57 (1) $X_0 = 0$이므로 **4.19** 확률미분방정식의 정의에 의해 $dX = f(t)\,dB_t$ 이다.

(2) $X_t = \displaystyle\int_0^t \sigma e^{-2s}dB_s$ 라 놓으면 $dX = \sigma e^{-2t}dB_t$ 이고 $Y = e^{2t}X$이므로 이토의 보조정리에

의해 $dY = 2e^{2t}X\,dt + e^{2t}dX = 2Y\,dt + \sigma\,dB_t$ 이므로 $dY = 2Y\,dt + \sigma\,dB_t$ 이다.

59 이토의 보조정리에 의하여 $dP = \dfrac{\partial P}{\partial t}dt + \dfrac{\partial P}{\partial r}dr + \dfrac{1}{2}\sigma^2\dfrac{\partial^2 P}{\partial r^2}dt$ 이고, 여기에 $dr = \alpha(\mu -$

$r)dt + \sigma\,dB_t$를 대입하여 정리하면 $P = P(t, r)$의 확률미분방정식

$$dP = \left[\dfrac{\partial P}{\partial t} + \alpha(\mu - r)\dfrac{\partial P}{\partial r} + \dfrac{1}{2}\sigma^2\dfrac{\partial^2 P}{\partial r^2}\right]dt + \sigma\dfrac{\partial P}{\partial r}dB_t$$ 을 얻는다.

61 (1) $S_1(t) = S_0 \exp\left((4\mu - \sigma^2/2)t + \sigma B_t\right), S_2(t) = S_0 \exp\left((\mu - 2\sigma^2)t + 2\sigma B_t\right)$이므로

$$\Pr\left(S_1(t) > S_2(t)\right) = \Pr\left((4\mu - \sigma^2/2)t + \sigma B_t > (\mu - 2\sigma^2)t + 2\sigma B_t\right)$$

$$= \Pr\left(\sigma B_t < (3\mu + 3\sigma^2/2)t\right) = \Phi\left(\frac{(6\mu + 3\sigma^2)\sqrt{t}}{2\sigma}\right)$$

(2) $E\left(S_1(t) - S_2(t)\right) = S_0 e^{(4\mu - \sigma^2/2)t} E\left(e^{\sigma B_t}\right) - S_0 e^{(\mu - 2\sigma^2)t} E\left(e^{2\sigma B_t}\right)$

$$= S_0 e^{(4\mu - \sigma^2/2)t + \sigma^2 t/2} - S_0 e^{(\mu - 2\sigma^2)t + 2\sigma^2 t}$$

(3) $Var\left(\dfrac{S_1(t)}{S_2(t)}\right) = Var\left(e^{(3\mu + 3\sigma^2/2)t - \sigma B_t}\right)$

$$= E\left[\left(e^{(3\mu + 3\sigma^2/2)t - \sigma B_t}\right)^2\right] - \left[E\left(e^{(3\mu + 3\sigma^2/2)t - \sigma B_t}\right)\right]^2$$

$$= e^{(6\mu + 4\sigma^2)t}\left(e^{\sigma^2 t} - 1\right)$$

63 위험중립 세계에서 $\ln S_T \sim N\left(\ln S_0 + (r - \sigma^2/2)T, \sigma^2 T\right)$, 즉

$\ln S_T \sim \ln S_0 + (r - \sigma^2/2)T + \sigma\sqrt{T}\,Z$이고

$Z \sim N(0,1)$일 때 $E\left[(a + bZ)^3\right] = E\left[a^3 + 3ab^2 Z^2\right] = a^3 + 3ab^2$이므로

위험중립가치평가에 의하여 해당 파생상품의 현재 가격은

$$e^{-rT}\left[\left(\ln S_0 + (r - \sigma^2/2)T\right)^3 + 3\sigma^2 T\left(\ln S_0 + (r - \sigma^2/2)T\right)^2\right]$$ 이다.

65 $Y = \dfrac{\mu - X}{1 - t}$에 이토의 보조정리를 적용하면

$$dY = \frac{\partial Y}{\partial t}dt + \frac{\partial Y}{\partial X}dX + \frac{1}{2}\frac{\partial^2 Y}{\partial X^2}dt = \frac{\mu - X}{(1-t)^2}dt - \left(\frac{1}{1-t}\right)\left(\frac{\mu - X}{1-t}dt + dB_t\right)$$ 로부터

$dY = -\dfrac{1}{1-t}dB_t$를 얻는다. $Y_0 = 0$이므로 $Y_t = -\displaystyle\int_0^t \frac{1}{1-s}dB_s$로부터

$$X_t = \mu t + (1-t)\left(\mu + \int_0^t \frac{1}{1-s}dB_s\right)$$ 가 성립한다.

67 $B_t \sim N(0, t)$이므로 $f_t(x) = \dfrac{1}{\sqrt{2\pi t}}e^{-x^2/2t}$ 이다.

$|f_t(x)| \leq \dfrac{1}{\sqrt{2\pi t}}$ 이므로 $\displaystyle\int_{-\infty}^{\infty}\lim_{t \to \infty} f_t(x)\,dx = \int_{-\infty}^{\infty} 0\,dx = 0$이지만

모든 $t > 0$에 대하여 $\displaystyle\int_{-\infty}^{\infty} f_t(x)\,dx = 1$이므로 $\displaystyle\lim_{t \to \infty}\int_{-\infty}^{\infty} f_t(x)\,dx \neq \int_{-\infty}^{\infty}\lim_{t \to \infty} f_t(x)\,dx$ 이다.

69 (1) $F = \ln f$ 그리고 $G = \ln g$라 놓고 이토의 보조정리를 이용하면 다음을 얻는다.

$$dF = (c\sigma - c^2/2)\,dt + c\,dB_t$$

$$dG = (\sigma^2/2)\,dt + \sigma\,dB_t$$

따라서 $d(F - G) = -\dfrac{(c-\sigma)^2}{2}\,dt + (c - \sigma)\,dB_t$가 성립한다.

즉 $X = \ln f - \ln g$ 는 $dX = -\dfrac{(c-\sigma)^2}{2}\,dt + (c - \sigma)\,dB_t$를 만족한다.

(2) $Y = f/g$라 놓으면 정의에 의하여 $X = F - G = \ln(f/g) = \ln Y$, 즉

$Y = e^X$이므로 이토의 보조정리를 사용하면 다음 식을 얻는다.

$$dY = Y'(X)\,dX + \frac{1}{2}Y''(X)(c - \sigma)^2\,dt$$

$$= Y\left(-\frac{(c-\sigma)^2}{2}\,dt + (c-\sigma)\,dB_t\right) + \frac{1}{2}Y(\sigma - \sigma)^2\,dt$$

$$= (c - \sigma)\,Y\,dB_t$$

즉 dY에서 dt 항의 계수는 0이 되어, 임의의 $t > 0$에 대해 $E(Y_t) = Y_0$이다.

Chapter 5 옵션가격이론의 응용
_____

1 옵션계약 하나를 매도하고 주식을 Δ 단위만큼 매수하는 포트폴리오를 구성한다. 즉 해당 포트폴리오의 가치는 $\Pi = \Delta S - 1c$가 된다. 이때 $d\Pi = \Delta\,dS - dc$가 되고 이토의 보조정리에 의하여

$$dc = \left(\frac{\partial c}{\partial t} + (\mu + \sigma^2/2)S\frac{\partial c}{\partial S} + \frac{1}{2}\sigma^2 S^2\frac{\partial^2 c}{\partial S^2}\right)dt + \sigma S\frac{\partial c}{\partial S}\,dB_t$$가 성립하므로

$$d\Pi = \left[-\frac{\partial c}{\partial t} + (\mu + \sigma^2/2)S\left(\Delta - \frac{\partial c}{\partial S}\right) - \frac{1}{2}\sigma^2 S^2\frac{\partial^2 c}{\partial S^2}\right]dt + \sigma S\left(\Delta - \frac{\partial c}{\partial S}\right)dB_t$$이다.

Δ의 값을 $\Delta = \dfrac{\partial c}{\partial S}$라 놓으면 포트폴리오는 구간 순간적으로 무위험 상태가 되고, $d\Pi = \left(-\dfrac{\partial c}{\partial t} - \dfrac{1}{2}\sigma^2 S^2\dfrac{\partial^2 c}{\partial S^2}\right)dt$을 만족한다. Π는 무위험 자산의 미분방정식 $d\Pi = r\Pi\,dt$를 만족해야 하므로 $\left(-\dfrac{\partial c}{\partial t} - \dfrac{1}{2}\sigma^2 S^2\dfrac{\partial^2 c}{\partial S^2}\right)dt = r\left(S\dfrac{\partial c}{\partial S} - c\right)dt$가 성립해야 한다. 위 등식의 양변을 비교

하고 정리하면 임의의 시점 t에서 파생상품의 가격 c에 대한 미분방정식은 $rc = \dfrac{\partial c}{\partial t} + rS\dfrac{\partial c}{\partial S} + \dfrac{1}{2}\sigma^2 S^2\dfrac{\partial^2 c}{\partial S^2}$ 이다.

3 (1) 해당 파생상품의 가격을 v라 하면 위험중립 세계에서 $v_t = e^{-r(T-t)}E_t(v_T)$이고

$$v_T = \ln S_t + (r - \sigma^2/2)(T-t) + \sigma(B_T - B_t)$$ 이므로

$$v_t = e^{-r(T-t)}\left[\ln S_t + (r - \sigma^2/2)(T-t)\right]$$ 이다.

(2) $v_t = e^{-r(T-t)}\left[\ln S_t + (r - \sigma^2/2)(T-t)\right]$가 $rv = \dfrac{\partial v}{\partial t} + rS\dfrac{\partial v}{\partial S} + \dfrac{1}{2}\sigma^2 S^2\dfrac{\partial^2 v}{\partial S^2}$를 만족

함을 보이면 된다. 계산을 직접 하면

$$\frac{\partial v}{\partial t} + rS\frac{\partial v}{\partial S} + \frac{1}{2}\sigma^2 S^2\frac{\partial^2 v}{\partial S^2}$$

$$= e^{-r(T-t)}\left[r\ln S + r(r - \sigma^2/2)(T-t) - (r - \sigma^2/2) + (r - \sigma^2/2)\right]$$

$$= e^{-r(T-t)}\left[r\ln S + r(r - \sigma^2/2)(T-t)\right] = rv$$ 이다.

5 $S_T = S_0 e^{\mu T} + \sigma B_T \sim N\left(S_0 e^{\mu T}, \sigma^2 T\right)$이므로 $\dfrac{S_T - S_0 e^{\mu T}}{\sigma\sqrt{T}} = Z \sim N(0,1)$이다.

따라서 $d = \dfrac{K - S_0 e^{\mu T}}{\sigma\sqrt{T}}$에 대하여

$$E\left[\max\left(S_T - K, 0\right)\right] = \frac{1}{\sqrt{2\pi}}\int_d^\infty \left(S_0 e^{\mu T} + \sigma\sqrt{T}z - K\right)e^{-z^2/2}\,dz$$

$$= \frac{S_0 e^{\mu T} - K}{\sqrt{2\pi}}\int_d^\infty e^{-z^2/2}\,dz + \frac{\sigma\sqrt{T}}{\sqrt{2\pi}}\int_d^\infty z\,e^{-z^2/2}\,dz$$ 이고

$$\frac{1}{\sqrt{2\pi}}\int_d^\infty e^{-z^2/2}\,dz = 1 - \Phi(d) = \Phi(-d), \quad \int_d^\infty z\,e^{-z^2/2}\,dz = e^{-d^2/2}$$ 이므로

$$E\left[\max\left(S_T - K, 0\right)\right] = \left(S_0 e^{\mu T} - K\right)\Phi(-d) + \sigma\sqrt{T}\,\Phi'(d), \quad d = \frac{K - S_0 e^{\mu T}}{\sigma\sqrt{T}}$$ 이다.

7 $\Phi'(d_1) = \dfrac{1}{\sqrt{2\pi}}e^{-d_1^2/2}$이고 $\Phi'(d_2) = \dfrac{1}{\sqrt{2\pi}}e^{-d_2^2/2}$이므로

$$S_0\exp\left(-\frac{d_1^2}{2}\right) = Ke^{-rT}\exp\left(-\frac{d_2^2}{2}\right)$$ 을 보임으로써 증명이 완료된다.

$$S_0 = Ke^{-rT}\frac{S_0}{K}e^{rT} = Ke^{rT}\exp\left(\ln(S_0/K) + rT\right) \text{이고}$$

$$\ln(S_0/K) + rT = d_1\sigma\sqrt{T} - \sigma^2 T/2 \text{ 이므로 } S_0 = Ke^{rT}\exp\left(d_1\sigma\sqrt{T} - \sigma^2 T/2\right) \text{이다.}$$

그러므로

$$S_0\exp\left(-\frac{d_1^2}{2}\right) = Ke^{-rT}\exp\left(-\frac{d_1^2}{2} + d_1\sigma\sqrt{T} - \sigma^2 T/2\right)$$

$$= Ke^{-rT}\exp\left(-\frac{(d_1 - \sigma\sqrt{T})^2}{2}\right)$$

따라서 $S_0\exp\left(-\dfrac{d_1^2}{2}\right) = Ke^{-rT}\exp\left(-\dfrac{d_2^2}{2}\right)$ 이다.

9 $\rho_c = \dfrac{\partial c}{\partial r} = S_0\Phi'(d_1)\dfrac{\partial d_1}{\partial r} - Ke^{-rT}\Phi'(d_2)\dfrac{\partial d_2}{\partial r} + KTe^{-rT}\Phi(d_2)$ 이고

$S_0\Phi'(d_1) = Ke^{-rT}\Phi'(d_2)$ 이므로 $\rho_c = S_0\Phi'(d_1)\left[\dfrac{\partial d_1}{\partial r} - \dfrac{\partial d_2}{\partial r}\right] + KTe^{-rT}\Phi(d_2)$ 이다.

$\dfrac{\partial d_1}{\partial r} = \dfrac{\partial d_2}{\partial r}$ 이므로 $\rho_c = KTe^{-rT}\Phi(d_2)$ 이다.

11 $\Lambda_c = \dfrac{\partial c}{\partial \sigma} = S_0 e^{-qT}\Phi'(d_1)\dfrac{\partial d_1}{\partial \sigma} - Ke^{-rT}\Phi'(d_2)\dfrac{\partial d_2}{\partial \sigma}$ 이므로

$S_0 e^{-qT}\Phi'(d_1) = Ke^{-rT}\Phi'(d_2)$ 과 $\dfrac{\partial d_1}{\partial \sigma} = \dfrac{\partial d_2}{\partial \sigma} + \sigma\sqrt{T}$ 그리고

$\Phi'(d_1) = \dfrac{1}{\sqrt{2\pi}}e^{-d_1^2/2}$ 을 이용하면 $\Lambda_c = S_0 e^{-qT}\Phi'(d_1)\dfrac{\partial d_1}{\partial \sigma} - Ke^{-rT}\Phi'(d_2)\dfrac{\partial d_2}{\partial \sigma}$

$= \dfrac{Se^{-qT}\sqrt{T}\,e^{-d_1^2/2}}{\sqrt{2\pi}}$ 을 얻는다.

13 $\dfrac{\partial c_0}{\partial K} = S_0\Phi'(d_1)\dfrac{\partial d_1}{\partial K} - Ke^{-rT}\Phi'(d_2)\dfrac{\partial d_2}{\partial K} - e^{-rT}\Phi(d_2)$ 이고

$\dfrac{\partial d_1}{\partial K} = \dfrac{\partial d_2}{\partial K} = -\dfrac{1}{\sigma K\sqrt{T}}$, $S_0\Phi'(d_1) = Ke^{-rT}\Phi'(d_2)$ 이므로

$S_0\Phi'(d_1)\dfrac{\partial d_1}{\partial K} = Ke^{-rT}\Phi'(d_2)\dfrac{\partial d_2}{\partial K}$ 이다.

따라서 $\dfrac{\partial c_0}{\partial K} = -e^{-rT}\Phi(d_2)$ 이고 풋-콜 패리티 $c_0 + Ke^{-rT} = p_0 + S_0$ 로부터

$$\frac{\partial p_0}{\partial K} = \frac{\partial c_0}{\partial K} + e^{-rT} = e^{-rT}(1 - \Phi(d_2)) = e^{-rT}\Phi(-d_2) \text{이다.}$$

이는 행사가격이 높아지면 콜옵션 가격은 낮아지고 풋옵션 가격은 높아짐을 의미한다.

15 $F_0 = 19$, $K = 20$, $T = 0.4167$, $r = 0.12$, $\sigma = 0.20$ 그리고

$$d_1 = \frac{\ln(19/20) + (0.04/2)0.4167}{0.2\sqrt{0.4167}} = 0.0546, \quad d_2 = -0.0745 \text{이므로 이를 대입하면}$$

$$p_0 = Ke^{-rT}\Phi(-d_2) - F_0 e^{-rT}\Phi(-d_1) = 1.50 \text{달러이다.}$$

17 $S_0 = 0.95$, $K = 0.95$, $r = 0.05$, $q = 0.04$, $T = 0.75$, $\sigma = 0.08$인 연속배당지급 자산에 대한 asset-or-nothing 이항 콜옵션으로 간주할 수 있다.

따라서 이 파생상품의 현재 가치는 $10000\,e^{-qT}\Phi(d_1)$이며, 여기서

$$d_1 = \frac{\ln(1) + (0.05 - 0.04 + 0.0064/2) \times 0.75}{0.08\sqrt{0.75}} = 0.1429 \text{와} \; \Phi(0.1429) = 0.5568 \text{이므로}$$

$$c_0 = 10,000\,e^{-0.04 \times 0.75} \times 0.5568 = 5,403.44 \text{파운드이다.}$$

19 $$K\Phi'(d_2) = K\Phi'(d_1 - \sigma\sqrt{T}) = \frac{K}{\sqrt{2\pi}}e^{-d_1^2/2 + d_1\sigma\sqrt{T} - \sigma^2 T/2} = \frac{K}{\sqrt{2\pi}}e^{-d_1^2/2 + \ln(F_0/K)}$$

이 성립하고 $\dfrac{K}{\sqrt{2\pi}}e^{-d_1^2/2 + \ln(F_0/K)} = \dfrac{F_0}{\sqrt{2\pi}}e^{-d_1^2/2} = F_0\Phi(d_1)$이다.

21 부등식 $p_0 \geq Ke^{-rT} - S_0$과 선도가격 $58 = S_0 e^{0.04 \times (1/2)}$로부터

$3 \geq Ke^{-0.02} - 58^{-0.02}$를 얻으므로 $K \leq 58 + 3^{0.02} \cong 61.061$이다.

23 (1) 주가의 변화가 $dS = 1$이므로 델타를 사용한 옵션가격의 변화는 $\Delta\,dS = 0.565 \times 1 = 0.565$이다. 따라서 변화된 옵션 가격의 예측값은 $c = 5.598 + 0.565 = 6.163$달러이다. 델타의 변화는 $\Gamma\,dS = 0.032 \times 1 = 0.032$이다. 따라서 새로운 델타 예측값은 $0.565 + 0.032 = 0.597$이다.

(2) $dS = 20$의 큰 변화이므로 옵션가격의 변화는 델타와 감마를 동시에 사용해야 하고, 따라서 옵션 가격의 변화는 $\Delta\,dS + \dfrac{1}{2}\Gamma\,(dS)^2 = 0.565 \times 20 + \dfrac{1}{2} \times 0.032 \times 20^2 = 17.70$이다. 따라서 변화된 옵션 가격의 예측값은 $5.598 + 17.70 = 23.298$달러이다.

25 포트폴리오의 로는 $\rho_\Pi = -800 \times 21.5 + 800 \times (-16.7) = -30560$이다.

따라서 포트폴리오의 가치변화는 $d\Pi = \rho_\Pi\,dr = (-30560)(-0.002) = 61.12$이다.

27 배당주식에 대한 블랙 - 숄즈 방정식 $rc = \dfrac{\partial c}{\partial t} + (r-q)S\dfrac{\partial c}{\partial S} + \dfrac{1}{2}\sigma^2 S^2 \dfrac{\partial^2 c}{\partial S^2}$ 으로부터

$rc = \Theta_c + (r-q)S\,\Delta_c + \dfrac{1}{2}\sigma^2 S^2 \Gamma_c$ 이 성립하므로

$c_0 = \dfrac{1}{r}\left(\Theta_c + (r-q)S\,\Delta_c + \dfrac{1}{2}\sigma^2 S^2 \Gamma_c\right)$

$\quad = \dfrac{1}{0.085}\left(-5.329 + (0.085 - 0.012)\times 37 \times 0.711 + 0.5 \times 0.3^3 \times 37^2 \times 0.062\right) = 4.834$

따라서 해당 콜옵션의 가격은 4.834달러이다.

29 동일 주식에 대한 만기 T, 행사가격 K 인 유러피언 풋옵션의 t 시점의 가격을 p_t 라 하면 풋 - 콜 패리티에 의해 $c_t = p_t + S_t e^{-q(T-t)} - Ke^{-r(T-t)}$ 가 성립하고 풋옵션의 가격 $p_t \geq 0$ 이므로 $c_t \geq S_t e^{-q(T-t)} - Ke^{-r(T-t)}$ 이 성립한다.

31 무배당 주식의 경우 $\Delta_c = \Phi(d_1) = \Phi\left(\dfrac{\ln(S_0/K) + (r + \sigma^2/2)T}{\sigma\sqrt{T}}\right)$ 에서 $S_0 = K$ 이므로

$\Delta_c = \Phi\left(\dfrac{(r + \sigma^2/2)T}{\sigma\sqrt{T}}\right) > \Phi(0) = \dfrac{1}{2}$ 이다.

연속 배당률 $q > 0$ 의 배당을 지급하는 주식에 대한 유러피언 콜옵션의 델타는

$\Delta_c = e^{-qT}\Phi(d_1) = e^{-qT}\Phi\left(\dfrac{(r - q + \sigma^2/2)T}{\sigma\sqrt{T}}\right) = e^{-qT}\Phi\left(\dfrac{(r - q + \sigma^2/2)\sqrt{T}}{\sigma}\right)$ 이고

$\displaystyle\lim_{T\to\infty} e^{-qT}\Phi\left(\dfrac{(r - q + \sigma^2/2)\sqrt{T}}{\sigma}\right) = 0$ 이므로 T 가 충분히 크면 콜옵션의 델타는 $\dfrac{1}{2}$ 보다 작을 수 있다.

33 어떤 t 에 대해서 $P_2(t) < P_1(t)$ 이라고 하면 행사가격 K_1 인 풋옵션을 매도하고 행사가격 K_2 인 풋옵션을 매수함으로써 만기에 무위험 차익을 실현할 수 있다. 해당 포트폴리오 가치는 t 시점에서 $\Pi(t) = P_2(t) - P_1(t) < 0$ 이지만 만기인 T 시점에서

$\Pi(T) = P_2(T) - P_1(T) = \max(K_2 - S_T,\, 0) - \max(K_1 - S_T,\, 0) \geq 0$ 이다.

따라서 모든 모든 $t < T$ 시점에서 $P_2(t) \geq P_1(t)$ 이다.

이제 어떤 t 에 대해서 $P_2(t) - P_1(t) > K_2 - K_1$ 가 성립한다고 하면 t 시점에 행사가격 K_1 인 풋옵션을 매수하고 행사가격 K_2 인 풋옵션을 매도하며 현금 $K_2 - K_1$ 을 보유하는 포트폴리오를 구성한다. 이 포트폴리오의 가치는 해당 t 에서 음수이지만 만기에서 음이 아닌 값을 갖기 때문에 무위

험 차익거래가 실현된다. 이를 구체적으로 보이면 아래와 같다.

이 포트폴리오의 가치는 t에서 $\Pi(t) = K_2 - K_1 - P_2(t) + P_1(t) < 0$이지만 만기에서

$$\Pi(T) = (K_2 - K_1)e^{r(T-t)} - P_2(T) + P_1(T)$$
$$> K_2 - K_1 - \max(K_2 - S_T,\, 0) + \max(K_1 - S_T,\, 0)$$

이고 이 값은 $S_T < K_1$일 때 0, $K_1 \le S_T < K_2$일 때 $S_T - K_1$ 그리고 $S_T \ge K_2$일 때 $K_2 - K_1$

이므로 $\Pi(T) \ge 0$이다.

35 행사가격이 K_1과 K_3인 콜옵션을 각각 1단위씩 매입하고 행사가격이 K_2인 콜옵션 2단위를 매도하는 포트폴리오를 생각하자. 이 포트폴리오의 옵션만기 T에서의 가치는 $\Pi(T) = \max(S_T - K_1,\, 0) + \max(S_T - K_3,\, 0) - 2\max(S_T - K_2,\, 0)$이고 이 값은 $S_T \le K_1$이거나 $S_T \ge K_3$인 경우에 0이다. 또한 $K_1 < S_T \le K_2$인 경우 $\Pi(T) = S_T - K_1 > 0$이고 $K_2 < S_T < K_3$인 경우 $\Pi(T) = K_2 - K_1 - (S_T - K_2) > 0$이다. 따라서 무차익 원리에 의해 포트폴리오의 현재가치도 $\Pi(0) = c_1 + c_3 - 2c_2 \ge 0$이다.

37 $S \le K$인 경우 $f(S) = c(S)$이고 콜옵션의 가격은 주가에 대한 증가함수이므로 $f(S)$는 $S \le K$에서 증가함수이다.

$S > K$인 경우 $f(S) = c - S + K$는 $f'(S) = \Delta_c - 1 = e^{-qT}\Phi(d_1) - 1 \le \Phi(d_1) - 1 < 0$이므로 감소함수이다.

따라서 $f(S)$는 $S = K$에서 최댓값을 갖는다.

39 $F = Se^{(r-q)(T-t)}$에 대하여 $c(t, S) = v(t, F)$라 놓으면

$$\frac{\partial c}{\partial t} = \frac{\partial v}{\partial t} + \frac{\partial v}{\partial F}\frac{\partial F}{\partial t} = \frac{\partial v}{\partial t} - (r-q)F\frac{\partial v}{\partial F} \text{ 이고 } \frac{\partial c}{\partial S} = \frac{\partial v}{\partial F}\frac{\partial F}{\partial S} = e^{(r-q)(T-t)}\frac{\partial v}{\partial F} = \frac{F}{S}\frac{\partial v}{\partial F}$$

이다.

또한 $\dfrac{\partial^2 c}{\partial S^2} = \dfrac{\partial}{\partial S}\left(e^{(r-q)(T-t)}\dfrac{\partial v}{\partial F}\right) = e^{(r-q)(T-t)}\dfrac{\partial^2 v}{\partial F^2}\dfrac{\partial F}{\partial S} = \dfrac{F^2}{S^2}\dfrac{\partial^2 v}{\partial F^2}$ 이므로 위 식들을

편미분방정식 $rc = \dfrac{\partial c}{\partial t} + (r-q)S\dfrac{\partial c}{\partial S} + \dfrac{1}{2}\sigma^2 S^2\dfrac{\partial^2 c}{\partial S^2}$ 에 대입하여 정리하면

편미분방정식 $rv = \dfrac{\partial v}{\partial t} + \dfrac{1}{2}\sigma^2 F^2\dfrac{\partial^2 v}{\partial F^2}$ 를 얻는다.

41 부등식 $S_0 - K \leq C_0 - P_0 \leq S_0 - Ke^{-rT}$을 이용하면 $31 - 30 \leq 4 - P_0 \leq 31 -$

$30e^{-0.08 \times 0.25}$로부터 $1 \leq 4 - P_0 \leq 1.6$을 얻어 $2.4 \leq P_0 \leq 3.0$이 성립한다.

43 $w(t, S) = c(t, \lambda S)$ 그리고 $v_t = \lambda S_t$라 놓으면 조건으로부터

$$rc = \frac{\partial c}{\partial t} + (r - q)v \frac{\partial c}{\partial v} + \frac{1}{2}\sigma^2 v^2 \frac{\partial^2 c}{\partial v^2}$$ 이 성립하고

$$\frac{\partial w}{\partial t} = \frac{\partial c}{\partial t}, \ \frac{\partial w}{\partial S} = \lambda \frac{\partial c}{\partial v}$$ 그리고 $\dfrac{\partial^2 w}{\partial S^2} = \lambda^2 \dfrac{\partial^2 c}{\partial v^2}$ 이므로

$$\frac{\partial w}{\partial t} + (r - q)S \frac{\partial w}{\partial S} + \frac{1}{2}\sigma^2 S^2 \frac{\partial^2 w}{\partial S^2} - rw = \frac{\partial c}{\partial t} + (r - q)\lambda S \frac{\partial c}{\partial v} + \frac{1}{2}\sigma^2 \lambda^2 S^2 \frac{\partial^2 c}{\partial v^2} - rc$$

$$= \frac{\partial c}{\partial t} + (r - q)v \frac{\partial c}{\partial v} + \frac{1}{2}\sigma^2 v^2 \frac{\partial^2 c}{\partial v^2} - rc = 0$$ 이다.

45 감마가 0이 되기 위해 필요한 추가 옵션 포지션 h는 $\Delta_\Pi = 100 + h \times 0.8 = 0$을 만족시키므로

$h = -125$, 즉 125단위의 콜옵션을 매도하여야 한다. 그런데 이 콜옵션의 델타가 0.6이므로 125단

위의 콜옵션을 매도하고 나면 포트폴리오의 델타가 $-125 \times 0.6 = -75$가 된다. 따라서 포트폴리

오의 델타를 0으로 유지시키기 위해서는 기초자산 75단위를 추가로 매입해야 한다. (기초자산의

감마는 0이므로 기초자산을 매입하더라도 포트폴리오의 감마는 변하지 않는다.)

47 $d_1 = \dfrac{\ln(30/28) + (0.1 + 0.2/2)0.5}{\sqrt{0.2}\,\sqrt{0.5}} = 0.53, \ d_2 = 0.22$ 이므로 표준정규분포표를 이용하면

$\Phi(d_1) = 0.7019, \ \Phi(d_2) = 0.5871$을 얻는다. 따라서 블랙 - 숄즈 공식에 의해 콜옵션의 가격은

$c_0 = 30,000 \times 0.7019 - 28,000e^{-0.1 \times 0.5} \times 0.5871 = 5,420$ 원이고, 풋 - 콜 패리티에 의해

풋옵션의 가격은 $2,054$ 원이다. 따라서 콜옵션과 풋옵션의 가격 탄력성은 각각

$$e_c = \frac{S\Phi(d_1)}{c} = \frac{30,000 \times 0.7019}{5,420} = 3.89$$ 그리고 $e_p = -\dfrac{S\Phi(-d_1)}{p} = -4.35$ 이다.

따라서 KT의 주가가 1% 상승할 때 해당 콜옵션 가격은 3.89% 상승하고, 풋옵션 가격은 4.35%

하락한다.

49 위험중립가치평가에 의해서 $v_0 = e^{-rT}E_Q(S_T^2)$ 이고 위험중립 세계에서

$$S_T^2 = S_0^2 e^{2(r - \sigma^2/2)T + 2\sigma B_T}$$ 이므로 $v_0 = S_0^2 e^{(r - \sigma^2)T}E(e^{2\sigma B_T}) = S_0^2 e^{(r + \sigma^2)T}$ 이다.

51 T 기간 후의 주가가 K 보다 크면 K 만큼의 현금의 가치를 지니고, 그렇지 않으면 가치가 0이 되는

이항 옵션의 현재 가치 v_0 는 위험중립가치평가에 의해서 $v_0 = e^{-rT} E_Q(v_T)$ 이고 위험중립 세계

에서 $d_2 = \dfrac{\ln(S_0/K) + (r - q - \sigma^2/2)T}{\sigma\sqrt{T}}$ 에 대해 $\Pr(S_T > K) = \Phi(d_2)$ 이므로 $v_0 = e^{-rT}$

$M\Phi(d_2)$ 가 성립한다. 이에 따라 T 기간 후의 주가가 K 달러 보다 크면 주식 1주를 받게 되고 그

렇지 않으면 가치가 0이 되는 asset-or-nothing 이항옵션의 현재 가치 x_0 는 $d_1 = d_2 + \sigma\sqrt{T}$ 에 대해

$x_0 = S_0 e^{-qT}\Phi(d_1)$ 이다. 따라서 해당 옵션의 현재 가치는 $5x_0 = 5S_0 e^{-qT}\Phi(d_1)$ 이다.

53 $e_c = \dfrac{\dfrac{\Delta c}{c_0}}{\dfrac{\Delta S}{S_0}} \approx \dfrac{S_0 \dfrac{\partial c}{\partial S}}{c_0} = \dfrac{S_0 \Phi(d_1)}{c_0}$ 이고 $e_p = \dfrac{S \dfrac{\partial p}{\partial S}}{p} = -\dfrac{S\Phi(-d_1)}{p}$ 이므로 주가가 1% 상승

할 때 콜옵션과 풋옵션의 가격은 각각 $\dfrac{S_0\Phi(d_1)}{c_0}$ % 상승하고 $\dfrac{S\Phi(-d_1)}{p}$ % 하락한다.

55 (1) $v = v(t, S)$ 를 $v = f(t)S^n$ 이라 정의하면

$$\frac{\partial v}{\partial t} = \frac{\partial f}{\partial t}S^n, \ \frac{\partial v}{\partial S} = f(t)nS^{n-1} \text{ 그리고 } \frac{\partial^2 v}{\partial S^2} = f(t)n(n-1)S^{n-2} \text{ 이므로}$$

$$rv = \frac{\partial v}{\partial t} + rS\frac{\partial v}{\partial S} + \frac{1}{2}\sigma^2 S^2 \frac{\partial^2 v}{\partial S^2} \text{ 로부터 } f \text{ 에 대한 미분방정식}$$

$$rf = \frac{df}{dt} + nrf + \frac{1}{2}n(n-1)\sigma^2 f \text{ 을 얻는다.}$$

(2) 말기조건이 주어진 미분방정식 $rf = f' + nrf + \dfrac{1}{2}n(n-1)\sigma^2 f, f(T) = 1$ 의 해를 구하자.

$$\frac{f'}{f} = -(n-1)r - \frac{1}{2}n(n-1)\sigma^2 \text{ 으로부터 상수 } c \text{ 가 있어}$$

$$\ln f(t) = [-(n-1)r - \frac{1}{2}n(n-1)\sigma^2]t + c \text{ 이고 말기조건 } \ln f(T) = 0 \text{ 으로부터}$$

$$c = [(n-1)r + \frac{1}{2}n(n-1)\sigma^2]T \text{ 를 얻어 } \ln f(t) = [(n-1)r + \frac{1}{2}n(n-1)\sigma^2](T-t)$$

이고, 따라서 $f(t) = \exp\left([\frac{1}{2}n(n-1)\sigma^2 + (n-1)r](T-t)\right)$ 이다.

57 콜옵션 x 단위와 풋옵션 y 단위를 추가해서 새로운 포트폴리오를 델타 및 감마중립으로 만들고자

한다. 이때 새 포트폴리오의 델타 Δ_Π 와 감마 Γ_Π 는 각각 다음식을 만족한다.

$$\Delta_\Pi = 20 + 0.4x - 0.5y = 0$$

$$\Gamma_\Pi = 120 + 0.2x + 0.3y = 0$$

이 방정식을 풀면 $x = -300,\ y = -200$을 얻는다. 따라서 콜옵션 300단위와 풋옵션 200단위를 매도해야 한다.

59 (1) 위험중립가치평가에 따라 $c(t, S) = e^{-r(T-t)} E_Q[\max(S_T - K, 0)]$가 성립하고 이를 구체적인 적분으로 표현한 것이 아래의 식이다.

$$c = e^{-r(T-t)} \int_{-\infty}^{\infty} \max(x - K, 0) \frac{1}{\sigma x \sqrt{2\pi(T-t)}}$$

$$\exp\left(-\frac{[\ln(x/S) - (r - \sigma^2/2)(T-t)]^2}{2\sigma^2(T-t)}\right) dx$$

(2) $\dfrac{\partial c}{\partial t} = rc + e^{-r(T-t)} \displaystyle\int_{-\infty}^{\infty} \max(x - K) \frac{\partial \psi}{\partial t}(t, S)\, dx$

$\dfrac{\partial c}{\partial S} = e^{-r(T-t)} \displaystyle\int_{-\infty}^{\infty} \max(x - K) \frac{\partial \psi}{\partial S}(t, S)\, dx$

$\dfrac{\partial^2 c}{\partial S^2} = e^{-r(T-t)} \displaystyle\int_{-\infty}^{\infty} \max(x - K) \frac{\partial^2 \psi}{\partial S^2}(t, S)\, dx$ 이므로 블랙 - 숄즈 방정식으로부터

$\dfrac{\partial c}{\partial t} + rS \dfrac{\partial c}{\partial S} + \dfrac{1}{2}\sigma^2 S^2 \dfrac{\partial^2 c}{\partial S^2} = rc$ 이므로 등식

$$0 = e^{-r(T-t)} \int_{-\infty}^{\infty} \max(x - K, 0)\left[\frac{\partial \psi}{\partial t} + rS \frac{\partial \psi}{\partial S} + \frac{1}{2}\sigma^2 S^2 \frac{\partial^2 \psi}{\partial S^2}\right] dx$$를 얻는다.

이로부터 피적분함수는 항상 0이 되어야 하므로 $\dfrac{\partial \psi}{\partial t} + rS \dfrac{\partial \psi}{\partial S} + \dfrac{1}{2}\sigma^2 S^2 \dfrac{\partial^2 \psi}{\partial S^2} = 0$이 성립한다.

61 해당 파생상품 계약 하나를 매도하고 주식을 Δ 단위만큼 매수하는 포트폴리오를 구성한다. 즉 해당 포트폴리오의 가치는 $\Pi = \Delta S - 1v$가 된다. 이때 $d\Pi = \Delta\, dS - dv$가 되고 이토의 보조정리에 의하여 $dc = \left(\dfrac{\partial v}{\partial t} + \mu S \dfrac{\partial v}{\partial S} + \dfrac{1}{2}\sigma^2 S^3 \dfrac{\partial^2 v}{\partial S^2}\right) dt + \sigma S \sqrt{S} \dfrac{\partial v}{\partial S} dB_t$가 성립하므로

$$d\Pi = \left[-\frac{\partial v}{\partial t} + \mu S\left(\Delta - \frac{\partial v}{\partial S}\right) - \frac{1}{2}\sigma^2 S^3 \frac{\partial^2 v}{\partial S^2}\right] dt + \sigma S \sqrt{S}\left(\Delta - \frac{\partial v}{\partial S}\right) dB_t$$ 이다.

Δ의 값을 $\Delta = \dfrac{\partial v}{\partial S}$라 놓으면 포트폴리오는 구간 순간적으로 무위험 상태가 되고,

$$dΠ = \left(-\frac{∂v}{∂t} - \frac{1}{2}σ^2 S^3 \frac{∂^2 v}{∂S^2}\right)dt$$ 을 만족한다. $Π$ 는 무위험 자산의 미분방정식 $dΠ = rΠ\,dt$ 를

만족해야 하므로 $\left(-\frac{∂v}{∂t} - \frac{1}{2}σ^2 S^3 \frac{∂^2 v}{∂S^2}\right)dt = r\left(S\frac{∂v}{∂S} - c\right)dt$ 가 성립해야 한다.

위 등식의 양변을 비교하고 정리하면 임의의 시점 t 에서 파생상품의 가격 v 에 대한 미분방정식은

$$rv = \frac{∂v}{∂t} + rS\frac{∂v}{∂S} + \frac{1}{2}σ^2 S^3 \frac{∂^2 v}{∂S^2}$$ 이다.

63 $LA\left[f_0 Φ(d_1) - r_K Φ(d_2)\right]$, $d_1 = \dfrac{\ln(f_0/r_K) + σ^2 T/2}{σ\sqrt{T}}$, $d_2 = d_1 - σ\sqrt{T}$ 에서

$L = 100$, $r_K = 0.05$, $f_0 = 0.05$, $T = 4$, $σ = 0.20$, $m = 1$, $n = 3$ 이고

$A = \sum_{k=1}^{3} \dfrac{1}{(1.05)^{4+k}} = 2.24$, $d_1 = σ\sqrt{T}/2 = 0.2$, $d_2 = -0.2$ 이다.

그러므로 스왑옵션의 가치는 $100 \times 2.24\left[0.05\,Φ(0.2) - 0.05\,Φ(-0.2)\right] = 1.78$ 백만 달러, 즉
178만 달러이다.

65 위험중립 세계에서 이 옵션의 만기 페이오프는

$x_T = IS_T = IS_0 e^{(r-σ^2/2)T + σ\sqrt{T}Z}$ 이고 이는 Z 의 함수이므로

$$x_0 = e^{-rT}E\left(IS_0 e^{(r-σ^2/2)T + σ\sqrt{T}Z}\right)$$

$$= e^{-rT}\frac{1}{\sqrt{2π}}\int_{-d_2}^{∞} S_0 e^{(r-σ^2/2)T + σ\sqrt{T}z}\, e^{-z^2/2}\, dz$$

$$= S_0 \frac{1}{\sqrt{2π}}\int_{-d_2}^{∞} e^{-(z-σ\sqrt{T})^2/2}\, dz$$

$$= S_0 \frac{1}{\sqrt{2π}}\int_{-d_2-σ\sqrt{T}}^{∞} e^{-y/2}\, dy = S_0 \frac{1}{\sqrt{2π}}\int_{-∞}^{d_2+σ\sqrt{T}} e^{-y/2}\, dy = S_0 Φ(d_1)$$ 이다.

67 $Y(t,S) = e^{-σt}v(t,S)$ 라 놓고 이토의 보조정리를 적용하여 dY 를 나타내면 다음과 같다.

$$dY = \frac{∂Y}{∂t}dt + \frac{∂Y}{∂S}dS + \frac{1}{2}σ^2 S\frac{∂^2 Y}{∂S^2}dt$$

$$= \left(-re^{-σt}v + e^{-σt}\frac{∂v}{∂t}\right)dt + e^{-σt}\frac{∂v}{∂S}\left(dS = S\,dt + σ\sqrt{S}\,dB_t\right) + \frac{1}{2}σ^2 Se^{-σt}\frac{∂^2 v}{∂S^2}dt$$

$$= e^{-rt}\left(-σv + \frac{∂v}{∂t} + S\frac{∂v}{∂S} + \frac{1}{2}σ^2 S\frac{∂^2 v}{∂S^2}\right)dt + σe^{-σt}\sqrt{S}\frac{∂v}{∂S}dB_t$$

위 식에서 $-\sigma v + \dfrac{\partial v}{\partial t} + S \dfrac{\partial v}{\partial S} + \dfrac{1}{2} \sigma^2 S^2 \dfrac{\partial^2 v}{\partial S^2} = 0$ 이므로 $dY = \sigma e^{-\sigma t} \sqrt{S} \dfrac{\partial v}{\partial S} dB_t$가 되어

$\{Y_t\}$는 마팅게일 확률과정이다. 따라서 $v_0 = Y_0 = E(Y_T) = E(e^{-\sigma T} v_T) = e^{-\sigma T} E(v_T)$

$= e^{-\sigma T} E[\min(S_T - K, 4)]$ 이다.

69 $dX = \mu X dt + \sigma X dB_t$의 해는 t시점을 기준으로 $X_T = X_t e^{(\mu - \sigma^2/2)(T-t) + \sigma(B_T - B_t)}$이므로

$\ln(X_T^4) = \ln(X_t^4) + 4(\mu - \sigma^2/2)(T-t) + 4\sigma(B_T - B_t)$이고, 파인만 - 카츠 공식에 의해

$v(t, X) = E_t(\ln(X_T^4)) = \ln(X_t^4) + (4\mu - 2\sigma^2)(T-t)$이다.

Chapter 6 리스크와 포트폴리오

1 Σ가 (역행렬을 갖는) 대칭행렬이므로 Σ^{-1}도 대칭행렬이다. 이를 구체적으로 보이자.

$\Sigma \Sigma^{-1} = I$의 양변을 전치시키면 $(\Sigma \Sigma^{-1})^T = I^T = I$로부터 $(\Sigma^{-1})^T \Sigma^T = I$를 얻는다.

Σ가 대칭행렬이므로 $\Sigma^T = \Sigma$이고, 이로부터 $(\Sigma^{-1})^T \Sigma = I$를 얻고 역행렬의 유일성에 의해

$(\Sigma^{-1})^T \Sigma = \Sigma^{-1}$이다.

3 (1) 1천만 달러의 2%는 200,000달러이므로 IBM 주식에 대해 99% 신뢰수준에서 10거래일 동안의

VaR는 $2.33 \times \sqrt{10} \times 200,000 = 1,473,621$ 달러이다.

마찬가지로 AT&T 주식에 대해 99% 신뢰수준에서 10거래일 동안의 VaR는

$2.33 \times \sqrt{10} \times 50,000 = 368,405$ 달러이다.

(2) 포트폴리오에 대한 10일 표준편차는 $\sigma_{X+Y} = \sqrt{\sigma_X^2 + \sigma_Y^2 + 2\rho \sigma_X \sigma_Y} = 751,665$ 달러이므

로 10거래일 동안의 VaR는 $2.33 \times 751,665 = 1,751,379$ 달러이다.

5 포트폴리오 분산 $\sigma_\Pi^2 = w^T \Sigma w = \displaystyle\sum_{j,k=1}^{N} w_j w_k \sigma_{jk}$을 결정하는 $N \times N$ 공분산 행렬 Σ의 성분에

서 개별 주식 수익률의 분산은 N개이고 서로 다른 주식 수익률 간의 공분산은 $N(N-1)$개이므

로 포트폴리오를 구성하는 주식의 수가 증가할수록 포트폴리오의 위험에 있어서 개별 주식 수익률

의 분산보다 서로 다른 주식의 수익률간의 공분산의 영향이 더 커진다.

7 $w_1 = 0.25$, $w_2 = \cdots w_{16} = 0.05$, $\sigma_{jj} = 25$, $\sigma_{jk} = 16 \, (j \neq k)$이므로

$$\sigma_\Pi^2 = \sum_{j,\,k=1}^{16} w_j w_k \sigma_{jk}$$

$$= (0.25^2 + 15 \times 0.05^2) \times 25 + 2 \times 15(0.25 \times 0.05 \times 16) + 2\binom{15}{2} \times (0.05^2 \times 16) = 16.9$$

이다.

9 자본시장선 위에 시장포트폴리오에 대한 투자비율이 α와 β인 포트폴리오가 각각 있다고 하자. 그러면 두 포트폴리오의 표준편차는 각각 $\sigma_\alpha = \alpha \sigma_M$과 $\sigma_\beta = \beta \sigma_M$이고 공분산은

$$cov(R_\alpha, R_\beta) = cov(\alpha R_M + (1-\alpha)r, \beta R_M + (1-\beta)r) = \alpha \beta \sigma_M^2$$이므로 포트폴리오 수익률 간의 상관계수는 $\rho = \dfrac{cov(R_\alpha, R_\beta)}{\sigma_\alpha \sigma_\beta} = \dfrac{\alpha \beta \sigma_M^2}{\alpha \sigma_M \beta \sigma_M} = 1$이다.

11 $E(R_A) = r + \left(\dfrac{E(R_M) - r}{\sigma_M}\right)\sigma_A$로부터 $0.1 = 0.06 + \left(\dfrac{0.14 - 0.06}{\sigma_M}\right)0.1$을 얻고 따라서

$\sigma_M = 0.2$를 얻는다. $E(R_B) = r + \left(\dfrac{E(R_M) - r}{\sigma_M}\right)\sigma_B = 0.06 + \dfrac{0.14 - 0.06}{0.2} \times 0.3 = 0.18$,

즉 18%이다.

13 $\sigma_\pi^2 = \begin{pmatrix} \dfrac{3}{5} & \dfrac{2}{5} \end{pmatrix} \begin{pmatrix} 0.0004 & 0.00042 \\ 0.00042 & 0.0009 \end{pmatrix} \begin{pmatrix} \dfrac{3}{5} \\ \dfrac{2}{5} \end{pmatrix}$

$$= \begin{pmatrix} \dfrac{3}{5} \times 0.004 + \dfrac{2}{5} \times 0.00042 & \dfrac{3}{5} \times 0.0042 + \dfrac{2}{5} \times 0.0009 \end{pmatrix} \begin{pmatrix} \dfrac{3}{5} \\ \dfrac{2}{5} \end{pmatrix}$$

$$= \left(\dfrac{3}{5}\right)^2 \times 0.004 + \dfrac{2}{5} \times \dfrac{3}{5} \times 0.00042 + \dfrac{3}{5} \times \dfrac{2}{5} \times 0.00042 + \left(\dfrac{2}{5}\right)^2 \times 0.0009$$

$\sigma_\pi = 0.022127$

$VAR = 50 \times (2.33) \times 0.022127 \times \sqrt{4} = 5,155.57$ 달러

15 해당 증권의 베타는 $\beta_k = \dfrac{cov(R_k, R_M)}{\sigma_M^2} = \dfrac{0.04}{0.159^2} = 1.578$이고 기대수익률은

$$E(R_k) = r + [E(R_M) - r]\beta_k = 3.5\% + (5\% - 3.5\%) \times 1.578 = 5.867\%$$이다.

17 공식 $\beta_p = \left(\dfrac{\partial p}{\partial S}\dfrac{S}{p}\right)\beta_S$을 사용하기 위하여 블랙 - 숄즈 공식을 사용하여 풋옵션의 현재 가격 p와

델타 $\Delta_p = \dfrac{\partial p}{\partial S}$를 구하면 $p = 5.46$ 달러이고 $\dfrac{\partial p}{\partial S} = -0.382$ 이다. 따라서 콜옵션의 베타는

$$\beta_p = \left(\dfrac{\partial p}{\partial S}\dfrac{S}{p}\right)\beta_S = -0.382 \times \dfrac{40}{5.46} \times 1.2 = -3.36 \text{ 이다.}$$

19 제약조건 $1^T w = 1$ 아래에서 $w^T \Sigma w$를 최소화하는 것이므로

라그랑주 함수는 $L(w, \lambda) = w^T \Sigma w - \lambda(1^T w - 1) = \displaystyle\sum_{j,k=1}^{N} w_j w_k \sigma_{jk} - \lambda\left(\sum_{i=1}^{N} w_i - 1\right)$이고

각각의 $\dfrac{\partial L}{\partial w_k} = 0$으로부터 $2w^T \Sigma - \lambda 1^T = 0$을 얻고, 이를 풀면 $w^T = \dfrac{\lambda}{2}1^T \Sigma^{-1}$ 을 얻는다.

이렇게 얻은 $w^T = \dfrac{\lambda}{2}1^T \Sigma^{-1}$를 제약조건 $1^T w = 1$에 대입하면 $1 = \dfrac{\lambda}{2}1^T \Sigma^{-1}1$가 성립한

다. 이를 λ에 대해 정리한 후 $w^T = \dfrac{\lambda}{2}1^T \Sigma^{-1}$에 대입하면 $w^T = \dfrac{1^T \Sigma^{-1}}{1^T \Sigma^{-1}1}$를 얻는다.

21 무배당 주식에서 $\Delta_p = \dfrac{\partial p}{\partial S} = \Delta_c - 1$이 성립하므로 $\dfrac{\partial c}{\partial S} - \dfrac{\partial p}{\partial S} = 1$ 이다. 따라서

$$\beta_c = \left(\dfrac{\partial c}{\partial S}\dfrac{S}{c}\right)\beta_S = \left(\left[1 + \dfrac{\partial p}{\partial S}\right]\dfrac{S}{c}\right)\beta_S = \left(1 + \dfrac{\beta_p}{\beta_S}\dfrac{p}{S}\right)\dfrac{S}{c}\beta_S = \left(\dfrac{S}{c} + \dfrac{\beta_p}{\beta_S}\dfrac{p}{c}\right)\beta_S \text{ 이므로}$$

$\beta_c = \left(\beta_S\dfrac{S}{c} + \beta_p\dfrac{p}{c}\right)$이고, 양변에 c를 곱하면 위 등식이 성립한다.

23 $\mu = \begin{bmatrix} 0.10 \\ 0.15 \\ 0.20 \end{bmatrix}$ 이고, $\Sigma^{-1} = \begin{bmatrix} 13.954 & 2.544 & -4.396 \\ 2.544 & 18.548 & -4.274 \\ -4.396 & -4.274 & 18.051 \end{bmatrix}$ 이므로

$$a = 1^T \Sigma^{-1}1 = 38.302, \, b = 1^T \Sigma^{-1}\mu = 5.592$$

따라서 최소분산 포트폴리오의 기대수익률과 분산은

$$\mu_\Pi = \dfrac{b}{a} = 0.146 \text{ 이고 } \sigma_\pi^2 = \dfrac{1}{38.320} = 0.026108 \text{ 이다.}$$

25 $\beta_c = \left(\dfrac{\partial c}{\partial S}\dfrac{S}{c}\right)\beta_S$로부터

$$\dfrac{\beta_c}{\beta_S} = e_c = \dfrac{\dfrac{\partial c}{\partial S}}{\dfrac{c}{S}} = \dfrac{S\Phi(d_1)}{S\Phi(d_1) - Ke^{-r(T-t)}\Phi(d_2)} > 1 \text{ 이 성립한다.}$$

27 $cov(R_M, \epsilon_k) = cov(R_M, R_k) - cov(R_M, \alpha_k) - \beta_k cov(R_M, R_M)$

$$= cov(R_M, R_k) - 0 - \frac{cov(R_M, R_k)}{\sigma_M^2} \sigma_M^2 = 0 \text{이다.}$$

29 $dY = d(S_1 S_2) = S_1 dS_2 + S_2 dS_1 + dS_1 dS_2$

$$= S_1 S_2 \left(\mu_2 dt + \sigma_2 dB_t^{(2)} + \mu_1 dt + \sigma_1 dB_t^{(1)} + \rho \sigma_1 \sigma_2 dt \right)$$

이므로 $dY = (\mu_1 + \mu_2 + \rho \sigma_1 \sigma_2) Y + Y(\sigma_1 dB_t^{(1)} + \sigma_2 dB_t^{(2)})$로 나타낼 수 있다.

$\sigma = \sqrt{\sigma_1^2 + 2\rho \sigma_1 \sigma_2 + \sigma_2^2}$ 과 또 다른 브라운 운동 W_t에 대하여 $\sigma_1 dB_t^{(1)} + \sigma_2 dB_t^{(2)} = \sigma dW_t$

로 나타낼 수 있으므로 $\mu = \mu_1 + \mu_2 + \rho \sigma_1 \sigma_2$와 $\sigma = \sqrt{\sigma_1^2 + 2\rho \sigma_1 \sigma_2 + \sigma_2^2}$에 대하여

$dY = \mu Y dt + \sigma Y dW_t$로 표시되어 Y는 기하 브라운 운동을 따른다.

31 **6.6**의 근사공식 $\delta\Pi = \sum_{k=1}^{2} \Delta_k S_k R_k$에 의하면

$\delta\Pi = \sum_{k=1}^{2} \Delta_k S_k R_k = 0.5 \times 240 \times 1000 R_1 + 0.6 \times 500 \times 2000 R_2$, 즉

$\delta\Pi = 120,000 R_1 + 600,000 R_2$ 이므로 $\delta\Pi$의 표준편차는

$1,000 \sqrt{(120 \times 0.02)^2 + (600 \times 0.01)^2 + 2 \times 120 \times 0.02 \times 600 \times 0.01 \times 0.3} = 7,099$ 이고

95%의 신뢰수준에서 2일 VaR는 $1.64 \times \sqrt{2} \times 7,099 = 16,462$ 달러이다.

33 반복 기댓값의 법칙에 의하여 $E(X) = E[E(X|Y)]$ 이고 $E(X^2) = E[E(X^2|Y)]$ 이다.

조건부 분산의 정의에 의하여 $Var(X|Y) = E(X^2|Y) - E(X|Y)^2$이다. 따라서

$$Var(X) = E(X^2) - E(X)^2 = E[E(X^2|Y)] - E[E(X|Y)]^2$$
$$= E[Var(X|Y) + E(X|Y)^2] - E[E(X|Y)]^2$$
$$= E[Var(X|Y)] + E[E(X|Y)^2] - E[E(X|Y)]^2$$
$$= E[Var(X|Y)] + Var[E(X|Y)] \text{ 이다.}$$

35 $\omega = 0.000004$, $a = 0.05$, $b = 0.92$

$$\sigma_n = \frac{0.25}{\sqrt{252}} = 0.0158 \Rightarrow \sigma^2 = \frac{(0.25)^2}{252} \fallingdotseq 0.00025$$

$$\sigma^2 = \frac{\omega}{1-a-b} = \frac{0.000004}{1-0.05-0.92} = 1.333 \times 10^{-4} = \frac{1}{7500} = (0.0115)^2$$

$$E_{n-1}(\sigma_{n+k}^2) = \sigma^2 + (a+b)^k (\sigma_n^2 - \sigma^2)$$

$$E(\sigma_{n+15}^2) = 1.333 \times 10^{-4} + (0.97)^{15} \left((0.0158)^2 - 1.333 \times 10^{-4} \right) = 2.0697 \times 10^{-4}$$

따라서 $E(\sigma_{n+15}) = \sqrt{2.0697 \times 10^{-4}} = 0.0143$ 이고 일일 변동성은 1.43%이다.

37 $cov_{(n)} = \lambda\, cov_{(n-1)} + (1-\lambda)\, v_{n-1} w_{n-1}$ 에서

$cov_{(n-1)} = 0.6 \times 0.01 \times 0.02 = 0.00012$ 이고 $v_{n-1} = 0.005$, $w_{n-1} = 0.025$ 이므로

$cov_{(n)} = \lambda\, cov_{(n-1)} + (1-\lambda)$

$v_{n-1} w_{n-1} = 0.95 \times 0.00012 + 0.05 \times 0.005 \times 0.025 = 0.00012$ 이다.

새로 얻어진 σ_X와 σ_Y는 각각 $\sigma_X = \sqrt{0.95 \times 0.01^2 + 0.05 \times 0.005^2} = 0.0098$

$\sigma_Y = \sqrt{0.95 \times 0.02^2 + 0.05 \times 0.025^2} = 0.02$ 이므로 오늘 추정된 새로운 상관계수는

$\rho_n = \dfrac{0.00012}{0.0098 \times 0.02} = 0.604$ 이다.

39 $cov_{(n-1)} = 0.01 \times 0.012 \times 0.5 = 0.00006$ 이고

$v_{n-1} = 1/30 = 0.033$, $w_{n-1} = 1/50 = 0.02$ 이다.

따라서 $cov_{(n)} = 0.000001 + 0.04 \times 0.033 \times 0.02 + 0.94 \times 0.00006 = 0.000084$ 이다.

Chapter 7 이색옵션

1 $B_t \sim N(0, t)$ 이므로 $\Pr[B_t \geq a] = \displaystyle\int_{a/\sqrt{t}}^{\infty} \frac{1}{\sqrt{2\pi}} e^{-x^2/2}\, dx$ 이고, 적분구간에서 $\dfrac{x\sqrt{t}}{a} \geq 1$

이므로 $\Pr[B_t \geq a] \leq \dfrac{1}{\sqrt{2\pi}} \displaystyle\int_{a/\sqrt{t}}^{\infty} \frac{\sqrt{t}}{a} x\, e^{-x^2/2}\, dx = \sqrt{\dfrac{t}{2\pi}}\, \dfrac{1}{a} e^{-a^2/(2t)}$ 이다.

3 파생상품의 현재 가치는 $e^{-rT} E_Q \left[(\ln S_T)^2 \right]$ 이다. 이를 계산하기 위해서 편의상

$m = \ln S_0 + (r - \sigma^2/2) T$ 라고 놓으면 위험중립 세계에서 $\ln S_T \sim N(m, \sigma^2 T)$ 이고,

이로부터 $\left(\dfrac{\ln S_T - m}{\sigma\sqrt{T}} \right)^2 \sim \chi^2(1)$ 이다.

따라서 $E_Q[\ln S_T - m] = 0$ 이고 $E_Q[(\ln S_T - m)^2] = \sigma^2 T$ 이다. 그러므로

$E_Q[(\ln S_T)^2] = E_Q[(\ln S_T - m + m)^2] = E_Q[(\ln S_T - m)^2] + m^2 = \sigma^2 T + m^2$ 이다.

따라서 현재 가치는 $e^{-rT} E_Q[(\ln S_T)^2] = e^{-rT} \left[\sigma^2 T + \left(\ln S_0 + (r - \sigma^2/2) T \right)^2 \right]$ 이다.

5 확률변수 I를 $I = \begin{cases} 1 \ (S_T > K \text{인 경우}) \\ 0 \ (else) \end{cases}$ 로 정의하자.

이때 $d_2 = \dfrac{\ln(S_0/K) + (r - q + \sigma^2/2)\, T}{\sigma\sqrt{T}}$ 에 대해 $E(I) = \Pr(S_T > K) = \Phi(d_2)$ 이다.

위험중립 세계에서 asset-or-nothing 옵션의 만기 페이오프는

$x_T = I\, S_T = I\, S_0\, e^{(r - q - \sigma^2/2)\, T + \sigma\sqrt{T}\, Z}$ 이고 이는 Z의 함수이므로

$$v_0 = e^{-rT} E\left(I\, S_0\, e^{(r - q - \sigma^2/2)\, T + \sigma\sqrt{T}\, Z} \right)$$

$$= e^{-rT}\, \frac{1}{\sqrt{2\pi}} \int_{-d_2}^{\infty} S_0\, e^{(r - q - \sigma^2/2)\, T + \sigma\sqrt{T}\, z}\, e^{-z^2/2}\, dz$$

$$= S_0\, e^{-qT}\, \frac{1}{\sqrt{2\pi}} \int_{-d_2}^{\infty} e^{-(z - \sigma\sqrt{T})^2/2}\, dz$$

$$= S_0\, e^{-qT}\, \frac{1}{\sqrt{2\pi}} \int_{-d_2 - \sigma\sqrt{T}}^{\infty} e^{-y/2}\, dy = S_0\, e^{-qT}\, \Phi(d_1) \text{이다.}$$

위험중립 세계에서 $S_T = S_0 e^{(r - q - \sigma^2/2)\, T + \sigma B_T}$ 이고 $\{S_T \geq K\} = \{Z > -d_2\}$ 이므로

$$E_Q\left(S_T\, \chi_{\{S_T \geq K\}} \right) = E\left(S_0\, e^{(r - q - \sigma^2/2)\, T + \sigma B_T}\, \chi_{\{S_T \geq K\}} \right)$$

$$= S_0\, e^{(r - q)\, T} E\left(e^{-\sigma T^2/2 + \sigma B_T}\, \chi_{\{S_T \geq K\}} \right)$$

이다. 기르사노프 정리에 의해 $W_t = B_t - \sigma t$ 는

$E\left(e^{-\sigma T^2/2 + \sigma B_T}\, \chi_{\{S_T \geq K\}} \right) = E_{\widetilde{Q}}\left(\chi_{\{S_T \geq K\}} \right)$ 을 만족하는 확률측도 $\widetilde{Q}$에 대해 브라운 운동이다.

이때 $E_{\widetilde{Q}}\left(\chi_{\{S_T \geq K\}} \right) = E_{\widetilde{Q}}\left(\chi_{\{\ln S_T - \ln S_0 \geq \ln K - \ln S_0\}} \right)$ 이고

$$\ln S_T - \ln S_0 = (r - q - \sigma^2/2)\, T + \sigma B_T = (r - q + \sigma^2/2)\, T + \sigma W_T$$

이므로 $d_1 = \dfrac{\ln(S_0/K) + (r - q + \sigma^2/2)\, T}{\sigma\sqrt{T}}$ 에 대하여

$$E_{\widetilde{Q}}\left(\chi_{\{\ln S_T - \ln S_0 \geq \ln K - \ln S_0\}} \right) = E\left(\chi_{Z \geq -d_1} \right) = \Phi(d_1) \text{이다.}$$

따라서 $v_0 = e^{-rT} E_Q(v_T) = S_0\, e^{-qT}\, \Phi(d_1)$ 이다.

7 만기 T, 행사가격이 S_0인 유러피언 콜옵션과 풋옵션의 가격을 각각 c와 p라고 하면 해당 파생상품

의 만기 페이오프는 $\dfrac{3}{10} c_T + \dfrac{1}{4} p_T$ 이다. 따라서 무차익 원리에 의하여 파생상품의 현재 가치는

$\dfrac{3}{10}c_0 + \dfrac{1}{4}p_0$ 이다. 여기서 c_0 와 p_0 는 각각 현재 주가와 행사가격이 모두 S_0 인 블랙 - 숄즈 콜옵션과 풋옵션 가격 공식이다.

9 $v_T = \max\left(K, \dfrac{S_T}{S_0}\right) = K + \max\left(\dfrac{S_T}{S_0} - K,\, 0\right) = K + \dfrac{1}{S_0}\max(S_T - S_0 K,\, 0)$ 이므로

무차익 원리에 의하여 파생상품의 현재 가치는 $v_0 = Ke^{-rT} + \dfrac{c_0}{S_0}$ 이다.

여기서 c_0 는 현재 주가 S_0, 행사가격이 $S_0 K$인 블랙 - 숄즈 콜옵션 가격 공식이다.

11 넉 - 아웃 옵션에서 주가가 배리어에 근접한 경우 변동성이 증가함에 따라 배리어에 도달할 가능성이 증가한다. 따라서 주가의 변동성 증가는 배리어 옵션의 가격을 하락시키는 원인이 될 수 있다.

13 해당 파생상품의 가치를 v 라 하면 만기 페이오프 v_T는 $S_T > K_1$이면 1이고 그렇지 않으면 0인 cash-or-nothing 이항옵션의 만기 페이오프와 $S_T > K_2$이면 1이고 그렇지 않으면 0인 cash-or-nothing 이항옵션 만기 페이오프의 차이가 된다. 따라서 무차익 원리에 의해 현재 가치 v_0 는 해당 두 이항옵션의 현재 가치의 차이이다.

이를 수식으로 표현하면 $v_0 = e^{-rT}\varPhi\left(d_{K_1}\right) - e^{-rT}\varPhi\left(d_{K_2}\right)$이고,

여기서 $d_K = \dfrac{\ln\left(S_0/K\right) + \left(r - \sigma^2/2\right)T}{\sigma\sqrt{T}}$ 이다.

15 해당 파상상품의 만기 페이오프는 $v_T = \max\left(S_T - K,\, 0\right) - \max\left(S_T - K - M,\, 0\right)$이다.

이는 행사가격 K인 유러피언 콜옵션의 만기 페이오프와 행사가격 $K + M$인 유러피언 콜옵션의 만기 페이오프의 차이를 나타낸다. 따라서 무차익 원리에 의해 v_0는 행사가격 K인 유러피언 콜옵션의 현재 가격과 행사가격 $K + M$인 유러피언 콜옵션의 현재 가격의 차이이다. 이를 수식으로 표현하면 $v_0 = c\left(S_0,\ T,\ K,\ r,\ \sigma\right) - c\left(S_0,\ T,\ K+M,\ r,\ \sigma\right)$이고 우측의 각 항은 무배당 주식에 대한 유러피언 콜옵션의 블랙 - 숄즈 공식을 따른다.

17 $dS = (r - q)S\,dt + \sigma S\,dB_t$에 대하여 $Y = S^c$에 이토의 보조정리를 적용하면

$dY = cS^{c-1}\,dS + \dfrac{1}{2}c(c-1)S^{c-2}\sigma^2 S^2\,dt$ 로부터

$dY = \left[r - (cq - (c-1)(r + c\sigma^2/2))\right]Y\,dt + c\sigma Y\,dB_t$ 를 얻으므로 Y는 변동성 $c\sigma$이고 연속배당률 $cq - (c-1)(r + c\sigma^2/2)$을 지급하는 주가로 간주할 수 있다.

그리고 $v_T = \max(Y_T - K, 0)$는 Y에 대하여 행사가격 K인 유러피언 콜옵션의 만기 페이오프이다. 따라서 v_0는 배당지급 주식에 대한 블랙 - 숄즈 콜옵션 공식에 현재 주가 S_0^c, 행사가격 K, 변동성 $c\sigma$ 그리고 연속배당률 $cq - (c-1)(r + c\sigma^2/2)$을 대입하여 얻을 수 있다.

19 확률변수 I, J를 다음과 같이 정의하자.

$$I = \begin{cases} 1, \text{ if } S_T > K \\ 0, \ else \end{cases} \qquad J = \begin{cases} 1, \text{ if } S_T > L \\ 0, \ else \end{cases}$$

위험중립 세계에서 이 옵션의 만기 페이오프는 $x_T = IS_T^k - JS_T^k$이므로 **7.2**에서와 같은 방법으로 $x_0 = e^{-rT}\left(E(IS_T^k) - E(JS_T^k)\right) = S_0^k e^{(k-1)(r+k\sigma^2/2)T}[\Phi(d_K) - \Phi(d_L)]$이고

여기서 $d_K = \dfrac{\ln\dfrac{S_0}{K} + \left(r - \dfrac{\sigma^2}{2}\right)T}{\sigma\sqrt{T}} + k\sigma\sqrt{T}$이다.

21 $B_{T_x} = x$ 이므로 반사원리에 의해

$$\Pr(T_x \leq t, B_t \leq y) = \Pr(T_x \leq t, 2B_{T_x} - B_t \leq y) = \Pr(B_t \geq 2y - x)$$이다.

23 $\Pr(T_x \leq t) = \Pr(T_x \leq t, B_t \leq x) + \Pr(T_x \leq t, B_t \geq x)$

$B_t \leq x$인 경우 반사원리에 의해 $\Pr(T_x \leq t, B_t \leq x) = \Pr(B_t \geq x)$이고

$B_t \geq x$인 경우 $T_x \leq t$이므로 $\Pr(T_x \leq t, B_t \geq x) = \Pr(B_t \geq x)$이다.

따라서 $\Pr(T_x \leq t) = \Pr(B_t \geq x) = \displaystyle\int_x^{\infty} \dfrac{1}{\sqrt{2\pi t}} e^{-y^2/2t} dy$

$$= 1 - \Phi\left(\dfrac{x}{\sqrt{t}}\right) + \Phi\left(-\dfrac{x}{\sqrt{t}}\right)$$이다.

25 교환옵션의 가격공식의 경우 자산 1은 백금 1온스, 자산 2는 금 1온스임을 적용하면

$S_1(0) = 1,520$, $S_2(0) = 1,600$, $T = 1$, $r = 0.10$, $\sigma_1 = \sigma_2 = 0.2$, $\rho = 0.7$인 것을 공식

$v(0, S_1, S_2) = S_1(0)\Phi(d_1) - S_2(0)\Phi(d_2)$

$d_1 = \dfrac{\ln(S_1(0)/S_2(0)) + \sigma^2 T/2}{\sigma\sqrt{T}}$, $d_2 = d_1 - \sigma\sqrt{T}$, $\sigma = \sqrt{\sigma_1^2 + \sigma_2^2 - 2\rho\sigma_1\sigma_2}$ 에 대입하면

$\sigma = 0.155$, $d_1 = -0.254$, $d_2 = -0.409$를 얻고, 이에 따라 교환옵션의 현재 가치는

$1,520\Phi(-0.254) - 1,600\Phi(-0.409) = 61.5$ 달러이다.

27 $dX_t = B_t^{(1)}dB_t^{(2)} + B_t^{(2)}dB_t^{(1)}$이므로 X_t는 마팅게일 과정이다.

29 풋 - 콜 패리티에 의해 $p_{t_a} = c_{t_a} + Ke^{-r(T-t_a)} - S_{t_a}e^{-q(T-t_a)}$이 성립하므로

$$\max(c_{t_a}, p_{t_a}) = c_{t_a} + e^{-q(T-t_a)}\max\left(0, Ke^{-(r-q)(T-t_a)} - S_{t_a}\right)$$이다.

따라서 이는 만기 T, 행사가격 K인 콜옵션 1개와 만기 t_a, 행사가격이 $Ke^{-r(T-t_a)}$인 풋옵션 $e^{-q(T-t_a)}$개로 구성된 패키지로 해석될 수 있다. 따라서 선택자옵션의 현재 가치 v_0는 다음과 같이 표시된다.

$$v_0 = S_0 e^{-qT}\Phi(d) + Ke^{-rT}\Phi(d - \sigma\sqrt{T}) + e^{-q(T-t_a)}$$

$$\left[Ke^{-r(T-t_a)}e^{-rt_a}\Phi(-e + \sigma\sqrt{t_a}) - S_0\Phi(-e)\right]$$

$$= S_0 e^{-qT}\Phi(d) + Ke^{-rT}\Phi(d - \sigma\sqrt{T}) + Ke^{-rT}\Phi(-e + \sigma\sqrt{t_a}) - S_0 e^{-qT}\Phi(-e)$$

여기서 $d = \dfrac{\ln\dfrac{S_0}{K} + \left(r - q + \dfrac{\sigma^2}{2}\right)T}{\sigma\sqrt{T}}, e = \dfrac{\ln\dfrac{S_0}{K} + \left(r - q + \dfrac{\sigma^2}{2}\right)t_a}{\sigma\sqrt{t_a}}$이다.

31 $M_T^Z = \max(\mu T + \sigma B_T) = \max(--(\mu T + \sigma B_T)) = -\min(-\mu T - \sigma B_T)$이다.

$Y_T = -\mu T - \sigma B_T$라 정의하면 $-B_T$도 브라운 운동이므로 **따름정리 7.18**에 의해

$$\Pr(M_T^Z \le x) = \Pr(m_T^Y \ge -x) = \Phi\left(\frac{x - \mu T}{\sigma\sqrt{T}}\right) - e^{2\mu x\sigma^{-2}}\Phi\left(\frac{-x - \mu T}{\sigma\sqrt{T}}\right)$$이다.

33 $\Pr(M_T^Z \le l) = 1 - \Pr(M_T^Z \ge l)$이다. $Y_t = Z_t - \mu = \sigma B_t$라 정의하면

$$\Pr(M_T^Z \ge l) = \Pr(M_T^Y \ge l - \mu) = \Pr(m_T^Y \le \mu - l)$$이다.

$\mu - l < 0$이므로 반사원리에 의해 다음이 성립한다.

$$\Pr(m_T^Y \le \mu - l) = \Pr(m_T^Y \le \mu - l, Y_T \le \mu - l) + \Pr(m_T^Y \le \mu - l, Y_Y \ge \mu - l)$$

$$= \Pr(Y_T \le \mu - l) + \Pr(m_T^Y \le \mu - l, Y_Y \ge \mu - l) \text{ 반사원리에 의해}$$

$$= \Pr(Y_T \le \mu - l) + \Pr(Y_Y \le \mu - l)$$

$$= 2\Pr(Y_Y \le \mu - l) = 2\Phi\left(\frac{\mu - l}{\sigma\sqrt{T}}\right)$$

따라서 $\Pr(M_T^Z \le l) = 1 - \Pr(M_T^Z \ge l) = 1 - 2\Phi\left(\dfrac{\mu - l}{\sigma\sqrt{T}}\right)$이다.

35 연 변동성을 σ라 하면

$$\sigma = \sqrt{\sigma_1^2 + 2\rho\sigma_1\sigma_2 + \sigma_2^2} = \sqrt{0.15^2 + 2(-0.5)0.15^2 + 0.15^2} = 0.15$$이다.

37 $w_T = S_2(T) + \max(S_1(T) - S_2(T), 0)$이므로 무차익 원리에 의하여 $w_0 = S_2(0) + v_0$이다. 여기서 v_0는 **7.28**에서 구한 교환옵션의 현재 가치이다.

39 $d(1/S_2) = 1/S_2\left((\sigma_2^2 - \mu_2)dt - \sigma_2 dB_t^{(2)}\right)$이므로

$$dg = dS_1 \frac{1}{S_2} - \frac{S_1}{S_2^2}dS_2 + dS_1 d\left(\frac{1}{S_2}\right)$$

$$= (\mu_1 - \mu_2 + \sigma_2^2 - \rho\sigma_1\sigma_2)g\,dt + g\left(\sigma_1 dB_t^{(1)} - \sigma_2 dB_t^{(2)}\right)$$

따라서 $dg = \mu g\,dt + \sigma g\,dB_t$를 따른다.

여기서 $\mu = \mu_1 - \mu_2 + \sigma_2^2 - \rho\sigma_1\sigma_2$이고 $\sigma = \sqrt{\sigma_1^2 + \sigma_2^2 - 2\rho\sigma_1\sigma_2}$이다.

Chapter 8 이자율과 채권

1 $d(fg) = f\,dg + g\,df + df\,dg = fg(\mu\,dt + \sigma\,dB_t + a\,dt + b\,dB_t + b\sigma\,dt)$이므로

$d(fg) = (a + \mu + b\sigma)fg\,dt + (b + \sigma)fg\,dB_t$이다. 따라서 fg는 로그정규분포를 따르며 기대 수익률은 $a + \mu + b\sigma$이고 변동성은 $b + \sigma$이다.

3 등식 $R(t, T) = -\dfrac{1}{T-t}\ln P(t, T)$과 $P(t, T) = \exp\left[-\displaystyle\int_t^T F(t, u)\,du\right]$으로부터 등식

$$R(t, T) = \frac{1}{T-t}\int_t^T F(t, u)\,du$$ 를 얻으므로

$$F(t, T) = \frac{\partial}{\partial T}(R(t, T)(T-t)) = R(t, T) + (T-t)\frac{\partial R}{\partial T}(t, T)$$ 이다.

5 $Y = \ln r$에 이토의 보조정리를 적용하면

$$dY = \frac{1}{r}\left[a(b - \ln r)r\,dt + \sigma r\,dB_t\right] + \frac{1}{2}\left(-\frac{1}{r^2}\right)\sigma^2 r^2\,dt$$ 이므로 이를 정리하면

$$dY = \left[a(b - Y) - \sigma^2/2\right]dt + \sigma\,dB_t$$ 를 얻는다.

7 $F(t, T) = \displaystyle\lim_{S \to T} f(t, T, S) = -\frac{\partial}{\partial T}\ln P(t, T) = -\frac{1}{P(t, T)}\frac{\partial P(t, T)}{\partial T}$ 으로부터 고정된

t에 대해 $d(\ln P(t, u)) = -F(t, u)\,du$를 얻고, 따라서

$$\ln P(t, T) - \ln P(t, S) = -\int_S^T F(t, u)\,du$$ 가 성립하므로

$$P(t, T) = P(t, S) \exp\left(-\int_S^T f(t, u)\, du\right) \text{이다.}$$

9 $P(t, T) = E_Q^t\left[\exp\left(-\int_t^T r(s)\, ds\right)\right]$ 로부터

$$\frac{\partial P}{\partial T}(t, T) = \frac{\partial}{\partial T} E_Q^t\left[\exp\left(-\int_t^T r(s)\, ds\right)\right] = E_Q^t\left[\frac{\partial}{\partial T}\exp\left(-\int_t^T r(s)\, ds\right)\right]$$

$$= -E_Q^t\left[r(T)\exp\left(-\int_t^T r(s)\, ds\right)\right] \text{이므로}$$

$$\lim_{T \to t}\frac{\partial P}{\partial T}(t, T) = -r(t) \text{이다.}$$

따라서 $F(t,t) = \lim_{T \to t} F(t, T) = -\lim_{T \to t}\frac{1}{P(t, T)}\frac{\partial P(t, T)}{\partial T} = r(t)$ 이다.

11 $P(t, T) = e^{-R(t, T)(T-t)}$, 즉 $P = e^{-R \times (T-t)}$ 이므로 이토의 보조정리로부터

$$dP = \left(\frac{\partial P}{\partial t} + \frac{\partial P}{\partial R}a(R_0 - R) + \frac{1}{2}\frac{\partial^2 P}{\partial R^2}\sigma^2 R^2\right)dt + \frac{\partial P}{\partial r}\sigma R dB_t \text{가 성립한다.}$$

이때 $P = e^{-R \times (T-t)}$ 로부터 $\dfrac{\partial P}{\partial t} = RP,\ \ \dfrac{\partial P}{\partial R} = -(T-t)P,\ \ \dfrac{\partial^2 P}{\partial R^2} = (T-t)^2 P$ 이므로

$P(t)$ 가 만족하는 확률미분방정식은

$$dP = \left(R - a(R_0 - R)(T-t) + \frac{1}{2}\sigma^2 R^2 (T-t)^2\right)P\, dt - (T-t)\sigma R\, P dB_t \text{이다.}$$

13 시장 위험가격은 $\dfrac{(\mu/S) - r}{\sigma/S} = \dfrac{\mu - rS}{\sigma}$ 이므로 $\widetilde{dB_t} = dB_t + \dfrac{\mu - rS}{\sigma}\, dt$ 로부터

$dS = \mu\, dt + \sigma\left(\widetilde{dB_t} - \dfrac{\mu - rS}{\sigma}\, dt\right) = rS\, dt + \sigma\widetilde{dB_t}$ 이다. 따라서 위험중립 세계에서 $S = S_t$ 의 확

률미분방정식은 $dS = rS\, dt + \sigma\, dB_t$ 이다. 즉 위험중립 세계에서 S_t 는 Ornstein-Uhlenbeck 과정을

따른다. 따라서 4장의 **4.31**에 의해 위험중립 세계에서 S_T 의 확률분포는

$S_T \sim N\left(S_0 e^{rT},\ \dfrac{\sigma^2}{2r}(e^{2rT} - 1)\right)$ 이다. 풋옵션의 가격은 위험중립가치평가에 의해서

$p_0 = e^{-rT}E\left[\max(K - S_T, 0)\right]$ 인데, 3장의 연습문제 **46**번에 의하면 $X \sim N(m, s^2)$ 일 때

$E\left[\max(K - Y, 0)\right] = (K - m)\Phi\left(\dfrac{K - \mu}{s}\right) + s\,\Phi'\left(\dfrac{K - \mu}{s}\right)$ 을 만족한다. 따라서 풋옵션의 현

재 적정 가격은

$$p_0 = (K-m)\,e^{-rT}\,\Phi\left(\frac{K-m}{s}\right) + s\,e^{-rT}\,\Phi'\left(\frac{K-m}{s}\right)$$ 이며,

여기서 $m = S_0\,e^{rT}$ 이고 $s = \sigma\sqrt{\dfrac{e^{2rT}-1}{2r}}$ 이다.

15 $\dfrac{dr}{r} = \dfrac{\alpha(\mu-r)}{r}\,dt + \dfrac{\sigma}{\sqrt{r}}\,dB_t$ 로부터 r 의 변동성은 $\dfrac{\sigma}{\sqrt{r}}$ 이다.

시장 위험가격이 λ 이므로 현실세계에서 이자율의 확률미분방정식은

$$dr = \left[\alpha(\mu-r) + r\times\frac{\lambda\sigma}{\sqrt{r}}\right]dt + \sigma\sqrt{r}\,dB_t,\ \text{즉}$$

$$dr = \left[\alpha(\mu-r) + \lambda\sigma\sqrt{r}\right]dt + \sigma\sqrt{r}\,dB_t\ \text{이다.}$$

17 채권의 현재 가격은 $100\exp\left[A(T) - C(T)r(0)\right]$ 을 통하여 구할 수 있다.

여기서 $C(T) = \dfrac{1 - e^{-0.4\times2.5}}{0.4} = 1.58$ 이고

$$A(T) = \left[C(T) - 2.5\right]\left(0.01 - \frac{(0.2)^2}{2(0.4)^2}\right) - \frac{(0.2)^2}{4(0.4)}C(T)^2 = 0.043\ \text{이다.}$$

따라서 채권의 현재 가격은 $100\,e^{0.043 - 0.04\times1.58} = 98.0$ 달러이다.

19 $r(t) = F(t,t) = F(0,t) + \displaystyle\int_0^t a(s,t)\,ds + \int_0^t b(s,t)\,dB_s$ 이므로 여기에

$a(s,t) = a(s,s) + \displaystyle\int_s^t \frac{\partial a}{\partial T}(s,u)\,du$ 와 $b(s,t) = b(s,s) + \displaystyle\int_s^t \frac{\partial b}{\partial T}(s,u)\,du$ 를 넣고 적분의

순서를 바꿔 정리하면

$$r(t) = F(0,t) + \int_0^t a(s,s)\,ds + \int_0^t\int_s^t \frac{\partial a}{\partial T}(s,u)\,du\,ds + \int_0^t b(s,s)\,dB_s$$

$$\qquad + \int_0^t\int_s^t \frac{\partial b}{\partial T}(s,u)\,du\,dB_s$$

$$= F(0,t) + \int_0^t a(s,s)\,ds + \int_0^t\int_0^u \frac{\partial a}{\partial T}(s,u)\,ds\,du + \int_0^t b(s,s)\,dB_s$$

$$\qquad + \int_0^t\int_0^u \frac{\partial b}{\partial T}(s,u)\,dB_s\,du$$

이로부터

$$dr = \frac{\partial F}{\partial T}(0,t)\,dt + a(t,t)\,dt + \int_0^t \frac{\partial a}{\partial T}(s,t)\,ds\,dt + b(t,t)\,dB_t + \int_0^t \frac{\partial b}{\partial T}(s,t)\,dB_s\,dt\ \text{이다.}$$

한편 $F(t, T) = F(0, T) + \int_0^t a(s, T) \, ds + \int_0^t b(s, T) \, dB_s$ 으로부터

$$\frac{\partial F}{\partial T}(t, t) = \frac{\partial F}{\partial T}(0, t) + \int_0^t \frac{\partial a}{\partial T}(s, t) \, ds + \int_0^t \frac{\partial b}{\partial T}(s, t) \, dB_s$$ 를 얻으므로

$$dr = \left(a(t, t) + \frac{\partial F}{\partial T}(t, t) \right) dt + b(t, t) \, dB_t$$ 를 만족한다.

21 이토의 보조정리 $dP = \left(\frac{\partial P}{\partial t} + \frac{\partial P}{\partial R} \mu(t, R) + \frac{1}{2} \frac{\partial^2 P}{\partial R^2} \sigma^2 R^2 \right) dt + \frac{\partial P}{\partial r} \sigma(t, R) \, dB_t$ 와

$P = e^{-R \times (T - t)}$ 로부터 $\frac{\partial P}{\partial r} \sigma(t, R) = -\sigma(t, R)(T - t) e^{-R \times (T - t)} = -(T - t) \sigma P$ 이므

로 $P(t, T)$의 변동성은 $-(T - t) \sigma(t, R)$이고 $\sigma(t, R)$이 연속함수이므로 $t \to T$ 일 때 변동성
은 0으로 수렴한다.

23 $\ln P(t, T) = -\int_t^T F(t, u) \, du$ 로부터

$$\frac{\partial}{\partial t} \ln P(t, T) = -\frac{\partial}{\partial t} \int_t^T F(t, u) \, du = -F(t, t) - \int_t^T \frac{\partial F}{\partial t}(t, u) \, du$$ 이므로

$$\frac{\partial^2}{\partial T \partial t} \ln P(t, T) = -\frac{\partial F}{\partial t}(t, T)$$ 을 얻는다.

한편 $dP(t, T) = \mu(t, T) P(t) \, dt + \sigma(t, T) P(t) \, dB_t$ 에 이토의 보조정리를 적용하면

$$d(\ln P(t, T)) = \left(\mu(t, T) - \frac{1}{2} \sigma(t, T)^2 \right) dt + \sigma(t, T) \, dB_t$$ 를 얻고 따라서

$$dF(t, T) = \left(\sigma(t, T) \frac{\partial \sigma}{\partial T}(t, T) - \frac{\partial \mu}{\partial T}(t, T) \right) dt - \frac{\partial \sigma}{\partial T}(t, T) \, dB_t$$ 가 성립한다.

25 **8.14**에 의해 $dr = a(t, r) \, dt + b(t, r) \, dB_t$ 일 때 위험중립 세계에서 $P(t, T)$의 확률미분방정식
은 $dP = r(t) P(t) \, dt + \frac{\partial P}{\partial r} b(t, r) \, dB_t$ 를 따른다. Vasicek 모델의 경우 $b(t, r) = \sigma$ 이고,

$P(t, T) = \exp[-A(t, T) - B(t, T) r(t)]$ 로부터 $\frac{\partial P(t, T)}{\partial r} = -B(t, T) P(t, T)$ 가 성립
한다.

따라서 $dP(t, T) = r(t) P(t, T) \, dt - \sigma B(t, T) P(t, T) \, dB_t$ 를 얻는다.

27 $Y = e^{2\alpha t} r^2$ 라 치환하면 이토의 보조정리에 의해 다음 식이 성립한다.

$$dY = d\left(e^{2\alpha t} r^2\right) = 2\alpha e^{2\alpha t} r^2 dt + 2 e^{2\alpha t} r \left[\alpha(\mu - r)dt + \sigma \sqrt{r} dB_t\right] + e^{2\alpha t} \left(\sigma^2 r \, dt\right)$$

$$= e^{2\alpha t} \left(2\alpha\mu + \sigma^2\right) r \, dt + 2\sigma e^{2\alpha t} r^{3/2} dB_t$$

따라서 $Y_t - Y_0 = \int_0^t d\left(e^{2\alpha s} r^2\right) = \left(2\alpha\mu + \sigma^2\right) \int_0^t e^{2\alpha s} r(s) \, ds + 2\sigma \int_0^t e^{2\alpha s} r(s)^{3/2} dB_s$ 이

고, 이로부터 $r(t)^2 = e^{-2\alpha t} r_0^2 + \left(2\alpha\mu + \sigma^2\right) \int_0^t e^{-2\alpha t} r(s) \, ds + 2\sigma \int_0^t e^{-2\alpha s} r(s)^{3/2} dB_s$ 을

얻는다.

29 $Y = Y(t, r) = e^{-x(t)} r$ 이라 놓고 이토의 보조정리를 사용하면

$$dY = \frac{\partial Y}{\partial t} dt + \frac{\partial Y}{\partial r} dr + \frac{1}{2} \sigma^2(t) \frac{\partial^2 Y}{\partial r^2} dt$$ 를 얻는다. 이때

$$\frac{\partial Y}{\partial t} = -\alpha(t) Y, \quad \frac{\partial Y}{\partial r} = e^{-x(t)}, \quad \frac{\partial^2 Y}{\partial r^2} = 0$$ 이므로

$$dY = -\alpha(t) e^{-x(t)} r \, dt + e^{-x(t)} \left[\alpha(t) r + \mu(t)\right] dt + e^{-x(t)} \sigma(t) dB_t$$ 이고, 이로부터

$$dY = e^{-x(t)} \mu(t) \, dt + e^{-x(t)} \sigma(t) dB_t$$ 가 성립한다. 그러므로

$$Y_t - Y_0 = e^{-x(t)} r(t) - r_0 = \int_0^t \mu(s) e^{-x(s)} ds + \int_0^t \sigma(s) e^{-x(s)} dB_s$$ 로부터

$$r(t) = e^{x(t)} \left[r_0 + \int_0^t \mu(s) e^{-x(s)} ds + \int_0^t \sigma(s) e^{-x(s)} dB_s \right]$$ 을 얻는다.

31 **8.20**에 의해 $r(t) = \mu + (r_0 - \mu) e^{-\alpha t} + \sigma e^{-\alpha t} \int_0^t e^{\alpha s} \sqrt{r} \, dB_s$ 이고, 앞서 **27**번 문제의 결과

에 의하면

$$r(t)^2 = e^{-2\alpha t} r_0^2 + \left(2\alpha\mu + \sigma^2\right) \int_0^t e^{-2\alpha t} r(s) \, ds + 2\sigma \int_0^t e^{-2\alpha s} r(s)^{3/2} dB_s$$ 이므로

$$E(r(t)) = \mu + (r_0 - \mu) e^{-\alpha t}$$ 이고

$$E(r(t)^2) = e^{-2\alpha t} r_0^2 + \left(2\alpha\mu + \sigma^2\right) \int_0^t e^{-2\alpha t} E(r(s)) \, ds$$

$$= r_0^2 e^{-2\alpha t} + \left(2\alpha\mu + \sigma^2\right) \int_0^t e^{-2\alpha t} \left[\mu + (r_0 - \mu) e^{-\alpha s}\right] ds$$ 이다.

위 적분을 직접 계산한 후 $Var(r(t)) = E(r(t)^2) - E(r(t))^2$ 에 대입하고 정리하면 다음을 얻

는다.

$$Var\left(r(t)\right) = \frac{\mu\sigma^2}{2\alpha} + \frac{(r_0 - \mu)\sigma^2}{\alpha}e^{-\alpha t} - \frac{(2r_0 - \mu)\sigma^2}{2\alpha}e^{-2\alpha t}\ \text{또는}$$

$$Var\left(r(t)\right) = \frac{\sigma^2 r_0}{\alpha}\left(e^{-\alpha t} - e^{-2\alpha t}\right) + \frac{\mu\sigma^2}{2\alpha}\left(1 - 2e^{-\alpha t} + e^{-2\alpha t}\right)$$

33 $P(t,\ T) = \exp\left[-A(t,\ T) - B(t,\ T)r(t)\right]$ 이라 하면

$$\frac{\partial P}{\partial r} = -B(t,\ T)P(t,\ T),\ \frac{\partial^2 P}{\partial r^2} = -B^2(t,\ T)P(t,\ T)$$ 이고

$$\frac{\partial P}{\partial t} = -P(t,\ T)\left(\frac{\partial A(t,\ T)}{\partial t} + r(t)\frac{\partial B(t,\ T)}{\partial t}\right)$$ 이므로

위험중립 세계에서 이자율의 확률미분방정식이 $dr = \left(a(t) + b(t)r\right)dt + \sqrt{\sigma(t) + \lambda(t)r}\,dB_t$
로 주어졌을 때

$$r(t)P = \frac{\partial P}{\partial t} + \left[a(t) + b(t)r(t)\right]\frac{\partial P}{\partial r} + \frac{1}{2}\left(\sigma(t) + \lambda(t)r\right)\frac{\partial^2 P}{\partial r^2}$$ 에 위 식을 대입하면

$$rP = -P\left(\frac{\partial A}{\partial t} + r\frac{\partial B}{\partial t}\right) - \left[a + br\right]BP - \frac{1}{2}\left(\sigma + \lambda r\right)B^2 P$$ 이다.

따라서 $\left[\dfrac{1}{2}\lambda B^2 - bB - \dfrac{\partial B}{\partial t} - 1\right]r(t) = -\dfrac{1}{2}\sigma B^2 + aB - \dfrac{\partial A}{\partial t}$ 이 임의의

$$\frac{1}{2}\lambda(t)B(t,\ T)^2 - b(t)B(t,\ T) - \frac{\partial B(t,\ T)}{\partial t} - 1 = 0$$ 이고

$$-\frac{1}{2}\sigma(t)B(t,\ T)^2 + a(t)B(t,\ T) - \frac{\partial A(t,\ T)}{\partial t} = 0$$ 이다. 이로부터

$$\frac{\partial B(t,\ T)}{\partial t} = \frac{1}{2}\lambda(t)B(t,\ T)^2 - b(t)B(t,\ T) - 1,\ \text{그리고}$$

$$\frac{\partial A(t,\ T)}{\partial t} = \frac{1}{2}\sigma(t)B(t,\ T)^2 - a(t)B(t,\ T)$$ 을 얻는다.

35 $\sigma(t,\ T)\sigma_T(t,\ T) = \sigma e^{-\alpha(T-t)}\displaystyle\int_t^T \sigma e^{-\alpha(T-s)}ds = \frac{\sigma^2}{\alpha}e^{-\alpha(T-t)}\left[1 - e^{-\alpha(T-t)}\right]$ 이므로

$$F(t,\ T) = F(0,\ T) + \int_0^t \frac{\sigma^2}{\alpha}e^{-\alpha(T-s)}\left[1 - e^{-\alpha(T-s)}\right]ds + \int_0^t \sigma e^{-\alpha(T-s)}dB_s$$ 가 되어

$$F(t,\ T) = F(0,\ T) + \sigma\int_0^t e^{-\alpha(T-s)}dB_s - \frac{\sigma^2}{2\alpha^2}\left[e^{-2\alpha T}\left(e^{2\alpha t} - 1\right) - 2e^{-\alpha T}\left(e^{\alpha t} - 1\right)\right]$$ 을

얻는다.

37 $P(t,\,T) = \exp\left[A(t,\,T) - B(t,\,T)\,r(t)\right]$ 에 이토의 보조정리를 사용해서 얻어지는

$$dP = \frac{\partial P}{\partial t}dt + \frac{\partial P}{\partial r}dr + \frac{1}{2}b^2(t,r)\frac{\partial^2 P}{\partial r^2}dt \text{ 에}$$

$$\frac{\partial P}{\partial t} = P\frac{\partial A}{\partial t} - P\frac{\partial B}{\partial t}r,\ \frac{\partial P}{\partial r} = -PB(t,\,T),\ \frac{\partial^2 P}{\partial r^2} = PB^2(t,\,T) \text{를 대입하면}$$

위험중립 세계에서

$$dP(t,\,T) = P(t,\,T)\left[\left(\frac{\partial A}{\partial t} - \frac{\partial B}{\partial t}r - Ba(t,r) + \frac{1}{2}B^2b^2(t,r)\right)dt - Bb(t,r)dB_t\right]$$

이 성립한다. 한편 위험중립 세계에서 $P(t,\,T)$의 확률미분방정식은

$$dP(t,\,T) = r(t)P(t,\,T)\,dt + \sigma(t,\,T)P(t,\,T)\,dB_t$$

으로 나타낼 수 있으므로 두 식을 같게 놓으면

$$\frac{\partial A}{\partial t} - \frac{\partial A}{\partial t}r(t) - B(t,\,T)a(t,r) + \frac{1}{2}B^2(t,\,T)b^2(t,r) - r(t) = 0$$

이 성립한다.

39 $y = \ln r$ 로부터 $r = e^y$ 를 얻고 이토의 보조정리에 의하여

$$dr = r'(y)\,dy + \frac{1}{2}r''(y)\,\sigma^2(t)\,dt \text{를 얻는다.}\ r'(y) = r''(y) = e^y = r \text{이므로}$$

$$dr = r\,\alpha(t)\left[\ln\mu(t) - \ln r\right]dt + r\,\sigma(t)\,dB_t + \frac{1}{2}r\,\sigma^2(t)\,dt \text{로부터}$$

$$dr = r\,\alpha(t)\left[\ln\mu(t) - \ln r\right]dt + r\,\sigma(t)\,dB_t + \frac{1}{2}r\,\sigma^2(t)\,dt$$

$$dr(t) = r(t)\,\alpha(t)\left[\ln\mu(t) + \frac{1}{2\alpha(t)}\sigma^2(t) - \ln r(t)\right]dt + \sigma(t)\,r(t)dB_t \text{를 얻는다.}$$

참고문헌

국외문헌

[BA] M. Baxter, *Financial Calculus : An Introduction to Derivative Pricing*, Cambridge University Press, (1996)

[BT] D. Bertsekas and J. Tsitsiklis, *Introduction to Probability*, 2nd Edition, (2008)

[BL] F. Black, *The Pricing of Commodity Contracts*, Journal of Financial Economics, (1976), 167 − 179

[BS] F. Black and M. Scholes, *The Pricing of Options and Corporate Liabilities*, Journal of Political Economy 81, (1973), 637 − 654

[BO] T. Bollerslev, *Generalized Autoregressive Conditional Heteroskedasticity*, Journal of Econometrics 31, (1986), 307 − 327

[CA] A. Cairn, *Interest Rate Models - An Introduction*, Princeton University Press, (2004)

[CZ] M. Capinski and T. Zastawniak, *Mathematics for Finance: An Introduction to Financial Engineering*, 2nd edition, Springer, (2011)

[CIR] J. Cox, J. Ingersoll and S. Ross, *A Theory of the Term Structure of Interest Rates*, Econometrica, Vol. 53, No. 2, (1985), 385 − 407

[CRM] J. Cox, S. Ross, and M. Rubinstein, *Option Pricing: A Simplified Approach*, J. Financial Economics 7, (1979), 229 − 263

[EN] R. Engle, *Autoregressive Conditional Heteroscedasticity with Estimates of Variance of United Kingdom Inflation*, Econometrica 50, (1982), 987 − 1008

[ET] A. Etheridge, *A Course in Financial Calculus*, Cambridge University Press, (2002)

[HK] M. Harrison and D. Kreps, *Martingales and arbitrage in multiperiod security markets*, J. Economic Theory 20, (1979), 381 − 408

[HP] M. Harrison and S. Pliska, *Martingales and stochastic integrals in the theory of continuous trading*, Stochastic Processes and their Applications, 11, (1981), 215 − 260

[HJM] D. Heath, R. Jarrow, and A. Morton, *Bond pricing and the term structure of interest rates: a new methodology*, Econometrica 60, (1992), 77 − 105

[HCM] R. Hogg, A. Craig and J. McKean, *Introduction to Mathematical Statistics,* 6th edition, Prentice Hall, (2004)

[HL] T. Ho and S. Lee, *Term structure movements and pricing interest rate contingent claims,* Journal of Finance 41, (1986), 1011 − 1029

[HU] J. Hull, *Options, futures, and other derivatives,* 7th edition, Prentice Hall, (2009)

[HW] J. Hull and A. White, *Pricing interest rate derivative securities,* Rev. Financial Studies 3, (1990), 573 − 592.

[JO] P. Jorion, *Value at Risk,* McGraw-Hill, 3rd edition, (2006)

[JOS] M. Joshi, *The Concepts and Practice of Mathematical Finance (Mathematics, Finance and Risk),* Cambridge University Press, 2nd edition, (2008)

[KS] I. Karatzas and S. Shreve, *Brownian Motion and Stochastic Calculus,* 2nd edition, Springer-Verlag, (1991)

[KE] J. Kevorkian, *Partial Differential Equations: Analytical Solution Techniques,* 2nd edition, Springer, (1999)

[KW] Y-K. Kwok, *Mathematical Models of Financial Derivatives (Springer Finance),* 2nd edition, Springer, (2008)

[MA] H. Markowitz, *Portfolio Selection,* Journal of Finance 7, (1952), 77 − 91

[MG] W. Margrabe, *The Value of an Option to Exchange One Asset for Another,* The Journal of Finance Vol. 33, No. 1, (1978), 177 − 186

[ME] R. Merton, *Theory of Rational Option Pricing,* Bell Journal of Economics and Management Science 4, (1973), 141 − 183.

[ME2] R. Merton, *On the pricing of corporate debt: the risk structure of interest rates,* Journal of Finance, vol. 29(2), (1974), 449 − 70

[MI] T. Mikosch, *Elementary Stochastic Calculus, with Finance in View,* World Scientific Publishing Company, (1998)

[NE] S. Neftci, *An Introduction to the Mathematics of Financial Derivatives,* 3rd edition, Academic Press, (2014)

[OK] B. Oksendal, Stochastic differential equations, 5th edition, Springer, (2000)

[PD] A. Petters and X. Dong, An Introduction to Mathematical Finance with Applications, Springer, (2016)

[RO] S. Ross, *Stochastic Processes,* Wiley, 2 edition, (1995)

[SA] P. Samuelson, *Rational theory of warrant pricing,* Industrial Management Review 6, (1965), 13 − 31

[SH] W. Sharpe, *A Simplified Model for Portfolio Analysis,* Management Science 9, (1963), 277 – 93

[SH1] S. Shreve, *Stochastic Calculus and Finance* (July 25, 1997)

[SH2] S. Shreve, *Stochastic Calculus for Finance II (Continuous-Time Models)* 2004, Springer Finance

[SD] R. Sundaram and S. Das, *Derivatives. Principles and Practice.* 2nd edition, MacGraw Hill, (2016)

[VA] O. Vasicek, *An Equilibrium Characterization of the Term Structure,* Journal of Financial Economics 5, (1977), 177 – 188

[WDH] P. Wilmott, J. Dewynne and S. Howison, *Mathematics of Financial Derivatives: a Student Introduction*, Cambridge University Press, (1995)

국내문헌

[국찬표] 국찬표, 구본열, *현대재무론*, 무역경영사 2008

[김명직] 김명직, 장국현, *금융시계열분석*, 경문사, 2003

[김정훈] 김정훈, *금융수학*, 교우사, 2005

[노부호] 노부호, 민재형, 이군희, *통계학의 이해*, 제2판, 법문사, 2000

[이승철] 이승철, *수학과 현대금융사회*, 교우사, 2006

[정동명] 정동명, *확률·통계*, 서강대학교 교육대학원, 2004

[최건호] 최건호, *금융수학의 방법론*, 경문사, 2009

[최병선] 최병선, *금융파생상품의 수리적 배경*, 세경사, 2004

찾아보기